Animal production and natural resources utilisation in the Mediterranean mountain areas

The EAAP series is published under the direction of Dr. P. Rafai

EAAP – European Association for Animal Production

CIHEAM – International Centre for Advanced Mediterranean Agronomic Studies

HSAP – Hellenic Society of Animal Production

FAO – Food and Agriculture Organisation of the United Nations

The European Association for Animal Production wishes to express its appreciation to the *Ministero per le Politiche Agricole e Forestali* and the *Associazione Italiana Allevatori* for their valuable support of its activities

Animal production and natural resources utilisation in the Mediterranean mountain areas

EAAP publication No. 115

Editors:

A. Georgoudis, A. Rosati and C. Mosconi

Wageningen Academic
Publishers

Subject headings:
Animal production
Mediterranean basin

ISBN 9076998566
ISSN 0071-2477

First published, 2005

Wageningen Academic Publishers
The Netherlands, 2005

Table of contents

Session 1: Human geography of Mediterranean mountain areas
Theatre presentations

Posters

Session 2: Sustainable Utilization of Forest Areas Livestock Land Use and Landscape
Sub-session 2.1: Sustainable utilisation of forest areas
Theatre presentations

Poster presentations

Session 2: Sustainable utilization of forest areas livestock land use and landscape
Session 2.2: Livestock, land use and landscape
Theatre presentations

Posters

Session 3: Improving the efficiency of livestock systems in Mediterranean mountains
Session 3.1: Dairy sheep systems / Dairy goats systems / Small ruminant meat systems
Theatre presentations

Posters

Session 3: Improving the efficiency of livestock systems in Mediterranean mountains
Session 3.2: Cattle, pigs and poulytry systems
Theatre presentations

Posters

Session 4: Application of new technologies for environmentally sound management of livestock and natural resources in mountain areas
Theatre presentations

Posters

Session 5: Livestock as a fundamental factor for rural development and safeguard of natural resources in mountain areas
Theatre presentations

Posters

Preface

Mediterranean mountains contain an integrated complex of natural resources and their inhabitants, depending generally directly on many of these resources for their livelihoods, tend to utilize and manage them through a combination of land-use practices, mainly livestock production and forestry. The specific mountain-related conditions which the mountain communities face are the limited land resources, the marginal agricultural conditions, isolation, and scant equipment and infrastructure.

Livestock is of particular importance in mountainous production systems as they convert plant biomass into directly useful to humans, milk, meat and draught power and provide people with a secure form of investment and risk cushions, which are the key to the sustainability.

Starting from the human factor, the symposium addressed the development of the mountain communities and their agricultural activities, which constitute the basis for the investigation of the present situation. The different types of the utilization of the land resources by livestock have been presented in the main topic of livestock production and natural resources, which also included forestry activities in the Mediterranean mountain areas and the livestock land use in relation to the landscape.

The improvement of the efficiency of the livestock systems in the Mediterranean mountains constituted a main topic of the symposium. In this context, genetic resources, including the autochthonous breeds, feed resources, management practices, typical products and their marketing and also biotechnology and bio-security issues have been mentioned. The exploitation of agricultural informatics for better utilization of production resources and methodologies, research and education in the livestock production sector in the Mediterranean mountain areas, were included in the main topic of the environmentally sound management of livestock and natural resources.

Considering livestock as a fundamental factor for rural development and also as a safeguard of the natural resources, the symposium stressed its contribution to the economic development of the mountain areas. The growing interest in the inventory, presentation and valorisation of the traditional culture and knowledge, which we face nowadays, was an issue in the above topic. Also, included were the many initiatives, which have served not only to recognize the importance of traditional animal products, but also to protect them and facilitate their distribution. In this context, agro-tourism and other livestock related activities, which are gaining importance in the Mediterranean mountain regions and provide an opportunity for diversification of sources of income and sustainable livelihoods for the local populations, have been covered.

The Symposium, the twelfth in the series of Mediterranean symposia, was held in the city of Ioannina – capital of the region of Epirus, a Mediterranean mountain place located in the north-western side of Greece. In this region, livestock farming has traditionally a very important role in the rural economy. It has been organized by the Hellenic Society of Animal Production (HSAP), in collaboration with the European Association for Animal Production (EAAP), the International Centre for Advanced Mediterranean Agronomic Studies (CIHEAM), the Food and Agriculture Organisation of the United Nations (FAO UN) and the Greek Ministry of Agriculture. The Symposium was attended by 182 participants from 21 countries from all over the world.

Among the many organizations the help of which made it possible to hold the symposium, we mention the local authorities: the Region of Epirus, the Prefecture of Ioannina, the Municipality of Ioannina, and the University of Ioannina. Their help is greatly appreciated.

Last but not least, we wish to thank the members of the Organising Committee, the scientists and the people from the industry who contributed their efforts and shared their ideas and experiences with all the attendants of the Symposium and the readers of these proceedings.

Prof. Andreas Georgoudis
President of the Organizing Committee

Session 1: Human geography of Mediterranean mountain areas

Theatre presentations

Epire et Epirotes: Un trajet dans l'espace et le temps, dans les sociétés montagnardes

I. Hatziminaoglou

Département de Production animale, Faculté d'Agronomie, Université Aristote de Thessalonique, 541 24, Thessalonique, Grèce

Résumé

En Epire, à cause de la nature du sol et du climat, l'élevage a joué dès les origines déjà un rôle primordial et déterminant, comme en témoigne la pléthore de références mythologiques et historiques.

L'élevage, qui a toujours été relié à une organisation tribale, a contribué à l'évolution sociale et économique des populations des massifs montagneux de l'Epire et du Pinde, surtout après le XVème siècle, et à l'apparition d'une culture particulière à la montagne qui s'est distinguée par son ouverture et le développement d'une dynamique qui a créé une foule d'activités dans presque toute l'Europe. La prospérité qui a suivi et le progrès intellectuel et culturel qui en a découlé a profité non seulement à l'Epire mais aussi au nouvel Etat grec d'alors.

Ce schéma a été modifié par les bouleversements survenus et les changements qui ont touché toute l'Europe au début du XXème siècle et par le déclin du berceau même de ce phénomène, de l'Epire, dû, comme d'ailleurs dans la plupart des cas similaires de massifs montagneux méditerranéens, à de nombreuses raisons sociales, politiques et économiques.

Aujourd'hui on recherche des réponses aux questions pressantes qui concernent une possibilité de renversement du cheminement de toutes les zones montagneuses sensibles vers le déclin et des moyens d'encouragement efficaces à tous les niveaux pour les sociétés qui tentent d'y survivre.

Keywords: facteur climatique, témoignages historiques, moutons d'Epire, unité sociale, bergeries, tselingato, protection environnemental.

Le contour

Le terme *Þðåéñïs* ou *Üðåéñïò* est attesté chez Homère (VIIIème siècle av. J.-C.) et désigne la terre qui s'étend en face ou près d'îles (Homère; Liddel & Scott, 1901)) Il était apparemment utilisé par des navigateurs, dans notre cas de l'Adriatique, pour distinguer les îles de la terre ferme qui s'étendait sur ses bords. Nous ne connaissons pas pourtant avec certitude si le mot comprenait aussi la désignation de la région.

Dans le même sens de terre ferme, le terme est également attesté au cours du Vème siècle av. J.-C.chez Hérodote (Hérodote), alors que pendant le même siècle il est utilisé par Thucydide et Pindare comme principale appellation de la région (Epire) et de ses habitants (Epirotes) (Thucidide; Pindare).

Il est certain que l'intérieur de cette région, encore inconnue pour beaucoup de Grecs du Sud pendant les premiers temps historiques, provoquait la crainte et le respect chez les marins qui naviguaient le long des côtes et voyaient les hautes chaînes montagneuses successives se perdre au fond de l'horizon.

Ces chaînes de montagnes d'orientation N-NO / S-SE s'étendent sur toute la longueur du pays et déterminent le sens des voies de communication terrestres, les conduisant pour la plupart vers le nord dans le golfe d'Avlona et vers le sud dans le golfe d'Arta (Epire, 1977) Les fleuves de l'Epire, *l'Aôos, le Thyamis, l'Achéron, l'Arachthos*, débouchent avec une grande difficulté dans la mer, ouvrant leur voie entre les chaînes de montagnes, dans des séries de gorges très profondes et abruptes. Ils sont longs, pour les données de la péninsule grecque, ils ont un courant impétueux et charrient d'énormes quantités de graviers (Epire, 1977).

Montagnes et fleuves forment en Epire une suite de vallées, grandes et petites, fertiles et moins productives, leur étendue totale ne dépassant pourtant pas les 10% de la superficie globale du pays, pourcentage très éloigné des 30% correspondants rencontrés dans le reste de la Grèce.

Le climat, lui, est caractérisé par sa variété et dépend principalement de la distance de chaque partie de la région à la mer. La rigueur de l'hiver pourtant dépend aussi de l'altitude.
Ainsi, à l'intérieur des limites de l'Epire, apparaît toute la gamme des variations climatiques, du climat européen-central au climat méditerranéen-intérieur.

Les précipitations sont un facteur climatique important. Elles sont deux fois plus importantes à Ioannina (1 100 mm) qu'à Larissa en Thessalie et trois fois supérieures à celles d'Athènes. Seul Corfou, de tout le territoire grec, connaît des pluies plus abondantes (Epire, 1977).

Il est donc évident que le profil du sol et du climat de l'Epire ne pouvait que faire se tourner ses populations dès les origines vers l'élevage (Dakaris, 1976) et former au fil des siècles ce cadre particulier dans lequel s'est constituée la physionomie du pays et dans lequel s'est formé et a été créé l'Epirote d'autrefois et d'aujourd'hui.

L'Epire des temps historiques tendait, surtout à cause des caractéristiques de son relief, au repli sur elle-même, ce qui l'a conduite à l'autarcie. Ce repli s'est petit à petit transformé en ouverture vers l'extérieur qui a eu comme résultat l'exportation, pendant les périodes de prospérité, de l'excédent de la production, mais aussi la migration de la population pendant les périodes de récession ou pendant les périodes où les circonstances permettaient de poursuivre et de trouver une meilleure vie, en Italie ou dans le reste de la Grèce. C'est grâce aux tribus épirotes, les Thesprôtes et les Khaones, surtout, qu'on retrouve des appellations communes en Grèce et en Italie, comme *Achéron, Achéroussia*, *Dodone* (Hatzigeorgiou, 1958) Des siècles plus tard, ce courant s'est tourné vers l'Europe centrale et orientale et a créé cette tendance à la migration si caractéristique de l'Epirote.

La longue période de tranquillité relative, à laquelle a mis fin la conquête romaine, a permis l'augmentation de la population, qui devait être plus du double de l'actuelle qui s'élève à 350 000 habitants (dans la partie grecque de l'Epire) On déduit la grande densité de la population du fait que la Molossie seule possédait 300 000 habitants, que l'Epire, à son apogée, avait la capacité de réunir de nombreuses armées (comme celles d'Alexandre le Molosse et de Pyrrhus) et qu'on y compte un grand nombre de villes (Strabon) avec de grands théâtres, parmi lesquels, témoignage indubitable, celui de Dodone, d'une capacité de 20 000 spectateurs!

Les origines

Les données mythologiques existantes ainsi que les témoignages historiques soutiennent sans aucun doute l'avis qui se transforme en certitude et qui concerne la vigueur de l'élevage en Epire tout au long de son histoire. Les fameux bœufs de Géryon, dont l'enlèvement constitue le 10ème des Travaux d'Héraclès, se trouvaient d'après certains Auteurs anciens dans la région d'Ambracie et d'Amphilochie ou dans celle d'Apollonia d'Epire (Arrien; Richepin, 1959; Encycl. Pa, La, Br, 1994), Hésiode qualifie l'Epire de «riche en champs de blé», évoque ses «belles prairies» et sa richesse en moutons et en bœufs (Hésiode), Pindare, trois siècles plus tard, loue ses riches prairies (Pindare) et Aristote, un siècle après, décrit la taille impressionnante et la grande production laitière des vaches de l'Epire, qui donnaient une amphore de lait par jour, c'est-à-dire 26 kg! (Aristote).

Les moutons d'Epire étaient célèbres également pour leur taille et la qualité de leur laine, que les éleveurs protégeaient en faisant porter aux animaux des vêtements de cuir!

Cinq siècles après Aristote, la réputation des «très beaux bœufs» n'a pas abandonné l'Epire, quand Arrien inscrit sa propre expérience de ce fait (Arrien).

Plus particulièrement pourtant, c'est l'élevage nomade qui régnait et imposait ses propres règles et lois en interaction avec l'organisation tribale, sociale et politique du pays. Dans l'Epire du tout début de la période historique, on note la présence de centaines de petits regroupements tribaux, sans qu'ils aient de limites géographiques précises (comme celles des «villes-Etats» du reste de la Grèce), parce que la vie pastorale nomade exigeait un déplacement constant. Dans ces organisations nomades, l'*unité sociale* fondamentale s'identifiait à l'*unité économique* et était constituée d'un groupe (cercle) de 200-300 personnes et de leurs troupeaux de chèvres et de moutons, dont la taille était proportionnelle à la qualité des pâturages qu'ils contrôlaient.

Ces petits cercles fusionnaient en groupes de *taille intermédiaire* (par exemple les Prassevos et les Aterargos) et ces derniers étaient réunis en formations d'importante population, ayant au début comme but principal la possession et la protection de grandes étendues de pâturage (Figure 1) De telles formations («tribus» ou «ethnies») étaient nombreuses et les plus importantes d'entre elles étaient les *Khaones,* les *Molosses*, les *Athamanes*, les *Kassôpéens,* les *Thesprôtes* (Strabon; Stageiritou, 1819; Paparrigopoulos, 1925; L'Hist. de la Nation Hell., 1970; Epire, 1977) Ainsi, les *Thesprôtes* (Epire, 1977), comme les Sarakatsans modernes de Zagorie pendant les années 30 (Dakaris, 1976; Epire, 1977) contrôlaient tous les pâturages d'hiver, du fleuve Thyamis au golfe d'Arta, alors que les

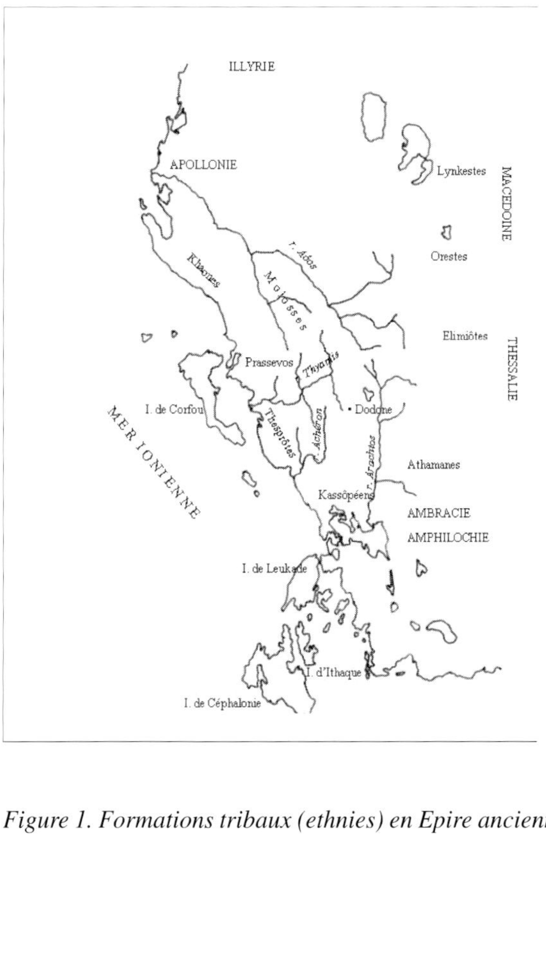

Figure 1. Formations tribaux (ethnies) en Epire ancienne.

Khaones (Epire, 1977) pendant leur apogée possédaient les pâturages d'hiver de la côte, du golfe d'Avlona à la plaine de Vourgos (Figure 1 et 2).

Les pâturages d'été de ces deux groupes importants se trouvaient pour la plupart enfoncés à l'intérieur des terres. Leurs voies d'accès pourtant traversaient le territoire des *Molosses*, l'autre grande «ethnie» (Figure 1) Il fallait donc que des accords soient conclus dans l'intérêt commun (Epire, 1977).

La participation à ces groupes importants n'était pas constante. Les conditions climatiques variables ou les changements politiques provoquaient l'éclatement des formations et le déplacement de certaines «tribus» d'un grand groupe à l'autre ou d'une région à l'autre, puisque des conditions similaires d'une vie pastorale nomade existaient dans la Thessalie voisine, la Macédoine et l'Illyrie. Un exemple caractéristique de tels déplacements est offert par les groupes des *Lynkestes*, des *Orestes* et des *Elimiôtes* qui, se séparant des Molosses, ont rejoint les Macédoniens (Epire, 1977).

Le massif montagneux du Pinde présente aujourd'hui encore dans ses deux faces de nombreux points communs, dont les racines doivent être recherchées dans ces temps anciens.

De la lutte pour la survie au développement des villes de montagne, à la conscience bourgeoise et à la culture particulière aux montagnes de l'Epire

L'aspect de ce paysage montagneux a subi des modifications au cours des siècles qui ont suivi (Epoque romaine et période de bouleversements (Hrysou, 1981) provoqués par les incursions de peuples du Nord. Sa résistance a souvent été mise à l'épreuve, dans des circonstances extrêmement dures, jusqu'à ce que soit rétablie la relative normalité assurée par l'Empire byzantin. D'ailleurs, selon les témoignages historiques, la région conserve toujours son caractère de région d'élevage ainsi que ses fameux bovins et moutons et continue périodiquement à «envoyer» sa population vers le reste de la Grèce mais aussi vers l'Italie et la Sicile, surtout pendant le XIIIème siècle, à cause des invasions venues du nord et au début du XVème siècle, après la chute de l'Empire byzantin et l'achèvement de la conquête ottomane (Hatzigeorgiou, 1958).

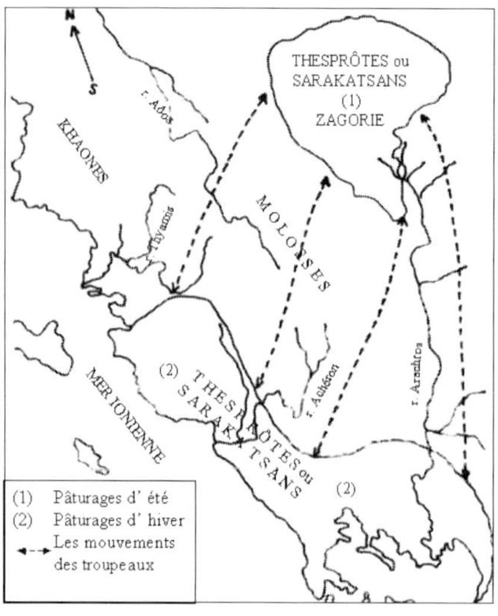

Figure 2. Troupeaux transhumants en Epire, ancienne et moderne.

En dehors de cette mutation et dans la nouvelle réalité, on observe dans toute la région du Pinde et à chacun de ses moments historiques cruciaux qui se rattachent à un sentiment d'insécurité économique et sociale, la recherche aussi d'une autre voie qui reste ouverte et qui est celle qui mène à la montagne. Des groupements entiers de population montrent dans leur cheminement historique cette «fuite» vers les régions montagneuses (Moskof, 1972; Vakalopoulos, 1980).

Le déplacement de la population est une lutte pour la recherche d'un mode de vie, d'une terre à pâturer, d'étendues libres sans limites, ayant pour but la survie qui est atteinte avec la plus grande utilisation et valorisation possible de l'environnement (Rokou, 1988).

Ainsi, l'espace montagneux défini entre l'Albanie, l'Epire, la Thessalie et la Macédoine a été par excellence une région d'élevage, qui a pris les dimensions d'un phénomène de longue durée et a été exercé, comme dans les temps très anciens, par des groupes tribaux particuliers ou des ethnies, les Sarakatsans, les Valaques ou les Albanais (Rokou, 1985).

Nous pouvons estimer et mesurer l'élevage à partir du moment où il acquiert du «volume» et à partir du moment où, dépassant son but initial qui était de subvenir aux besoins de la population montagnarde, il rend ses produits commercialisables et les transporte vers le marché occidental tout d'abord en tant que matières premières, comme la laine, marchandise précieuse pour l'industrie textile européenne.

Pendant le XIVème siècle, les premiers Epirotes qui commercent avec Venise sont signalés, alors que par la suite l'épanouissement continuel de l'élevage constitue une réalité, pour parvenir à son apogée pendant le XVIIème et le XVIIIème siècles et se maintenir à un haut niveau pendant tout le XIXème siècle.

Sous l'Empire ottoman, les massifs montagneux sont les espaces où l'élevage constitue l'activité principale de la population agricole et la seule réalité possible de l'époque.

Cette dynamique apportera peu à peu le développement de l'industrie et par l'intermédiaire des transporteurs-marchands, l'activité de transformation, la vigueur économique et l'investissement de la richesse dans des activités à l'étranger mais aussi le retour d'une partie de la richesse vers la terre natale. On en arrive ainsi à la mise en valeur et au rayonnement des petites villes de montagne et, sur les deux pentes du Pinde (Kalarrytès, Syrrako, Metsovo, Greveniti, Moschopoli, Vlasti etc.…), à la naissance de la classe bourgeoise et à la constitution d'un niveau intellectuel enviable (Wace & Thompson, 1990; Vakalopoulos, 1992).

Au cours de cette évolution de l'élevage, deux formations ont joué un rôle de premier ordre: les *bergeries* et les *tselingato* (Nitsiakos, 1987; Kavadia, 1996).

La *bergerie* était un regroupement de sociétés patriarcales d'éleveurs de moutons et de chèvres, qui par leur union défendaient leurs intérêts pendant l'exercice de leurs activités.

Le *tselingato* était à la fois une association économique et la «constellation» d'éléments collectifs et individuels qui caractérisait les sociétés d'élevage (Sarakatsans – Valaques) Il avait à chaque fois comme point de départ la *bergerie* d'une famille nombreuse et puissante avec la participation de divers petits éleveurs aux possibilités limitées, tout d'abord parents entre eux (Gourgioti, 1985; Encycl. Pa, La, Br, 1994) Par la suite pourtant, on note le dépassement de la base familiale de l'économie, du lien parental de sang et des hommes (incorporés) qui n'ont pas obligatoirement de lien parental entre eux participent au regroupement. C'est la nécessité qui a institué cette pratique et les principaux facteurs qui y ont contribué ont été au nombre de cinq (Kavadia, 1996):

- *Le manque de pâturages disponibles*. Les éleveurs nomades, sans terre par tradition, étaient obligés de louer les pâturages nécessaires.
- *Le besoin de financement des petits éleveurs*. Dans des situations difficiles, le petit éleveur n'avait pas d'autre choix que le prêt à usure. Le tselingato, ayant les moyens financiers, était une solution à ce problème.

- *Le manque de main d'œuvre des éleveurs importants*. Quand la famille élargie ne possédait pas de potentiel humain suffisant pour l'élevage, elle s'associait à de petits éleveurs, dont les excédents en main d'œuvre couvraient les manques.
- *La difficulté de conserver des relations avec le monde extérieur*. Les simples éleveurs, à cause de leur isolement et de la faiblesse de leur niveau d'instruction, n'étaient pas capables de développer, même de façon élémentaire, des relations sociales avec le reste du monde. Les grandes et puissantes familles, au contraire, avaient la possibilité de préparer leurs membres à cette infiltration socio-économique et à ces contacts.
- *Le besoin de défense et de collaboration*. Grâce à ses mécanismes, le tselingato a créé des liens beaucoup plus forts et efficaces que n'importe quelle autre association.

La taille du tselingato variait en fonction de la taille du troupeau-noyau. Dans certains cas, les tselingato comptaient des milliers d'animaux et des dizaines de familles.

Bien que cette association particulière ait été blâmée quelquefois à cause de son caractère autoritaire économique et social ou à cause de la manipulation exercée sur les groupes les plus faibles, elle n'a pas cessé d'être une forme achevée d'une organisation des éleveurs qui les concernait autant eux-mêmes que leurs animaux.

Le déclin progressif du tselingato a commencé avec la Réforme Agraire de 1917, qui avait pour but la suppression des *tsifliki*, c'est-à-dire des grandes propriétés, et leur redistribution à ceux qui n'avaient pas de terre ce qui a marqué le début des cultures intensives dans les petits lots. Les tsifliki complétaient l'activité des tselingato avec la mise à disposition de grandes étendues pour les pâturages d'hiver (en plaine) De façon caractéristique, on rapporte qu'en 1930, c'est-à-dire après la Réforme Agraire, les loyers des pâturages d'hiver en Thessalie augmentèrent quarante fois par rapport à ceux de 1914 (Nitsiakos, 1987).

Reconsidérant le milieu du XVIème siècle, où la tradition gardée vivante coexiste avec certaines données réelles disponibles, nous pouvons suivre la transformation progressive accomplie dans les sociétés de montagne et l'apparition des nouveaux groupes sociaux.

L'élevage a été la base et le tremplin de cette évolution. D'immenses troupeaux d'ovins et de caprins sont élevés, qui continuent l'ancienne tradition de la transhumance. On cite (XVIIème siècle) des troupeaux de 3000 - 6000 têtes alors que les privilèges obtenus par certaines régions (Metsovo XVIII^{ème}siècle) de l'administration ottomane ont donné une nouvelle dynamique et une nouvelle profondeur à ces activités. Des jeunes sont envoyés en Sardaigne et ailleurs (Céphalonie) pour élargir les connaissances dans la fabrique des fromages, alors que dans le même temps, on note un grand développement du traitement de la laine (Papakostas, 1967; Ziangos, 1974).

Comme il est rapporté de façon caractéristique, au cours de ces années-là, «l'élevage profite non seulement aux Epirotes mais aussi au pouvoir ottoman et même aux … voleurs».

La première et unique classe sociale, celle des *éleveurs*, avec ses produits locaux (fromage, laine, peaux) et ses étoffes artisanales ou industrielles, principalement de laine (jetés de lit, tapis et surtout capes de laine, très populaires chez les marins d'Italie et d'Espagne), contribue à la création des conditions préalables à la formation d'un nouveau groupe social, celui des *Bourgeois* (ou des Tailleurs, comme ils se nomment), qui comprend des hommes de métier, des artisans, des orfèvres travaillant l'or et l'argent, des marchands et des intellectuels qui apparaissent à cause de la naissance d'inquiétudes spirituelles (Ziangos, 1974) Les fromagers de Syrrako, les orfèvres de Kalarrytès sont célèbres. (La bijouterie Bulgari de Vienne, célèbre aujourd'hui, appartient à des descendants de la famille Boulgari)…

Le commerce, établi au début avec les régions de l'Empire ottoman et petit à petit avec l'étranger, s'agrandit considérablement avec l'organisation des célèbres caravanes, qui sont chantées par la Muse populaire et jouent le rôle d'un cordon ombilical qui relie la patrie à des destinations éparpillées sur une étendue immense (Zotou, 1935; Hatzigeorgiou, 1958; Papakostas, 1967).

A titre indicatif, on cite des villes où sont établis des bureaux commerciaux, comme Bari, Trieste, Naples, Gênes, Libourne, Marseille, Madrid, Vienne, Bucarest, Budapest, Moscou, Saint-Pétersbourg, Odessa, Constantinople, Smyrne, Alexandrie etc....(Vakalopoulos, 1992) Beaucoup de ces bureaux se développent et deviennent ensuite des Maisons de Commerce et des Etablissements bancaires (Pouqueville, MDCCCXXVII (1); Zotou, 1935; Papakostas, 1967; Ziangos, 1974).

Ce courant crée un «débouché» supplémentaire pour tout artisan et praticien vers les mêmes destinations, le prix du record des voyages étant décerné à Syrrako, à Kalarrytès, à Metsovo et à Malakassi (Faltaits, 1928) On estime qu'au cours des XVIIIème et XIXème siècles environ 2 000 000 de personnes se sont dirigées de la région d'Epire vers la Roumanie, la Russie et l'Europe centrale (Ziangos, 1974).

Parmi les artisans, la célèbre classe professionnelle populaire des Maîtres-artisans se distingue, principalement dans la région de Zagorie (appelée aussi pour cette raison «région des Maîtres-artisans»), qui créent rapidement une tradition admirable de leurs constructions exceptionnelles (maisons de maître, ponts), continuant l'œuvre des anciens maçons Pélasges de l'Epire, qui ont participé à la construction de l'Acropole d'Athènes après les guerres médiques (Hatzigeorgiou, 1958; Encycl. Pa, La, Br, 1994).

Pendant les XVIIème, XVIIIème et XIXème siècles, l'afflux de richesses dans les villes montagneuses particulières de l'Epire (Syrrako, Kalarrytès, Greveniti, Metsovo) mais aussi de l'autre versant du Pinde, à Moschopoli, Vlasti, Siatista (Fig. 3), (Papakostas, 1967; Fotiadou, 1971; Kalinderi, 1982; Damianakos, 1987) et l'arrivée de la prospérité a permis à ces sociétés de manifester des vertus intellectuelles qui devaient influencer la vie sociale, intellectuelle mais aussi politique de toute la Grèce (Ziangos, 1974; Patselis ?).

L'attrait pour les lettres est signifié par des voyageurs étrangers [Pouqueville, MDCCCXXVII (2)], alors que le libre petit royaume grec de l'époque reçoit les bienfaits des magnats épirotes qui se sont faits eux-mêmes à l'étranger.

Un témoignage irréfutable de ce fait est dans les bâtiments grandioses et dans les fondations philanthropiques qui parent aujourd'hui la capitale de l'Etat grec, Athènes, identifiant ainsi la notion de Bienfaiteur national avec l'Epirote (Papakostas, 1967; Vakalopoulos, 1992).

Le renversement

Cette situation se renverse tout d'abord avec les changements radicaux qui s'observent au début du XXème siècle en Europe entière, avec des guerres destructrices et l'émergence de nouvelles structures socio-politiques. L'espace où depuis des siècles, évoluaient traditionnellement les Epirotes devient désormais défavorable et ainsi la vague migratoire commence à se tourner vers le Nouveau Monde, l'Amérique.

En même temps, l'Epire, intégrée dorénavant à l'Etat grec, subit les conséquences des mesures prises pour l'établissement de ceux qui n'avaient pas de terre, de l'expropriation des tsifliki, ce qui provoque une sérieuse modification de l'aspect de l'économie de montagne.

Jusqu'à la deuxième Guerre mondiale, l'élevage nomade décline sans cesse et les hostilités qui suivent marquent son élimination définitive. L'économie de montagne prend désormais sa dimension mixte d'agriculture et d'élevage, qui pourtant fait apparaître les désavantages de l'espace montagneux...

Enfin, l'exode rural et la recherche d'une meilleure qualité de vie, observés pendant les années 60 et qui se poursuivent encore pour l'ensemble de l'espace montagneux européen désorganise le tissu social de ces régions sensibles, provoquant une série de dysfonctionnements à tous les niveaux de la vie des Epirotes.

Figure 3. Les villes de montagne.

Conclusion

L'Epire et l'espace du massif montagneux du Pinde du Nord ont hébergé pendant de nombreux siècles des populations et des groupes sociaux dont la constitution sociale, l'activité économique et la culture se différencient selon les époques et présentent des particularités mais font apparaître comme référence commune l'aspect de cet espace-même (Nitsiakos, 1992).

Cet espace a fonctionné comme repaire pour des populations montagnardes mais aussi comme refuge pour des gens des plaines dans des conditions d'instabilité. Dans cet espace, l'élevage, à cause de la nature du sol et du climat, a joué dès les commencements un rôle primordial et décisif dans toute modification sociale, économique et culturelle observée et enregistrée. L'élevage a témoigné d'une durée, d'une profondeur et d'une dynamique qui a conduit à chaque fois à la formation de ces structures qui ont rendu possible non seulement la survie des communes – même à des époques difficiles – mais aussi leur progrès continuel qui les fait parvenir à des niveaux impressionnants. Le déclin, dans la mesure où on peut parler de déclin et non de nécessité historique, a été dû à des événements et des circonstances pour la plupart inévitables, qui appartiennent dorénavant au domaine de l'Histoire. Le problème qui existe de nos jours et qui se rencontre dans toutes les régions montagneuses méditerranéennes est aussi un défi qui se dresse devant nous, pour trouver des réponses. Des réponses à une possibilité de *renversement* de la diminution de la population de l'espace montagneux sensible, à une possibilité d'*encouragement* et d'*émergence* de nouvelles formes viables d'élevage, à une possibilité de *valorisation* de l'expérience précieuse de plusieurs siècles et de *démonstration de confiance* dans le potentiel humain local, à des perspectives de *protection* de l'équilibre environnemental…

De l'efficacité des réponses qui seront données et des solutions qui seront proposées dépendra si les massifs montagneux, aujourd'hui problématiques, étaient revivifiés et si des nouvelles occasions étaient données aux sociétés marginalisées qui y vivent, non seulement pour la survie, mais aussi pour une nouvelle révélation des capacités et vertus latentes que ces sociétés ont prouvé toujours qu'elles possèdent.

Références

Aristote (Histoire des animaux Ã 522).

Arrien (L'expédition d'Alexandre, 2.16 5-6).

Dakaris, S., 1976. L'élevage en Epire ancienne. Discours rectoral. Ioannina, 28/11/76 (en Grec).

Damianakos, S., 1987. Greveniti. L'esquisse d'une société montagnarde locale. Dans: Epire. Société-Economie. 15ème-20ème siècle. Actes d'un Congrès Inter. Ioannina, 4-7 Sept. 1985, (en Grec).

Encyclopédie Papyrus, Larousse, Britannica, 1994.Ed. Papyrus, Athènes.

Epire. 4000 ans de l'Histoire Hellénique. Ekdotiki d'Athènes. Athènes, 1977, pp 480, (en Grec).

Faltaits, K., 1928. Les artisans ambulants en Epire. La Confrérie épirote. Athènes, pp 31, (en Grec).

Fotiadou, Erminia, 1971. Les grands villages de l'Epire. Un trajet. Syrrako, Kallarytès, Matsouki. Pramanta. Ioannina, (en Grec).

Gourgioti, Lena, 1985.Sarakatsans: Une population nomade de l'élevage grec. Actes d'un Congrès.Serres, 1-3 Oct. 1983, 47-59, (en Grec).

Hatzigeorgiou, Th., 1958. L'émigration des Epirotes. Bibliothèque épirote. Athènes, pp 90, (en Grec).

Hérodote A148, 171.

Hésiode (Extraits, 58-134)

Homère (Odyssée) Î97,100., Ó84., Ö109., Ù378.

Hrysou, K.E., 1981. Contribution à l'Histoire de l'Epire pendant la période protobyzantine (4ème-6ème siècle) Chroniques épirotes. Tome 23 ,(en Grec).

Kalinderi, M.A., 1982. La vie du Vlatsi pendant la domination turque. Bibliothèque macédonienne. Publication de la Société des Etudes macédoniennes.Thwessalonique, pp 538, (en Grec).

Kavadia, B.G., 1996. Sarakatsans. Une Société pastorale grecque. Ed. Bratzioti. Athènes, pp 431, (en Grec).

L'Histoire de la Nation Hellénique, 1970. Ekdotiki d'Athènes. Athènes. Tome B.

Liddel & Scott., 1901.Grand Lexique de la langue grecque. Ed. An. Konstantinides. Athènes, pp 3008.

Moskof, K., 1972. La conscience Nationale et Sociale en Grèce, 1830-1909. Thessalonique, pp 279, (en Grec).

Nitsiakos, B., 1987. La semi-nomade communauté en Epire. Rapports de production et formation sociale. Dans: Epire. Société-Economie, 15ème-20ème siècle. Actes d'un Congrès Inter. Ioannina, 4-7 Sept.1985, (en Grec).

Nitsiakos, G.B., 1992. Une étude écologique et un schéma d'aménagement du territoire des écosystèmes spécifiques des massifs de Pinde. Part 4ème. Réalités culturelles. Muséum Goulandri d'Histoire Naturelle. Athènes, pp 24, (en Grec).

Papakostas, X.N., 1967. Epire (Données historiques et sociales) Tome A. "Athamanika". Athènes pp 646 (en Grec)

Paparrigopoulos, K., 1925. L'Histoire de la Nation hellénique. Athènes, 5ème édition. Tome 1er.

Patselis, B.N. La contribution des Epirotes à l'évolution politique, économique, sociales et spirituelle du Pays. Tome C. " Ipirotiki Hestia". Ioannina, (en Grec).

Pindare (Nem.V 52-53).

Pouqueville, F.C. H.L., MDCCCXXVII(1) Voyage de la Grèce. Deuxième édition. Tome premier. Paris. Chez Firmin Didot, Père et Fils.
Pouqueville, F.C. H.L., MDCCCXXVII(2). Voyage de la Grèce. Deuxième édition. Tome second. Paris. Chez Firmin Didot, Père et Fils.
Richepin, J., 1959. La Mythologie grecque. Ed. Avlos. Athènes. Tome B, pp 553, (en Grec).
Rokou, Vasso, 1985. La ville montagneuse de l'élevage, ville de la "campagne". Trois exemples: Moshopolis, Metsovo, Syrrako. Actes d'un Symp. Inter. de la Société des Etudes du Nouvel Hellénisme. Athènes, 75-82, (en Grec).
Rokou, Vasso, 1988. Emigrations aux massifs, au monde agricole, en espace méditerranéen. Actes d'un Congrès à Athènes, (en Grec).
Stageiritou, A., 1819. L'Epire et la vie du Pyrrhos. A l'imprimerie du I.B. Tsvekiou.Vienn, (en Grec).
Strabon C322.3, C324.5.
Thucidide A 47, 54.
Vakalopoulos, A., 1980. "Pangarpia" de la Terre macédonienne. Société des Etudes macédoniennes. Bibliothèque macédonienne No 53. Thessalonique, pp 687, (en Grec).
Vakalopoulos, K., 1992. L'Histoire de l'Hellénisme du Nord. Ed. Kyriakides. Thessalonique, pp 988, (en Grec).
Wace, J.B.A and Thompson, S.M., 1990. Les nomades des Balkans. Ed. Kyriakides. Thessalonique, pp 346 (en Grec).
Ziangos, N.G., 1974. L'Epire pendant la domination turque, 1648-1820, (en Grec).
Zotou, D., 1935. Le dépaysement des Epirotes. Les Chroniques. Athènes, pp 31, (en Grec).

The evolution of cattle and sheep breeding systems in Central Italy over the past two centuries

R. Santilocchi & P. D'Ottavio

Dipartimento di Scienze ambientali e Produzioni vegetali, Facoltà di Agraria, Università Politecnica delle Marche, Via Salvador Allende, 60131 Ancona, Italy

Summary

The evolution of cattle and sheep breeding systems in Central Italy occurred mainly according to the historical vicissitudes that concerned, directly or not, the agriculture and also according to environmental characteristics of the different areas in which they were diffused.

In the 18th and 19th centuries, sharecropping was the most diffused system in the areas with a strong agricultural vocation. In these multi-purpose farms, breeding was very important: cattle was used both as working stock and for meat production and sheep were used for meat production. Differing from the above-mentioned situation, in the majority of the land of the Tyrrhenian coast, mostly occupied by Mediterranean maquis and by large marshlands, large estates were mostly utilised for extensive breeding of cattle, buffalo and sheep.

Starting from the 20th century, important modifications occurred with dissimilar characteristics for the different areas. In the most inland and poor areas of the Apennines, the crisis of the sharecropping led to high availability of low cost pasturelands that favoured the formation of collective properties and very high diffusion of small-scale, mainly sheep, farms.

The very effective land reclamation performed in the Tyrrhenian coast, favoured the development of intensive farming on a large scale, in which very intensive milk and meat cattle farms were established. Sheep breeding was gradually specialised towards milk.

In the areas with a more agricultural vocation, sharecropping entered into a crisis after the Second World War. The consequences on breeding were quite diversified, mostly depending on farm size. The large farms were mostly oriented towards large-scale cattle breeding devoted to milk or meat production, with a special preference for tender beef production, while the small dimensional farms maintained the traditional small-scale breeding of the past. The major modifications started in the 1970s and were mostly due to the part-time management linked to the diffused industrial development that occurred in the preceding decade. This situation led to the maintenance of small farming structures, but also to a reduction of small-dimension breeding and of the forage crops that were often replaced by cereals and industrial crops.

Despite the high animal reduction, a positive evolution is possible for cattle and sheep breeding in Central Italy. It could be based on the high quality food market opportunities, on the alternatives offered after the crisis of the traditional crops and on the increasing role of the grazing animals in maintaining the diversification of the countryside of Central Italy.

Keywords: cattle, sheep, breeding, agriculture, sharecropping, Central Italy.

Evolution to date

Livestock breeding has always been organised according to the farm structure in a given area and the possibility of land use by the animals. The presence of open lands, in which restrictions in terms of use were absent, has, in general, favoured a type of breeding system in which the animals could move freely according to the available forage. The farming activity, with food production for human consumption as its main aim, has instead gradually imposed the choice of breeding systems more and more linked to a specific area and, therefore, always permanent. It is known that, in the zones characterised by the presence of highly fertile soils, the second alternative has been prevalent.

The livestock breeding systems developed in Italy over the centuries have been conditioned by both the alternatives described, but even more by the characteristics of the farm structures established in the different areas. The two extreme situations are represented by the plain areas of northern Italy and by the southern part of the country. In northern Italy, the high fertility of the soil and the notable availability of extra agricultural finance has favoured the formation of medium to large businesses, in which large-scale livestock breeding could be easily merged, mainly permanent beef and dairy cattle. In southern Italy, on the contrary, the significant problems due to the lack of water, typical of the Mediterranean climate, have relegated intensive farming to relatively small areas, in particular where it was possible to irrigate. On the major part of low productive lands, large estate farms were common, whose financial availability was greatly reduced, due to a reduced productive potentiality of the soil. Also, in this part of Italy, there have always been large areas of public property, that could be also used by the local communities. These factors have favoured the setting up of extensive livestock breeding systems, also including various forms of large-distance transhumance farming for the sheep.

The evolution of agriculture and animal production in Central Italy occurred in ways that, for the most part, are far from both presented situations.

In the 18th and 19th centuries, the sharecropping farms were gradually established in the greatest part of the areas with a strong agricultural vocation. The farms located in these areas, often of a notable size, were subdivided into smaller estates, whose dimensions were often linked to the amount of work that the sharecropper family could put in. In this system, the land was entrusted to people who were employed to manage it in the best way and give to the landowner a consistent percentage of the products gathered, as a form of payment. This percentage reached and exceeded, in certain cases, 50% in the 19th century. Therefore, the sharecropper had to extract from the farm everything that was necessary in order to support his family.

The situation favoured the formation of multi-purpose farms, in which breeding was very important, particularly for cattle, which could be used both as working stock and for beef production, as well as for sheep, primarily devoted to meat production. The small sized farms and the similarly reduced area allocated to the production of fodder induced, however, the limitation of the number of breeding animals (the most common numbers were 2 heads of cattle and 6 to 7 adult sheep per farm) and the necessity to choose permanent breeding systems with the animals kept in the barns. A further consequence of this state of affairs was the need to harvest and store the forage. This favoured a large increase in meadows, in particular the monophytic ones, since towards the mid-19th century the leguminous forage species were rediscovered for use in meadows; first of all the lucerne. The general impact of these trends was, all in all, positive, since the presence of the long-lived leguminous species and the good availability of manure favoured a positive process that has gradually increased the fertility of the soils.

The only area in which this situation did not occur was the Tyrrhenian coast, where large areas of land were occupied by Mediterranean maquis, while the plains were marshy and unhealthy due to malaria. Given these conditions, intensive farming was not possible, therefore the vast majority of the land was either owned by public estates or by large farms which could be also collectively owned. One of the few forms of utilisation of these properties was the extensive breeding, also on a large scale (cattle on the maquis, buffaloes on marshlands and sheep in the transition areas). Transhumance was often applied in sheep breeding where the animals stayed in such areas between autumn and spring, when grass was available and health problems did not occur, while during the summer they were transferred to mountain pastures of the Central Apennines. This situation remained quite stable until the beginning of the 20th century. Since then, important modifications occurred with dissimilar characteristics for the different areas of Central Italy.

In the most inland and poor areas of Central Italy, the crisis of the sharecropping system occurred at the end of the 19th century and was mainly due to the low soil fertility and the extensive emigration of the local populations towards different areas of Italy or other countries.

The consequent high availability of low cost pasturelands favoured the formation of collective properties, where all the inhabitants of the village could use the resources of these, often large, areas. The impact of this situation on the breeding activity was quite interesting. A very high diffusion of small-scale farms, mainly devoted to meet and milk sheep production, took place. These farms could be managed by local inhabitants, who owned little or no land at all, as they could gather fodder from communal land.

The Tyrrhenian coast marshland was vastly reclaimed, using mainly labour from the large plains of northern Italy. Land reclamation completely changed these areas, since the high fertility favoured the development of very intensive farming. Easy commercial outputs were found in the rapidly expanding cities of the area (Rome and Florence in particular). In this context, highly intensive cattle farms, both for milk and meat production were easily established, also thanks to the expertise of the workers employed in the land reclamation; these workers came form northern Italy, where such farms were very common. Sheep breeding gradually changed, due to an ever increasing preference towards breeds specialised in milk production.

In the areas with a more traditional agricultural vocation, the sharecropping system remained for a longer period, but entered into a crisis after the Second World War. In most cases, small-scale farms were set up reflecting the size of the sharecropping single farms, and sharecroppers became farmers. Pre-existing farms rarely managed to avoid the breaking up of their farming land, therefore a very small number of large-scale farms still remained. The consequences of the evolution of the property forms on the breeding activity were quite diversified and depended mostly on the farm size. In particular, the large farms were mostly oriented to large-scale cattle breeding, devoted to milk or meat production, with a special preference for tender beef production.

On the contrary, great modifications did not occur in the small-dimension farms, at least in the first period, because the new farmers adopted technical solutions and maintained the traditional small-scale breeding of cattle and sheep that characterised the past sharecropping system.

The major modifications started in the 1970s. The strong and diffused industrial development, which had occurred in central Italy in the preceding decade, required more and more manpower, of which much was retrieved in the rural areas. This situation led to the maintenance of the farming structure of small dimensions, with a part-time management type, in which the owners had enough time to work in the industries and to cultivate their own lands. The double work, however, inevitably provoked substantial modifications of the farming organisation. In fact, the part-time management determined a reduction of small-dimension breeding, considered not only not essential anymore from the economic point of view, but even unprofitable, taking into account the amount of work to put in. At the same time, this determined a reduction of the forage crops that were often replaced by cereals and industrial crops. Only in the less productive areas, especially those located in the internal zones of the Tyrrhenian coast, an increase of the sheep-breeding for milking was observed.

Additionally, the strong crisis that involved the large farms for tender beef production in the last years, determined the almost complete disappearance of this type of breeding in Central Italy.

Taking into account all the above-mentioned evolution patterns which occurred in this important area, the zootechnical sector shrank considerably.

Future perspectives

Based on the above presented considerations, is a positive evolution possible for cattle and sheep breeding in Central Italy? Even if the actual situation is not very encouraging, the reply to this question can be moderately affirmative. The motives for such optimism are many.

The first reason is represented by the fact that the past has left us an inheritance of extraordinary importance, represented by the numerous native breeds of cattle and sheep that were bred over time in this area. Their products (meat, milk and derivatives) are highly liked by consumers, thanks to their particular quality characteristics. If it was possible to put these products on the top range of the food market, the future of breeding could be guaranteed.

It must be considered, however, that the traditional crops (cereals and industrial crops), cultivated in the major part of the agricultural land of these areas, are entering into a crisis due to high production costs that render the products non-competitive compared to those in the international market. If farming is not to disappear from these areas, with the inevitable social and environmental problems, it is essential that valid alternatives are found to these crops. On the major part of the agricultural area, except for single-cases hypotheses which are not therefore extendable, the breeding of livestock can be certainly considered a valid alternative. However, the breeding systems must be reconsidered, opting towards extensive ones and suitably choosing the animal breeds according to the characteristics of the land. For example, there are good perspectives for extensive breeding of beef cattle in the high hill and mountain areas, for the production of calves to transfer then in the more fertile areas, where the costs of feeding can be more contained.

Last, but not least, the presence of livestock breeding can contribute to maintaining the diversification of the countryside that has made the hilly and mountain areas of Central Italy known all over the world and has allowed a greater estimation of the cultural, environmental and tourist values.

In conclusion, it could be argued that, if we know how to gather all the opportunities offered by the environment and the society, the cattle and sheep breeding will be able to maintain - in the future, as in the past - the agricultural activities with all the positive environmental, social and tourist consequences in most of the areas of Central Italy.

References

Saltini, A., 1982. Storia delle Scienze agrarie. Edagricole. Bologna. 4 volumes, 2269 pages.

Sereni, E., 1979. Storia del paesaggio agrario italiano. Editori Laterza. Bari. 500 pages.

Bevilacqua, P., 1989. Storia dell'agricoltura italiana in età contemporanea. Spazi e paesaggi. Marsilio Editori. 803 pages.

Contraintes et potentialites dans la montagne mediterraneenne de rive sud

D. Fassi

S.G. MAB, Maroc, IAV Hassan II, Département de Foresterie, P.O. Box 6202, Rabat, Morocco

La montagne en rive sud de la Méditerranée apparaît comme, à la fois, unique et profondément vulnérable.

- Elle est en effet essentielle à l'équilibre zonal, originale et en mutation rapide.
- Elle est essentielle, car elle a créé de toutes pièces le climat méditerranéen de rive sud, et s'emploie à confectionner et à redistribuer sur les bas pays arides les ressources naturelles fondamentales.
- Elle est originale en ce qu'elle réalise un faisceau de caractères exceptionnels.
- Elle est tout d'abord étrangère aux grandes structures du continent africain, puisqu'elle constitue un apport alpin récent, justement offert au vieux socle du Gondwana lors de la confection de la Méditerranée.
- Elle présente ensuite une admirable concordance entre sa configuration et le climat méditerranéen non saharien dans toutes ses nuances, rendues encore plus riches par les variations du Quaternaire.
- Et c'est enfin, du Maroc au Sinaï, le monde particulier des populations les plus anciennes, douées de la mémoire environnementale la plus longue et du comportement solidaire le mieux organisé.

La montagne méditerranéenne de rive sud a pu alors tirer profit de cette heureuse complémentarité de l'histoire naturelle et de celle des peuplements. Elle a néanmoins subi, de plein fouet, le profond traumatisme des aménagements extravertis, totalement inadaptés, apportés par le vingtième siècle. Un processus de dégradation rapide des environnements s'en est suivi, aussi bien pour la montagne que pour les bas pays tributaires.

Parmi les ébauches de réhabilitation, actuellement tentées, celles qui semblent les mieux structurées ont adopté l'aménagement intégré et fonctionnel des bassins versants, dans le cadre solidaire des *réserves de biosphère* et en vertu des normes du programme UNESCO sur l'homme et la biosphère.

Sur toute la frange septentrionale du continent africain, celle qui constitue précisément la marge sud du bassin méditerranéen, seule l'existence de la montagne permet d'échapper aux rigueurs extrêmes de l'aridité. Pour l'essentiel, les latitudes continentales en particulier, écrasées par des anticyclones trop permanents, et balayées par les alizés, sont le théâtre des types de temps les plus longuement clairs et dégagés, et s'exposent aux vents du SE et de l'E (*Sirocco* et *chergui*) éminemment secs et brûlants. La région, donc normalement très sèche et chaude, se trouve enveloppée, sur d'immenses étendues, d'une torpeur de plomb, créant le Sahara, le plus grand désert chaud du monde.

Par contre, la montagne, lorsqu'elle existe dans ce contexte, elle s'érige en exception providentielle à l'aridité ambiante. Dans les pays, qui en sont dépourvus, en tout cas dans la configuration appropriée, comme en Egypte ou en Libye, le Sahara atteint pratiquement les rivages de la Méditerranée sans que celle-ci puisse être d'un secours réellement significatif. Autour des mêmes latitudes, dans le Maghreb, les Atlas et le Rifo-Tell arrivent à créer de toutes pièces ce qu'il convient d'appeler un climat de néoformation, le seul vrai climat méditerranéen de rive sud. Un faisceau de conditions favorables contribue à ce prodige de la nature. Les caractéristiques de la montagne, dont la masse, l'élévation, les structures, l'orientation, la configuration par rapport au tracé des côtes, permettent au continent d'aspirer les moindres perturbations formées sur les mers, de les transformer en précipitations et d'en emmagasiner une bonne proportion pour alimenter de grosses sources pérennes.

Au Maroc, en Algérie et en Tunisie, les chaînes rifo-telliennes, plus engagées au N et mieux protégées contre le Sahara par la profondeur des masses atlasiques, présentent les paysages les plus authentiquement méditerranéens. Certains traits du Rif occidental et du Moyen Atlas du Nord-Ouest arrivent même à reproduire des ambiances quasiment tempérées.

Quant à la grande barrière atlasique, de près de 2 000 m d'altitude moyenne sur toute son envergure, et dépassant même les 4 000 m à l'W, elle constitue le principal bouclier face aux agressions du désert, arborant encore des écosystèmes relativement humides, de toute dernière chance. La concordance est ici étonnante entre les facteurs structuraux et climatiques, car il s'agit véritablement d'un postiche géologique, de type alpin, récemment apporté au vieux continent du Gondwana et dont la limite méridionale correspond à peu près exactement à celle des bioclimats méditerranéens exclusifs du saharien.

Il n'en est rien en Libye, même si des bordures de plateau, proches et parallèles au littoral, tentent de jouer ce rôle. Pourtant, malgré leur indifférence au système tectonique atlasique, leurs altitudes modestes inférieures à 1 000 m, et une largeur méridienne partout inférieure à vingt kilomètres, ces reliefs marginaux sont appelés "montagnes", par les populations locales, et jouent modestement ce rôle à l'échelle de l'immense pays aride et saharien. En effet, les Jebel, Neffoussa, à l'W, Lakhdar, à l'E, sont les seuls à rappeler, même si trop passagèrement, biotopes et modes de faire valoir de facture assez sûrement méditerranéenne.

Enfin, le massif du Mont Sinaï, dominant la moitié sud de la péninsule de l'E de l'Egypte de ses 2 600 m environ, n'est plus qu'une montagne aride où il ne pleut guère plus de 100 mm, mais avec des températures non excessives en été, et des gelées nocturnes systématiques en hiver assorties d'un certain enneigement sur les sommets.

De plus, la montagne méditerranéenne de rive sud s'organise véritablement en systèmes extrêmement originaux lorsqu'elle ajoute, à la convergence entre structures géologiques et climat, des caractères tout à fait spécifiques en ce qui concerne les communautés humaines qu'elle contient.

En effet, même si les populations chrétiennes ne sont plus que très minoritaires dans le Sinaï, la principale attraction et source d'activités lucratives y reste le pèlerinage au Monastère Sainte Catherine, certainement la plus ancienne église de tout le monde chrétien, puissamment incrustée en profondeur de la rive musulmane de la Méditerranée.

La montagne maghrébine, quant à elle, est demeurée dans sa majorité de tradition et de langue berbères. Le Jebel Neffoussa compte l'essentiel de la population berbère de toute la Libye, encore plus typée dans son caractère minoritaire par l'observance de la doctrine musulmane ibadite. En Algérie et surtout au Maroc, la montagne se confond le plus souvent avec le pays berbérophone, même s'il partage, le plus souvent, la sensibilité sunnite dominante et parle également l'arabe, la langue de la foi et des relations à grande échelle.

Tout se passe comme si la montagne, en plus de posséder les atouts naturels de sa résistance à la désertification, s'y trouve confortée par le savoir-faire de la population qui a la mémoire environnementale la plus longue dans le contexte physique le plus délicat.

Cette double accumulation des avantages, autant physiques qu'humains, est assurément le résultat des actions imbriquées de l'histoire naturelle et de l'histoire des peuplements. D'une part, les civilisations préhistoriques et antiques seraient bien venues d'Orient, à partir notamment des berceaux mésopotamien et égyptien par le Sahara, pour y installer, sur les marges sud des Atlas, une vaste tradition oasienne de type fluviatile, d'une grande sophistication. D'autre part, les fluctuations climatiques du Quaternaire ont aidé, à plusieurs reprises et jusque lors des périodes historiques, à initier des flux et reflux des populations du Sahara et celles de la montagne atlasique, mêlant intimement les modes de vie en même temps que procédant à de gigantesques translations d'écosystèmes.

Cette dynamique de la nature et des hommes a rendu obligatoire deux logiques inséparables. D'un côté, l'Atlas a créé, au large de son piémont sud, le plus beau Pré-Sahara du monde, entièrement tributaire, pour son existence, de l'eau et des sols de la montagne. De l'autre, les rigueurs du climat dans les deux milieux, marqués par des sécheresses saisonnières tantôt chaudes tantôt glaciales, obligent à une exploitation itinérante et concertée des ressources hydriques et biologiques. C'est, dans le prolongement du nomadisme saharien, la mise en place de mouvements qui deviennent pendulaires, intégrant la montagne, dans des déplacements semi-nomades à plus spécifiquement transhumants.

Dans le massif du Sinaï, trop sec pour une exploitation intensive des ressources, les Bédouins sont en principe semi-nomades. Dans un milieu de roches magmatiques, granite rouge ambiant et basalte noir notamment du Jebel Moussa, sans grosses possibilités d'emmagasinage pour l'eau, les autochtones ont la science de détecter les petites nappes de fissures et celle, tout aussi importante, de les consommer modérément. Lorsque les visiteurs étaient des pèlerins en quête de spiritualité, ils tentaient d'imiter la frugalité et le dénuement des montagnards de l'aride. Lorsqu'ils se sont transformés, plus récemment, en touristes de vision, de plus en plus indifférents, ils sont en passe d'adopter le profil standard de la société de consommation, trop onéreux pour l'équilibre naturel du milieu. Le nombre de lits d'hôtel de la petite ville de Sainte Catherine est presque aussi élevé que toute la tribu bédouine Guebaliya largement dispersée dans le massif centrale du Sinaï. Les hommes se sont recyclés dans le tourisme pendant que les femmes continuent à se déplacer avec le bétail. La côte occidentale, sur le Golfe de Suez, s'industrialise, alors que la côte orientale, sur le Golfe d'Aqaba, est en train de s'adonner à un fastueux tourisme balnéaire. De sérieuses ruptures d'équilibre s'en sont suivies.

La montagne maghrébine, véritable montagne méditerranéenne, est, à l'inverse, lourdement habitée. Elle est fortement sédentaire dans le Rif marocain et le Tell algéro-tunisien. Les utilisations du sol sont ceux d'un excellent bocage, à dominante arboricole, dans les régions les plus humides des Jebala, Kabylie et Kroumirie, et d'espaces sylvo-pastoraux dans les parties les plus élevées, aux conditions édaphiques et climatiques rigoureuses. Partout l'érosion est considérable. Les précipitations qui peuvent atteindre des moyennes de 1 000 à 2 000 mm, sur des versants très forts et imperméables, charrient d'énormes masses de terres fines. Le relief dénudé est rapidement décharné et la matière solide qui en sature les solutions menace, dans le Rif par exemple, le plus grand barrage maghrébin et le second d'Afrique (Barrage de l'Unité sur l'oued Ouergha, affluent du Sebou). La montagne joue ici le rôle de château d'eau pour les plaines d'inondation du N du pays, à partir d'un système aérien torrentiel et de ruissellement dominant.

Mais, le dilemme d'utilisation est de taille.

Adopter préférentiellement le mode conservatif sylvo-pastoral, prôné pour la durabilité des écosystèmes et des infrastructures, passe pour frustrer les autochtones montagnards de leur bien hydrique pour le mettre à la disposition des régions plus nanties qui en recueillent tout le profit dans les plaines en aval. En revanche, il semble évident que les substrats pédologiques fragiles de ces montagnes du N ne sauraient nourrir une population trop nombreuse sans s'appauvrir irréversiblement.

Les Atlas moyens posent un problème comparable, dans une forme pourtant complètement différente. L'exemple le plus illustratif en est le Moyen Atlas marocain, classiquement considéré comme le château d'eau du pays, puisqu'il contribue décisivement à l'alimentation des deux plus grands fleuves du Maghreb (le Sebou et l'Oum Rbia), et détermine notamment l'écoulement remarquablement pondéré de l'Oum Rbia, naturellement le cours d'eau le plus régulier d'Afrique du Nord. Comme il convient en pays méditerranéen, la pondération, forcément antinomique du rythme climatique profondément irrégulier, découle ici de la réorganisation hydrogéologique des précipitations dans des réseaux karstiques considérables. Et comme il se doit en montagne caussenarde de précipitations abondantes et sans écoulement superficiel, l'aménagement en a, depuis toujours, été déterminé par sa vocation sylvo-pastorale encore évidente dans les paysages, et parfaitement en harmonie avec la ressource hydrogéologique abondante et ainsi préservée pour l'usage, agricole et urbain, national. Une tendance récente d'utilisation arboricole intensive *in* situ, dans les grandes dépressions karstiques, est en train de bouleverser la donne. Les résurgences en bordure du karst, ainsi que les lacs qui en sont le trop-plein sur le revers des plateaux, montrent d'inquiétants signes de faiblesse, voire de tarissement.

Enfin, le système atlasique méridional, majeur de par sa stature et son envergure, cumule dans son immensité ou fait alterner, selon les structures, les fonctions de château d'eau aussi bien fluviatile que karstique.

L'Atlas Saharien algérien est sec à l'W, revit nettement à partir de l'amont du très original et ingénieux pays Mzab où la montagne, revigorée à l'E, alimente profitablement un Pré-Sahara notable. Le piedmont sud-oriental va se fondre dans un Sahara, de type bassin sédimentaire, où les nappes d'eau et les réserves de pétrole sont importantes. L'implantation d'infrastructures lourdes et les exigences croissantes des établissements humains se posent en termes de durabilité difficile.

Cependant, c'est l'ensemble du Haut Atlas, le plus engagé au SW, avec ses sommets performants, de 3 000 à plus de 4 000 m, et les vestiges d'un authentique couvert forestier, qui arrive à créer, au large de son piedmont méridional, les axes oasiens les plus dynamiques le long des oueds Draa, Ziz et Guir. C'est certainement le paysage biotique qui s'organise le plus densément comme un Pré-Sahara de caractère véritablement zonal, et qui pénètre le plus loin vers le cœur du Sahara.

Les ruptures d'équilibre ont été graves au fil du vingtième siècle, placé partout au monde sous le signe de l'extraversion plus ou moins consentie, et qui a connu, ici, les mutations socio-économiques les plus profondes. Le placement de la forêt sous tutelle publique directe a certainement contribué à désarticuler l'organisation communautaire en montagne. Les mises en défens traditionnelles se sont alors trouvées en porte-à-faux, pendant que les dispositions modernes sont, elles-mêmes, peu respectées. La forêt recule du fait des défrichements aggravés par le prolongement anormal du cycle des sécheresses qui semble s'être durablement installé depuis plus de vingt ans.

Il est certain que la montagne produit naturellement et exporte, dans ces conditions, beaucoup moins de ressources hydriques pour le compte des bas pays environnants que par le passé. Le Pré-Sahara, qui a construit des villes modernes, dédaigné son habitat traditionnel (les ksour) pourtant extrêmement approprié, introduit des formes puissantes d'exhaure et de consommation, tout à fait inadaptées, des ressources, réclame infiniment plus d'eau que la montagne n'est actuellement en mesure de fournir, par voie aérienne ou à travers les nappes.

Un peu partout, la montagne, progressivement stérilisée par le défrichement et les tendances à l'intensification des exploitations agricoles, n'arrive plus à tenir ses promesses de château d'eau. Le *dir*, sur les bordures plus humides, tout autant que le Pré-Sahara oasien, considérablement densifiés en établissements humains et travestis, étouffent et rentrent dans des rapports conflictuels avec les amonts traditionnellement nourriciers.

Des problèmes de fond se posent concernant le rôle de la montagne méditerranéenne à l'échelle des pays et des grandes régions.

En pays méditerranéen de rive sud, la montagne n'est pas une marge. Même si elle peut être perçue comme telle par rapport aux centres de décision, équipés et pourvus de commodités, elle est, en fait, amenée à fournir les ressources naturelles à la base de tous les projets d'aménagement. Elle est supposée, le plus souvent implicitement, être un haut lieu de l'altruisme. Pour l'essentiel, l'eau y est naturellement confectionnée pour être projetée dans les réseaux majeurs du drainage hydrographique qui organisent décisivement le bas pays et son économie tout entière. Quand celui-ci est trop sec pour fabriquer ses propres sols arables, comme dans les oasis du Pré-Sahara, la montagne y pourvoit de même entièrement. C'est encore le cas quand le bas pays bénéficiaire est une plaine de niveau de base, quelle qu'en soit l'abondance de l'humidité par ailleurs. Il s'agit alors des plus riches plaines agricoles telles que le Chelif en Algérie, la Medjerda en Tunisie ou encore plus nettement le Gharb marocain, et même, à une échelle tout à fait différente, le delta du Nil. Le problème, pratique ou étique, des compensations à l'altruisme montagnard est partiellement éludé dans les pays nord-méditerranéens, où la montagne fonctionne souvent comme un repoussoir humain. Il n'en est rien dans ceux du S où les communautés montagnardes restent nombreuses et actives.

Des projets de solution peuvent être dispensés par les approches d'aménagement ayant pour structure de planification le bassin versant dans son acception intégrale. Ils se sont souvent basés sur les normes et principes d'aménagement de l'espace prônés par les réserves de biosphère, notamment, ou par d'autres formes d'aires protégées telles que les sites du Patrimoine mondial. L'essentiel est que les problèmes environnementaux survenus dans ces milieux fragiles, au niveau de la réhabilitation et de la redistribution des ressources, soient posés à des échelles suffisantes d'intégrité privilégiant l'analyse systémique, compréhensive et fonctionnelle. C'est ainsi que le Sinaï méridional, dans ses parties centrales et orientales, a été inclus dans un réseau d'espaces protégés, depuis la mangrove et les récifs coralliens littoraux, jusqu'aux sommets atteints par les pèlerins de Sainte Catherine. D'autres réserves ont englobé, dans le sud marocain, tout le versant méridional du Haut Atlas ainsi que les bas pays desservis. Il en est de même pour les réserves algériennes depuis le Tell, au N, jusqu'au Tassili, au milieu du grand Sahara. La réserve de Bou Hedma est également un exemple réussi dans le sud tunisien. Maintenant, il est impératif de trouver les schémas institutionnels pour mettre en application les découpages spatiaux et les politiques d'aménagement qui en découlent, surtout dans le cas des plus grandes réserves qui dépassent par la taille et la complexité les performances de la simple perception conservative trop souvent encore seule en vigueur.

Dans cette attente, les structures traditionnelles, qui régissaient l'espace montagnard de façon collective dans des finages à éléments spatiaux fonctionnels complémentaires, disparaissent rapidement. Parallèlement à cette détérioration des structures et des usages conséquents, des approches désordonnées et trop individualistes se sont introduites, souvent dans le plus profond mépris des mécanismes de l'environnement. On observe, dans le même élan, le recul difficilement réversible des dernières marges forestières, la rapide dégradation des pâturages et des sols, l'intensification des caractères météoriques brutaux, des sécheresses aux inondations, ainsi que l'exacerbation des conflits sociaux.

The Socioeconomic structure of mountain farms in the Mediterranean Region of Turkey

I. Dellal

Agricultural Economics Research Institute of Turkey, P.O Box 34, 06100 Bakanliklar, Ankara, Turkey

Summary

There are 11 million cattle, 27 million sheep and 7 million goats raised in approximately 4 million farms in Turkey. Livestock farming in Turkey generally consists in small-scale family enterprises and it is carried out, in the vast majority of cases, as a sideline by arable farmers. Generally, small ruminants are preferred; these are the main income sources for the mountain farms in the Mediterranean region of Turkey. In this region, goat breeding is common because of its flexible integration into dissimilar socioeconomic situations, the goats' high adaptability to harsh conditions and the resulting high economic value from very low input usage. In this paper, the socioeconomic structure of mountain farms in the Mediterranean region of Turkey was studied by determining demographic characteristics (population, age, education, etc), main agricultural activities and economic importance of livestock farming.

Keywords: mountain farms, socioeconomic structure, goats.

Introduction

Turkey is one of the world's most important countries in terms of its economy, population, dynamism and geo-political situation. At the international level, Turkey is considered to be an advanced developing country, with its population of 67 million. Over 4 million families make their living out of agriculture and this sector alone accounts for 14 percent of GDP and 13 percent of exports. Over one third of all the country's workforce is employed in the agricultural sector, which is characterized by its small farm holdings.

Turkey is, in general, a country with high altitudes and the surface morphologies are quite varied. The mountains in Turkey cover an extensive area, but in contrast to this, there are also wide areas of plains, plateaus and depressions. This characteristic, on the one hand, causes the climate to vary and, on the other hand, influences settlements and economic life. Turkey has been divided into seven large geographical regions, taking into consideration factors such as climate, natural plant cover and distribution of types of agriculture: the Mediterranean Region, the Aegean Region, the Marmara Region, the Black Sea Region, the Central Anatolia Region, the Eastern Anatolia Region and the South-eastern Anatolia Region. The Mediterranean region covers 15% of Turkey, as the fourth biggest region with a surface of 120 000 square km. It is one of the most important regions as to agricultural production and intensity of mountainous and forestry area. Antalya, Isparta, Burdur, Mersin, Hatay, Adana and Kahramanmaras are the provinces of the Mediterranean region.

The main mountain ranges in Turkey generally extend parallel to the coasts, to the north and to the south. The mountains in the south are called the Taurus Mountains. The west, middle and east Taurus

Mountains extend from the Mugla province in the west to the Gaziantep province in the east and also from the coast to the Central Anatolian Region.

The Taurus Mountains present different kinds of human culture and agricultural systems. Most of the mountains have high altitude plateaus. The plains of this region are rich in agricultural resources. Fertile soils and a warm climate make the area ideal for growing citrus fruits and grapes, cereals and, in irrigated areas, rice and cotton. In the mountainous area, livestock farming, especially goat farming, is preferred. Goat raising is the most important agricultural activity for the income of mountain farms in the Mediterranean region of Turkey. In this study, the socio-economic characteristics of mountain farms in the Mediterranean region of Turkey were investigated.

Material and methods

In this paper, the socio-economic characteristics of mountain farms in the Mediterranean Region of Turkey were examined. For this purpose, the survey was conducted in the livestock farms of the mountainous areas between Antalya and Burdur, Isparta and Mersin provinces. The bulk of the data used was collected from 89 farms, which were selected by random sampling from all farms in the research area with over 30 heads of livestock.

In order to determine the sample farms, the province with the largest livestock population in the mountainous areas was first determined. Based on secondary data and the opinion of an expert who worked for many years in this area, the Antalya province was selected for being more representative of the Mediterranean region, with regard to livestock ownership, agricultural activity and geographic structure. Secondly, the districts and villages were selected on the basis of representing the province as to the same characteristics. After collecting the numbers of livestock in each of the farms in the selected villages, the number of samples was found by means of the random sampling method, with the formula presented below (Gunes and Arýkan 1988):

$$n = \frac{N \sigma^2}{(N-1) D + \sigma^2}$$

n: the number of samples σ^2: variance of population
N: population D : error for 90% confidence level

Subsequently, the questionnaires were filled-in, through direct interviews with the farmers in the villages.

General characteristics of the farms

According to the research results, 27% of the farms were settled in bush area, 37.1% of them in shrubbery and 36% in forestry area; these constituted grazing areas for the livestock.

Moreover, according to the results, 64.0% of the farms were semi-nomads who lived in villages during the winter. In this period, goat herds remained on the slopes of the mountains. For this reason, there were no separated buildings for goats in the farm facilities. All goats, except goatlings, were fed outside. Goatlings intended for the Muslim festival of sacrifice were fed in a small area of the farm facilities. Goat herds were free to ramble in the mountain during the day, while in the night they were confined in an area surrounded by a fence made of material picked up from mountains. In the summer, semi-nomads migrated to tablelands, where the period of staying ranged from 2 to 6 months: 7% of the farmers stayed in the tablelands for 2 months, while 63.2% for 3-4 months and 29.8% for 5-6months.

However, one or two members of the family stayed in the village since they were also engaged in plant production.

Land

Land is the main element of agricultural production and also an important factor for livestock farms. According to the research results, 20.2% of the farms was landless. The average farm size was 39.5 decares[1]. The percentage of owned land was 87.1%, shared land 6.0% and rented land 6.9%. In the farms, arable land occupied the largest part of total land. The percentage of arable land was 95.3%, followed by fruit garden with 3.6% and vineyards with 1.1%. Generally, the size of fruit garden and vineyard areas was sufficient for the farmers' own needs. Thus, the average fruit garden area per family farm was 1.4 decares, while vineyard was 0.4 decares.

In livestock farms, the average area allocated for cereals was 25.2 decares, representing 63.8% of total land. Area shares for other products varied between 1.1% and 3.7%. The portion of fallow land was 23.0%. Wheat was the most common among the cereals.

Population and labour

Population

The average population in the livestock farms amounted to 6.3 persons per household, of which 56.0% male and 44% female. The main labour resource consisted of the three age groups: the 15-49 age group constituted 61.8%, the 50 and above age group 16.8% and the 7-14 age group 14.3%. The percentage of the 0-6 age group in the total population was 7.1%.

An average 89.4% of the total population were literate, of which 95.2% male and 82% female. The educational level of the total population was low. The biggest portion of total educated population belonged to elementary school graduates (75.1%). The percentage of secondary school graduates was 5.6%, while that of high school graduates was 3.1%, with university graduates representing only 0.5%. Among the female population there were no high school or university graduates.

Labour

According to the calculation of manpower as to age group and gender, the farms' average family labour was 4.6 units per farm. The biggest share belonged to the 15-49 age group with 75.3%; the 50 and above age group constituted 14.9%, followed by the 7-14 age group with 9.9%.

When non-working days (due to permanent illness, education, military service, etc) were also taken into consideration, the average family labour was 3.6 units per farm, that is 78.4% of total family labour. Namely, 21.6% of manpower could not be used. According to the natural conditions of the research areas, it was determined that the number of working days per year was 264. The potential labour resource in working days was 953; this was calculated from manpower and number of working days.

In the livestock farms, there was need to hire labour in certain periods of the year. Temporary workers constituted the largest part of hired labour. The proportion of hired labour in total labour was 1.9%.

---

[1] 1 decare = 0.1 hectar

Machine power

As a result of the mountainous area, the lands of the farms were situated in mountain slopes and forests. Only 33.7% of the farms owned a tractor. The farms that did not possess a tractor, rented one from neighbours in the village, otherwise they used animals.

The reason for the presence of a tractor in the farm was not only for plant production, but also for animal production. Some landless farms also had a tractor, in order to carry feed and water for the livestock in the mountains

Livestock inventory and income

Livestock

The animals mostly raised in the livestock farms were small ruminants, with goats being mostly preferred. Because of the geological structure of the mountainous areas in the Mediterranean region of Turkey, goats are kept mostly.

Of the total number of animals kept in the farms, cattle constituted 7.5%, while sheep and goats constituted 6% and 86.5% respectively. On average, there were 238 heads of small ruminants per farm, 93.5% of which were goats and 6.5% sheep. At the farms studied, there were 223 goats, 15 sheep, 2 cattle and 4 chickens on average. Some beekeeping activity was also observed in the farms, with an average of 0.8 hives per farm.

Income

The Gross Production Value, that is the sum of the plant production value, animal production value and productive animal stock inventory, was calculated to estimate the farm income.

It was determined that the proportion of plant production value in the Gross Production Value of the farms was 19.7%, while the animal production value was 80.3%. The production value from goats constituted the biggest portion of Gross Production Value as 65.2%, followed by cattle breeding as 9.6%, cereals as 9.3%, sheep breeding as 4.7%, vegetable as 4.8%, fruits as 2.7%, grapes as 1.0%, industrial crops as 1.1%, apiculture as 0.6%, legumes 0.7% and poultry as 0.2% respectively.

It was found that livestock production and especially goat breeding was a very important activity as to its share in gross production value of mountain farms in the Mediterranean region. The main reason for this was that the goats adapted more to the natural conditions of mountain areas, where feed materials are also found and used by goats more easily. Therefore, the input cost for goat breeding was lower than the cost of breeding of other livestock.

When plant production values were examined, it was found that 47.2% of plant production value came from cereals, especially from wheat; 24.6% from vegetable, 13.7% from fruits, 5.8% from industrial crops such as cotton, 5.2% from grapes and 3.4% from legumes such as chickpea.

When animal production values were examined, it was found that, in cattle breeding 45.7% of the production value came from milk value, 3.6% from sold manure value and 50.8% from livestock inventory. In sheep breeding, 14.4% of the production value represented milk value, 2.6% wool value, 0.1% hide value and 83% was livestock inventory. In the goat breeding, 13.6% of goat production value was from milk value, 0.1% was from fibre especially coarse fibre value, 0.3% was from hide value, 0.4% was from sold manure value and 85.5% was from livestock inventory. Productive livestock inventory also includes sold animals, consumer family needs and live weight gains of growing animals.

Constraints

The constraints affecting mountain farms concerned insufficient feed, young age of the human capital, the goats' relationship with the forest, marketing and cooperation.

It was determined that the most important factor constraining livestock farming in mountain areas was ensuring feed availability (Dellal, 2000a). The feed input cost constituted the largest portion of the total production cost. Since the sown area in mountain farms was too small, it was not possible to sow fodder crops. Industrial feed had to be used, thus affecting production costs. Roughages for goat breeding were obtained from mountains and especially from forest areas. Roughage resources in the forest included pasture (47%), shrubs and bush (49%) and both of them (4%) (Dellal, 2000b). The forests were grazed all year round, over grazing being a significant problem for the forests.

It was determined that the farm manager's average age in mountain farms was 52 years. The reason of such high average age is that young people tended to leave the villages due to factors such as low income, preference towards urban life, etc. Shepherds usually came from inside the family, in a percentage of 52%. When compared to 20-30 years ago, it was found that the engagement of family labour in shepherding was decreasing. The farmers stressed that hiring young shepherds was becoming difficult.

In fact, most of the provinces of the Mediterranean region consist of tourist cities; this causes many difficulties for livestock farming, like the establishment of tourist settlements in productive agricultural areas, the preference of young people to work at tourist establishments instead of the villages, etc.

Furthermore, marketing was another important constraint (Dellal, 2001). Although there was considerable potential demand for products of mountain farms, especially goat milk, goat cheese and meat in the Mediterranean region, yet there was no milk, milk products, meat or coarse fibre production aimed at the market. On the other hand, farmers could not market their products easily. A part of the milk production is consumed at home for family needs, while the surplus is sold at the local market or to the middlemen who collect milk from the villages. In the farms, women are especially occupied with yoghurt, cheese and butter production. These products are also consumed within the family and the surplus is sold at the local market. Farmers' interest in cooperatives was very low. Although certain cooperatives existed in some villages, dealing with such issues as credit, agricultural development and forest cooperatives, yet they did not serve the farmers' needs effectively.

Results

Goat breeding is a common activity in the Mediterranean region, as a result of the goats' high adaptability to harsh conditions, their flexible integration into dissimilar socio-economic situations and the resulting high economic value resulting from very low input usage.

The mountain farms in the Mediterranean region of Turkey were small-scale family farms, settled in scrub, brush, mountain and forest area, while 64% of them was semi-nomad. The average number of persons per farm was 6.3. 20.2% of total farms were landless farms and the area per farm was 39.5 decares. There were 223 goats, 15 sheep and 2 cattle per farm. There was also a low number of poultry and beehives. The goats grazed in pastures of forest areas all the year round. Plant production was also carried out in mountain farms, with wheat being preferred to other crops. Animal production value constituted the largest share of the total farm income. The constraints regarding mountain farms concerned limited feed, young human capital, the goats' relationship with the forest, marketing and cooperation.

References

Anonymous 1994; State Institute of Statistics, 1991 General Agricultural Census, Publication No.1691, Ankara.

Anonymous 2002; State Institute of Statistics, The Summary of Agricultural Statistics, Ankara.

Dellal, G. 2000a; Some Structural Characteristics of Goat breeding in Antalya province I, Journal of Agriculture Sciences, volume 6, Number 4, 124-129, Ankara, (In Turkish).

Dellal, G. 2000b; Some Structural Characteristics of Goat breeding in Antalya province II, Journal of Agriculture Sciences, volume 6, Number 4, 119-125, Ankara, (In Turkish).

Dellal, G. 2001; Sustainable Goat Farming in Isparta, workshop on Sheep and Goat Raising in Isparta Province, Suleyman Demirel Universty, 46-56, Isparta, (In Turkish).

Session 1: Human geography of Mediterranean mountain areas

Posters

Mountainous community development in relation to natural resources: The case study of Lidoriki municipality in Central Greece

D.G. Theoharopoulos

Department of Environmental and Natural Resources Management, University of Ioannina, 2 Seferi St, Agrinio, 301 00 Greece

Summary

In this paper, the mountainous area of the Lidoriki municipality (which has 16 communities) is examined as a continuous space in which social, economic, cultural and environmental events take place. In this way, features, comparative advantages and problems can be identified for the mountain zone as a whole, for the municipality separately as an autonomous administrative division, but also for each community as an independent unit. The registration concerns various levels of information, for a best estimation of the current situation, such as demographic data, socio-economic information about the production sectors and especially the agricultural oriented economy (focused on animal breeding) in the last 40 years. For the collection of data, the questionnaire method was chosen. The basic axes of the research concerned the population shrinkage in mountainous areas, the current infrastructure, the economic conditions, the land usage changes, the detailed depiction of the primary sector and the rough description of the secondary and tertiary sector. The objective was to both study the current situation and to propose tools for development. Through this identification and through the analysis of the current situation, the respective strategic axes are based on the acceptance of sustainable development adjusted to local characteristics.

Keywords: mountainous areas development, community development.

Introduction: The case study area

The Lidoriki municipality (mainly the area of Mornos basin) consists of 16 mountainous communities located in the western side of the Giona mountain and the eastern side of the Bardousia mountain. There are significant differences between these communities at the economic and development level. Within the study area, the communities of Lidoriki, Amygdalia, Pentapolis and Malandrino are comparatively large villages, while the 12 remaining communities are facing serious survival problems for the next 20 years.

As one can conclude from Table 1, the population decreased dramatically during the period 1961-1991, by 52.8%. According to NSSG (1991) and as shown in Table 2, the municipality shows a significantly lower percentage of youth, 13.52%, in comparison to the prefecture, where the percentage is 16.4%. The percentage of the economically active population (age 15 - 64 years old) is smaller than that of the prefecture of the Region. As for the elderly, the prefecture shows clearly a broadening of the age pyramid towards the elderly, who occupy 24.8 % of the population, a percentage significantly higher when compared with that of the rest of the prefecture.

Consequently, in Table 3, the land usage is shown. The large surface covered by pasture, forests and water (due to the dam of the Mornos river) is evident.

Table 1. Demographic data of Lidoriki Municipality.

	Population in 1961	Population in 1971	Population in 1981	Population in 1991	Population density in 1991 inhabitants/ km^2
Municipality of Lidoriki	6 220	5 183	4 408	2 931	7.2

Source: NSSG, (1991) and EETAA (1997). Processed data.

Table 2. Age composition in the Lidoriki municipality of the prefecture of Fokida.

	0-14 (%)	15-24 (%)	25-39 (%)	40-54 (%)	55-64 (%)	>65 (%)	Total (%)	Aging Indicator	Dependency Indicator
Lidoriki municipality	13.52	10.87	18.13	17.48	15.2	24.8	100	741%	472.01 %
Prefecture total	16.42	11.35	18.14	17.74	15.75	20.61	100	13410 %	164.25 %

Source: NSSG, population census 1991, processed data.

The following table (Table 4) shows the employment composition in the study area. In the decade 1981-91 there is a substantial decline (1 339 persons or 50.6%) of the number of employed people in the municipality. This decline can be mainly attributed to a decline of the number of people occupied in the primary and secondary sector but also to internal migration.

The tendency of abandonment of the primary sector is clearly obvious, as the number of persons employed in this sector shows a decline of 61.4% (1 176 less people employed). Thus, while the primary sector occupied 72.4% of the manpower in 1981, in 1991 it occupied only 56.6%.

Methods and materials

For the collection of data, the questionnaire method was chosen. The questionnaire was composed after the completion of preliminary interviews, with people that live permanently in the mountainous areas, and the study of relevant bibliography on questionnaire formulation (Ananikas & Daoutopoulos, 1982; Daoutopoulos, 1989). The basic axes of the research concerned the population shrinkage in mountainous areas, the current infrastructure, the economic conditions, the land use changes, the detailed depiction of the primary sector and the rough description of the secondary and tertiary sector. The objective was to both study the current situation and to propose tools for development. In total there were 15 questions with 268 formulated variables. The questionnaires were completed there and then with the co-operation of the interviewees who were the communities' presidents and secretaries. The particular persons were "*... persons chosen empirically because of their experience or information or influence on the subject of investigation..*" (Muchielli, 1968). Obviously, we are dealing with the method of eye-witness recording (Javeau, 1996). The application of a test of independence showed a correlation between the work force employed in each sector and the sector itself in each municipality separately and in all municipalities together. After the establishment of the correlation, tables were formulated that showed the degree of employment of the work force in each sector and the comparative advantage of each community. The variable "employment" was considered a key in the development procedure, because the factor in question plays the most important role in keeping the inhabitants in the mountainous areas, as well as attracting new workers to these areas with the creation of new workplaces.

Table 3. Usage of land in the Lidoriki municipality (in km^2).

	Total Area	Arable land	Grass-lands	Forests	Water bodies	Inhabited land	Bare land
Lidoriki municipality	363.62	8.9 (2%)	213.2 (52%)	98.5 (24%)	20.9 (5%)	7.4 (2%)	14.7 (4%)
Prefecture	2 120.6	187.3 (8.83%)	1 216.4 (57.36%)	547.7 (25.83%)	38.8 (1.83%)	47 (2.22%)	39.7 (1.87%)

Source: NSSG, (1991), processed data.

Table 4. Changes in employment 1981-1991.

	1981		1991		D 1991 / 81	
Primary sector	1 915	72.4%	739	56.6%	-1 176	-61.4%
Secondary sector	730	27.6%	566	43.4%	-164	-22.5%
Total	2 645		1306		-1 339	(-50.6%)

Source: NSSG, censuses 1981-1991.

The evaluation of the results was completed by means of Chi Squared Tests χ^2 (Matis, 1991). In this particular case, individuals were considered as the statistical unit, for whom the following points were studied:

- the geographical area from which their income originated, i.e. the individuals' community and municipality;
- the production sector from which the income originated.

Through this methodology, it was shown in which sector the "emphasis" of employment lies, for each community, municipality and for the area of investigation as a whole, and consequently the prospects of each sector were concluded.

Results and discussion

After the tests of independence were complete, employment was presented in each municipality as shown in table 5.

The merging of certain sectors was applied, because the test of independence cannot be applied when frequencies take values lower than 5 (Matis, 1991). The decision for this particular merging was taken as it was apparent from the data that agriculture and livestock breeding were the main sectors of employment of the population.

Leader in the sector of livestock breeding is the municipality of Lidoriki, with 8.72% of total employees of the Fokida prefecture. In the municipality, the investigation showed that there were 94 farms (family based) with 1 306 employees. 610 (46.76%) of them were occupied with livestock breeding, 459 of them (35.13%) in crop production and the rest of them in transports and trade with a proportion of 3.67% and 3.3% respectively. More than half of the communities, such as Lidoriki, Dafnos, Diakopi, Amigdalia, Maladrino, Doriko, are mainly "livestock breeding" communities, with emphasis on sheep and goat breeding. Although the grasslands decreased by approximately 40% from 1961 to 1991 (due to the dam of river Mornos and the abandonment of the area), some branches of livestock breeding are getting more potential. Between 1961 and 1991 the number of sheep increased dramatically (from

Table 5. The variable "employment" in each municipality, after the χ^2 test.

A

	Avoros	Amigdalia	Dafnos	Diakopi	Doriko	Kallio	Karoutes	Koniakos	Lefkaditi
Primary sector (except of veterinary)	61.93	213.27	6.89	0.00	4.78	3.32	0.36	21.13	0.00
Livestock breeding	0.25	37.70	84.58	109.95	11.87	14.66	39.98	14.55	109.95
Total	62.18	250.97	91.47	109.95	16.65	17.98	40.34	35.69	109.95

B

	Lidoriki	Malandrino	Pentapoli	Perithiotisa	Stilia	Sikia	Sotena	Total
Primary sector (except of veterinary)	127.41	3.32	27.87	9.10	51.18	45.50	46.96	623.02
Livestock breeding	37.40	14.66	0.00	5.65	1.57	28.27	10.10	521.14
Total	164.80	17.98	27.87	14.75	52.76	73.77	57.06	1 144.16

1 937 to 26 910), as well as the number of goats (from 1 555 to 23 723) and cattle (from 118 up to 2 578). On the other hand, the number of pork decreased (from 221 at 1961 to 11 at 1991), as well as the number of chickens (from 5 970 to 1 200). The same proportion could apply to meat and milk production.

Conclusions

A development strategy in a given municipality should aim at keeping the population in their villages and increasing their income. It is imperative that any measures proposed for mountainous areas be included in a complete plan of targets and axes that are in harmony with local conditions and based on local comparative advantages. The basic principle that must be adopted and must also rule all aspects of the development procedure is that: "it's not what you have that matters, it's what you do with it". Beside the obvious general goal of development, specific goals were set for the particular geographic area, such as the increase of income (gross product) and, in particular, the creation of supplementary income for the farmers, the exploitation of available local resources, the creation of prerequisites for the protection of the environment, the increase of job opportunities available and the creation of supplementary employment, the diffusion of income in less developed areas, the creation of multiple effects in the overall area, the creation of conditions for social development and general infra-structure and the creation of the prerequisites for keeping the inhabitants in the less developed areas (Theoharopoulos, 2000). In order to achieve all these goals, it is necessary to take specific measures in the following fields, listed by priority:

- the diversification and improvement of primary production;
- the support of industry and particularly of SMEs;
- soft tourism;
- the environment;
- the provision of services to mountainous areas;
- the activation and training of the local decision makers (Theoharopoulos *et al.*, 2002).

Measures in these fields must be taken by several communities in co-operation or by the prefecture as a whole.

References

Ananikas, L., Daoutopoulos, G., 1982. Data Collection Modes in Social Sample Surveys. Scientific Annals of School of Law and Economics, Thessaloniki , 219-228.

Daoutopoulos, G., 1989. Social Surveys Methodology in Rural Space. Editions Gartaganis, Thessaloniki, Greece, pp. 286

EETAA, 1997. Hellenic Agency for Local Development and Local Government. Technical census reports of new municipalities, Athens, pp. 329.

Javeau, C., 1996. L' enquete par questionnaire: manuel a l'usage du praticien. Editions Tipothito, G. Dardanos, Athens, pp. 274.

Muchielli, R., 1968. Le questionnaire dans l'enqucte psycho-sociale, Paris, Librairies Techniques Editions Sociales Francaise, 75-119.

Matis, C., 1991. Forestry Biometry. É Statistics. Edt Dedousis. Thessaloniki, Greece., 152-156

NSSG, 1991. National Statistical Service of Greece. Statistical Annals of Greece. Population census data. National Publications Service, Athens, pp. 532.

Theoharopoulos, D.G., 2000. Development of mountainous areas of region of FOKIDA with the exploitation of natural resources. Ph. D. Thesis. Department of Forestry and Natural Environment. A.U.TH. Thessaloniki, 209-228.

Theoharopoulos, D.G., Z.S. Andreopoulou, G. Tsantopoulos, & A.C. Papastavrou, 2002. The network service of tele-working in the development and communication strategy for mountainous areas in Greece. The case of mountainous Fokida. Proceedings of the 6th Panellenic Geographic Conference of the Greek Geographic Society, Thessaloniki, 424-431.

Mutations agro-pastorales et recompositions socio-territoriales sur un transect montagne / plaine en Tunisie aride

H. Guillaume, D. Genin & H. Nouri

Institut de Recherche pour le Développement, BP 434, 1004 El Menzah Tunis

Résumé

Les transformations des relations entre les sociétés et leur environnement revêtent des formes diversifiées et complexes qu'il y a lieu d'appréhender sur des pas de temps suffisants et dans le cadre de systèmes d'interactions. La zone d'étude, située dans le sud-est tunisien (région de Médenine-Béni Khedache), n'échappe pas à ce constat. Elle a connu au cours du XXème siècle de profondes mutations des systèmes de production et des modes d'occupation spatiale des populations. Dans cette communication, nous tenterons d'en restituer les processus clés, leurs effets et d'envisager le devenir possible des systèmes agro-pastoraux dans le cadre d'un développement rural visant à concilier préservation du milieu et essor socio-économique[1]. La région comporte une diversité de milieux le long d'un gradient ouest-est commençant par une zone montagneuse (culminant aux alentours de 600 mètres), suivie de piémonts, puis d'une plaine (la Jeffara) se terminant par des dépressions salées donnant sur la Méditerranée. Vers l'Ouest, la montagne est prolongée d'un plateau (*dahar*) descendant vers les contrées sahariennes[2]. Le climat est de type méditerranéen aride, avec une pluviométrie faible (100 mm 200 mm/an), irrégulière dans le temps et l'espace, et des températures élevées. La végétation typique est constituée par des steppes se développant sur des sols encroûtés généralement peu évolués et soumis à l'érosion hydrique et éolienne. Dans cette région où les ressources en eaux profondes et superficielles sont limitées et aléatoires, le réseau d'oueds, coulant dans les vallées montagneuses et entaillant les zones de piémont, constitue un facteur déterminant dans les formes et dynamiques d'occupation de l'espace.

Keywords: colonisation agricole, multipolarité spatiale, viabilité, systèmes agro-pastoraux, développement local.

D'un agro-pastoralisme extensif à l'expansion de la colonisation agricole

Agro-pastoralisme traditionnel et pôle montagnard

Les systèmes de production traditionnels étaient généralement basés sur la prédominance des activités d'élevage extensif (moutons, chèvres, chameaux) associées à une céréaliculture en sec (blé et surtout orge) dont la pratique annuelle dépendait des pluies. Zones de transhumance et terres de labours s'étendaient sur le plateau du *dahar* ainsi que sur les piémonts et dans la plaine. Leur usage faisait

---

[1]Cette étude a été réalisée dans le cadre d'un programme conjoint entre l'IRD (France) et l'Institut des Régions Arides (Tunisie), qui a reçu le soutien du Comité Scientifique Français de la Désertification.

[2]Cette communication ne porte pas sur la partie littorale de la plaine; elle est focalisée sur l'articulation des espaces de montagne/plateau, de piémonts et de zones limitrophes de plaine qui constituent une unité du point de vue des dynamiques de peuplement et de mise en valeur de l'espace nous intéressant ici.

l'objet de modes d'appropriation collective au sein des tribus et d'une certaine flexibilité dans les relations inter-tribales. A cette combinaison d'activités, s'ajoutait une arboriculture (oliviers, figuiers) développée dans les hautes vallées du secteur montagneux, selon la tradition ancestrale de terrasses derrière des barrages de talwegs (*jessour*) permettant de valoriser les eaux de ruissellement pluviales[3]. Les activités agro-pastorales et l'usage des différents milieux répondaient à des cycles saisonniers qui voyaient les communautés se regrouper dans la montagne au moment de l'été, puis se déployer dans l'espace avec leur cheptel. Ces stratégies de transhumance pouvaient fortement varier d'une année à l'autre en fonction des pluies. Le mode d'habitat alternait tentes et maisons troglodytes, ces dernières étant situées sur la montagne (et parfois sur les piémonts), à proximité des *jessour* et des *qsour*, constructions fortifiées sur des promontoires rocheux où la population abritait ses biens et réserves alimentaires. La vie s'organisait ainsi autour de quatre secteurs fonctionnels: les parcours, les terres de labour, les *jessour* et les *qsour*. Mais c'est le secteur montagneux qui constituait alors le pôle rayonnant à partir duquel les communautés exploitaient des espaces «périphériques» (Figure 1.1). Nos travaux confirment ainsi que la montagne, souvent envisagée comme seul lieu de refoulement et de refuge pour des minorités d'agriculteurs (en particulier berbères), était en réalité une zone attractive et de colonisation (Albergoni & Pouillon, 1976). Bénéficiant de conditions climatiques plus favorables ainsi que de formations de loess et limons propices aux cultures, la montagne a vu l'implantation de populations bédouines qui combinaient des activités pastorales dominantes et une petite agriculture de terroirs. Mobilité dans l'espace, flexibilité des groupes sociaux, souplesse et diversification dans l'usage des ressources permettaient à ces agro-pasteurs de s'adapter aux contraintes du milieu aride et de faire face, bien qu'avec précarité, aux aléas climatiques.

L'amorce d'une véritable rupture dans ces systèmes de production survient avec l'intervention coloniale française à la fin du XIXème siècle. Visant à assurer un étroit contrôle des populations et des espaces, la politique coloniale se traduit par la rigidification des aires de transhumance, des réformes pour la privatisation des terres collectives, l'expansion de l'arboriculture, la création de petites agglomérations et d'infrastructures de base. Cet ensemble d'actions a pour conséquence la déstructuration du mode de vie semi-nomade et une intensification dans les usages de l'espace et des ressources naturelles. Une dynamique de peuplement de la montagne vers les piémonts s'enclenche alors, s'accompagnant de l'essor de l'arboriculture pluviale, surtout l'oléiculture.

Colonisation agricole et multipolarité spatiale

Les dynamiques engagées connaissent un nouveau seuil à partir des années 1960-1970 sous l'effet de la croissance démographique et des politiques de l'Etat tunisien. La période qui s'ouvre voit l'aboutissement de la sédentarisation (avec l'abandon de l'habitat troglodyte, accéléré par des crues dévastatrices à la fin des années 1960, et des *qsour*), la progression de l'aménagement territorial et l'essor de l'emprise agricole favorisée par l'accélération de la privatisation des terres collectives et des aides publiques à l'oléiculture. De nouveaux besoins et critères de vie émergent chez les populations, soutenant par la même les transformations en cours.

L'espace régional est marqué par une forte progression dans l'occupation et la colonisation agricole des zones de piémont. Cette évolution se traduit par le passage d'un pôle rayonnant centré sur une assise séculaire dans la montagne à un système multipolaire distribué entre les espaces de montagne et de piémont/plaine. Ce nouveau maillage polycentrique présente l'originalité d'être fortement structuré

---

[3]Sur ces techniques, cf. Ben Ouezdou, 2002. L'utilisation vitale des eaux pluviales (usages agro-pastoraux, domestiques) comportait également des techniques, toujours en vigueur, de collecte dans des citernes enterrées.

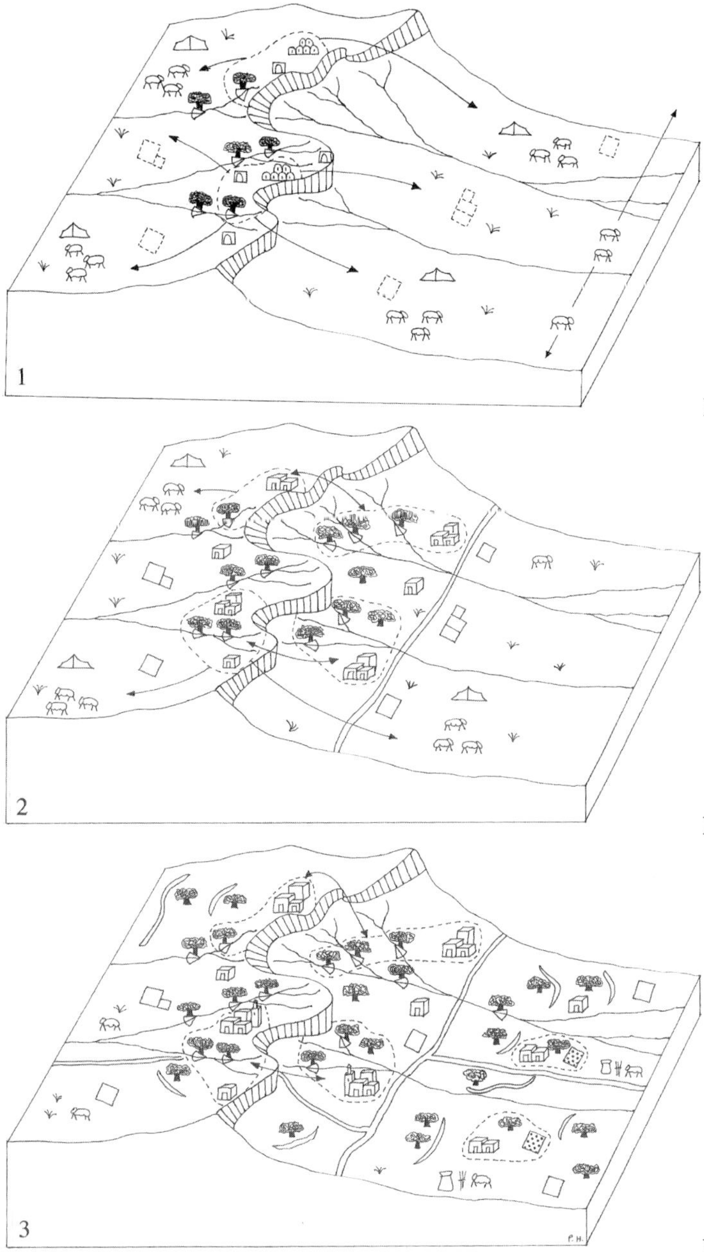

Dans les années 1920

Dans les années 1960

Depuis les années 1980

steppe · élevage · troupeaux extérieurs · céréaliculture épisodique
oliviers · jessour · tente · qsar · troglodyte · habitat moderne
route · aménagement CES · fourrage · aliments concentrés · irrigué

Figure 1. Représentation graphique des mutations agropastorales et des dynamiques territoriales dans la Jeffara tunisienne au cours du XXe siècle.

selon des axes et liens bipolaires fondés sur les appartenances sociales et tribales (Figure 1.2). Il s'ensuit la constitution d'un espace agricole hybride, disjoint, la structure foncière des exploitations étant éclatée entre les différents milieux, avec des formes de bipolarité résidentielle.

Ces mutations débouchent notamment sur des processus de fragmentation des espaces et de pression accrue sur le milieu. C'est ainsi qu'entre 1972 et 1998, la superficie des steppes pures a régressé, dans notre zone d'étude, de 39 % environ, celle des cultures pures augmentant de 270 % (Hanafi & *al*, 2002). Concernant l'expansion de l'olivier, les hommes ont d'abord colonisé les lieux les plus appropriés sur le haut des piémonts et de leurs oueds, en reproduisant le système montagnard des *jessour*, mais les conditions environnementales (apport en eau, humidité) y sont habituellement moins favorables que sur la montagne, *a fortiori* lorsque les plantations gagnent ensuite les zones d'aval (absence d'impluvium naturel, de limons, érosion éolienne). On observe ainsi une colonisation agricole s'étendant progressivement à des micro-milieux à risque pour l'arboriculture pluviale, avec pour corollaire une fragilisation des activités pastorales (entrave à la mobilité, réduction quantitative et qualitative des steppes).

Dans ce contexte d'exploitation intensifiée d'un milieu aux potentialités limitées, il est important de noter que la reproduction de la majorité des exploitations repose de longue date, et de plus en plus depuis une cinquantaine d'années, sur des sources de revenus extra agricoles: pratiques migratoires de certains membres de la famille; stratégies de pluri-activité conditionnées notamment par le pôle touristique voisin de Jerba-Zarzis.

Vers une saturation des espaces: quelles réponses des populations?

Une nouvelle phase est engagée depuis les années 1980 dans l'anthropisation/artificialisation du milieu et l'intensification des pratiques agraires (Figure 1.3). Confortée par d'actives politiques publiques d'aménagement territorial et de mise en valeur agricole (aménagements de conservation des eaux et des sols/CES), ces dynamiques ont gagné désormais les zones restant à conquérir dans la plaine centrale. Il en résulte une fragmentation amplifiée des espaces et l'accentuation d'une double évolution: une réduction et une atomisation toujours plus grandes des zones de steppes pour le pâturage des troupeaux; une progression de l'arboriculture dans des zones particulièrement exposées aux aléas climatiques et à la dégradation du milieu. Un tel processus conduit à une intensification croissante des activités qui soulève nombre de questions sur leur durabilité, tant en termes de préservation des ressources naturelles que de viabilité économique. C'est ainsi que l'activité pastorale est, d'une part, génératrice d'un risque accru de surpâturage dans les steppes résiduelles et s'ouvre, d'autre part, à des types d'élevage très utilisateurs de ressources fourragères extérieures (foin et concentrés). Cette option peut, peut-être, constituer une opportunité pour accroître les revenus familiaux; elle n'en entraîne pas moins une dépendance vis-à-vis de nouvelles externalités pouvant réduire les capacités d'adaptation et de flexibilité de ces systèmes. Quant à l'oléiculture, spéculation caractérisée dans ces régions «par de faibles rendements, une qualité déficiente et une rentabilité limitée» (ODS, 2003), son expansion risque d'aggraver les aléas de la production et la pression sur les ressources hydrauliques. La récente période de sécheresse (1999-2002) a en effet montré combien des apports en eau étaient impératifs pour tenter de sauver des oliviers, et *a fortiori* des amandiers et autres fruitiers, mais aussi combien ils étaient hors de portée financière pour la très grande majorité des agriculteurs qui voient là leur dépendance s'accroître à l'égard de systèmes marchands d'accès à l'eau (Romagny & *al*, 2003). De surcroît, cette situation se développe alors même que les nappes aquifères sont en proie à une surexploitation et que la politique publique d'allocation inter-sectorielle de la ressource privilégie radicalement l'alimentation en eau potable et le secteur touristique. La propension à l'arboriculture répond bien sûr à des stratégies d'appropriation et de consolidation du foncier ainsi qu'à des préoccupations productives, mais elle ne saurait vraiment se comprendre sans prendre en compte la dimension socio-culturelle que revêt l'olivier, véritable «lien inter-générationnel» et symbole d'ancrage à la terre natale pour les communautés.

Face à la saturation en cours des espaces de piémont/plaine et à la fragilité de la reproductibilité des systèmes de production, on assiste actuellement à de nouvelles étapes et stratégies d'occupation spatiale et d'intensification des activités:

- l'ouverture de nouveaux fronts de colonisation agricole sur le plateau du *dahar,* qui s'opère à la faveur du partage de terres collectives de parcours et vient amplifier le développement de l'arboriculture dans des conditions écologiques à priori peu favorables;
- la création de périmètres irrigués privés, visant à réduire les effets des aléas climatiques et à disposer de produits à valeur ajoutée. Leur expansion (plus ou moins licite) au cours de la dernière sécheresse manifeste la forte pression sociale pour l'accès à l'eau à des fins agricoles.

Ces nouveaux processus, qui génèrent une accentuation du morcellement et de l'éclatement des patrimoines fonciers ainsi que des pressions accrues sur les ressources, ne sont pas sans menaces pour le devenir des exploitations et la préservation du milieu.

Quelques perspectives pour la viabilité des systèmes agro-pastoraux et le développement local

Cette région est exemplaire de zones rurales défavorisées que l'on retrouve sur le pourtour méditerranéen. Son développement repose sur la poursuite des soutiens publics, ainsi que sur la migration et la pluri-activité. Mais il ne saurait s'envisager, dans un contexte de potentiel limité de diversification économique, sans le maintien d'une agriculture familiale qui devrait assurer l'ancrage des communautés locales sur leurs territoires et contribuer à la lutte contre les risques de désertification. Les fluctuations que connaît actuellement l'environnement international de la région (politiques migratoires européennes restrictives, chute du tourisme) viennent souligner le rôle crucial joué par cette économie agricole. C'est dire, dans le cadre des processus décrits, toute l'importance mais aussi la complexité des politiques de développement rural à mettre en œuvre pour concilier préservation des ressources, équité sociale et essor économique. Dans cette perspective, certains infléchissements et orientations pourraient être proposés pour favoriser la viabilité de l'agriculture familiale et fonder plus largement une dynamique de développement local. Alors même que l'on assiste à des processus de spécialisation dans la production et d'atomisation des espaces, les notions de diversité et de flexibilité sont ici centrales; et l'élevage en est un élément clé de par ses propriétés de pouvoir-tampon et de gestion des aléas sur des pas de temps plus larges.

Avant que des points de non retour ne soient systématiquement atteints, le maintien ou la réhabilitation de systèmes agro-pastoraux diversifiés nous paraît capitale. De ce point de vue, l'élevage (à haute valeur symbolique tout autant que l'olivier) peut assurer, en particulier à travers ses formes extensives et une meilleure valorisation des ressources fourragères locales comme l'alfa (Genin, ce séminaire), une fonction déterminante pour gérer durablement certains espaces et s'adapter aux aléas climatiques et économiques. Sa sauvegarde est fondamentale pour conforter, par exemple, les capacités de reprise des hommes après les périodes récurrentes de sécheresse. L'élevage peut aussi servir de nouvelles stratégies d'innovations rurales fondées sur la valorisation d'atouts propres à la région (labellisation d'une viande d'agneau réputée, patrimoine architectural, etc.). Mais faut-il souligner que de telles options passent par la reconnaissance des savoirs locaux et des usages traditionnels des ressources, ainsi que par l'instauration de véritables dialogues et coordinations avec les communautés rurales.

Références

Albergoni G., Pouillon F., 1976. Le fait berbère et sa lecture coloniale: l'extrême-sud tunisien. Le mal de voir. Ethnologie et orientalisme. Paris, UGE, 349-396.

Ben Ouezdou H., 2002. Les aménagements de petite hydraulique dans le sud-est tunisien, un savoir faire traditionnel au service du développement durable. Patrimoine et co-développement durable en Méditerranée occidentale. Tunis, INP-ICM-Prelude, 251-260.

Hannafi A., Genin D., Ouled Belgacem A., 2002. Steppes et systèmes de production agropastorale dans la Jeffara tunisienne: quelles relations dynamiques ? 12th Reunion oj the FAO-CIHEAM Sub-Network on Mediterranean Pastures and Fodder Crops, Jerba, Tunisie, 28-31/10/2002 (à paraître dans Options Médit.)

Office de Développement du Sud, 2003.Etude de la branche oléicole dans le sud tunisien.

Romagny B., Guillaume H., Sghaier M., 2003. Accès et usages de l'eau dans la Jeffara tunisienne: quelques réflexions sur le devenir des populations rurales. Colloque Gestion du risque en eau en pays semi-aride, Tunis, SHF-ENIT, 20-22/05/2003, pp. 10.

Session 2: Sustainable utilization of forest areas livestock land use and landscape

Sub-session 2.1: Sustainable utilisation of forest areas

Theatre presentations

Grazing damage assessment as sustainability indicator in Mediterranean forests

G. Pulina[1,2], *M. d'Angelo*[3], *C. Zucca*[2] *& S. Nolis*[2]

[1]*Dipartimento di Scienze Zootecniche, via de Nicola, 07100 Sassari, Italy*
[2]*Università di Sassari, Centro Interdipartimentale Nucleo Ricerca Desertificazione, Italy*
[3]*Ente Foreste della Sardegna, Servizio Territoriale di Sassari, Italy*

Summary

During the last decades, and particularly since the United Nations Conference on Environment and Development held in Rio de Janeiro in 1992, the European Forestry sector has undergone deep changes: new functions and productive and social roles have increased the importance of the forest resources. In this context, particular emphasis is laid on sustainable forest management, which is aimed at safeguarding the environment and respecting social needs and economic efficiency. The new requirements linked to sustainable forest management have been taken into account by the northern European Countries after the Interministerial Conferences for the Protection of the European Forests held in Helsinki and Lisbon: evaluation schemes of the management criteria have been established based on indicators (DPSIR). This is not the case for the forested areas in Mediterranean Europe where the livelihood of several populations still depends on pastoral activities, with differences between the eastern and the western parts of the area. Even in Italy and France, countries where the agropastoral sector is in deep crisis both in terms of income and number of people employed, the old problem of the conflict between pastoralism and forest resources is still a live topic. Recent economic incentives have even favoured the spread of high impact activities. The importance attributed to the conservation of forest resources, which can also be seen in international treaties (United Nations Convention on Biodiversity, Global Change and Desertification), makes the definition of sustainable management criteria for the silvopastoral systems typical of Mediterranean Europe an urgent and topical priority. In this context, ad hoc indicators and models able to describe complex aspects, such as the impact, carrying capacity, resilience, and the irreversibility threshold related to the intensity or type of pastoral use, among others. All such factors are strongly influenced by spatial and temporal factors and related to the particular climate and the evolution of the forest stands. This paper presents a semi-empirical procedure (IMPAFORMED) to assess the sustainable use of a forest with domestic animals, using socio-economic constraints, goals, stocking rates and the grazing damage as operative tools.

Keywords: silvopastoral systems, sustainable forest management, grazing impact, Sardinia.

Introduction

In Mediterranean countries, domestic ungulates graze more than 50 million hectares of forestry and bush (Piussi, 1994). Historical ecological research suggests that the primeval Mediterranean forests were not so close growing as was assumed for a long time, but were, in part, more like parklands or savannah. Large herbivores which became extinct 10^4 years ago probably created and maintained extensive open areas, and so one can say that contemporary forests are unusually dark and dense, and create unfavourable conditions for many formerly indigenous living organisms (Bradshaw & Mitchell,

1999). Livestock have grazed Mediterranean woodlands since 1.2 x 10^4 years ago and this period may have been sufficient for the animal species and forest plants to co-evolve symbiotically. In historical times, Mediterranean civilisations have used forests intensively for grazing and to harvest timber and firewood, thus causing widespread desertification.

This impact was mainly related to demographic fluctuations during the Middle Ages. Mediterranean forests changed greatly, especially on the European shore. During the XVII and XVIII centuries, the demographic explosion in Europe and the early stages of industrialisation increased the demand for timber and fuel on the one hand, and for land on the other, and this put enormous pressure on forests. At the same time, the number of livestock increased and most woodlands were subjected to increasing silvo-pastoral exploitation. More recently, livestock grazing has become established as a traditional farming system and the main problem the foresters have to resolve is how grazing regimes can be applied to achieve a better balance between ecological, economic and social objectives (Kuiters & Kirby, 1999).

It is widely recognised that nowadays over-grazing and fires are the principal disturbing factors in Mediterranean woodlands. Their combined effect leads to situations where as grazing pressure and the frequency of fires increase, the total biomass is reduced and the evergreen broad leaved sclerophyllous species are replaced by thistles and annual grasses. Unfortunately, grazing pressure and fires are linked because shepherds tend to "clean" the areas covered by brush as they know of the positive effect of fire on herbaceous plants, especially on leguminous ones.

In Sardinia, one of the Mediterranean regions with the highest incidence of fires, we observed a positive relationship between the number of sheep and the total surface swept by fires (r =+0.60) and the number of fires (r = +0.47)(Pulina *et al.*, 1999). In general, Mediterranean ecosystems have adapted and are able to support fires and grazing except when the pressure becomes too high. In the Aegean islands, for example, overgrazing and frequent fires have resulted in land degradation and ecosystem desertification (Margaris & Koutsidou, 2002). In contrast to the above mentioned phenomenon, traditional farming activities have been eliminated in large areas of the Mediterranean and this has had a negative impact on fauna and flora. The result is a loss of both á diversity (number of species coexisting within a uniform habitat) and â diversity (species turnover rate as a function of changing habitat).

Verdù *et al.* (2000) proposed reintroducing traditional sheep and goats grazing systems (following guidelines and regulations) in the Iberian ecosystem (Almeria, SE of Spain) to minimise the loss of shrubby vegetation which was found historically in these areas. However, in cases of severe land degradation, such as in Lesvos island, the process of regeneration of a plant cover was helped by excluding grazing for several years (Koutsidou & Margaris, 1997). The core problem faced by foresters and managers of forestry is what is the operational target for growing-stock. In other words, what is the most appropriate stocking rate of ungulates (game and domestic) to allow the harmonic evolution of a given forest. Foresters used to define as damage any impact of ungulates (mainly domestic) on forest trees. Remoiser *et al.*, (1999) argue that this point of view is anthropocentric because grazing and browsing could have beneficial or negative effects on forests depending on the particular damage threshold which is determined by the operational target. For example, browsing tolerance depends on whether regeneration targets are set: if the operational target is in terms of the requirements of the forestry industry (optimisation of forest income) this tolerance has to be higher than that of the social target (sustained protection of the forest function or landscape design). These authors proposed an approach to assess if the impact is positive or negative using the diagram of Figure 1.

To define Remoiser's operational target, we have to take into account the level of profitability of animal husbandry in Mediterranean woodlands. To mention just a few examples from the extensive literature: Platis and Papanastasis (2003) estimate the availability of forage on *Quercus coccifera* shrubland in Macedonia (Greece) ranging from 4.3 (open areas) to 1.9 (very dense areas) t ha^{-1} of DM; Gutman *et al.* (2000), in a beef-grazing trial of more than 10 years in a Israeli oak and scrub forest, found that the yearly production was from 59 to 88 kg ha^{-1} of weaned calf; similar results were obtained by Casu and Nardone (1994) who, in a *Quercus ilex* Sardinian open forest, found that the yearly weaned calf production varied from 52 to 93 kg ha^{-1}. In a large forest area of SE of Sardinia (6 000 ha), Laconi *et al.* (1998) collected the technical records of beef, goat and dairy sheep farms and found that the average animal performances and external feed supplementation were quite low. The fertility of cows was 45% and calf mortality 20% for cattle. For goats, the fertility of does was 80% and kids mortality 12%.

Regarding sheep, the fertility of ewes was 75% and lambs mortality 7%. Economic analysis showed that, on average, 75%, 32% and 34% of gross income comes from EU subsides in cattle, goat and sheep farms respectively. Milk was the principal source of gross income in sheep (49%) and goat (34%) farms. These data demonstrate that economically sustainable animal farming is not feasible in this system without heavy subsides, especially in the case of cattle rearing. In the literature, there are several models for quantifying the degree to which herbivores (game and domestic) influence the dynamics of the forest ecosystem. Some of these models describe: the foraging behaviour of ungulates due to the distribution of resources (WallisDe Vries, 1996), the sustainable mixed species stocking rate in semi-arid and sub-humid region (Pulina *et al.*, 1999), the forest development in relation to ungulate grazing (Jorritsma *et al.*, 1999), the interaction between grazing and fires over a long period (FORSPACE model, Kramer *et al.*, 2003). None of above takes into account the complex interaction among all the driving forces (natural and human) that influence the evolution of silvo-pastoral ecosystems. However, Weiseberg & Bugmann (2003) stated that it is difficult to understand the significance of the long-term impact of large herbivores on vegetation without reconstructing how ungulate herbivores influenced vegetation dynamics over a long time period in the past. But, how long is a long time? Different actors have different perspectives as it can be seen in Table 1.

This difference could substantially change the planning of resources. The best use of forestry resources by domestic animals must come from a compromise between the traditional uses, such as using the woods for one year followed by a two-year set-aside period as proposed by Margaris & Koutsidou

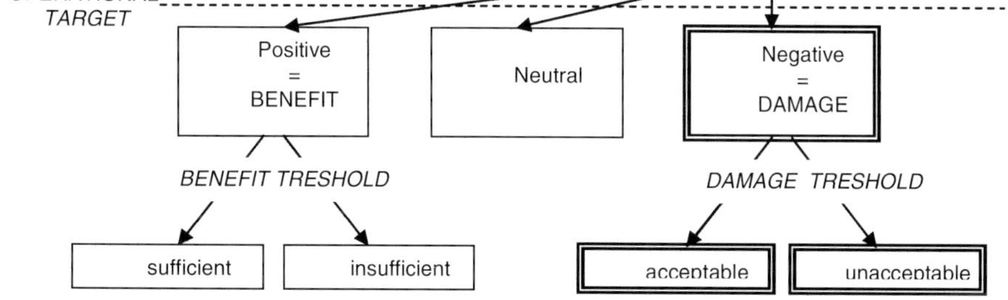

Figure 1. Levels for analyzing ungulate impact on forest stands (from Reimoser et al., *1999).*

(2002), and the construction of scenarios from robust predictive models and checking the present management by means of indicators. This paper presents a semi-empirical procedure to assess the sustainable use of a forest with domestic animals, using socio-economic constraints, goals, stocking rates and the grazing damage as operative tools.

Grazing damage assessment as operational tool in forest management planning

Planning a silvopastoral system in Mediterranean forested areas

As already outlined, livestock grazing in Mediterranean areas is historically linked to forests; with reference to southern Italy, this is particularly true in Sardinian public areas (regional and common lands). During the last 50 years, a large part of Sardinia's forested areas have been directly managed by the public Regional Forest Administration, which has paid particular attention to silviculture and reforestation. This policy has caused social conflicts in many cases due to the competition between forestry and pastoralism for the rights of exclusive use of the areas. At the beginning of the 1990's, this situation was exacerbated by the progressive acquisition of new common land, which in the past had been used by local communities, for reforestation and forest cover recovery.

Due to the peculiarities of Sardinian mountain areas and the economic relevance of agropastoralism, the survival of this economic sector was not only a question of being a direct source of income but also of fundamental importance in integrating the different economic activities of the rural world. At present, the preparation of forest management plans which take into account agropastoral activities in forested areas, according to criteria and principles of sustainable forest management, should be a priority. Knowledge of the complex animal-vegetation interactions taking place in natural or semi-natural forested areas and the impact of grazers on forest stands is essential for silvopastoral system planning. With this aim in view, the University of Sassari and the Ente Foreste della Sardegna (formerly Azienda Foreste Demaniali della Regione Sarda) have focused their efforts on applied research on silvopastoral production systems during the last three years.

The main research issues can be summarized as follows:

1. sustainable use and management of natural and semi natural ecosystems;
2. land suitability evaluation for agro-silvo-pastoral use;
3. recovery and reclamation of degraded areas.

Within this collaborative framework, particular attention was laid on the elaboration of operational guidelines for the preparation of Forest (silvopastoral) Management Plans. According to a broader definition, a forest management plan is a written evaluation of a given property (e.g. forest district or single forest) that provides:

Table 1. Time scale perspective of forest evolution under grazing exploitation.

Actors	1 year	10 year	10^2 year	> 10^3 year
Farmers	x	x		
Policy makers		x		
Public	x	x	x	
Animal scientists	x	x		
Foresters		x	x	
Ecology scientists			x	x

1. information about the main objectives or operational targets,
2. description of the current status of the resources (environmental and forest resources) and
3. prescriptions for applied forest management describing operational practices according to a medium term timetable (generally 10 years).

The elaboration and development of a forest management plan in silvopastoral areas (IMPAFORMED) it based on several steps, as described schematically in Figure 2. The critical step is represented by the clear identification of the landowner's goals. It is widely accepted that in public forests, such as the Sardinian ones (directly owned by the Regional Administration or Common lands managed for the Municipalities by the Regional Forest Agency), the main goal is sustainable forestry, so that the public managers can provide ecological, economical, social, and cultural benefits to the present and future generations. Given that these kinds of forests are public property, involving the local communities at the very earliest stage of the planning process is of great importance.

Having defined the main goals, the second step is represented by a classical land evaluation based on a landscape holistic approach: the result is a land unit map, in which each unit is clearly distinguished from the others for its basic properties (land qualities and attributes) defining capability and limitations for a specified use. At the forest district level, the land evaluation step requires the interdisciplinary involvement of specialists (geologists, naturalists, agronomists and foresters).

At each land unit level (site), forest stands should be clearly identified and characterized in terms of composition and structure (different stages of development cycle); it must be stressed that forestry and silvopastoral practices are carried out at the forest stand level, being the elementary management unit. The characterization of forest stands for each specific site type allows the identification of a set of alternative silvicultural options ecologically sound; the final choice of the viable option is made by considering constraints (existing legislation, social and economical) as well as incentives (subsides, etc.). At this stage, the planner possesses all the elements for:

- identifying management objectives for each stand; and
- classifying forest stands according to their fragility to silvopastoral use (grazing pressure). The knowledge acquired is fully translated in prescriptions through the silvopastoral management plan.

Monitoring grazing damage at local level: a proposed set of indicators

The present section briefly describes the damage assessment scheme developed at a forest stand level and based on ground measurements as an operational tool for monitoring silvopastoral systems (Figure 3).

As highlighted in the previous section, the assessment is carried out only in areas classified as sensitive to grazing pressure, where simple indicators can highlight the fragility (no shrub layer, evidence of trampling activity with areas of bare soil, invasion of unpalatable species, scarcity of regeneration or resprouting of species of forest interest, diffused presence of dungs, etc.) With reference to the Sardinian situation, the more sensitive and fragile areas are comprised of forest stands managed through even aged silvicultural systems (coppice, clearcut, seed tree, shelterwood) in their young stages (regeneration and rivegetation period) and degraded areas recently struck by fire (Table 2).

Currently, this scheme takes into account the damage caused by different species used in animal husbandry and their characteristics (sheep, goats and cattle) and has been applied in two types of forest formations of remarkable silvicultural and ecological interest, such as *Q. ilex* high forest and the evolving typical Mediterranean maquis. For the former, interest was focused on evaluating the possibilities of regeneration in open, old, middle-aged high forests, a typical forest stand in which grazing could be a driving force towards forest cover degradation. For the latter, a forest typology subjected to severe human pressure caused by fire and overgrazing was taken into consideration. This mainly consisted of maquis of *A. unedo* and *E. arborea*, with saplings of interest to forestry presence (*Q. ilex*). The

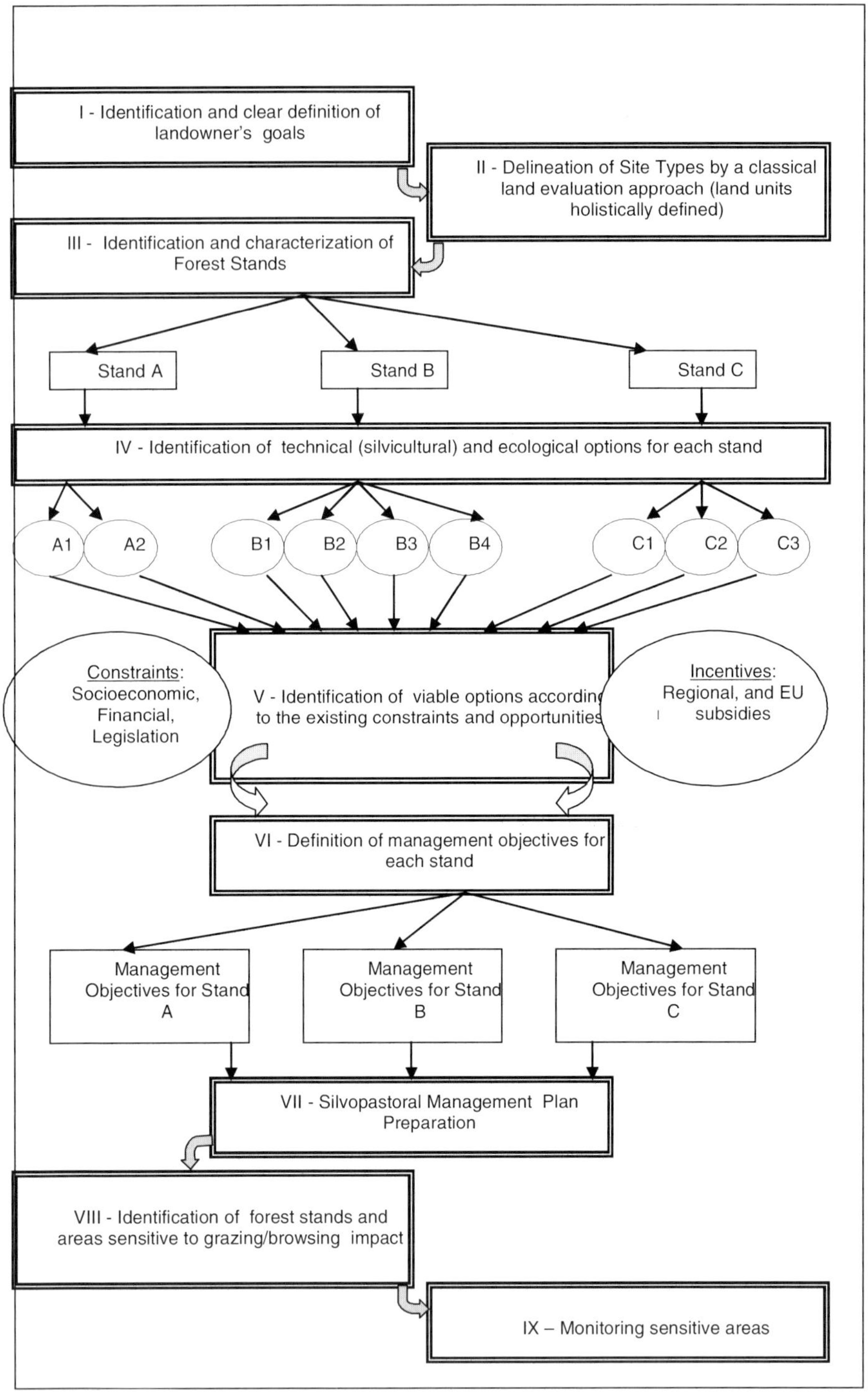

Figure 2. IMPAFORMED procedure. The planning module.

proposed scheme is used as a monitoring tool for grazing damage assessment at the silvopastoral management unit level, and is basically based on "descriptive" and "damage" indicators (Table 3). Descriptive indicators (not considered in the present contribution) characterize the structures of the forest stand, while damage indicators highlight the presence and intensity of damage (Table 4).

Two types of damage indicators are considered. The simple ones which directly measure or estimate, and the compound ones, which are derived from the aggregation of the former.
Simple indicators are classified as *indicators of direct mechanical effects of grazing* (shape and crown transparency, height of damage, presence of browsing and/or mechanical damage) and indicators of physiological reaction of the plant (branchiness, thorniness of leaves and branches). Tables 4 and 5 describe in synthesis the simple and compound damage indicators used in damage assessment. With the help of the decision tree (Figure 3) based on rules of an expert system, the degree of damage (none, light, moderate, heavy, very heavy) is attributed to the plants under consideration and representatives of real conditions for each silvopastoral management unit.

Conclusions and perspectives

This work shows the importance of pastoral activities in wooded areas, both because of the direct economic return to the farmers and also due to the importance of their activities in the rural world in maintaining sustainable forests. Thus, they are of great importance in public common land, where historically the local populations have shepherding, grazing, and firewood rights.

The definition of the principal objectives for the management of forests, and in particular public forests, must include silvopastoralism. Bearing this in mind, the evaluation of the impact of pastoral activities on forests is of fundamental importance when planning the management of forestry resources. In the past, foresters have ignored this, due to the type of training they had received, giving precedence to the priorities of pure forestry.

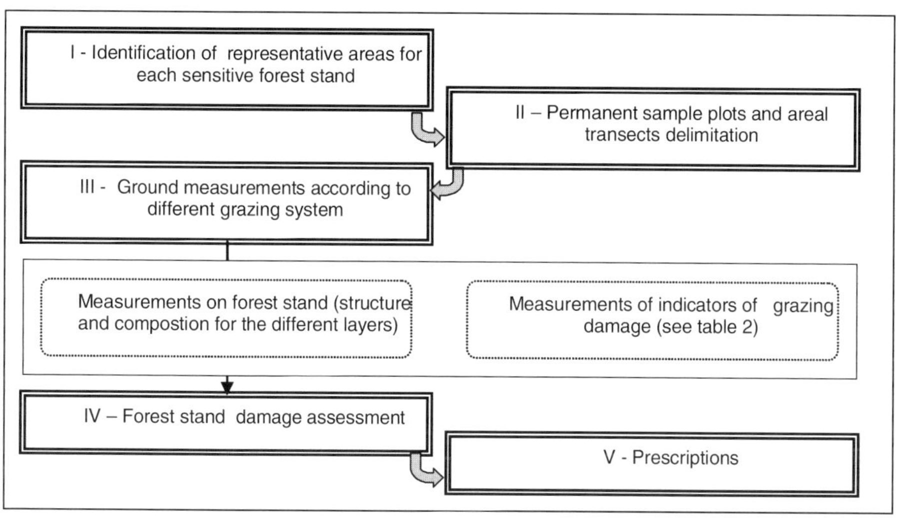

Figure 3. INPAFORMED procedure. The monitoring module

Table 2. Sensitivity of forest stands to grazing pressure according to the sivicultural systems.

Silvicultural system		Sensitivity to grazing pressure		
Type	Stage of growth cycle	High	Moderate	None
Simple coppice, coppice with standards	Resprouting stage	■		
	Affirmation stage		■	
	Mature			■
Clearcut	Regeneration stage	■		
	Young stage	■		
	Mature stage			■
	Old stage			■
	Scattered old stages	■		
Seed tree	Regeneration stage	■		
	Young stage		■	
	Mature stage			■
Shelterwood	Regeneration stage	■		
	Young stage		■	
	Mature stage			■
Uneven-aged silvicultural systems		■	■	
Burned and degraded area	Resprouting stage	■		
	Regeneration stage	■		
	Young – mature stage		■	

Table 3. Indicators used for the assessment of grazers' impact on vegetation.

A. Simple	1. Indicators of mechanical and physical impact on vegetation	A1a. Crown shape
		A1b. Presence of browsing and/or mechanical damage
		A1c. Extension (height) of damage of shoot or stem
		A1d. Crown transparency
	2. Indicators of vegetation physiological response	A2a. Branchiness and twigness
		A2b. Spinosity
B. Compound		Ba. Degree of damage at single stem or shoot level
		Bb. Degree of damage of the plant

The IMPAFORMED procedure is based on a series of simple indicators, representing a monitoring instrument capable of showing the impact of grazing and quantifying damage. This evaluation method, used as an operational tool in the forest planning process, allows areas which are vulnerable to damage from grazing to be identified, and appropriate preventative action to be taken (Table 6).

The experience which has been gained in various forests in Sardinia, has shown that a plan for agropastoralism must be included in the classic forest management plans. This plan, apart from furnishing technical guidelines on the use of land available for grazing, also deals with the problems of the agropastoral system in this context, in a complete and strategic way.

Table 4. Simple damage indicators.

Crown shape	Globular: circular shape, regular in three directions of the space Conical: conical shape wider at the bottom Threadlike: plant not or little branched Slim: plant with regular branchiness Prostrate: low plants and creepers
Presence of browsing and/or mechanical damage	Broken branches, bark removed, bite marks, broken shoots
Extension of damage (single stem or shoot) It quantifies the portion of the shoot or stem influenced by grazing, browsing, fraying and peeling damage.	Location of damage into plant
Crown Transparency It defines the percentage of present foliage's surface respect total surface	High: 0 – 30% Medium: 30 – 70 % Low: > 70 %
Branchiness Degree of complexity of branching system of single shoot and then of the whole plant.	None: Absence of branches; presence of buds Low: The main branches are not much developed; low density Medium : Intermediate conditions among "high" and "low" classes High: Main and secondary branches developed; high density
Spinosity Degree of spinosity with reference above all the foliage	None: Foliage not very thorny Low: Any sensation of nuisance Medium low: Diffused thorniness Medium high: Diffused spinosity, leathery leaves High: Very leathery leaves

Table 5. Compound damage indicators.

Degree of damage of single shoot or stem (single shoot or stem) Compound Indicator taking into account spinosity, branchiness, browsing activity evidence, height and damage extension.	None: Thorniness generally absent or low; regular shoots (low branchiness); lignification absent or low; no evidence of browsing or fraying activities.
	Low: Medium thorniness; shoot with medium branchiness; partial lignification of branches and twigs; evidence of browsing activity; damage concerning only a part of shoot.
	Moderate: intermediate conditions among low and high degree of damage.
	High: medium-high thorniness; branchiness and very marked lignification of branches; evidence of browsing activity and related damage concerning the whole shoot.
Degree of damage of whole plant Compound indicator that examines number of damaged shoots or stems, degree of damage of single shoot, crown shape and transparency (crown density)	See expert system rules

Table 6. General characteristics of the IMPAFORMED Model.

Spatial level	Landscape (Forest district or single forest);
Geographical scale	1:10.000 – 1:25.000
Operational use	Forest management planning
Modules	i) Planning module ii) Monitoring module
Input data	i) Planning module: Land qualities and attributes ii) Monitoring module: Qualitative and quantitative indicators related to forest stands acquired at each forest stand level;
Type of output	i) Classification of forest stands according to their sensitivity and fragility to silvopastoral use (Planning module); ii) Classification of forest stand types according to degree of damage (very heavy, heavy, moderate, light, none) at single operational management compartment level (Monitoring module).
Specific requirements	i) Ground measurements should be carried out according to a specific sampling method; ii) Operational use requires the implementation of a geographic information system.

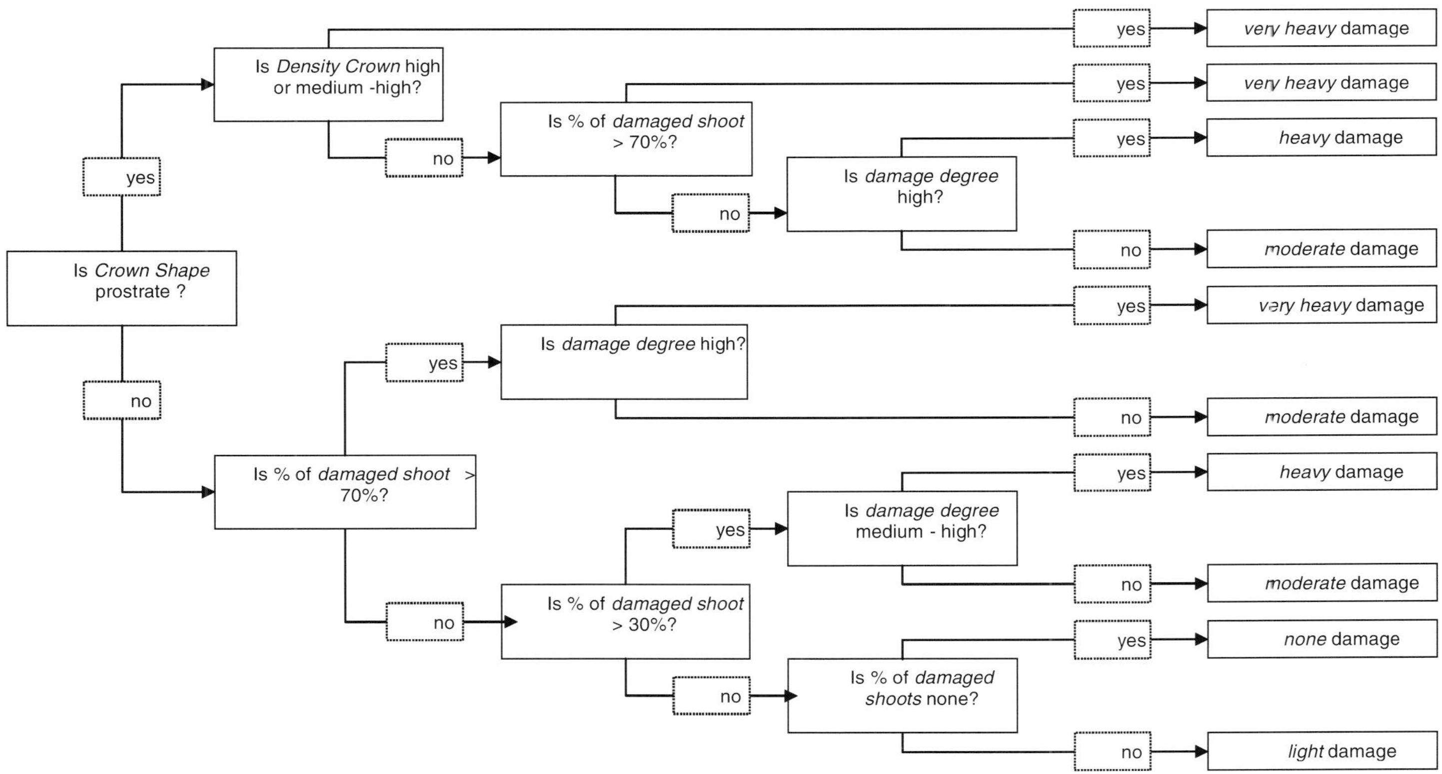

Figure 5. Decision rules for assessing damage at single plant level.

References

Bradshaw R. & Mitchell F.J.G. 1999. The paleoecological approach to reconstructing former grazing-vegetation interactions. Forest Ecology ad Management, 120: 3-12.

Casu S. & Nardone A. 1994. Il ruolo delle razza specializzate da carne negli allevamenti estensivi di vacche nutrici. L'esperienza mediterranea: il caso della Sardegna. EAAP Publication n. 72: 49-64.

Gutman M., Henkin Z., Holzer Z., Noy-Meir I. & Seligman N.G. 2000. A case study of beef-cattle grazing in Mediterranean type woodland. Agroforestry Systems, 48: 119-140.

Jorritsma I.T.M., Van Hees A.F.M. & Mohren G.M.J. 1999. Forest development in relation to ungulate grazing: a modelling approach. Forest Ecology and Management, 120: 23-34.

Koutsidou E. & Margaris N.S. 1997. The regeneration of Mediterranean vegetation in degraded ecosystems as a result of grazing pressure exclusion: the case of Lesvos island. Ecological basis of livestock grazing in Mediterranean ecosystems. EU Commission, 18308 EN: 76-79.

Kramer K., Groen T.A. & Van Vieren S.E. 2003. The interacting effects of ungulates and fire on forest dynamics: an analysis using the model FORSPACE. Forest Ecology and Management, in press.

Kuiters A.T. & Kirby K.J. 1999. Methodologies in forest grazing research. Forest Ecology and Management, 120: 1-2.

Laconi M., Scotti R., d'Angelo M. & Caredda S. 1999. Indagine conoscitiva di base per la predisposizione di piani di gestione di aree di interesse silvopastorale in ambiente mediterraneo: il caso di studio del complesso forestale Rio Nuxi (Seui, NU). Laurea thesis, unpublished.

Lathman J. 1999. Interspecific interactions of ungulates in European forests: an overview. Forest Ecology and Management, 120: 13-21.

Margaris N.S. & Koutsidou E. 2002. Landscape protection from grazing and fire. Mediterranean desertification: a mosaic of processes and responses (Geeson, Brandt and Thornes eds). John Wiley & Sons: 83-92.

Piussi P. 1994. Selvicoltura generale. UTET, Torino.

Platis P.D. & Papanastasis V.P. 2003. Relationship between shrub cover and available forage in Mediterranean shrublands. Agroforestry Systems, 57: 59-67.

Pulina G., d'Angelo M. & Enne G. 1999. Agropastoralism and fires in the Mediterranean. Reala Report n. 200, Reykjavik (Iceland): 35-40.

Remoiser F., Amstrong H. & Suchant R. 1999. Measuring forest damage of ungulates: what should be considered. Forest Ecology and Management, 120: 47-58.

Verdù J.R., Crespo M.B. & Galante E. 2000. Conservation strategy of a nature reserve in Mediterranean ecosystems. the effects of protection from grazing on biodiversity. Biodiversity and Conservation, 9: 1707-2000.

Wallis De Vries M.F. 1996. Effects of resource distribution patterns on ungulate foraging behaviour: a modelling approach. Forest Ecology and Management, 88: 167-177.

Weisberg P.J. & Bugmann H. 2003. Forest dynamics and ungulate herbivory: from leaf to landscape. Forest Ecology and Management, in press.

L'enjeu technique du sylvopastoralisme:des échelles d'espace et de temps communes à l'élevage et à la sylviculture

G. Guerin[1] & O. Picard[2]

[1]Institut de l'Elevage, Parc Scientifique Agropolis, 34397 Montpellier Cedex 5, France
[2]Institut pour le Développement Forestier, Maison de la Forêt. 7, Chemin de la Lacade, 31320 Auzeville Tolosane, France

Résumé

"Les promesses de réhabilitation ou de valorisation des espaces de collines et moyennes montagnes méditerranéennes par des pratiques sylvopastorales ne se traduisent sur le terrain que par quelques réalisations. Les territoires concernés, aux conditions pédo-climatiques difficiles, aux traditions forestières réduites, sont globalement marginalisés par les filières (celles du bois, en particulier). Et la logique des actions pastorales et sylvicoles généralement envisagée n'a encore pas vraiment réussi à débloquer les termes de ce déclin annoncé.

Démarré depuis deux années, un programme (interdisciplinaire) de recherche-action s'appuie sur de nouvelles propositions, qui au total, représentent une certaine rupture sur la façon d'aborder le sylvopastoralisme. Ce texte illustre le domaine technique des hypothèses de travail:

- utilisation/valorisation immédiate plutôt que production/ évolution à terme !
- ouverture du milieu ou maîtrise de sa fermeture ?
- la gestion du sous étage ligneux, c'est le point spécifique du sylvopastoralisme, où se retrouvent des échelles d'espace et de temps communes aux deux usages.

Sur ces bases reformulées, le diagnostic de terrain et la définition d'une intervention sylvopastorale va prendre un cheminement qui peut se résumer par: "entrer par le pastoral / un détour sylvicole / la sortie sylvopastorale".

Pour les auteurs, ces perspectives ouvrent de nouveaux horizons:

- pour la sécurité, donc la durabilité de l'élevage;
- pour un renouveau de la mise en valeur forestière et donc de gestion des surfaces boisées délaissées;
- au total, pour le développement local des zones soumises à la déprise.

Keywords: Sud de la France, sylvopastoralisme, méthodologie.

Introduction

Dans nombre de territoires abritant des systèmes d'élevage extensifs ou pastoraux, dans les zones en déprise agricole et d'extension des milieux boisés, l'articulation des pratiques pastorales et forestières représente une des voies de redéploiement des activités agricoles et rurales: le sylvopastoralisme peut être une des bases du développement local.

Ainsi, pour les activités d'élevage, l'agrandissement raisonné des surfaces utilisées aux bois plus ou moins abandonnés va consolider et sécuriser le système d'alimentation des animaux, permettre un abaissement des coûts de production et enrichir - par l'entretien d'un espace plus vaste - l'image de gestionnaire de l'espace de l'éleveur. Concernant les activités de sylviculture, des interventions sylvicoles différentes, à l'amont de filières plus diversifiées, font apparaître une bien plus grande opportunité de valorisation de peuplements jusqu'ici délaissés pour leur trop faible rentabilité.

Le sylvopastoralisme, par effet de synergie, en apportant des bénéfices à chacune des activités, permet de créer une activité là où chacune des deux séparément n'aurait pas pu se pérenniser. Il augmente les fonctionnalités de l'espace et participe à la préservation et à l'entretien de milieux et de paysages, ouverts à l'accueil d'autres usagers. Au final, les pratiques sylvopastorales participent à une augmentation des richesses produites, des emplois créés et à une (re)dynamisation locale durable - parce que basée sur de véritables activités économiques. Mais alors qu'elles s'inscrivent clairement dans la dynamique actuelle des Mesures Agri-Environnementales, ces techniques restent pourtant marginales.

Une situation (auto)bloquée!

Ainsi, le grand sud méditerranéen de la France est largement marqué par des surfaces plus ou moins abandonnées; on y trouve près de la moitié des surfaces de parcours recensées dans les exploitations agricoles françaises (2,1 millions d'hectares sur 4,6 au total). La plupart de ces espaces subissent une fermeture de leurs paysages à cause de l'extension d'accrus forestiers, particulièrement de Pin sylvestre (*Pinus silvestris*, essence pionnière) mais aussi, souvent depuis plus longtemps, de Chêne pubescent (*Quercus pubescens*). Par exemple, en moins d'un siècle, le taux de boisement de la région des Préalpes est passé de 15% à 60 %. Les zones de collines et de moyennes montagnes sont globalement délaissées par la filière bois, alors même que ces espaces sont largement revendiqués par l'élevage et aussi par d'autres activités (tourisme / randonnée, cueillette et surtout la chasse) (Balent, 1996). Les attentes de la société y sont fortes: elle demande des paysages ouverts, entretenus, sécurisés et accueillant pour un multi-usage.

Dans ces zones, les productions d'élevage sont confrontées à des conditions d'exploitation difficiles et doivent rechercher des solutions leurs permettant: d'importantes économies d'intrants; de s'insérer dans des filières de qualité des produits répondant aux attentes des marchés; d'installer des jeunes (dans l'objectif d'enrayer la désertification, de rechercher des modèles viables, vivables et innovants); et de s'engager dans la protection et la mise en valeur du territoire.

Les productions sylvicoles sont, elles aussi, confrontées à un abandon parfois ancien de terrains souvent difficiles, du fait de leur morcellement, d'une topographie accidentée, d'une accessibilité restreinte et d'une faible productivité des sols. Cette situation est accentuée par le fait que, souvent, il y a peu de tradition sylvicole et que les débouchés pour le bois -en dehors de quelques marchés de proximité - n'existent pas localement. Les «bois» ont, faute de mieux, une valeur patrimoniale forte et servent éventuellement de réserve financière; pourtant leur abandon met en danger ces ultimes fonctions.

L'approche du sylvopastoralisme ne peut faire l'économie d'une remise en cause des approches de l'élevage et de la sylviculture !

L'évolution (Nougarède, 1994) des contextes de la production agricole, est favorable à une réflexion de fond sur les systèmes d'élevage et les plans d'aménagement forestier. Pour l'élevage, la consolidation ou le développement des exploitations suppose l'évolution des façons de produire, plus économe avec plus de pâturage et une augmentation des ressources alimentaires issues des végétations naturelles et spontanées (Cavailhès *et al.*, 1993). Mais sur parcours boisé, les éleveurs, subissent la fermeture du milieu par développement du couvert arboré (qui n'offre aucune ressource alimentaire dès lors que la végétation appétente et digestible se trouve hors la dent du bétail), ce qui met en cause, à terme, la pérennité de leurs ressources pastorales (Bellon *et al.*, 1992, 1993, 1996a, b). De plus, dans beaucoup d'élevage, les surfaces pastorales, pour un objectif de sécurité, sont surdimensionnées. Le chargement animal est dilué, les surfaces pastorales sont sous-utilisées. Par ailleurs, pour la (re)conquête de ces espaces, les techniques de réouverture des surfaces mises en œuvre ne sont pas toujours pertinentes. En particulier, une trop forte réouverture (coupe à blanc, débroussaillage en plein, feu contrôlé), fait perdre à ces surfaces leurs qualités de "garde manger", leur capacité à maintenir sur pied des ressources alimentaires de qualité, et mettent en danger l'état boisé. En les rapprochant des prairies (plus productives, plus saisonnées), elles entrent directement en concurrence avec la SFP (surface fourragère principale), mais sans en avoir les qualités: rendement, valeur pastorale, accessibilité, potentiel de mécanisation, (...), médiocres; les ressources printanières sont fortement développées alors qu'elles sont déjà pléthoriques et peu transférables.

La sylviculture, elle, doit élargir son champ d'activité en abaissant ses seuils de rentabilité: «coûter moins chère et rapporter plus !». Au-delà de simples pratiques de pâturage en forêt, après quelques actions prospectives (Bellon *et al.*, 1991; Decaix, 1998) ont été mis en place des aménagements avec une mixité élevage et sylviculture plus ou moins réussie. Dans la majorité des cas, la forêt est d'abord considérée pour ses fonctions de protection des sols contre l'érosion des massifs, et d'accueil pour des espèces (faune ou flore) jugées patrimoniales. Sa fonction de production reste très secondaire (Terreaux, 1996). Les interventions sylvicoles mises en œuvre, n'ont finalement souvent comme finalité que d'ouvrir les surfaces et de permettre aux animaux de se déplacer pour pâturer (contribuer à un entretien DFCI ou paysager, ...).

Au total, d'un côté, les productions ligneuses sont marginales, de l'autre, les surfaces pastorales sont peu intégrées aux systèmes d'alimentation des animaux.

Des hypothèses nouvelles, tant techniques que méthodologiques

Les enjeux, pour chacun des deux modes de valorisation sont en fait intimement mêlés (Hubert *et al.*, 1990, Normandin, 1995; Guérin *et al.*, 2003): d'une part, conquérir et stabiliser des ressources pastorales économes d'inter et de contre saison, d'autre part, faire entrer dans la définition et l'économie de la sylviculture (Elyakime *et al.*, 1999), l'élevage et l'impact du pâturage de ses animaux.

A défaut de nombreuses réalisations concrètes connues ou suivies sur un temps suffisamment long, la recherche a pu valider par simulation (Etienne *et al.*, 1999), la pertinence des promesses de l'imbrication des productions ligneuses et agricoles. Le constat du faible développement de ces pratiques, nous semble correspondre à deux aspects d'un même écueil:

- un premier, au niveau de la "sphère des praticiens" (professionnels, appareils techniques des filières bois et élevage) qui n'ont pas réussi à reformuler leurs approches, ni innover au plan technique, (...), pour mettre en recherche-action des processus de production forcément différents: moins spécialisés, peu standardisés, mettant en jeu d'autres combinaisons de moyens (main d'œuvre, organisation de chantier dans le temps, ...), et livrant des produits que la filière est peu habituée à valoriser (en faible quantité, diversifiés, fortement concurrencés par les productions plus classiques). Le "technicien" de la forêt ou de l'élevage doit réévaluer ses compétences qui ne doivent pas être simplement la capacité à (s')adapter le "modèle dominant" -modernisé-, car alors, la concurrence des meilleurs terrains et du tissu d'entreprises performantes est à peu près insurmontable.
- L'autre facette se trouve au niveau de la "sphère de la recherche"; d'abord parce que l'accent a surtout été mis sur l'agroforesterie: plantations d'arbres (nobles) sur prairies ou cultures avec boisement à grand espacement (Auclair *et al.*, 1994; Dupraz *et al.*, 1994) et bien plus rarement sur le sylvopastoralisme: pour faire entrer l'activité pastorale dans la formation boisée (Bellon *et al.*, 1992 et 1993); mais surtout peu d'investigations ont été menées sur les questions de cohérence

technique et de fonctionnement. Les données techniques sont abordées au travers de bilans annuels et pluriannuels. Or, des attendus différents changent considérablement les termes du bilan.

Un renouvellement d'approche structuré par ce "bilan critique"

Il nous faut revenir sur chacune des activités: sur la stratégie d'alimentation des animaux et sa mise en œuvre pratique, sur les chantiers et les mises en marché des bois, pour construire leur combinaison; c'est à dire, proposer des hypothèses techniques (production plus économe) et une méthode de diagnostic (traitant de la faisabilité et de cohérence) qui au final, permettent d'intégrer les deux modes de mise en valeur (se servant de l'un, pour rendre l'autre opportun).

Le diagnostic pastoral: l'approche des ressources pastorales

Pour contribuer à une séquence de pâturage particulière, l'exploitation d'un parc à une époque donnée correspond pour l'éleveur à la réalisation d'une ressource pastorale considérée stable pour cette période d'utilisation. Si parfois, il y reconnaissait une modification significative (dégradation ou bonification), il pourrait fixer alors un seuil plancher ou plafond, de début ou d'arrêt d'utilisation. Plus rarement, la ressource est peu (re)connue, plutôt subie, (...), car elle n'est pas problématique: elle est par exemple réputée supérieure à l'attente (pâturage de sécurité en tri), ou rattrapable sans dommage, comme pour un raclage de finition court, immédiatement compensé à la suite.

Décrire, caractériser les ressources pastorales d'une unité de pâturage (un parc, un circuit) , repose sur deux critères de base, (i)la quantité d'herbe (recouvrement, hauteur, densité), et (ii)son état (flore, situation par rapport aux périodes de végétation, stade, ...). Une ressource pastorale (ce qui est prélevé par les animaux), n'est donc pas définie par la seule végétation. Certes, le couvert végétal donne un cadrage global de la ressource (les constituants possibles), mais pour la préciser, l'analyse doit considérer (i)la saison (comment ça pousse, s'il y a eu précédemment utilisation) et (ii)le prélèvement réalisé concrètement par les animaux (tri ou complet). La ration prélevée dépend ainsi de la configuration de l'unité pâturée: couverts végétaux, topographie, équipements structurants, (...), et du comportement du lot au pâturage: lié en partie à la "culture pâturage" de l'éleveur, et à l'apprentissage du parc par les animaux.

Le diagnostic forestier: la production et les produits sylvicoles

Nous avons essayé de tirer le plus possible leçon de notre approche et du diagnostic au niveau pastoral; celle-ci nous semble exemplaire à plus d'un titre: l'important, c'est l'état boisé et la réalisation aujourd'hui de produits ligneux et non l'évolution de la production ligneuse et sa "manipulation" pour une exploitation à plus ou moins long terme. Tout comme pour un parcours, l'important pour une formation boisée, c'est autant ce qu'on y réalise (le mode d'exploitation pastoral ou l'extraction de produits ligneux) que ce qu'ils sont (les productions herbacée ou ligneuse et leur évolution selon les conditions de milieu).

L'élaboration de l'intervention sylvopastorale

L'entrée (l'objectif) est pastorale, le détour (opportunité, faisabilité) est sylvicole, et la sortie (le projet sylvopastoral) est élaborée avec conservation de l'état boisé et une évaluation à la hausse du nouvel état de milieu.

L'approche sylvicole consiste à repérer -pour tout de suite- des produits ligneux, à condition qu'ils correspondent à une demande, et que l'intervention sylvicole aie des retombées pastorales qui participent à sa rentabilité. Les compromis sylvopastoraux sont arbitrés par une évaluation des conséquences des actions sylvopastorales en termes de biodiversité, de paysage, de durabilité.

Une batterie de critères de description pour la caractérisation ou le suivi du milieu et de l'intervention sylvopastorale

Dans la lignée de ce qui précède sur le diagnostic, nous proposons une première structuration de critères descriptifs utiles au sylvopastoralisme. Ils sont récoltés à dire d'expert (technicien, éleveur, …), et confrontés à quelques observations ou vérifications de terrain.

1. Pour "l'entrée pastorale":
   - l'information initiale de caractérisation pastorale de l'unité de pâturage concernée: la délimitation et l'adressage physiques (superficie, topographie, gène ligneuse, …), la mise en secteurs (secteurs ressources à partir des couverts en herbe: importance, nature, saisonnalité, maintenance, …);
   - cadrée par une description argumentée du projet pastoral: rôle et place du parc dans la séquence de pâturage (appartenance à une stratégie d'alimentation: lot, demande alimentaire, précédent, suite, …);
   - et l'information sur les pratiques pastorales (entrée/sortie, secteur pilote, effectif, …).
2. Pour le "détour sylvicole":
   - une lecture de la couverture en arbres, à partir des classiques de la dendrométrie, mais sous la dépendance du projet pastoral, c'est à dire cherchant par l'évolution de la structure en arbres, une contribution possible à la maîtrise de la ressource pastorale: suppression, appui ou développement; exceptionnellement, l'approche sylvicole peut être autonome sur un peuplement au potentiel forestier avéré;
   - le repérage des produits réalisables, à partir de leur destination, avec les conditions d'accès, de vidange, (…).
3. Pour "la sortie sylvopastorale":
   - l'élaboration du projet d'intervention, à partir des compromis arbitrés par les évaluations des conséquences socio-économiques et environnementales: le travail, l'investissement, l'amortissement, le revenu, (…), la biodiversité, le paysage, la contribution au développement durable. Paradoxalement ces décisions se jouent sur le sous-bois ligneux (couvert en broussailles, branches basses des arbres, rémanents, …) et peu sur la strate herbacée ou le couvert arboré pourtant enjeux habituels du pastoral ou du sylvicole;
   - une description des interventions sylvicoles avec la qualification et la quantification des différents flux occasionnés (argent, temps et force de travail, matériel, …), organisation de chantier, mise en marché, prix pratiqués, relations économiques et sociales en cause, (…);
   - une information complémentaire de caractérisation du nouvel état et l'appréciation de son devenir après travaux: conservation de l'état boisé, renouvellement et durabilité de la ressource pastorale, problèmes possibles (dérive floristique, divergence de secteurs, …), participation à la multi-fonctionnalité du territoire, (…), hypothèses sur les tranches de travaux ou étapes à suivre, (…).

Discussion

Suivre pour référencer, c'est impossible et sans doute inutile

Ce qui est recherché ne relève pas de la prédiction d'évolution, mais de la caractérisation de l'état d'un milieu pastoral, état pris comme une variable discrète. Le type d'utilisation pastorale est connu pour une durée choisie. A son terme, est de nouveau réalisée l'approche en trois temps qui vient d'être décrite (entrée pastorale, détour sylvicole, sortie sylvopastorale).

La question d'un temps commun

Sans avoir complètement bouclées (et de loin) les réflexions, il est déjà possible de positionner nos interrogations et hypothèses pour aller au delà des "blocages" habituels assez bien "caricaturés" par les affirmations récurrentes sur l'opposition des temps, long du forestier et court de l'éleveur.

D'une part, le temps des éleveurs (sur ses surfaces et dans ses pratiques pastorales) doit considérer un temps lié au moyen terme, celui de la dynamique de la fermeture arborée ou de la maîtrise du sous-étage ligneux; le court terme, celui des saisons et de la campagne relève des tactiques de sécurité intra et inter annuelles cadrées par sa stratégie (avec laquelle d'ailleurs, on retrouve le moyen terme).

D'autre part, le temps réputé à long (voir très long) terme du forestier, c'est en fait celui de la carrière des arbres ou de la durée d'un peuplement, mais certainement pas celui des interventions/ valorisations successives qui relèvent de ses pratiques. Son temps à lui est également celui du moyen terme, celui séparant deux actions sylvicoles sur un même espace. A noter au passage que le temps court, cadré par l'exercice annuel, existe aussi pour le forestier, pour organiser les chantiers et mises en marché, ou ses équilibres financiers, (...).

Le temps du sylvopastoral, celui de moyen terme est en fait le même pour le forestier et pour l'éleveur. L'état d'une unité de gestion sylvopastorale est considérée comme une variable discrète, du fait que dans l'intervalle des interventions sur les arbres, l'éleveur, aux ajustements de sécurité près, reconnaît une équivalence des ressources pastorales.

La question de l'espace, une maille de travail commune

En correspondance avec le cheminement du diagnostic et comme pour la question du temps, celle de l'espace est polarisée par l'entrée pastorale, puis par l'ouverture au peuplement boisé et enfin, par l'élaboration conjointe de la sortie sylvopastorale.

L'échelle spatiale commune est naturellement celle de la parcelle pastorale. Mais le diagnostic va devoir aborder (i)une échelle plus grande avec l'identification des différents types de secteurs et (ii)une échelle plus petite pour les cadrages de cohérence fonctionnelle (la séquence et la chaîne de pâturage dans l'exploitation, la programmation des travaux forestiers et les mises en marché sur le peuplement forestier).

Le "secteur-ressource", est l'ensemble des milieux qui sont reconnus (par hypothèse, expertise ou observation) typiques de la réalisation de la ressource; l'analyse porte sur son évaluation qualitative et quantitative, sa spatialisation grossière; *a contrario*, elle permet aussi le repérage des autres secteurs de l'unité pastorale en cause (leur convergence ou divergence argumentées par rapport au secteur-ressource).

L'évolution du couvert arboré freine, stabilise ou accentue celle du sous-étage (nature et quantité). C'est ce dernier point et l'objectif pastoral sur le moyen terme, qui initialisent le "détour sylvicole" du diagnostic. Le volet arbre va recouvrir plus ou moins simultanément, deux champs d'évaluation: d'abord, apprécier les changements structuraux nécessaires à la pérennité du secteur-ressource ou à la convergence d'autres secteurs, puis repérer et estimer les différents produits bois réalisables à cette occasion. L'échelle de travail reste bien l'unité pastorale; mais dans la considération de l'espace, aux critères liés aux secteurs pastoraux, s'ajoutent cette fois ceux relevant de la valorisation des types de peuplement boisé.

Espace et temps, deux dimensions interdépendantes

Quand il va s'agir de faire l'intervention sylvicole, il est probable que l'espace de décision ou même de réalisation soit encore différent, mais à cause de l'objectif pastoral, l'espace de la technique reste celui de l'unité pastorale. Il dispose de la souplesse qu'offrent les différences entre l'enveloppe parc et le secteur-ressource. Le temps lui aussi peut se piloter à partir du pastoral, les bornes d'un épisode de ressource relèvent de la décision de l'éleveur et l'influence du couvert arboré évolue lentement. De toute évidence, avec le temps, l'espace considéré peut changer, et vice et versa.

Conclusion

Une action sylvopastorale, concerne une unité pastorale comme lieu de réalisation d'une ressource pastorale. Celle-ci est ainsi stabilisée pour une durée définie par l'intervalle entre deux interventions sylvicoles. Nous prenons ces dispositions pragmatiques: (i)l'état de la ressource sylvopastorale est une variable discrète reconnue avant une action sylvicole, (ii)les travaux sylvicoles s'apparentent à différents flux (...), puis (iii)la ressource pastorale est considérée équivalente (ou scénarisée) jusqu'à la prochaine intervention.

Le nouveau diagnostic sera initialisé par la reconnaissance du nouvel état de la parcelle et l'expression de la demande pastorale qui va calibrer l'espace et le temps pour la prochaine étape.

Au bout du compte, mais c'est parfois très loin et sûrement très incertain, la succession de ces étapes peuvent définir des itinéraires techniques traçant l'histoire de tel ou tel peuplement. On y reconnaîtrait, sans doute, des filiations, des variantes, (...), à coup sûr des options pour des simulations alors très heuristiques.

Au terme de ce texte (écrit à l'occasion des réflexions et travaux d'un groupe de praticiens de l'art du pâturage ou de la sylviculture dans le sud de la France), nous sommes bien conscients de manquer encore de concret, particulièrement de ne pas exposer d'exemples complètement mis en perspective pédagogique. Malgré tout, il nous importait de formaliser nos interrogations et hypothèses pour les confronter à d'autres équipes. C'est un des enjeux du programme de recherche en cours.

Références

Auclair D., Caillez F.; 1994. Les besoins de recherche en agroforesterie. Rev. For. Fr. XLVI. N° sp. 1994. Agroforesterie, pp. 141-151.

Balent G. (ed.); 1996. La forêt paysanne dans l'espace rural. Biodiversité, paysages, produits. Etud. Rech. Syst. Agraires Dév ., 1996, 29; 268 p.

Bellon S., Cabannes B., Guérin G.; 1991. Comment intervenir dans les taillis et vergers de châtaignier. Fiche technique in AFP: Intégrer les activités pastorales et forestières pour mieux gérer l'espace méditerranéen.

Bellon S., Guérin G. 1992. Old holm oak coppices..new silvopastoral practices. Vegetatio 99-100: 307-316.

Bellon S., Guérin G.; 1993. Raisonner l'utilisation sylvo-pastorale du Chêne vert. Forêt Méditerranéenne, t. XIV, n° 4, pp.296-305.

Bellon S., Cabannes B., Dimanche M., Guérin G., Garde L., Msika B.; 1996 a. Les ressources sylvopastorales des chênaies méditerranéennes. Forêt Méditerranéenne. T. XVII, n°3, 197-209.

Bellon S., Guérin G.; 1996 b. Silvopastoral resource management in the French Mediterranean region. In Temperate and Mediterranean Silvopastoral Systems of Western Europe, Etienne M. (Ed.), INRA Paris: 167-182.

Cavailhès J., Normandin D.; 1993. Déprise agricole et boisement: état des lieux, enjeux et perspectives dans le cadre de la réforme de la PAC. Revue Forestière Française. XLV (4): 465-482.
Decaix G.; 1994. Sylvopastoralisme dans le Haut Verdon Rev. For. Fr. XLVI. N° sp. 1994. Agroforesterie, pp. 49-58
Dupraz C., Lagacherie M., Liagre F., Boutland A.; 1994. Perspectives de diversification par l'agroforesterie des exploitations agricoles de la région Midi Pyrénées. Rapport final de contrat de recherche commandité par le Conseil Régional Midi Pyrénées , 127 p.
Elyakime B., Guyon J.-P., Schott P.; 1999. Un critère économique de gestion de la forêt paysanne: la marge d'avenir. In Bois et forêts des agriculteurs. Actes de Colloque. Clermont Ferrand 20-21 oct. 1999. Cemagref-Inra. Cemagref Editions, pp.261-278.
Etienne M., Rapey H.; 1999. Analyse par simulation de l'effet de techniques agroforestières sur le fonctionnement d'exploitations agricoles. In Bois et forêts des agriculteurs. Actes de Colloque. Clermont Ferrand 20-21 oct. 1999. Cemagref-Inra. Cemagref Editions, pp. 115-136.
Guérin G., Hubert B.; 1987. Problèmes et perspectives pour une approche multi-usages des espaces forestiers. Fourrages, N° hors série "L'animal, les friches et la forêt II. Sept. 1987. 271-280.
Guérin G., Hubert B., Strohl J.; 1991. Articuler activités agricoles et forestières dans l'arrière-pays méditerranéen. Bull. Tech. Inf. 91 (4): 49-58.
Guérin G., Picard O.; 2003. Valorisation sylvopastorale des zones boisées boisés de Pin sylvestre (Pinus silvestris). -Exemple en France des Causses du sud du Massif Central-. Evolutions of sheep and goat production systems: Future of extensive systems and changes in the society. Séminaire 3-7 avril 2002, Alghero – Sardaigne (Italie). A paraître.
Normandin D.; 1995. La forêt paysanne en France: état des lieux et perspectives d'évolution. Etudes et Recherches sur les Systèmes Agraires et le Développement, 29, 195-211.
Nougarède O.; 1994. L'équilibre agrosylvopastoral, premier essai de réconciliation entre l'agriculture et la forêt. Rev. For. Fr. XLVI. N° sp. 1994. Agroforesterie, pp. 165-178.
Rapey H., de Montard F.X., Guitton J.L.; 1994. Ouverture de plantations résineuses au pâturage: implantation et production d'herbe dans le sous-bois après éclaircie. Revue Forestière Française, vol. 46 (n° spécial), p. 19-29.
Terreaux JP.; 1996. Le boisement dans l'exploitation agricole: modèles micro-économiques de prise en compte des externalités. Etudes et Recherches sur les Systèmes Agraires et le Développement, 29, 183-194.

The role of rangeland resources and pastoralism in the development of mountainous regions of Epirus, Greece

T.G. Papachristou & P.D. Platis

Rangeland Resources Laboratory, Forest Research Institute, N.AG.RE.F., 57006 Vassilika, Thessaloniki, Greece

Summary

Epirus is a traditional livestock-raising region of Greece. From its total territory of 920 320 ha, more than half (498 000 ha) of Epirus is characterized as rangeland, with most of it (299 000 ha) located in mountainous areas. The majority of the 1.2 million ruminants (i.e. >80% of cattle, goats and sheep) in the region resides in rangelands. Managing rangelands and planning pastoral development in mountainous regions are challenging tasks. Rangelands should be managed under multiple-use principles, which means that several uses or values of rangeland are managed simultaneously, with care to avoid overuse or destruction of the natural resources. Concepts of rangeland management and the European Union rural development policy are discussed in relation to their effectiveness and the development of rangelands and mountainous areas in Epirus.

Keywords: rangeland management, rural development policy, ruminants.

Introduction

Epirus (920 320 ha) is one of the remote north-western districts of Greece, bordering Albania. Integral parts of the region are rangelands, largely comprising of mountainous or less favoured areas. Rangelands are defined as "those areas, which by reason of physical limitations - low and erratic precipitation, rough topography, poor drainage, or cold temperatures - are unsuited to cultivation and which are a source of forage for free ranging native and domestic animals, as well as a source of wood products, water and wildlife" (Stoddart *et al.*, 1975).

Rangelands in Epirus have largely been neglected by research and development agencies alike; however, they have a vital role to play in the development of mountainous areas. There is evidence that there is ample opportunity to increase rangeland productivity, maintain and even enrich biodiversity, and improve the income and living stadard of people dependent on rangeland resources.

This article discusses some of the basic rangeland management principles and outlines the new perspectives emerging on managing rangeland resources. Finally, the European Union rural development policy is discussed in relation to its effectiveness on rangeland management and pastoralism in mountainous areas.

The ruminant population

The evolution and changes of the ruminant population in Epirus are shown in Table 1. Today's ruminant population is estimated to be 52 496 cattle, 948 125 sheep, and 330 163 goats, of which 8%, 22% and 16% respectively are found in the Arta Prefecture, 22%, 38% and 29% respectively in the Ioannina

Prefecture, 33%, 21% and 23% respectively in the Preveza Prefecture and 37%, 19% and 32% respectively in the Thesprotia Prefecture.

Sheep and goat grazing systems found in Epirus have a strong tradition and they can be classified into three basic categories, namely home-fed (9% of the sheep and 16% of the goats are classified into this system), extensive without transhumance (the majority of sheep (80%) and goats (76%) are classified into this system) and extensive with transhumance (nomadic system; nowadays only 8% of Epirus's goat and 10% of sheep population are classified into this system). Also, a 73% of the cattle population is estimated to graze on rangelands (Kandrelis, 2001; Agricultural Statistics of Greece, 2002).

The rangeland

Epirus is largely composed of rangeland and forest (77%; Figure 1). Rangeland represents the greatest land use type (about 498 000 ha) in the Epirus region. The rangeland is extensive, ranging from phrygana in the Thesprotia foothills to lush, alpine meadows in the mountains (i.e. Smolikas, Grammos, Tymphi, Athamanika, etc.) and contains a unique and diverse array of plant communities, wildlife species and human activities. Knowledge on the ecology of the different rangeland types (i.e. grasslands, shrublands, phrygana and forested rangelands) is limited, and, similarly, their role in pastoral production systems is not well documented. However, such information is needed for the management and sustainable development of the rangeland.

Rangeland is important in the Epirus region for many reasons. First, it is the main source of forage for grazing livestock. Livestock production on rangeland is crucial for the supply of meat and milk and also for leather, wool, and other products produced by livestock. Secondly, rangeland provides the necessary habitat for numerous mammals (e.g. *Rupicapra rupicapra, Capreolus capreolus, Cervus elaphus, Sus scrofa, Ursus arctos, Lepus capensis, etc.)*, birds, amphibians, many of which are endangered, and for a wealth of plant species. Most of the protected areas in Epirus (e.g. the gorge of Vikos and Mount Tymphi) are dominated by rangeland vegetation. Conserving the rich biological diversity of these lands is crucial for sustainable development in the region, yet grazing-related issues are often the major management concern in such protected areas. Thirdly, most of the water in the streams and rivers of Epirus falls initially on rangelands in the upper watershed, and thus rangeland management may have far-reaching effects on downstream areas. Lastly, rangeland ecosystems in the Epirus region (e.g. Metsovo) are becoming increasingly important for recreational uses (e.g. hiking, hunting, camping

Table 1. Number of the Epirus's ruminants in four inventories during the twenty-year period from 1981 to 2000 (adapted from Agricultural Statistics of Greece, 1984, 1994, 2001, 2002).

	System	1981	1990	1998	2000
Cattle		30 079	36 520	43 458	52 496
	Home-fed	8 122	9 568	11 738	-
	Grazing	21 957	26 952	31 720	-
Sheep		1 023 554	977 249	911 607	948 125
	Home-fed	154 498	118 023	81 420	-
	Grazing	869 056	859 226	830 187	-
Goats		344 113	381 736	343 354	330 163
	Home-fed	69 807	68 831	54 373	-
	Grazing	274 306	312 905	288 981	-

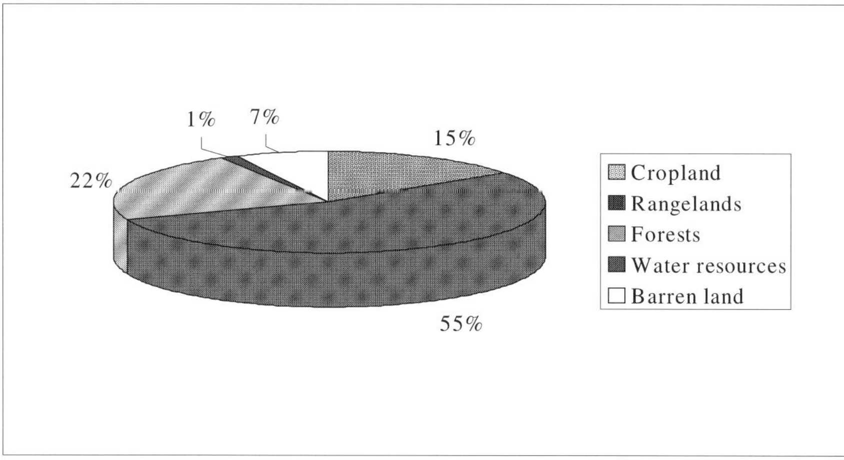

Figure 1. Surface of croplands, rangelands, forests, water resources and barren lands in Epirus (After Platis et al., *2001).*

and tourism). Such activities in mountainous rangeland environments have the potential not only to improve the living standard of the local people, but also to promote economic development.

Concepts for rangeland management and pastoralism

Rangeland utilisation by grazing animals enables the conversion of otherwise unusable vegetation into valuable animal products. Pastoralism in the Epirus region is thousands of years old and unique pastoral groups still exist today (e.g. Sarakatsani). There is evidence (Kandrelis, 2001; Platis *et al.*, 2001; Table 2) that the Epirus rangelands have resilient and sustainable resources (i.e. soil, vegetation, animals), if used wisely. In recent decades, however, many profound changes have taken place, with implications for the future of rangelands and pastoralism. These changes include:

1. the modernisation process itself, which has brought about improved accessibility and services to previously remote pastoral areas and increased demand for livestock products;
2. the conversion of good rangelands into arable croplands, leaving increasingly poorer land for grazing;
3. the expansion of conserved and protected areas with increased regulations limiting livestock grazing; and
4. the reform of the Common Agricultural Policy of Europe.

These changes limit the growth potential of extensive grazing and rangeland productivity. Rangeland managers need now to adopt new concepts and incorporate new available information in order to design more appropriate management plans for the sustainable development of rangeland resources.

It is known (Heady, 1975) that vegetation is the keystone for rangeland use; therefore, information concerning vegetation ecology and an understanding of rangeland ecosystem processes are needed for the development of rangeland management strategies and plans. The careful management of rangeland plants, animals, soil and water is accomplished through two basic principles, namely rangeland condition class and carrying capacity. The rangeland condition, which means how 'healthy' a particular rangeland site is, involves an assessment of the composition of vegetation at any given site and the degree of differentiation from an ideal climax plant community. The majority of Epirus's rangelands (87%) are estimated to be in fair or poor rangeland condition (Table 2), only a small percentage (13%) being in good condition.

Furthermore, the predominant management concern for rangelands is ensuring the rangeland capability to produce several different products without damage to the natural resources. The basis for this concern is the estimate of the rangeland carrying capacity, which is normally based on assumptions of the impact of livestock on plants, plant succession and soil. The regulation of animal numbers can meet management objectives, allowing plants to recover from grazing. Rangeland managers and pastoral populations have to balance the animal stocking rate with the natural regenerative capacity of rangeland plants. Knowing the rangeland condition, the proper use factor, and taking into account the distance of water points and the slope steepness, carrying capacities for a particular rangeland can be determined and appropriate grazing systems can be developed to conserve the state of a particular rangeland. Considering the rangeland site data in table 2, almost half of the Epirus's rangelands, classified as class three rangelands, confirm Kandrelis's (2001) opinion that previously they were used in an inappropriate way (e.g. overgrazing, wildfires, etc.).

The above rangeland management concepts are useful when a rangeland ecosystem is in equilibrium. However, alternative management practices need to be designed in areas where climatic variability is very high, and where there is the belief that livestock grazing is not the major factor affecting vegetation. Such rangelands are not in equilibrium and their plant growth and forage production are rather a result of climate than of livestock stocking rates. In the rangelands of Epirus, it is thought (Papanastasis, personal communication) that rangeland dynamics are largely dependent on their history of use (e.g. overgrazing, fire) or physical conditions (e.g. climate, soil, topography) and that the pastoral system operates far from equilibrium most of the time. Based on climatic data from a network of 27 meteorological stations scattered throughout the Epirus territory, the 40-year average rainfall is high (1 511 mm). However, the particularly high coefficient of variation of annual rainfall (60%) suggests that for Epirus's rangelands a precise estimation of carrying capacity is a difficult task.

Another concept for the evaluation of the condition of rangelands is that of relatively stable, multiple vegetation states with thresholds or transitions between these vegetation states in replacement of the succession, which is the basis of current concepts of rangeland condition (Task Group on Unity in Concepts & Terminology, 1995). That is, plant succession does not proceed in an orderly, directional process whereby one group or community of plant species replaces another over time until the optimum vegetation is reached. Rather, at any given site there may be several vegetation community types, as a result of historical and current management, even without grazing, and a number of possible uses and potential values for each use. Therefore, the rangeland condition should refer to site condition, which is closer to the state of rangeland health, and management should not reduce the number of possible uses or the potential value of each.

Table 2. Rangeland condition and site of the Epirus's rangelands and their distribution into lowland (altitude<600 m), sub-mountainous (600-800 m) and mountainous (altitude>800 m) zones (Adapted from Platis et al., *2001). Data in hectares.*

Category	Rangeland condition (RC)	Rangeland site (RS)	Rangeland position (RP)
1*	63 100	112 000	115 000
2	270 900	176 000	84 000
3	164 000	210 000	299 000

*1: good RC, first class RS and lowland zone, 2: fair RC, second class RS and sub-mountainous zone, and 3: poor RC, third class RS and mountainous zone.

Today, it is necessary to have economically efficient production systems, which must be consistent with the optimum use of natural resources. Therefore, pastoral production systems are considered as a highly efficient exploitation strategy for living in harsh environments where arable agriculture is not possible. Pastoralists in the Epirus region have acquired ecological knowledge and understanding of the pastoral ecosystems in which they live and upon which their livestock production economies depend. They take into account temporal and spatial variability of weather in key grazing areas, in order to provide sufficient forage throughout the year. In the past, several grazing systems were applied that enabled herders to maintain the natural balance of the land; this knowledge should be better understood and used in rangeland management plans. An understanding of the existing pastoral systems should also help to ensure that the goals and needs of pastoralists are incorporated into new rangeland development plans and that pastoralists become active participants in the development process.

Challenges for the rangelands of Epirus

New perspectives on the functioning of rangeland ecosystems raise interesting challenges for research and management in the Epirus region. For example, the estimation of rangeland condition and carrying capacity presupposes knowledge of soil types and rangeland vegetation, combined with information on key forage plants and use of the rangeland by animals. However, in the Epirus region, much of this information does not exist. What's more, the concept of carrying capacity applied as a single optimum stocking rate for livestock, has been shown to be inadequate for the management of extensive rangelands. The limited value of carrying capacity for planning animal stocking rates, raises the question as to how the regulation of animal numbers in rangelands in the Epirus region can be achieved. The perception of opportunism is gaining favour as a management approach to livestock production in pastoral systems. An opportunistic approach, instead of considering average estimated carrying capacity, requires flexible stocking strategies for economic viability and ecological stability. This can be achieved when rangeland managers consider past events regarding temporal and spatial variability of weather and rangeland productivity and use. This allows pastoralists to adjust livestock numbers to the spatial variability of forage, establish a better distribution of livestock according to forage availability and enable increased production. Opportunistic strategies for managing livestock and rangeland resources are not new to pastoralists. Traditional pastoral management systems in the Epirus region were designed around mobility and the tracking of favourable forage conditions.

Another important challenge will be to determine which aspects of indigenous knowledge systems and traditional pastoral strategies and techniques can be used to design new management strategies. Pastoral specialists will also have to ensure that research findings are incorporated when forming new policies and development programmes. Moreover, the rural development policy of the European Union has to be considered with the purpose of strengthening the agricultural and forestry sector, improving the competitiveness of rural areas, preserving the environment and rural heritage, and promoting the multifunctional role of agriculture. Council Regulation 1257/1999 on support for rural development provides the framework for such achievements, since it includes a series of measures by which pastoral activities in mountainous areas could be incorporated. For example, pastoral systems, which are particularly important in mountainous areas for the protection of soil and genetic diversity, could be incorporated in the agri-environmental measures, which support agricultural production methods designed to promote the environment and maintain the countryside. In mountainous areas, which are characterised as less favoured areas or areas with environmental restrictions, farmers are also entitled to compensatory payments that allow them to continue sustainable agricultural practice (i.e. pastoral activities), paying also attention to environmental requirements. Moreover, in the measures included in the article 33, such as farm diversification, renovation and development of villages and protection and conservation of rural heritage, concepts such as protection of the environment in connection with agriculture, forestry and landscape, and land improvement can be incorporated.

Conclusions

The potential for rangeland and pastoral development in the Epirus region is vast, especially as current EU policy favours pastoral systems that promote land use sustainability. It is also important to take into account that livestock cannot be a viable commercial enterprise for all those who currently depend on subsistence animal husbandry; therefore, a promotion of economic diversification is needed. Finally, the links among science, policy and management must be strengthened through adaptive management and participatory research.

References

Agricultural Statistics of Greece (years: 1981; 1990; 2000, preliminary results; 1998) 1984, 1994, 2001 & 2002. National Statistical Service of Greece, Athens (in Greek).

Heady, H. 1975. Rangeland management. McGraw-Hill, New York, USA. 460 pp.

Kandrelis, S.S., 2001. Range management in Epirus: Present situation and problems. In: T.G. Papachristou & O. Dini-Papanastasi (eds) Range Science at the Threshold of the 21st Century. Proceedings of the 2nd Panhellenic Rangeland Congress in Ioannina, Greece, 4-6 October 2000. Hellenic Pasture and Rangeland Society, No. 9, pp 22-29.

Platis, P.D., T.G., Papachristou & V.P., Papanastasis 2001. Application of the inventory's program of rangelands in the Epirus region and its usefulness in the grazing management. In: T.G. Papachristou & O. Dini-Papanastasi (Eds). Range Science at the Threshold of the 21st Century. Proceedings of the 2nd Panhellenic Rangeland Congress in Ioannina, Greece, 4-6 October 2000. Hellenic Pasture and Rangeland Society, No. 9, pp. 43-49.

Stoddart, L.A., A.D., Smith & T.W., Box 1975. Range management, McGraw-Hill, New York, USA. 532 pp.

Task Group on Unity in Concepts & Technology Committee Members 1995. New concepts for assessment of rangeland condition. J. Range Manage, 48: 271-282.

Grazing cows in a forest restoration area in Sardinia: 25 years of experimental data

R. Scotti[1], *P.A. Ruiu*[2] *& M. Sitzia*[3]

[1]*Nucleo di Ricerca sulla Desertificazione, Università di Sassari, Italy*
[2]*Stazione Sperimentale del Sughero, Tempio Pausania (SS), Italy*
[3]*Istituto Zootecnico e Caseario per la Sardegna, 07040 Olmedo (SS), Italy*

Summary

Grazing in forested areas is very common in Sardinia, as in most Mediterranean countries, although it is frequently considered a non-sustainable practice, particularly in damaged areas. The paper presents data from an experimental trial, set up in central Sardinia after a wildfire that damaged and partially destroyed existent mixed oak stands. The objective of the trial is to explore if, and eventually how much, the forest would suffer due to grazing. In an area of about 80 ha, 900 m a.s.l., 4 parcels were fenced, leaving 2 central strips as non-grazing, control parcels. Since 1978, a herd of Sarda breed cows has been grazing in these parcels under experimentally controlled conditions. Grazing intensity was intentionally set at relatively low levels, between 0.5 and 0.9 cows per hectare. After 25 years of constant grazing, the results of the trial demonstrate that the cows did not prevent natural restoration of the forest. Grazing productivity, in biological as well as in economic terms, is estimated using available records. Permanent forestry plots have been set in 1988 and remeasured in 2002, to evaluate forest evolution. By analysing existent aerial photos and mensuration data, forest expansion and growth is quantitatively evaluated.

Keywords: long term in forest experimental grazing, Sarda cow breed, trees growth, diachronic aerial photos interpretation.

Introduction

Breeding of domestic animals in the forest is an old, controversial practice, common to all Mediterranean counties, yet relatively little research work has focused on the problem (Vignati, 1936; Hofman, 1959; Tomaselli, 1976; Bibe *et al.*, 1979; Talamucci, 1991). Actually, in Sardinia as in most regions, scientific research on breeding and forestry did not develop strong institutional relationships.

The institutional framework from which this work stems, has been set up in an effort to fill this gap. IZCS (Istituto Zootecnico e Caseario per la Sardegna) has an international reputation in the field of breeding, while SSS (Stazione Sperimentale per il Sughero, Tempio Pausania) is a main regional research station for forestry, expanding beyond the institutional cork production field. Collaboration among the researchers of the two institutions has become customary in the last some years. The experimental parcels of Iscuvudè are located in a research farm ("Foresta Burgos", central Sardinia) owned and run by IZCS. After 1976, when wildfires severely burnt part of the area, the grazing trial was set up and the experimentation protocol was implemented (Flamant *et al.*, 1976), in the framework of the international research project "Man and biosphere", with support from the national forest research station ISS-AR (Istituto Sperimentale per la Selvicoltura, Arezzo). Further support for the continuation of research came from the EEC research project n. 6310, "Grazing in the forest and wildfires prevention in the Mediterranean area".

Beyond the simplifications necessarily required by experimental protocols concerning breeding management and forest growth and regeneration , the research has a wide-ranging scope. Land use practices like grazing are of primary concern for the global questions concerning sustainability, biodiversity, climate change, desertification or the like. NRD-UniSS (Nucleo di Ricerca sulla Desertificazione , Università di Sassari), a well known desertification research group, took the initiative to develop and strengthen the interdisciplinary broad-ranging scope of the research and urged for its continuation, further extension and integration.

The goal of this paper is to present this important experimental device and support the continuation of research, exploiting available results.

Materials and methods

The study area represents the typical complex Mediterranean conditions quite well. It is located in the Goceano ridge, in central Sardinia, between Illorai and Foresta Burgos, next to the recreational area of Iscuvudè. It is a hilly landscape with elevations around 900 m a.s.l. Geology of the region is mainly of Ordovician-Carboniferous sedimentary origin (Carmignani *et al.*, 2001). According to the USDA Soil Taxonomy (1999), the main soil types are Xerorthents, Haploxerepts or Dystroxerepts or their Lithic variants (Madrau, pers. comm.).

Climate is characterised by large seasonal differences. Quantitative evaluations are only indicative, since available weather stations are located far away. Average annual rainfall probably exceeds 1000 mm, including snowfalls. Annual average temperature is likely below 15 °C, but during the summer, when monthly average rainfall is under 50 mm, average temperatures are over 20 °C. The area, according to Arrigoni (1968), is classified in the cold-humid horizon of *Quercus ilex*.

The vegetation cover is only partially dominated by trees, mainly Mediterranean oak species; the herbaceous cover is limited to some patches, the shrubs fill up the underbrush. All species originate from natural regeneration, none the less the structure of the vegetation cover is heavily conditioned by the long history of local agroforestry land use practices. More than half of the wooded zone included in the trial was burnt in 1976 by a wildfire and consequently coppiced.

In 1977, a roughly rectangular area of about 82 ha was fenced and set aside as trial zone (Figure 1). The tract is naturally divided in two by the "Illorai-Foresta Burgos" road that crosses it in the middle, following the central, west-east flowing watercourse. The northern sector (Aspidarzu, A), is mainly characterised by steep (20%) south facing slopes, while the on the opposite side (Mandras, M) slopes are less steep (10%), with different orientations: north, south-west and south-east. The two sectors, Aspidarzu and Mandras, are further divided in 4 big parcels (surface between 18 ha and 27 ha, A10, A15 and M10, M15) by two central fenced strips, approximately 4 ha in total. The 4 parcels and the central strips have been constantly managed and monitored as an experimental trial for the last 25 years.

Experimental materials considered in this paper are quite heterogeneous, in an attempt to cover a wide range of the different aspects that such a complex situation comprises. Livestock breeding data provide quantitative measures of the profitability of this land-use, as well as of its impact on the ecological system. Permanent sample plots located in the wooded area characterise the different aspects of the chief component of the ecological system: the trees. The analysis of a series of aerial photographs, covering the period from 1977 to 1997, encompasses the landscape perspective.

The breeding trial consists of a group of 50 Sarda breed cows of similar age and physiological conditions. The herd is divided in 4 groups, one for each of the large parcels. Stocking levels are low, 0.55 cows per hectare for all parcels, except for the M15 parcel that has just over 0.8 cows per hectare. The central strips, dividing the two sectors in 4 parcels, have been set aside as non-grazing

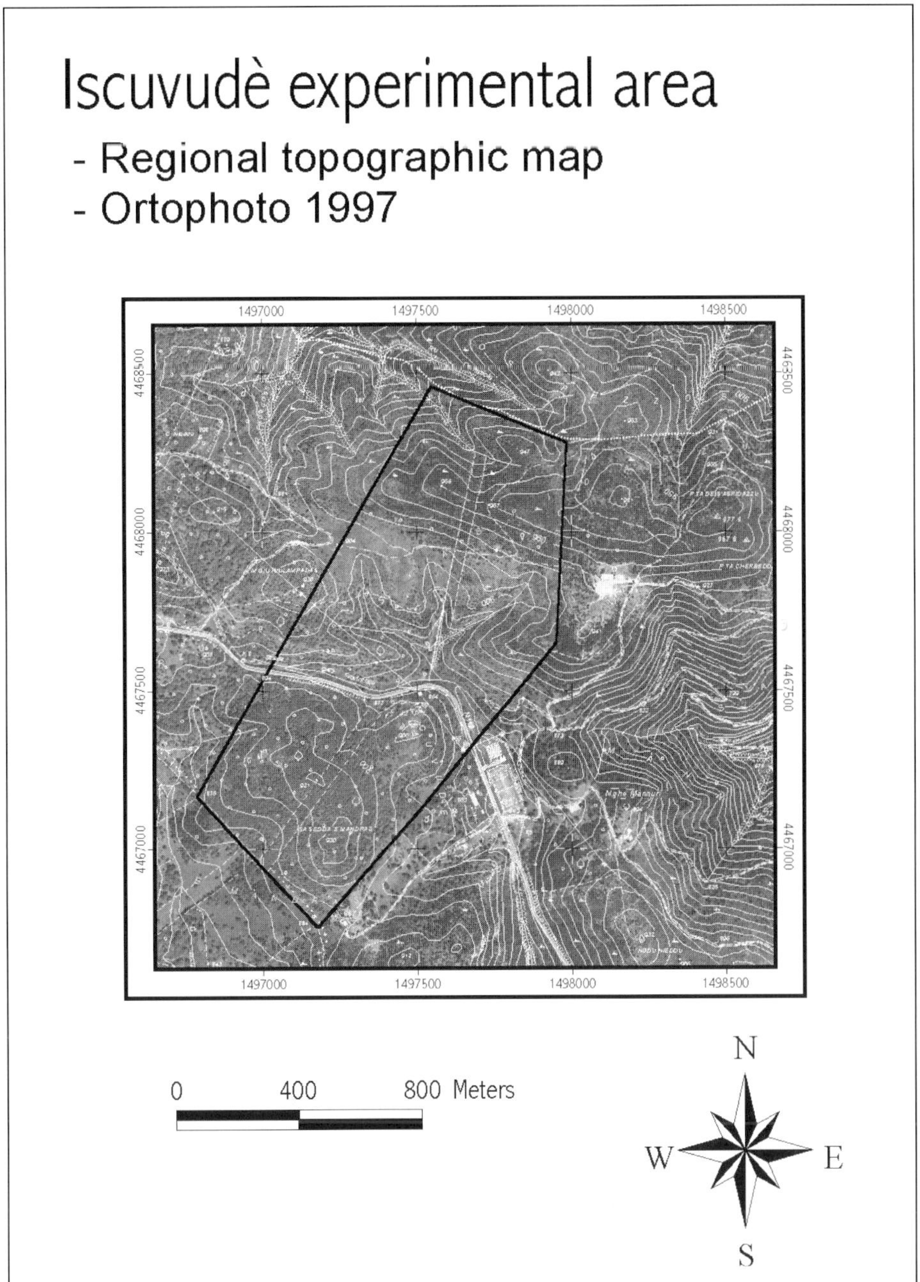

Figure 1. The complex landscape structure.

control parcels. The livestock has been constantly grazing in the parcels since 1978. Every spring and autumn, it was moved out of the trial in order for the vegetation cover to recover and facilitate regeneration. To compensate for annual and seasonal (winter) variations of fodder availability, following customary practices, limited amounts of hay have been fed to the cows. The bulls stayed in the herd from January to June-July. The calves, that constitute the actual production, were moved from the parcels at weaning time. Experimental data include all the basic information required to evaluate uptake by animals and impacts on the ecological system; particularly, daily recording of: number of cows, bulls and calves in each parcel, amounts of hay provided, calf weaning weight. From 1978 until 1984, the trial was more intensively managed and monitored: grazing interruption was shorter and more detailed data were recorded, particularly concerning seasonal variations of cows' weight and calf birth weight. A longer interruption period and fewer variables were recorded from 1992 to 1997. Some of the records still have to be recovered and analysed.

To analyse the evolution of woody species in the trial site, a series of permanent forestry plots was installed in 1988 (Pampiro *et al.*, 1991) and remeasured in 2002, characterising the main forest types. On the south-facing sector "Aspidarzu", *Quercus ilex* is generally the dominant tree species, while a central patch is characterised by the presence of *Quercus suber*. In the "Mandras" sector, *Q. pubescens* is the prevailing tree species. These woods are mainly coppices; only a *Q. suber* group (in Mandras) and small patches of *Q. pubescens* (in Aspidarzu) form structures that look like high forests. Part of the coppices are either very old - they were cut years before the wildfire - or heavily degraded by former grazing impacts and fires. The data presented concern the five main forest types that have been identified and monitored: (1) *Q. ilex* regular coppice structures, (2) *Q. ilex* aged coppices and (3) the *Q. suber* group in Aspidarzu; (4) *Q. pubescens* coppices and (5) high forest patches in Mandras. Three plots have been drawn for each type, one in the non-grazing central strip and, when possible, one on each side of the strip, thus sampling all parcels.

Some work has been undertaken to also monitor understorey and herbaceous vegetation, by tracing linear transects coupled with the permanent forestry plots (data not reported here), but the complexity of the landscape structure does not allow the development of effective models explaining relationships between grazing and forest conditions. The role of woods in the calf production system is manifold and generally indirect: protection from excessive heat or cold, soil protection and water storage-drainage, refuge area, etc. Their contribution as fodder provider is limited to the lower parts of the crown and the production of seedlings, herbaceous and shrubby vegetation is obviously the most affected component. In order to study vegetation cover changes, available aerial photos have been analysed. Four dates could be retrieved, spanning over the trial history. The oldest set is a black and white coverage by CGR (an important Italian company in this field), dated 26/04/1977. The trial area is split into two distinct flight lines, one with average scale 1:7500, the other at 1:8125. Next comes the IGMI (Italian official mapping institution) black and white set, dated 1988. For 1992, there is a colour coverage from Regional archives, at 1:15000 average scale. Last comes IGMI black and white coverage, dated 17/06/1997. 1988 and 1997 IGMI photos have a practically identical scale, around 1:24000. At the scale of the available material, the 80 ha trial area is a small patch. Analysis has been performed by visual photo-interpretation, with the help of a stereo-viewer and manual tracing on the topographic map.

Results and discussion

The intricate relations established and developed between grazing animals and the forested pastureland from year to year, can not be dissociated and analysed in isolation. The results presented here just point to the most relevant figures that research has so far produced. Available data, with all the irregularities, exceptions and gaps that unavoidably occur over the decades, have not yet been fully exploited and experimentation is still ongoing. More comprehensive results are expected from future work.

From the production point of view, average performances are within good customary standards for agro-forestry systems of this nature. Fertility rates are high and do not seem to be influenced by stocking levels or management intensity (shorter grazing time during the second period, Table 1). In parcel A15 (the west side of Aspidarzu sector, where the *Quercus suber* concentration is located), late births (April to October) are more frequent than in the other parcels, with likely negative effects on calves growth, since fodder quality diminishes as the season advances. Average weight of calves shows statistically significant difference among parcels (Table 2), yet with acceptable performance standards and, anyhow, differences do not seem to be associated with stocking levels.

The evaluation of system sustainability must consider ecological costs and benefits that the system produces. The contribution of in-parcel grazing to feeding requirements of the livestock has been estimated by exploiting available data on grazing days, animals' conditions and weight variations. Even during the less intensive management period, at least 50% of the feeding requirements have been provided by the ecological system, while the figure is above 80% for the first period (Table 3).

From the trees point of view, with such low animal stocking levels, no remarkable effect could be evidenced. Species composition, tree height and crowding are quite variable between forest types as well as within the same type, reflecting different environmental potentialities crossed by different human-driven impacts. Given this variability, the slight differences demonstrated by some plots in the non-grazing strip, as compared to the correspondent plots in grazed parcels, provide only weak (puzzling) signals. Table 4 presents a synthetic cross-section of forest types and species composition, contrasting, for each species and forest type, initial basal area[1] (upper figure) and average annual basal area growth rates (lower, right shifted figure), in the grazed parcels and in the non-grazing strips. The number of

Table 1. Fertility rates and seasonal births distribution.

	1978/1984 records			1992/1997 records		
		Births			Births	
Parcel	Fertility	Nov- Mar	Apr-Oct	Fertility	Nov- Mar	Apr-Oct
A10	0.81	88%	12%	0.82	94%	6%
A15	0.90	69%	31%	0.84	88%	12%
M10	0.81	79%	21%	0.90	96%	4%
*M15	0.86	82%	18%	0.82	96%	4%

*M15 stocking is 0.8c/ha, for all other it is 0.5c/ha.

Table 2. Weight of calves (averages over 7 years: 1978 – 1984).

		Weight at birth (kg)				Weight at weaning (kg)		
Parcel	# obs	Avg.	St. Err	Range	# obs	Avg.	St. Err	Range
A10	57	31.8a	0.48	40-24	50	155.8a	2.58	120-192
*M15	89	30.2b	0.39	40-22	83	144.7b	2.04	102-194
M10	53	30.9ab	0.50	37-23	41	140.5bc	2.86	100-196
A15	93	30.0b	0.38	40-23	79	134.7c	2.06	72-170

Letters mark significant differences ($p<.05$) within the column.
*M15 stocking is 0.8 cows/ha, for all other it is 0.5 cows/ha

[1]Basal area is the sum of trees horizontal cross-sectional area, measured at brest height; a basic forest mensuration value sythetising number of trees and their dimensions.

Table 3. Yearly average grazing time and its contribution to feeding requirements.

Records from		1978 - 1984				1993 - 1997			
Parcel		A10	A15	M10	M15	A10	A15	M10	M15
Length of grazing period	#days	314	314	310	316	201	197	187	187
Feeding out of parcels	%	13	13	14	13	41	41	47	47
On parcel hay supplement	%	5	5	6	5	7	5	6	7
Grazing contribution	%	82	82	80	82	52	54	47	46

observations can justify differences in species richness in favour of plots in grazed parcels: 2 grazed plots vs. 1 in the non-grazing strip for each type. Greater basal area growth rates in the grazed parcels could be associated with the thinning effect (reduced number of stems) but could also be a random effect, given the low number of observations.

The evaluation of grazing-landscape relationships by aerial photos interpretation with available material has not yet provided quantitative results, nonetheless some clear indications can be drawn. The four dates available match fairly well with the two grazing management periods, but photos with different characteristics (geographic and chromatic scale) severely limit the reliability of the double change estimation. 1992 colour photos illustrate the differences in distribution of main tree species across the trial area and evidence how intricate the landscape structure is: larger trees can be spotted and hence density sliced, but an objective estimation of transitions among smaller trees, shrubs and herbaceous vegetation has yet to be achieved. The best comparable coverages are the 1988 and 1997 ones but, unfortunately, they are at the smallest scale (1:25 000). The closeness and expansion of trees crown cover during this period is remarkable (Figure 2), even part of the rock outcrops are covered after almost 10 years. The core parts of the grass-(or rock-) dominated patches remain lightly covered, while shrubby vegetation becomes more dense and distinguishable, expanding remarkably in previously light covered areas. No particular difference could be noted when comparing the higher stocking parcel with the others.

Conclusions

Grazing domestic animals in naturally vegetated areas, inside and beside wooded areas, is a widespread practice that, all around the Mediterranean basin, is connected with specific socio-economic characteristics. It is frequently considered a non-sustainable practice, raising social conflicts, particularly between poorer breeders and forest or nature preservation authorities. Opposing theses like "the goats have destroyed fragile mountain forests" and "shepherds have preserved the natural forests" seem difficult to reconcile, at least in many areas of Sardinia, since rights and wrongs are on both sides; meanwhile, this kind of conflict hinders development. The advantages that this land use practice can provide are not well exploited and disadvantages are not avoided (Talamucci, 1991).

There is obviously no clear-cut solution to the sustainability question posed by the practice. Interdisciplinary research, like the one presented here, is needed to help reaching effective compromises, given the complex interaction of different questions that need to be comprehensively evaluated by assessing costs and benefits. The latter range from the advantage of preserving economic activities in rural areas, to wildfire prevention or the maintenance of landscapes constituting historical heritage (and their beauty). Costs, depending on the selection of grazing species, are as obvious as material and

Table 4. Species composition, basal area share and growth distribution by forest type and plot location.

Average basal area share % Average annual basal area growth as % of initial b.a.		Species								Average
Type	Treatment	*Quercus ilex*	*Quercus pubescens*	*Quercus suber*	*Arbutus unedo*	*Crategus monogyna*	*Ilex quifolium*	*Acer* spp.	*Pirus pyraster*	growth for type, treat.
Quercus	In grazing	78%	17%	1%	4%					
ilex	parcels	2%	1%	1%	1%					1%
aged coppice	In no-grazing	76%	15%	9%						
	stripe	2%	1%	1%						1%
Quercus	In grazing	69%	12%	13%	6%					
ilex	parcels	8%	6%	3%	4%					6%
regular	In no-grazing	74%	24%		2%	0%				
coppice	stripe	4%	5%		7%	5%				5%
Quercus	In grazing	2%	88%			3%	4%	2%	0%	
pubescens	parcels	7%	3%			2%	4%	2%	15%	5%
coppice	In no-grazing	3%	75%	14%		1%	7%			
	stripe	4%	3%	1%		2%	2%			3%
Quercus	In grazing		100%			0%				
pubescens	parcels		2%			2%				2%
high	In no-grazing		99%			1%				
forest	stripe		3%			2%				2%
Quercus	In grazing	3%	0%	97%						
suber	parcels	9%	9%	3%						6%
	In no-grazing	0%	0%	100%						
	stripe	21%	14%	3%						13%

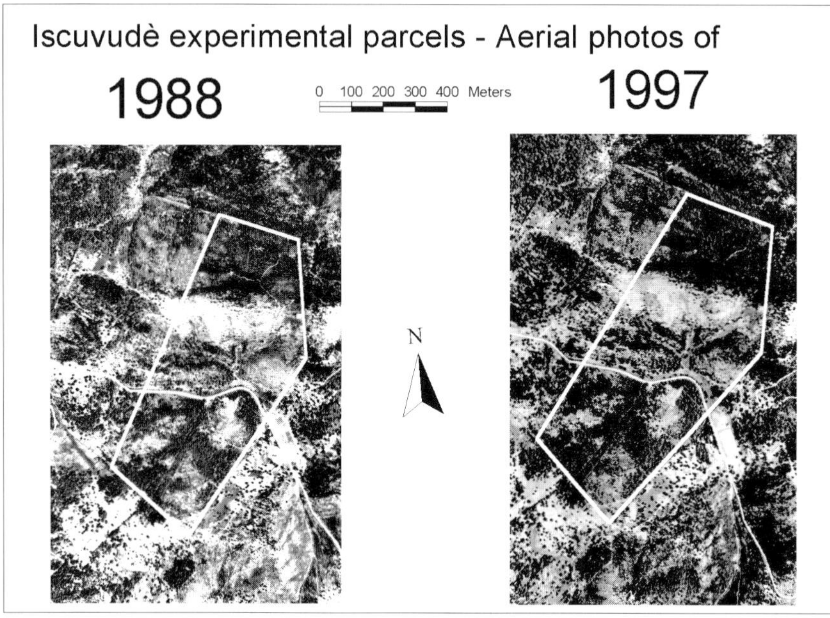

Figure 2. Vegetation cover increases while sustaining calves production.

energy removal from the ecosystem, to more debatable questions connected with biodiversity, soil conservation, water flow and desertification problems.

As far as we can estimate, after 25 years of constant grazing in Iscuvudè experimental parcels, with the abovementioned regulated management practices, vegetation and particularly forest cover expansion is not hindered. Tree growth is not negatively affected; effects on tree species composition, if any, are in favour of the diversity of plots in grazed parcels. Of course, massive regeneration of a forest area would require grazing exclusion for a number of years, let us say from 5 to 15. But, as long as regeneration is not a forest management objective for the given parcel, cows are welcome to take advantage of seedlings as part of the spontaneous forage that provides from 50% to over 80% of the animals' feeding requirements.

The most critical aspect that the trial might demonstrate is that, with these stocking levels and taking into account the average farm size in Sardinia, while cows' fertility and individual calves' growth are acceptable, total production is not sufficient to provide economic sustainability! Either the financial balance can rely on remuneration of the socio-environmental benefits consequent to this management practice or stocking levels can be increased, within safe ecological sustainability limits. Questions that urge to continue the research work!

Acknowledgements

The paper presents intermediate results of a long-term trial. It develops on the work of different institutions and of the many researchers that participated during all these years, as well as in this last effort. Only three names, one for each institution, appear as authors, intentionally evidencing that it is an institutional effort. The authors are grateful to their colleagues and wish to acknowledge the contribution of each one of them.

References

Arrigoni P.V., 1968. Fitoclimatologia della Sardegna. WEBBIA 23:1-100.

Bibe B., Casu S., Barneschi L., 1979. Recherches sur la production de viande bovine en milieu montagneux Méditerranéen: l'exemple sarde. In « Utilisation par les ruminants des paturages d'altitude et parcours méditerranéens » éd. INRA pubblications (route de St-Cyr) Versailles, 427-438.

Carmignani L., Oggiano G., Barca S., Conti P., Salvatori I., Eltrudis A., Freddi A., Pasci S., 2001. Geologia della Sardegna; Note illustrative alla Carta Geologica della Sardegna a scala 1:200.000. Memorie descrittive della Carta Geologica d'Italia, 60, 1-283.

Flamant J.C., Casu S., Bibe B., 1976. L'animal et le paturage en zone forestière et marginale. Confèrence Scietifique MAB-Méditerranée (thème 2), Montpellier, septembre, 1-25.

Hofman A., 1959. "Pascolo e bosco. Termini conciliabili". Monti e Boschi, 10, 201-210

Pampiro F., Pintus A., Ruiu P.A., 1991. Rapporto bosco-pascolo in alcune tipologie forestali della Sardegna:effetti. Stazione Sperimentale del Sughero, Tempio Pausania - Collana Biologica n.2

Talamucci P., 1991. Pascolo e bosco. L'Italia Forestale e Montana, 46, 2: 88-117

Tomaselli R., 1976. La degradation du maquis mediterraneen. Notes Tech. MAB, 2, 35-76.

USDA, 1999. Soil Taxonomy. Natural Resources Conservation Service. Agriculture Handbook n. 436, 2nd ed., Washington D.C.

Utilization of Mediterranean forest pastures by suckler cows: animal performance and impact on vegetation dynamics

I. Casasús, A. Bernués, A. Sanz, J.L. Riedel & R. Revilla

Unidad de Tecnología en Producción Animal, Servicio de Investigación Agroalimentaria, Gobierno de Aragón, P.O. Box 727, 50080 Zaragoza, Spain

Summary

Several experiments were conducted in the Spanish Pyrenees with suckler cows grazing on forest pastures (mainly plantations of *Pinus nigra*), in different physiological states and in different seasons of the year. Gains of 0.7 kg/day where achieved by dry pregnant cows over the spring grazing period, while in the autumn the same type of animals only maintained weight or had slight weight losses. These pastures failed to meet the requirements of lactating cows and their calves in the autumn and winter, even when supplement was provided, thus resulting in weight loss of cows and low gains of calves (0.6 kg/day), with further negative effects on reproductive performance. Even at the low stocking rates sustained by these areas (0.2 LU/ha), a six-year study of the evolution of vegetation showed that while in grazed areas herbage and shrub biomass were constant, in adjacent fenced, non-grazed plots both parameters increased significantly (1 228 and 3 170 additional kg DM/ha for herbage and shrub vegetation respectively). In the case of shrub vegetation, this phenomenon was due to an increment of both number of shrubs and individual volume. In the absence of other uses, grazing is the only activity that can ensure the preservation of forest areas while sustaining profitable livestock systems.

Keywords: beef cattle, forest pastures, animal performance, vegetation dynamics.

Introduction

Suckler cattle production in less favoured areas of the European Union has gone through several changes in recent years, in order to increase economic profitability and be competitive against farms located in other areas. One of these changes is the interest for implementing management systems which reduce production costs, leaving more net margin for the farms.

The interest of increasing the duration of the grazing season and the proportion of grazed grass in annual dietary intakes of suckler herds, has been revised recently by Pottier *et al.* (2001). They described the possibility of winter grazing on meadows and concluded that, with adequate stocking rates, both animal performance and pasture production could be interesting.

Farms located in Spanish Mediterranean mountain areas are characterized by the low availability of valley meadows, generally specialized in hay production for the winter housing period. In a framework of a more extensive use of surfaces and workforce, grazing these meadows from early spring has been suggested as a tool for reducing the housing period (Casasús *et al.*, 2000), with a clear improvement in animal performance when compared to indoors conditions. However, the scarcity of these pastures and the need of hay for the winter render this practice not extensible to all situations.

A more viable alternative for extending the grazing period could involve the use of forest pastures, which are much more abundant. These are areas where different agro-silvo-pastoral practices were traditionally conducted. Their use decreased in the second half of the last century, leading to landscape degradation and high risk of environmental hazards, mainly because of shrub proliferation. They consist of heterogeneous pastures with different forage resources, so that herbage production is less concentrated in certain seasons of the year, allowing a larger period of possible use. However, these are environmentally fragile areas, where it is necessary to determine the type of animals that can optimise the use of their forage resources, when they can be used and the impact of grazing on vegetation; these are the objectives of this work. The first part will be introduced as a review of several experiments and the impact of grazing on vegetation dynamics will be presented through a six-year study.

Cattle performance on forest pastures: a review

In order to evaluate the potential use of forest pastures by suckler cattle herds and its consequences on animal performance, several experiments were conducted in La Garcipollera Research Station (Central Pyrenees, North of Spain), which will be summarised here.

Brown Swiss and Pirenaica cattle in different physiological stages grazed during different seasons of the year, on 600-ha forest pastures (altitude 945-1 500 m). These pastures were mainly 40-year-old plantations of *Pinus nigra*, with 70% herbaceous cover and 37% shrub cover (Valderrábano & Torrano, 2000), where no timber was exploited. Herbaceous vegetation was dominated by perennial grasses, mostly *Brachypodium pinnatum, Brachypodium retusum* and *Festuca arundinacea*, while the dominant shrub was *Genista scorpius*. Since 1985, these pastures had been grazed by groups of about fifty cows, at an average stocking rate of 0.03 LU/ha. However, when spatial distribution was recorded, cows only grazed on 250 of the 600 ha, at an actual stocking rate of 0.2 LU/ha (Revilla *et al.*, 1995).

In terms of reproductive management, the herd was divided into two groups according to calving season, either spring (February to April) or autumn (October to December). Grazing management in mountain conditions is generally scheduled with the premise that cattle graze during the summer on high mountain ranges (Casasús *et al.*, 2002), and thus the period in which forest pastures can be used ranges from autumn to spring. Animals are commonly housed during the winter (late pregnancy, early lactation), but the possibilities of outwintering have also been studied and will be presented here.

Performance of dry, pregnant cows

Cattle generally used these forest pastures after weaning (mid pregnancy), which occurred in the spring for autumn-calving cows, and in the autumn for the spring-calving herd. An experiment was also performed with spring-calving cows during the winter (late pregnancy).

Two different studies were conducted with pregnant autumn-calving cows in the spring. In the first one, the performance and grazing behaviour of Brown Swiss cattle of different body condition score (BCS) at turnout (2.79 *vs.* 2.17) were compared (Revilla *et al.*, 1995). Cows with high BCS maintained weight on these pastures in the spring, while cows with low BCS gained 0.7 kg/day through the three-month spring grazing period. This difference was partly explained by the higher daily grazing time in thin cows (547 *vs.* 453 min/day), which allowed them to have higher forage intake. In fact, two similar groups of cows with high and low BCS were simultaneously housed and fed hay *ad libitum*;thin cows showed a significantly higher voluntary intake (22.8 *vs.* 18.1 g DM/kg LW), which led to higher gains.

Another comparison was drawn between pregnant cows with different BCS, grazing on forest pastures in the spring or housed and offered different diets *ad libitum* in the same period (Ferrer *et al.*, 1997). In this case, weight gains were negatively related to initial BCS while gains of cows on pasture were similar to those on hay diets and intermediate between those obtained on barley straw and on dehydrated lucerne diets (Table 1). If feedstuffs and management costs were taken into account, grazing on forest pastures would be the most cost-effective alternative.

The performance of spring-calving cows in the autumn and winter before calving was studied by Casasús *et al.* (1996). They reported that, during the autumn, pregnant cows were able to maintain weight on forest pastures, while in the winter it was possible to keep the cows outdoors with a supplement (9 kg DM barley straw,) without impairing cow and calf performance in the following lactation. Outwintering allowed a reduction of 27% in winter feeding costs when compared with traditional housing in late pregnancy.

Finally, a comparison was conducted between the performance of pregnant autumn- and spring-calving cows, on forest pastures grazed during the spring after turnout by the former and during the autumn before housing by the latter (Casasús *et al.*, 2002). Gains were significantly higher in the autumn-calving herd (0.428 *vs.* –0.156 kg/day, $P<0.001$). This may be due to the fact that they used these pastures in the spring, at the beginning of the vegetative growth period, while the nutrient intake of pregnant cows in the autumn might have been constrained both by the lower quality of mature grass and the reduction of daylight hours, which limited grazing time. In this situation, the body condition of pregnant cows should be checked through the autumn grazing period, in order to determine the most appropriate date of housing each year without impairing subsequent animal performance.

Performance of lactating cows and their calves

Two experiments were conducted with lactating cows that grazed on forest pastures with their calves during the autumn. In the first one, the animals did not receive any supplement (Ferrer *et al.*, 1997), which led to important cow weight losses (-1.31 kg/day), reduced calf gains (0.452 kg/day) and low fertility rates (40%).

In the second study, the performance of autumn-calving animals was compared between housed cows that were offered a total mixed ration covering either 100% (H100, 10 kg DM/day) or 66% (H66, 7 kg DM/day) of their energy requirements, and cows and calves that grazed on forest pastures, supplemented with 7 kg DM/day of the same ration, during January and February (F+S). Calves in all groups were weaned at 5 months of age and fattened until they reached 525 kg LW. In the winter, keeping the herd outside with a supplement led to weight loss and low milk yield of cows and small gains of their calves in lactation, thus increasing the length of the fattening period needed to reach target slaughter weight (Table 2).

The performance of F+S cows and calves was only slightly lower than that of housed underfed animals (H66), although not significantly, at lower total feeding costs. However, in terms of reproductive results, the fertility of grazing cows was very low (10%). Sanz *et al.* (2002) described that the continuous presence of the calf near the dam had a negative effect on postpartum ovarian reactivation, unless body condition at calving was sufficient. The threshold BCS, below which free access of calf impairs reproductive performance, was established in 2.75 points in Brown Swiss cows, while in this experiment cows were only in moderate condition (average 2.5 points). Consequently, the use of forest pastures

Table 1. Gains and intakes of pregnant cows during the spring, either grazing on forest pastures or offered different diets ad libitum.

	Forest pastures		Barley straw		Meadow hay		Dehydrated lucerne	
Initial BCS	2.79	2.17	2.72	2.24	2.73	2.24	2.75	2.21
Gains, kg/day	0.132	0.732	0.540	0.462	0.175	0.704	0.992	1.129

by lactating cows and their calves would only be recommended when cows had a high level of reserves at calving.

Impact of cattle grazing on vegetation dynamics

A six-year study of vegetation dynamics (1995-2001) was conducted in the forest pastures previously described. Four areas, representative of the available vegetation communities, were selected within the range and a 10 x 10 m^2 area in each plot was fenced in order to prevent from cattle grazing. Herbaceous and shrub vegetation was characterized inside (Non-Grazed) and outside (Grazed) the fenced areas, at the end of each grazing season (December).

Sward height was measured at random with a sward-stick in 60 points, in the Grazed and Non-Grazed areas. Biomass availability in these pastures was calculated according to the equations developed by Torrano (2001).

Herbage biomass (kg DM/ha) = 65.32 (± 3.019) x sward height (cm)

To determine the effects of cattle grazing on the quality of forage offer, herbage samples were hand-clipped at 2 cm above ground level, after the 6-year experimental period, in the spring of 2002. Green and dead materials were manually separated, oven-dried and weighed to calculate their relative proportion.

Shrub vegetation was studied in fixed transects of 1 x 10 m^2 in the Grazed and Non-Grazed areas. All individuals having their root within the transect were identified and maximum height, longitudinal and transverse diameters were measured. Their theoretical volume was calculated considering them as cylinders with an ellipsoid base. Shrub volume was related to total biomass, using the species-specific equations developed by Torrano (2001).

Data were analysed with a GLM procedure (SAS, 1990), considering grazing as a fixed effect (Grazed *vs.* Non-Grazed). Results are presented as LS Means and standard error of the difference.

Evolution of herbaceous and shrub vegetation

No differences were observed in herbaceous vegetation parameters between Non-Grazed and Grazed areas at the beginning of the study (1995), either in herbage height (7.7 *vs.* 6.4 cm respectively, s.e.d. 0.63, NS) or biomass (501 *vs.* 417 kg DM/ha, s.e.d. 41.1, NS). However, in the end of the

Table 2. Performance of autumn-calving cows and their calves during lactation (5 months) and fattening (until 525 kg LW), depending on management during lactation (housed on two energy levels (H100 and H66) or grazing on forest pastures with a supplement (F+S).

	H100	H66	F+S
Cow gains lactation, kg/day	-0.050[a]	-0.317[b]	-0.318[b]
Average milk yield, kg	8.79[a]	7.53b	6.45b
Cow intake during lactation, kg DM	1629[a]	1075[b]	526[c]
Calf gains lactation, kg/day	0.864[a]	0.702[b]	0.595[b]
Calf weight at weaning, kg	201.4[a]	166.0[b]	149.0[b]
Calf gains fattening, kg/day	1.625	1.673	1.667
Length fattening period, days	204.4[a]	220.0[a,b]	245.4[b]
Calf intake during fattening, kg DM	1 296	1 313	1 341

[a,b,c]: means with different letters differ significantly (P<0.05).

study (2001), herbage height was higher in Non-Grazed areas (26.5 *vs.* 10.4 cm, s.e.d. 3.31, $P<0.01$), thus resulting in higher herbage biomass (1730 *vs.* 679 kg DM/ha, s.e.d. 216.3, $P<0.01$). While in Non-Grazed areas height and biomass increased significantly during the period of study (Table 3), cattle grazing maintained both parameters in their initial levels.

Significant differences were also found in the green:dead ratio in the end of the study, because the dead fraction was higher in Non-Grazed areas (55.84 *vs* 25.07%, s.e.d. 8.466, $P<0.05$) and, consequently, the green fraction was more important in Grazed areas (74.94 *vs.* 44.17%, s.e.d. 8.466, $P<0.05$). This could be explained by several factors, such as the compensatory growth of plants under herbivory pressure or a higher soil fertilisation associated to animal dejections (review by Aldezábal, 2001). On the contrary, in the absence of grazing, senescent material is neither consumed nor incorporated to the soil by trampling; thus, forage quality is reduced and fuel material increases, increasing fire hazard.

Concerning shrub vegetation, 292 individuals were identified and measured. Although 9 different species were identified, there was a clear predominance of *Genista scorpius* (57%), followed by *Dorycnium pentaphyllum* (17%), while other species such as *Rubus ulmifolius, Crataegus monogyna, Thymus vulgaris, Juniperus communis* or *Buxus sempervirens* only appeared in frequencies ranging from 3 to 7%.

At the beginning of the study, there were no differences in shrub density (17 *vs.* 25 feet/10-m^2-transect in Non-Grazed and Grazed areas, respectively, s.e.d. 11.9, NS) or total shrub volume in fixed 10 m^2 transects (1.15 *vs.* 1.95 m^3, s.e.d. 1.199, NS). A different evolution throughout the experimental period (Table 3) resulted in higher total shrub volume in Non-Grazed areas in the end of the study (5.20 *vs.* 1.24 m^3, s.e.d. 1.794, $P<0.05$), which was due to the increment in both shrub density and individual shrub volume.

The equations associating shrub volume and biomass allowed to estimate the biomass of 82.2% of the shrubs identified in the 10 m^2 transects. From these data, total shrub biomass was obtained. No differences were found between Non-Grazed and Grazed areas at the beginning of the study (1901 *vs.* 1 121 kg DM/ha respectively in 1995, s.e.d. 1 170, NS), but shrub biomass was significantly higher in Non-Grazed areas after the experimental period (5 072 *vs.* 1 206 kg DM/ha in 2001, s.e.d. 1 751, $P<0.05$). This was due to a considerable increase in areas excluded from cattle grazing (3 170 kg/ha in 6 years, almost triplicating initial values), while changes in grazed areas were not different from zero (87 kg DM/ha).

Other studies have also highlighted the positive effect of grazing on the control of shrub proliferation. In similar pastures, goat grazing affected survival, regrowth and flowering rates of *Genista scorpius* (Valderrabano & Torrano, 2000). Due to the low forage quality of most woody species, cattle only browse when herbaceous forage availability is reduced (Mandalúniz *et al.*, 2001), but they can have an additional effect on shrubs as a consequence of trampling or grazing the herbage produced under the shrubs.

Table 3. Increments in several parameters of herbaceous and shrub vegetation from the beginning (1995) to the end of the study (2001).

	Non-Grazed	Grazed	s.e.d.	Sign.
Herbage height, cm	18.8	4.0	3.49	**
Herbage biomass, kg DM/ha	1228.8	262.3	227.93	**
No. shrubs / 10 m^2 transect	8.8	- 4.8	3.69	*
Shrub volume, m^3/10-m^2-transect	3.25	0.09	0.783	**

Many aspects sustain the interest of maintaining open pastures and controlling shrub cover within certain limits. In terms of animal performance, although spatial heterogeneity allows for a higher degree of selection, a dense shrub cover can have a negative impact on diet quality because it increases the distance between more nutritive herbaceous pastures. This conditions their use by cattle, because the animals consider the relationship between the distance to be covered in order to reach feeding sites and forage quantity and quality (Dumont *et al.*, 1998); this situation can be irreversible if low nutritive value is added to low accessibility.

Conclusions

The use of forest pastures by suckler cattle is an interesting management option, considering both animal production and pasture management. In terms of animal production, those with moderate nutrient requirements, i.e. dry cows, can have a net recovery of body reserves, particularly when grazing occurs in the spring. In the case of animals with higher demands, such as lactating cows and their calves, the low productive and reproductive performance implies that this practice would only be feasible under very particular conditions.

Regarding environmental aspects, grazing by livestock is often the only tool for adequate management of grassland and forest areas, integrating both economic production and biodiversity goals (Rook & Tallowin, 2003). Results presented here show that, in the absence of grazing, forage quality decreases and woody species expand rapidly. Shrub proliferation in otherwise open pastures reduces landscape diversity and richness, increasing fire hazards and compromising other possible uses of these areas, not directly related to agriculture but to other social demands, which are nowadays increasingly important.

References

Aldezábal, A., 2001. El sistema de pastoreo en el Parque Nacional de Ordesa y Monte Perdido. Interacción entre la vegetación supraforestal y los grandes herbívoros. Ed. Consejo de Protección de la Naturaleza de Aragón, Zaragoza (Spain), pp. 317.

Casasús, I., R. Ferrer, A. Sanz, D. Villalba & R. Revilla, 2000. Performance and ingestive activity of Brown Swiss and Pirenaica cows and their calves during the spring on valley meadows. Archivos de Zootecnia 49, 445-456.

Casasús, I., R. Ferrer, A. Sanz, D. Villalba & R. Revilla, 1996. Consequences de l'allongement de la période de pâturage en montagne sur les performances du troupeau allaitant: Bilan annuel. 3èmes Rencontres Recherches Ruminants (Paris, France), 104.

Casasús, I., A. Sanz, D. Villalba, R. Ferrer & R. Revilla, 2002. Factors affecting animal performance during the grazing season in a mountain cattle production system. Journal of Animal Science 80, 1638-1651.

Dumont, B., A. Dutronc & M. Petit, 1998. How readily will sheep walk for a preferred forage? Journal of Animal Science 76, 965-971.

Ferrer, R., Casasús, I., A. Sanz, D. Villalba & R. Revilla, 1997. Extensification of beef cattle production in the Spanish Pyrenees: comparison of performances under indoors *vs.* grazing conditions. EU Workshop "Effect of extensification on animal performance carcass composition and product quality", Ghent (Belgium), 205-215.

Mandaluniz, N., A. Aldezabal, L.M. Oregi & P. Frutos, 2001. Implicaciones nutritivas de la expansión de brezales en la alimentación del ganado vacuno en los pastos de montaña del Parque del Gorbea. XLI Reunión Científica de la S.E.E.P., Alicante (Spain), 513-517.

Pottier, E., P. D'Hour, A. Havet & P. Pelletier, 2001. Allongement de la saison de pâturage pour les troupeaux allaitants. "Nouveaux regards sur le pâturage". Journées de l'Association Française pour la Production Fourragère (Paris, France), 101-117.
Revilla, R., P. D'Hour, V. Thénard & M. Petit, 1995. Pâturage des zones de pinèdes par des bovins. 2^{émes} Rencontres Recherches Ruminants (Paris, France), 61-64.
Rook, A.J. & J.R.B. Tallowin, 2003. Grazing and pasture management for biodiversity benefit. Animal Research 52: 181-189.
Sanz, A., A. Bernués, D. Villalba, I. Casasús & R. Revilla, 2002. Factores de explotación asociados a la duración del anestro postparto en vacas nodrizas de razas Parda de Montaña y Pirenaica. Spanish Journal of Agricultural Research, 1 (in press)
Torrano, L., 2001. Utilización por el ganado caprino de espacios forestales invadidos por el matorral y su impacto sobre la vegatación del sotobosque. PhD Thesis. Universidad de Zaragoza (Spain), 220 p.
Valderrabano, J. & L. Torrano, 2000. The potential for using goats to control *Genista scorpius* shrubs in European black pine stands. Forest Ecology and Management 126, 377-383.

Land policy measures affecting livestock production and forestry in mountainous areas and worth-living integrated development

E. Michailidou & D. Rokos

Metsovion Interdisciplinary Research Centre for the protection and development of mountainous environment and local European cultures, National Technical University of Athens, Patission 42, Athens, 10682, Greece

Summary

The aim of this paper is to review land policies affecting the sectors of livestock production and forestry in Greece from the perspective of Worth-living Integrated Development, which is the simultaneously economic, social, political, cultural and technical/technological development, in dialectical harmony with the human and natural environment and with respect toward it. In particular, a review of policies on land consolidation, pastures, grazing regime, forest areas (and their definition) and forest cadastre is attempted, with regard to their content, their practical application and the way in which they deal with the specific characteristics of the natural and socioeconomic reality of mountainous areas. It is documented that, so far, related land policy measures have, in their majority, been partial and have failed to fulfil their purpose.

According to the theory of Worth-living Integrated Development, the elements, characteristics and phenomena, which constitute the natural and socioeconomic reality of the mountainous environment and define its multidimensional relationships, interdependences and interactions must be approached, analyzed, surveyed, mapped and monitored, following a holistic and interdisciplinary methodology. In this framework, land policy measures, such as Integrated Surveys of the natural and socioeconomic reality of mountainous areas and Integrated Land Consolidation, are necessary presuppositions for the Integrated Development of mountainous areas, particularly in the sectors of livestock production and forestry.

Keywords: worth-living integrated development, mountainous areas, land policy, livestock production, forestry.

Introduction

"Land policy can be defined as the set of measures, rules, regulations, initiatives, attitudes and behaviours through which the state, citizens and social groups interact, in a positive (encouraging) or negative (prohibitive) way, for the possession, distribution, administration, protection, utilization, but also the exploitation (even the over-exploitation) and dissipation of the most valuable, non renewable natural resource: Land" (Rokos, 1994). This interaction depends on several parameters, which relate to the institutional and regulative framework and the power equilibrium among ideological, political, economic, social and cultural values and choices of each government and those of specific social forces. An interdisciplinary and integrated approach and analysis of the historical, institutional, political, social, developmental and cultural factors which affect land policy, is thus necessary. Yet in Greece, land policy has been the object of partial development measures and actions focusing on urban areas, a consequence of which has been the abandonment and decay of rural areas, particularly mountainous ones.

The aim of this paper is the critical presentation of land policy measures which have been affecting, in a negative or a positive way, the development of mountainous areas in the sectors of livestock production and forestry, from the perspective of Worth-living Integrated Development, which is the simultaneously economic, social, political, cultural and technical/technological development, in dialectical harmony with the human and natural environment and with respect toward it (Rokos, 2001a, b).

Critical analysis of land policy measures affecting livestock production and forestry in mountainous areas

Mountainous rangelands and forests in Greece are affected by a number of problems. The abandonment of the traditional way of nomadic grazing of ruminant animals has led to a decrease in the allowance use of pastures, an increase in forest fires and serious erosion problems (M.E.P.P.P.W., 2000). Fires, caused by intention or carelessness, are still the greatest danger for Greek forests. Meanwhile the lack of a national cadastre and systematic recording of rangelands makes planning for their rational management very difficult. For the same reason, the localization and protection of burnt and encroached forest areas is almost impossible (Ministry of Agriculture, 1999).

In an attempt to solve the problems mentioned above concerning forest areas, Law 998/79 "On the protection of the country's forests and other forest areas" was passed. According to this Law, concession of forest areas for agricultural or other (tourist, athletic, school facility, etc.) use is allowed, after approval from the Ministry of Agriculture or responsible forest authorities. This last stipulation was amended by Law 1734/87 ("On grasslands, stock rearing, forests and other items") according to which, land use changes for these purposes presuppose the Prefect' s decision if the case regards an area of 1 ha, the Agriculture Minister' s decision for an area of 5 ha and the Ministers' Council decision for larger areas.

Unfortunately, in the effort of Law 1734/1987 to facilitate procedures and deal with bureaucracy problems, decision making centres were transferred to lower levels, resulting in the facilitation of land use change procedures. This has become a great danger for forests near cities. On the other hand, the problem for mountain forests is exactly the opposite, as according to the Law, pastoral areas that were burnt or agricultural land that has been abandoned for a period and has meanwhile been covered by regrowth, can no longer be used productively. Finally, the Law gives all farmers the right to pay and feed their animals whenever they decide, without any programming or the implementation of rational pasture management or any protective measures for recently burnt forest areas. Such measures are far from the achievement of forest protection and Worth-Living Integrated Development of mountainous areas in the sectors of livestock production and forestry, since interaction and dialectic relations between these sectors, as well as among all other aspects of life (agriculture, economy, society, culture, education, health and technology) are necessary elements for the revival of mountainous areas and their mechanistic consideration as competitive sectors can only bring opposite results.

A very controversial land policy measure has been the preparation of forest cadastre. This was decided in 1976 by Law 248/1976, which was amended by Law 998/1979 that aimed at the recording of forests and forest areas according to their proprietary regime, in absentia of a national cadastre as the necessary metric and qualitative infrastructure for this effort. The inventory regards existing forests and forest areas as well as forest areas that existed in the past and have changed use. According to C.P.E.R (1989), since then, related surveys and forest cadastre preparation have proceeded at very slow rates. One of the main reasons for the delay is the confusion caused by the two Laws on forest cadastre (Law 248/1976 and Law 998/1979) because they give different definitions for forest areas. Additionally, the necessary procedures described are complicated and in many cases overlapping or parallel with those needed for the preparation of the National Cadastre (Ministry of Agriculture, 1999, Rokos, 1993, 1994).

The land policy measures mentioned above affect the development of mountainous areas but were not designed especially for them. In general, there is a complete lack of a special mountain development policy in Greece, irrespectively of what kind of development this would be (mono- or multi-dimensional/ sectoral, economic, "sustainable" or integrated). For example, it has already been mentioned that peri-urban and mountain forests are affected by different problems. The need for a special mountain land and development policy, according to the special characteristics of mountains' natural and socioeconomic reality, is thus indicated. Only in the last few years have there been some special measures regarding mountainous areas, following European Commission's (E.C.) guidelines. For example, Ministerial Decision (KYA) 488/12-7-2002 concerns financing for the improvement, utilization and management of pastures in mountainous and less favoured areas. The problems mentioned above regarding the delimitation and recording of forests and pastures still remain unsolved, which means that, among other issues, there is the risk of encroachment, deforestation and overgrazing in forests and forest areas with the tolerance of the State, which does nothing to deal with these problems, although they have repeatedly been pointed out in the past (Rokos, 1993, 1994).

Several problems mentioned above were already pointed out in 1952 by P. Margaropoulos. It seems that since then, policy measures affecting mountain (and not only) rangeland management and forests that were implemented the following years, as well as all development policies affecting mountainous areas directly or indirectly, were (deliberately or not) partial and/or ineffective. All land policy measures can only be examined within the framework of the general policy for rural - and therefore for mountainous - areas. For example, one of the most widely implemented measures for the improvement of Greek agriculture's competitiveness (an essential element for "sustainable rural development") is land consolidation (Law 674/1977). As far as mountainous areas are concerned, the intensely changing relief is not appropriate for the existence of large holdings. An increase in the productivity of mountainous holdings would cause additional problems, such as difficulties in finding labour (since these areas are constantly being abandoned), difficulties in product distribution (which practically means that the reassurance of a steady and satisfactory agricultural income is doubtful) and finally, serious damage or degradation of the sensitive and fragile mountainous environment and its valuable ecosystems. Moreover, the creation of a big livestock production unit would affect the traditional character of local products, in addition to being a foreign body in a traditional mountainous settlement. But even if we overlook land consolidation's negative results, this measure can only be characterized as useless for mountainous areas, since there is complete lack of protective measures to avert future fragmentation of the land redistributed, which would in essence still be divided due to the intensely changing topographic relief, the different microclimatic conditions prevailing and social factors.

According to the European Common Agricultural Policy (C.A.P.), among the basic principles for the "integrated strategy for rural development" are "multi-functionality" which is the "creation of alternative sources of income", and "multisectoral approach that seeks to develop the rural economy by creating new sources of income and employment" (European Commission, 2000). Both seem to be leading to the abolition of the original occupation of the "farmer" and to the creation of a new rural life style that combines several occupations other than traditional production, such as light industry or agrotourism. Mass tourism activities, big hotel units and agricultural industries may also contribute to the degradation of mountainous environment and the loss of local identity and will only have marginal benefits for mountainous communities, since enterprises will probably belong to people from other areas and their seasonal personnel will probably come from other areas as well. On the other hand, agrotourism is considered to be the answer for every mountainous area's problem. In our opinion, agrotourism should be promoted in specific areas, only after thorough examination of the potential of each area to meet the needs of this development model, since agrotourism presupposes, among other factors, satisfactory infrastructure (roads, water supply, etc.). There is also the danger that people might enter the farming sector only because of the high financial motives offered for agrotourism activities. The truth is that agrotourism in a mountainous area can only have a future if pursued in combination with other productive procedures and the promotion of local products, otherwise in areas where tourist traffic is low and seasonal, mountain people's income will be proportionately low and seasonal.

This is only a small example of the negative consequences of the contemporary policies implemented by the E.C. and thereinafter by the Greek State, for the so called "sustainable development" and the "economic growth" of rural and mountainous areas, leading to the adoption of an urban life style and the gradual loss of these areas' special natural and socioeconomic mountainous identity (clean air, fabulous landscapes, maintenance of tradition and customs, etc.), which after all, is an advantage for their revitalization. Unfortunately, the inappropriate land policy measures and development policies which have been implemented, in combination with the difficult natural and socioeconomic conditions prevailing in mountainous areas, have finally led to these areas' gradual and continuing abandonment, a trend which contemporary "sustainable policies" have failed to reverse.

Proposals for land policy measures aiming at the Worth-living Integrated Development of mountainous areas in the sectors of livestock production and forestry

As monodimensionally economic "developmental" processes have been causing dramatic social and environmental problems all over the world, a lot of people seem to be convinced that real development can only be integrated. Unfortunately, even when the term "integrated development" is used, the need for harmonious and synergistic integration of the new scientific and technological possibilities and the real possibilities and limitations of the particular natural and socioeconomic conditions, at local, regional, national and planetary level, is not, usually, deeply understood. As established by the study of land policies related to forestry and livestock production, the "development" strategies implemented under cover of "sustainable development" – a concept with a completely ambiguous and controversial meaning (Rist, 1997, Rokos, 1980, 2001a, Schuurman, 1996) – in reality promote sectoral development, competitiveness and economic growth, mainly serving the interests of the North-West European countries.

Integrated Development presupposes integration and interdisciplinarity in approaching, analyzing, recording, monitoring and utilizing the real strengths and possibilities of the natural and the socioeconomic reality and of their multidimensional interdependences, interrelations and interactions (Rokos, 1996, 1998, 2001a). In the framework of the theory of Worth-living Integrated Development of mountainous areas, a precondition for integrated land policy is the systematic collection, mapping, monitoring, analysis and interpretation of the necessary reliable, diachronic and up-to-date data on their natural and socioeconomic reality and the state of livestock production and forestry. In addition to statistical data, these Integrated Surveys of mountainous areas require the use of photointerpretation and remote sensing methods and techniques in a Geographic Information Systems (G.I.S.) environment for the systematic mapping and monitoring of land uses. In the sectors of mountain livestock production and forestry, Integrated Surveys can be useful for:

- editing land use/cover maps of mountainous areas;
- mapping and monitoring forests and forest areas in terms of area, tree species, age, health, topographic relief, etc.;
- investigating, surveying, mapping and monitoring natural and human resources and existing infrastructure;
- developing fire monitoring systems for immediate mobilization and confrontation. This can be achieved through integrated forest monitoring and management systems based on remotely sensed data in a G.I.S. Such systems could also contribute to the predictions of possible fires and their behavior.

For this purpose, data on topographic relief, slope, existing vegetation and current temperature, moisture and wind conditions are necessary;

- recording burnt areas immediately after a fire in order to prevent illegal construction and over-grazing;
- monitoring mountain forests and forest areas to protect them from illegal construction;
- monitoring and mapping agricultural holdings in a systematic manner;
- mapping and recording mountain pastures for their rational management, taking into account the real possibilities and limitations of each mountainous area, traditional knowledge and practices and the specific natural and cultural environment. Management guidelines should not blindly follow E.C. directives and regulations, but have to be founded on a knowledge base of reliable qualitative and quantitative information, including information generated using remotely sensed, spatial (altitude, slope, orientation etc.), climatic (climate and microclimate), soil, geological, hydrogeological, agricultural and other data on the natural conditions which affect agricultural and livestock production practices in each area in a G.I.S. environment;
- monitoring land use changes.

Another land policy measure proposed in the framework of the Worth-living Integrated Development of mountainous areas is Integrated Land Consolidation, the implementation of which presupposes the existence of Integrated Surveys (Rokos, 1980, 2001c). Contrary to the prevailing concept of land consolidation, the implementation of which is useless – if not negative – for mountainous areas as documented above, "Integrated Land Consolidation in mountainous areas conceptualizes in a holistic and interdisciplinary way the total problem which has to be solved, and which concerns the Integrated Development not only of the land to be redistributed but also – and most importantly – of other, more remote and harder to access mountainous land which is environmentally sensitive, climatically vulnerable, pedologically critical, geomorphologically discontinuous and intensely changing in terms of altitude" (Rokos, 2001b). In addition, it takes into account and utilizes the existing human resources and at the same time aims at contributing to the revitalization of mountainous areas by attracting new labour. By taking into account not only the natural but also the human resources of an area, Integrated Land Consolidation is not another partial measure that monodimensionally supports agricultural economic growth and competitiveness. It promotes Integrated Development with respect to the human and natural environment and their multidimensional interrelations, interactions and interdependences. All members of a community can contribute to such an effort:

- land owners (whether they are permanent residents of their homeland or not, financially active or retired) and local authorities (under specific spatial, environmental and developmental provisions) offer their land and equipment and if possible their personal labor;
- landless farmers offer their personal labour; and
- scientists and technicians offer their scientific and technical knowledge (Rokos, 2001b).

The disposal of agricultural land, for a low rent, without loss of property rights, to landless people/farmers or to emigrants who would like to resettle in their homeland, for group farming, would not only give motive for the settlement of young people in mountainous areas and would keep landless residents there, but could also contribute to the alleviation of problems stemming from current legislation, which forbids the productive use of abandoned agricultural land in case that forest has covered it (Law 1734/1987). It is obvious that the idea of Integrated Land Consolidation is closer to the form of a multifunctional association of producers and inhabitants than to the prevailing rural role of land consolidation.

For the achievement of such a venture, a change in development thinking is absolutely necessary for the state, which should play the leading role, in cooperation with local authorities, for the planning and coordination of this effort according to the concept of Worth-living Integrated Development, as well as for all citizens, who should put aside personal conflicts and competitions and work together for the common good, which in this case is simultaneously their own good. Seminars, workshops or other educational activities, preferably carried out by local authorities in cooperation with research, educational or non governmental institutions working for Integrated Mountainous Development and with the participation of native scientists, would contribute to the understanding and adoption of Worth-living Integrated Development values, not only for the implementation of an Integrated Land Consolidation, but as a life theory in general.

References

C.P.E.R, 1989. Reports of the Programme 1988-1992: Forestry. Center of Programming and Economic Research, Athens, p. 130 (in Greek).

European Commission, 2000. The CAP Reform – A Policy for the Future. Factsheet, European Commission, Directorate-General of Agriculture, Brussels, p. 24.

M.E.P.P.P.W., 2000. The Dynamics of Mountainous and Less Favoured Areas in the Framework of the General Progress and Transformations of Rural Areas. Zoning Plan. Hellenic Ministry for the Environment, Physical Planning and Public Works, Athens, p. 169 (in Greek).

Margaropoulos, P., 1952. Mountain Range Management and Improvement in Greece. J. of Range Management 5 [4], pp. 200-206.

Ministry of Agriculture, 1999. The Current Situation of Greek Forestry. Ministry of Agriculture, Athens <http://www.minagric.gr/greek/2.5.html> (in Greek).

Rist, G., 1997. The History of Development: From Western Origins to Global Faith (translation: P. Camiller). Zed Books, London and New York, p. 277.

Rokos, D., 1980. Cadastre and Land Consolidation– Land Policy, Ed. Maurommatis Ltd, and reprint, 1989, Aristotle University of Thessaloniki, Thessaloniki, p. 273 (in Greek).

Rokos, D., 1993. Land Policy Issues in Greece in the Decade of '80s. Critical Analysis. Perspectives. Proceedings of the 3rd Scientific Conference "Dimensions of Social Policy Today", Sakis Karagiorgas Foundation, Panteion University of Social and Political Sciences, 27-29.11.1991, Athens, pp. 665-668 (in Greek).

Rokos, D., 1994. Land Policy During the Period 1945-1967. Sociopolitical Causes and "Developmental" and Environmental Projections. In the Proceedings of the 4th Scientific Conference "The Greek Society During the First Postwar Period 1945-1967". Sakis Karagiorgas Foundation, Panteion University of Social and Political Sciences, 24-27.11.1994, Athens, pp .533-560 (in Greek).

Rokos, D., 1996. Photointerpretation – Remote Sensing. National Technical University of Athens, Laboratory of Remote Sensing, Athens, p. 274 (in Greek).

Rokos, D., 1998. Interdisciplinarity in the Integrated Approach and Analysis of the Unity of the Natural and Socioeconomic Reality. In the Proceedings of the "Philosophy, Sciences and Policy" Conference, University of Ioannina, Faculty of Philosophy, 14-27.5.1996, Ed. Tipothito – G. Dardanos, Athens, pp. 403-437 (in Greek).

Rokos, D., 2001a. From "Sustainable" to Worth-living Integrated Development. In Rokos, D., "From "Sustainable" to Worth-living Integrated Development", National Technical University of Athens, Interdisciplinary-Interdepartmental Postgraduate Programme "Environment and Development", Athens, pp. 323-335 (in Greek).

Rokos, D., 2001b. The Integrated Development of Mountainous Areas. Theory and Practice. In the 3rd Interdisciplinary Conference "The Integrated Development of Mountainous Areas. Theory and Practice", National Technical University of Athens, Metsovion Interdisciplinary Research Center, Metsovo Municiplaty, 7-10.6.2001, Metsovo Conference Center (conference proceedings to be published in Greek).

Rokos, D., 2001c. Technology, Culture/Civilisation and Decentralisation. An Integrated Consideration, Approach and Analysis of their Multidimensional Relations, Interdependences and Interactions at the Levels of Politics and Society. In the Proceedings of the 2nd Interdisciplinary Conference "The National Technical University of Athens for Metsovo. Technology, Culture and Decentralization", National Technical University of Athens – Metsovo Municipality, 3-6.6.1998, Metsovo Conference Center, Metsovo, Alternative Editions, Athens, pp. 65-86 (in Greek).

Schuurman, F.J. (Ed.), 1996. Beyond the Impasse: New Directions in Development Theory. Zed Books, London and N. Jersey, p. 233.

Session 2: Sustainable utilization of forest areas livestock land use and landscape

Sub-session 2.1: Sustainable utilisation of forest areas

Poster presentations

Integration of certain promising woody fodder species in the grazing systems of sub-humid Mediterranean areas

O. Dini-Papanastasi, P. Platis & Th. Papachristou

Forest Research Institute, National Agricultural Research Foundation, 570 06 Vassilika, Thessaloniki, Greece

Summary

Experience with four deciduous woody fodder species in Greece is reviewed and their role in the Mediterranean grazing production systems is discussed. The studied species were: *Robinia pseudoacacia* L., *R. pseudoacacia* var. *monophylla* Carr., *Colutea arborescens* L. and *Morus alba* L. All of them can be easily established and have a high productive potential. Comparing the leguminous species (*Robinia, Colutea*) with the *Morus alba*, the first are found more productive. Fodder plants produce high amounts of total and grazeable aboveground biomass during the critical summer period, with a high relative preference for *Robinia pseudoacacia* with its two accessions. Based on such data, an operational management scheme for woody fodder plantations was discussed.

Keywords: woody fodder species plantations, Robinia pseudoacacia, Colutea arborescens, Morus alba.

Introduction

Woody species (trees and shrubs) are common components of the Mediterranean vegetation. One of their multiple roles and functions is forage production. Indeed, a great number of Mediterranean trees and shrubs constitute important feed resources and they are essential to supporting extensive and diversified livestock production systems. Their forage is invaluable in filling up the big feed gap (3-6 months) in the summer period, when the high temperatures together with the lack of moisture result in the dormancy of herbaceous plants (Papachristou & Papanastasis, 1994).

Nevertheless, forage production by spontaneous woody species is not free of problems. One such problem is their great variability regarding growth rate, crude protein content and digestibility, both within and between species. Liacos & Moulopoulos (1967), for example, have identified five phenotypic types within *Quercus coccifera*, with different productivity and nutritive value for goats. In addition, Papanastasis *et al.* (1997) have found large differences in annual biomass among 11 deciduous woody fodder species in a sub-humid environment of Greece. Another important problem is the animals' preference for each species. Although some of them contain relatively high levels of nutrients, their preference and intake are often quite low, a fact that is associated with anti-quality factors (e.g. lignin, tannins, alkaloids, etc.) (Papachristou & Papanastasis, 1994; Papachristou *et al.*, 1999). A solution to these problems is to select appropriate species or cultivars, which have desirable ecological, agronomic and nutritional characteristics on the one hand, and can be planted to meet specific needs in the Mediterranean production systems on the other. After an extensive research carried out in Greece and in other countries of Southern Europe (Papanastasis *et al.*, 1999), it was found that *Robinia pseudoacacia*, *Colutea arborescens* and *Morus alba* were among the most promising species to be cultivated and used in the production systems of a sub-humid Mediterranean environment. In this paper, their main biological requirements were reviewed and their introduction and use in the production systems was discussed.

Biological and ecological requirements

- *Robinia pseudoacacia* L. is a leguminous, deciduous, fast growing and multi purpose tree species. It is native to humid regions of North America but extensively naturalized in the temperate regions of Europe and Asia. It survives droughts and severe winters and tolerates infertile soils and acid spoil banks. *Robinia* grows naturally over a wide range of soils and topography, but grows best on rich, moist, limestone-derived soils. Silt loams, sandy loams, and lighter textured soils are better for it, while sites with poor drainage and aeration and shallow depth are inappropriate. Acceptable soil pH ranges from 4.6 to 8.2. *Robinia* has several botanical varieties but the most important one is the *monophylla* variety (Dini-Papanastasi, 1997).
- *Colutea arborescens* L. is a leguminous, deciduous shrub, native to the Mediterranean basin (S. Europe and N. Africa) and grown in the sub-Mediterranean zone. It is a fast growing branchy shrub, up to 6 m tall, used for ornamental and medicinal purposes. It is also of great importance in protecting the soil from water erosion, while it shows efficient sprouting after pruning (Papanastasis *et al.*, 1997). *Colutea* can grow well in almost all types of soil, while it prefers the well drained ones and the sunny exposures (Kavvadas, 1956).
- *Morus alba* L. is native of China and India but it is cultivated throughout the world, wherever silkworms are raised, while it was introduced in Europe through Greece in the Byzantine period (Kavvadas, 1956). *Morus*, a deciduous tree growing in a variety of zones, can tolerate variable precipitation and a pH of 4.9 to 8.0, while it grows well on a wide variety of soils. Its leaves are used as food for silkworms but also as fodder for animals.

Establishment and production potential

Morus can be easily established by means of seeds. For *Robinia* and *Colutea*, seed germination can be enhanced with heat water treatment and mechanical scarification respectively. Direct seeding in the field is possible but not always successful. The safest way is to produce one-year-old, bare or containerized, seedlings in the nursery and transplant them to the field. In the case of improved varieties or clones, where vegetative propagation should be employed, *Robinia* can be reproduced by root or stem cuttings (Dini-Papanastasi, 1997), *Colutea* by leafy softwood or leafless hardwood cuttings (De Andres *et al.*, 1999; Dini-Papanastasi, 2000), while *Morus* by soft and hard wood cuttings or grafting (Dini-Papanastasi, 2000).

Spacing could vary, depending on the objective of the plantation. It has been found that dense plantations produce more forage per unit area but less per plant (Ainalis & Tsiouvaras, 1998). In addition, they have a high cost of establishment. If plantations are to be used as fodder reserves, their spacing should be rather close (e.g. 3x3 or 5x5m). This spacing suits the *Colutea* and *Morus* species. *Robinia*, which can withstand grazing more effectively than the other two species due to its spines, should better be established in rows, with a spacing of 3 m within rows and 10-15 m between them.

All four species are quite productive, with *Robinia* being the most productive of all. In a sub-humid Mediterranean environment of Northern Greece, where several fodder trees and shrubs were tested in an 8-year-old plantation, it was found that common *Robinia* was the most productive species, followed by *Colutea*, *monophylla Robinia* and *Morus* (Table 1). The grazeable material (leaves and twigs), however, was less than 50% of the total, suggesting that a great part of the annual biomass produced by these species cannot be used by the animals. For this reason, cutting back of the planted trees or shrubs should be employed every year, in order to increase the grazeable proportion of the annual biomass (Papanastasis *et al.*, 1998). The height of cutting back is different for each species. Especially for *Robinia* and *Morus*, 40 cm aboveground is the best height for ensuring increased amounts of total and grazeable biomass (Platis *et al.*, 2003).

The production potential of the three species can be greatly improved if breeding programs are applied. In an experiment with *monophylla Robinia*, a number of clones were selected with significantly higher biomass production, fewer spines and higher CP content compared to common *Robinia* (Dini-Papanastasi, 1997; Dini-Papanastasi & Papachristou, 1999).

It seems that shrubby forms produce less total aboveground biomass but similar grazeable one compared to trees. This is the case of the shrubby cultivar of *Morus* Kokuso 21, in which grazeable material was found to be 62%, compared to only 43% in the cut back *Morus alba* trees (Table 2).

Use and animal responses

The woody fodder species reported above may grow spontaneously (e.g. *Colutea*), or artificially in plantations (e.g. *Robinia, Morus*). The artificial stands of such fodder species should be treated as reserves for supplementary feeding only during the critical summer period. The proposed management scheme of these forage resources may include proper browsing in specific periods of the year or cutting off their branches and offering them as a diet supplement to animals.

Browsing

When woody fodder plants are directly grazed by animals, a proper grazing management must be employed to avoid their destruction. This management concept is necessary because animals show different levels of preference for the abovementioned fodder species , which demonstrates selective grazing. For example, Papachristou & Papanastasis (1994) have found that when *Robinia* and *Colutea*

Table 1. Mean biomass (g DM/plant) of fodder trees and shrubs (cutting height at 10 cm above ground). (Papanastasis et al., *1997; Platis* et al., *2003).*

Species	Study period	Mean biomass (g DM/plant) Grazeable[1]	Total
Colutea arborescens L.	1989-1994	104	301
Robinia pseudoacacia L. (common)	1989-1994	153	342
Robinia pseudoacacia var. *monophylla* Carr.	1989-1994	89	208
Morus alba L.	1992-2000	90	183

[1]Leaves and twigs Spacing 1.0x1.5m

Table 2. Mean biomass (g DM/plant) of the two Morus (cutting height at 20 cm above ground) (Platis et al., *2003).*

Species	Study period	Mean biomass (g DM/plant) Grazeable[1]	Total
Morus alba L.	1992-2000	99	229
Morus alba cv. Kokuso 21	1996-2002	101	163

[1]Leaves and twigs Spacing 1.0x1.5m.

were in the same grazing plot, goats preferred *Robinia* more than *Colutea*. Also, *Morus* is more attractive to animals compared to other fodder shrubs (Papanastasis *et al.*, 1999). For this reason, only species of similar preference must be included in the same plantation.

Feeding

Another management scheme for woody fodder species consists in cutting and offering browse to animals as supplementary feed. Papachristou *et al.* (1999) fed goats grazing in kermes oak shrublands with branches (2 kg/goat/d) of different woody species, during July and September. They found that the intake of *Colutea* by goats ranged from 64 (July) to 200 g/d (September), while the daily live weight gain of goats was 21 and 83 g respectively. The relative low intake was due to the low preference by goats. *Robinia*, on the contrary, was ingested in high amounts by goats in both periods (July: 177 and September: 469 g/d), supplying 30 – 58 g CP. Supplementation with *Robinia* promoted a similar increase in the live weight gain to that of alfalfa (177–219 vs. 180–188 g/d respectively). *Morus* is also a very suitable species for feeding the animals in the barn, widely used for this purpose in S. France (Papanastasis *et al.*, 1999).

References

Ainalis, A. B. & C. N. Tsiouvaras, 1998. Forage production of woody fodder species and herbaceous vegetation in a silvopastoral system in northern Greece. Agroforestry systems, 42: 1-11.

De Andres, E.F., J. Alegre, J.L. Tenorio, M. Manzanares, F. J. Sanchez & L. Ayerbe, 1999. Vegetative propagation of *Colutea arborescens* L., a multipurpose leguminous shrub of semiarid climates. Agroforestry Systems 46: 113-121.

Dini-Papanastasi, O., 1997. Inheritance of traits of *Robinia pseudoacacia* L. and their relation with biomass production. PhD Thesis, 152 p. Aristotle University of Thessaloniki, Greece.

Dini-Papanastasi, O. & T. G. Papachristou, 1999. Selection of *Robinia pseudoacacia* var. *monophylla* for increased feeding value in the Mediterranean environment. In: V. Papanastasis, J. Frame and A. Nastis (Editors), Grasslands and Woody Plants in Europe. International Symposium, Thessaloniki, 27-29 May 1999. EGF, Vol. 4, Grassland Science in Europe, pp. 51-56.

Dini-Papanastasi, 2000. Vegetative propagation of *Morus alba* cv. Kokuso 21 and *Colutea arborescens* L. with leafy soft wood cuttings. Unpublished data.

Kavvadas, D. 1956. Illustrated Botanical Dictionary. Volumes É-É×. Athens.

Liacos, L. & X. Moulopoulos, 1967. Contribution to the identification of some range types of *Quercus coccifera* L. (in Greek with English summary). Forest Research Institute, Research Bulletin No. 16. Thessaloniki, Greece.

Papachristou, T.G. & V.P. Papanastasis, 1994. Forage value of Mediterranean deciduous woody fodder species and its implication to management of silvo-pastoral systems for goats. Agroforestry Systems, 27: 269-282.

Papachristou, T.G., P.D. Platis, V.P. Papanastasis & C.N. Tsiouvaras, 1999. Use of deciduous woody species as a diet supplement for goats grazing Mediterranean shrublands during the dry season. Animal Feed Science and Technology, 80: 267-279.

Papanastasis, V.P., P.D. Platis & O. Dini-Papanastasi, 1997. Productivity of deciduous woody and fodder species in relation to air temperature and precipitation in a Mediterranean environment. Agroforestry Systems, 37: 187-198.

Papanastasis, V.P., P. D. Platis & O. Dini-Papanastasi, 1998. Effects of age and frequency of cutting on productivity of Mediterranean deciduous fodder tree and shrub plantations. Forest Ecology and Management, 110:283-292.

Papanastasis, V.P., C. N. Tsiouvaras, O. Dini-Papanastasi, T. Vaitsis, L. Stringi, C. F. Cereti, C. Dupraz, D. Armand, M. Meuret & L. Olea, 1999. Selection and utilization of cultivated Fodder Trees and Shrubs in the Mediterranean Region. (Compiled by V. P. Papanastasis). Options Méditerranéennes. SERIE B: Etudes et recherches, No. 23, pp. 93.

Platis, P.D., Papachristou, T.G. & V.P. Papanastasis, 2003. Productivity of five deciduous woody fodder species under three cutting heights in a Mediterranean environment. Cahiers Options Méditerranéennes (In press).

Comportement sélectif des ovins en relation avec les caractéristiques chimiques sur un parcours herbacé du sem-aride supérieur de la Tunisie

N. Raggad[1], A. Majdoub[2] & A. Bouazizi[2]

[1]Institut National de la recherche Agronomique de Tunisie
[2]Institut National Agronomique de Tunisie

Résumé

L'objectif de ce travail est d'étudier le comportement sélectif des ovins sur un parcours herbacé en relation avec les caractéristiques chimiques des espèces pâturées.

L'étude a porté d'abord sur une caractérisation du couvert végétal en mettant en relief l'évolution de la composition floristique avec l'avancement de la saison et une analyse chimique de 120 espèces pastorales à différents stades phénologiques (288 échantillons). Dans une deuxième étape un suivi du comportement alimentaire d'un troupeau de 12 agneaux de race noire de Thibar à un age moyen de 10 mois pâturant durant les mois d'avril, mai et juin. Les enregistrements ont porté sur la composition botanique de la ration prélevée. Les données ainsi obtenues ont servi pour déterminer les indices de sélectivité pour chaque espèce pastorale en fonction de son stade phénologique et d'établir des liens entre sa sélectivité et sa composition chimique.

L'indice de sélectivité des espèces évolue en fonction de leur abondance relative, de sa composition chimique et de la disponibilité fourragère sur parcours (spectre du choix). Les équations de régression partielles montrent que l'abondance relative de l'espèce explique en grand partie le comportement sélectif des ovins. La contribution centésimale dans la ration (CCR) peut être estimée en fonction de la contribution spécifique sur parcours (CSP) par l'équation suivant:
CCR = 1,7069 CSP – 0,189; R^2=0,89.

Les différentes corrélations développées montrent que la sélectivité obéit à un compromis entre les différentes teneurs en constituants chimiques. En cas de disponibilité fourragère, les ovins sélectionnent les espèces riches en MAT(r= 0,69) et pauvre en ADF (r=-0,51). En revanche, à la fin de la saison de pâturage, les ovins deviennent moins sélectifs et leur choix est surtout orienté par la teneur en MS (r= -0,41).

Keywords: Parcours herbacé, ovins, composition chimique, indice de sélectivité.

Introduction

La composition chimique et botanique de la ration prélevée par l'animal sur parcours, est généralement de meilleure qualité que celle du couvert végétal qui lui est offert. Cette supériorité de la valeur nutritive de la ration prélevée sur parcours et mise en évidence par plusieurs recherches de par le monde. Ce qui nous permettons de déduire avec certitude que l'animal placé sur un parcours d'une grande diversité floristique ne se nourrit pas d'une manière systématique. En effet les animaux exploitent sélectivement la végétation pastorale, cette sélectivité s'exprime pour un ensemble d'espèces végétales parmi d'autres et pour la même plante sur certaines parties ou organes (Stoddart *et al.*, 1975, Parche et Peyraud, 1997).

Par son action sélective, l'animal satisfait ses besoins, assure éventuellement une production, mais a aussi un impact déterminant sur l'évolution de la végétation pastorale (Stoddart *et al.*, 1975 et Dumont, 1996). Il est donc évident qu'une meilleure gestion de l'espace pastoral doit se baser sur une parfaite connaissance du déterminisme du choix alimentaire chez l'animal ainsi que les facteurs de sa variation.

Pour définir cette supériorité de la qualité de la ration prélevée sur parcours plusieurs termes sont proposés (préférence, sélection, appétabilité, acceptabilité, palatabilité). Ces termes sont liés soit à l'animal soit à la végétation, ce qui montre la complexité et le paradoxe au niveau de la définition de l'originalité de ce phénomène. En effet est ce que c'est une action de l'animal subie par la végétation ? Ou au contraire, c'est l'effet des caractéristiques attractives ou répulsives de la végétation qui est déterminant.

L'objectif dans ce travail est d'expliquer le comportement sélectif des ovins sur un parcours herbacé en relation avec l'abondance relative des espèces composant ce parcours et leurs caractéristiques chimiques.

Matériel et méthode

Le périmètre d'étude se trouve dans la région de Mastouta à 35 Km Sud de Béja (Nord de la Tunisie). Il est situé sur le flanc nord des massifs prolongeant le Djebel Guerrouaou, à une altitude de 250 à 350 m. Ce périmètre est situé sous l'étage bioclimatique semi-aride supérieur à hiver tempéré. La moyenne annuelle de pluviométrie est de l'ordre de 595.6 mm

Caractérisation de la végétation

En se basant sur la méthode de points quadrat (Levy et Madden, 1933) améliorée et adaptée pour les parcours herbacés par Daget et Poissonet, (1971) on a pu dégager une caractérisation floristique du la végétation de ce parcours.

Analyses chimiques

Un échantillonnage a eu lieu pendant les mois de Avril, Mai et Juin pour les espèces ayant une contribution centésimale supérieure à 0,01 % qui a servi pour la détermination de la matière sèche (MS), la matière minérale (MM), la matière azotée totale (MAT) et Acide détergent Fibre (ADF).

Étude de comportement selectif

40 ovins adultes de race noire de Thibar à un âge moyen de 10 mois, pâturent une parcelle de 5 ha soit une charge de 8 têtes par hectare qui correspond à la charge d'équilibre (Bouazizi 1995). 12 agneaux parmi ce troupeau ont servi comme des échantillonneurs, selon la méthodes d'observation directe, pour l'étude du comportement alimentaire (Favre, 1972; Hatfield *et al.*, 1990) et la composition floristique de la ration prélevée (Meuret *et al.*, 1985).
Ainsi on a dégagé l'indice de sélectivité (ISi) pour chacune des espèces composants ce parcours selon l'équation suivante (Daget et Gordon, 1995):

$$ISi = [(CSPi-CCRi) / (CSPi+CCRi)] \times 10$$

CSPi: Contribution spécifique de l'espèces (i) dans ce parcours (%);
CCRi: Contribution centésimale de l'espèces (i) dans la ration (%).

Cet indice varie de – 10 à + 10. Les espèces qui ont un indice est > 0 se sont des espèces recherchées, leur Proportion dans la ration est supérieure que sur parcours. Alors que les espèces qui ont un indice égale à -10 se sont des espèces non consommées.

Résultats et discussion

La valeur pastorale

La valeur pastorale de ce parcours s'améliore progressivement jusqu'à la période printanière pour atteindre son maximum en avril avec une valeur de 60,15 suite à la présence de nombreuses espèces annuelles, puis elle décroît rapidement lorsque le bilan hydrique devient déficitaire pour arriver a une valeur minimale de 29,92 au mois de juin (Figure 1).

3.2 Indice de sélectivité

L'indice de sélectivité (SI) tient compte de l'abondance relative des espèces sur parcours et de sa contribution centésimale dans la ration. Ceci nous permet de constater que certaines espèces sont plus abondantes dans la ration que sur parcours (IN>0). Par contre, d'autres ont une grande contribution spécifique sur parcours, alors que leur contribution dans la ration est faible (IS<0) ou nulle (IS=-10).

La variation de l'indice de sélectivité de la même en fonction du temps peut être attribuée au fait que les ovins ont changé de stratégie alimentaire en fonction de la disponibilité fourragère. Par conséquent l'intérêt accordé à une espèce donnée est variable selon sa contribution spécifique sur parcours, mais également selon l'abondance des autres espèces (possibilité de choix). Cette variabilité est aussi liée aux transformations phénologiques et à la variation des qualités nutritives de l'espèce elle-même (Tableau 1).

Comportement alimentaire

Vers la fin de la saison de pâturage, Les ovins passent plus de temps au déplacement (TD), au détriment du temps de pâturage (TP) et de repos (TR). Suite à la diminution des disponibilités fourragères les ovins passent plus du temps à la recherche des espèces (Figure 2)

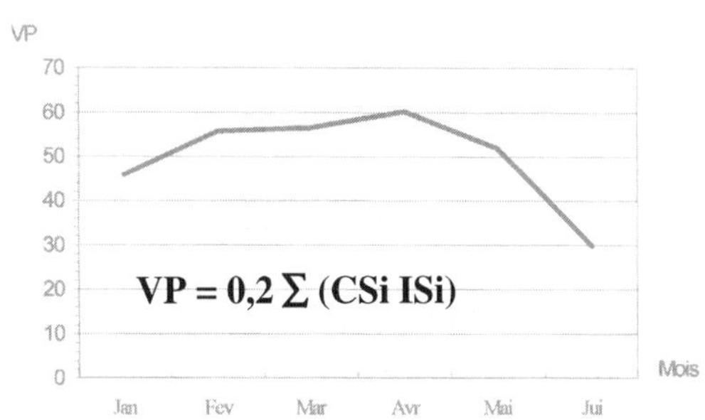

Figure 1. Évolution de la valeur pastorale.

Tableau 1. Evolution de la composition chimique, de l'abondance relative et de l'indice de sélectivité des principales espèces.

Nom de l'espèce	Mois	CSP	MS	En % MS			CCR	IS
				MM	MAT	ADF		
Lolium perenne L.	Avril	24,52	21,57	13,35	19,06	26,40	53,25	3,69
	Mai	26,77	25,44	8,44	14,75	30,81	31,26	0,77
	Juin	27,84	37,75	7,41	8,41	43,49	47,68	2,97
Bromus spp.	Avril	7,55	22,65	13,85	12,72	23,85	0,00	-10
	Mai	6,03	25,15	10,53	11,19	33,16	0,00	-10
	Juin	5,96	34,82	8,46	10,65	37,62	0,00	-10
Medicago scutellata (L.) All.	Avril	12,63	19,56	11,99	17,77	19,88	21,95	2,70
	Mai	7,24	25,42	11,05	23,56	24,90	15,51	3,64
	Juin	4,58	30,02	10,47	19,08	34,67	9,43	3,46
Hordium murinum L.	Avril	6,73	12,84	13,03	30,29	20,54	0,00	-10
	Mai	6,50	34,92	11,45	23,65	27,65	2,64	-4,22
	Juin	5,5	35,30	9,63	15,77	38,73	0,00	-10
Erodium malacoides (L.) Wolld.	Avril	3,01	12,80	15,66	22,07	24,80	0,00	-10
	Mai	2,25	34,35	13,63	13,40	39,61	1,18	-3,12
	Juin	-						
Reseda alba L.	Avril	2,14	19,37	11,39	29,40	17,77	0,00	-10
	Mai	1,61	36,20	9,29	19,46	28,33	1,65	0,19
	Juin	-						
Salvia verbenaca (L) Briq.	Avril	0,7	19,85	11,86	19,44	33,08	0,00	-10
	Mai	0,22	38,70	15,99	6,73	34,97	0,00	-10
	Juin	-						
Ammi majus L.	Avril	1,69	16,22	9,75	26,70	19,86	0,00	-10
	Mai	1,84	19,27	12,94	22,74	24,94	2,02	3,62
	Juin	-						
Daucus carota L.	Avril	2,31	15,79	11,48	16,18	20,56	0,06	-9,49
	Mai	2,21	34,37	14,53	11,56	31,02	3,99	2,87
	Juin	-						
Dactylis glomerata L.	Avril	1,60	20,75	9,70	21,46	28,75	2,74	2,63
	Mai	0,2	28,32	8,60	18,35	32,25	0,96	6,55
	Juin	0,95	39,75	6,79	1,78	43,83	1,84	3,19
Crepis vesicaria L.	Avril	0,55	12,49	13,12	14,34	21,64	0,12	-6,42
	Mai	0,02	14,01	10,22	14,85	31,56	0,00	-10
	Juin	-						
Phalaris bulbosa	Avril	0,52	20,55	12,35	18,11	22,54	1,05	3,38
	Mai	0,07	26,44	9,42	16,32	30,15	1,32	8,99
	Juin	0,05	38,95	8,33	11,38	35,05	1,18	9,18
Andryala integrifolia L.	Avril	0,47	12,69	17,72	18,45	28,81	0,00	-10
	Mai	1,92	29,64	12,96	16,74	32,81	1,02	-3,06
	Juin	1,82	38,75	8,57	7,33	46,99	1,41	-1,27

(Table 1. Continued)

Nom de l'espèce	Mois	CSP	MS	En % MS MM	MAT	ADF	CCR	IS
Stachys hirta L.	Avril	0,53	23,60	12,86	12,72	22,62	0,00	-10
	Mai	0,6	28,78	8,69	11,26	17,05	0,00	-10
	Juin	-						
Eryngium dichotomum Desf.	Avril	0,25	17,09	19,87	23,65	21,51	0,00	-10
	Mai	0,65	30,43	16,62	11,21	34,24	0,00	-10
	Juin	1,11						
Eruca vesicaria (L.) Car.	Avril	0,24	11,45	11,68	26,68	16,06	0,10	-4,12
	Mai	0,40	14,90	8,65	12,47	37,67	1,43	5,63
	Juin	-						
Echium plantagineum L.	Avril	0,13	7,66	8,96	22,91	27,71	0,00	-10
	Mai	0,18	16,80	10,37	11,50	30,24	0,00	-10
	Juin	0,81	34,30	20,51	9,15	37,17	0,00	-10
Torilis nodosa (L.) Gaertn.	Avril	0,21	16,60	12,54	12,67	28,53	0,00	-10
	Mai	0,19	34,67	14,65	8,31	39,76	0,12	-2,26
	Juin	-						
Hypericum crispum L.	Avril	0,15	25,32	7,76	16,25	24,74	0,41	4,64
	Mai	0,57	34,31	13,08	14,22	29,86	1,54	4,60
	Juin	0,30	39,90	6,76	8,96	43,31	1,31	6,27
Senecio delphinifolius Vahl.	Avril	-						
	Mai	0,82	17,82	7,48	10,14	26,32	0,00	-10
	Juin	2,04	21,93	7,97	9,63	34,57	0,00	-10
Plantago albicans	Avril	0,18	10,45	15,74	21,26	23,30	0,82	6,40
	Mai	0,08	37,65	8,12	10,02	43,39	0,73	8,75
	Juin	-						

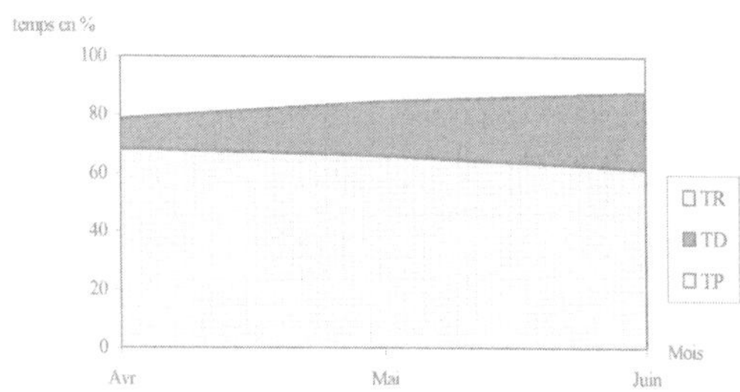

Figure 2. Evolution des activités journalières des ovins sur parcours en fonction de l'avancement de la saison du pâturage.

Approche explicative du comportement sélectif

Effet de l'abondance relative

Dans la présente situation où l'abondance relative à elle seule explique la grande partie de la variabilité de la composition botanique de la ration. Pour mettre en relief l'effet des teneurs en constituants chimiques des espèces consommées sur leur sélectivité, il s'avère nécessaire d'analyser cette partie en éliminant les espèces ayant des contributions spécifiques extrêmes sur parcours (CSP> 10 % et CSP <0,1 %). Cette élimination de base de calcul des régressions n'a donc pas écarté l'effet des espèces éliminées sur le choix des autres espèces, vu que la sélection d'une espèce est tributaire de l'abondance des autres. En outre cette partie sera discutée en considérant les espèces recherchées seules (IS>0) et les espèces consommées mais non recherchées seules (IS<0) (Figurc 3).

Effet de la teneur en matière sèche

Vers la fin de la saison de pâturage la sélection suit une tendance linéaire positive avec l'évolution des teneurs en matière sèche. Ceci montre que les ovins à la fin de la saison cherchent particulièrement les espèces non desséchées.

Effet de la teneur en matière azotée totale

Figure 4. Effet de la teneur en matière azotée totale (MAT) sur le comportement sélectif de ovins.
Au mois d'avril, quand le choix offert le permet, les ovins sélectionnent les espèces les plus riches en azote, la composition de la ration est en relation linéaire positive avec les teneurs en azote des espèces consommées. Cette relation est affectée par la diminution de la disponibilité à la fin de la saison (Figure 4)

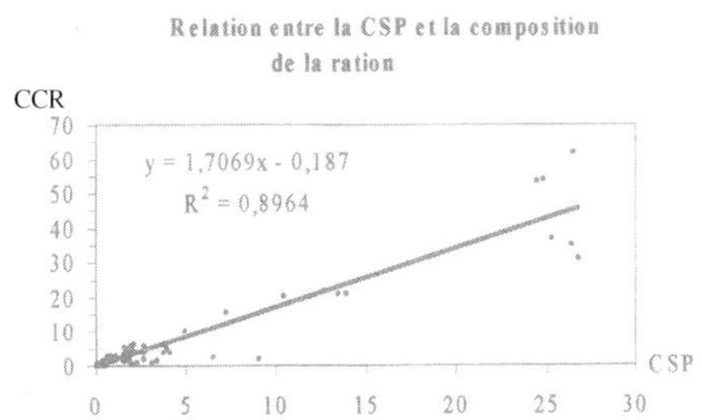

Figure 3. Relation entre la composition spécifique de présence (CSP) et la composition centésimale de la ration (CCR).

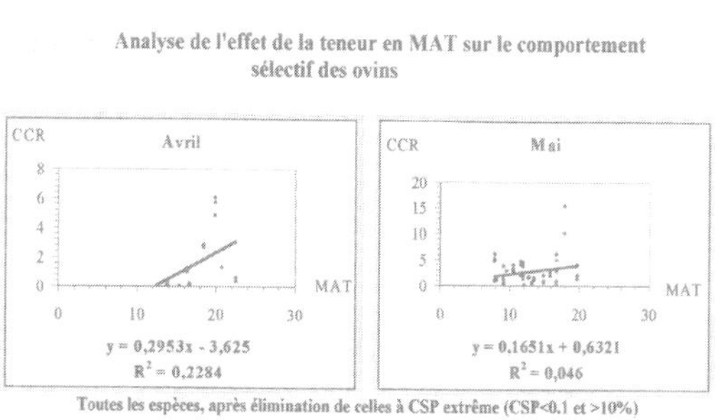

Figure 4. Effet de la teneur en acide détergent fibres (ADF) sur le comportement sélectif de ovins.

Tableau 2. Corrélation entre la composition centésimale de la ration, la composition spécifique de présence sur parcours et les caractéristiques chimiques des espèces consommées.

	Avril et Mai	Avril	Mai
Nbr, (n)	74	22	52
CSP	0,6273***	0,9408***	0,5491***
MS	0,0709 NS	0,4416*	-0,3372*
MM	-0,0085 NS	0,1014 NS	-0,0184 NS
MAT	0,1521 NS	0,6856***	0,2148 NS
ADF	0,0900 NS	-0,5110 *	0,0437 NS

L'effet de teneur en ADF

Les courbes et les équations de régression présentées dans la figure 4 montrent que les ovins sélectionnent les espèces qui ont les teneurs en ADF les plus faibles surtout lorsque les disponibilités le permettent (avril). La composition de la ration est en relation linéaire négative avec la teneur en ADF des espèces consommées. Vers la fin de la saison l'effet de la teneur en ADF sur la sélectivité alimentaire est moins visible. Ceci peut être attribué au fait qu'en parcours herbacé les espèces n'ont pas de très fortes teneurs en ADF même à la fin de leur cycle de développement par comparaison aux ligneuses (Figure 4).

Conclusion

La sélection alimentaire réalisée par les ovins sur ce type de parcours est cernée par des compromis entre les différentes composantes chimiques. Cependant on peut dégager certaines tendances:
A début de la saison (Avril), les ovins ont consommé préférentiellement les espèces qui ont les teneurs en matière azotée totale les plus élevées (r=0.6856) et les espèces qui ont des teneurs en ADF les plus faibles (r=-0.5110). Par contre à la fin de la saison, (Mai), suite à la diminution des disponibilités fourragères en quantité et en qualité, les ovins deviennent moins sélectifs et le choix alimentaire devient surtout orienté par la teneur en matière sèche en premier lieu (r=0.4130) et la matière azotée totale en second lieu (r=0,3066). Par contre, ils sont moins exigeants vis avis de la teneur en ADF (Tableau 2).

Références

Allison, C.D. 1985. Factors affecting forage intake by range ruminants: a review. J. Rng.Manage., 38: 305-511.

Begon, M.J, L. Harper and C.R. Towsend. 1986. Ecology: Individuals, Populations and communities. Blackwell Scientific Publications, Sunderland, Massachusetts.

Bouazzizi, A. 1995. Etude de l'effet de la charge et de la péride d'exploitation sur l'évolution de la végétation naturelle, le comportement alimentaire et les performances des ovins sur parcours du semi-aride superieur. Mémoire de fin d'etude du cycle de spécialisation de l'INAT Tunis.

Daget, Ph et M.Gordon.1995. Pastoralisme, Troupeaux, espaces et sociétés, Ed Université Frzncophone. 510p.

Daget, Ph and Poisonnet. 1971. Une méthode d'analyse physiologique des prairies. Critères d'application. Ann. Agron., 22: 5-41.

Dumont, B. 1996. Préférences sélection alimentaire au pâturage INRA Prod. Anim. 9 (5) 359-366.

Hatfield, P.G., G.B. Donart, T. Ross, and M.L. Galyean.1990. Sheep grazing behaviour as affected by supplementation. J.Rng. Manage., 17: 76-82.

Hubert, D. 1978. Evaluation du rôle de la végétation des parcours dans la bilan écologique et agro-écologique des Causse. Thèse Doc. Ing. USTL Monpellier.

Meuret M., N. Barthiaux-Hill, and A. Bourbouze.1985. Evaluation de la consummation d'un troupeau de chèvres laitières sur parcours forestier. Méthode d'observation directe des coups des dents. Méthode du marqueur oxyde de chrome. Ann. Zoot., 34: 159-180.

Schoenenberge, A. 1974. Rapport de misson de consultation écologie. Projet FAO/SIDA. TF 5 et 23 (SWE) Tunis (Diffusion restriente) 40p.

Stoddart, L. A., A.D. Smith, and T.W. Box.1975. Range management. IIIrd Ed Mcgraw-Hill. Ney York.

Vivier, M. 1971. Interprétation agronomique des interventions botaniques des prairies permanentes à l'aide des grilles floristique et des indices spécifiques. In Fourrage, 48: 45-55.

Weachter P.1982. Etude des relations entre les animaux domestiques et la végétation dans les steppes du Sud de la Tunisie. Implication pastorale Thèse Doc. Ing. USTL. Monpellier, 300p.

Microbial activity in goats sustained on Mediterranean woody vegetation

A. Boubaker[1], *C. Kayouli*[1], *A. Buldgen*[2] *& A. Boukary*[1]

[1]*Institut National Agronomique Tunisie*
[2]*Faculté des Sciences Agronomiques Gembloux, Belgique*

Summary

The study was carried out during the growing season of vegetation in a forest in the North West of Tunisia. Three rumen cannulated male goats (35.8 ± 55 kg BW), sustained on woody vegetation, were used to estimate ruminal pH, VFA and ammonia nitrogen concentrations. Rumen fluid samples were collected once a month at 0, 2 and 6 hours after the beginning of browsing, for a period of 3 months (from April to June). *In situ* dry matter (DM) degradation of *Quercus suber*, *Erica arborea*, *Arbutus unedo*, *Myrtus communis* and vetch oat hay, after 120 h of incubation, was also measured once a month. Values of pH were within the normal growth range of cellulolytic microbes. Total VFA concentrations were affected by the time of sampling ($P<0.05$). The highest concentration was registered 6 h after browsing. Mean total VFA concentration was 49 mMol/l and lower than normal for the traditional hay diet. Molar concentration of acetate was the highest (79.8%), while that of butyrate was the lowest (8%). The mean concentration of NH_3–N was 70 mg/l of rumen fluid, being higher than the recommended for optimal microbial activity. *Quercus suber* and *Erica arborea* had lower *in situ* DM degradation than vetch oat hay, while *Arbutus unedo* and *Myrtus communis* had the highest one (66.7 and 69.6% respectively).

Keywords: Mediterranean basin, Tunisia, Quercus spp., ruminal pH, organic matter, nitrogen, organic matter.

Introduction

In many traditional systems in the Mediterranean basin, browse plants constitute a major source of food for goats around the year (Decandia *et al.*, 2000, Landau *et al.*, 2000; Kayouli and Buldgen, 2001). However, most browse species are rich in tanniferous phenolic substances which may bind and reduce the digestibility of protein and several carbohydrates. These compounds may also impair the activity of various micro-organisms in the rumen, by adhering to the membranes of protozoa or by forming complexes with bacterial cell walls (Leinmüller *et al.*, 1991). The first issue in order to clarify the nutritional value of these browses for goats is to determine the microbial activity in the rumen of animals under browsing conditions.

Material and methods

Study area

This study was conducted during the growing season of woody vegetation (from March to June) in a forest in the North West of Tunisia. The climate of the area is characterized by an annual mean temperature of 12.8 (in the winter) to 32.3 °C (in the summer) and about 850 mm of precipitation distributed in a single period (December to May). The study area was a typical Mediterranean shrub land, dominated by species such as *Quercus suber, Pistacia lentiscus, Myrtus communis, Erica arborea, Phillyrea angustifolia,* etc.

Experimental procedures

Three rumen cannulated male goats (average body weight 35.8 ± 5.53 kg) were used. The animals browsed freely on a daily basis, between 7 and 17 h.

Rumen contents were collected monthly, in April, May and June. About 50 ml of rumen fluid were withdrawn from the rumen of each animal before going out in the forest, and then 2 and 6 hours after the beginning of browsing. Ruminal pH was immediately determined and samples were strained through four layers of cheesecloth and preserved for ammonia nitrogen (N-NH_3) and volatile fatty acids analysis respectively, as determined by the Conway (1962) and Jouany (1982) methods.

The nylon bag technique (Orskov *et al.*, 1980) was used to study the ruminal degradation of 4 indigenous Tunisian browse species, namely *Arbutus unedo, Erica arborea, Myrtus communis* and *Quercus suber*. The samples of leaves were hand-clipped so as to obtain forage that appeared to represent that being consumed by the browsing goat. They were dried at 40°C and milled at 2 mm. Duplicate 3 g samples were placed in nylon bags (9x17 cm, pore size 50 µm) and suspended in the rumen of animals before their departure for the forest. The bags were removed after 24 hours for CP determination and after 120 hours for DM and OM determination. After withdrawal, bags were immediately washed until the water was clear, then immersed in ice water to stop microbial activity and in the end transported to the laboratory. Bags were dried at 60°C, until constant weight and the remaining DM were determined. Residue was removed from the bags and analysed for CP and OM. This procedure was repeated monthly, in April, May and June.

Samples of incubated substrates and residues of bags were analysed for dry matter (DM), organic matter (OM) and Nitrogen (Kjeldahl), according to the AOAC methods (1975). Neutral detergent fibre (NDF) and Acid detergent lignin (ADL) contents of substrates were analysed according to Van Soest *et al.* (1991), with the exception of sodium sulphite that was omitted and total phenols (TP) that were determined as described by Scheovic (1990).

The general linear procedure of SAS (1985) was used to analyse the data and the Duncan multiple range test was used to compare means.

Results and discussion

Values of rumen pH varied from 6.4 to 6.9, being within the normal growth range of cellulolytic microbes (Table 1). Ammonia levels peaked 2 hours after the departure for the forest and then fell, reaching 66.1 mg NH_3-N/l. These concentrations were within the range for microbial activity, as supported by findings from Satter and Slyter (1974). Total VFA concentrations were affected by the time of sampling ($P<0.05$). The highest concentration was registered 6 hours after browsing. Mean total VFA concentration was 49 mmol/l. Molar concentration of acetate was the highest (79.8%) while that of butyrate was the lowest (8%).

The chemical composition of tested shrubs is reported in table 2. All four shrubs had similar ash and crude protein contents. However, there were large differences in NDF contents (31 through 53% DM) between the species. Lignin represented an important part of the fibre and varied from 28 to 68% of NDF. All tested species contain high phenolic compounds which are often associated with antinutritional effects (Leinmüller *et al.*, 1991).

The highest DM and OM disappearances were found in *M. communis* and *A. unedo*, while the lowest values were observed in *Q. suber* and *E. arborea*, which had the highest level of fibre.

Table 1. Fermentation parameters in the rumen of goats sustained on woody vegetation.

	Time of browsing (h)		
	0	2	6
pH	06.9[b]	06.4[a]	06.5[a]
NH_3 -N(mg l^{-1})	67.5[a]	76.7[b]	66.2[a]
Total VFA (mmol l^{-1})	39.8[a]	46.3[ab]	61.1[b]
Acetate (mol%)	78.7[a]	79.8[ab]	80.8[b]
Propionate (mol%)	12.3[a]	11.9[a]	10.9[a]
Butyrate (mol%)	08.7[a]	08.1[a]	08.2[a]

[a,b]: data in the same line, with different letters, differ significantly ($P< 0.05$).

Table 2. Chemical composition (% of DM) and in situ disappearance of dry matter (DM), organic matter (OM) and crude protein (CP).

Species	DM	Ash	CP	NDF	ADL	PT*	DMD	OMD	CPD
Arbutus unedo	44.0	5.3	5.9	31.2	12.8	20.8	66.7	69.9	10.5
Erica arborea	52.7	3.5	11.0	50.0	30.9	24.9	38.8	37.9	17.0
Myrtus communis	20.0	4.3	8.7	38.5	11.0	22.7	69.6	70.9	48.4
Quercus suber	65.8	4.1	7.3	53.1	36.3	16.1	33.9	33.2	04.7

*Total phenols.

CP degradation was not corrected for bacterial CP contamination and *in-situ* nitrogen disappearance was low for all studied shrubs.

Conclusion

It seems that the woody vegetation created favourable conditions for a microbial activity in the rumen of goats browsing during the spring. However, further work is required to obtain more information on the microbial activity of goats in different seasons.

References

Association of Official Analytical Chemists. 1975. Official Methods of Analysis, 12th edition, AOAC, Washington, DC.

Conway, E.J. 1962. Microdiffusion Analysis and Volumetric Errors, 5th edt. Crosby Lockwood, London.

Decandia, M. Sitzia, M. Cabiddu, A. Kababya, D. Molle, G. 2000. The use of polyethylene glycol to reduce the anti-nutritional effects of tannins in goats fed woody species. Small Ruminant Research. 38, 157-164.

Landau, S. Perevolotsky, A. Bonfil, D. Barkai, D. Silanikove, N. 2000. Utilization of low quality resources by small ruminants in Mediterranean agro-pastoral systems: the case of browse and aftermath cereal stubble. Livestock Production Science, 64. 39-49.

Leinmüller, E. Steingass, I. Menke, K.H. 1991. Tannins in ruminant feedstuffs. Anim. Res. 321, 1-56.

Kayouli, C. and Buldgen, A. 2001. Elevage durable dans les petites exploitations du Nord-Ouest de la Tunisie. Edt. Faculté universitaire des Sciences agronomiques. Belgique.

Orskov, E.R., Hovell, F.D. and Mould, F. 1980. The use of nylon bag technique for the evaluation of feedstuffs. Tropical Anim. Prod. 5, 195-213.

Satter, L.D. and Slyter, L.L. 1974. Effect of ammonia concentration on rumen microbial protein production in vitro. Br. J. Nutr. 32, 199-208.
SAS. 1985. SAS User's Guide: Statistics (5th Ed.). SAS Inst. Inc., Cary, NC.
Scehovic J. 1990. Tannins et autres polymères phénoliques dans les plantes de prairies: détermination de leur teneur et de leur activité biologique. Revue Suisse Agricole.22 : 179-184.
Van Soest, P.J., Robertson, J.B., Lewis,B.A. 1991. Methods for dietary fiber, neutral detergent fiber, and nonstarch polysaccharides in relation to animal nutrition. J. Dairy Sci. 74, 3583-3597.

Using the forest in the grazing system: Evaluation of the damage to trees and weeds

T. Moreno, L. Monserrat, J. Carballo, A. Varela, B. Oliete & C. Portela

Centro Investigaciones Agrarias. Mabegondo, Apto. 10, A Coruña 15080, Spain

Summary

In the North-West of Spain, cattle could use the forest as a shelter, raising its production and welfare, removing weeds and preventing forest fires; yet, their use results in damaging the forest. A forest inventory was conducted, taking into consideration 6 areas and studying the damage caused by one bull and 13 cows placed in a forest (1.7 ha.) for 62 days.

The results were analysed with a frequency distribution (test χ^2) and Anova. 239 out of a total of 1 390 trees were damaged. There were different damages among the 9 tree species (from 56% *Alnus glutinosa* to 12.8% *Eucalyptus globulus*, χ^2<0.001) and among the 6 areas considered (from 62.5% to 2.8% of the damages trees, χ^2<0.001). The trunk was the most damaged part (92%), while branches were the less damaged ones (1.67%). The extent of damage to the trunk varied from 15.7% (*Quercus robur*) to 65.3% (*Sabumcus nigra*) of the total tree perimeter. Five areas (12 930 m^2) were cleaned of the weeds, while in the 6th area 50% of the weeds were cleaned.

The results concluded that while cattle remove all weeds from the forest, they can cause very serious damages to the trees. It is thus necessary to continue studying issues such as the duration of the cattle stay, the number of animals, the protection of the trees, etc.

Keywords: cattle, pasture, animal welfare, trunk damage control, weed control.

Introduction

The climatic conditions in Spain are proper for beef production in grazing systems, where suckle cows can always stay out in the open. In this situation, tree shade is very important for the animals' production and welfare, since it decreases temperature extremes. The foliage of the trees can protect animals from cold and heat during the winter and the summer respectively, reducing the demand for feed and the unsuccessful search for shade during sunny spring and summer noon (Leftcourt & Schidtmann 1989).

In the South and South-West of Spain, the cattle are usually reared in the "*Dehesa*", an ecosystem where trees and pasture exist together. In the North-West of Spain (Galicia), the beef cattle, with about 250 000 dams, and the forest, with about 1 405 451 ha, constitute important productive resources. Very often, however, there are no trees in the pasture, although among the grasslands there are a lot of forests that the cattle could use as a shelter, increasing their production and welfare, at the same time as cleaning the forest of weeds and reducing the risk of fires (Rigueiro *et al.* 1998). In 1998, 49 079.8 hectares of forest were burned in Galicia (M.A.P.A. 2001), but the cattle's stay in the forest would be conditioned by the extent of tree damage. For the above reasons, it could be interesting to study the use of the forest in the grazing system. The aim of this work is to evaluate the weed clearance, as well as the tree damage caused by the cattle during their stay in the forest.

Material and methods

The inventory of a forest (identification of trees, trunk diameter/tree height estimation and weed species) with 1.66 ha of surface and 0.08 trees/m^2 was carried out. 170 birch (*Betula pubescens),* 104 alders *(Alnus glutinosa),* 18 chestnuts *(Castanea sativa),* 408 eucalyptus *(Eucalyptus globulus),* 11 laurel *(Laurus nobilis),* 90 pines (*Pinus pinaster),* 546 oaks *(Quercus robur)*, 33 willows (*Salix caprea)* and 10 Eeders (*Sabumcus nigra*) were identified. There was also an impenetrable thicket of the following weed species: gorse (*Ulex europaeus),* bramble *(Rubus* spp.), fern *(Pteridium aquilinum)* and ivy (*Hedera helix*), surrounding the trunk of a lot of trees. Three groups of trees were considered according to the trunk diameter at a height of 1.5 m above ground: the 1st group, with a trunk diameter smaller than 0.10 m.; the 2nd group, with a trunk diameter between 0.11 and 0.80 m and the 3rd group with a trunk diameter larger than 0.80 m. In the inaccessible area characterized by a strong slope, the tree inventory was not complete.

The forest surface was divided into six areas: 1st, a plane area near the principal point of access of the forest, where the feeder was placed; 2nd, a transition area with a slight slope, surrounded by the 1st, 3rd, 5th & 6th areas; 3rd, an area near a river bank; 4th, an area bordering an arable land at the end of the forest; 5th, the highest area with a slight slope and finally the 6th area, located between the 3rd and the 5th areas, with a strong slope.

The forest was surrounded by an electrical fence. 1 900 m^2 (11.40% of total area) were cleared with the aim of placing a feeder and for facilitating the access of the animals to the forest. 13 cows and 1 bull of the Rubia Gallega breed were used. The animals were fed with maize silage and grass hay *ad libitum* (with a total intake of 13 080 and 540 kg respectively), from the beginning to the end of the experiment.

The tree damage was observed five days per week. The damages on trees and weed were examined for each species and area. The width and height of the damage caused by animals on the trunk, branches and superficial roots were measured. The magnitude of the damage was calculated as the total width of trunk damages divided by the trunk perimeter.

The percentage of trees damaged per species and area was analysed by frequency distribution (χ^2 test), while the surface damage on the trunk, branches, and superficial roots was analysed by the least square procedure of the SAS program (SAS 8e, 1999-2000).

Results and discussion

The cattle occupied the entire forest surface. They cleaned the weeds by more than 85% in the five areas (12 930 m^2), while in the 6th area (3 670 m^2, with a strong slope) they cleaned 50% of the surface. The areas that were not cleaned of weed by the cattle were the area with a strong slope and the riverbank. The animals also consumed all the ivy leaves that they could reach with their mouth.

239 of the total 1 390 trees were damaged. There were significant differences in the damage frequency among the 9 tree species and 6 areas considered (Table 1). The animals damaged 100% of the elders, whereas laurels were respected. For the other tree species, the damaged percentage fluctuated between 56% for the Alders to 12.8% for the eucalyptus ($\chi^2 < 0.001$). The trees next to the arable land were the most frequently damaged ones (62.5%), while the trees at the highest area were the least damaged ones (2.75%, $\chi^2 < 0.001$).

These results suggest the cattle's preference for certain species, especially ivy and elder, resulting in damages in all the individuals of these species. This preference was also evident when the analysis of the trunk damage magnitude was carried out (Table 3), as 65.28% of the trunk perimeter of the elder was damaged.

Table 1. Tree number (n) percentage and significance of χ^2 test for the trees damaged by the cattle classified by species and forest area.

	Area of forest						
Species	Feeder	Transi.	Rivers.	Border	Highest	S. Slope	Total
Birch		(16) 37	(44) 27		(31) 7	(79) 3	(170) 13
Alder	(49) 73	(21) 71	(13) 46	(1) 100		(20) 0	(104) 56
Chestnut		(2) 0	(2) 50		(6) 0	(8) 12	(18) 7
Eucalyptus		(1) 0			(357) 15	(50) 0	(408) 13
Laurel			(1) 0		(2) 0	(8) 0	(11) 0
Pine		(53) 19			(27) 5	(10) 0	(90) 16
Oak	(22) 23	(61) 18	(10) 60	(1) 0	(263) 6	(189) 4	(546) 13
Willow			(26) 50	(6) 67	(1) 0		(33) 51
Elder		(4) 100	(1) 100		(5) 100		(10) 100
Signif.	χ^2<.001	χ^2<.001	χ^2=n.s	χ^2 =n.s	χ^2<.001	χ^2=n.s	χ^2<.001
Total tree	(71) 58	(158) 29	(97) 40	(8) 62	(692) 15	(364) 3	χ^2<.001

Table 2. Means of damage magnitude (width of damage as percentage of perimeter) in the trunk classified by different areas.

	Trunk damaged		Width of damage	
Areas	Nº trees	Nº damage/tree	Total	% trunk perimeter
Feeder	15	2.4^{aa}	10.8^{ab}	23.4^{aa}
Transition	45	1.9^{ab}	11.8^{ab}	21.5^{ab}
Riverside	37	2.1^{ab}	12.5^{aa}	19.1^{ab}
Border arable land	5	1.6^{ab}	11.0^{ab}	12.3^{bb}
The highest	104	1.6^{ab}	4.8^{bb}	18.6^{ab}
Strong slope	10	1.2^{bb}	5.5^{ab}	14.5^{ab}

$^{a, b, c}$Means in the same row bearing different superscripts differ (P< 0.05, Duncan test).

Table 3. Means of damage magnitude (width damage percentage of perimeter) in the trunk classified by different species.

	Trunk damaged		Width of damage	
Species	Nº trees	Nº damage/tree	Total	% trunk perimeter
Birch (*Betula pub.*)	20	1.6^{ab}	8.1^{b}c	17.2c
Alder (*Alnus glut.*)	37	2.6^{aa}	11.5^{b}c	18.6c
Chestnut (*Castanea sat.*)	2	1.0^{bb}	20.5^{aa}	46.9^{b}
Eucalytus (*E. Globulus*)	52	1.5^{ab}	4.1cc	16.8c
Pine (*Pinus pinaster*)	14	1.4^{ab}	19.9^{aa}	18.6c
Oak (*Quercus robur*)	66	1.6^{ab}	5.2cc	15.7c
Willow (*Salix caprea*)	17	2.4^{aa}	9.9^{b}c	14.1c
Elder (*Sabumcus nigra*)	10	1.6^{ab}	13.8^{ab}	65.3^{a}

$^{a, b, c}$Means in the same row bearing different superscripts differ (P< 0.05 , Duncan test).

The major number of trees damaged in the border of the arable land area could be a consequence of the small number of trees. The oak was not damaged as it was protected by the ivy. The major number of damaged trees and the more important damage magnitude in the feeding area could be a consequence of the cattle's practice to stay there during eating and to also rest there after eating.

The part of the tree more damaged by cattle was the trunk (91.9% of total damage), while the branches were the less damaged part (1.67% of total damage). The width of the damaged area in the trunk bark with respect to the tree perimeter was more important in the feeder area (Table 2) and for the elders and chestnuts (Table 3).

The damage magnitude in the trunk (total damaged area/tree perimeter) varies from 15.7% in the oak (*Quercus robur*) to 65.3% in the elder (*Sabumcus nigra*).

Conclusion

Cattle can clean the forest of weeds, but the damages caused to the trees can be very serious. It would be useful to study the impact of different factors, such as the duration of the cattle stay, the number of animals or the protection of the trees, on forest conservation.

References

M.A.P.A., 2001. Anuario de Estadistica Agroalimentaria 2000,. Ministerio de Agricultura, Pesca y Alimentación, Madrid, 699 pp.

Leftcourt, A.M. & E.T. Schidtmann, 1989. Body temperature of dry cows on pasture; environmental and behavioral effects. J. Dairy Sci. 72 [11], 3040-3049.

Rigueiro, A., F.J. Silva, R. Rodríguez, P.A. Castillón, P. Alvarez, R. Mosquera, R. Romero & M.P. Gonzalez, 1998. Manual de Sistemas Silvopastorales. Escuela Politécnica de Lugo. Universidad de Santiago de Compostela, 52 pp.

SAS (1999-2000). SAS/STAT User´s Guide. SAS Institute, Inc., Cary, North Carolina, USA.

Effects of goat grazing on maquis-type shrublands

M.S. Vrahnakis[1], R. Fanlo[2] & V.P. Papanastasis[1]

[1]Laboratory of Rangeland Ecology, P.O. Box 286, Aristotle University, 54124, Thessaloniki, Greece
[2]Departament de Producció Vegetal i Ciència Forestal, Universidad de Lleida, 25198, Lleida, Spain

Summary

The majority of Mediterranean shrublands are typical evergreen sclerophyllous shrub ecosystems, known as maquis. These areas are characterized by low wood productivity, but they play a significant role in terms of biodiversity, land conservation and protection from erosion, while undoubtedly provide forage to domestic animals, especially goats. The effect of three different grazing intensities on shrubland productivity, shrub cover, and species diversity was explored in a typical maquis shrubland of northern Greece. It was found that the total shrubland production, live shrub cover and shrub richness were significantly decreased with grazing, while under moderate grazing intensity, the annual shrub production attained its maximal value.

Keywords: shrubland productivity, shrub cover, species diversity.

Introduction

The structure of evergreen sclerophyllous shrublands, also known as maquis, is quite complex. They consist of a high variety of shrubs, occasionally intermixed with perennial herbs or grasses, while therophytes usually fill the open spaces between shrub assemblages. This complex structure is quite beneficial to grazing animals, as forage is available for a prolonged period, including the summer period. These attributes of maquis result in a more efficient exploitation of the primary production from the grazing animals (Papanastasis, 1996), and consequently to a reduced cost of animal feeding.

One important factor related to livestock use is the density of maquis shrublands. The denser the shrubs are, the more difficult for animals to penetrate them. Due to urbanization and abandonment of the traditional husbandry practices, especially in southern Europe, the cover of woody plants has dramatically increased and shrub encroachment has become common in extensified grasslands (Papanastasis, 1999). The question of an effective shrub cover for management purposes has arisen, while shrub cover is a key indicator of rangeland health and instrumental in sustaining ecological processes (Papanastasis *et al.*, 2003).

Another issue regarding the Mediterranean shrublands that needs further research, is the relation between the floristic diversity they support and the grazing pressure. In ecosystems with long history of grazing, natural plant communities can respond to two opposite directions. While some authors have found low diversity as a result of grazing, especially on poor soils (Olff & Ritchie, 1998), other studies have revealed a favorable effect of grazing on diversity and productivity of the ecosystems (Noy-Meir, 1998). On the other hand, the "intermediate disturbance" hypothesis (Sousa, 1984) postulates that intermediate levels of disturbance favor maximal biodiversity. Thus, the relation between grazing impact and ecosystem functioning is complex and still not well understood.

In this study we analysed the long-term grazing effect on the basic components (production, cover and diversity) of a maquis shrubland in Greece, by analysing the disturbance gradient at increasing distance from an animal shed.

Materials and methods

The research was carried out in the south part of Sithonia's peninsula, Chalkidiki, northern Greece, close to the settlement of Toroni. The mean elevation of the area is 40 m a.s.l. The climate is a sub-humid Mediterranean with mild winters. The parent material belongs to the metamorphic rocks. The soil depth ranges from 3-5 cm in overgrazed areas, to 70 cm in the ungrazed ones, and the soil texture is characterized as SCL.

The shrublands of the area consist of evergreen sclerophyllous shrub species, such as *Quercus coccifera*, *Pistacia lentiscus*, *Erica_arborea*, *E. manipuliflora*, *Arbutus unedo*, *Olea europaea* ssp. *oleaster*, *Phillyrea latifolia*, *Calicotome villosa*, and *Cistus monspeliensis*. The understorey vegetation is dominated by herbs belonging to the families of Liliaceae, Compositae, Leguminosae, Ranunculaceae and Cruciferae, while grasses are represented by *Poa bulbosa*, *Dactylis glomerata* and *Festuca* spp.

In May 2001, a representative shed was selected, where 300 goats were housed. Three homocentric zones were established around the shed; the inner zone was grazed with a stocking rate of 8.2 goats/ha/yr (heavily grazed area), the middle zone with 2.6 goats/ha/yr (moderately grazed) and the outer zone with 0.3 goats/ha/yr (lightly grazed area) (unpublished data). In each of the three zones, ten transects were applied (25 m each), and six circle quadrats (1 m diameter each) were taken in each transect. The two-stage sampling technique (Tadmor *et al*., 1975) was applied for above ground biomass determination.

Four biomass components were distinguished and estimated:

1. old shrub growth;
2. current year's shrub growth;
3. total shrub growth; and
4. herbs.

Also, the number of shrub and herbaceous species included in each quadrat were recorded. Finally, the shrub cover was estimated based on the method proposed by Daubenmire (1959).

The one-way analysis of variance was applied, and in cases that grazing intensity significantly affected the basic components of shrublands, the Tukey's honest significant test (HSD) was applied at the significance level of 0.05.

Results and discussion

Components of shrubland productivity

The total shrubland production was significantly affected by grazing. Light grazing resulted in significantly higher total production compared to the other grazing intensities (Table 1). The same result was also found for total shrub growth, while there were no significant responses of herb's growth to grazing, since goats prefer mainly shrubs and only barely herbs. The highest current year's shrub growth was observed under moderate grazing, which was significantly different than the annual production obtained under low and high grazing intensity (Table 1). This reflects the positive association that holds between goats and shrubs, in terms of fulfillment of their feeding demands on the one hand, and shrub regrowth on the other.

Shrub cover

Cover of the live (green) component of the shrubs was significantly affected by heavy grazing intensity (Table 2). In this case, the Daubenmire index of cover attained its lowest cover value. Papanastasis *et al.* (2003) also reported the same impact of high grazing intensity on plant cover. The accumulated dead shrub material was not affected by grazing intensity. Herb cover was not affected by grazing intensity either, while litter and bare ground cover were significantly affected.

Floristic diversity

Shrub richness was significantly decreased by grazing intensity (Table 3). This must be due to the fact that goats prefer to consume selectively some of the shrub species, resulting in reduced shrub richness under heavy grazing. The fact that herb and total richness were not significantly affected by grazing, indicates that there are ecological processes (other than grazing) that determine the species richness in maquis shrublands.

Table 1. Mean dry weights ±SE in g m^{-1} of shrubs and herbs at three levels of grazing intensity.

Grazing	Shrub growth			Herb	Total
intensity	Old	Current year's	Total	growth	production
Light	4 408.9±455.8a[1,2]	292.2±30.2b	4701.0±486.0a	28.1±2.0a	4 729.1±486.1a
Moderate	2 278.1±275.3b	579.7±95.0a	2857.9±316.8b	29.6±3.6a	2 887.5±316.9b
Heavy	893.3±142.2c	146.5±28.5b	1039.8±164.1c	22.5±3.4a	1 062.2±164.0c

[1]Dry weight values in the same column followed by the same letter are not statistically different for 0.05 significant level (after Tukey's HSD test for n=60), [2]For comparison purposes, dry weight values were prior log transformed.

Table 2. Mean values of Daubenmire index of cover ±SE at three levels of grazing intensity.

Grazing intensity	Live shrub growth	Dead shrub growth	Herbs	Litter	Bare Ground
Light	5.33±0.20a[1]	3.15±0.18a	3.95±0.21a	4.80±0.15a	1.82±0.17c
Moderate	4.63±0.21a	3.10±0.20a	3.82±0.22a	4.55±0.16a,b	3.03±0.24b
Heavy	3.15±0.25b	2.92±0.18a	3.88±0.23a	4.13±0.17b	4.57±0.23a

[1]Values of Daubenmire index of cover in the same column followed by the same letter are not statistically different for 0.05 significant level (after Tukey's HSD test for n=60).

Table 3. Mean plant species richness ±SE at three levels of grazing intensity.

Grazing intensity	Shrub richness	Herb richness	Total richness
Light	2.58±0.11a[1]	7.90±0.54a	10.48±0.42a
Moderate	2.15±0.14a,b	7.87±0.41a	10.02±0.42a
Heavy	1.80±0.14b	8.13±0.38a	9.93±0.43a

[1]Richness values in the same column followed by the same letter are not statistically different for 0.05 significant level (after Tukey's HSD test for n=60).

Conclusions

- Total shrubland production, live shrub cover and shrub richness were significantly decreased with goat grazing.
- Under moderate grazing intensity, the annual shrub production in maquis shrublands attained its maximal value. Additionally, live shrub cover and shrub richness remained at high levels.

Acknowledgements

The study was supported by the EU in the context of the research project "Desertification Risk Assessment in Silvopastoral Mediterranean Ecosystems (IC18-CT98-039)". The help of Maria Berdeli, Dimitra Sirkou, Jenny Bourdouvali and Evaggelia Pappou in field data collection is gratefully acknowledged.

References

Daubenmire, R.F., 1959; Canopy coverage method of vegetation analysis. Northwest Science 33, 43-64.

Noy-Meir, I., 1998; Effects of grazing on Mediterranean grasslands: the community level. In: Ecological Basis of Livestock Grazing in Mediterranean Ecosystems. V.P. Papanastasis & D. Peter (Eds). European Commission Science, Research and Development, pp. 27-39.

Olff, H., & M.E. Ritchie, 1998; Effects of herbivores on grassland plant diversity. Trends in Ecology and Evolution 13, 261-265.

Papanastasis, V.P., 1996; Silvopastoral systems and range management in the Mediterranean region. In: Western European Silvopastoral Systems. M. Etienne (ed.). INRA, Paris, France, pp. 143-156.

Papanastasis, V.P., 1999; Grasslands and woody plants in Europe with special reference to Greece. In: Proceedings of the International Occasional Symposium of the European Grassland Federation on Grasslands and Woody Plants in Europe. V.P. Papanastasis, J. Frame and A.S. Nastis (Eds). 27-29 May 1999. Thessaloniki, Greece. Vol. 4:15-24.

Papanastasis, V.P., S. Kyriakakis, G. Kazakis, M. Abid, & A. Doulis, 1993; Plant cover as a tool for monitoring desertification in mountain Mediterranean rangelands. Environmental Management and Health (under publication).

Sousa, W.P., 1984; The role of disturbance in natural communities. Annual Review of Ecology and Systematics 15, 353-392.

Tadmor, N.H., A. Brieghet, I. Noy-Meir, R.W. Benjamin, & E. Eyal, 1975; An evaluation of the calibrated weight-estimate method for measuring production in annual vegetation. Journal of Range Management 28, 65-69.

Comparison of seasonally available biomass in several woody species of mountainous Mediterranean rangelands

A. Kebaili[1] *& V.P. Papanastasis*[2]

[1]*Mediterranean Agronomic Institute, 73100 Chania, Crete, Greece*
[2]*Laboratory of Rangeland Ecology, Aristotle University, 54124 Thessaloniki, Greece*

Summary

Woody species provide forage to grazing animals during the critical periods of the Mediterranean climate. However, the capacity of these species to meet the animal needs depends on several factors, including their seasonal growth pattern and feeding value. In the rangelands of the Psilorites mountain in Crete, located at a mean altitude of 1 200 m, the available edible biomass in 3 evergreen shrubs, 2 deciduous and 6 phryganic species was measured through the four seasons and their nutritive value was determined. It was found that the most productive group were the evergreen shrubs, especially *Quercus coccifera*, while the less productive one was the deciduous group, especially *Berberis cretica*. However, deciduous shrubs were more productive than phryganic shrubs in the critical period of the summer. ADF, NDF and ADL decreased from autumn to summer, while crude protein content in all the species reached its maximum in the spring. Nevertheless, organic matter digestibility was much higher in deciduous shrubs and phryganic species than in evergreen shrubs.

Keywords: evergreen shrubs, deciduous shrubs, phryganic species, edible dry matter, nutritive value, Psilorites mountain, Crete.

Introduction

Woody species constitute an important and integral component of Mediterranean rangelands. Their main role is to provide feed for livestock, rich in protein and minerals, during the periods of forage shortage (summer and winter) (Papanastasis, 2000). Shrubs may be evergreen sclerophylous or seasonally dimorphic, but both of them retain their foliage the whole year round. On the contrary, deciduous shrubs keep their foliage only in the spring, summer and early autumn periods.

Forage production by shrubs differs among groups but also among species, as well as within the same species between seasons, but relevant data available are very limited. On the other hand, although fodder shrubs are generally rich in protein and minerals (Cook, 1972), most of the common shrubs in the Mediterranean region are characterized by low to moderate nutritive value (Tsiouvaras & Nastis, 1990).

In this paper, several evergreen, deciduous and seasonally dimorphic shrubs, grown in mountain Mediterranean rangelands, were compared on the basis of the quantity and quality of the forage produced through the four seasons, in order to evaluate their relative contribution to the feeding and welfare of grazing animals.

Materials and methods

The research was carried out in the rangelands of the Psilorites mountain in Crete (35° 082 -35° 182 N, 24° 542 - 25° 182 E). The area is characterized by a humid Mediterranean climate, with rainy, mild to cold winters and dry and hot summers. Mean precipitation exceeds 800 mm, resulting in snowfalls at high altitudes. Vegetation is dominated by phrygana, which are dwarf shrubs, spiny or aromatic, and seasonally dimorphic. In addition, several shrubby species are found, evergreen at lower altitudes but also deciduous as elevation increases. Rangelands are communally grazed by sheep and goats at an average stocking rate of 4.6 sheep equivalents/ha/year (Menjli, 1994).

In the end of the summer of 1995, six paired plots, 5 x 10 m size each, were established, two in shrublands and four in phryganic communities located at different sites, from 800 to 1 200 m altitude. In shrublands, biomass of each shrub species was measured separately by randomly placing 3 quadrats, 0.5 x 0.5m each, on their crowns and clipping the available growth inside the quadrat down to 6 cm, a depth that was judged to be the deepest point which browsing animals can reach. In phryganic rangelands, all the phryganic vegetation inside the 3 quadrats was cut at ground level, since it was considered to be available due to the low height of phryganic species. The measurements were carried out on both (paired) plots and for all four seasons (autumn, winter, spring and summer).

Biomass clipped in each season was stored in paper bags, separately for each shrub species, and transferred to the Laboratory where it was weighed as a whole and recorded. Then, a representative sub-sample was extracted from each species' sample, weighed, divided into leaves, new twigs (current year's growth) and dead parts (old growth), dried in the oven for 48 hours at a temperature of 70°C and weighed. The total recorded weight represented the total available dry matter (TADM) and the recorded dry weight of the edible part alone (leaves and twigs) represented the edible dry matter (EDM). In this paper, only the results of EDM are reported. In addition, the nutritive value of the edible part of each plant group was determined by analyzing for neutral detergent fiber (NDF), acid detergent lignin (ADL), crude protein (CP) content and *in vitro* organic matter digestibility (IVOMD) (Van Soest *et al.*, 1991). These analyses were carried out only on the samples of the protected half-plots.

Results and discussion

Edible dry matter (EDM) was higher in evergreen shrubs, amounting to about 414 kg/ha on average for the three species and the four seasons, corresponding to about 21% of TADM (Kebaili, 1997). Spring was the most productive and winter the less productive season. Evergreen species also had the highest utilization percentage among the three groups of shrubs, amounting to about 30% on average for the three species and the four seasons (Table 1). Among the evergreen species, *Quercus coccifera* was the most productive, with 554 kg/ha of EDM, followed by *Phillyrea latifolia* (421 kg/ha) and *Rhamnus oleoides* (268 kg/ha) on the average for the four seasons. The utilization percentage, though, was higher in *P. latifolia* (43% on the average for the four seasons), followed by *Q. coccifera* (28%) and *R. oleoides* (17%). (Table 1).

Deciduous shrubs also produced the least EDM among the three groups, namely 132 kg/ha on the average for the two species and the four seasons, corresponding to about 18% of TADM (Kebaili, 1997). Spring was the most productive season, while no EDM was produced during the winter, as expected. The utilization percentage was about 25% on the average for the two species and the four seasons (Table 1). Between the two deciduous species, *Acer creticum* was the most productive, with 175 kg/ha on the average for the four seasons, while *Berberis cretica* followed with 164% kg/ha. Spring was the most productive season for both species, while they had not produced any EDM in winter. On the other hand, *B. cretica* produced no EDM in the autumn (Table 1). The utilization

Table 1. Edible dry matter (EDM) and percentage utilization (UP) of various woody species over the four seasons in the Psilorites mountain.

	Autumn		Winter		Spring		Summer	
Species	EDM (kg/ha)	UP (%)	EDM (kg/ha)	UP (%)	EDM (kg/ha)	UP (%)	EDM (kg/ha)	UP (%)
Evergreen shrubs								
Phillyrea latifolia	441.5	43*	267.4	25	563.0	57*	411.2	48*
Quercus coccifera	599.0	17*	368.0	9	743.2	41*	505.5	46*
Rhamnus oleoides	280.3	6	163.0	5	402.2	37*	225.9	21*
Deciduous shrubs								
Acer creticum	225.5	34*	0.0	0	257.7	38*	217.4	52*
Berberis cretica	0.0	0	0.0	0	203.5	50*	123.9	26*
Phryganic shrubs								
Corydothymus capitatus	285.2	0	181.7	0	402.2	12	270.6	47*
Euphorbia acanthothamnus	148.8	3	99.6	28	300.3	21	0.0	0
Genista acanthoclada	290.7	7	280.2	60*	326.8	51*	29.9	3
Ononis spinosa	0.0	0	0.0	0	160.2	58*	90.7	80*
Phlomis latana	256.6	0	187.3	0	360.4	12	260.7	4
Sarcopoterium spinosum	85.9	0	92.2	0	156.9	9*	64.4	38*

*Indicates statistically significant utilization percentage at $P<0.05$.

percentage was again maximum in *A. creticum* (31% on the average for the four seasons) and only 19% in *B. cretica.*

Lastly, phryganic species produced more than deciduous shrubs, namely 181 kg/ha on the average for the six species and the four seasons, corresponding to about 24% of TADM (Kebaili, 1997). Spring was again the most productive season, while summer the less productive one. The utilization percentage was 18% on the average for the six species and the four seasons, being the lowest among the three groups of shrubs studied (Table 1). Among the six species, the most productive one was *Corydothymus capitatus* with 285 kg/ha of EDM on the average for the four seasons, followed by *Phlomis lanata* (266 kg/ha), *Genista acanthoclada* (232 kg/ha), *Euphorbia acanthothamnus* (137 kg/ha), *Sarcopoterium spinosum* (100 kg/ha) and, finally, *Ononis spinosa* (63 kg/ha). The utilization percentage was higher for *O. spinosa* (34% on the average for the four seasons) followed by *G. acanthoclada* (30%), *C. capitatus* (15%), *E. acanthothamnus* (13%), *S. spinosum* (12%) and, finally, *P. lanata* (4%) (Table 1).

Concerning the nutritive value (Table 2), there were no significant differences among the three groups and the individual species. Among evergreen species, *R. oleoides* was the best in terms of nutritive value, almost in all seasons, especially in the spring and summer, followed by *P. latifolia* and

Table 2. Nitrogen Detergent Fiber (NDF), Acid Detergent Lignin (ADL), Crude Protein (CP) content and In-Vitro Organic Matter Digestibility (IVOMD) (%) of the various woody species through the four seasons in the Psilorites mountain.

	Autumn			Winter			Spring				Summer		
Species	NDF	ADL	CP	NDF	ADL	CP	NDF	ADL	CP	IVOMD	NDF	ADL	CP
Evergreen shrubs													
Phillyrea latifolia	51	19	9	53	16	9	52	22	10	41	44	23	8
Quercus coccifera	64	23	8	57	19	7	58	17	9	49	55	20	7
Rhamnus oleoides	44	20	11	37	13	8	40	11	12	55	37	13	9
Deciduous shrubs													
Acer creticum	55	20	8	-[1]	-	-	51	17	9	51	41	16	11
Berberis cretica	-	-	-	-	-	-	34	13	18	76	25	10	10
Phryganic shrubs													
Corydothymus capitatus	54	20	7	39	13	7	42	13	9	62	47	8	6
Euphorbia acanthothamnus	53	23	10	25	10	5	44	10	10	58	-	-	-
Genista acanthoclada	66	23	6	68	21	9	47	12	12	59	53	14	12
Ononis spinosa	-	-	-	-	-	-	60	10	13	52	63	14	10
Phlomis latana	43	12	11	40	12	12	51	9	15	46	49	12	11
Sarcopoterium spinosum	49	16	4	45	15	4	38	6	5	46	37	9	5

[1]No material available for chemical analysis.

Q. coccifera. Between the two deciduous species, *B. cretica* was superior to *A. creticum*, also being the one with the highest CP content and IVOMD recorded among all the species studied. Among phryganic species, *P. lanata* had the lowest values of NDF and ADL and the highest values of CP, almost in all seasons except summer.

Acknowledgements

The research was carried out in the framework of the European research project "Land use systems in mountain Mediterranean rangelands" (Contract/ AIR3 CT93 2426), at the Mediterranean Agronomic Institute of Chania (Crete) (Dr M. Dubost, coordinator).

References

Cook, C.W.,1972. Comparative nutritive values of forbs, grasses and shrubs. In: Wildland Shrubs: Their biology and Utilization (C.M. Mackell *et al.* Eds) U.S.D.A. Forest Service, Tech. Rep. IN 1 pp. 303-310.

Kebaili, A., 1997. Seasonal changes of forest production in relation to grazing pressure in rangelands of Psilorites mountain, in Crete. M. Sc. Thesis. Mediterranean Agronomic Institute of Chania. Crete, Greece, pp. 121.

Menjli, M., 1994. Effect of pastoral activities on desertification of mountain Psilorites. M.Sc. Thesis. Mediterranean Agronomic Institute of Chania, Crete, Greece, pp. 99.

Papanastasis, V.P., 2000. Shrubland management and shrub plantations is southern Europe, pp. 54-66. In: Fodder shrub Development in Arid and Semi-arid Zones. Gintzburger, G., M. Bounejmate and A. Nefzaoui (eds). Proc. of the workshop on Native and Exotic Fodder Shrubs in Arid and Semi-area Zones, 27 Oct – 2 Nov 1996, Hammamet, Tunisia. ICARDA, Aleppo, Syria. Vol. I: vii, 290 pp.

Tsiouvaras, C.N. & A.S. Nastis, 1990. Browse production and nutritive value of some fodder shrubs and trees in a semi-arid environment in Greece. In Corleto, A. (ed) Development and Preservation of low Input Mediterranean Pastures and Fodder systems, pp 169-172. 6th Meeting of the FAO European Sub-network on Mediterranean Pastures and Fodder Crops in Bari, Italy, 17-19 October 1990.

Van Soest, P.J., J.B. Robertson & B.A. Lewis, 1991. Methods for dietary fiber, neutral detergent fiber, and nonstarch polysaccharides in relation to animal nutrition. Journal Dairy Science 74: 3583-3597.

Improvement of grassland productivity in the semi-arid zone of Greece by introducing woody and herbaceous species

P.S. Sklavou[1], *A.B. Ainalis*[2] *& C.N. Tsiouvaras*[1]

[1]*Laboratory of Range Science (236)Aristotle University of Thessaloniki, Greece*
[2]*Forest Service on Region of Central Macedonia, Greece*

Summary

In the grasslands of the semi-arid zone of Greece, herbaceous vegetation dries out early in the summer, resulting in a lower quality and quantity of forage. The introduction of woody and valuable herbaceous species in a degraded grassland of the semi-arid zone is expected to fill the feed gaps of grazing animals for the winter and the summer period. Two consecutive trials were conducted at the Scholari village, north-east of Thessaloniki, Greece, in an area of 1.7 ha. In the four years of trial, the woody fodder species introduced in the grassland were *Robinia pseudoacacia, Gleditsia triacanthos, Amorpha fruticosa* and *Morus alba* in three different spacings (1.5 x 1.5m, 2.5 x 2.5 m and 3.5 x 3.5 m). Among the species, *Robinia pseudoacacia* yielded the highest forage production (394 kg/ha). The spacing of 1.5 x 1.5m had the highest forage production per unit area (280 kg/ha) while the spacing of 3.5 x 3.5m had the highest forage production per plant (91.8 g/plant). The species tested in the two years of trial were *Robinia* and *Morus*, since they were both productive, yielding high quality forage. Half of the plots planted with the woody species were ploughed and seeded, while the other half remained undisturbed. *Dactylis glomerata* was seeded into the *Robinia* plot, while *Trifolium subterraneum* was seeded into the *Morus* plot. *Robinia* had the highest forage production (98.9 kg/ha) and *Trifolium* the highest herbage production (150.7 kg/ha) respectively.

Keywords: silvopastoral system, Robinia pseudoacacia, Morus alba, Dactylis glomerata, Trifolium subterraneum.

Introduction

Grasslands are an essential component of forage resources in Mediterranean areas. Due to the interannual variability of rainfall and air temperature, grasslands of the arid zone cannot fully support livestock production, especially during the summer. For this reason, scientists combine various types of forage resources in the same land surface in order to achieve a more competitive and productive system (Papanastasis & Mansat, 1996). This technique can be successful through over sowing palatable herbaceous plants and introducing fodder trees and shrubs in degraded grasslands (Papanastasis, 1995).

The objective of this study was to assess the effects of plant spacing and moderate grazing on forage production of valuable woody and herbaceous species, introduced in a degraded semi-arid grassland.

Materials and methods

The study was carried out at the Scholari village, 45 km north-east of Thessaloniki, Macedonia, Greece, at 40°412 north latitude, 23°142 east longitude, and at an altitude of 100 m. The mean annual rainfall is 512 mm and the mean air temperature 14°C. Two consecutive trials established in a 1.7 ha area were conducted. The experimental site was divided into six equal size plots and fenced so as to control grazing.

In the four-year trial, the woody species *Robinia pseudoacacia L.*, *Gleditschia triacanthos L.*, *Morus alba L.* and *Amorpha fruticosa* L were planted, during 1991, in the grassland in three spacings (1.5x1.5m, 2.5x2.5m and 3.5x3.5m), corresponding to three different densities: 4 440 plants/ha, 1 600 plants/ha and 810 plants/ha. Every year, in December, all woody plants were topped to a height of 50 cm. Three of the plots were grazed (1.1 sheep/ha/year), while the rest remained ungrazed (control plots). Grazing was applied twice each year, in early July and late August.

In the two-year trial, which followed the four-year trial, *Robinia* and *Morus* were tested. Half of the planted plots were ploughed and seeded, while the other half remained undisturbed. *Dactylis glomerata cv. palestina* was seeded into the *Robinia* plots (R.ps. + D.gl.) while *Trifolium subterraneum cv. Mt Barker* was seeded into the *Morus* plots (M.al. + T.su.). Grazing was applied once a year in middle May (0.9 sheep/ha/year).

Fodder samples in both trials were oven-dried at 60°C and then weighed. Forage dry matter production was expressed in kg/ha. The experimental layout was a split-split plot design with three replications (Steel & Torrie, 1980).

Results and discussion

First trial

A significant interaction between forage production of the species and spacing was detected. Forage production of *Robinia* and *Amorpha* was favoured by the 1.5x1.5 spacing (Table 1). On the contrary, forage production of *Gleditschia* and *Morus* showed no significant differences between the spacings (Table 1). An increase of forage production per surface in relation to spacing in semi-arid and humid areas has also been reported by Forti *et al.* (1987) and Le Houerou (1991).

Robinia exceeded by 1 570%, 272% and 560% the forage production of *Gleditschia, Amorpha and Morus* respectively (Table 1). Similar findings are also reported by Tsiouvaras & Nastis (1990), Papanastasis *et al.* (1997).

Moderate grazing did not decrease significantly forage production of the woody species (Table 2). This is probably a result of the shrub regrowth after grazing (Ainalis, 1996). Grazing reduced forage production of *Robinia* by 12% while that of *Gleditschia, Amorpha* and *Morus* was reduced by 25%, 21% and 20% respectively, compared to control plots (Table 2).

Forage production per plant (kg/plant) of the woody species, as related to spacings, was the highest in the 3.5 x 3.5m spacing (0.0918 kg/plant) (Table 3). Forti *et al.* (1987) had found similar results in a semi-arid rangeland of Israel.

Second trial

The contribution of *Robinia* and *Dactylis* in the total forage production of the R.ps. + D.gl. system was of 11.7% and 12.7% respectively, while that of *Morus* and *Trifolium* in the total forage production of the M.al + T.su. system (Table 4) was of 5.9% and 19.2% respectively. In total, the introduced woody

Table 1. Forage production (kg/ha) of the four woody species in three different spacings.

	1.5 x 1.5m.	2.5 x 2.5m.	3.5 x 3.5m.	Mean
Robinia pseudoacacia	728.4^{a}[1]	245.0^{b}	208.7^{bc}	394.0
Gleditschia triacanthos	40.0e	21.7e	13.6e	25.1
Amorpha fruticosa	250.6^{b}	112.3^{cd}	41.8e	144.9
Morus alba	101.4^{d}e	74.2^{d}e	35.5e	70.4

[1]Means in the same row and column followed by the same letter are not significantly different at the 0.05 level.

Table 2. Three years means of forage production (kg/ha) of the four woody species in the grazing treatments.

Species	Grazing	No grazing
Robinia pseudoacacia	369.0^{a}[1]	419.1^{a}
Gleditschia triacanthos	21.4^{a}	28.7^{a}
Amorpha fruticosa	127.7^{a}	162.1^{a}
Morus alba	62.5^{a}	78.2^{a}

[1]Means in the same row followed by the same letter are not significantly different at the 0.05 level.

Table 3. Forage production in three different spacings in kg/ha and in kg/plant.

Spacing	kg/ha	kg/plant
1.5 x 1.5	280.1a[1]	0.0630c
2.5 x 2.5	120.8b	0.0755b
3.5 x 3.5	74.9c	0.0918a

[1]Means in the same column followed by the same letter are not significantly different at the 0.05 level.

Table 4. Mean annual forage production (kg/ha) in silvopastoral systems of R.ps. + D.gl. and M.al. + T.su.

	Silvopastoral system R.ps. + D.gl.	Silvopastoral system M.al. + T.su.
Robinia pseudoacacia	98.9	
Morus alba		46.5
Native herbaceous species	636.3	589.1
Dactylis glomerata	106.8	
Trifolium subterraneum		150.7
Total	842.0	786.3

and herbaceous species R.ps. + D.gl. and M.al. + T.su. participated by 25% in the total forage production of their silvopastoral systems.

After two years of moderate grazing in the improved plots, only the production of *Dactylis* was significantly reduced by grazing, while the production of *Trifolium* and the woody species was reduced, but not significantly (Table 5).

Table 5. Forage production (kg/ha) of the woody species Robinia and Morus and the introduced herbaceous species Dactylis glomerata and Trifolium in grazing treatments.

	R. ps.	D. gl.	M. al.	T. su.
Grazing	76.6[a1]	62.0b	35.2[a]	106.6[a]
No grazing	167.3[a]	128.1[a]	80.5[a]	144.6[a]

[1]Means in the same column followed by the same letter are not significantly different at the 0.05 level.

Conclusions

Robinia and *Trifolium* yielded the highest forage production of all tested species and seem to be the most promising ones for establishing a silvopastoral system in such poor, low productivity sites. In addition, *Robinia* and *Trifolium* were more resistant to moderate grazing, compared to *Morus* and *Dactylis*. The highest amount of forage production per surface unit was produced in the 1.5 x 1.5m spacing, while the highest amount of forage per plant was produced in the 3.5 x 3.5m spacing.

References

Ainalis, A.B., 1996. Growth dynamic, production and nutritive value of some shrubby form species in relation to spacing and grazing. Ph D. Dissertation, Aristotle University of Thessaloniki, Greece.

Forti, M, Y., Lavie, R.W., Benjamin, D., Barkai & Y. Hefetz, 1987. Standing biomass of three species of fodder shrubs planted at five densities 18 months after planting. In: Proceedings of the 5th Meeting of FAO Sub-network on Mediterranean Pastures, Montpellier, France: 86-90.

Le Houerou, H.N., 1991. Environmental aspects of fodder trees and shrubs plantation in the Mediterranean basin. Presentation to EEC Workshop in Thessaloniki, Greece. Fodder Trees and Shrubs: Optimization of an Extensified Husbandry in the Mediterranean Production Systems: 11-33.

Papanastasis, V.P., 1995. Silvopastoral systems and range management in the Mediterranean region. Paper presented at the Mediterranean Working Group Meeting of FAO/CIHEAM, Avignon, France, 29 May-2 June, 11 pp.

Papanastasis, V.P. & P. Mansat, 1996. Grasslands and related forage resources in Mediterranean areas. In: Grassland and Land Use Systems, Vol. 1. Grado 15-19 September 1996.

Papanastasis, V.P., P.D., Platis, & O. Dini-Papanastasi, 1997. Productivity of deciduous woody and fodeer species in relation to air temperature and precipitation in a Mediterranean environment. Agrofor Syst 37: 187-198.

Steel, R.G.D. & J.H. Torrie, 1980. Principles and procedures of statistics. 2nd Ed. Mc Graw-Hill Book Co. Inc. N.Y.

Tsiouvaras, C.N. & A.S. Nastis, 1990. Browse production and nutritive value of some fodder shrubs and trees in a semi - arid environment in Greece. In: Proceedings of the 6th Meeting of FAO on Mediterranean pastures and fodder crops, Bari, Italy: 169-172.

Estimation of forage production for two fodder species by using morphological traits

Z. M. Parissi & A.S. Nastis

Aristotle University of Thessaloniki, School of Forestry and Natural Environment, Laboratory of Range Science (236) 54124 Thessaloniki, Greece

Summary

Ligneous fodder species in the Mediterranean area are an important feed source, especially during the summer-autumn period, when herbaceous species are limited both in quantity and quality. Evaluation of ligneous species' forage production is laborious and time-consuming. Thus, indirect estimation of their production is very important. In the present study, the forage production of two ligneous species (*Amorpha fruticosa* and *Morus alba*) was evaluated through their height and perimeter. Tested plants were either unclipped (control 0%) or subjected to two different clipping intensities: light (30%) and moderate (60% of the current twig length growth), three times per year. Forage production, as well as height and perimeter of the two species were measured. Clipping modified both height and perimeter of the plants, while the correlation of clipped plants' forage production either with height or perimeter was stronger compared to that of unclipped plants. Correlation of forage production with height was stronger for *Morus alba* compared to that of *Amorpha fruticosa*, which had a stronger correlation with perimeter. It can be concluded that morphological traits, like height and perimeter, are reliable tools for the indirect estimation of the forage production of grazed ligneous species.

Keywords: shrubs, height, perimeter, forage estimation.

Introduction

Forage production of ligneous species is one of the most difficult parameters to be measured on rangelands, because harvesting is laborious, time-consuming, and expensive (Uresk *et al.*, 1977). On the other hand, farmers, as well as researchers, require rapid estimates of forage production, which is a useful tool in the process of improving rangeland productivity and management.

For this reason, indirect methods using dimension analysis are becoming more and more popular in the study of the ligneous species. An efficient indirect method has to be non-destructive, time saving and relatively precise (Kirmse & Norton, 1985). Forage production estimations of some shrub species have been developed using morphological traits like crown diameters axes (Rittenhouse & Sneva, 1977) for *Artemisia tridentata*, height X circumference (Murray & Jacobson, 1982, Corleto *et al.*, 1990) for *Artemisia tridentata* and *Medicago arborea* respectively, etc.

The purpose of this study was to evaluate the correlation between plant height and crown perimeter of two fodder species and their forage production.

Material and methods

The experiment was carried out at the Aristotle University's farm (40°°34´ E, 23°°43´ N, at sea level) in northern Greece, in 1995-1996. The climate of the area is semi-arid, with mean annual temperature of 16.4°C, and mean total precipitation 374 mm. Two broadleaved fodder species, *Amorpha fruticosa*

L. (A.fr.) and *Morus alba* L. (M.al.) of 5-6 years old, were used as test plants. Each species was established in three blocks of 25 plants each, in a 1x1m spacing. The experiment was repeated for two years.

Each year, during January, all plants were topped at an 80-cm height, in order to maintain a shrubby form. In each block, clipping of the current growth at light (30%) and moderate (60%) intensities was repeated in the spring, during the season of rapid growth (immature), then in the mid- summer, when growth had just terminated (mature), and at the end of summer, when growth had completely ceased and the woody parts were hardened (very mature). Clipping of the current growth of the control plants (0%) was done at the end of the summer, too. Height (cm) and perimeter (cm) of the tested species were measured in each harvesting period. Forage production by samples under light and moderate clipping, as well as by the control samples, was oven dried at 60°C for 48 hours and after that forage production was estimated. Plant height was measured to the longest shoot, prior to harvesting, while the perimeter was measured to the maximum crown width. The procedures of the SPSS 10.0 for Windows statistical software were used for the application of Pearson's correlation (Steel & Torrie 1980).

Results and discussion

The height and perimeter of the two species were positively correlated with the forage production of samples under light and moderate clipping, as well as of the control samples. The correlation of forage production by clipped plants, either with height or perimeter, was stronger compared to that of the control plants (Table 1 and 2).

However, the stronger correlation for *Amorpha fruticosa* was found between forage production and perimeter (Table 1), mainly under moderate treatment of 60% (r=0.80). Azocar *et al.* (1991) had reported stronger correlation between perimeter and forage production of *Átriplex repanda*. On the other hand, the correlation between height and forage production of A.fr. was not so strong. Papanastasis *et al.* (1996) reached similar results for five-year-old plants of A.fr.

On the contrary, forage production and height were strongly correlated for *Morus alba* (Table 2), particularly with light clipping treatment (30%) (r=0.87). Similarly, Assefa (1998) found strong correlation between height and forage production in *Chamaecytisus palmensis*. The *Amorpha fruticosa* and *Morus alba* species are characterized by an inverted conical and cylindrical growth form respectively. The difference in correlation levels between forage production, height and perimeter for the two tested species, is most probably due to the specific differences between the plant forms. It seems that clipping modified both height and perimeter of the plants and it is necessary for precise indirect estimations to study each species separately according to its morphological traits (Murray & Jacobson, 1982) and its growth characteristics (Parissi, 2001).

Table 1. Correlation coefficients of forage production with morphological traits (height, perimeter) for Amorpha fruticosa.

	Clipping intensity		
	0%	30%	60%
Height (0%)	0.50**		
Height (30%)		0.66**	
Height (60%)			0.48**
Perimeter (0%)	0.59**		
Perimeter (30%)		0.60**	
Perimeter (60%)			0.80**

**Significant at $P < 0.01$.

Table 2. Correlation coefficients of forage production with morphological traits (height, perimeter) for Morus alba.

	Clipping intensity		
	0%	30%	60%
Height (0%)	0.36**		
Height (30%)		0.86**	
Height (60%)			0.71**
Perimeter (0%)	0.49**		
Perimeter (30%)		0.87**	
Perimeter (60%)			0.55**

** Significant at $P < 0.01$.

Conclusion

The correlation of forage production by clipped plants either with height or perimeter was stronger compared to that of the control plants. Forage production of *Morus alba* was strongly correlated with height, while *Amorpha fruticosa*'s forage production had a stronger correlation with perimeter.

References

Azocar, P., S. Lailhacar, F. Padilla, & H. Rojo,1991. Methode d' evaluation de la phytomasse utilisable des arbustes fourragers *Atriplex repanda* et *Flourensia thurifera*. In: Proceedings of IVth International Rangeland Congress, Montpellier, France. p. 512-514.

Assefa, G., 1998. Biomass yield, botanical fractions and quality of tagataste, (*Chamaecytisus palmensis*) as affected by harvesting interval in the highlands of Ethiopia. Agroforestry Systems. 42:13-23.

Corleto, A., E. Cazzato, & A.M. Castrignno, 1990. Predicting biomass of *Medicago arborea* of different age in southern Italy. In: Proceedings of the 6th meeting FAO on Mediterranean pastures and fodder crops. Bari, Italy, p 157-160.

Kirmse, R.D., & B.E. Norton, 1985. Comparison of the reference unit method and dimensional analysis methods for two large shrubby species in the Caatinga woodlands. J. Range Manage. 38:425-428.

Murray, R.B., & M.Q. Jacobson, 1982. An evaluation of dimension analysis for predicting shrub biomass. J. Range Manage. 35:451-454.

Papanastasis, V. P., P.D. Platis & O. Dini-Papanastasi, 1996. Effects of clear cutting on the height and biomass of young fodder shrub and tree plantations. Scientific Annals of the Department of Forestry and Natural Environment. Dedicated to Dr. N. Th. Papamichos, Emeritus Professor. 39 (1):119-148.

Parissi, Z.M., 2001. Effect of clipping intensity and frequency on forage production and quality of ligneous species. PhD. Thesis. pp.157. (in Greek with English summary).

Rittenhouse, L.R. & F.A. Sneva, 1977. A technique for estimating big sagebrush production. J. Range Manage. 30:68-700.

Steel, R.G.D., and J.H. Torrie, 1980. Principles and Procedures of Statistics. 2nd edn. McGraw-Hill, New York. 481 pp.

Uresk, D.W., R.O. Gilbert & W.H. Rickard, 1977. Sampling big sagebrush for phytomass. J. Range Manage. 30: 311-314.

The effect of polyethylene glycol addition on the in vitro ruminal fermentation characteristics of holm oak (*Quercus ilex L.*) leaf

O.C. Moreira[1], Mª T.P. Dentinho[1], E. Pereira[2], J.R. Ribeiro[1] & J.M. Potes[2]

[1]INIAP, Estação Zootécnica Nacional, 2005-048 Vale de Santarém, Portugal
[2]INIAP, Estação Nacional de Melhoramento de Plantas, 7351-951 Elvas, Portugal

Summary

The objective of this study was to observe the effect of three levels of PEG inclusion on the in vitro ruminal fermentation characteristics of holm oak leaves. After freeze-drying and reduction to a particle size of 3 mm, holm oak leaf samples were incubated in a semi-continuous system adapted from the Rumen Simulation Technique (RUSITEC). PEG was added at three increasing levels: 7.5, 15 and 22.5%. To balance nitrogen requirements of microrganisms, each vessel was submitted to daily and continuous infusions of ammonia sulphate. After 48h incubation periods, DM, N and NDF disappearances, as well as Ca and P solubility in bag residues and microbial fermentation products (VFA, NH_3N and gas production) in effluents were evaluated.

Holm oak leaf presented levels of 9.4, 49.0, 0.81 and 0.11% DM for crude protein, NDF, Ca and P, respectively. The observed composition in antinutritive substances was 8.8, 8.0 and 12.5% DM for total and condensed tannins and total phenols, respectively.

The disappearances of DM and N observed for holm oak leaves were 37 and 25%, while Ca and P solubility were 27 and 57%, respectively. NDF presented a negative value in holm oak. These values increased significantly with PEG inclusion, and their highest levels for N and NDF disappearances were 64 and 26%, respectively.

Regarding fermentation parameters, PEG didn not affect NH_3N, while total VFA and butyrate increased (P<0.001) and acetate decreased. Propionate and valerate molar proportions were not modified by the treatment. An increment of gas production was also observed with PEG inclusion.

Keywords: holm oak, tannins, PEG, Rusitec.

Introduction

Holm oak (*Quercus ilex L.*) is one of the main tree species of a characteristic ecosystem (the *Montado*) found in the southern region of Portugal. Its leaf is used as a feed resource by grazing sheep. Like the leaves of other woody species, they present high levels of tannins, antinutritive compounds that bind with proteins, rendering them unavailable for rumen microrganisms, with a decrease of the nutritional value. Silanikove *et al.* (2001) report that long term effects of tannin ingestion can be related to reduction in the concentration of ammonia and volatile fatty acids in rumen fluids, which can in turn serve as metabolic cues for deficiency of nitrogen (ammonia), energy (VFA), or both.

Polyethylene glycol (PEG) is an inert molecule that forms stable complexes with tannins, preventing their binding with protein and, consequently, the formation of indigestible tannin-protein complexes. It was demonstrated, in vitro and in vivo, that this inactivation of condensed tannins with the inclusion of PEG improved microbial protein synthesis, dry matter and nitrogen digestibility and growth of sheep fed tannin-rich woody species (Miller *et al.*, 1997; Ben Salem *et al.*, 2000; Palmer & Jones, 2000; Silanikove *et al.*, 2001).

The aim of this experiment was to study the effect of three levels of PEG inclusion on the in vitro ruminal fermentation characteristics of holm oak leaves.

Material and methods

To evaluate the effect of PEG inclusion on the ruminal fermentation characteristics of holm oak leaves, a semi-continuous system adapted from the Rumen Simulation Technique (RUSITEC) (Czerkawski & Breckenridge, 1977) was used. Holm oak leaf samples were incubated after freeze-drying and reduction to a particle size of 3 mm, in nylon bags. The incubation system was composed of four 1-litter vessels. Each one contained two bags, which were replaced in consecutive days, after 48 h incubation periods. The sampling period lasted for 7 days, after an adaptation period of 5 days.

Holm oak leaves were studied either without PEG (PEG_0) or with PEG added at three increasing levels: 7.5 (PEG_1), 15 (PEG_2) and 22.5 (PEG_3)%. To balance the nitrogen requirements of microrganisms, 0.57 g of ammonia sulphate were daily added to the buffer solution, continuously infused to each vessel, at a rate of 1litre per 24 hours.

Both leaf samples and bag residues were chemically analysed for dry matter (DM), ash and nitrogen (N) (AOAC, 1990) and for cell wall composition (Goering & Van Soest, 1970). Calcium (Ca) determinations were made after dry ashing of the samples by atomic absorption spectrometry (Shimadzu Corporation, 1991) and phosphorus (P) was measured colorimetrically (AOAC, 1990). Holm oak leaves were also analysed for total phenolics (Julkunen-Tiitto, 1985), condensed tannins (Broadhurst & Jones, 1978) and total tannins (Makkar *et al.*, 1993). Volatile fatty acids (VFA) in effluents were analysed by gas chromatography (Jouany, 1981) and ammonia nitrogen (NH_3N) as indicated in the OJEC (1971). OM, N and NDF disappearances, and Ca and P solubility in bag residues, as well as fermentation products in effluents, were evaluated. The obtained data was compared using analysis of variance of the SAS GLM procedure (1989) for randomised block designs.

Results and discussion

Crude protein content of holm oak leaves was 9.4% DM. The values found in cell wall composition were 49.0, 34.8 and 12.2% DM, for NDF, ADF and ADL respectively. Ca and P concentrations were 0.81 and 0.11% DM respectively. Considering the composition in antinutritive substances, values of 8.8, 8.0 and 12.5% DM were observed, for total and condensed tannins and total phenols respectively.

The disappearances of DM and N observed for holm oak leaf (PEG_0) were 37 and 25% while Ca and P solubility were 27 and 57% respectively (Table 1). It was observed that NDF solubility was underestimated in holm oak (negative value). Probably, in NDF analytical procedure, the protein-tannin complex would account for the values obtained in the bag residues. For all the parameters evaluated, significant increases were observed with PEG inclusion, which was maximum for N disappearances, with an increment of 40.6%. It was reported by Jones *et al.* (2000) that, in vitro, a smaller-than-expected improvement of dry matter digestibility occurred and it was stated that if PEG binds with some components of the feed to produce an insoluble complex, then it would remain in the residue and cause an underestimation of that parameter (Palmer & Jones, 2000). Differences between in vitro and in vivo are related with the break of these compounds at the lower pH found in the abomasum, compared with that of the rumen.

Table 1. Effect of PEG inclusion on the in vitro ruminal fermentation characteristics of holm oak leaf, after 48 h incubation (n = 7).

Dietary		PEG_0	PEG_1	PEG_2	PEG_3	SEM	S
% Disappearance (48 h)	DM	37.0	45.6	54.8	63.8	1.25	***
	N	24.7	42.6	55.8	65.3	2.31	***
	NDF	-22.9	0.32	10.2	26.4	2.08	***
	Ca	26.5	32.0	44.4	56.9	2.37	***
	P	57.0	65.7	74.8	80.1	2.39	***
Total VFA (mM/day)		16.9	21.5	25.8	26.8	1.83	**
VFA molar percentage	C_2	72.9	65.4	66.2	64.7	1.19	***
	C_3	21.5	21.0	19.2	20.7	0.85	NS
	C_4	4.52	10.1	11.6	11.0	0.46	***
	C_5	0.49	0.69	1.04	0.99	0.20	NS
NH_3N (mg/day)		8.15	8.49	9.03	9.47	0.57	NS
Gas (l/day)		1.49	1.63	2.12	1.97	0.077	**

C_2-Acetate; C_3-Propionate; C_4-Butyrate; C_5-Valerate; SEM- Standard Error of the Mean; S-Significance;
** $P< 0.01$;
*** $P<0.001$;
Values in rows with different letters are significantly different ($P<0.05$).

As regards the fermentation parameters, the results show that total VFA and butyrate increased (*P*<0.05) and acetate decreased with PEG. Propionate and valerate molar proportions were not modified by the treatment.

Although soluble N was added to the incubation media to balance microbial requirements and N disappearance increased with PEG, there were no significant differences on NH_3N productions. Besides, the values found were below those indicated (125-150 mg/l) as minimum for the optimisation of microbial protein synthesis and organic matter degradation in high fibrous feeds (Komizarczuk-Bony & Durand, 1991). Consequently, it may be assumed that bacteria, for the production of bacterial protein, would incorporate the entire N available. An increment of gas production was also observed with PEG inclusion.

Conclusions

The ruminal characteristics of holm oak were improved with PEG inclusion, which shows that the antinutritional effects of tannins were partially neutralised. The strongest effects were observed on nitrogen disappearance. However, the ammonia produced was still below the minimal level, leading to conclude that bacteria would incorporate all the nitrogen available, for the production of microbial protein.

References

Association of Official Analytical Chemists (AOAC). 1990. Official Methods of Analysis. Ed. S. Williams. USA.

Ben Salem, H., Nefzaoui, A., Ben Salem, L. & Tisserand, J. L. 2000. Deactivation of condensed tannins in *Acacia cyanophilla* Lindl. foliage by polyethylene glycol in feed blocks. Effect on feed intake, diet digestibility, microbial synthesis and growth by sheep. Livest. Prod. Sci. 64, 51-60.

Broadhurst, R. B. & Jones, W. T. 1978. Analysis of condensed tannins using acidified vanillin. J. Sci. Food Agric. 29, 788-794.

Czerkawski, J. W. & Breckenridge, G. 1977. Design and development of a long-term Rumen Simulation Technique (Rusitec). Br. J. Nutr., 38: 371-384.
Goering, H. K. & Van Soest, P. J. 1970. Forage fibre analysis. Agric. Handb. 379. US Dep. Agric., Washington D.C., 20 pp.
Jones, R. J., Meyer, J. H. F., Bechez, M. & Stoltz, M. A. 2000. An approach to screening potential pasture species for condensed tannin activity. Anim. Feed Sci. Technol. 85, 269-277.
Jouany, J. P. 1981. Dosage des acides gras volatils et des alcools des ensilages par chromatographie en phase gazeuse. Bull. Tech. CRZV Theix (INRA), 46: 63-66.
Julkunen-Tiitto, R. 1985. Phenolic constituents in the leaves of northern willows: methods for the analysis of certain phenolics. J. Agric. Food Chem. 33, 213-217.
Komizarczuk-Bony, S. & Durand, M. 1991. Nutrient requirements of rumen microbes. In: Recent Advances on the Nutrition of Herbivores. Ed: Y. W. Ho, H. K. Wong, N. Abdullalah, A.Z. Tajudin. Proc.3rd Int. Symp. on the Nutrition of Herbivores, M. S. A. P., 133-141.
Makkar, H. P. S., Blummel, M., Borrowy, N. K. & Becker, K. 1993. Gravimetric determinations of tannins and their correlations with chemical and protein precipitation methods. J. Sci. Food Agric. 61, 161-165.
Miller, S. M., Pritchard, D. A., Eady, S. J. & Martin, P. R. 1997. Polyethylene glycol is more effective than surfactants to enhance digestion and production in sheep fed mulga (*Acacia aneura*) under pen and paddock conditions. Aust. J. Agric. Res. 48, 1121-1127.
Official Journal of the European Communities (OJEC). 1971. Determination of volatile nitrogenous bases. L 279/7, 990-992.
Palmer, B. & Jones, R. J. 2000. The effect of PEG addition in vitro on dry matter and nitrogen digestibility of *Calliandra calosthyrsus* and *Leucena leucocephala* leaf. Anim. Feed Sci. Technol. 85, 259-268.
Shimadzu Corporation 1991. Analysis Guide for Flame Atomic Absorption Spectrophotometry. Shimadzu Corporation. International Marketing Division. Kyoto. Japan.
Silanikove, N., Perevolotsky, A. & Provenza, F. D. 2001. Use of tannin-binding chemicals to assay for tannins and their negative postingestive effects in ruminants. Anim. Feed Sci. Technol. 91, 69-81.
Statistics Analysis Systems (SAS®). 1989. SAS/STAT User' Guide: Statistics. SAS Inst., Inc., Cary, NC.

Flora of the wetland region of the Agras lake, Northern Greece

M. Papademetriou[1], *V. Karagiannakidou*[2] *& K. Iatropoulos*[3]

[1]*Laboratory of range ecology, School of Forestry and Natural Environment, Aristotle University, 540 06 Thessaloniki, Greece*
[2]*Laboratory of Systematic Botany and Phytogeography, Department of Botany, School of Biology, Aristotle University, 540 06 Thessaloniki, Greece*
[3]*Apostolou Paulou 30, Thessaloniki, Greece*

Summary

The wetland region of the Agras lake lies in northern Greece (central Macedonia). The flora of the investigated area consists of 325 taxa, belonging to 77 families and 214 genera. The majority of the listed taxa (219) are reported for the first time. From the chorological analysis of the flora, the predominance of widespread taxa (cosmop. – subcosm. 20%, europ. 18%, subeurop. 9%, eurasiat. 13%) is evident. The percentage of Greek endemics is very low (only one taxon).

The life-form spectrum shows that the hemicryptophytes (44.48%) and phanerophytes (19.48%) are predominant. Notes on the vegetation of the area and its situation are briefly reported.

Keywords: wetland, flora, Agras lake, Macedonia, Greece.

Introduction and study area

The wetland region of the Agras lake lies in northern Greece (central Macedonia) between 40°47' N and 21°54' E on an altitude of 500 m. The size of the investigated area is 1480 ha.

It is an artificial lake, dependent on the Vegoritida lake and the Voda river. The water of the lake is used by the hydroelectric station of the Public Power Corporation as an energy resource. From a geological point of view, the lake plain consists of lake alluvial plains and recent alluvial deposits, while on the surrounding hills the substrate consists of limestone. The climatic type can be characterized as transitional between the mediterranean and the continental type of climate (Balafoutis, 1977).

The wetland region of the Agras lake provides excellent habitats for the development of ecologically specialized plant communities (Karagiannakidou *et al.*, 2002). The study of these ecosystems is of great interest because of the fact that this area serves as a very important and valuable feeding, resting, nesting, breeding, wintering and refuge place, for a great variety of bird species.The present study deals with the flora of these ecotopes. Works by Pavlidis (1989) and Lavrendiadis (1956) also contribute to the floristic knowledge of the area.

Material and methods

The study is based on the results of the fieldwork carried out at intervals between the years 1999-2000. Collections of plant material were made during different seasons of the year, from all the representative biotopes covered by different vegetation types.

Species identification was carried out according to the flora Europaea (Tutin *et al.*, 1964-1980) and mountain flora of Greece (Strid 1986, Strid & Kit-Tan 1991). The chorological data were taken from Pignatti (1982). Raunkiaer's system (1934) was followed for ranking the taxa into life-form categories.

The families and the taxa in the following floristic list (table 1) are alphabetically ordered. The names of the authors of the taxa have been omitted for practical purposes. Voucher specimens have been deposited in the herbarium of the Laboratory of Systematic Botany and Phytogeography of the Aristotle university of Thessaloniki, Greece.

Results and discussion

As a result of our fieldwork, 325 taxa from 77 families and 214 genera are recorded from the wetland of the Agras lake. The majority of these taxa (219) are new records for the region. From the standpoint of the richness of species, Fabaceae, Poaceae and Asteraceae, families that characterize grasslands of good quality, are represented with a percentage of 10.03 %, 9.39 % and 9.39 % respectively.
As the widespread taxa are predominant in the region, very few species are rare, threatened or endemics (*Cladium mariscus, Vallisneria spiralis, Sparganium erectum, Centaurea grisebachii etc.*). Table 1 reports a list of species based on our own collections.

The life-form spectrum shows the predominance of the hemicryptophytes (44.48%) and phanerophytes (19.48%), which is typical of such ecological environments (h=500m).

From the total chorological spectrum, a remarkable dominance of the widespread species (cosmopolitan-subcosmopolitan 20%, european 18%, subeuropean 9%, eurasiatic 13%), as presented by the wetland, is obvious.

The distribution of the 325 taxa to the units of vegetation, as presented in table 1, shows that the majority of taxa appear in the macchia habitats. In spite of the fact that the wetland of the Agras lake has suffered considerable degradation of its natural habitat types, it still maintains high ecological value (Dafis *et al.*, 1996). The floristic richness of this wetland is considered to be quite significant.

The inventory of the natural potential of the Agras lake, on the basis of its flora, constitutes an important means for planning effective conservation measures through management practices adapted to harmonize with natural environment. Field research and classification of the vegetation data led to the identification of the following habitats, showed in figure 1 (Karagiannakidou *et al.*, 2002)

Table 1. Floristic list (1-8 refer to the collecting sites shown in figure 1)

Aceraceae
Acer campestre 7
Acer monspessulanum 7, 8
Alismataceae
Alisma plantago-aquatica 2, 3
Anacardiaceae
Pistacia terebinthus 4, 7
Araliaceae
Hedera helix 4
Aristolochiaceae
Aristolochia clematitis 2, 4
Betulaceae
Alnus glutinosa 4
Boraginaceae
Lithospermum purpurocaeruleum 7, 8
Myosotis arvensis 7
Myosotis sylvatica 7
Symphytum tuberosum 8
Brassicaceae
Alyssum chalcidicum 7
Arabis collina 7
Arabis turrita 8
Cardamine graeca 7
Erysimum microstylum 7
Fibigia clypeata 7
Nasturtium officinale 6
Sisymbrium austriacum 7
Buxaceae
Buxus sempervirens 7
Convolvulus arvensis 5, 6
Cornaceae
Cornus mas 4, 7, 8
Cornus sanguinea 4, 6
Corylaceae
Carpinus orientalis 7, 8
Ostrya carpinifolia 8
Crassulaceae
Sedum acre 8
Cyperaceae
Carex acuta 8
Carex caryophyllea 6
Carex davalliana 3
Carex depauperata 6
Carex distans 7, 8
Carex divisa 6
Carex flacca 6, 7
Carex humilis 7
Carex polyphylla 6
Carex pseudocyperus 3, 6
Carex riparia 1
Cladium mariscus 3
Cyperus longus 2, 6
Eleocharis palustris 2
Scirpus lacustris 2, 3

(Table 1. Continued.)

Dioscoreaceae
Tamus communis 7
Dipsacaceae
Knautia ambigua 7
Scabiosa triniifolia 7
Ephedraceae
Ephedra fragilis 7
Equisetaceae
Equisetum arvense 4
Equisetum telmateja 4
Euphorbiaceae
Euphorbia amygdaloides 7, 8
Euphorbia apios 6, 7
Euphorbia dendroides 7
Mercurialis ovata 4
Fagaceae
Castanea sativa 7
Quercus frainetto 7, 8
Quercus petraea 7, 8
Quercus penduculiflora 7
Quercus pubescens 7
Quercus trojana 7, 8
Geraniaceae
Geranium lucidum 7, 8
Geranium robertianum 5, 6, 7
Haloragaceae
Myriophyllum spicatum 1, 2
Myriophyllum verticillatum 1, 2
Hydrocharidaceae
Hydrocharis morsus-ranae 1
Vallisneria spiralis 1
Hypericaceae
Hypericum olympicum 7
Hypericum perforatum 7
Bromus sterilis 6, 7
Chrysopogon gryllus 7
Cynodon dactylon 6
Cynosurus echinatus 6, 7
Dactylis glomerata 6, 7, 8
Dichanthium ischaemum 7
Echinochloa crus-galli 4
Festuca heterophylla 8
Festuca taurica 7
Hordeum bulbosum 7
Hordeum murinum 6
Koeleria pyramidata 7
Lolium multiflorum 6
Melica ciliata 7
Melica uniflora 8
Molinia coerulea 4
Phleum montanum 6, 7
Phragmites australis 1, 2, 6
Piptatherum miliaceum 7
Piptatherum effusum 7
Poa nemoralis 8
Poa trivialis 6, 8
Setaria verticillata 4
Stipa bromoides 7

Polygalaceae
Polygala nicaeensis 8
Polygonaceae
Rumex conglameratus 6
Rumex obtusifolius 6
Polygonum amphibium 2, 4
Polygonum persicaria 4
Potamogetonaceae
Potamogeton crispus 1
Potamogeton lucens 1
Potamogeton natans 1
Potamogeton nodosus 1
Potamogeton pectinatus 1
Potamogeton perfoliatus 1
Potamogeton pusillus 1
Potamogeton trichoides 1
Primulaceae
Cyclamen neapolitanum 7
Lysimachia punctata 7
Ranunculaceae
Clematis flammula 7
Campanulaceae
Campanula patula 7, 8
Campanula persicifolia 8
Campanula rapunculoides 7
Campanula spatulata 7
Campanula trachelium 8
Cannabinaceae
Humulus lupulus 4, 5
Caprifoliaceae
Lonicera caprifolium 8
Sambucus ebulus 8
Sambucus nigra 4
Caryophyllaceae
Arenaria biflora 6
Cerastium brachypetalum 7, 8
Cerastium fontanum 7
Lychnis coronaria 8
Minuartia verna 7, 8
Silene italica 7, 8
Silene vulgaris 8
Celastraceae
Evonymus europaeus 4
Ceratophyllaceae
Ceratophyllum demersum 1
Ceratophyllum submersum 1
Characeae
Chara fragilis 1, 2
Chlorophyceae
Cladophora glomerata 1, 2
Cistaceae
Hypericum maculatum 7, 8
Hypolepidaceae
Pteridium aquilinum 4
Iridaceae
Iris pseudacorus 2
Juglandaceae
Juglans regia 5

Juncaceae
Juncus articulatus 6
Juncus effusus 6
Juncus gerardi 6
Luzula campestris 8
Luzula forsteri 7, 8
Lamiaceae
Acinos alpinus 7
Clinopodium vulgare 8
Leonurus cardiaca 5
Lycopus europaeus 2, 3, 4, 6
Marrubium peregrinum 7
Mentha aquatica 1, 2, 3, 4, 6
Mentha pulegium 6
Salvia ringens 7
Scutelaria columnae 7
Stachys palustris 4, 6
Stachys plumosa 7
Stachys sylvatica 7
Teucrium chamaedrys 6, 7
Teucrium polium 7
Teucrium scordium 4
Thymus sibthorpii 7
Leguminosae
Astragalus glycyphyllos 6, 7
Astragalus monspenssulanus 7
Bituminaria bituminosa 7
Cercis siliquastrum 5, 7
Chamaecytisus hirsutus 8
Coronilla emerus 7
Dorycnium pentaphyllum 7
Galega officinalis 6
Hippocrepis comosa 8
Lathyrus aphaca 6, 7
Lathyrus laxiflorus 8
Lathyrus niger 8
Lathyrus pratensis 7
Lathyrus venetus 7
Lotus uliginosus 6
Lotus corniculatus 6, 7
Medicago arabica 7
Medicago lupulina 6, 7
Medicago minima 7
Medicago sativa 7
Melilotus indica 6
Melilotus alba 6
Ononis spinosa 7
Trifolium alpestre 7, 8
Trifolium campestre 7
Trifolium medium 7
Trifolium pignantii 8
Trifolium pratense 6, 8
Clematis vitalba 5, 7, 8
Helleborus cyclophyllus 7
Ranunculus psilostachys 8
Ranunculus sceleratus 4, 6
Rhamnaceae
Paliurus spina-christi 7

(Table 1. Continued.)

Rosaceae
Agrimonia eupatorium 8
Aremonia agrimonioides 8
Crataegus monogyna 7, 8
Fragaria vesca 7, 8
Geum urbanum 6, 8
Potentilla micrantha 8
Potentilla reptans 6
Prunus avium 8
Prunus dulcis 7
Prunus spinosa 4, 5, 7, 8
Pyrus pyraster 7
Rosa canina 7, 8
Rosa heckeliana 8
Rosa pendulina 7
Rubus canescens 7, 8
Rubus hirtus 2, 7, 6, 5
Rubus idaeus 5
Sanguisorba minor 7, 8
Sorbus domestica 7
Sorbus torminalis 8
Rubiaceae
Cruciata laevipes 7
Galium aparine 4, 6
Galium mollugo 6, 8
Galium palustre 2
Galium sylvaticum 8
Galium verum 7, 8
Rutaceae
Haplophyllum balkanicum 8
Salicaceae
Populus alba 4, 5
Populus nigra 4
Populus tremula 4, 5
Salix alba 4, 5
Salix cinerea 2, 4
Salix viminalis 7
Saxifragaceae
Saxifraga bulbifera 7, 8
Cistus creticus 8
Helianthemum nummularium 7
Compositae
Achillea millefolium 6, 8
Anthemis arvensis 6
Anthemis tinctoria 7, 8
Anthemis tomentosa 7
Arctium lappa 6
Artemisia vulgaris 6
Bellis perennis 7, 8
Bidens tripartita 2
Centaurea grisebachii 7
Centaurea jacea 7
Cichorium intybus 6, 7
Cirsium arvense 6, 7
Cirsium palustre 2, 6
Crepis foedita 7
Crupina crupinastrum 6, 7
Eupatorium cannabinum 4
Hieracium bauhini 8
Hieracium cymosum 7, 8
Hieracium hoppeanum 7
Hieracium piloselloides 7
Lactuca saligna 6
Petasites albus 6
Pulicaria dysenterica 2, 4, 6
Sonchus oleraceus 6
Tanacetum corymbosum 8
Convolvulaceae
Calystegia sepium 2, 4, 6
Trifolium repens 6
Trifolium resupinatum 2, 6, 7
Trifolium striatum 7
Trigonella gladiata 7
Vicia cassubica 8
Vicia cracca 6, 7
Vicia grandiflora 7
Vicia lathyroides 7
Vicia lutea 8
Lemnaceae
Lemna minor 1, 2
Lentibulariaceae
Urticularia vulgaris 1
Liliaceae
Asparagus acutifolius 7
Asparagus aphyllum 7
Asphodeline lutea 7
Asphodelus albus 7
Lilium martagon 8
Muscari neglectum 7
Ornithogalum umbellatum 7
Ruscus aculeatus 7
Scilla bifolia 8
Veratrum album 8
Lythraceae
Lythrum salicaria 4
Malvaceae
Lavatera cretica 4
Malva sylvestris 7
Moraceae
Ficus carica 5
Nymphaeaceae
Nymphaea alba 1
Oleaceae
Fraxinus ornus 7, 8
Jasminum fruticans 7
Ligustrum vulgare 7
Phillyrea latifolia 7
Onagraceae
Epilobium hirsutum 2, 6
Ludwigia palustris 1
Orchidaceae
Cephalanthera rubra 8
Ophrys sphegodes 7
Spiranthes spiralis 7
Papaveraceae
Corydalis densiflora 8
Plantaginaceae
Plantago altissima 4
Plantago lanceolata 6, 7
Plantago major 2, 6
Platanaceae
Platanus orientalis 5
Poaceae
Agrostis stolonifera 6
Anthoxanthum odoratum 7, 8
Brachypodium pinnatum 7, 8
Brachypodium sylvaticum 6, 7, 8
Bromus arvensis 6
Scrophulariaceae
Digitalis viridiflora 8
Scrophularia scopolii 7
Verbascum nigrum 8
Veronica anagallis-aquatica 2
Veronica chamaedrys 8
Solanaceae
Solanum dulcamara 4
Solanum nigrum 4
Sparganiaceae
Sparganium erectum 1
Tiliaceae
Tilia tomentosa 7, 8
Typhaceae
Typha angustifolia 1, 2, 3
Typha latifolia 1, 2
Ulmaceae
Celtis australis 7
Ulmus campestris 7
Ulmus minor 4, 7, 8
Ulmus procera 5
Umbelliferae
Aegopodium podagraria 4
Apium nodiflorum 2, 4, 6
Caucalis daucoides 7
Chaerophyllum aureum 4
Eryngium campestre 7
Eryngium creticum 7
Ferulago sylvatica 8
Oenanthe aquatica 2
Pastinaca sativa 2
Peucedanum aegopodioides 4
Torilis heterophylla 6, 7, 8
Urticaceae
Parietaria diffusa 5, 6
Urtica dioica 4, 5, 6
Urtica urens 4
Valerianaceae
Valeriana officinalis 8
Verbenaceae
Verbena officinalis 4
Violaceae
Viola hirta 8
Viola reichenbachiana 8
Vitaceae
Vitis vinifera 4, 7

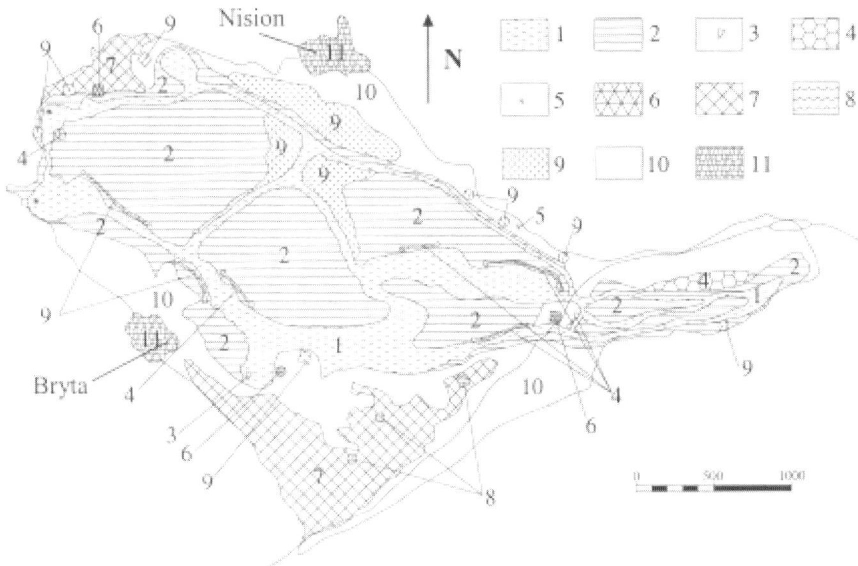

Figure 1. Vegetation map of the wetland region lake Agras. (The numbers in brackets are the numbers of natural habitats).
1: (3150) Aquatic vegetation;
2: (72A0) Reed bets;
3: (7210) Cladium mariscus and Carex davaliana community;
4: (92A0) Salix alba and Populus alba galleries.
5: (92C0) Platanion orientalis;
6: (6420) Grasslands of Molinio-Holoshoenion;
7: (5350) Macchia vegetation;
8: (924A) Thermophilous deciduous oak forests;
9: (83.321) Populus nigra cultivations;
10: (1020) Cultivated lands;
11: (1050) Villages.

References

Dafis S. *et al*. 1996. Directive 92/43/EEC the Greek 'Habitat' project Natura 2000. The Goulandris Natural History Museum – Greek Biotope/ Wetland Center, 917 pp.

Karagiannakidou, V., Papademetriou, M., P., Platis &, K. Iatropoulos 2002. Contribution to the knowledge of the flora and the vegetation of the wetland lake Agra. Proceedings of the 3rd Panhellenic Rangeland Congress in Karpenisi 4-6 of September 2002 (in print).

Pavlidis, G., 1989. The vegetation of the aquatic plants of the artificial Agras lake. Bios.Thessaloniki. 159-170.

The effect of FR light and photoperiod on the growth and flowering of a fodder bean (*Phaseolous vulgaris* L.)

M.A. Parisi[1], E.C. Touliopoulou[1], D.M. Nitas[2], A.E. Giannakoula[1] & I.F. Ilias[1]

[1]Department of Plant Production, Technological Educational Institute of Thessaloniki, Faculty of Agricultural Technology. P.O. Box 145 61, 541 01, Sindos, Greece
[2]Department of Animal Production, Technological Educational Institute of Thessaloniki, Faculty of Agricultural Technology. P.O. Box 145 61, 541 01, Sindos, Greece

Summary

The aim of this study was to investigate the effects of far red light (FR light) and photoperiod ($8hd^{-1}$, $12hd^{-1}$ and $16hd^{-1}$) on the growth and flowering induction of fodder bean (*Phaseolus vulgaris* L. *cv.* gamfish). Although fodder bean is a neutral day plant, it showed significant differences in stem elongation and flowering under different photoperiod conditions.

Under $16hd^{-1}$ and FR light, plants showed the highest stem elongation, smaller internode length and the greatest number of nodes. Plants also presented a great number of flowers in total, in comparison with other conditions. On the other hand, plants that had been grown in $8hd^{-1}$ and FR light indicated an inhomogeneous flower allocation. However, dry shoot and root weight increased under $16hd^{-1}$ and FR light. In addition, crude protein and crude fiber were higher under $16hd^{-1}$ and FR light, compared to the other treatments.

Keywords: photoperiod conditions, neutral day plant, crude protein, crude fiber, Phaseolus vulgaris.

Introduction

Fodder bean (*Phaseolus vulgaris* L.) is widely cultivated in Greece for both fresh lobes and legumes (dry seeds). The common bean is an annual, very nutritious plant. In Greece, its cultivation covers more than 8 000 ha, with a total yield of 75 000 tones per year. The seeds are germinated in temperatures above 10°C. The best temperature for a better growth is between 20-25°C, while growth is suspended under 10°C . The plant is considered as a day-neutral plant. The aim of this paper is to investigate the influence of photoperiod on the growth and morphogenesis of the *Phaseolus vulgaris*. The parameters studied were the final length of the plant, the length of the internode space, the flowering rate, the number of flowers per internode, the dry shoot (stem and leaves) and root weight.

Materials and methods

Seeds of bean (*Phaseolus vulgaris* L. *cv.* gamfish) were sterilized with 4% NaCl for 10 minutes, washed with distilled water and then germinated in darkness, in a greenhouse, at 25°C. The seeds were randomly placed in petri dishes, on filter paper, moistened with de-ionized water, for one week (until they had four mature leaves).

After the emergence of the 4th leaf, the young plants were transplanted and further cultivated in polyethylene pots filled with commercial graving medium (perlite), until their size reached about 25-30 cm.

Plants were irrigated with a modified Hoagland's nutrient solution containing [µM]: KCl: 50, H_3BO_3:25, $MnSO_4XH_2O$:2, FeEDTA:20, $CuSO_4x5H_2O$:0,5, $ZnSO_4x7H_2O$:2, $(NH_4)_2MO_7O_{24}x4H_2O$:0,5. Nitrogen, phosphorus, potassium, calcium, magnesium and sulphur were supplied from KNO_3, $Ca(NO_3)_24H_2O$, $NH_4H_2PO_4$ and $MgSO_4x7H_2O$ at concentrations [mM]: N:16, P:0,2, K:0,6, Ca:0,4, Mg;0,1, S:0,1. The seedlings were grown in phytotron programmed for 8hd^{-1}, 12hd^{-1} and 16hd^{-1}16h photoperiod, temperature of 22±1/20±1° C and relative humidity of 65±2/75±2% day/night.

During the entire experimental period, all plants were receiving light from 4 incandescent bulbs (4 x 90W, Osram, Germany). The young plants were exposed to three different photoperiodic conditions with photon flux density (PFD) 350 µmol·m^{-2}·s^{-1}.

Plants were harvested 40 days after sowing. The final stem length, the internode length, the flowering rate, the number of flowers per internode, the dry shoot and root weight, the water level in tissue, the crude protein and the crude fiber were determined in 20 physiologically mature plants per plot, each plot having 3 trays with 20 plants.

The experiment was repeated 3 times and average data sets were evaluated for the analysis of variance by means of the Canoco program.

Results

Plants grown under a photoperiod of 16 hd^{-1} showed the biggest average main stem length (52.9 cm), the biggest internode length, the highest number of internodes and the maximum flowering rate (Figure 1, 2, and 3).

Through examination of the respective internode in the different photoperiodic conditions, it can be said that the flowers' allocation under photoperiod of 8 hd^{-1} is quite homogeneous, while allocation in the rest of the photoperiods is quite uneven (Figure 4).

The dry shoot and root weight increased in plants grown under a photoperiod of 16 hd^{-1}, compared to the other photoperiodic conditions (Figure 5).

- The 16 hd^{-1} treatments achieved the highest level in water, while those of 8 hd^{-1} the lowest (Figure 4).
- The 16 hd^{-1} treatments achieved the highest concentration of crude protein, while those of 8 hd^{-1} the lowest (Figure 5).
- The 16 hd^{-1} treatments achieved the highest level of crude fiber, while those of 12 hd^{-1} had the lowest and those of 8 hd^{-1} held an intermediate position (Figure 8).

Discussion

Phaseolous vulgaris L. is considered to be a plant neutral to day-light. However, the three different photoperiodic conditions led to quite distinct differences in both growth and morphogenesis of the plant. Thus, plants which were developed in 16 hd^{-1} showed the greatest length, the smallest internode space length and the greatest number of internode spaces. This was due to alterations of the concentration as well as of the movement of the auxin hormone, as a result of the different amount and quality of light. Ifoulis (1988) found that plants which were developed in dark or in mite light, formed longer stems with fewer internode spaces. The plants which were developed under 16 hd^{-1}, showed the greatest number of flowers, probably due to their greater number of internode spaces (Stern, 1997). Wallace *et al.* (1991) found out that plants with a small proportion of dry shoot and root weight are better developed, with a better flowering rate. This difference in development can be also proved by the fact that the plants which were developed under 8 hd-1 showed a more even allocation of flowers on the stem (Lavee *et al.*, 1999).

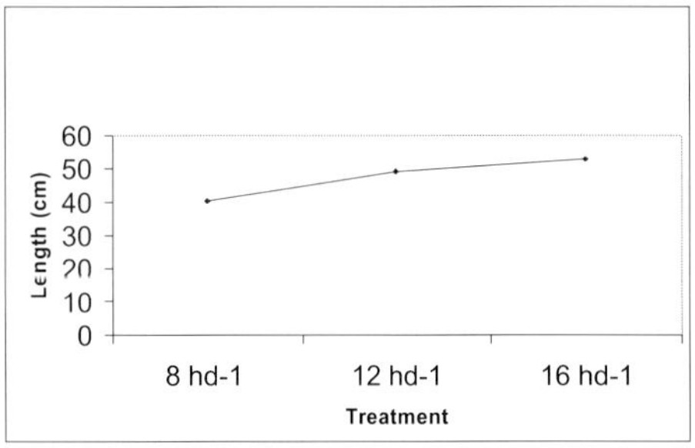

Figure 1. The influence of photoperiodic conditions on main stem length of Phaseolus vulgaris.

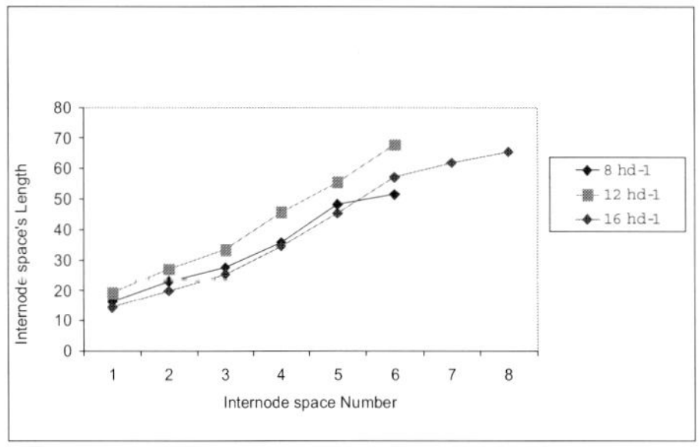

Figure 2. The influence of photoperiodic conditions on internodes' length of Phaseolus vulgaris.

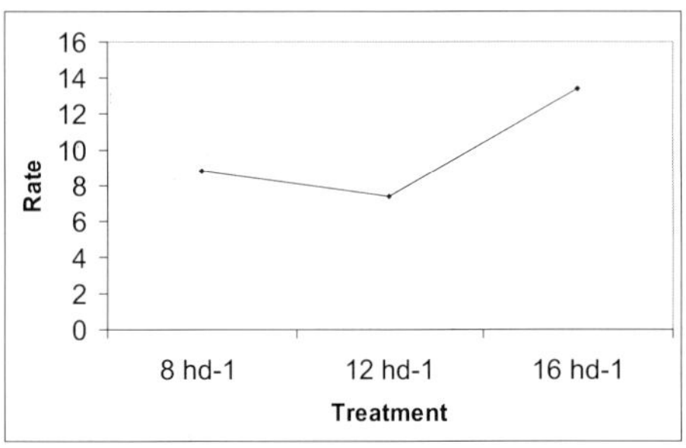

Figure 3. The influence of photoperiodic conditions on flower number per internode.

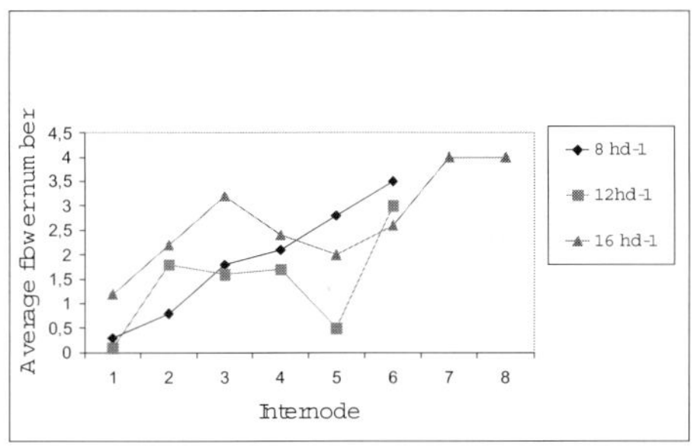

Figure 4. The influence of photoperiodic conditions on flowering rates.

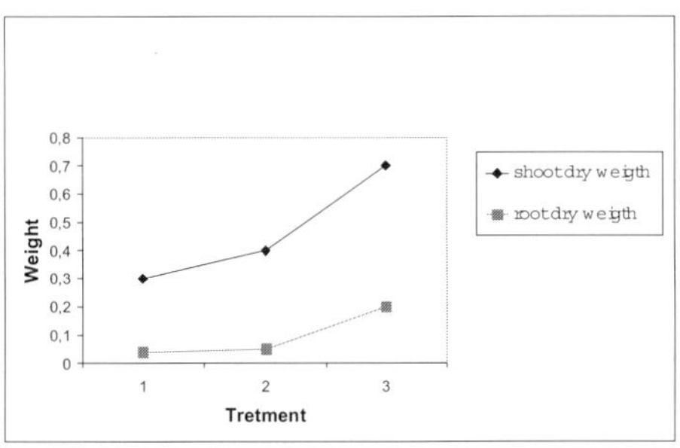

Figure 5. Shoot and root dry weight under different conditions of photoperiod (1> 8 hd-1, 2>12 hd-1, and 3> 16 hd-1).

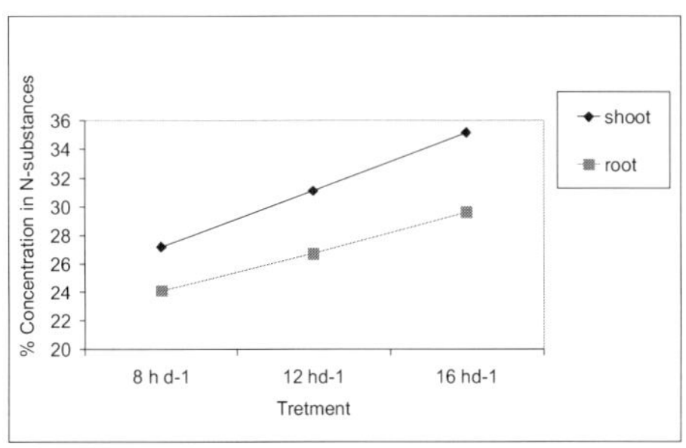

Figure 6. Total concentration of crude protein substances(%) in wet and dry tissue under different conditions of photoperiod.

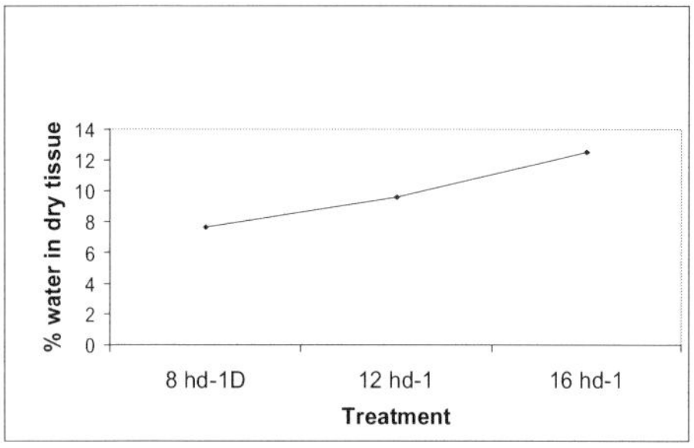

Figure 7. Water level in dry tissue of Phaseolus vulgaris, under different conditions of photoperiod.

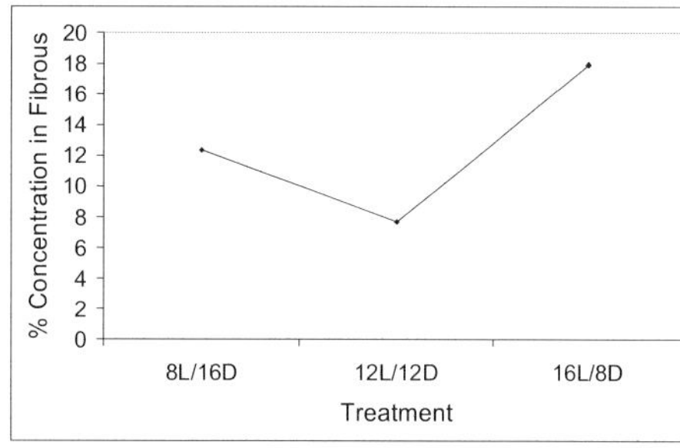

Figure 8. Total concentration(%)in crude fiber of Phaseolus vulgaris, *under different conditions of photoperiod.*

Plants which grow during the longest days are expected to be more active in photosynthesis. This can cause a leaf stoma to be open for a longer period. Water loss through leaf stomas of the plants of the third treatment was observed, thus confirming that they need more water in comparison to the other two treatments. This need can lead to an increase of storage water in the plant's tissue (Figure 7).

As plants growing under longer day duration are expected to be more active in photosynthesis (Schopfer and Mohr, 1995), the 16 hd^{-1} treatment could lead to intensive protein synthesis and a greater amount of crude protein. The concentration of cellulose (cellulose, hemi-cellulose and lignin) is determined as crude fibre. The hemi-cellulose is gradually replaced by cellulose and then by lignin, during the secondary growth of plants. Plants growing under short day conditions are expected to have a great concentration of hemi-cellulose (low level of total fibre), as they are at their primary development stage (Figure 8). On the contrary, plants which grow under long day conditions show a great concentration of lignin, as their phenotype is alike a plant at its secondary development. Lastly, all plants growing under conditions of 16 hd^{-1} have the highest level of cellulose and, therefore, show the highest level of crude fiber (Tsekos *et al.*, 1989).

Although *Phaseolous vulgaris* L. is considered to be a plant neutral to light, it shows differences in stem development in general, in flowering and in biochemical characteristics under different conditions of photoperiod.

References

Ifoulis, Á., 1985. Plant Production. Athens. (in Greek).

Lavee, S., Van Volkenburgh, E., Cleland, R.E., 1999. Ligth-stimulated leaf growth on intact and excised bean plants (Phaseolus vulgaris L.). I. Characterization of basic responses. Israel journal of plant sciences. 47: (3) 141-145.

Schopfer, P., Mohr, H., 1995. Plant Physiology, Germany.

Stern,R.K., 1997. Introductory Plant Biology, edition seven, California State – University-Chico.

Tsekos, É. and Koukoli Å., 1989. Botany-Physiology, V. Â, Thessaloniki. (in Greek language).

Wallace, D.H., Gniffke, P.A., Masaya, P.N., Zobel, R.W., 1991. Photoperiod, temperature, and genotype interaction effects on days and nodes required for flowering of bean. Journal of the American society for horticultural science, 116: (3) 534–543.

Session 2: Sustainable utilization of forest areas livestock land use and landscape

Session 2.2: Livestock, land use and landscape

Theatre presentations

Livestock, land use and landscape

I. Ispikoudis & D. Chouvardas

Laboratory of Rangeland Ecology, Aristotle University, 54124 Thessaloniki, Greece

Summary

Cultural Mediterranean landscapes result from the interaction between man and nature. They constitute the cultural, social, economic and ecological heritage of the people. Due to demographical, social, natural and economic changes, the evolution of these landscapes is rapid and most of the times irreversible; thus, they should be mapped, registered and evaluated before their complete disappearance. The main reasons for the degradation of Mediterranean landscapes are the temporal changes of management practices, while grazing is one of the driving forces changing the landscape characteristics. In this paper, a case study of Greece is presented. The landscape of the study area is made up of natural and cultural features and represents a typical cultural landscape of mountainous Greece. Information and data about the area has been collected and analysed. Geographic Informational Systems (GIS) have been used for mapping of land cover/use changes with air photographs. Landscape changes mostly concern the decline of grasslands, agricultural lands and shrublands between 1945 and 1992, while forestlands increased during the same period. The main feature of forest change has been a shift from sparser to denser forests.

Keywords: landscape mosaic, pastoral landscape, pastoral systems, socio-economic changes.

Introduction

During the long history of human intervention over the past 10 000 years, the original post-glacial climax forest cover has been converted into a variety of upland sub-climax ecosystems (Rackham, 1986). In the last centuries, equilibrium has been established in those non-cultivated upland ecosystems, which are neither overgrazed and heavily coppiced nor completely protected (Naveh & Dan, 1971). The more recent phases of landscape transformation have resulted in agro-silvo-pastoral landscapes, while the floristic composition and structure of the vegetation communities is determined by local climate, soil and management practices. This man-maintained equilibrium between trees, shrubs, grasses and geophytes has contributed much to the biological diversity and attractiveness of the Mediterranean landscape and is, without doubt, one of the territory's main assets related to recreation and tourism. However, in the last forty years this equilibrium has been more and more distorted by the radical changes in land use through mechanized land reclamation and cultivation, reforestation programs, increasing pressure of large cattle and sheep herds and overstocking by goats around villages, sheds and/or water points, combined with patch cultivation on non-terraced slopes after root grubbing of shrubs, and, above all, due to the rapid process of urbanization, water and road development and the abandonment of the remote mountain villages.

Natural and semi-natural landscapes and their extent in Europe

European pastoral landscapes (grasslands and shrublands) cover more than 1.5 million km² (Tucker & Evans, 1997). At the turn of the century, extensively managed and species-rich semi-natural grasslands and shrublands were very wide spread in Europe (van Dijk, 1991), but now a very large proportion (perhaps 99%) has been modified and degraded by intensive agricultural practices. Nonetheless, a significant area (around 14 million ha) of semi-natural grasslands and shrublands still remains, often occurring in landscape mosaics intimately associated with low-intensity farming systems (Goriup, 1999). This represents a significant reservoir of biodiversity, e.g. 173 priority bird species in Europe are associated with lowland grasslands and related agricultural habitats, and 100 species are associated with Mediterranean shrublands (Tucker & Evans, 1997).

Natural "climatic climax" grasslands and shrublands in Europe are restricted to sites distant from agricultural settlements, where combinations of altitudinal exposure, extreme drought, acute nutrient paucity or other environmental stresses maintain the vegetation as a more or less stable climax (Stanners & Bourdeau, 1995). Such natural landscapes are now a remnant of natural biodiversity; thus, identification and protection of these natural sites through the European conservation legislation is paramount. Dry grasslands have been studied more than other habitats, because of their importance for threatened bird species (Goriup *et al.*, 1991), while species-rich mesophile and siliceous grasslands are much less extensive, having suffered even more from agricultural intensification, and they are less well represented within the European conservation legislation (Jefferson, 1996).

On the contrary, due to a complex land use history, there are numerous types of semi-natural pastoral landscapes. Here the impact of humans via grazing, cutting and burning is integral to the structure, composition and dynamics of the vegetation (Bakker, 1989; Sutherland & Hill, 1995; Papanastasis & Peter, 1998). These landscape mosaics are dynamic systems, as the result of past and present low-intensity, land-use systems, and they are fundamental to the aesthetic value of European landscapes and their touristic appeal.

The Mediterranean sclerophyllous, grazed, wooded pastures (*dehesas*) in the Iberian Peninsula provide a good example of the significance of the landscape mosaic (Diaz & Pulido, 1995). It is a multiple land-use system, which maintains a diverse mosaic of three main habitat types; areas of extensively grazed grassland (pigs, sheep and cattle), shrubland and arable land. In the shrubland, acorns provide food for livestock and for wintering birds too, and the shrubs are important refuges for small mammals. Different bird species are associated with different areas and, while the grassland has the greatest bird-species richness, the greatest density is found in the shrubland. Dehesa is a complex system and shifts in management would alter the balance between the elements. For example, increased grazing pressure reduces acorn yield, which leads to decreases in wintering birds in some areas. Conversely, abandonment increases shrub cover and results in loss of the more wide-ranging bird species. As a consequence, management of the landscape mosaic within limits of acceptable change is vital to the conservation of biodiversity.

The role of livestock in the landscape

Grazing animals play an important role in vegetation dynamics at the landscape scale. Traditional techniques of livestock husbandry, once widespread in European pastoral landscapes, are now extinct or highly modified. For example, the diurnal folding of stock between lowland farmland and permanent grassland of the surrounding hills in north-west Europe may have exerted a profound influence on nutrient flows at the landscape level (Green, 1998). Furthermore, the traditional practices of sheep folding and cattle and the longer-distance transhumance (Ruiz & Ruiz, 1986) provide vectors for dispersal of plant species, since propagules may be transported long distances on wool and fur of animals moving between different areas (Kollman & Pirl, 1995, Fischer *et al.*, 1996). Most typical dry grassland species have transient seed banks and wind dispersal of seeds is low, so sheep or other livestock are the essential dispersal agents for the majority of species. Recovery of grasslands after abandonment is therefore dependant on these animal vectors to restore species richness (Dutoit & Allard, 1995; Bakker *et al.*, 1996; Poschlod *et al.*, 1998).

In response to the special ecological and socio-economical conditions of Mediterranean mountainous, rugged and shrub-covered regions, a distinct animal husbandry has developed, in which the ranging goat plays a most important role. It is well adapted to the meagre and seasonal forage, to scarce water supply and rocky terrains and can take best advantage of the prevalence of sclerophyll and thorny shrubs for milk, meet and hair production. Its contribution to the national economy of Mediterranean countries is very important. Goat populations have decreased in most countries in recent years, but they still range very high: 5.6 millions in Greece (NSSG, 2000). However, due to poor livestock and grazing management, their impact on the landscape, in combination with uncontrolled grazing by cattle and sheep and wildfires, can be disastrous. Most Mediterranean and semi-arid rangelands are estimated to be in a state of severe deterioration and accelerated erosion (Naveh & Dan, 1971).

The Mediterranean goat problem has been distorted by emotional reactions and misconception. These ranging goats, being able to survive and produce in poor conditions, have been blamed as the main culprits of Mediterranean landscape ruin. In reality, though, they happen to be only the last link in the vicious circle of landscape devastation brought upon by burning, cutting, grazing and slope denudation and cultivation.

The utilization of woody plants in the landscape

Woody plants play many roles in the landscape mosaic, providing products (timber, fruits, fodder), reducing water and wind erosion, protecting growing plants and improving crop production, providing shelter, habitat and food for wildlife, improving aesthetics and recreation. Historically, woody plants have been utilized by human societies as a key resource in the landscape. Leaf and twig fodder cut from trees played a major role in animal husbandry across most of Europe and in many areas stored hay was of critical importance to the survival of livestock housed indoors over winter. In addition, leaf and twig fodder also played a major role in shaping the cultural landscapes of the continent and in particular the structure and composition of vegetation. The use of arboreal fodder is both poorly understood and largely ignored by historians, geographers and ecologists. The significance of arboreal fodder in the landscape can be illustrated through an example from mountain villages in Greece (Halstead, 1998). Firstly, hay has played a critical role in maintaining and shaping sedentary mixed farming in this agriculturally marginal environment. Occupation by sedentary farmers of the mountain areas in the Mediterranean may owe as much to management of woody plants as to the cultivation of crops and animal husbandry. Secondly, along with grazing, burning, logging and cultivation, leaf foddering must be regarded as one of the main cultural activities affecting the historic landscape. Shredding and pollarding of beech and oak trees had a widespread and drastic impact on the landscape of the mountains of Greece. Thirdly, and perhaps most interestingly, hay collection has affected the landscape of the Greek mountains, in the sense that certain areas were set aside, through the restrictions of cutting and grazing, for the development of leafy hay reserves. The composition of the reserves was radically altered by the selective felling of species other than oak; as a result, an almost pure oak wood pasture appears to have been created out of mixed coniferous and broad-leaved deciduous forests.

Agricultural threats to landscape diversity in Europe

Agricultural intensification and land abandonment are the principal threats to semi-natural pastoral landscapes (Stanners & Bourdeau, 1995; McCracken & Bignal, 1995; Tucker & Evans, 1997; Poole *et al.*, 1998). For example, the decline of over 200 threatened plant species has been attributed to abandonment, while of the 195 bird species of European Conservation Concern, over 40% are threatened by agricultural intensification and over 20% by agricultural abandonment.

In European landscapes, the key threats come from agricultural intensification, especially changes in cropping patterns, e.g. shifts from spring to winter cereals and from hay production to silage, increased use of inorganic fertilizers and pesticides (Potter, 1997). The most direct product of intensification has been the ploughing of permanent grasslands and conversion to arable cropping, leading to a reduction in the area of pastoral landscapes. For example, in the former USSR, 41 million ha of steppe were converted to arable farmland between 1954 and 1960 (Goriup, 1999).

In Mediterranean landscapes, the key threats are land abandonment and vegetation change, resulting from secondary succession, as semi-natural Mediterranean grasslands develop progressively into phrygana, maquis and ultimately forest (Bolsius, 1998). Changes in vegetation composition, due to secondary succession following abandonment, can have significant consequences for landscape diversity (Tucker & Evans, 1997). As a result, fire, once a natural and important positive influence on Mediterranean vegetation dynamics, is now a major threat as land abandonment converts open pastoral landscapes into forests with a dry flammable understorey. Perhaps as much as 2.5% of the Mediterranean forests are burnt each year and fire frequency has increased dramatically (Blondel & Aronson, 1995).

The Greek case study

The aim of the study was to detect and analyze the land cover/use changes between 1945 and 1992, and to study the effects of socioeconomic, demographic and land use changes on landscape patterns, in a typical cultural landscape of mountainous Greece. The study area is located in Portaikos Valley, on Pindus Mountain, in Central Greece and occupies an area of 12 450 ha.

Geographic Informational Systems (GIS) have been used for the detection of land cover/use changes in the area by comparing three sequential series of panchromatic air photographs (1945, 1960 and 1992). These were registered, rectified, geometrically corrected and joined, and finally photomosaics for each period, 1945, 1960 and 1992, were produced. Each photomosaic was interpreted, based on the CORINE classification system (Heymann, 1994), and land cover/use polygons were digitized.

Statistical data, including demographic and socioeconomic information from 1951 to 1991, were collected from the National Statistical Service of Greece (NSSG, 2000) and were further analyzed to investigate possible correlation between demographic and socioeconomic changes and the landscape evolution.

The results showed that the total number of inhabitants in seven (7) small communities of the study area was reduced by 24.3% between 1951 – 1991, while one small town in the lowlands had an increase of its population by 33.54% (NSSG, 2000). The number of people younger than 44 years decreased from 73.6% of the total population in 1961 to 57.5% in 1991. On the contrary, the part of the population over 45 years old increased from 25.9% to 42.5% for the same period. This means that the small villages lost the youngest and most active members of their population. Furthermore, the number of inhabitants employed in the primary sector of production (agriculture, livestock husbandry, forestry, etc.), decreased dramatically from 31.21% of the economically active population in 1961 to 9.2% in 1991 (NSSG, 2000).

The great decline of the number of people engaged in the primary sector, in combination with the shortage of young and productive people in the area, had a direct effect on agriculture, on forestry and on the livestock husbandry systems practiced.

Between 1945 and 1992, grasslands decreased by 31.8%, while shrublands decreased by 10.6%. Moreover, there has been a shift from sparser to denser shrublands. Agricultural lands decreased by 46.7%. Coniferous forests increased by 14.70% and broad-leaved forests by 21.3%, while a significant shift from sparser to denser forest was observed. These changes can be attributed to demographic and socioeconomic changes that cause the traditional husbandry systems to alter and the grazing pressure to be concentrated around the villages, leading to the decline of grazing pressure in forested areas and the expansion of coniferous and broad-leaved forests in abandoned agricultural lands and rangelands. The decline of the demand by local people for firewood, especially after the 60's has also contributed to this change.

Stocking density has been calculated in Animal Units (sheep or goat) per hectare in rangelands (AU/ha), by dividing the total number of animals by the grazed area (1960 and 1992 shrubland and grassland total areas). Stocking density in the lowlands of the study area, with 6.1 AU/ha in 1961 and 12.3 AU/ha in 1991 has been doubled, while in the uplands, with 4.22 AU/ha in 1961 and 4.3 AU/ha in 1991, it can be considered as stable. Considering that the grazing capacity of rangelands in Greece is no more than 1 animal unit (sheep or goat) per hectare (Papanastasis *et al.*, 1990) rangelands in the lowlands of the study area are stocked by at least twelve times as many animals as they can support. For the correct evaluation of the changes of stocking density in the uplands, it is necessary to include the number of grazing animals of the nomads (Sarakatsans) who used to shepherd their animals in the area in the 50's, without being registered there in the official censuses of NSSG. According to the folklore scientist Hatzimichali (1957) the number of sheep and goats of Sarakatsans that grazed in the uplands of the study area during the summer, was up to 7 000 animals in the 50's; today, however, the Sarakatsan nomads have disappeared from the study area. According to the above, the stocking density in this area, was 9.91 AU/ha. This decrease, from 9.91 in the late 50's to 4.3 AU/ha in 1991, explains, at least partly, the fact that forests have expanded and become denser. In the lowlands of the study area, stocking density, which has doubled in 1991 compared to 1961, explains partly the slight decline of the total area of shrublands. However, there has been a shift from sparser to denser shrublands. This can be explained by the fact that nomadic and in flocks livestock has decreased, while household livestock has increased; moreover, animal feeds have been widely used by farmers, as a result of the difficulty of old people to shepherd their animals far away from the villages. Therefore, grazing pressure is concentrated near the villages, while the most remote parts of the area are less and less grazed.

These results are in concordance with the general trend of landscape evolution in the Mediterranean region, showing that land abandonment is more severe in high altitude areas with diverse terrain (Farina, 1998).

Conclusions

Cultural Mediterranean landscapes result from the interaction between man and nature. They constitute the cultural, social, economic and ecological heritage of the people. Due to demographical, social, natural and economic changes, the evolution of these landscapes is rapid and most of the times irreversible, so they should be mapped, registered and evaluated before their complete disappearance.

An important conclusion is that one of the first requirements for sustainable land-use mosaic in landscapes is the maintenance of an open, productive and attractive multiple land-use system, comprising trees, shrubs, herbs and livestock. Understanding the dynamics of landscape mosaics and the impacts of intensification and abandonment is essential to the development of appropriate management regimes for the maintenance and enhancement of these landscapes

References

Bakker, J.P., 1989. Nature Management by Grazing and Cutting. Kluwer, Dordrecht

Bakker, J.P., E.S. Bakker, E. Rosen, G.L. Verweij & R.M. Bekker, 1996. Soil seed bank composition along a gradient from dry alvar grassland to Juniperus shrubland. Journal of vegetation Science, 7: 165-176.

Blondel, S. & J. Aronson, 1995. Biodiversity and ecosystem function in the Mediterranean basin: human and non-human determinants. In: Mediterranean-Type Ecosystems: the Function of Biodiversity. G.W. Davis & D.M. Richardson (Eds). Springer-Verlag, Berlin & London.

Bolsius, E., 1998. Marginalisation and abandonment of Europe's high natural value farmland. In: Mountain Livestock Farming and EU Policy Development. European Forum on Nature Conservation and Pastoralism. A. Poole, M. Pienkowski, D.I. McCracken, F. Petretti, C. Bredy & C. Deffeyes, Argyll.

Diaz, M. & F.J.P. Pulido, 1995. Wildlife-habitat relationships in the Spanish dehesa. In: Farming on the Edge. D.I. McCracken & E.M. Bignal (Eds). Proceedings of the Fourth European Forum on Nature Conservation and Pastoralism. Joint Nature Conservation Committee. Peterborough. p. 103-111..

Dutoit, T. & D. Allartd, 1995. Permanent seed banks in chalk grassland under various management regimes – their role in the restoration of species-rich plant communities. Biodiversity and Conservation, 4: 939-950.

Farina, A., 1998. Principles and Methods in Landscape Ecology. Chapman & Hall Ltd.London, pp. 235.

Fischer, S.F., P. Poschlod & B. Beinlich, 1996. Experimental studies on the dispersal of plants animals on sheep in calcareous grasslands. Journal of Applied Ecology, 33: 1206-1222.

Goriup, P.D., L.A. Batten & J.A. Norton, 1991. The Conservation of Lowland Dry Grassland Birds in Europe. Joint Nature Conservation Committee, Peterborough.

Goriup, P.D., 1999. The Pan European Biological and Landscape Diversity Strategy: integration of ecological, agricultural and grassland conservation. PARKS, Vol. 8, No.3

Green, B.H., 1998. The effects of changing farming systems on landscape-scale nutrient flows and plant diversity in grasslands, In: Ecological basis of Livestock Grazing in Mediterranean Ecosystems. V.P. Papanastasis & D. Peter (Eds). European Commission, Luxembourg., 40-52.

Grimmett, R.F.A. & T.A. Jones, 1989. Important Bird Areas in Europe. International Council for Bird Preservation, Cambridge.

Halstead, P., 1998. Ask the fellows who lop the hay: Leaf-Fodder in the mountains of northwest Greece. Rural History, 9(2): 211-234.

Hatzimichali, A. 1957. Saracatsans. Vol. First. Part A. Athens. (in Greek).

Heymann, Y. (Project leader). 1994. Corine land cover. Technical guide. European Commission, Luxembourg.

Jefferson, R.G., 1996. Lowland Grassland in Natural Areas. National Assessment of Significance. English Nature Research Report. No 171. English Nature, Peterborough.

Kollman, J. & M. Pirl., 1995. Spatial pattern of seed rain of fleshy-fruited plants in a scrubland grassland transition. Acta Oecologica. 16: 213-222.

McCracken, D.I. & E.M. Bignal (Eds), 1995. Farming on the Edge. Proc. of the Fourth European Forum on Nature Conservation and Pastoralism. Joint Nature Conservation Committee, Peterborough.

Naveh, Z. & J. Dan, 1971. Human degradation of Mediterranean landscapes in Israel. Proc, Intern. Symp. On Mediterranean ecosystems. March 1971, Valdivia, Chile.

NSSG,. 2000. Catalogue of statistical publications. General Secretary of the National Statistical Service of Greece, Athens. (in Greek)

Papanastasis, V., Kyriakakis, S. & Ispikoudis, I. 1990. Forestry and grazing practices in Crete. In: A.T. Grove, J. Moody and O. Rackham (Eds), Proc. of the meeting on Stability and Change in the Cretan Landscape, 20-22 April 1990, Kolympari, Crete. Corpus Cristi College, Cambridge, p. 42-46.
Papanastasis, V.P. & D. Peter (Eds), 1998. Ecological Basis of Livestock Grazing in Mediterranean Ecosystems. European Commission, Luxembourg. pp. 350.
Poole, A., M. Pienkowski. D.I. McCracken, F. Petretti, C. Bredy & C. Deffeyes (Eds), 1998. Mountain Livestock Farming and EU Policy Development. European Forum on Nature Conservation and Pastoralism, Argyll.
Poschlod, P., S. Koifer, U. Trankle, S. Fischer & S. Bonn, 1998. Plant species richness in calcareous grasslands is affected by dispersibility in space and time. Applied Vegetation Science. 1: 75-90.
Potter, C.A., 1997. Europe's changing farmed landscape. In: Farming and Birds in Europe. The Common Agricultural Policy and its Implications for Bird Conservation. D.J. Pain & M.W. Pienkowski (Eds). Academic Press, London.
Rackham, O., 1986. The History of the Countryside. Dent, London, pp. 445.
Ruiz, J.P. & M. Ruiz, 1986. Ecological history of transhumance in Spain. Biological Conservation. 37:73-86.
Stanners, D. & P. Bourdeau, 1995. Europe's Environment. The Dobris Assessment. European Environment Agency, Copenhagen.
Sutherland, W.I. & D.A. Hill, 1995. Managing Habitats for Conservation. Cambridge University Press, Cambridge.
Tucker, G.M. & M.I. Evans, 1997. Habitats for Birds in Europe. A Conservation Strategy for the Wider Environment. Birdlife International, Cambridge.
vanDijk, G., 1991. The status of semi-natural grasslands in Europe. In: The Conservation of Lowland Dry Grassland Birds in Europe. Joint Nature Conservation Committee, Goriup, P.D., L.A. Batten & J.A. Norton, Peterborough.

Land use, livestock farming and the creation of landscapes

I. Hadjigeorgiou[1] *& A. Karalazos*[2]

[1]*Department of Animal Nutrition, Agricultural University of Athens, 75 Iera Odos, Athens 118 55, Greece*
[2]*Department of Animal Production, Faculty of Agriculture, Aristotle University, Thessaloniki 541 24, Greece*

Summary

Harsh climate, steep slopes, exposed ground and poor soils characterize the Mediterranean mountainous areas. Superimposed on these physical characteristics is remoteness from civic centers and a pattern of land use primarily consisting of agriculture and forestry, although other human activities are becoming equally important. These areas also comprise important wildlife habitats and countryside of outstanding natural beauty, since mountain areas are by no means uniform. Climate, slope and soil conditions are major factors governing the primary patterns of vegetation growth, the vegetation itself and the land use in mountainous areas. This diversity contributes to biodiversity and favours the application of different agricultural systems. Livestock farming is an important element to the formation of landscape in Mediterranean mountain areas and this is effected through a variety of means. Production objectives should be jointly achieved with social and ecological functions of these lands, if we wish to maintain our cultural, social and economic heritage.

Keywords: Mediterranean, livestock farming, biodiversity, landscape, land use.

Introduction

Landscapes can be considered as composed of three key elements: landscape structures or appearance which include land use types (e.g. crops, forests, lakes), man made objects (e.g. stonewalls, hedges) and environmental features (e.g. habitats); landscape functions, such as a place to live, work, visit and provide various environmental services; landscape values, concerning the costs to farmers of maintaining landscapes and the value society places on agricultural landscape, such as recreational and cultural values (Parris, 2002). As agriculture is the major land-using activity in the Mediterranean basin, its impact on landscape is significant (Parris, 2002). Agricultural landscapes are the visible outcome from the interactions between agriculture, natural resources and the environment. From this point of view the existence of a variety of vegetation types favours the Mediterranean basin countries compared to other areas of Europe.

Historically, landscape as aesthetics of territory emerged early in our civilization at the moment where the owners of the land were no longer included in the peasant civilization (Mormont, 2002). Indeed, the concept of landscape is thought to emerge when vision separated from practice and work. Moreover, it has been argued that landscape, as a specific way to conceive and organize space, is a sort of political process of ordering territory from a specific point of view (Mormont, 2002).

Mediterranean mountain landscapes

Pflimlin and Todorov (2003) summarized and categorized the Eurostat Census 2000 data to present figures for land use, livestock numbers and livestock holdings for the 15 EU countries and their distribution over five distinct geographical livestock zones. The zone of the Mediterranean mountain regions includes the south and central Iberian peninsula, the French Mediterranean piedmonts, the central and southern Italy and the southern Balkans. These regions contain 36% of the total European UAA (EU 15). Moreover, the permanent and temporary grasslands together with forage crop areas represent 44% of the UAA in these regions, not necessary including the rough-grazing areas. There the large rangelands are used mainly for sheep, goats and cattle farming.

Rough grazings in the Mediterranean basin, used for extensive animal farming do represent a significant proportion of the total land. In Greece for example, according to the National Statistics Service, further to the 29% of arable land, a 40% of the total land area is classified as rough grazings, of which 83% is located in mountainous and semi-mountainous regions (Hadjigeorgiou *et al.*, 2002). These areas have been interacted with human and livestock practices for millennia. Mediterranean areas experience particular climatic conditions (e.g. pronounced drought in the summer, short rain periods in winter, considerable temperature range), which influences the location and timing of grazing practices (Peco, 2002). Features of these lands include a high percentage of annuals and a remarkable level of species richness. This richness (130 species per 0.1 ha) is probably the result of a high spatial and temporal diversity linked to the soil and climate conditions, grazing by domestic and wild animals and other human-induced grassland management activities (Peco, 2002). Furthermore, plant species diversity of the Mediterranean rough grazing-lands is contributing to distinct quality of animal products from these regions (Boyazoglu and Morand-Fehr, 2001).

Livestock in landscape formation

According to the National Statistics Service of Greece, about 2.4 million Livestock Units (L.U.) of potential users of grazing material (this including suckler cows, equids, sheep and goats) are farmed utilizing the 5.2 million ha of rough grazings, along with the 3.2 million ha of arable land which are occasionally grazed (cereal stubble grazing, olive tree grooves grazing etc). These animals are distributed relatively homogeneously on the Greek territory with the average elementary administrative unit (Kinotita) recording an animal population of 400 L.U. Moreover, 27.3, 33.3 and 39.4 % of these animals are recorded respectively in "Kinotitas" of bellow average, average and above average records of animals. However, the distribution of grazing animals in relation to the available rough grazing land area of each "*Kinotita*" follows a different pattern with the majority of the areas (73%) hosting low numbers of animals, while Livestock Units are equally distributed between areas receiving Low, Medium and High grazing load.

Herbivores are generally regarded as disturbance generators due to their consumption of plants or plant parts such as leaves, fruit, seeds and roots, their mechanical disturbance of soil (trampling, grubbing etc) and other changes to earth features due to dung input. However, the use of herbivores as tools for environmental and landscape management has recently being recognized (Moulin and Guerin, 2002). Due to their management (large herds, directed herding, supplement feeding) domestic animals may impose a much greater grazing pressure than the wild herbivores. Moreover, the grazing behaviour of domestic animals on the open (unfenced) grasslands is very close to natural, unlikely that in enclosed fields. As an effect the domestic animals are replicating the grazing patterns of herds of wild grazers, which used to roam across the European landscape in the long distant past. Which plants grow where, their relative abundance and how prolifically they can flower is to a large extent determined by the behaviour of grazing animals (by what they eat, when they eat it and how frequently they return to the same spot to feed).

There is still a gap in our knowledge to predict the vegetation response to grazing pressure in terms of species richness (Leger *et al.*, 2002). Herbivores are generally thought to increase species richness, although some studies suggest a weak or even negative effect. Even under conditions of heavy grazing vegetation diversity is not affected adversely, but changes in the composition of the community are generated (Perevolotsky *et al.*, 2002). On the contrary pastures that have been abandoned are in most cases encroached by a simple shrubby vegetation and result in a loss of biodiversity (Stagliano *et al.*, 2003).

Grazers' role as dispersers of viable seeds was a less documented aspect until quite recently. Dung can play an important role in the life cycle of mainly annual plants since it provides good conditions for seeds that have passed through their digestive system to germinate and establish new generations of plants. Seeds may have traveled for hundreds of kilometers in the animals' digestive system or on their skin coat.

Therefore, grazers, both domesticated and wild have a major impact on the vegetation composition, vegetation structure and the species composition. The effects of grazing on the plants that are eaten produce diverse structures of vegetation. All these grazing induced variations in the height, density and types of vegetation make up a landscape. The subtle patterning of textures and colors of the herbage vegetation that can be seen from a distance shapes the landscape together with flowering plants of different color flowers and flowering times. However, since landscapes are not valued in monetary terms, the challenge for society is to judge the appropriate provision of landscape. Moreover, it is necessary to assess which landscape features are most valued and to what extent policy changes affect agricultural landscape.

A Greek case study

In a study carried out in Central Greece the herbaceous vegetation of four rangeland areas (Mi, Da, Bl, Ka) receiving different grazing management practices was studied.

These four areas had differences in characteristics (Table 1) in terms of elevation from sea level, the available rangeland areas, livestock units in the area utilizing the grazing material (sheep, goats and some cattle) and the presence of animals on rangelands over the year. Exclusion cages were erected at several points on each rangeland and the herbaceous material was harvested in mid June. Botanical analyses of the samples collected were used to calculate the following diversity indexes:

1. Species richness (N), average number of species in each analysis;
2. Shannon-Wiener diversity index (H) calculated from the equation

$$H = -\sum_{i=1}^{N} pi \ln pi$$

where *pi* is the proportion of individuals found in the *ith* species and N is the total number of species;

Table 1. Basic grazing-land characteristics of four areas studied in Central Greece.

Area	Elevation (m a.s.l.)	Livestock Units (LU)	Rangeland area (ha)	Ratio (LU/ha)	Presence coefficient
Mi	175	680	2 090	0.32	0.494
Da	150	6 800	11 970	0.56	0.948
Bl	250	1 670	2 600	0.64	0.845
Ka	535	1 730	1 400	1.23	0.718

Table 2. Botanical composition diversity of four grazing-land areas studied in Central Greece, expressed through various diversity indexes.

Area	Plant density (tillers/m^2)	Species richness (N)	Shannon (H) index	Evenness (E) index	Simpson (D) index
Mi	486^{ab}	8^{a}	0.186^{a}	0.656^{a}	1.353^{a}
Da	473^{a}	18^{b}	0.405^{b}	0.793^{a}	2.989^{b}
Bl	528^{ab}	20^{b}	0.375^{b}	0.683^{a}	2.696^{ab}
Ka	916^{b}	24^{b}	0.343^{ab}	0.596^{a}	3.172^{b}

3. Evenness (E) index, is the ratio of observed diversity to maximum potential diversity:

$$E = H / H\max$$

where H is the Shannon-Wiener index and Hmax=lnN. This index ranges between 0 and 1, where 1 means complete evenness.

4. Simpson dominance index (D), calculated from the equation

$$D = 1 / \sum_{i=1}^{N} pi2$$

where *pi* is the proportion of individuals in the *ith* species. For a given evenness D increases as richness increases, which produced the values presented in table 2.

These data indicate that areas receiving low grazing pressure, at least for a fraction of the year, are more likely to have a reduced plant biodiversity as compared to areas receiving moderate pressure throughout the whole year.

Conclusions

The traditional Mediterranean landscapes result from the interaction between man and nature. These landscapes are the cultural, social, economic and ecological heritage of at least the people living in the area. Production objectives can be jointly achieved with social and ecological functions of these lands, hence animal scientists should consider their use in a broader context. Understanding the dynamics of landscape mosaics and the impacts of intensification or abandonment is essential to the development of appropriate management regimes for the maintenance and enhancement of these landscapes

References

Boyazoglu J. & P., Morand-Fehr 2001. Mediterranean dairy sheep and goat products and their quality. A critical review. Small Ruminant Research, 40: 1-11.

Hadjigeorgiou, I., F., Vallerand, K., Tsimpoukas & G., Zervas 2002. The socio-economics of sheep and goat farming in Greece and the implications for future rural development. Options Mediterraneennes, Series B 39, pp. 83-93.

Leger, F., S.A., Brown, P., Duncan, H., Fritz, E., Kerneis, J., Lepart, P., Marty & M. Meuret, 2002. How to integrate knowledge across spatial scales to conserve biodiversity through livestock grazing. Proceedings of 19th EGF meeting. Grassland Science in Europe. Volume 7, pp. 932-933

Mormont, M. 2002. What does grassland represent? Proceedings of 19th EGF meeting. Grassland Science in Europe. Volume 7, pp. 867-873

Moulin, C. & G., Guerin, 2002. Pastoralism as a tool for environmental and landscape management. Proceedings of 19th EGF meeting. Grassland Science in Europe. Volume 7, pp. 936-937.
Parris, K. 2002. Grasslands and the environment: recent European trends and future directions – an OECD perspective. Proceedings of 19th EGF meeting. Grassland Science in Europe. Volume 7, pp. 957-985.
Peco, B., 2002. Grassland diversity under dry conditions: the role of management in nature conservation. Proceedings of 19th EGF meeting. Grassland Science in Europe. Volume 7, pp. 875-881.
Perevolotsky, A., M., Sterenberg, Y., Osem, E.D., Ungar, M., Gutman, L., Hadar & J., Kigel, 2002. Grazing, diversity and conservation in grasslands in Israel – the case of rangelands under long-term human use. Proceedings of 19th EGF meeting. Grassland Science in Europe. Volume 7, pp. 940-941.
Pflimlin, A. & N.A., Todorov 2003. Trends in European forage systems for meat and milk production: facts and new concerns. Proceedings of 12th EGF Symposium. Grassland Science in Europe. Volume 8, pp. 1-10.
Stagliano, N., G., Argenti, A. Pardini & E., Bianchetto 2003. Influence of shrubby vegetation on biodiversity in a pasture of the Apennines (Central Italy). Proceedings of 20th EGF meeting. Grassland Science in Europe. Volume 8, pp. 580-583.

Traditional itinerary sheep farming in Trás-os-Montes: a useful tool for land management

J.C. Barbosa[1] *& J. Portela*[2]

[1]*Escola Superior Agrária, Ap 1172, 5301-355 Bragança, Portugal*
[2]*Universidade de Trás-os-Montes e Alto Douro, Ap. 1013, 5000 Vila Real, Portugal*

Summary

Trás-os-Montes, North-eastern Portugal, is one of the less favoured areas in the country and in the EU. It is a mountainous region where sheep farming has had a great socioeconomic value throughout time, particularly due to the fact that alternative economic activities are very scarce at both the local and regional level. Traditional sheep farming is based on long-established knowledge and practices. Its main feature is itinerary grazing over the local territory. Flocks range around all over the unfenced and "free" plots of different landowners, according to old uses of land management. So, sheep use natural resources that otherwise would be useless.

Keywords: sheep farming system, natural resources utilization.

Introduction

In Trás-os-Montes, sheep farming has had a great socioeconomic value throughout time. With both the economic losses and decline of other agricultural activities (for example, cereal crops) and the scarcity of alternative productions, sheep farming continues to be the main source of income for many families in the region. In this paper, we focus briefly on practices of land use; management of pastures and use of natural resources; local rules concerning grazing, land use and related social conflicts; and the raisers' rationale for keeping the sheep farming system.

Material and methods

Trás-os-Montes is located in North-eastern Portugal and, officially, it is one of the seven Portuguese agrarian regions. It is composed of several plateaus above 700 m and various mountains with peaks between 1 000 m and 1 500 m. The plateaus are crossed by the deep valleys of the Douro river and its tributaries (Taborda, 1987). Since the region has several plateaus, mountains and deep valleys, there is some regional climatic diversity. In order to picture Trás-os-Montes roughly, both scientists and technicians commonly use the words "*Terra Fria*" and "*Terra Quente*", whose literal meaning is Cold Land and Hot Land. The former is related to mountain areas, with a cold and prolonged winter, and a brief hot summer; the latter relates to a warm and dry summer, and mild winter (Ribeiro, 1995). Trás-os-Montes covers 12 282 km^2 (14% of the national area) with 33 municipalities, grouped into two territorial statistic units: Alto Trás-os-Montes and Douro. Alto Trás-os-Montes, in the North, is the most mountainous area, where livestock is particularly important; and Douro, along the river Douro, in the South, is mainly famous for its vineyards and Port wine.

In the national context, Trás-os-Montes is one of the most depopulated and least favoured areas. The population has been decreasing since the 60's. The region has 5% of the total Portuguese population, with a density of 36 inhabitants/km^2, far below the national average, 110 inhabitants/km^2. With 3% of the Portuguese GDP (Gross Domestic Product), the per capita GDP of the region is about two thirds of the national value. Agriculture is a major economic activity and the agricultural population (196 960 inhabitants) represents 44% of the population of the region.

Due to the key role of sheep raising in the local agricultural economy, in 1990 we carried out a research work concerning the sheep farming system in the municipality of Bragança, aiming at a thorough study of traditional animal husbandry (Barbosa, 2000). Since then, we have extended the study area to the entire Trás-os-Montes region, and have followed the regional evolution of the sheep farming system. Between 1990 and 2002, we have interviewed more than 400 shepherds. These "land managers" are responsible for the raising of nearly 400 flocks, which amounts to more than 5 000 heads.

The recent evolution of sheep in the Trás-os-Montes region

Livestock has always played a major role in Trás-os-Montes agriculture. As a result of this fact, we can find several local breeds of sheep, goats and cattle. The importance of sheep farming, however, is increasing.

Obviously, the orography, soil and climate highly condition grass production, but sheep raising in Trás-os-Montes is not seriously affected by these factors. Likewise, both the regional socioeconomic conditions and traditional farming favour sheep raising. High local interest in sheep farming can be inferred from the evolution of regional livestock (Table 1).

In the last census (1999), the number of sheep in Trás-os-Montes amounted to 11% of the national total. In the period between the two earlier censuses, the number of ewes increased, while the number of goats and cattle decreased.

Traditional itinerary sheep farming, land management and utilization of natural resources

Traditional itinerary sheep farming is an extensive system; and land use management, rules about itinerary grazing by sheep, animal husbandry techniques and their adaptation to environmental conditions and social relationships are based on long-established indigenous knowledge and practices (Barbosa & Portela, 2000).

Land fragmentation is one of the causes of the presence of this sheep farming system. Land is divided into small plots and the farms are small. According to the last census, Trás-os-Montes has 70 006 farms and 457 881 ha of SAU. The average arable land per farm is 6.54 ha; and the average number of plots is 9.97 plots per farm. Most plots (67%) are under 0.5 ha; 35% of these plots being under 0.2 ha.

Under these conditions, only a very small number of shepherds (we have found 3 cases) own land plots that are capable of feeding their own flock and there are many other raisers who only possess a few small plots, clearly insufficient to sustain the animals. So, the whole village territory is a potential

Table 1. Number of females (ewes, goats and cows) in the years 1989 and 1999.

	1989	1999	Variation (%)
Ewes	223 894	273 101	22
Goats	96 998	64 170	-34
Beef cattle	22 321	17 556	-21
Dairy cattle	30 760	25 604	-17

Source: INE (2001).

grazing area, vital for feeding sheep, which make use of all the natural resources available in the territory. As the flocks move along over the local territory, this itinerary grazing must be accepted and regulated by land owners.

These conditions create a complex sheep farming system, in which, sheep farms depend on external feed and social actors. The five essential components of the traditional sheep farming system are under constant interaction, represented in Figure 1. Itinerary grazing is the main feature of the system and it conditions sheep husbandry techniques as well as the other components. It occurs over the local territory, including common land and private plots: uncultivated land and fallow fields, oak- and cork-oak groves, as well as vegetation under canopy (e.g. olive groves, almond and chestnut trees). Both farming sub-products and wastes of cereals, horticulture, vineyards or others, are also used as feed. Thus, sheep take advantage of natural resources that otherwise would be useless.

Flocks range around all over the unfenced and "free" plots of different landowners, according to traditional practices of land management. So, sheep farming is highly dependent on "external" feed and social actors, mainly neighbours.

Sheep farming is an activity that involves all the family members, in two senses: work and heritage. The work is shared by all the members and the young people learn from their parents how to lead and handle the flock. The knowledge, as well as the affection for these animals are handed over to the shepherd by his parents at a tender age. There are very few shepherds whose parents were not shepherds. Leading the flock from plot to plot and over the commons is an unattractive job, due to conditions such as: bad weather in the winter and grazing during the night in the summer; which may account for the very few wage-earning shepherds. Despite that, when speaking with shepherds, their affection and fondness for sheep is outstanding.

The main breeds that make up the regional flocks are local ones. In Trás-os-Montes there are six different local breeds which are raised for milk production or slaughter, according to the characteristics of each breed. In the North, flocks are used for slaughtering, while in the South milk production is dominant. Breeders value their rusticity and ability to adapt to the environment and to endure long walks (from 4 to 6 km a day), as well as their capacity to survive when food is scarce. Several attempts to introduce more productive races failed because animals were raised according to the itinerary system and consequently they did not reach their normal production levels.

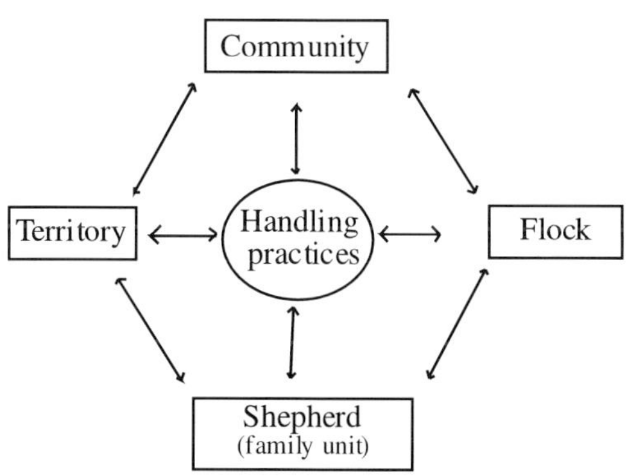

Figure 1. Traditional sheep farming system model (condensed).

Most flocks have between 100 and 200 animals. In 1999, among the farms with more than 100 sheep, only one fourth registered more than 200 animals. Generally speaking, the sheep belong to the shepherd but there are other forms of ownership. In some villages, such as Gralhas and Rio de Onor, there are "communal flocks", i.e. flocks which are led, sometimes in rotation, by sheep owners. These flocks are made up of animals belonging to various owners and they are driven up by one or two shepherds. Some decades ago, there were many flocks owned in partnership. Today, very few of such flocks exist (we identified 5) although "à guarda" sheep in some flocks still exist. These are neighbours' animals that are integrated into the flock, in exchange for feed or access to grazing fields. We found this specific partnership in 11% of the flocks that we studied.

As mentioned before, the whole village territory is a potential grazing area. However, land use by sheep is subject to utilization rules, which are either community-based or established by local authorities. Basically, these rules aim at protecting crops and cultivated fields and controlling eventual damage.

Informal rules, which are community-based (and unwritten), are related to old customs. For instance, the flock cannot drive into cultivated land before harvesting, or into fields that are marked with "balizas" (specific signs, such as a stick with a tiny flag, which indicate that the owner does not allow free access to the plot). In villages where a multiple cropping system is put into practice, flocks must not move near the plots where cereal is grown.

The formal rules tend to be established by local authorities and/or farmers' organizations (in Southern Trás-os-Montes). These rules are mainly related to grazing, sheep housing, leading the flock and damage compensation. In some villages, rules may even demarcate plots or specific areas for every shepherd in the community. The rules made by farmers' organizations force shepherds to previous identification and the payment of a fund destined for paying land owners and making improvements in the village territory, such as rural roads, watering places, fences and other.

The forms of land use, which include free access and socially-regulated use of the land, are based on exchange relationships, allowing shepherds to use resources that would otherwise remain unused. Shepherds tend to establish good relationships within the community, which implies coping with tensions and maintaining links with landowners on the basis of shared interests. Traditionally, the shepherds' strategies lie in the exchange of services and in the offer of products from the flock. Thus, despite their "self-insufficient landowners" status, they manage to produce meat, milk and cheese of high quality, which are appreciated by consumers. Moreover, production costs are low, especially as far as feeding is concerned.

Conclusion

The above mentioned data allow us to conclude that the Trás-os-Montes traditional itinerary sheep farming is a relatively complex system. Within it, the very concept of farm, as a "closed frontiers" unit, is questioned. In fact, the flock is more dependent on external resources and social actors than on the own farm itself.

Sheep use natural resources that otherwise would be useless and provide, at low cost, high quality products. Besides the use of natural resources, itinerary sheep farming plays a key role in the maintenance of both the agricultural landscapes and the socio-economic environment of the rural territory. Traditional itinerary sheep farming, with its land utilization rules, plays an important role as a useful tool for land management.

References

Barbosa, J.C., 2000. O sistema tradicional de exploração de ovinos em Bragança. Série Estudos, Instituto Politécnico de Bragança, Bragança, 184 pp.

Barbosa, J. C. & J. Portela, 2000. O pastoreio de percurso no sistema de exploração de ovinos em Trás-os-Montes. In: Actas do Colóquio Montemuro - a última rota da transumância, Escola Superior Agrária de Viseu, 95-116.

INE, 2001. Recenseamentos Gerais da Agricultura - Dados comparativos 1989-1999. Instituto Nacional de Estatística, Lisboa, CD-ROM.

Ribeiro, O., 1995. Opúsculos geográficos. Vol VI: Estudos regionais. Fundação Calouste Gulbenkian, Lisboa, 495 pp.

Taborda, V., 1987. Alto Trás-os-Montes - estudo geográfico. 2º ed. Livros Horizonte, Lisboa, 139 pp.

Place et fonction de la prairie naturelle dans les systèmes agricoles des zones semi arides d'altitude d'Algérie

K. Abbas[1], *M. Abdelguerfi-Laouar*[2] *& T. Madani*[3]

[1]*INRA d'Algérie, Unité de Sétif, Alger, Algérie*
[2]*INRA d'Algérie, Laboratoires des ressources végétales, Alger, Algérie*
[3]*Université de Sétif, Laboratoire de Biologie*

Résumé

Les prairies sont une ressource fourragère importante et une réserve naturelle d'une grande diversité de plantes. En Algérie, ces ressources se concentrent dans les régions humides et sub-humides du nord du pays. Elles peuvent aussi s'étendre aux zones semi arides d'altitude en longeant les lits d'oueds et en occupant de nombreux bas fonds. Les superficies de ces prairies ont malheureusement connu une forte régression depuis le début du siècle à cause de nombreux facteurs, dont surtout leur faible intégration dans les différentes politiques de développement agricole. L'objectif de ce travail est l'étude des paramètres de diversité de des prairies en matière de place et de fonction au sein des systèmes agricoles. Il s'appuie sur une enquête de plus de 50 exploitations agricoles réparties sur les étages semi-aride inférieur (pluviosité < 400 mm / an) et supérieur (pluviosité > 400 mm / an) de la région d'altitude de Sétif (Algérie). Les résultats montrent la prédominance des prairies de type: lit d'oued. La proportion de la SAU occupée par la prairie est réduite dans la majeure partie des cas. Toutefois, elle peut constituer, dans certaines unités de production, un apport fourrager considérable. Un système de gestion mixte: fauche/pâturage est largement répandu, alors qu'en matière de conduite agronomique et de mode de pâturage, une diversité intéressante a été mise en évidence. Ainsi, les paramètres qualitatives et quantitatives analysés semblent suivre positivement l'importance de la place réservée à la prairie dans le système d'alimentation animal, alors que la dilution de cette fonction sur plusieurs espèces animales paraît défavorable.

Keywords: zone d'altitude, Algérie, prairie naturelle, diversité, fourrage, alimentation animale.

Introduction

En dehors du rôle fourrager très important, les prairies naturelles constituent un élément de base de l'équilibre des écosystèmes régionaux et par la même la préservation de l'environnement et de la biodiversité.

En Algérie, les prairies se trouvent essentiellement dans les étages bioclimatiques humides et sub-humides (respectivement 38 et 53 % des surfaces fourragères). Dans les zones semi arides , elles ne représentent que 7% des terres réservées aux fourrages. Ceci ne diminue pas de leur valeur, au contraire, dans ces zones généralement fragiles et soumises aux aléas climatiques , l'importance de ce type de surface s'accentue du fait qu'elles constituent:

- un facteur d'équilibre écologique régional;
- un facteur de diversification des systèmes d'élevage et par la même de durabilité des systèmes de production;

- une réserve de ressources biologiques de grande valeurs car existants dans des milieux à fort stress.

La régression continue qu'enregistrent les superficies de prairie naturelle (Lapeyroni, 1982) montre qu'il y à menace sur l'existence même de ces espaces, notamment dans les zones semi arides.

Pour appréhender cette problématique, nous avons pris l'exploitation agricole prise comme niveau principal d'approche afin de porter un diagnostic en termes de projets des agriculteurs sur la prairie comme partie de leur stratégies de production (Brossier, 1987). A travers les données structurales et productives d'un échantillon d'exploitations agricoles ayant des prairies naturelles, une typologie suivie d'une analyse des modalités d'exploitations et des pratiques sur les prairies naturelles sont présentés. Le but étant l'identification des acteurs, des pratiques et des contraintes.

Matériel et Méthodes

Le site

Le présent travail a été réalisé sous forme d'enquêtes dans une zone dite de hautes plaines céréalières au sein des wilayas de Sétif, Bordj Bouareridj et Mila, à l'Est de l'Algérie.

L'altitude varie entre 850 et 1 400 m, alors que le relief est souvent plat (parfois accidenté par endroits). Les exploitations enquêtées se situent souvent sur lits d'oueds et parfois sur des bas fonds. Le climat est de type semi-aride à hiver froid avec une pluviométrie très irrégulière entre années et entre saison (ABBAS *et al.*, 1999) qui varie entre moins de 300 mm/an et plus de 400 mm/an. Ainsi on peut définir trois sous zones climatiques: semi-aride inférieur, semi-aride médium et semi aride supérieur.

Les systèmes agricoles

les systèmes agricoles ont une orientation globale sur la céréaliculture associée à l'élevage ovin toutefois on rencontre une grande diversité de formes et d'organisations en fonctions d'une multitude de facteurs physiques et socio-économiques pouvant faire apparaître des systèmes beaucoup plus diversifiés, notamment ceux intégrant l'élevage bovin laitier et les cultures fourragères. (ABBAS *et al.*, 2001, 2002)

Mode opératoire

L'outil de base utilisé est un questionnaire axé sur trois types de données:

- structure des exploitations;
- caractéristiques des systèmes fourragers incluant la prairie naturelle;
- pratiques d'exploitation de la prairie naturelle.

Exploitations cibles

50 exploitations ayant des prairie naturelles ont été prises au hasard comme échantillon. La population totale est inconnue et l'identification s'est faite à l'aide des agents du développement agricole au niveau local. La répartition est assez homogène entre les trois sous zones climatiques (Tableau 1).

Analyse des données

La variabilité des données quantitatives de structure a été étudiée à l'aide d'une matrice de corrélations. Les autres analyses ont été faits par calcul simple de fréquences.

Résultats et discussion - Caractéristiques des exploitations agricoles ayant la prairie naturelle

Type juridique

L'échantillon d'exploitations étudiées se répartit en trois catégories:

- EAC: exploitations agricole collective (issue de la réforme de domaines publics).
- EAI: exploitation agricole individuelle (issue de la réforme de domaines publics).
- Privé: exploitations individuelles ou familiales privées.

Le tableau 2 précise que le panel étudié est principalement de type privé (74%) et collectif (20%). Les exploitations collectives représentent par contre70% de la SAU totale, contre 39% pour les privées. Ceci indique que ces dernières possèdent une SAU unitaire plus réduite. Le statut instable du type collectif, notamment sur le foncier, montre donc qu'une grande part des superficies prairials est détenue par des unités de production à pérennité discutable.

Les paramètres de structure

Les tableaux 3 indique que les exploitations étudiées ont une SAU moyenne d'environ 80 ha avec toutefois une grande variabilité (147%). Le cheptel se repartit en 9 UGB bovines et 8 UGB ovines.

L'occupation des terres

Les céréales occupent une majeure partie de des terres cultivées avec 53% de la SAU avec une variation de 64,5%. Les prairies naturelles représentent plus de 17% de la SAU, mais la variation est très importante (142%). Les fourrages cultivées et le maraîchage détiennent environ 7 % seulement de la SAU (Tableau 4). L'orientation céréalière et ovine est forte toute fois on note, la présence de fourrages et de bovins. Ceci indique que le choix préalable d'exploitations ayant des prairies nous mène à un système céréales - ovin - bovin.

Tableau 1. Répartition géographique des exploitations enquêtées.

	Nord (semi-aride supérieur)	Centre (semi-aride médium)	Sud (semi-aride inférieur)
Nombre	23	8	18
%	47	16	37

Tableau 2. Type juridique des exploitations étudiées.

	Nombre	En %	% SAU
EAI	3	6	1,02
EAC	10	20	70
Privé	36	74	29
Total	49	100	100

EAC: exploitations agricole collective (issue de la réforme de domaines publics), EAI: exploitation agricole individuelle (issue de la réforme de domaines publics), Privé: exploitations individuelles ou familiales privées.

Les systèmes d'élevage

Le tableau 5 montre que 94 % des exploitations possèdent des bovins , 70% possèdent des bovins et des ovins, alors que seulement 8% des unités de production ont l'ovin seul

Le système fourrager

Les céréales (jachère une année sur deux) se retrouvent chez 78 % du total. Les cultures fourragères ne figurent que dans 48% des explicitations alors que 100% de ces dernières possèdent la prairie naturelle (Tableau 6).

La présence des céréales chez 78 % du total montre bien que les systèmes d'élevage sont mixtes: ovin-bovin avec présence de prairie et de fourrages cultivées et de la jachère puisque la culture de blé est biennale (blé-jachère) (Abbas *et al.,* 2001).

Etude de la variabilité des systèmes d'élevage

La matrice des corrélations des variables quantitatifs présentée au tableau 7 montre bien que les céréales forment un couple avec les ovins alors que la prairie naturelle le fait avec les bovins (police soulignée, Tableau 7). Selon ces deux axes de variation, on peut identifier trois composantes pouvant permettre la typologie des systèmes d'élevage étudiés (Figure 1)
Nous pouvons donc identifier trois groupes d'exploitations selon l'orientation de leur système d'élevage:

- bovin / prairie: soit une dominance de la paire bovin-prairie;
- bovin - ovin / prairie céréales: soit une présence égale des ovins –céréales comme celle des bovins - prairie;
- ovin / céréales: soit une domination des ovins- céréales.

Tableau 3. Cheptel et SAU et paramètres de variation des exploitations enquêtées.

	SAU	UGB bovine	UGB ovines
Moyenne	77,9	9,1	8,2
Ecart type	114,6	8,3	10,1
Coefficient de variation (%)	147,2	91,3	123,5
Minimum	0,0	0,0	0,0
Maximum	500,0	40,0	40,0

Tableau 4. Moyennes en ha et paramètres de variation des principales spéculations rencontrées.

	Céréales	Fourrages	Prairie naturelle	Maraîchage
Moyenne	53,3	5,1	5,4	6,4
En % de la SAU	52,6	7,0	17,9	6,8
Ecart type	33,9	11,8	25,5	16,4
Coefficient de variation	64,5	167,4	142,2	241,5
Minimum	0,0	0,0	0,0	0,0
Maximum	98,2	53,3	100,0	85,7

Tableau 5. Fréquences moyennes des différentes spéculations animales.

	Ayant bovin	Ayant ovin	Ayant bovin et ovin	Ayant bovin seul	Ayant ovin seul
Nombre	47	35	35	14	4
%	94	70	70	28	8

Tableau 6. Fréquences moyennes des différentes spéculations fourragères.

	Ayant fourrage	Ayant céréales (jachère)	Ayant prairie naturelle
Nombre si	24	39	49
En %	48	78	100

Influence des régions climatiques

Le tableau 8 montre que 60 % des exploitations bovin-prairie se localisent dans le semi aride supérieur (+ 400mm/an) et 26 % au sud. Le groupe à orientation mixte (groupe bovin - ovin / prairie céréales) se trouve aussi plus au nord (47%) qu'au sud (36%) (moins de 300/an). Le groupe céréales-ovin est par contre situé au sud où la pluviométrie est inférieure à 300mm/an. Cette répartition montre que plus les conditions climatiques sont favorables plus l'élevage bovin associé à la prairie naturelle est mieux ancré. La région nord paraît être aussi un lieu plus privilégié quand le système ovin-céréales intègre fortement l'élevage bovin et la prairie naturelle. L'influence du climat sur l'orientation des systèmes se fait surtout par les étages favorables (>400 mm) et défavorables (<300 mm), puisque dans la région centre, tous les groupes se répartissent également. Il est aussi à relever dans ce point que les zones à faible pluviométrie renferment une bonne part des exploitations mixtes (groupe 2) dans la quelle la prairie joue un rôle important dans la préservation de la viabilité des systèmes de production et par la même celle de l'environnement et la biodiversité.

Variabilité des systèmes culturaux

La comparaison de la SAU moyenne entre groupes montre que les plus grandes exploitations sont plutôt d'orientation céréales – ovin avec 110 ha.(Tableau 9). Le même tableau indique que le groupe à orientation mixte enregistre une SAU moyenne très proche avec 106 ha. Le groupe bovin prairie a une SAU très réduite avec à peine 10 Ha en moyenne. La superficie céréalière moyenne suit la même variation, de même que le maraîchage et l'arboriculture fruitière. Les prairies naturelles et les fourrages cultivées sont plus présentes dans le groupe mixte. Cette analyse montre que le système bovin prairie , bien que spécialisé serait plus fragile en terme de terres.

Relativement à la SAU (Figure 2), la même tendance s'observe en matière de céréaliculture, mais le groupe bovin – prairie montre une plus grande diversification dans l'utilisation de la SAU. Les fourrages cultivées et les prairies occupent une part aussi importante que celle des céréales. Les deux autres groupes sont plus spécialisés en céréales, mais le groupe mixte intègre plus de spéculations complémentaires et possède surtout une part plus importante de prairie naturelle. Le groupe le plus stable serait donc le groupe mixte avec des atouts de structure et de diversification des production significativement plus nettes.

Tableau 7. Matrice des corrélations entre certaines variables quantitatifs.

	Sau	Céréales	Prairie naturelle	UGB bovines	UGB ovines
Sau	1,00				
Céréales	0,92	1,00			
Prairie naturelle	0,78	0,71	1,00		
UGB bovines	0,75	0,64	**0,76**	1,00	
UGB ovines	0,76	**0,78**	0,65	0,66	1,00

Tableau 8. Répartition entre région des groupes d'exploitations étudiées (entre parenthèses: en%).

	Nord (semi-aride supérieur)	Centre (semi-aride médium)	Sud (semi-aride inférieur)	N
Groupe bovin/prairie	9 (60)	2 (13)	4 (26)	15
Groupe bovin - ovin/prairie céréales	8 (47)	3 (17)	6 (36)	17
Groupe ovin/céréales	6 (36)	3 (17)	8 (47)	17
N	23 (46)	8 (16)	19 (38)	49

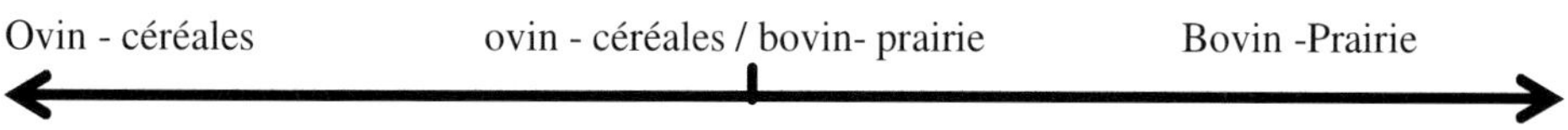

Figure 1. Axe de variation des systèmes d'élevage.

Variabilité des système d'élevage

Le tableau 10 fait ressortir que le groupe mixte possède le plus d'UGB avec une nette tendance en faveur des bovin. Le groupe ovin – céréales possède une cheptel presque aussi important en moyenne mais le nombre des UGB bovines et ovines est presque équivalent. Dans le group bovin – prairie , les nombre d'UGB totales est nettement plus réduit avec environ 12 UGB totales. Les bovins avec environ 6 UGB sont plus importantes que les ovins (5 UGB). Ainsi on observe que les UGB bovines sur UGB totales suivent un gradient négatif du système le plus prairial au moins prairial.

La charge animale (Figure 3) des prairie (utilisée surtout par les bovins) est nettement importante chez le groupe ovin céréales, dans le système d'alimentation bovin paraît moins dépendant de la prairie que les deux autres systèmes. La charge ovine sur la SAU (utilisation plus souple de plusieurs types de surfaces) est plus importante chez le groupe ovin céréales ce qui indique en l'absence de surfaces complémentaires une forte concurrence entre les bovins et les ovins sur les prairies naturelles.

Tableau 9. Certaines paramètres de variabilité des systèmes culturaux.

Groupe	Sau	Céréales	Fourrages	Prairie naturelle	Maraîchage	Arboriculture
Groupe bovin/prairie	10,23	3,23	3,40	3,87	2,64	1,75
Groupe bovin - ovin/prairie céréales	105,76	71,09	5,90	10,15	8,00	5,00
Groupe ovin/céréales	110,74	82,35	5,22	2,25	9,95	20,00

Variabilité de gestion de la prairie naturelle.

Trois types de gestion apparaissent de la lecture des données qualitatives de l'enquête concernant les pratiques d'exploitation des prairies naturelles:

- fauche - pâturage facultatif: Cette gestion comprend une période de mise en défens hivernal ou printanier, suivie d'une fauche au début de l'été puis un pâturage intercalé de périodes d'irrigation. Cette gestion est toutefois facultative car elle repose l'abondance des pluies automnales et hivernales qui présagent de la "qualité de l'année" ainsi un pâturage continu est effectué si l'année n'est pas pluvieuse;
- fauche - pâturage strict: Ce système repose sur la mise en défens hivernale ou printanière suivie d'une fauche au début de l'été, puis un pâturage des repousses entrecoupé d'irrigation, quelque soit les conditions pluviométriques;
- pâturage continu: Aucune mise en défens n'est effectuée et la prairie est pâturée en continu avec des périodes d'irrigation.

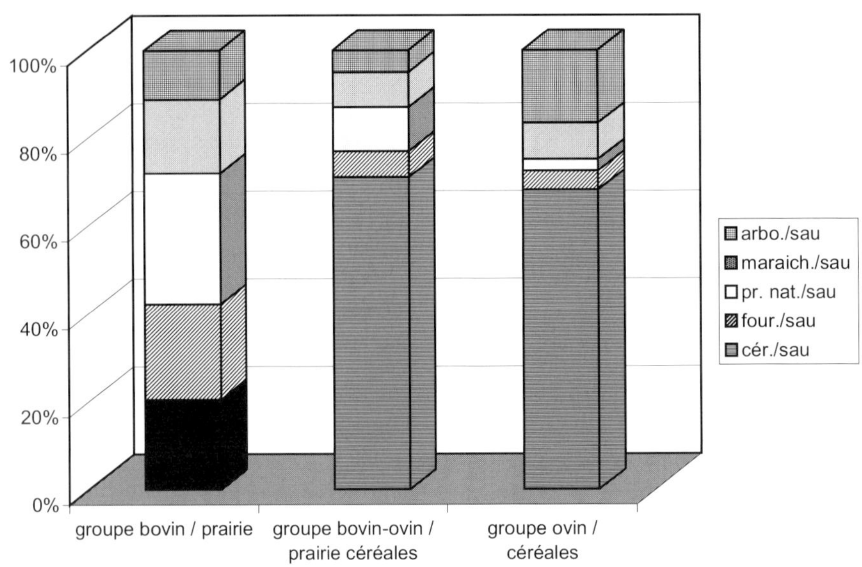

Figure 2. Composition moyenne de la SAU

Tableau 10. Certains paramètres de variabilité des systèmes d'élevage.

Groupe	UGB bovines	UGB ovines	UGB totales	UGB bovines/UGB totales	UGB bovines/prairie naturelle	UGB ovines/sau
Groupe bovin/prairie	6,80	5,00	11,80	0,58	1,76	0,88
Groupe bovin - ovin/prairie céréales	11,81	10,25	22,06	0,54	1,16	0,17
Groupe ovin/céréales	9,06	9,49	18,54	0,49	4,03	0,10

La répartition des différents types de gestion sur les groupes d'exploitation identifiés (Tableau 11), fait apparaître que le système fauche – pâturage facultatif est plus fréquent dans le groupe bovin-prairie, ceci probablement à cause des difficultés d'irrigation (exploitations peu structurées), et ce malgré qu'une majeure partie de ces dernières se situe dans une zone à pluviométrie favorable. Le système fauche - pâturage strict est fréquent dans le groupe ovin – céréales (35%), qui pratique ce système conjointement avec le pâturage continu (prairie partagée) (35%). Cette même forme de partage de la prairie sur deux systèmes de gestion se retrouve chez 41% des exploitations du groupe mixte. Ces deux derniers groupes possèdent une autonomie fourragère plus importante que le premier groupe à cause de l'abondance de terres. Ils préfèrent recourir à la fauche plus que le pâturage. L'abondance des prairies, leur morcellement de leur éloignement favoriseraient le recours à plusieurs type de gestion.

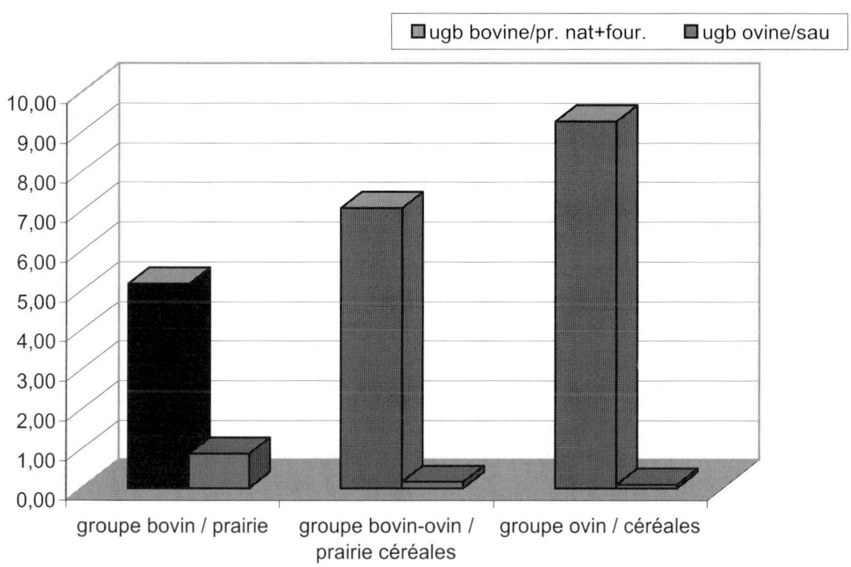

Figure 3. charge animale des surfaces fourragères

Analyse des facteurs de gestion et des pratiques

Le tableau 12 résume les principaux facteurs de gestion et les paramètres pouvant renseigner sur les pratiques d'exploitation de la prairie. Concernant les facteurs de gestion, l'éloignement des prairie du lieu d'exploitation (bâtiments) est fréquent dans le groupe mixte (41 %), il est par contre assez fréquent dans le groupe ovin – céréales et peu fréquent dans le groupe bovin –prairie. Ceci est du à la SAU plus importante dans les deux premiers groupes cités. Concernant le morcellement, plus de 40 % des exploitations des trois groupes possèdent plus de deux morceaux. Ceci est facteur de gestion défavorable à cause des difficultés d'accès au pâturage. Les morceaux éloignées ou entourées de parcelles de céréales sont souvent fauchés seulement.

Les pratiques se résument comme suit: une mise en défens tardive (mars, laissant la possibilité à un pâturage printanier précoce) se retrouve chez 41 % des exploitations du groupe mixte. Ceci peut laisser penser à la réservation de cette période au pâturage ovin (47 % font un pâturage mixte ovin-bovin), mais ceci n'est particulier à ce groupe, puisque les deux autres le font plus fréquemment. ainsi + de 70% des exploitations du groupe ovin –céréales font une mise en défens tardive au profit d'une utilisation par les ovins particulièrement au printemps. Les pratiques d'irrigation et de fertilisation se rencontrent le plus souvent dans le groupe mixte, suivi du groupe ovin – céréales. Ces deux groupes pratiquent donc un mode de gestion plus intensif pour la production de foin et le pâturage. Ceci est du à leur structure plus favorable, sans oublier la présence des équipements d'irrigation (puits, pompage d'eau des oueds). La présence de puits: 80% dans le groupe bovin –prairie, 76% dans le groupe mixte et 58% dans le groupe ovin –céréales ne renseigne pas beaucoup sur cette tendance, mais les équipements d'irrigation, présents chez 88% du groupe ovin –céréales, 70% du groupe mixte et seulement 45% du groupe bovin-prairie explique bien cette intensification. Concernant la qualité de végétation, pour laquelle nous avons utilisé les critères de recouvrement, densité et diversité des espèces végétales, elle paraît identique chez les trois groupes (Tableau 12).

Conclusion

Ce travail, axé sur la mise en évidence des systèmes d'exploitations des prairies en les plaçant dans le contexte des systèmes de production est l'un des premiers du genre dans cette zone d'altitude marquée par une grande incertitude des facteurs climatiques et une agriculture céréalière pluviale associée à l'élevage ovin.

Les informations très riches qu'il contient sur un échantillon assez réduit d'exploitation ne peuvent prétendre qu'à l'émission d'hypothèses sur les particularités et la variabilité des systèmes ayant des prairies naturelles ainsi que sur les modes de gestion de celles ci.

Globalement, il est apparu que :

- Les systèmes les plus spécialisé sont détenus par des privés aux structures très fragiles.
- Les prairies sont plus abondantes dans des systèmes moins spécialisé pouvant être à orientation mixte, ovine – bovine ou beaucoup plus ovine.
- Ces deux derniers systèmes généralement de grande taille sont malheureusement de type juridique très instable.
- Les modes de gestion sont plus intensives et tournées vers la fauche dans le système mixte et un peu moins dans le système ovin. Le système le plus spécialisé conserve une gestion très extensive.

Ces constats montrent que la situation des prairies est peu réjouissante, dans une zone où leur importance est très grande. Un travail de suivi d'exploitations type pour un diagnostic plus fin des pratiques de gestion de l'espace fourrager et prairial (Dubeuf, 2001; Toussaint *et al.*, 1995) parait nécessaire afin de compléter et de vérifier ces constats. Il permet aussi de mette en évidence les systèmes

Tableau 11. Fréquences des différents modes de gestion des prairies chez les exploitations étudiées.

Type	Fauche/paturage facultatif	Fauche/paturage strict	Paturage continu	Fauche/paturage strict + paturage continu (prairie partagee)	N
Groupe bovin/prairie	9 (60)	1 (6)	3 (20)	2 (14)	15 (100)
Groupe bovin - ovin/prairie céréales	3 (18)	5 (30)	2 (12)	7 (41)	17 (100)
Groupe ovin/céréales	3 (18)	6 (35)	2 (12)	6 (35)	17 (100)

Tableau 12. Fréquence des facteurs de gestion et de certaines pratiques d'exploitation des prairies naturelles.

	Facteurs de gestion		Pratiques				
	Eloignement	Morcellement (+ de 2 morceaux)	Mise en defens tardive (mars)	Paturage mixte (ovin + bovin)	Irrigation reguliere	Fertilisation	Qualite du couvert vegetal
Groupe bovin/prairie	13,3	46,7	26,7	53,3	40,0	60,0	60,0
Groupe bovin - ovin/prairie céréales	41,2	47,1	41,2	47,1	70,6	76,5	58,8
Groupe ovin/céréales	29,4	52,9	11,8	70,6	58,8	52,9	58,8

les plus favorables à généraliser et les mesures à préconiser pour mettre ces surfaces dans un trajectoire de développement intégré de l'agriculture de cette zone.

Références

A. Lapeyroni, 1982. Les productions fourragères méditerranéennes. Tome-I- Généralités, caractères botaniques et biologiques. Techniques agricoles et productions méditerranéennes. G.P. Maisonneuve et Larose, Paris, France.

B. Dubeuf , 2001. Relations entre utilisation du territoire et alimentation des brebis laitières au pâturage en montagne corse. Des références pour qualifier les façons de produire les laits à fromage de terroir. Cahiers d'études et de recherches francophones/Agricultures. Vol. 10, Numéro 4, Juillet-Août 2001: 271-81, Méthodes et techniques et caprins, premiers résultats du groupe "Observatoire". Options méditerranéennes , CIHEAM,

G.C. Toussaint, J.P. Dubeuf et R. Rubino, 1995. Identification des paramètres structurels, techniques et économiques caractérisant les systèmes de production ovins

J. Brossier, 1987. Système et système de production. Note sur ces concepts. Cah. Sci. Hum. 23 (3-4) 1987: 377-390.

K. Abbas, T. Madani T. Ben Cheikh El Hocine et L. Merrouche, 2001. Systèmes d'élevage ovin en zone semi-aride céréalière: taille d'exploitation et caractère pastoral. New Médit, 2002, 1, 50-55

K. Abbas, T. Madani, 2001. Zone céréalière semi-aride: Approche méthodologique de diagnostic de la diversité des systèmes de production, Khaled Abbas, Toufik Mdani; Séminaire International "éco-développement". Ghardaïa, Février 2001.

Efficiency of land and feed resources utilization by small ruminants in the mountainous area of Ioannina

G. Zervas & M. Samouchos

Department of Animal Nutrition, Agricultural University of Athens, Iera Odos 75, GR 118 55, Athens, Greece

Summary

The objective of this work was to study the dairy sheep and goat farming systems practiced at the prefecture of Ioannina, in relation to land and feed resources utilization in the area. The results of the conducted survey revealed that there are certain technical and socio-economic constraints, but at the same time there is potential for more efficient utilization of feed resources and better management of extensive, non-improved grazing lands.

Keywords: dairy sheep-goats, grazing land, farming systems.

Introduction

Ioannina prefecture, located in the NW of Greece, with about 500 000 ha total land area, is roughly classified into fertile lowland (3.3%), hilly (11.3%) and mountainous (85.3%) land, or 6.8% agricultural land, 62% of which can be irrigated, 58% grassland (44% private and 14% state owned) and 26.8% forests. The mean annual rainfall of the area is 1 200 mm with over 100 rain days.

The main activity in the prefecture is livestock farming with 366 000 sheep of local breeds, 106 000 goats of indigenous breed and 8 000 cattle, followed by crops for feedstuffs production (53% of the cultivated land is used for maize and alfalfa). Additionally, 25% of the country's broilers are produced in Ioannina, whilst there is a number of fish farms (trout farming), feed mills, 20 cheese making plants and 5 slaughter houses.

From the 6 000 farms, 54% have only sheep and 9% only goats, with the rest 37% being mixed ones with sheep and goats. These farms produce about 45 150 tons of sheep and 5 530 tons of goat milk, which is transformed into high-quality "Feta" cheese and other milk-containing traditional products. The meat produced from sheep and goats is 4 337 and 1 193 tons respectively. The income's ratio between livestock and crops plus forest is 60:30, whilst in the rest of Greece this ratio is the opposite.

The objective of this work was to study the sheep and goat farming systems practiced in the prefecture, in order to identify their potential, limitations, sustainability and efficiency of feed resources utilization.

Material and methods

A survey was conducted in 58 sheep and/or goat farms, selected randomly among similar enterprises, which represent the studied area as widely as possible. The farmers were interviewed with an open answer questionnaire on inputs and outputs, production, management, economics and constraints of their farms.

The stocking capacity of grazing land was estimated after herbage production (with cages) and herbage intake determination (by the alkane method of Dove & Mayer, 1991, on 6 ewes). Estimations with feed balance data were also carried out to calculate the contribution of home grown or purchased feeds fed to animals to their mean annual requirements in dry matter (DM), energy and crude protein (CP), by taking into account the actual performance data of the animals, like annual milk yield, prolificacy index, growth rate of young stock etc.

Results and discussion

The average farm size of the studied sample of sheep and/or goat farms was 181 (±28) females, with a mean annual milk yield (suckled milk not included) of 118 (±13) and 116 (±15) Kg during a mean lactation period of 220 and 202 days for sheep and goats respectively. The fecundity and prolificacy indices for sheep were 0.94 and 1.3 respectively, and 0.91 and 1.05 for goats, with corresponding parity of 5.8 for sheep and 6.1 for goats. Lambs and kids suckle for 30-45 and 30-90 days respectively, with a replacement rate of 9-12%.

Sheep and goat nutrition is based on natural grazing and supplementary feeding. Rangelands consist of grazelands, shrublands and forest ranges. Grazelands are mainly natural, of low quality and are grazed, in most cases, throughout the year.

The grasslands are mainly composed of annual species and receive no applications of artificial fertilizers, no agrochemicals, and no agricultural management other than grazing, which benefits a wide range of flora and fauna. The average botanical composition of herbage in the studied area was: grasses 67% (60-72%), legumes 8% (5-16%), others 6% (3-12%) and dead material 19% (8-27%). The harvested herbage mass under the cages was 1134 (±101) Kg $DM.ha^{-1}$ with the following mean chemical composition: DM 29.9% (±0.76), CP 12.7% (±0.43), ether extracts 0.90% (±0.03), NDF 50.4% (±0.95), ADF 26.8% (±0.44) and ADL 5.1% (±0.42) (CP etc are expressed in DM).

The average intake of herbage DM was calculated at 1.08 Kg $DM.d^{-1}$ with a mean energy content of 6.1 (±0.085) MJ $NE_L.Kg^{-1}$ DM and DM digestibility coefficient of 0.703. Thus, the stocking capacity of the grassland was estimated to be 1.35 $LU.ha^{-1}$ (1.14-1.76), whilst the actual stocking rate at present is about 0.66 $LU.ha^{-1}$.

Traditionally, livestock are shepherded in unfenced areas where stocking densities are usually low, but vary widely according to local conditions. In some areas, stocking rates are above the carrying capacity of unintensified semi-natural vegetation, whilst in other areas there is undergrazing or abandoning of upland areas, due to the fact that either many farmers are elderly with uncertain future or the graze land has low productivity.

The number of transhumance sheep (4%) and goats (5%) has decreased dramatically in the Ioannina prefecture, with many owners settling in lowland plains and becoming sedentary livestock farmers. This decline of transhumance has resulted in an overall reduction in grazing pressure in the traditional summer pastures in mountain regions. Thus, some grasslands are overgrazed whilst some others are undergrazed.

The seasonality of natural vegetation from April to August (maximum growth is in May-June) limits fodder availability throughout the year and makes farmers more dependant on conserved forage feeds and more reliant on supplementary feeding, which consequently makes it hard to achieve satisfactory economic performance (Zervas *et al.*, 1996; Zervas, 1998). In certain areas seasonal nutritional fluctuations and imbalances were observed, with regard to quantity and quality, which also limit animals' health (mineral deficiencies) and performance (milk yield, growth rate, body condition of adult sheep). Only 9% and 5% of the sheep and goat farms were fed balanced rations.

On an annual basis, the ingested forages from grazing provide 34.2 (±2.1)% and 69.3 (±4.7)% of the animal's energy and CP requirements. Those percentages were higher for goats than for sheep. Forages (maize silage, alfalfa hay and straw) and concentrates (cereal grains, soybean meal, cotton feed, cotton seed cake, wheat bran, sugar beet pulp, etc) are used for supplementary feeding, mainly from September to March-April. These forages cover 27.5 (±2.0)%, 22 (±1.4)% and 45.3 (±2.7)% of the total DM, energy and CP animal's requirements respectively, whilst the corresponding values for the concentrates were 30.7 (±1.8)%, 43.8 (±2.6)% and 43 (±4.1)%.

The percentage of the purchased supplementary feedstuffs is variable. There are landless farmers, mainly in upland areas, who purchase all supplementary feedstuffs, and mixed farms (crops + animals) which produce their maize silage, alfalfa hay and maize grain. Some of them, mainly in the lowland and irrigated areas, produce a lot of maize grain, part of which is sold to buy the rest concentrate feeds. Maize silage is used only by 2.1% of sheep farmers.

Concerning inputs and outputs, sheep and goat farmers spend most of the money for feeding their animals. About 2.5% of the inputs are spent for pharmaceuticals (e.g. prevention from parasites or treatment from mastitis etc). The total output is divided to 68% from milk, 22% from meat and 10% from subsidies. It should be underlined here that sheep and goat farmers in the studied area get the highest milk prices all over Greece (about +12%) due to the two co-op cheese plants, which make excellent cheeses and other milk products.

After the above technical description and analysis of the small ruminant sector at the Ioannina prefecture, which shows that there is a rather efficient use of land and natural feed resources for livestock production and which apparently can be further improved, there is a need to do a brief socio-economic analysis because the social constraints have an essential effect on this sector in particular.

The present survey revealed that the ageing and dependency ratio of the whole prefecture is 0.865 and 0.527 respectively, with an average age of 55 years for sheep and goat farmers, and a very low percentage (~15%) of expected succession. The educational level of small ruminant farmers is low, since only 5-6% of them have higher than high school level education and have attended schools and seminars relevant to animal production. As a result, very few of them implement even simple improvement programs or new technical applications. Machine milking, for instance, is used only by 1.8% and 1.2% sheep and goat farmers respectively, and only 5.3% of them have been involved in EU funded programs (Bellos, 2001).

Furthermore, there are certain constrains like:

1. The existing farm structure (small flock and farm size, land fragmentation, poor housing conditions with an average age of animal houses of 36 years, wide spread of farms etc).
2. Inadequate infrastructure (proper roads for feedstuffs and animal products transportation, electricity at the farm - only 47% of the farms have electricity, etc).
3. Lack of technical support and investment, particularly on the state owned grasslands.
4. Very limited gross revenue for the farmers.
5. Inadequate value-adding activities, such as regional and eco-labelling, on-farm processing and marketing, etc.

Conclusions

Sheep and goat production in the prefecture of Ioannina is characterised as an extensive livestock production system, which makes a rather efficient utilization of land and feed resources. However, there is a great potential for further improvement. The agricultural population is declining and the retiring ageing farmers are not being replaced, this way causing a significant problem of succession. Young farmers who get into farming look forward to implementing more intensive farming systems and are interested in introducing advanced technology, like machine milking, silage making etc, despite the fact that this trend is expanding very slowly.

References

Bellos, G., 2001. A study on dairy sheep and goat farms of Ioannina prefecture. MSc Thesis, Agricultural University of Athens.

Dove, H. & R.W. Mayer, 1991. The use of plant wax alkanes as marker substances in studies of the nutrition of herbivores: A Review. Austr. J. Agric. Res., 42: 913-952.

Zervas, G., K. Fegeros & G. Papadopoulos, 1996. Feeding system of sheep in a mountainous area of Greece. Small Rum. Res., 21: 11-17.

Zervas, G., 1998. Quantifying and optimizing grazing regimes in Greek mountain systems. J. Applied Ecology, 35: 983-986.

Reclaimed water management in mountain areas of semiarid regions for safe animal production (to feed animals and to irrigate forage crops)

M.P. Palacios[1], V. Mendoza-Grimon[1], J.R. Fernadez[1], E. Del-Nero[1], M. Tejedor[2], P. Lupiola[2], E. Rodriguez[3], L. Pita[4] & F. Rodriguez[5]

[1]Agronomía, Producción y Patología Animal. Universidad de Las Palmas de Gran Canaria (ULPGC), Autovia Las Palmas-Arucas km 6,5 35416 Canary Islands, Spain
[2]Microbiología, Ciencias Clínicas, ULPGC, Canary Islands, Spain
[3]Parasitología, Producción y Patología Animal. ULPGC, Canary Islands, Spain
[4]Sanidad Ambiental del Cabildo de Gran Canaria, Canary Islands, Spain
[5]Granja Agrícola Experimental del Cabildo de Gran Canaria, Canary Islands, Spain

Summary

The aim of this work was to determine the best management practices for safe animal production using reclaimed water. In the Canary Islands, small villages in the mountain areas used to transport their effluents to the big wastewater plants near most populated lower or coastal areas. Due to the high pumping cost, reclaimed water produced by the plants in the lower areas, the water that could be a valuable resource, was lost for the people located in the mountains. However, small wastewater plants adapted to these rural villages can provide a non-conventional water resource to be used *in situ*. If safe animal production might be assured, this new resource will contribute to sustaining animal production in the region. The treatment proposed here is a secondary treatment that is further treated depending on the use. The water is used for animal consumption and facility cleaning and for drip irrigation of the forage. An advanced, low-cost treatment (including disinfections) may be necessary for direct animal consumption and treatment of facilities. All the secondary effluent is treated using a commercial sand filter already installed in the main of the drip irrigation systems. The small portion of filtered water is then disinfected using a commercial ultra violet lamp only for direct animal consumption. However, this requires very small amounts of water (less than 1 % of total reclaimed available). The rest of the secondary effluent is used for irrigation after a conventional sand and screen filtration. A subsurface irrigation system (preventing water-plant contact) can safely use non-disinfected reclaimed water (RW). The soil is used here as a natural advanced treatment resulting in safe reuse of the rest of the RW. Effects of the secondary effluent on the soil, forage (yields and quality) and subsurface irrigation system performance were monitored, as well as some animal health parameters presented in another paper at this conference. The results obtained in 2001/2003 are presented here. Using the RW management proposed in this paper, we produced an average yield of 7 kg/m^2, starting from the first year (depending of the growing conditions and of the number of harvest per year, usually from 7 to 9) of safe forage for both alfalfa and Sudan grass. This system also allows production in the winter (when little forage and water is available in the Canary Islands). As the price of the green forage is 0.2 Euros/kg, RW cost (0.2 Euros/m^3) represents less than 14.6% of the total income from the forage. The net profits are 8 700 Euros/ha per year (including the amortization of the irrigation system for 15 years).

Keywords: reclaimed water, alfalfa, sudan grass, subsurface drip irrigation, water quality, reuse, sdi.

Introduction

Gran Canaria Island (Canary Island, Spain) has a typical hydrological unbalance (35 hm^3/year) between water consumption (147.5 hm^3/year) and renewable resources availability. Groundwater provides 82 hm^3/year while renewable water availability is 47 hm^3/year (Plan Hidrológico de Gran Canaria, 1998), compromising the sustainability of agriculture. Due to these limitations, it is necessary to provide non-conventional water resources with a competitive price and suitable sanitary conditions to promote livestock production in the island. Agriculture is the most important potential user of reclaimed water (RW) and at the present time uses 58% of the water available (both conventional and reclaimed) on the island. Depending on the water quality and its scarcity, the cost varies from 0.7 to 1 Euros/m^3 for groundwater and desalinized water. The effluent (RW) cost is from 0.2 Euros/m^3 (secondary effluent) to 0.6 Euros/m^3 (desalinized secondary effluent). Forage production is the most suitable choice to reuse RW resources, due to its lower quality necessity and the lack of the fresh forage crops to feed livestock caused by the high water price.

Small wastewater plants adapted to local conditions can provide an appropriate technology to assure more sustainable animal production on the island. The use of reclaimed water provides a valuable resource to small villages and eliminates the need for costly transport of fresh, desalinized or reclaimed water from the lower areas. The system presented here consists of a small amount (approximately 1%) of highly treated effluent (filtered and disinfected) for animal consumption with the remaining effluent treated to the secondary level at much lower cost and used for subsurface irrigation of the forage. The SDI does not require high treatment of effluent since the water is applied below the soil surface. The soil provides a natural advanced treatment resulting in safe reuse of the effluent. There is no direct contact of humans or animals with the effluent applied through SDI.

Materials and methods

Climatic and soil characteristics

The experimental field is located on the northeastern coast of the Gran Canaria Island, Spain. The annual precipitation is 243 mm and the average annual temperature is 19.5° C. The soil type is a Vertisol, Xererts, Chromoxererts, transported from higher areas, typically referred to in the Canary Islands as "sorriba".

Alfalfa (*Medicago sativa*) and Sudan Grass (*Sorghum bicolor* ssp. *sudanense*) are cultivated at the experimental site. The experimental field is divided in two zones, respectively irrigated with reclaimed water (RW) and fresh water (FW). Each water quality zone has its own pond, filtration system (sand and screen mesh) and pipeline network.

The irrigation system

Subsurface Drip Irrigation (SDI) is used for water distribution. The lateral lines are buried at 0.2 m depth. The experiment consists of 8 irrigation treatments: 0.5 and 0.75 m emitter spacing, 0.5 and 1 m between lateral lines, and two types of emitters, both of them pressure compensating. The plots are 96 m^2 per treatment. Each plot has its own flowmeter and pressure gauge. Each zone is subdivided into 3 blocks with all the irrigation treatments replicated in each of them. The irrigation frequency depends on the climatic conditions, varying from daily to 3 times per week based on the weather station data. Irrigation days, amount of water applied in each plot, and biweekly pressure readings are recorded.

The crop

Alfalfa (*Medicago sativa* var. San Isidro) was seeded in November 2002 using 2 gr/m^2 of seeds per experimental unit (each one with a surface area of 60 m^2). Due to the heavy weed pressure many plots of this crop had to be reseeded in December and in January. Sudan grass (*Sorghum bicolor* ssp. *sudanense* var. Monsanto) was seeded in line (0.6 m apart) in December 2002, using 5 gr/m^2 of seeds per experimental unit (each one with a surface area of 36 m^2). No surface or spray irrigation was applied after seeding to assure good germination that can sometimes be a problem when SDI is used. However, it must be noted that an unusual rainy period coincided with this time and helped plant establishment.

Samples collected

Composed water quality samples were collected monthly and submitted to the laboratory to determinate the chemical, microbiological (DBO_5, Total and Fecal coliforms, (TC and FC), Fecal streptococci (FS) and *Salmonella*) and parasitological parameters. Composed soil samples from all plots were collected before and after the seeding, to carry out the chemical analysis and the soil texture determination in the laboratory. Microbiological parameters were estimated in composed samples from both cultivated crops (Fecal coliforms (FC) *E. coli*, Fecal streptococci and *Salmonella*). The plants from two locations, growing just above the drip lateral lines and between two drip lines, were taken for a composite sample. Plant samples were weighed directly after harvest on 26/03/03 and on 9/05/03 (Sudan grass), and on 28/05/03 (alfalfa). No fertilization program was used in any of the treatments. Forage was harvested manually and the harvest began when 10% of the crop was flowering.

Results and discussion

Water characteristics

Main water characteristics (obtained during the period 2001/2002) are presented in tables 1 and 2, using mean values and the standard deviations. The water was tested for parameters recommended by Zekri, 1994. Following parameters are presented in the tables: Na, K, Ca, Mg, Cl, HCO_3^-, NH_4^+, NO_3^-, P and SO_4^{2} and sodium adsorption ratio (SAR), electrical conductivity (EC) and pH. As expected, water quality differs significantly between fresh water and RW.

Microbiological water quality was analyzed by determination of fecal coliform and streptococci, *Salmonella* and DBO_5 (Table 3). High variability of DBO_5 values was observed, due to the problems occurred in the wastewater treatment plant. *Salmonella* was detected in two occasions at the beginning of the experiment (October and January), coinciding with the higher DBO values obtained. After the first detection in October, the reservoir was emptied and refilled. After the second detection in January, in order to demonstrate that *Salmonella* is able to survive in the pond, the same serotype of *Salmonella enterica* was monitored until the reservoir was emptied in March. No pathogen microorganisms were detected after March.

The presence of *Salmonella* shows the need for safety measures regarding direct contact with the non-disinfected effluent and SDI treatment proposed in this experiment. It is not recommended that other irrigation system, that allows direct contact with water will be used with un-disinfected effluent. No pathogen microorganisms were detected in the growing crops, as observed in table 4. January plant collection was done after heavy rains and showed a very low bacterial counts. Lower values of recent contamination indicators (Fc) were obtained in March from plants growing between two buried drip lines than obtained just above the drip lateral lines. It suggests the possibility of direct water

Table 1. Analytical Water Results for: Sodium Adsorption Ratio (SAR), Electrical Conductivity (EC: dS/m), pH, Na, K, Ca and Mg (in meqL^{-1}) obtained during 2001/02 using mean and standard deviation values (different letters are significantly different).*

Water	SAR		EC		Ph		Na		K		Ca		Mg	
quality	Mean	Std	Mean	Std	Mean	Std	Mean	Std	Mean	Std	Mean	Std	Mean	Std
Reclaimed, RW	8.36a	1.47	2.448^a	0.659	7.89	0.42	16.4a	5.11	1.95a	1.26	3.28a	1.23	4.82a	1.84
Fresh, FW	0.75^b	0.40	0.101^b	0.014	7.73	1.14	0.44^b	0.28	0.19^b	0.08	0.49^b	0.12	0.16^b	0.08

Table 2. Analytical Water Results for: Cl, HCO_3^-, NH_4^+ , NO_3^-, P and SO_4^{2-} (in meqL^{-1}) obtained during 2001/2002, using mean and standard deviation. Values with different letters are significantly different.*

Water	Cl^-		HCO_3		NH_4^+		NO_3		P		SO_4^{2-}		B	
quality	Mean	Std	Mean	Std	Mean	Std	Mean	Std	Mean	Std	Mean	Std	Mean	Std
Reclaimed, RW	15.3^a	5.22	10.34^a	2.33	0.76	0.79	1.011^a	1.129	0.128^a	0.073	2.56^a	0.74	2.10^a	0.43
Fresh, FW	0.32^b	0.14	1.69^b	1.45	0.01	0.01	0.004^b	0.007	0.002^b	0.003	0.11^b	0.10	0.04^b	0.03

Table 3. Analytical results of microbiological water quality: fecal coliform and Streptococci, Salmonella and DBO_5.

Date	Water quality	*Faecal coliform*	*Faecal streptococci*	*Salmonella*	DBO_5
Oct 2001	RW	7.20×10^3	1.0×10^3	P[1]	378.7
Jan 2002	RW	5.1×10^4	A	P	10.7
Feb 2002 (first week)	RW	3.6×10^3	A	P	285
Feb 2002 (last week)	RW	2.04×10^4	1	P	101.9
March 2002	RW	136	A	A[2]	3.2
April 2002	RW	ND	ND	A	3.0
	RW uv[3]	ND	ND	A	3.0
	FW	14	ND	A	0.3
Jun 2002	RW	62	12	A	15.0
	RW uv	62	8	A	41.0
	FW	384	1	A	14.5
August 2002	RW	ND	19	A	42.7
	RW uv	510	20	A	21.0
	FW	ND	ND	A	0.5
Sept 2002	RW	3.5×10^3	1.2×10^3	A	1605
	RW uv	4.9×10^2	4.9×10^2	P	125.5
	FW	146	2	A	8.0
Oct 2002	RW	ND	ND	A	8.0
	RW uv	100	2	A	7.7
	FW	8	1	A	7.4
Dec 2003	RW	240	52	A	13
	RW uv	150	ND	A	4.8
	FW	50	ND	A	4.7
Jan 2003	RW	156	151	A	30.8
	RW uv	6	1	A	22.4
	FW	27	ND	A	1.2
Feb 2003	RW	46	59	A	24.8
	RW uv	5	78	A	28.4
	FW	72	ND	A	7.4
March 2003	RW	340	50	A	169.5
	RW uv	110	ND	A	2.4
	FW	370	62	A	<2
Abril 2003	RW	19	31	A	180
	RW uv	3	4	A	95
	FW	ND	ND	A	10.6
May 2003	RW	72	296	A	214
	RW uv	176	372	A	221
	FW	ND	ND	A	11.2

[1]P: Present
[2]A: absent: no detectable: detection limit: 1ufc/filtrated volume
[3]RW uv – reclaimed water with ultraviolet treatment

Table 4. Analytical results for microbiological crop characterization by determination of fecal coliform (Fc) and streptococci (Fs), Salmonella (S) and E. Coli, in ufc/g of dried weight shoots.

	Alfalfa FW				Alfalfa RW just above the drip lateral line				Alfalfa RW between two buried lines				Sudan grass just above the drip lateral line			
Date	Fc	Fs	S	Ecoli	Fc	Fs	S	Ecoli	Fc	Fs	S	Ecoli	Fc	Fs	S	Ecoli
Jan03	ND	ND	A	-	ND	ND	A	-	23	ND	A	-	23	ND	A	-
M 03	<3	240	A	0	75	15	A	9	<3	23	A	0	1100	9	A	1100

contamination or other sources (such as field animals like rats or rabbits) and more data are needed to confirm this preliminary result. There is also a need to study values of contamination indicators at various distances from the emitters to understand the process a little better.

Irrigation with subsurface drip irrigation system (SDI) resulted in effective production of alfalfa: Osgood (1990) obtained similar yields irrigating alfalfa using spray irrigation. Hutmacher *et al.* (1992) studied the use of SDI on alfalfa in the Imperial Valley, and the increase in the productivity varied from 19 to 35% comparing to furrow irrigation. A decrease in irrigation water use under SDI was reported as compared with spray irrigation on grain sorghum (Colaizzi *et al*, 2003). In this study the yields obtained with SDI were greater, applying 50% and 25% levels of water by spray irrigation. The salinity of the water, that could present a problem under this type of irrigation system and reduce the alfalfa germination rate reported by Lamm (2002), did not present a problem in our study in spite of high average salinity of RW (2.44 dS/m). It is possible that the unusually heavy rainfalls played some role in mitigating high salinity of the soil. The soil moisture distribution from the buried lateral lines was sufficient for plant growth. It was demonstrated that in this soil the water moves horizontally more than 0.6 m from the drip lines and reaches the soil surface above the lateral line. In fact, in the second alfalfa harvest, the higher yield that was observed in the first cutting in the closer lateral spacing of 0.5 m as compared to 1 m spacing, disappeared. These results are consistent with results in alfalfa production obtained by Alam and Dumler (2002) in semi-arid Kansas, who concluded that it is more economical to use the 1 m spacing.

In some soils the additional irrigation system may be required for plant germination (Camp 1998); however, in this study it was not necessary. The first germination and shooting were adequate in all treatments. As mentioned above, the rain could explain some of these results. A heavy weed growth (even when a chemical control was applied) required reseeding of the alfalfa plots from the second and the third blocks. The reseeding was possible since the irrigation system was under the ground and did not disturb the work. The cost of fresh groundwater or desalinized water varies from 0.7 to 1 to Euros/m^3 depending on availability. The cost of effluent is much lower. It varies from 0.2 Euros/m^3 (secondary effluent) to 0.6 Euros/m^3 (desalinized secondary effluent). Based on our study, the average yield is approximately 7 kg/m^2 (depending on the growing conditions and the number of harvest per year, usually from 7 to 9) for both Sudan grass and alfalfa. The price of green forage has been 0.2 Euros/kg for the last two years. It can be calculated that the cost of RW (0.2 Euros/m^3) represents less than 14.6% of the gross income. The net profits are 8700 Euros/ha per year (including the 15-year amortization of the irrigation system). The proposed water, soil and crop production system is able to produce forage even in the winter when the forage is very limited in Canary Islands. Due to the high water volumes required for the fodder crop production, the use of RW presents the only possibility for sustaining this activity on the island. The adequate plant germination, yields, and feasibility of SDI using un-disinfected secondary effluent were demonstrated.

Conclusions

Although we have only preliminary results, the proposed water management is a useful tool to produce safe and profitable fodder crops for livestock and insuring the sustainability of the animal production in mountain arid areas of the Gran Canaria. The farming land operations are compatible with the installation of the subsurface drip irrigation. The crops emergency, performance and yield are adequate when reusing reclaimed water under these experimental conditions and also no adverse effect was observed in the performance of the irrigation system. It is possible to obtain 9 cuttings per year with an estimated yield of about 100 000 kg of green forage/ha·year in near-shored zones of Canary Islands. Nowadays, these areas are frequently abandoned due to the high cost of production.

References

Alam, M. and T. Dumler. 2002. Using subsurface drip irrigation for alfalfa. In Proc. of the Central Plains Irrigation Shortcourse, Feb. 5-6, 2002, Lamar, CO. Available from CPIA; 760 N. Thompson, Colby, Kansas. pp. 102-109.

Camp, C.R., 1998. Subsurface drip irrigation: A Review. Transaction of ASAE: VOL. 41 (5): 1353-1367.

Colaizzi, PD Schneider, AD Howell, PE and Evett, SR, 2003. Comparison of SDI, LEPA and spray efficiency for grain sorghum. ASAE Paper No. 032139 St. Joseph, Mich.: ASAE.

Hutmacher, RB.; Phene, CJ.; Mead, RM; Clark, D.; Shouse, P.; Vail, SS.; Swain, R.; van Genuchten, M.; Donovan, T.; Jobes, J.; 1992. Subsurface drip irrigation of alfalfa in the Imperial Valley. Proceedings, 22nd California/Arizona alfalfa Symposium, University of CA and University of AZ Cooperative extension, Holtville, CA, December 9-10, 22:20-32.

Lamm, R. 2002. Advantages and disadvantages of subsurface drip irrigation. International meeting of advances in drip/Irrigation. Puerto de La Cruz, Canary Islands. December 2-5, 2002.

Osgood. 1990. Subsurface irrigation trial for alfalfa I Hawaii. In Proc. 3rd Nat. Symp., 658-660. St. Joseph, Mich.: ASAE Plan Hidrológico de Gran Canaria, 1998. Consejo Insular de Aguas de Gran Canaria.

Zekri M. and Koo R. 1994. Treated municipal wastewater for citrus irrigation. J. of plant nutrition,17 (5) 693-708

Effects of reclaimed *in situ* filtered and disinfected water on animal production: preliminary results

J.A. Corbera[1], E. Cabrera-Pedrero[1], C. Gutierrez[1], C. Juste[1], J.A. Montoya[1], V. Mendoza-Grimon[2], J.R. Fernandez-Vera[2], F. Rodriguez[3] & M.P. Palacios[2]

[1]Sanidad Animal, Producción y Patología Animal. Universidad de Las Palmas de Gran Canaria (ULPGC), Autovia Las Palmas-Arucas km 6,5 35416 Canary Islands, Spain
[2]Agronomía, Producción y Patología Animal. ULPGC
[3]Granja Agrícola Experimental del Cabildo de Gran Canaria, Canary Islands, Spain

Summary

The study presented here proposes the reuse of reclaimed, filtered and disinfected water (RWuv) for direct use in animal production. Particularly, animal health and production were investigated during two production cycles. The water was used for animal consumption and facility cleaning. Cows, sheeps and goats were included in the study, and each group of animals was offered the RWuv *ad libitum*. There was a control group for each species, drinking conventional fresh water (FW).

Both RWuv and FW were analyzed in order to determine water quality and safety. Chemical, microbiological, parasitological and toxicological parameters were investigated.
Clinical evaluations, including complete physical examination and a monthly sample collection of blood, feces, urine, ruminal fluid and milk were performed. Those analyses were done in order to discover or notice any clinical sign of disease. Also, non-clinical chemistry profiles were performed using ICP and included serum, milk and urine concentration of Al, As, B, Ba, Ca, Cd, Co, Cr, Cu, Fe, K, Mg, Mn, Mo, Na, Ni, P, Pb, S, Sn and Zn.

No clinical signs of diseases have been observed during the study. Hematological results were within normal values. Although most analyzed water parameters for two sources were statistically different, no signs of any toxicosis were observed. Higher concentration of B and P in RW compared to FW affected serum B and P concentrations in cows, but not in sheep or goats. None of the other non-clinical chemical parameters studied showed statistical differences between RW and control group.

Keywords: reclaimed disinfected water, drinking water quality, ruminants, reuse.

Introduction

In arid and semiarid regions, the reuse of reclaimed filtered and disinfected water (RWuv) for animal production could provide a non-conventional water source and help to achieve more sustainable use of water resources, which is a limiting factor to the development of the region (Asano, 2002). However, using reclaimed water (RW) for animal production could produce infectious and parasitic diseases (Frerichs, 1984; Funamizu *et al*, 2000) and potential toxicosis due to the accumulation of different minerals in the animal (Hattingh and Bourne, 1989; Kondratiuk and Gnatiuk, 1988). Therefore, during two production cycles, ruminants (cows, sheep and goats) have been investigated to determine the presence of any disease, particularly in order to assess the safety of animal production using RW. In the same facility, but separately, several groups of animals drinking conventional fresh water (FW) were used as a control.

The reclaimed water had to be treated before using. Water treatment consisted of sand filtration followed by a previously tested ultraviolet disinfection to eliminate any pathogens (Sakamoto *et al.*, 2001). Various analyses to monitor water quality and sanitary condition were performed.

Materials and Methods

Water

The water for animal consumption, RWuv, was a secondary effluent, filtered using conventional sand media (the same used for the microirrigation systems) and disinfected using a commercial ultraviolet lamp. RWuv was then stored in a $1m^3$ water tank. Control fresh water (FW) for control animals was stored in another one.

Animals

Two groups of animals were included in the study during the first period of production. Group RW: animals drinking reclaimed, filtered and disinfected water; and Group FW: animals drinking fresh conventional water (FW) used as control. Three species of ruminants were included in the study: 6 cows (4 RW and 2 FW), 10 sheep (6 RW and 4 FW) and 10 goats (6 RW and 4 FW); the newborn animals were also kept in each group. All groups were managed intensively.

Samples

Reclaimed and control water samples were collected monthly and submitted to laboratory to determine chemical, microbiological (DBO_5, Total and Fecal coliforms: TC and FC, Fecal streptococci: FS and *Salmonella*) and parasitological parameters.

Blood samples were monthly collected by jugular venipuncture from all the animals. Blood was transported to the laboratory, stored at 4ºC, and analyzed during the following 3 hours. A Complete Blood Count (CBC) was performed that included Packed Cell Volume (PCV), Red Blood Cells (RBC), White Blood Cells (WBC), Leukogram, Hemoglobin, Mean Corpuscular Volume (MCV), Mean Corpuscular Hemoglobin (MCH), Mean Corpuscular Hemoglobin Concentration (MCHC) and Reticulocytes. Also, blood proteins (albumin and globulin) and clinical chemistry profiles including serum glucose, sodium, potassium, chloride, calcium, magnesium, phosphate, urea, creatinine, creatine phosphokinase (CPK), aspartate animotransferase (AST), sorbitol dehydrogenase (SDH), gamma-glutamyl transferase (GGT), alkaline phosphatase (AP), lactate dehydrogenase (LDH) cholesterol, and total bilirrubin, were analized. Non-clinical chemistry profiles were performed using ICP. That included serum concentration of Al, As, B, Ba, Ca, Cd, Co, Cr, Cu, Fe, K, Mg, Mn, Mo, Na, Ni, P, Pb, S, Sn and Zn.

Urine samples were collected monthly by bladder catheterization from all the animals. A urinalysis was performed *in situ* using a dipstick. This analysis included: specific gravity, pH, glucose, nitrites, leucocytes, proteins, ketones, urobilinogen, blood and hemoglobin. Samples were stored at 4ºC for transportation to laboratory, where the specific gravity and pH were reconfirmed using a refractometer and a pH-meter; in addition, centrifugation for the examination of urine sediment was completed to detect cells, crystals, casts, bacteria, or other constituents. Non-clinical chemistry profiles were performed using ICP and included urine concentration of Al, As, B, Ba, Ca, Cd, Co, Cr, Cu, Fe, K, Mg, Mn, Mo, Na, Ni, P, Pb, S, Sn and Zn.

Every month, after oral intubations, samples of ruminal fluid were collected from all the animals. Samples were analyzed *in-situ* to determine pH, color, odor, consistency, sedimentation, redox potential (using methylene blue reduction time), protozoal activity (by microscope examination of non-stained fresh samples) and observation of iodine stained smears to determine carbohydrate reserves. Afterward, samples were submitted to the laboratory to complete a Gram stain, in order to determine the ratio gram-positive:gram-negative bacteria.

Samples of milk were collected from all females once a month. Analysis included routine milk quality composition and microbiological cultures. The samples were also analyzed to determine concentration of minerals using ICP. These included concentration of Al, As, B, Ba, Ca, Cd, Co, Cr, Cu, Fe, K, Mg, Mn, Mo, Na, Ni, P, Pb, S, Sn and Zn.

Samples of feces were collected monthly to determine the presence of parasites and to perform a microbiologic culture to determine the presence of Fecal coliforms, streptococci and *Salmonella*.

Results and discussion

Main reclaimed water (RW) characteristics are also discussed in another paper. Occasionally pathogenic microorganisms were detected at the beginning of the experiment in RW, however after filtration and ultraviolet disinfecting no pathogens were detected nor infectious diseases were detected or diagnosed in the animals.

High variability of DBO_5 values was observed, due to problems in the wastewater treatment plant. *Salmonella* was detected at the beginning of the experiment, coinciding with the higher DBO values obtained at that time. Although *Salmonella* was able to survive in the pond, after empting this reservoir no pathogen microorganisms were detected again. The presence of *Salmonella* shows the need for the water disinfection or some other advanced treatment like subsurface irrigation proposed in the second year of the experiment for forage production.

In September 2002, *Salmonella* was detected in RW uv, while it was not present in RW before uv. Since uv lamp was functioning correctly (Fecal indicators were 10 times lower in RWuv than in RW), this unexpected result could be explained by direct contamination in the RWuv tank. In fact, the *Salmonella* serotype found in the RWuv tank was *pomona*, the same that is present in the lizard *Gallotia stehlini* (Monzón-Moreno et al., 1995). After closing the tank, no *Salmonella* detection was found again. Strict regulations should be established and followed to assure safety of the reclaimed water since water management after treatment is as important as reclaimed water quality (Okun, 2002).

Although most analyzed water parameters were statistically different, no signs of toxicosis were observed. High concentration of B and P in RW (B= 2.02 $mg{\cdot}L^{-1}$ B, P=122.59 $microeq{\cdot}L^{-1}$) compared to FW (B=0.04 $mg{\cdot}L^{-1}$, P=0.87 $microeq{\cdot}L^{-1}$) affected serum B and P concentrations in cows drinking the RWuv (B=415.66 $microg{\cdot}L^{-1}$, P=187$mg{\cdot}L^{-1}$, Table 2) compared to control cows (B=187.33 $microg{\cdot}L^{-1}$, P=144 $mg{\cdot}L^{-1}$) However, those findings were not observed in sheep or goats. Also, none of the other non-clinical chemical parameters studied showed statistical differences between RW animals and the control group. We have not found the expected decreases in P concentration in the serum due to the high B concentration in RW described by other authors (Sisk *et al.*, 1988 and 1990; Weeth *et al.,* 1981). This could be attributed to the high intake of P present in RW. B concentrations in serum and urine varied seasonally. Although not statistically significant, B milk concentrations were lower in control animals.

Fecal

Regarding blood and urine analysis results (Table 3), all the animals showed parameters within normal ranges. Also, bilateral mean comparison showed no statistical differences between RW and control in all the parameters studied. The only remarkable difference, even though not statistically significant and always within normal ranges, was the slightly higher PCV of RW goats compared to control goats. This

Table 1. Analytical Results for microbiological water quality characterization (Fecal coliform and streptococci, Salmonella and DBO_5).

Date	Water quality	*Fecal coliform*	*Fecal streptococci*	*Salmonella*	DBO_5
Oct 2001	RW	7.20×10^3	1.0×10^3	P	378.7
Jan 2002	RW	$5.1 X 10^4$	A	P	10.7
Feb 2002 (first week)	RW	$3.6 X 10^3$	A	P	285
Feb 2002 (last week)	RW	2.04×10^4	1	P	101.9
March 2002	RW	136	A	A	3.2
April 2002	RW	ND	ND	A	3.0
	RW uv	ND	ND	A	3.0
	FW	14	ND	A	0.3
Jun 2002	RW	62	12	A	15.0
	RW uv	62	8	A	41.0
	FW	384	1	A	14.5
August 2002	RW	ND	19	A	42.7
	RW uv	510	20	A	21.0
	FW	ND	ND	A	0.5
Sept 2002	RW	3.5×10^3	1.2×10^3	A	1605
	RW uv	4.9×10^2	4.9×10^2	P	125.5
	FW	146	2	A	8.0
Oct 2002	RW	ND	ND	A	8.0
	RW uv	100	2	A	7.7
	FW	8	1	A	7.4
Dec 2003	RW	240	52	A	13
	RW uv	150	ND	A	4.8
	FW	50	ND	A	4.7
Jan 2003	RW	156	151	A	30.8
	RW uv	6	1	A	22.4
	FW	27	ND	A	1.2
Feb 2003	RW	46	59	A	24.8
	RW uv	5	78	A	28.4
	FW	72	ND	A	7.4
March 2003	RW	340	50	A	169.5
	RW uv	110	ND	A	2.4
	FW	370	62	A	<2
Abril 2003	RW	19	31	A	180
	RW uv	3	4	A	95
	FW	ND	ND	A	10.6
May 2003	RW	72	296	A	214
	RW uv	176	372	A	221
	FW	ND	ND	A	11.2

P: Present

A: Absent

ND: no detectable: detection limit: 1ufc/filtrated volume.

Table 2. Analytical Results for P and B contents in serum and milk from cows.

	P $mg \cdot L^{-1}$				B $\mu g \cdot L^{-1}$			
Cow parameters	Serum		Milk		Serum		Milk	
	Mean	Std	Mean	Std	Mean	Std	Mean	Std
Fresh, FW	143.50a	15.28	958.85	126.37	238.25a	130.56	<dl [1]	
Reclaimed, RW	187.33b	21.41	899.51	74.73	415.66b	149.74	127.0	120.0

a,b letters shows significant differences.
<dl [1] under detection limit (25 $\mu g \cdot L^{-1}$).

Table 3. Analytical Results for Urine pH, Urine density, Packed Cell Volume (PCV), Plasmatic proteins from sheep and goat.

	Urine pH		Urine density		PCV		Total proteins	
Animal parameters	Mean	Std	Mean	Std	Mean	Std	Mean	Std
Sheep FW	7.28	0.59	1010	7.07	33.62	5.49	8.52	1.09
Sheep RW	7.04	1.12	1008	6.82	27.60	4.67	7.62	1.10
Goat FW	6.16	0.72	1010	7.49	32.96	6.04	8.52	1.28
Goat RW	6.93[1]	0.72	1010	4.76	36.53	9.71	9.02	0.97
Normal ranges	7.4 – 8.4		1015 - 1045		S:27 - 45	G:22 - 38		

[1]Acidic values due to high carbohydrate feeding. After Sudan grass was added to the diet 26/03/03, pH values raised.

could be attributed to a lower water intake due to the odor/taste of the RW at the beginning of the study when the water tanks were open. Nevertheless, this finding was not observed in sheep neither in cows. It was also observed that the introduction of Sudan grass in the diet resulted in a temporary lowering of PCV values and increased urine pH.

Conclusions

It is concluded that our preliminary results indicate the suitability of reclaimed filtrated and disinfected water as a drinking water source for animal production. The animals consuming reclaimed water did not show physiological changes, and blood, serum, urine, ruminal fluid and milk analysis results were within normal ranges.

However, more detailed and long-term study should be carried out in order to establish the suitability of this water for animal production, particularly to achieve food security. Specifically, the accumulation of residues like heavy metals or drugs in tissues and milk and meat products should be investigated in a second phase of this research project.

References

Asano T. 2002. Water from (waste)water - the dependable water resource. Water Sci. Technology; 45(8): 24-33

Frerichs R.R. 1984. Epidemiologic monitoring of possible health reactions of wastewater reuse. Sci. Total Environ.; 27; 32(3): 353-63.

Funamizu N., Kanno M., Takakuwa T. 2000. Measurement of bacterial growth potential in a reclaimed water. Schriftenr Ver Wasser Boden Lufthyg; 105: 281-286.
Hattingh W.H., Bourne D.E. 1989 . Research on the health implications of the use of recycled water in South Africa. S. Afr. Med. J., 5; 76 (3): 126.
Kondratiuk VA, Gnatiuk M.S. 1988. Cardiac rhythms of animals drinking reclaimed water with various sodium and potassium ion concentrations. Kosm. Biol. Aviakosm. Med. 22(1): 61-3.
Monzon-Moreno C., Ojeda Vargas M.M., Echeita A., Usera M.A. 1995. Occurrence of Salmonella in cold-blooded animals in Gran Canaria, Canary Islands, Spain Antonie Van Leeuwenhoek.; 68(3): 191-4.
Okun D.A. 2002. Water reuse introduces the need to integrate both water supply and wastewater management at local and regulatory levels. Water Sci. Technol.; 46(6-7): 273-80.
Sakamoto G., Schwartzel D., Tomowich D. 2001. UV disinfection for reuse applications in North America. Water Sci. Technol.; 43(10): 173-8.
Sisk D.B., Colvin B.M., Bridges C.R. 1988. Acute, fatal illness in cattle exposed to boron fertilizer. J. Am. Vet. Med .Assoc., 15; 193(8): 943-5.
Sisk D.B., Colvin B.M., Merrill A., Bondari K., Bowen J.M. 1990. Experimental acute inorganic boron toxicosis in the goat: effects on serum chemistry and CSF biogenic amines. Vet. Hum. Toxicol.; 32(3): 205-11.
Weeth H.J., Speth C.F., Hanks D.R. 1981. Boron content of plasma and urine as indicators of boron intake in cattle.Am. J. Vet. Res.; 42(3): 474-7.

Session 2: Sustainable utilization of forest areas livestock land use and landscape

Session 2.2: Livestock, land use and landscape

Posters

The impact of livestock on the ecosystems

L.A. Bermejo, J. Mata, P. Mata, L. Bethencourt & A. Camacho

Animal Production Area, La Laguna University, 38201, La Laguna, Tenerife, Spain

Summary

Despite the fact that until recently the planning of land use by livestock was carried out on the basis of the relationship between the stocking rate and the land's carrying capacity, some researchers have demonstrated that the interaction between the animal and the ecosystem goes beyond the exchange of nutrients in terms of consumption. This paper attempts to show, besides this fact, the impact of the transformation of traditional systems of seasonal grazing in mountainous zones of the Canary Islands, where goat livestock for dairy production is predominant.

Keywords: goat, grazing, Canary Islands.

Introduction

This paper focuses on determining the effect of the different grazing systems on the ecosystems, and to what extent all the units of use are affected in the same way. With this aim we installed 244 transects (Daget and Poissonet, 1983) in 3 mountainous protected spaces in the Canary Islands. From the data gathered, we carried out a canonical discriminant analysis with the aim of finding out whether there were significant differences in the variables obtained from the transects as a result of the different grazing systems in different units of use. Based on these results, we discussed the need to establish a system-focused methodology, which would allow to detect the effects of livestock on the structure of the ecosystems, beyond the simple analysis of the relationship between stocking rate and carrying capacity, very limited in natural ecosystems in areas with high climatic and spatial variability.

Materials and methods

Research was carried out in 3 mountainous protected spaces of the Canary Islands (Tenerife and La Gomera) characterised by high slopes, which determine and explain the vertical arrangement of the resources, due to great climatic differences. From the coastal zones, where species of the *Euphorbia sp.* genus predominate, to summit areas (above 600 a.s.l.), occupied in their majority by *Erica sp.* and *Myrica faya*, one encounters a great number of vegetable formations and ecosystems with different dynamics (differentiated evolution of the productivity) and structure (botanical composition, levels of plant covering, soil and others). Due to these differences, the traditional management of grazing has been carried out seasonally, but without long journeys, since due to the climatic differences that result from the altitude and the considerable slopes, the diversity of the vertically arranged ecosystems is very high in a scarce land. This peculiar organisation of the ecosystems is the base of the seasonal and vertical strategy (movement of livestock on the altitudinal gradient) of the use of the resources in the Canary Islands (Lorenzo, 1990; Aguilera *et al.*, 1994). The farms consist mainly of goats for milk and cheese production. 244 transects of 30 metres, with 100 points of sampling taking as reference the unit of use, were installed as a land classification system. The said unit was obtained on the basis of the following criteria: i) slope, ii) vegetal formation, iii) orientation, and iv) altitude. From the said transects, three types of variables were obtained, on the land and the vegetal species: i) presence (number of points in which the element features), ii) specific contribution by presence (number of points in which an element features in relation with the total points which touch some vegetal species and iii) specific contribution per contact (number of times that a species is touched in relation to the total number of times that a species has been touched). In total, 15 variables related to the vegetation and soil were used. The variables of land pressure pertaining to the farms were obtained by interviewing a total of 49 livestock farmers. These variables were: i) scale, ii) stocking rate (scale minus feeding in manger) and iii) supplementation (percentage of feeding in manger in relation to total needs). The use factor was established (percentage of primary productivity consumed by the livestock), resulting from the lineal relationship between stocking rate and carrying capacity. The latter was determined by means of 435 random cuts of 1 m^2 and subsequent chemic-nutritional analysis of 172 samples. The aim of this research is to determine the impact of grazing systems on the ecosystems. In order to do this, we investigated, at a first stage, if significant differences were found in the levels of land pressure , in consumption terms, among the different grazing systems. This was done through a model of variance analysis with the use factor as a dependent variable, the grazing system as an independent variable and the average stocking rate, supplementation, and scale as co-variables. Once it was established that there were no significant differences attributable to the grazing system, the latter's effect on the ecosystem's variables was analysed. In order to determine the impact of the grazing systems, a canonical discriminant analysis was carried out taking as grouping variable the interaction between the unit of use and the grazing system.

Results

The results of the variance analysis showed that there were no significant differences in the use factor attributable to the grazing system (Table 1). Therefore, despite the different systems , there are no differences in consumption terms. That is, the percentage of usage of grazing areas is the same in both grazing strategies.

The model used for the canonical discriminant analysis produced significant differences between the categories of the grouping variable and therefore the combination of the 15 variables presented a high discriminant power (Wilks' Lambada = 0.141; p – level = 0.000***), which indicates that, in fact, the grazing system affects differently the ecosystems. As can be observed in the Mahalanobis Distance Test, the differences among the grazing systems and the areas, in those same units, free from livestock use, the rotary grazing system is the one which presents less significant distances with the mentioned free areas.

However, the situations are diverse (Table 2). The unit FTLS350 seems, initially, to be unaffected by the presence of livestock, since the latter does not produce significant differences with the areas free from grazing in any of its grazing systems. At the other extreme is the CTLB350 unit, which is sensitive to the presence of livestock, independently of its type of use. Between the two situations there are two units (CTLS350 and CTPB350), for which the use with a continuous grazing system begins to produce significant differences which are not found in the rotary system. Especially sensitive to this change are the plain coastal areas.

In general, the areas most affected by grazing are those in which the prevalent vegetation is made up of species of the *Euphorbia sp.* genus, specially the plain areas. This may be related to the mentioned areas being abandoned former areas of cereal crop, which have been very affected by the subsequent presence of cattle, specially on continuous grazing.

Table 1. Results of the variance analysis with the use factor as a dependent variable.

Variation factor	F	p-level
Average stocking rate	22.48	0.000***
Index of feeding in manger	7.75	0.006**
Scale	8.13	0.005**
Grazing system	2.45	0.120
	R^2	0.68

Table 2. Mahalanobis Distance Test between areas without livestock and the grazing systems in each unit of use.

Unit of manejo	Description	Rotary grazing	Continuous grazing
FTLS350	Areas of transition to summit ecosystems (*Erica sp. and Myrica faya*) over 350 m.s.n.m.	2.92	3.80
CTLB350	Hillside on the coast with species of the *Euphorbia sp.* genus		
CTLS350	Hillsides over 350 m.s.n.m. with species of the *Euphorbia sp.* genus		
CTPB350	Plain areas on the coast with species of the *Euphorbia sp.* genus.		

Discussion

The protection of the vast majority of forest areas in the Canary Islands has affected considerably the change of the grazing system, which transited from the traditional seasonal to the continuous one. According to Olaizola *et al.* (1995), seasonal grazing is not the result of scarcity of space, but of a strategy of resources use and adaptation to the dynamics of the ecosystems (Biot, 1993). The protection of the said forest areas has considerably hindered the establishment of the mentioned strategy. This difficulty has forced livestock farmers to manage livestock with a continuous system, without producing real increments to the levels of pressure, as can be observed in the low effect of the grazing system on the use factor (p – level = 0.120). It is the change of system which gives rise to important differences between grazed areas and areas free from grazing, as can be deduced from the high discriminant power of the used model (Wilks' Lambada = 0.141; p – level: 0.000***).According to Nösberger and

Staszewsky (2002), it is clear that the continuous grazing system is unsustainable in ecosystems like those of the Canary Islands, whilst the seasonal system is adapted to such dynamics and structure.

The significant effect of a variable not related to consumption, like the grazing system, on the state of ecosystems, allows us to state that the factor of use is not useful for detecting situations of degradation in the Canary Islands, because of the great number of variables which affect animal consumption (Agreil *et al.* 2002), as well as because of the variability and randomness of the primary productivity of the ecosystems (Bartels *et al.*,1993). In this sense, the different sensitivity found between ecosystems confirms the proven importance of the abiotic factors on the dynamics of the ecosystems and their response to grazing (Aitken *et al.*, 2002, De Bello *et al.*, 2002; De Bello *et al.*, 2002).

Conclusion

- The protection and banning of livestock farming in forest areas of the Canary Islands has been a factor contributing to the change from a traditional grazing system to the continuous system, since it has hindered the establishment of the seasonal strategy.
- This change has had a significant effect in some ecosystems, which cannot be explained with reference to possible increments of the pressure on the resources in consumption terms (use factor). The effect of this change depends, to a large extent, on the type of ecosystem where it takes place and therefore on its characteristics.
- The use factor is not an adequate variable for the planning of grazing. Therefore, there is evident necessity for a system focus based on the interaction between animal and ecosystems and the effect of such interaction on the latter.

References

Agreil, C., Hazard, L., Magda, D. & Meuret, M. 2002. Prospects for ecological habitat conservation : a new modelling approach to evaluate grazing of broom shrubland. En: Durand, J.L., Emile, J.C., Huyghe, Ch., Lemaire, G. (Eds.) (2002) Multi – function grasslands. Quality Forages, Animal Products and Landscapes. Grasslands Sciences in Europe. Volume 7. Francia. pp. 752 – 753.

Aguilera, F., Brito, A., Castilla, C., Díaz, A., Fernández – Palacios, J.M., Rodríguez, A., Sabaté, F. & Sánchez, J. 1994. Canarias. Economía, Ecología y Medio Ambiente. Francisco Lemus Editor. pp. 361.

Aitken, M., Frost, A., O'Sullivan, M. & Tiley, G.E.D. 2002. Effect of grazing and soil properties on soil erosion on the Trotternish Ridge, Isle of Skye. En: Durand, J.L., Emile, J.C., Huyghe, Ch., Lemaire, G. (Eds.) (2002) Multi – function grasslands. Quality Forages, Animal Products and Landscapes. Grasslands Sciences in Europe. Volume 7. Francia. pp. 646 – 647.

Bartels, G.B., Norton, B.E. & Perrier, G.K. 1993. An examination of the Carrying Capacity Concept. En: Behnke, R.H., Scoones, I. y Kerven, C. (1993) Range Ecology at Disequilibrium. New models of natural variability and pastoral adaptation in Africa Savannas. 89 - 103.

Biot, Y. 1993. How long cab high stocking densities be sustained?. En: Behnke, R.H., Scoones, I. & Kerven, C. Range Ecology at Disequilibrium. New models of natural variability and pastoral adaptation in Africa Savannas. 153 – 172.

De Bello, F., Torrigiani, T. & Sebastia, M.T. 2002. Influencia del pastoreo en la composición de la vegetación a lo largo del un gradiente climático. XLII Reunión Científica de la Sociedad Española para el Estudio de los Pastos. España. 123 – 127.

Lorenzo, M.J. 1990. Datos para el estudio del pastoreo en Las Cañadas del Teide (Isla de Tenerife. Canarias). En: Homenaje al Profesor Dr. Telesforo Bravo. Tomo II. Secretariado de Publicaciones. Universidad de La Laguna. 301 – 335.

Nösberger, J. & Staszewski, Z. 2002. Overview of the changes in research on grasslands in Europe. En: Durand, J.L., Emile, J.C., Huyghe, Ch., Lemaire, G. (Eds.) (2002) Multi – function grasslands. Quality Forages, Animal Products and Landscapes. Grasslands Sciences in Europe. Francia. Volume 7. pp. 17 – 27.

Olaizola, A., Manrique, E. & Bernués, A. 1995. Diferenciación de sistemas forrajeros y relaciones con la economía de explotaciones ovinas. XXXV Reunión Científica de la Sociedad Española para el Estudio de los Pastos. pp. 81 – 87.

Agroforestry landscapes in Greece

M. Sioliou-Kaloudopoulou[1] *& I. Ispikoudis*[2]

[1]*Department of Geography, University of Paris I-Panthéon- la Sorbonne, Paris, France*
[2]*Laboratory of Rangeland Ecology, Aristotle University, 54124 Thessalonica, Greece*

Summary

A basic element of the traditional Mediterranean economy is livestock husbandry. Agroforestry systems, all possible combinations among animal husbandry, forestry and/or agriculture, resulted in characteristic landscapes in the Mediterranean area, like *dehesa* in Spain and *montados* in Portugal. There are similar landscapes in Greece as well, though their registration and their definition criteria are still rudimentary. In Greece, *dehesa*-like landscapes are composed of a great variety of species (*Olea, Morus, Quercus, Pinus* etc). The place name "*kouri*" indicates not only techniques of trees' exploitation and a strong pressure of grazing in the past, but *dehesa*-like landscapes as well. In fact, they are cultural landscapes because the factors that contributed to their creation were on the one hand ecological (climate, soil etc.) and on the other hand human (exploitation of forests through animal husbandry etc). The difficulty of foreseeing the evolution of these landscapes consists in the drastic changes resulting from the abandonment of traditional practices of exploitation and the local features of each system. That is why their registration and evaluation is urgent, aiming always at their sustainable management.

Keywords: kouri, cultural landscapes, dehesa, montados.

Introduction

Home to some of the most ancient civilizations, the Mediterranean basin has been inhabited and cultivated by man for thousands of years. Furthermore, local communities, forced by lack of water, in order to survive had to develop practices like transhumance and/or nomadism, cultivation in terraces, etc.. All the possible combinations of animal husbandry, forestry and/or agriculture, produced agroforestry systems. The conjunction of these different practices may vary in time and in space: the practices may be combined at the same time or they may spread over time. In fact, agroforesty systems result from a complex rural and ecological history. This explains the extraordinary diversity of the Mediterranean landscape, a combination of culture and nature, presenting common features and consequently easily recognized in any part of the Mediterranean countries.

A common landscape around the Mediterranean basin is *dehesa* in Spain or *montados* in Portugal. Generally, the *dehesa* is specified as the landscape of an agroforesty system containing mainly two stratums: a herbaceous and a low-density, usually orchard-like, tree cover. The simplification of the structure of the autochthonous forest results from the elimination of the shrubs in order to obtain pastures or arable land (Clément, 1999).

This paper aims to describe agroforesty systems that present *dehesa*-like landscapes in Greece. It seems that *dehesa*-like landscapes occupy large surfaces all around Greece, either in forestland or in cultivated land.

Origins and types of agroforestry landscapes

Unlike Spain and Portugal, where *dehesa* and *montados* are well defined and inventoried, similar Greek landscapes are hardly ever classified, lacking their own definition. It should be noted that one category of rangelands is *dasolibada* (wooded pastures), which is defined as a partially covered surface by forest vegetation (Papanastasis & Noitsakis, 1992). The landscape of this category is often similar to a *dehesa*, but it should not always be identified with a *dehesa*, because its definition does not meet the necessary criteria concerning the density of trees and land use is not mentioned. Furthermore, *dehesa*- or *montados*- like landscapes are often related to certain products. In Spain, for example, the well-known *jamon belota*[1] is inseparably linked with *dehesa* landscapes, while in Portugal the product is cork.

Dehesa-like landscapes are also often characterized as Mediterranean savannah, because of their physiognomy. However, it seems that this characterisation is not adequate, given that it does not include the fact that *dehesa*-like landscapes derive from agroforestry systems.

Given that the past of Greek landscapes is rarely inventoried, a useful indicator for the recognition of *dehesa-like* landscapes is the characteristic shape of pollarded and shredded trees, a result of the ancient techniques for the exploitation of trees in Greece. The presence of pollard or shredded trees confirms the big pressure of livestock in the past and the different land uses. In Greece there are mainly two techniques of exploitation of forest-trees; *kladonomi,* that is usually translated as looping and *koura* that is usually translated as pollarding. *Kladonomi* consists in cutting the lower branches of the tree in order to store and feed the domestic livestock during the winter. *Koura* is cutting the stumps or the branches at a height that exceeds 1.5-2 m of the trunk. The technique of *koura* was a way of protecting the trees from browsing. It dates back to antiquity, given that it is mentioned by Theofraste (Zaharis, 1977).

It seems that these techniques extend the life of a tree (Rackham, 1998). The etymology of the Greek word *koura* implies exactly the same thing, since it derives from the words *"kouros"* (young) and *"kourizo"* (make young) (Dormparakis, 1989). *"Kouri*", as well, is a place name found all over Greece. All the places named *"kouri"* are situated in areas where there was a big grazing pressure. The majority of the places named *"kouri"* coincide either with areas or with the paths of transhumance herds. It is possible that all these places were *dehesa*-like landscapes in the past.

Forest species

The open tree stratum of *dehesas* of the south-western Iberian Peninsula is dominated by oak species. In Greece there are large surfaces covered by dehesa oaks in northern Macedonia, western *Thessaly and Epirus, as well as in smaller areas in central and western Crete. The components are Quercus pubescens, Quercus sessiliflora, Quercus cerris, Quercus ithaburensis, Quercus macedonica* and the grassland is composed of several types, depending on altitude and moisture.

The exploitation of these species has been known since antiquity: Theophraste mentions four different species of *Quercus*, depending on the taste of the acorns (Antoniou & Papagianni, 2002). During modern history (until around the1950's), the production of acorns was intense because they were used for feeding animals, dyeing, and in the leather industry. *Dehesa*-like landscape of *Quercus coccifera* is found mainly in Crete where, unlike other areas, it is usually found as a tree. The primary land use is

---

[1] It is a matured ham, a Spanish delice
http://www.laelitedeladehesa.com/

pasture and many of the trees are pollarded. In the past, acorns were used to produce a substance called « *kremmezi* » which was used for dyeing clothes.

Unfortunately, there are no inventories and the evolution is quite uncertain; if the intensive grazing pressure continues, regeneration will be very difficult. In this kind of system, only trees taller than grazing animals can survive (Rodriguez *et al.* 1999). There is only one study and it concerns the species *Quercus ithaburensis Decaisne subsp. Macrolepis Hedge & Yalt* (Pantera, 2001) that occupies 29 631 ha of *dehesa*-like landscapes.

Dehesa oaks are found in agricultural land as well, especially in Macedonia. Deciduous oak trees are combined with wheat cultivation and they are also pollarded. The economic advantages of such systems in the past were undeniable. Nowadays, even though the production of wood, acorns etc. could be a plus to the incomes of the farmer, the ecological advantages seem even more important since biodiversity is improved.

Dehesa-like landscapes of *Pinus nigra* are found mostly in northern Macedonia and in the Peloponnese at high altitudes (Grove & Rackham, 2001), where there is high grazing pressure; the above areas were crossed, in the past, by traditional herds on transhumance. It should be noted that, since the1950's, grazing has been prohibited by law in pine forests (Makris, 1974), although the law has never been applied.

There are other forest species, such as *Ceratonia siliqua, Castanea satina, Zelkova abelicea, Platanus orientalis, Cupressus orientalis,* etc. that form *dehesa*-like landscapes but in significantly smaller areas (Grove & Rackham, 2001).

Finally, one unique case is the *Cupressus orientalis* found only in Crete. Surprisingly enough, the *Cupressus orientalis* forms an agroforestry system as well. It is found in grazing areas and it is the only pollarded conifer. Moreover, it is the only conifer that has the capacity to produce offshoots, as mentioned by Theofraste (Zaharis, 1977).

Agricultural species

Olive *(Olea europea)* is one of the most widespread cultivated trees in Greece. Olive cultivation forms agroforestry systems in combination with grazing, cultivation of cereal or vegetable crops (Schultz *et al.* 1987). Livestock usually grazes the stratum under the olive tree in *dehesa*-like landscapes.

The cultivation of mulberries (*Morus alba*) for silk production is a very old practice all over Greece, dating back to Byzantine times. Written testimonies describe such cultivation in Thessaly, Chalkidiki and in Thrace, where the orchards were grazed or there was a bean and/or corn, or an alfalfa understorey. Nowadays, *dehesa*-like landscapes with mulberries are found only in Thrace and in smaller areas in Chalkidiki.

Conclusions

Dehesa-like landscapes are the results of a complex rural and ecological history. They are cultural landscapes, deriving from human exploitation and ecological factors. In Greece there is a big variety of trees forming dehesa-like landscapes. The principal elements are decidous oaks that occupy large surfaces. Although no word exists to describe the *dehesa*-like landscape, the place name *kouri* could possibly be an equivalent to the spanish word *dehesa.* The registration and evaluation of these cultural landscapes are urgent for many reasons. Not only they present ecological and economic advantages, but they also represent a high cultural value as the relics of traditional landscapes.

References

Antoniou E., & A. Papagianni, 2002. The opinion of Greeks about the environment as it is described in Aristophanes' scripts. Dissertation thesis, TEI,. Drama. pp. 50. (In Greek)

Clément, V., 1999. Les milieux forestiers méditerranéennes, in Dubois J.J ; les milieux forestiers, aspects géographiques, DIEM, ed SEDES. p.182-333.

Dormparakis, X.P.,1989. Glossary of classic Greek language. I.D. Kollaros & AE, Athens. pp. 926. (In Greek)

Grove A.T., & Rackham O., 2001. The nature of Mediterranean Europe, an ecological History, Yale University press, New Haven and London. pp. 384.

Makris, K., 1974. Forest Policy. Aristotle University, Thessaloniki. pp. 81. (In Greek).

Pantera A. 2001. Enstablisment of Quercus ithaburensis Decaisne subsp. Macrolepis Hedge & Yalt under competition from herbaceous vegetation in silvopastoral systems. PhD, thesis. Aristotle University, Thessaloniki. pp. 143. (In Greek).

Papanastasis V., & Noitsakis V., 1992. Rangeland Ecology. Giaxoudi-Giapouli (eds), Thessaloniki. pp. 244. (In Greek)

Rackham, O., 1998. Trees and woodland in a crowded landscape – The cultural landscape of the British Isles. In: The cultural landscape – past, present and future. H.H. Birks, H.J.B. Birks, P.E. Kaland, D. Moe (eds), Cambridge University Press, Cambridge. p. 53-77.

Rodriguez R., C. Lopez-Carassa, & J. Zuzuqrreguie, 1999. Effects on natural regeneration of woodland in a dehesa system grazed by Avilena-Negra Iberica Breed. In: Dynamics and sustainability of Mediterranean pastoral systems. M. Etienne (ed), CIHEAM, p. 257-254.

Schultz Q.M., Papanastasis V., Katelman T., Tsiouvaras C., Kandrelis S., & Nastis A., 1987. Agroforestry in Greece. Aristotle University, Thessalonici. pp.101.

Zaharis, S.A., 1977. The forests of Crete from antiquity until today. Forest Service, no 39. Aspioti-ELKA, Athens. pp. 146. (In Greek).

Plant biodiversity in the Greek subalpine-alpine rangelands

K. Papanikolaou[1], *Chr. Roukos*[1], *V. Pappa-Michailidou*[2] & *I. Nikolakakis*[2]

[1]*Department of Animal Production, Faculty of Agriculture, Thessaloniki, Greece*
[2]*Technological Educational Institute of Florina, Florina, Greece*

Summary

It is known that Greece is a mountainous country with numerous high mountains, all of which are characterized by an extensive subalpine region. The Greek mountain region is well known for its rich flora and high proportion of endemic species. The most important families, from the animal nutrition point of view, are *Poaceae* (grasses) and *Fabaceae* (legumes) with 27 and 18 genera, respectively. The flora of subalpine and alpine rangelands is composed of a number of phytogeographical elements, such as the boreal or Euro-Siberian taxa which often occur at low altitudes in N. Europe and ascend to alpine levels in Greece (e.g. *Nardus stricta, Vaccinium myrtillus, Dianthus deltoides*, etc...). In addition, a lot of Arctic-alpine taxa reach their southernmost localities on granite or schistose mountains in Greece (e.g. *Saxifraga stellaris, Gnaphalium supinum* and *Juncus trifidus*), while others on limestone (e.g. *Saxifraga oppositifolia* and *Dryass octapetala*). The total number of taxa of vascular plants in Greece was estimated to be about 6 000, just below the figures for Italy and Spain. One-third of it (approximately 1 800) occurs in the subalpine and alpine rangelands. Of the above 1 800 taxa, about 20% belong to the Balkan endemics, 8% to the Greek endemics and 9% to the single-mountain endemics.

Keywords: subalpine rangelands, flora, biodiversity.

Introduction

It has been found out that the total number of higher plants in Greece is approximately 6 000, that is just below the figures for Italy and Spain, approximately the same level with Jugoslavia and France, and above the figures for Bulgaria, Romania, Austria and Albania (Strid and Papanikolaou, 1985).

The rich and diversified flora of Greece is a result of a great variety of habitat conditions, which have been created by its dissected topography, complicated geological history and multitude of rock substrates (limestone, schist, granite, serqentine, etc.).

In Greece the highest number of species, approximately 4 000, is found in lowland habitats of the mainland, while in subalpine and alpine regions the number is about 2 000, with a lot of species having a more restricted distribution (regional or local endemics). This means that the Greek subalpine and alpine regions are great natural laboratories for the forces of evolution. Geographical and ecological isolation of small populations has procured a great number of neo-endemics and has segregated species that have evolved unique combinations of traits, either in the process of adaptation to special environmental conditions, or as a result of random genetic or population drift. At the same time, the Greek subalpine regions have also afforded shelter to ancient species that would have otherwise been wiped out; a characteristic element is that many impressive paleo-endemics are found in rocky habitats.

Materials and methods

Unless otherwise stated, the nomenclature is according to Tutin *et al.* (1964-1980). All information about subalpine-alpine plants is taken from: (1) Literature data (chiefly on standard Floras), e.g. Boissier (1867-1884), Halàcsy (1901-1904), Hayek (1925-1932), Tutin *et al.* (1964-1980), Strid (1986) and Strid and Kit Tan (1991), and (2) Personal collections and field notes.

Vegetational zones

In Greece three main altitudinal zones can be distinguished:

1. The coastal plains and hills, which have a typical Mediterranean climate and are covered by evergreen shrubs or by evergreen, sclerophyll forests, if undisturbed by human activity. The upper limit for this zone is 400-500 m in northern Greece and 800-1000 m in southern Greece. The most important shrubs occurring here are *Quercus coccifera* L., *Quercus ilex* L., *Arbutus unedo* L., *Arbutus andrachne* L., *Juniperus oxycedrus* L. and *Pistacia lentiscus* L.
2. The middle slopes of the mountains, which are covered by forest trees such as *Picea abies* (L.) Karsten, *Pinus sylvestris* L., *Pinus nigra* Arnold, *Abies borysii-regis* Mattf., *Abies cephalonica* Loudon, *Pinus heldreichii* Christ, *Castanea sativa* Miller, *Fagus sylvatica* L., *Cupressus sempervirens* L. and *Pinus brutia* Ten.
3. The subalpine rangelands, where there is a high diversity of alpine habitats, such as rocks, screes and various types of grassland. There is no well-developed subalpine zone in the Greek mountains.

In comparison with the Alps, dward shrubs of *Salix*, *Rhododendron*, etc., are conspicuously lacking. Locally, there may be patches of low scrub of *Berberis cretica* L., *Buxus sempervirens* L., *Daphne oleoides* Schrebec and *Rosa* spp., but, generally speaking, habitats above the tree-line are dominated by perennial herbs and grasses. The most widespread shrub at alpine levels is perhaps *Juniperus communis* L., which often forms prostrate mats and extends to the highest summits. Sheer rocks and scree fields are the dominant habitats in the summit area of the most Greek mountains.

Flora of subalpine rangelands

The Greek mountain region is well-known for its rich flora and high proportion of endemic species. The flora of subalpine and alpine rangelands is composed of a number of phytogeographical elements, such as the boreal or Euro-Siberian taxa, which often occur at low altitudes in N. Europe and ascend to alpine levels in Greece (e.g. *Nardus stricta, Vaccinium myrtillus, Dianthus deltoides,* etc...). In addition, a lot of Arctic-alpine taxa reach their southernmost localities on granite or schistose mountains in Greece (e.g. *Saxifraga stellaris, Gnaphalium supinum* and *Juncus trifidus*). Of course, there are significant connections with the Alps and the Carpathians, as well as with the mountain floras of Italy and Anatolia.

The total number of taxa of vascular plants in Greece was estimated to be about 6 000, just below the figures for Italy and Spain. One-third of it (approximately 1 800) occurs in the subalpine and alpine rangelands above tree line.

The above number of taxa belongs to 127 families and 410 genera. The most important families, from the animal nutrition point of view, are *Poaceae* (grasses) and *Fabaceae* (forbs) with 27 and 18 genera, respectively (Table 1).

Table 1. 27 and 18 genera of Poaceae (grasses) and Fabaceae (legumes), respectively, occur in the Greek subalpine rangelands.

Family	Genera
Poaceae	*Festuca* L., *Poa* L., *Bellardiochloa* Chiov., *Dactylis* L., *Cynosurus* L., *Sesleria* Scop., *Melica* L., *Bromus* L., *Brachypodium* P. Beauv., *Festucopsis* Melderis, *Elymus* L., *Dasypyrum* T. Durand, *Secale* L., *Helictotrichon* Besser, *Danthoniastrum* Holub, *Arrhenatherum* P. Beauv., *Koeleria* Pers., *Trisetum* Pers., *Deschampsia* P. Beauv., *Anthoxanthum* L., *Agrostis* L., *Calamagrostis* Adanson, *Phleum* L., *Alopecurus* L., *Stipa* L., *Dantonia* DC., *Nardus* L.
Fabaceae	*Cytisus* L., *Chamaecytisus* Link, *Genista* L., *Astragalus* L., *Oxytropis* DC., *Cicer* L., *Vicia* L., *Lathyrus* L., *Medicago* L., *Trifolium* L., *Dorycnium* Miller, *Lotus* L, *Anthyllis* L, *Coronilla* L., *Hippocrepis* L., *Hammatolobium* Fenzl., *Onobrychis* Miller

Table 2. Number of single-mountain endemic taxa in various Greek mountains.

Name of mountain	Number of single-mountain endemics	Name of mountain	Number of single-mountain endemics
Olimbos	20	Pinovon	1
Athos	14	Timfristos	3
Taygetos	16	Menikion	1
Dhikti	8	Falakron	1
Grammos	2	Killini	6
Pangeon	4	Idhi	6
Smolikas	5	Varnous	2
Dhirfis	4	Menalon	2
Lefka Ori	18	Tomaros	1
Kajmakcalan	1	Ossa	2
Vermion	1	Aftia	1
Parnassos	6	Tsoumerka	1
Fengari	4	Timfi	2
Vardousia	3	Elikon	1
Giona	4	Orvilos	1
Parnon	7	Kandhili	1
Siniatsikon	1	Voutsikaki	1
Chelmos	6	Rodhopi	1
Enos	2	Oxia	1
Epano Arena	1		

Endemism in the subalpine rangelands

Phytogeography and endemism in the Aegean area have been treated extensively by Rechinger (1950 and 1951), while detailed data for the south Aegean and for the Greek subalpine regions have been presented by Greuter (1971) and Strid (loc. cit. 1986 and 1991).

It has long been known that Greek mountains and islands are very rich in endemic taxa, i.e. taxa with a restricted distribution. Only in Crete 132 endemics were found. In the subalpine region, occur approximately 2 000 taxa. About 400 of them are Balkan endemics (taxa which occur in various Balkan mountains), 146 of them Greek endemics (taxa which occur in various Greek mountains), and 162 of them single-mountain endemics (taxa which occur only in one mountain, nowhere else)(Table 2).

References

Boissier, E., 1867-1884. Flora Orientalis (1-5). Genevae et Basileae.

Greuter, N., 1971. Betrachtungen zur pflanzengeographie der sudägais. Opera Bot. 30 : 49-64.

Halácsy, E. von, 1901-1904. Conspectus Florae Graecae (1-3). Lipsiae.

Hayek, A. von, 1926. Allgemeine Pflanzengeographie. Belin.

Rechinger, K.H., 1950. Grundzüge der Pflanzenverbreitung in der Ägais. Vegetatio 2: 55-119, 239-308, 365-386.

Rechinger, K.H., 1951. Phytogeographia Aegaea. Denkschr. Österr. Akad. Wiss., Nath-Nat. Kl. 105: 2.

Strid, A. and Papanikolaou K., 1985. The Greek mountains. In: C. Gomez-Campo (Ed.), Plant Conservation in the Mediterranean Area, 90-111. Dordrecht: Dr. W. Junk Publishers.

Strid, A., 1986. Mountain Flora of Greece. Vol. 1, Cambridge, Cambridge Univ. Press.

Strid, A. and Kit Tan, 1991. Mountain Flora of Greece. Vol. 2. Edinburgh, Edinburgh Univ. Press.

Tutin, T.G. *et al.* (Eds), 1964-1980. Flora Europaea (1-5). London, New York, Cambridge Univ. Press.

Grazing capacity and herbage mass quality for organic grazing sheep in a mountain pasture of Northern Greece

B. Skapetas[2], D. Nitas[2], A. Karalazos[1] & J. Hatziminaoglou[1]

[1]*Department of Animal Production, Faculty of Agriculture, Aristotle University, 54 006 Thessaloniki, Greece*
[2]*Department of Animal Production, Faculty of Agriculture, T.E.I., 54 101 Thessaloniki, Greece*

Summary

This study investigates the relationship between animals and pasture. The experiment was carried out during 1994, 1995 and 1996 in the experimental pasture of the Animal Breeding and Training Center of Vlasti, in the Kozani district of West Macedonia. Five localities of different altitude were examined in the study in order to record botanical composition, herbage yield under grazing conditions, and to find out the pasture's grazing capacity. The results showed that in the botanical composition of the pasture's herbage mass, graminaceous species are dominant among the legumes and other species. The average pasture yield was found to be 1 910 kg DM/ha. During the experimental period, a continuous increase of the herbage mass content in dry matter, crude fiber, NDF, ADF, cellulose, hemicelluloses and lignin was observed, as well as a decrease in crude protein from the 1st to the 5th vegetative stage (June-October). The average utilization of herbage mass was found to be 86%. The grazing capacity varied from 0.11 to 0.4 ha/ewe/month, while in September it declined to 0.9 ha/ewe/month.

Keywords: grazing capacity, herbage quality, botanical composition, herbage mass utilization, organic sheep, nutritive value.

Introduction

The nutrition of sheep managed under extensive production systems is based on the pasture yield for the greatest part of the year. In Greece, extensive grassland (33% of the total national pastures) constitutes one of the most important resources for sheep production (Papanastasis, 1982). In recent years, however, a gradual degradation of the mountain and hill grasslands of the region has taken place, as a result of either overgrazing of some areas or undergrazing of others (Boyazoglou & Flamant, 1991; Zervas *et al.*, 1996). The objective of the present study was to estimate the production, the quality of the herbage mass, as well as the grazing capacity of a typical mountain grassland in West Macedonia, Greece.

Materials and methods

The experimental work reported in this paper was conducted in a typical mountain grassland in a sub-alpine zone, in West Macedonia - Greece, on the slopes of mount Askion, during the period June-October in three consecutive years, 1994, 1995 and 1996.

The measurements for the estimation of botanical composition were performed inside each cage. An one-metre margin was left in the frame, to avoid edge effects during sampling. In each cage and at each stage of vegetation development, 10 measurements took place in each experimental frame, as well as in each phonological stage of vegetation, using the ten pin-point method.

The calculation of herbage production inside (A) as well as outside the experimental frames (B), under grazing condition, took place at the same time, according to the True Weight Measuring method.

The chemical analyses of herbage biomass samples were carried out at the Laboratory of Animal Nutrition, Faculty of Agriculture, Aristotle University of Thessaloniki.

All data were analysed statistically using ANOVA, SAS General Linear Model procedure (SAS, 1998).

Results and discussion

The estimated botanical composition of grassland for the three successive years (1994, 1995 and 1996) is shown in Table 1. The data suggest that graminaceous species dominate the grassland compared to legumes and other (miscellaneous) plant species. This observation is explained by the greater resistance of graminaceous species to low winter temperatures in the region of study. Botanical composition varied between the three years ($P<0.05$) for graminaceous species (ranging from 63 to 71% of total plant species). Legume species varied from 2.5 to 9.5% with significant differences observed between the phonological vegetative stages ($P<0.05$). Herbage production was satisfactory for the period until July because of satisfactory precipitation levels (figure 1). However, during the period from August to September, herbage production reached very low levels because of intensive xerothermic conditions. The mean aerial temperature in the region was 19 to 20° C, whereas the levels of precipitation were very low (Figure 1). An important index of grassland productivity is the precipitation during the period from April to August (Papanastasis, 1982). In the region of West Macedonia, Greece, the mean precipitation for this period during the experiment amounted to 229.3 mm, 277.3 mm and 165.1 mm for 1994, 1995 and 1996 respectively (Figure 1). However, the levels of precipitation were not sufficient for normal herbage production during the months of July and August.

Table 1. Botanic composition (individual %) during the grazing period[1].

	Vegetation stage					Significance		
	June	July	August	September	October	Stage	Year	Altitude
Grasses	65.1 ± 4.5^a	63.8 ± 4.4^a	67.0 ± 3.1^a	68.8 ± 2.1^a	70.7 ± 3.8^a	NS	*	NS
Legumes	7.9 ± 1.9^b	9.5 ± 1.6^b	5.1 ± 1.7^b	4.2 ± 1.2^b	2.5 ± 1.8^b	*	NS	NS
Miscellaneous	26.9 ± 3.4^c	26.5 ± 4.7^c	27.9 ± 2.3^c	27.0 ± 0.5^c	26.8 ± 3.2^c	NS	*	NS
Significance	***	***	***	***	***			

[1]Means of 5 altitudes and 3 years, 1994, 1995 and 1996.
[a,b,c] Within rows, means not sharing a common superscript differ significantly ($P<0.05$).
*$P<0.05$, ***$P<0.001$.

Table 2. Total yield, consumed herbage mass (kg DM/ha) and utilisation percentage of herbage mass during grazing[1].

	Year			
	1994	1995	1996	Mean
Total yield	1 910	2 080	1 740	1 910
Consumed herbage mass	1 700	1 690	1 550	1 650
Utilisation percentage	89	81.2	89	86.4

[1]Mean of 3 years, 1994, 1995 and 1996.

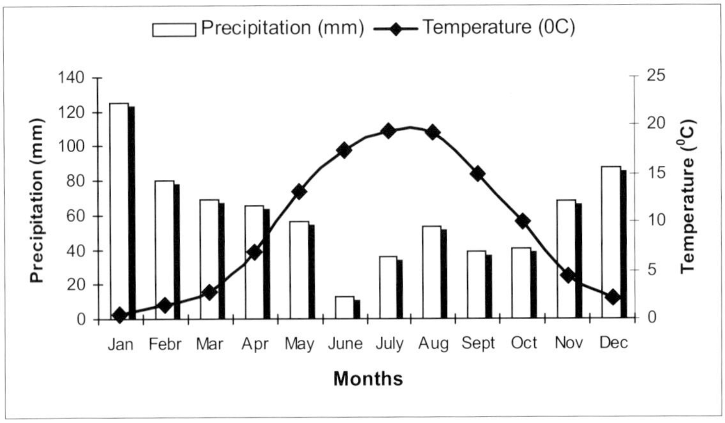

Figure 1. Climodiagram of Vlasti region (precipitation – mm and air temperature °C, mean of the years 1994, 1995 and 1996).

Table 3. Monthly grazing capacity[1].

Period	Yield kg DM/ha	Grazing capacity	
		Ewe/ha/month	Ha/ewe /month
June	657	7.3	0.14
July	799	8.9	0.11
August	224	2.5	0.40
September	96	1.1	0.91
October	214	2.4	0.42

[1]Mean of 5 cages and 3 years, 1994, 1995 and 1996.

Total yield of herbage production of grassland was 1 910 kg DM/ha (1 910 kg DM/ha for 1994, 2 080 kg DM/ha for 1995 and, 1 740 kg DM/ha for 1996 (Table 2). Herbage production under grazing was high (1 650 kg DM/ha, mean of all three years). Average utilisation of herbage production was found to be 86.4% (Table 2). This level of utilisation was very high, suggesting that the grassland was overgrazed by sheep (an estimate of optimal herbage utilisation is 50%) and if the high levels of utilisation had continued, grassland productivity would have decreased and a deleterious effect on botanical composition would have been observed. The grazing capacity fluctuated from 0.11 to 0.4 ha/ewe/month, while in September it declined to 0.9 ha/ewe/month, as a result of the lack of precipitation and overgrazing (Table 3).

The chemical composition of herbage is shown in Table 4. The concentration of crude fibre and lignin was relatively low for the first vegetative stages (ear and flowering stage). However, it increased significantly during the seed set and seed maturity stage, until the end of October. The same pattern was observed for NDF, ADF, cellulose and hemicellulose. These increases result from an increase in cell wall content of the herbage, compared to cell content. Changes in the cell wall content will potentially result in a decrease of the nutritive value of herbage, especially during the most advanced stages of maturity. The decrease in nutritive value is further affected by the decrease in crude protein (from 9-11% in the first stages to 5-6% by the end of the period of observation).

Table 4. Chemical composition (% DM) of herbage mass according to grazing period.

Vegetative stage Nutrients	June	July	August	September	October	S.E.
Dry Matter (DM)	23.5[a]	30.9[b]	56.6[c]	59.8[c]	68.5[d]	1.8
Organic Matter (OM)	93.3[a]	93.6[a]	93.9[a]	94.9[b]	93.9[a]	0.5
Crude Protein (CP)	10.6[a]	8.8[b]	6.6[c]	5.4[c]	6.0[c]	0.6
Ether Extract (EE)	1.3[a]	1.4[a]	1.5[ab]	1.6[b]	1.6[b]	0.05
Crude Fiber (CF)	24.9[a]	29.1[ab]	32.7[bc]	35.6[c]	36.7[c]	2.1
NDF	35.4[a]	41.6[b]	51.3[c]	65.2[d]	66.9[d]	1.8
ADF	24.7[a]	29.4[b]	35.8[c]	41.1[d]	43.8[e]	0.8
Cellulose (C)	19.5[a]	23.9[b]	29.5[c]	32.1[d]	34.3[d]	0.6
Hemicellulose (H)	10.7[a]	12.3[b]	15.8[c]	23.8[d]	24.0[d]	0.5
Lignin (L)	5.2[a]	5.5[ab]	6.3[bc]	9.0[d]	9.5[d]	0.4

[a,b,c] Within rows, means not sharing a common superscript differ significantly ($P<0.05$).

Conclusions

In the Vlasti mountain pasture studied, grasses are dominant. Legumes and other floristic groups occur at a relatively lower level. The maximization of herbage production occurs in July. During the period of August to September, productivity decreases rapidly as a result of high temperatures and a lack of soil moisture (xerothermic climate). The total herbage production was satisfactory, but a strong seasonal character of herbage production and the seasonal changes in the nutritive quality of herbage mass are observed from August to September. The grazing capacity of pasture declined significantly during August and September and thus the flock had to be moved to new pasture regions and the implementation of supplemental nutrition had to be considered.

References

Boyazoglou, J. & Flamant, J.C., 1991. The actual state and the future of animal production in the Mediterranean rangelands, IVth International Rangeland Congress, Montpellier, France, pp. 1017-1025.

Íitas, D., 2000. Fodder plants and pasturing grounds. Technological Educational institute of Thessaloniki. Thessaloniki, p. 114 (in Greek).

Papanastasis, Â., 1982. Production of natural grasslands in relation to air temperature and precipitation in northern Greece. Forest Research Institute, Thessaloniki, Greece. p. 128 (in Greek).

Walsh, G.L. & Birrel, H.A., 1987. Seasonal variations in the chemical composition and nutritive value of five pasture species in south-western Victoria. Aust. J. Exp. Agric., 27: 807-816.

Zervas, G., Fegeros, K. & Papadopoulos, G., 1996. Feeding system of sheep in a mountainous area of Greece. Small Rum. Res. 21, 11-17.

Sheep and goat behaviour grazing on stubble in northern Greece

M.D. Yiakoulaki, Ch.I. Pantazopoulos & V.P. Papanastasis

Department of Range and Wildlife Science, School of Forestry and Natural Environment, Aristotle University of Thessaloniki, 54124 Thessaloniki, Greece

Summary

Stubble grazing by sheep and goats after cereal harvesting is widely practised in the countries of the Mediterranean Basin during the summer. In this paper, the grazing behaviour of sheep and goats on cereal crop residues in northern Greece was studied. Feeding, lying standing, moving and ruminating were recorded, as well as the time spent on each forage group. The animals' distibution during feeding in the middle or on the boundaries of the stubble field and the distance of individual animal species from the nearest neighbour were also recorded. Feeding was the main activity of both animal species, followed by moving and standing. Sheep and goats spent 56.0% and 51.1% of their feeding time grazing forbs *(Polygonum mite)*, while they spent 25.3% and 29.4% of the time grazing stubble (stand and fallen) respectively. Sheep, compared to goats, tended to stay together while grazing and spent more time feeding in the middle of the stubble than in the boundaries.

Keywords: stubble grazing, activities, small ruminants.

Introduction

Sheep and goats grazing cereal stubble during the summer season represents one of the most widespread feeding practices in the Mediterranean Basin countries. During that period, forage of natural pastures is dry and depleted, so flocks are turned to barley and wheat stubble grazing after the harvest. Stubble grazing in northern Greece, at the low elevation zone (<200 m), takes place from the middle of June till early October. The high temperatures which usually occur in the summer, affect the duration of the animals' grazing time during the day. Thus, most shepherds lead their animals to the stubble twice a day, from 9:00 to 11:00 or 11.30 in the morning and from 5:00 or 7:00 to 9:00 in the evening (Yiakoulaki *et al.* 2002). During the last years, considerable research has been carried out on cereal stubble composition and production, nutritive value and intake by grazing sheep (Owen *et al.* 1986, Guessous 1992, Treacher *et al.* 1996, Rosilio *et al.* 1998, Brand *et al.* 2000, Landau *et al.* 2000). However, there is a lack of information regarding the grazing behavior of small ruminants on cereal crop residues. In this paper, the grazing behavior of sheep and goats on a cereal stubble field in northern Greece was investigated.

Materials and methods

The study was conducted at the municipal department of Kolchiko in the Lagadas county of Thessaloniki during the summer 2002. A cereal stubble field of 6 ha at the low elevation zone (<200 m) was used as experimental area. A mixed flock of 70 goats and 50 sheep was placed on stubble three days after the cereal harvesting. At the beginning of the experiment, forage cover was measured with the loop method (Cook and Stubbendieck 1986). Forage species were categorized into four groups: stubble (standing and fallen), grasses, forbs and woody species.

The focal sampling technique (Altman 1974) was used for four consecutive grazing days. Each grazing day consisted of two grazing bouts, from 9:00 to 11:00 or 11.30 in the morning (MG) and from 7:00 to 9:00 in the afternoon (AG). Two observers were trained just prior to the beginning of the experiment in order to avoid discrepancies between their recordings. Four 2-year-old female local animals (two sheep and two goats) were used as experimental animals and were marked with large numbers on their sides to enable identification. The grazing activities (feeding, moving, standing, lying and ruminating) during the day (MG and AG) and the length of time devoted to feeding on the component species of the stubble were recorded. Observations of the animals' distribution during feeding time (in the middle of the stubble or in the boundaries) and the distance between individual species were also made. The animals were observed continuously during the two grazing bouts. In each bout, every hour was divided into 12 observation periods of 5 minutes each. Six observation periods were devoted to each animal species. The animals' activities were recorded every 15 seconds during the 5-minute observation period. A total of 192 individual recordings of 5 minutes were obtained. The animals' activities were recorded in minutes and seconds and converted into percentages of the total grazing time. Every day ,between the grazing bouts, the animals returned back to the shed where water was supplied to them and they were allowed to rest.

Activities were defined as follows : Feeding time - the time that animals spent for grazing and browsing; standing time - the time during which animals ceased all their activities and stood inactive; lying time - the time when animals laid down to rest; and moving time - the time that animals spent walking or running from one place to another.

All measurements were subjected to an analysis of variance (Steel and Torrie 1980). The LSD test was used for detecting mean differences ($P<0.05$).

Results and discussion

Mean forage cover (%) of stubble (standing and fallen), herbaceous plants (grasses and forbs) and woody species is presented in Table1. The herbaceous species consisted mostly of forbs dominated by *Polygonum mite* (a common summer plant on cereal stubble in Greece), while grasses were dominated by *Cynodon dactylon.* The woody species *Ulmus campestre* and *Rubus idaeus* were present at the boundaries of the field.

Feeding was the predominant activity of sheep and goats during the MG and AG bouts, followed by moving and standing (Table 2). Sheep spent significantly ($P<0.05$) more time feeding (79.9%) than goats (76.0%) in the AG bout, while goats spent more time standing (2.7% and 2.1%) than sheep (0.0% and 0.1%) during the MG and the AG bouts respectively. Ruminating and lying were not observed for neither of the animal species, probably due to the time spent resting between the two grazing bouts.

Both animal species spent most of their feeding time grazing forbs *(Figure 1)*, followed by stubble. Sheep and goats exhibited a strong preference for *Polygonum mite* and they devoted 56.0 % and 51.1% of their feeding time respectively to this plant species. Goats spent significantly ($P<0.05$) more time browsing on woody species (13.9%) than sheep (0.3%) while sheep spent significantly ($P<0.05$) more time grazing on grasses (18.4%) than goats (5.6%). Although in the present study woody species made up a small proportion of forage cover (Table 1), goats preferred spending more time browsing on them than grazing on grasses.

The average distance (m) from the nearest neighbour (Table 3) during feeding time was significantly ($P<0.05$) greater for goats (1.95) than sheep (0.77). It seems that sheep stay more close to each other while feeding compared to goats.

Table 1. Mean cover (%) of stubble, grasses, forbs and woody species.

Categories	Percentage
Stubble (stand and fallen)	40.85
Grasses	9.56
Cynodon dactylon	4.93
Other grass species	4.63
Forbs	21.33
Polygonum mite	17.35
Other forbs species	3.98
Woody species	2.43
Ulmus campestre	0.97
Rubus idaeus	1.46
Litter	12.89
Rocks gravel and bare ground	12.94
Total	100.00

Table 2. Percentage (%) of time spent by sheep and goats on various activities during stubble grazing in northern Greece.

	Morning Grazing (MG)				Afternoon Grazing (AG)			
Grazing activities	Sheep	SE	Goat	SE	Sheep	SE	Goat	SE
Feeding	81.3[a]	2.5	78.4[a]	2.1	79.9[b]	1.8	76.0[a]	2.0
Moving	18.7[a]	2.4	18.9[a]	2.2	20.0[a]	1.7	22.0[a]	1.9
Standing	0.0[a]	-	2.7[b]	0.9	0.1[a]	0.1	2.1[b]	0.7

Means within the same line followed by a common letter were not significantly different ($P \leq 0.05$).

Table 3. Average distance (m), Min, Max values and Standard error between individual animal species from their neighbour during feeding time.

Animal species	Average distance (m)	SE	Min	Max
Sheep	0.77 a	0.069	0.15	3.5
Goat	1.95 b	0.010	0.2	6

Means within the same column followed by different letters were significantly different ($p \leq 0.05$).

Sheep spent more time feeding in the middle of the stubble than in the boundaries (5.85%) while goats spent more time feeding in the boundaries (12.5%). These results are in agreement with the foundings of Sevi *et al.* (2001) who have reported that the intake of sheep was higher in the middle of the paddock than in the boundaries.

Acknowledgements

This work is part of the European research project Georange (Contract : EVK2-CT-2000-0091).

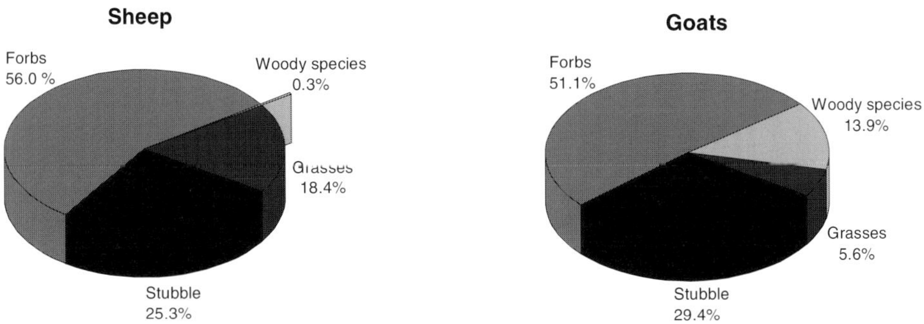

Figure 1. Percentages (%) of the feeding time spent by sheep and goats on various forage species on stubble grazing during summer in northern Greece.

References

Altmann, J., 1974. Observational study of behaviour: sampling methods. Behaviour 49:227-267.

Brand, T.S., Franck, F., Durand, A., Coetzee, J., 2000. The intake and nutritional status of sheep grazing wheat stubble. Small Ruminant Research 35: 29-38.

Cook, & Stubbendieck, 1986. Range Research: Basic Problems and Techniques. Society of range management. Denver. Colorado. p. 60.

Guessous, F., 1992. Utilization des chaumes de cereales par les ruminants. In: F. Guessous, A. Kabbali and H. Narjisse (Eds.). Livestock in the Mediterranean cereal production systems. Pudoc Scientific Publishers, Wageningen, The Netherlands, pp. 156-174 (in French).

Landau, S., Perevolotsky, A., Bonfil, D., Barkai, D., Silanikove, N., 2000. Utilization of low quality resources by small ruminants in Mediterranean agro-pastoral systems: the case of browse and aftermath cereal stubble. Livestock Production Science 64: 39-49.

Owen, E., Wahed, R.A., Alimon, R., 1986. Effect of amount offered on selection and intake of long untreated barley straw. Ann. Zootech. 36: 324-325.

Rosilio, I., Barkai, D., Landau S., 1998. The contribution of wheat stubble to sheep nutrition in the Northern Negev. Hanoked 31: 27-30 (in Hebrew).

Sevi, A., Muscio, A., Dantone, D., Iascone, V., D'Emilio, F., 2001. Paddock shape effects on grazing behavior and efficiency in sheep. J. Range Manage. 54: 122-125.

Steel, R.G.D. and J. H. Torrie., 1980. Principles and Procedures of Statistics. McGraw-Hill, New York. pp.128-131.

Treacher, T.T., Rihawi, S., Owen, E., 1996. Stubble grazing by sheep. Proceedings of Second FAO Electronic Conference on Tropical Feeds. Livestock Feed Resources within Integrated Farming Systems. 9 September 1996-28 February 1997, pp. 319-330.

Yiakoulaki, M.D., Zarovali, M.P., Ispikoudis, I., and V.P. Papanastasis, 2002. Evaluation of small ruminant production systems in the area of Lagadas County. In Proceedings of 3rd National Rangeland Congress. Karpenisi, Greece, 4-6 September (in press).

Impacts of livestock husbandry on the landscape

P. Kourakly[1], A. Sidiropoulou[1], P. Kostopoulou[1] & I. Ispikoudis[2]

[1]Laboratory of Rangeland Ecology, Faculty of Forestry and Natural Environment, Aristotle University, 54124, Thessaloniki, Greece
[2]Laboratory of Rangeland Management, Faculty of Forestry and Natural Environment, Aristotle University, 54124, Thessaloniki, Greece

Summary

The aim of this paper was to identify, investigate and evaluate the impacts of grazing animals around the sheds. The role of the pastoral activities has always been significant in the environment. The gathering points of grazing animals, such as sheds and waterpoints, accumulate the main impact of those activities. Three animal sheds were studied in Lagadas County, near Thessaloniki, Greece. The selected sheds were far from villages, in similar landscapes, with grazing the only acting factor. Around each shed, in three round buffer zones (300-600-900m), the land use types were identified in a satellite image. Also, the potential erosion on these buffers was estimated. The landscape structure and the potential erosion were directly connected to the grazing pressure and to the soil compaction. In the 300 m buffer zone there was severe erosion and landscape homogeneity, while in the 900 m buffer zone there was no erosion and more fragmented landscape. The impact of the grazing animals on the landscape was reduced as we moved far from the sheds.

Keywords: animal sheds, landscape structure, erosion, buffer zone.

Introduction

Rangelands in Greece represent 40% of the total area of the country. The pastoral activities are of great importance to Greece and give the chance to the population of rural areas to increase their income (Papanastasis & Noitsakis, 1992). On the other hand, pastoral activities have a negative impact on the environment and the landscape of an area, since they are connected with certain constructions and activities (Adler *et al.*, 2001).

Specifically, grazing affects the defoliation of herbage, which reduces the photosynthetic capacity, the root development, the carbohydrate storage and the N_2 fixation. The selective consumption of certain species or plant parts may affect the plant productivity and the survival of some species and the probability of invasion of undesirable species. Furthermore, grazing may alter the potential infiltration and erosion rates of an area by reducing or scattering litter and through the compaction of the soil (Busby & Gifford, 1981). Trampling damages plant tissue, increases soil bulk density and slows water infiltration rates. Animal excretion is responsible for the concentration in small areas of urine and feces, affecting nutrient cycling and plant palatability.

The introduction and maintenance of domestic livestock has the potential for altering botanical composition and cover, as well as soil physical properties. The modification of these parameters may accelerate the natural erosion process, thus resulting in increased sediment production and decreased on-site productivity. Heavy stocking rates are detrimental to rainfall infiltration and sediment loss. Trampling compacts the soil, reduces rainfall infiltration rates and increases soil erosion (Warren *et al.*, 1986).

Research has shown that the further we move from the shed, the intension of grazing is reduced (Papaioannou *et al.*, 2002). Heavy grazing cutbacks the production of the pasture up to 60% and stunts the vegetation, restricting the above ground and the root system of the plants (Papamihos, 1996). At the gathering points (sheds, watering points, etc.) of animals the vegetation is poached or covered by the animal droppings and the area cannot be grazed. Large flocks or heavy animals compress and destroy the structure of the soil, create problems for the drainage water or even degrade the land (Abdel-Magid *et al.*, 1987).

The aim of this paper was to identify and evaluate the potential erosion and the effects of the livestock on the land use, the plant cover, and the landscape around sheds.

Materials and methods

Study area

The study area is located in central Macedonia, north of the prefecture of Thessaloniki, in the county of Lagadas. It occupies an area of 253.9 km^2, 40.3 km^2 of which are forests, 82 km^2 shrublands and 37.2 km^2 pastures (NSSG, 1991). As far as the geological characteristics are concerned, the majority of the bedrocks are gneiss, amphibolites and schists. There are also areas where granite and alluvial deposits dominate. The soil of this area is characterized as silt or sandy silt to sandy.

The mean annual rainfall of the study area is 420 mm, while the mean air temperature is 13.6°C. The vegetation of the area belongs to the order of Quercetalia pubescentis while the main part of it belongs to the alliance *Ostryo-Carpinion* and to the association *Coccifero-Carpinetum*. In the study area, *Quercus coccifera L.* is the dominant shrub species.

Methods

Three sheds were selected according to the following characteristics: i) low human impact on the landscape, ii) pastoral activities as the main human activity affecting the landscape and iii) different kinds of grazing animals housed. The selected sheds were representative of the whole area. The 1st shed that was chosen is in an area that was recently burnt and is used nowadays for the breeding of boars. The other two sheds were used for the breeding of mixed flocks of goats and sheep. Around each shed 3 homocentric cyclic zones of 300, 600 and 900 m were defined.

Data from topographical and geological charts as well as satellite images were used. The digital processing of the data was carried out by means of the ArcGIS 8.1 and GIS ERDAS Imagine 3.3 software; the data were statistically analyzed with the use of the following programs: SPSS as a 2-way ANOVA and MSTAT as split-split plot design.

The three environmental factors affecting the potential erosion (slope and hydrographic network, which both derived from applications of the ArcGIS program and the parent material roughness) were combined with the use of ArcGIS in order to give the potential erosion for the study area (Abel & Stocking, 1987; Mitasova *et al.*, 1996 and Strunk, 2003). The actual erosion was estimated through fieldwork. For each shed and zone the Number of patches index (Nump), which was the total number of patches that belong to a certain land use, derived from the Spatial Analyst program of ArcView.

Results and discussion

In the experimental area, eight different land use/cover categories were identified: agricultural lands, bare grounds, grasslands, open/medium shrublands, dense shrublands, silvopastoral systems, open/medium forests and dense forests. Mainly silvopastoral systems occupied all the zones in the first shed (0-300 m: 40%, 300 600 m: 44% and 600-900 m: 35%). At the second shed, the open/medium shrublands occupied almost half of the total area: first zone (57%), second zone (53%) and third zone (50%). At the third shed, in the first zone there were mainly open/medium shrublands (34%), while in the 2nd and 3rd zones grasslands were the main land use/cover category (31% and 34% respectively).

The slopes of the area were classified into three groups: gentle (0-15%), moderate (15-30%) and steep (>30%). The gentle slopes dominated at all sheds (1st:46%, 2nd:93%, 3rd:88%) while the steep slopes occupied only a small part of the zones (1st:12%, 2nd:1%, 3rd:0%). The bedrocks of the three sheds were: metamorphic rocks, acid pyroclastics rocks and alluvial deposits. Metamorphic rocks were the dominant bedrocks (1st:100%, 2nd:95%, 3rd:70%).

The potential erosion was classified into three classes: severe, moderate and no erosion. At the first shed, only two classes were recognized: moderate erosion (1st: 59% and 2nd zone: 61%) and no erosion (1st:41%, 2nd zone:39%). At the second shed there was no erosion in all the zones. At the third shed, there was no erosion (1st:67%, 2nd:39%, 3rd zone:53%), followed by severe erosion (1st:33%, 2nd:58%, 3rd zone:44%) and moderate erosion (1st:0%, 2nd:3%, 3rd zone:3%). Although in the 1st shed with the boars the potential erosion was classified as moderate and no erosion, the fieldwork showed that the actual erosion was quite high. On the other hand, in the sheds with mixed flock of goats and sheep, in spite of the potential erosion or the number of animals that was quite high, the actual erosion was rather insignificant.

The statistical analysis of the data showed that there was no correlation between the zones and the land uses/covers. Pastures or agricultural lands covered 93.2% of the total area at the range of 300-900 m from the center of the sheds. The rest 6.8% of the land cover depended on occasional factors, such as shrublands and forests.

The potential erosion was the only factor that differed statistically at specific land uses/covers: agricultural lands, open/medium and dense shrublands. In the 2nd shed, where there was no potential erosion, the dominant land cover was dense shrublands. The percentage of the dense shrublands increased as we moved away from the center of the zone. Moreover, in the 2nd shed there was no bare ground. On the contrary, in the 3rd shed, where all the classes of potential erosion were present, the percentage of bare ground was the highest (7%), falling as we moved away from the center of the zones. The shrublands were reduced by half, compared to the 2nd shed. The correlation between bedrock and land cover was statistically significant, while the correlation between slopes and land cover was not.

The 'Number of patches' index for all land uses at each shed was lower in the 1st zone, while increasing from the 1st to the 2nd and then to 3rd zone. This means higher breakup of the landscape, as we move from the center to the end of the zones, and homogenization of the landscape close to the sheds. Furthermore, the variation of the Number of patches from the center to the outer part of the zones was the result of the minimization of the pastoral activities. Those activities create uniform landscapes without breakups. At the 1st shed the breakup of grasslands and dense shrublands in the 600-900m zone was quite large due to the fire in 1998. At all sheds the breakup of the bare ground and the dense forests was the same, regardless of the distance from the sheds, while the breakup of grasslands and dense shrublands was significantly different.

Conclusions

Livestock husbandry influences the landscape mainly by the creation of homogenous landscapes that result in a few breakups. Erosion, which is a main factor affecting the landscape, was caused by the effect of the bedrock and the human activity (especially fires caused by humans) and the kind of grazing animals.

References

Abdel-Magid A., Schuman G. & Hart R., 1987. Soil bulk density and water infiltration as affected by grazing systems. J. of Range Manage, 40: 307-309.

Abel N. & Stocking M., 1987. A rapid method for assessing rates of soil erosion from rangelands: an example from Botswana. J. of Range Manage, 40:460-466.

Adler P.B., Raff D.A & Lauenroth W.K., 2001. The effect of grazing on the spatial heterogeneity of vegetation. Oecologia, 128:465-479.

Busby F. & G. Gifford, 1981. Effects of livestock grazing on infiltration and erosion rates measured on chained and unchained pinyon-juniper sites in Southeastern Utah. J. of Range Manage, 34: 400-405.

Mitasova H., Hofiera J., Zlocha M. & Ivrson L., 1996. Modeling topographic potential for erosions and deposition using GIS. Geographical Information Systems, 10: 629-641.

NSSG, 1991. Distribution of the county's area by basic categories of land use. General Secretary of the National Statistical Service of Greece. Athens (in Greek).

Papaioannou A., Vrahnakis M., Alifragis D., Papanastasis V., Ispikoudis I. and Seilopoulos D., 2000. Impact of grazing on soil characteristics of the maquis vegetation zone of Northern Greece. Geotechnical Scientific Issues (in Greek), 13:17-25.

Papamihos N., 1996. Forest soils. A.U.Th. Publication Service. Thessaloniki, Greece (in Greek) pp. 318-323.

Papanastasis V. and Noitsakis V., 1992. Rangelands Ecology. Giahoudi-Giapouli Publ. Thessaloniki, Greece (in Greek) pp. 101-166.

Strunk H., 2003. Soil degradation and overland flow as causes of gully erosion on mountain pastures and in forests. Catena, 50: 185-198.

Warren S., Thurow T., Blackburn W. & Garza N., 1986. The influence of livestock trampling under intensive rotation grazing on soil hydrologic characteristics. J. of Range Manage, 39: 491-495.

Land-use impact on plant diversity in mountain grasslands of Fragen, Spanish Pyrenees

R. Fanlo

Department of Vegetal Production and Forestry Science, University of Lleida, 25198 Lleida, Spain

Summary

The organisation of plant species in rangeland ecosystems is changing slowly though the climatic conditions; the range management type and their intensity remain unchanged. But when the management type and the intensity are modified, this dynamic balance breaks and there are severe changes in the floral composition, in the vegetation structure, in the number of species, and therefore, in the values of diversity.

The aim of this work is to assess which diversity indexes allow to identify changes in the use of grasslands: like changing from harvesting (meadows) to grazing (pastures) and from grazing to land desertion (appearance of shrub communities).

The transition from meadows to pastures, especially after 40 years, means a more balanced organisation of species populations, and higher values of species richness, Shannon diversity, Pielou equitability and lower values of dominance of one species over another (U of McIntosh and HB of Brillouin indexes). But the abandonment of the grazing activity gives place to shrub communities, with features of their own, not comparable to those from pastures and meadows.

Keywords: biodiversity, change land-use, mountain system, meadows, pastures.

Introduction

Agricultural systems in Spanish mountain areas are used to produce food for people and their cattle, as it happened in other mountain areas in the world (Jodha, 1997). Forage producing areas can be classified in three groups: high mountain pastures (above the timberline), used by cattle during the summer and not being improved in any way; paddocks near villages used only for grazing (pastures) and paddocks where hay production and grazing are alternated (meadows).

The Pyrenees, like all European mountain areas, have undergone a demographic decline since the middle of the XX Century (García-Ruiz and Lasanta, 1990). This has meant that lands devoted to forage production in the summer (meadows) placed in sites difficult to access, or small size ones have become pastures and have been deserted afterwards, giving place to a recovery of the shrub community.

Different authors have established that when the grazing community changes in terms of management type or intensity, the specific richness and diversity vary, as well as the floral composition (Beeskow *et al.*, 1995; Montalvo, 1992; Pineda and Montalvo, 1995; West, 1993, 1996), specially due to the herbivore selective activity (McIvor, 1993).

The aim of this experiment was to find indexes that identify the changes undergone by a community when management changes in grasslands of the mountain areas.

Materials and methods

The research was carried out in "Fragen meadowland" (UTM: 30TYN734490, Spanish Pyrenees) where we have been working for some years on different issues related to management, production, plant structure quality, local climatology and history of the area (Chocarro *et al.*, 1990; Fillat *et al.*, 1999a; Fillat *et al.*, 1999 b.; Reine and Fanlo, 1995). The average annual rainfall reaches 1 261 mm, which is distributed as follows: autumn 29 %, winter 27 %, spring 25% and summer 19 %. The vegetative growth period is 6 months, from March to October.

The potential vegetation area is a secondary forest of *Buxo -Quercion pubescenti-petrae*, with serial shrub ranges of *Pruno - Rubion* or *Rosamarino -Ericion* and low shrubs of *Brachypodion phoenicoidis*. Meadows communities belong to *Arrhenatherion elatioris* and to *Mesobromion*, while all pastures are from *Mesobrobion* (Braun-Blanquet, 1979).

During the summer of 1998, many phytosociological inventories (Braun-Blanquet, 1979) were conducted in different pastures and meadows of the "Fragen meadowland", 21 of which were selected for this study work (those ones whose management we knew very well). Afterwards, the 21 inventories were classified using the software TWISNPAN of DECOTWIN (Hill, 1994). This procedure is frequently used to classify plant communities in order to provide an ecological understanding of management practices (see for example Gibson *et al.*,1993; or Fox and Murphy, 1990); TWINSPAN classified the phytosociological inventories (réleves) based on species abundance.

On the basis of this classification, different indexes of specific diversity were calculated for all inventories: species richness or proportional abundance of species like Shannon, Pielou and Brillouin equitability or dominance like Mclntosh's U, using the program BIODIV (Baev and Penev, 1995). Such indexes allow to find out the species organisation in a community, whether their populations have a proportional distribution or one of them dominates.

The analysis of mean values of each group, obtained through the ANOVA assessment and the LSD test with the software STADISITICA, allowed to tell which values were significantly different when $P < 0.05$.

Results and discussion

Community classification

Figure 1 shows the results of Twinspan analysis with the four vegetation communities used in the discussion. Meadows (D community) had the biggest disturbance: one harvesting for hay, two grazings and one fertilisation. Young pastures (C community) had two grazings (spring and autumn); old pastures (B community) had one grazing (spring or autumn) and shrubland (A community) had no disturbance.

The first-level communities are divided between only grazed communities and grazed and harvested communities. *Brachipodium pinnatum* is the differentiating species, since it disappears with harvesting. On the second level, communities are divided between communities established for a long time (pastures of 40 years and bushes) and those who have not been established for such a long time (pastures of 20 years). The differentiating species in this case are *Potentilla reptans* versus a *Leontodon hispidus*.

On the third level, bush communities are distinguished from herb communities, the key species being *Centaurea scabiosa*, typical in grazed communities.

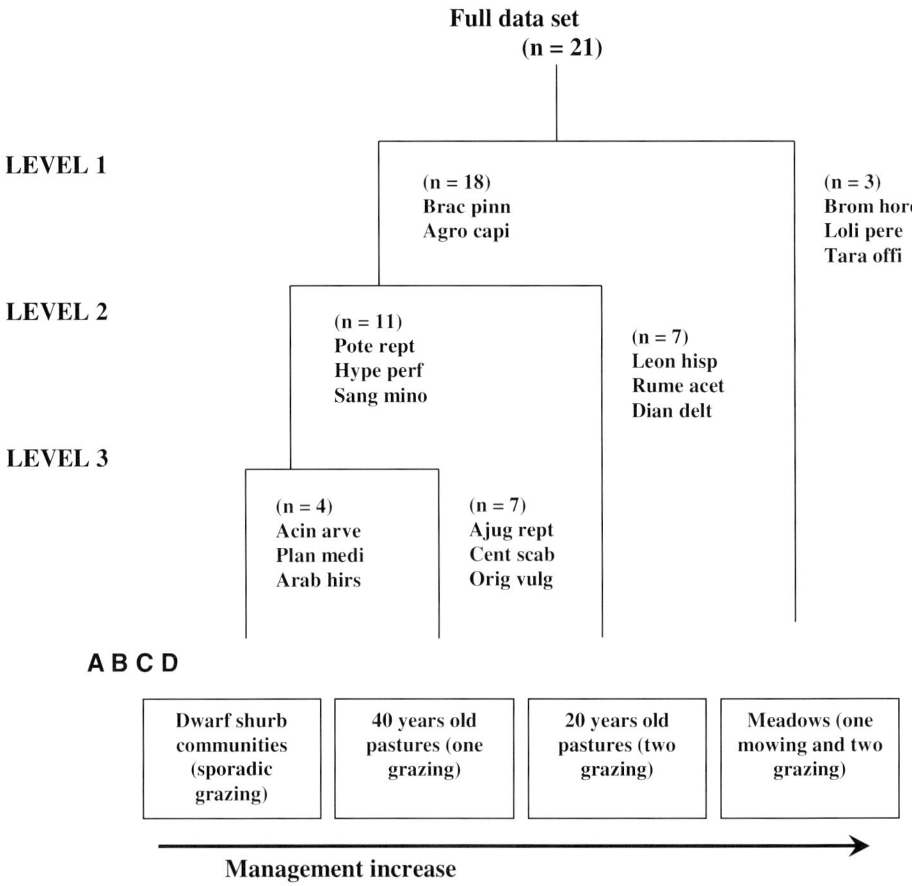

Figure 1. Results of TWINSPAN analysis of 21 reléves x species, expressed as a dendrogram, showing hierarchical subdivisions of the data set give four end – groups, together with indicator for each division. Species are written at 4 + 4 letters.

Table 1. Plant diversity indexes.

Type of grassland	S	H'	E	U	HB
A (dwarf shrub communities)	28[b1]	3.11[b]	0.93[b]	5.38[b]	2.88[b]
B (pastures, 40 years old)	30.0[b]	3.21[b]	0.94[b]	4.79[b]	2.93[b]
C (pastures, 20 years old)	25[a]	2.97[a]	0.92[a]	5.95[ab]	2.78[b]
D (meadows)	22[a]	2.80[a]	0.91[a]	6.61[a]	2.59[a]

[1]For all indexes, values in the same column followed by the same letter are not statistically different at $P < 0.05$ (LSD test).

S = species richness (mean number of species per sampling site).

H' = Shannon species diversity index (= $-\Sigma pi\ .\ ln pi$).

E = evenness index (= H'/H' max).

U = McIntosh's diversity index (= $\sqrt{\Sigma n^2}$).

HB = Brillouin index (= $ln(N!) - \Sigma ln(n!) / N$).

Biodiversity index values

Table 1 shows the biodiversity values obtained. All values are significantly different among meadows (group D), older pastures (group B) and dwarf shrublands (group A).

Results reflect the management carried out in different communities: thus, in communities with more disruption, meadows (1 harvest and 2 grazings), since they favour species with better recovery, biodiversity values are lower, while in less managed communities, older pastures (1 grazing) have higher values. Mclntosh's U Index is used here as dominance index, and for this reason its lowest value corresponds to the community of 40 year-old pastures. Diversity values (S, H' and E) for old pastures and shrublands are higher than for the young pastures and meadows.

These results are in accordance with the intermediate disturbance hypothesis (Collins *et al.*, 1995) that predicts that richness will be higher in communities with moderate levels of disturbance. Moreover, if we compare diversity values of the different communities with their soil contents of $N\text{-}NO3^-$ (Badía and Martí, 1999)[1], we verify that the greater diversity is related with the lower nitrogen content, according to observations carried out by Schulze and Gerstberger (1994) for Northeast Bavaria grasslands, where species richness has decreased dramatically with fertilisation.

Conclusions

According to the obtained results, we can conclude that all indexes used distinguish successfully between meadows and old pastures, and between differently aged pastures; but they cannot distinguish between meadows and young pastures.

If we assess the floral diversity index, we can observe that passing from meadows to pastures, specially after 40 years of maintaining management, diversity increases, as cutting is a disturbance that some species cannot survive, thus giving significantly different results. A similar conclusion was reached by Austrtheim *et al.* (1999) for Norwegian grasslands. In relation to the values, we can conclude that 40-year-old pastures have an intermediate grazing stress, with an optimum degree of disturbance, which allows those communities to have the highest diversity indexes. This is in accordance with similar facts observed in other types of grasslands (Collins *et al.*, 1995; or Gomez-Sal *et al.*, 1986).

Acknowledgements

We thank F. Fillat (CSIC, Spain) and D. Paton (Extremadura University) for their helpful comments. This research was supported by ECOMONT: Ecological Effects of Land use Changes on European Mountain Ecosystems, ENV4-CT95-O179 European project.

References

Austrheim, G., E. Gunilla, A. Olsson & E. Grontvedt, 1999. Land-use impact on plant communities in semi-natural sub-alpine grasslands of Budalen, central Norway. Biolog. Conservation 87: 369-379.

Badia, D. & C. Marti, 1999. Suelos del Pirineo Central: Fragen. Ed. INIA, UZ. Huesca

Baev, P.V. & L.C. Penev, 1995. BIODIV: a program for calculating Biological Diversity Parameters, Similarity, Niche Overlap and Cluster Analysis. Version 5.1. Ed. Pensoft, Sofia .

---

[1]Values of $N\text{-}NO_3^-$ ($mg.Kg^{-1}$): meadow 17.3; pasture 0.8; abandoned pasture 0.5.

Beeskow, A., N.O. Elissalde & C.M. Rostagno, 1995. Ecosystem changes associated with grazing intensity on the Punta Ninfas rangelands of Patagonia, Argentina. J. Range Manage. 48: 517-522.
Braun-Blanquet, J. 1979. Fitosociología. Ed. H. Blume ediciones. Madrid
Chocarro, C., R. Fanlo & F. Fillat, 1990. Historical evoluton of natural resource use in the Central Pyrenees of Spain. Mountain Research and development, 10 (3): 257-265.
Collins, S.L., S.M. Glenn & D.J. Gibson, 1995. Experimental analysis of intermediate disturbance and floristic composition: decoupling cause and effect. Ecology 76(2):486-492.
Fillat, F., C. Chocarro, R. Fanlo, F. Pardo, C. Marti, A. Gomez & B. Alvera, 1999a. Results from the Pyrenean site on history of management , soil characteristics and vegetation distribution. In: Cernusca, A., Tapainer, U., Bayfield, N. (Eds.), Land-use changes in European Mountain Ecosystems, ECOMONT- concepts and results. Blackwell Wissenschafts -Vertag Berlin, pp. 289-304.
Fillat, F., L. Goded, F. Pardo, R. Reine, C. Chocarro & R. Fanlo, 1999b. The primary production and vegetation characteristics of some Pyrenean Aragonese meadows, and their relationship with climate and management. Options méditerranéennes Serie B 27: 139-154.
Fox, A. M. & K. J. Murphy, 1990. The efficacy and ecological impacts of herbicide and cutting regimes on the submerged plant communities of four British rivers. II. A multivariate analysis of the effects of management regimes on macrophyte communities. J. of Applied Ecology 27: 541-548.
Garcia-Ruiz, J.M. & T. Lasanta, 1990. Land-use changes in the Spanish Pyrenees. Mountain Research and Development 10 (3):267-279.
Gibson, D.J., T. R. Seastedt & J.M. Briggs, 1993. Management practices in tallgrass prairie: large and small-scale experimental effects on species composition. J. of Applied Ecology, 30: 247 - 255.
Gomez-Sal, A., J. M. De Miguel, M. A. Casado & F.D. Pineda, 1986. Succesional changes in the morphology and ecological responses of a grazed pasture ecosystem in Central Spain. Vegetatio 67(1):33-44.
Hill, M. O. 1994. DECORANA and TWINSPAN, for ordination and classification of multivariate species data: a new edition, together with supporting programs, in FORTRAN 77. Ed.: Institute of Terrestrial Ecology, Huntingdon, UK.
Jodha, N. S.,1997. Mountain agriculture. In: Mountains of the World (Eds. B. Messerli and J.D. Ives), pp. 313-336. The Parthenon Publishing Group. New York-London.
Magurran, A.E. 1988. Diversidad ecológica y su medición. Ed. Vedra. Barcelona. pp 200.
Mcivor, J. G. 1993. Distribution and abundance of plant species in pastures and rangelands. In: Grasslands for our world (eds. M. J. Baker) pp. 100-1 04. SIR Publishing, Wellington, New Zealand.
Montalvo, J. 1992 Estructura y función de pastizales mediterráneos. PhD. Universidad Complutense de Madrid. Madrid.
Pineda, F.D. and J. Montalvo, 1995. Dehesa systems in the western Mediterranean. In: Conserving biodiversity outside protected areas (eds. Halladay, P. and Gilmour, D.A.) pp. 117-122. IUCN, Gland, Switzerland.
Reine, R. and R. Fanlo, 1995 Seed bank riches and soil nutrient status in Pyreneean meadows. Reur Technical series 39: 54-55. FAO. Roma.
Schulze, E.D. and G. P. Gerstber, 1994. Functioal aspects of landscape diversity. In: Biodiversity and Ecosystem Fuction (eds. E.D. Schulze and H.A. Mooney) pp. 453-466. Sringer-Verlag. Berlin.
West, N.E. 1993. Biodiversity on rangelands. J. Range Manage. 46:2-13.
West, N.E. 1996. Strategies for maintenance and repair of biotic community diversity on rangelands. In: Biodiversity in managed landscapes (eds.R. C. Szaro and D. W. Johnston) pp. 326-346. Oxford University Press. New York-Oxford.

Land use and landscape preservation with cattle on mountain pastures of the Tolminsko region in Slovenia

J. Osterc[1], *M. Klopcic*[1], *B. Crv*[2], *J. Voncina*[2] *& D. Koren*[3]

[1]*Biotechnical Faculty, Zootechnical Department, Groblje 3, 1230 Domzale, Slovenia*
[2]*Extension Service Tolmin, Rutarjeva 35, 5220 Tolmin, Slovenia*
[3]*Triglav National park, TNP, Kobarid, Slovenia*

Summary

The western and central parts of Slovenia lie between the Mediterranean and Karst region on the one side and the Alpine region on the other. About 32 % of Slovenia belongs to the Dinaric – Karst and sub-Mediterranean region, while 43 % to the pre-alpine and alpine region. In Tolminsko, where the influence of the Mediterranean climate can be felt in the valley of the Soca river, cattle breeding on a mountain pasture was developed along with cheese production during the summer. Such a system of animal breeding enabled small farms to rear more cattle. Due to a more favourable climate, pasture can last about 125 days whereas in other alpine regions it lasts only 100 days. In 1960, pasture in woods and grazing by cattle on mountain pastures was forbidden by law. After 1980, the government realised the economic and cultural significance of mountain pastures. Subsidies were awarded for the use of mountain pastures. In 1991, about 900 cows and about 1 000 young cattle grazed on mountain pastures of the Tolminsko region and over 700 000 kg of milk were produced, producing 50 000 kg cheese and 28 000 kg curd. Brown breed cows are reared in this region now. A recorded cow produced almost 5 200 kg milk last year in the standard lactation. In this region, seasonal mating is applied so that cows calve after their return from the mountains. Cows live on the mountain pastures from the middle of May till the middle of September where they dry after going to the mountain pastures in the last stage of lactation.

Keywords: cattle, mountain pasture, milk production.

Introduction

The western part of Slovenia lies between the Mediterranean, Karst and the Alpine region. It has about 2 550 mm of precipitation per year, which is the highest amount in Slovenia. Mediterranean influences are evident and even houses in the villages high in the mountains include elements of Mediterranean villages. Hence, the vegetation period is longer. Due to special climate and the quality of land, special forms of farming have been developed and preserved until today. The rearing of ruminants includes the use of mountain pastures. Owing to grasslands, the rearing of ruminants, especially cattle, in Tolminsko has always prevailed. In the Tolminsko region, the use of mountain pastures is more developed than in the rest of Slovenia. Historically, this region was characterised by transhumant pasture and animal breeding. Animal breeders from Friuli and Karst used to bring their herds to the mountain pastures of the Julian Alps when they faced fodder shortage and, as a result, they used mountain pastures together with animal breeders from the near-by villages (Novak, 1974). They had to pay a special tax, called "herbaticum", which means a rent for mountain pastures. This system of grazing was preserved till the beginning of the 20th century. In the last hundred years, farmers from the near-by villages primarily used those mountain pastures. The mountain pastures enabled the farmers to rear more animals than they could if they used only the land in the plains near the villages. Using the mountain pastures is a way of preservation and milk production there. The sale of cheese produced on the mountain pastures represented an essential income for the farmers. Cultural landscape and biodiversity were preserved, which is also our objective, as they are a part of the Slovene identity. Slovenia has decided to support the preservation of mountain pastures and the production of milk there. In the same time, cultural landscape is preserved too, which can be offered to tourists in the future.

The history of preservation of mountain pastures and supports

Transhumant grazing in Tolminsko mountain pastures was first mentioned in the end of the first millennium (Novak, 1974). Mountain pastures of the Tolminsko region flourished mostly after 1873. In 1874, the inhabitants of Tolminsko formed the first dairy co-operative and hired a cheese producer form Switzerland, Tomaz Hitz, who taught them to produce cheese (Fercej, 1994). Mountain pastures flourished in Slovenia and in the Tolminsko region until the First World War. The First World War stopped alpine dairying. After the Second World War, mountain pastures of the Tolminsko region were first struck by the Law on Agrarian Communities that was passed in 1947. Land in common use together with mountain pastures became a common property but the mountain pastures were deadly struck by the Law on Prohibition of Grazing in Forests in 1960. The number of mountain pastures decreased, as well as the number of animals on pastures. But in the 1980's, the Republic of Slovenia realised the importance of mountain pastures. The protective function of mountain pastures in the prevention of erosion and avalanches, the ecological function of mountain pastures, the development of additional activities on the farms, the production of quality products on the farms and the importance of the preservation of nature for the development of tourism became repeatedly discussed topics. Preserving the mountain pastures, the government used interventions to arrange mountain pastures and common grazing (Schlamberger, 1994). Subsidies were given for melioration, houses on pastures were renovated and reconstructed, milk and meat production (especially mature breeding animals) were subsidised. Farmers refrained from cutting grass on the mountain meadows, therefore the latter became pastures; the number of mountain pastures increased again and, hence, the number of animals did not decrease. According to the survey, there were 54 active mountain pastures in the Tolminsko region in 1982 (Robi *et al.*, 1984) and 70 in 1991 (Fercej, 1992). Extension service was reported on over sixty active mountain pastures and 16 of them produced cheese. Obtained data (Table 1) show that mountains are fewer, therefore it can be concluded that mountain meadows that are no longer cut are included in mountain pastures. Consequently, the total number of mountain pastures did not change significantly in the last twenty years. The number of cattle was halved, but now Brown animals are heavier than animals of the red spotted breed used to be. The number of sheep and goats increased over this period.

The Republic of Slovenia has realised the importance of mountain pastures. After its independence in 1991, it has continued to support the cultivation of mountain pastures. In 1993, the breeders of dairy cows got subsidies of 50 Euros per animal and 35 Euros per dried cow or young breeding animal. The only condition for obtaining the subsidy was to have animals on mountain pastures over 80 days on condition that mountain pastures are at least 5 km away from the first farmer – the user. The subsidies were lower than in Switzerland or Austria but they covered all expenses and maintenance costs in the studied year on the mountain pasture (Meglic, 1995).

In 2002, 35 Euros per ha of mountain pasture were paid according to the Regulation on Introduction of Square Payments for Regions with Limited Possibilities for Agricultural Activities. In 2002 in Slovenia, 478 rightful claimants obtained financial supports to maintain mountain pastures according to the mentioned Regulation (EKO 1). In the Tolminsko region, the financial resources were obtained by 111 rightful claimants, but only at the amount of 25 Euros because payments were squared only for surfaces where 1 domestic animal unit per ha was reared. Due to the very low number of animals, in the

Table 1. Mountain pastures and number of animals on pasture between 1930 and 2002.

Year	1930	1983	1991	1997	1999	2002
No. of common mountain pastures	70	38	35	32	32	28
Mountain meadows changed to pastures	-	40	56	65	51	48
Meadows and mountain pastures, ha	25 960	8 697	9 355	8 511	7 085	6 478
Animals on pasture:						
- cows	2 388	978	899	635	585	485
- young cattle	1 895	1 567	1 483	994	863	712
- small ruminants	10 470	2 154	1 973	3 228	3 201	3 486
- horses	233	-	14	11	16	23

Source: Marsani: Planine na Tolminskem (1932); Poročilo pašnih skupnosti za leto 1983, ARSKTRP, 2003.

Tolminsko region farmers-rightful claimants got less financial resources than those provided by the Regulation.

Milk production

Until the Brown breed was brought in, cows were small in Tolminsko. Farmers have been rearing most of breeding animals on the mountain pasture during the summer. Daily gains are small, therefore heifers mature later and are inseminated later as well. They first calve at the average age of 34 months. But harsh mountain conditions make them strong, contributing to the development of large udder, and well developed digestive organs enable them to consume huge amounts of fresh fodder, hence cows are well prepared for exhaustive milk production. Farmers with intensive milk production with Brown breed cows like to purchase pregnant heifers from the Tolminsko region after their return from the mountain pastures because such cows are good milk producers with high longevity. Autumn fairs with pregnant breeding heifers returning from the mountain pastures have become very popular. Good sales of breeding heifers and constant milk and cheese sales contribute to the fact that the number of cows stopped decreasing and even a low increase of the number of animals has been reported. The amount of breeding heifers, sheep and goats has increased as well. It is important that mountain pastures are still alive as well as cheese production. In the last two decades, about 10 % of milk is produced and processed on the mountain pastures, which means that the function of land is preserved and mountain pastures are cultivated.

Tolmin cheese - cheese with geographic origin

Local hard cheese is produced in the Tolminsko region and it is named after the town Tolmin. Today it is widely produced on mountain pastures where dairy cows are kept during the summer. Cheese is produced traditionally from crude milk with the help of autochthonous micro flora. Therefore, home rennet is prepared that represents the base of undefined cheese and milk cultures. This traditional technology has been used for centuries, enabling the production of the same and long lasting quality of cheese and the maintenance of specific autochthonous micro flora. We realised the importance of this culture and would like to preserve the cheese production and biodiversity of microorganisms. Hence, Tolmin cheese has gained protection of its geographic origin. The preservation of mountain pastures and cheese production on pastures belong to the project. Tolmin cheese is produced in the Tolminsko region, in the northern Primorje region and on the mountain pastures around Kobarid. It is has the form

Table 2. Milk purchase, milk production on the mountain pastures and milk processing on the farms.

Year	Purchased milk in dairy, l	Milk produced on the mountain pastures, l	Cheese production on the farms	Total milk, l	No. of cows	Milk per cow, l
1980	7 626 470	410 547	100 000	8 137 017	3 684	2 209
1985	7 818 000	607 921	100 000	8 525 921	3 524	2 419
1990	6 931 221	750 622	200 000	7 881 843	2 891	2 726
1995	5 924 824	728 380	450 000	7 103 204	2 024	3 509
2000	6 369 490	681 591	1 000 000	8 051 081	2 192	3 673
2002	5 838 000	612 376	1 250 000	7 700 376	2 349	3 278

of a loaf, with a diameter of 23 to 28 cm and is 8 to 9 cm high, weighing between 3.5 and 5 kg. The rind is smooth, of straw-like yellow colour; the paste is bound up and plastic, having pea-like scarce eyes. Its taste is a bit sharp and sweet. It has to ripen at least two months. In the last years a few farms started to produce Tolmin cheese at home. It is estimated that production has increased and has already double-exceeded the amount of cheese produced on mountain pastures (Table 2). These farms practice seasonal mating and keep their cows on the mountain pastures during the summer.

The future of mountain pastures in Tolminsko region

Slovenia, as well as the Slovenes, are aware of the need for preservation of mountain pastures of the Tolminsko region and of traditional cattle breeding and milk processing on the mountain pastures. It is a part of our culture, our national identity and intra-national value that these should be preserved for other nations too. We have realised that cultivated and well-supplied mountain pastures have a protective function and contribute to the preservation of lands for agricultural production. At the same time, the cultural landscape is preserved, enabling diverse forms of tourism sought for by modern citizens. Farmers are aware of the national importance of preserving the mountain pastures and would like to collaborate in projects of preservation. The economic interest can contribute the most. The lack of mountain grazing and cheese production on mountain pastures of the Tolminsko region is primarily caused by the bad reputation and social status of mountain farming. The preservation and use of mountain pastures for cattle and cheese production certainly depend on social and governmental supports to the development of mountain farms and to the regional development with the view of preservation of the cultural landscape. The supports should have financial background, like in other countries. In Austria, for example, subsidies were introduced to preserve mountain infrastructure that had an important role in mountain grazing (Meglic, 1995).

References

Fercej Joze, 1992. Plansarstvo v Sloveniji. Znanost in praksa v govedoreji. Univ. Ljubljana, BF, Zivinoreja, Domzale,1992, 16, p. 39 – 51.

Fercej Joze, 1994. Plansarstvo v Sloveniji. Sod. kmet., 27, no. 10, p. 426 – 430.

Meglic Helena, 1995. Ocena gospodarnosti proizvodnje sira na planinah na tolminskem. Diplomska naloga, Univ. Ljubljana, BF, Zootehnika, 80 p.

Novak Vilko, 1974. Zivinoreja. V knjigi:Gospodarska in druzbena zgodovina Slovencev, I. zvezek, Agrarno gospodarstvo, , Ljubljana, DZS, p.343 – 394.

Robi *et al.*, 1984. Skupni pasniki in planine v Sloveniji. KIS, Ljubljana 1984, 48 p.

Schlamberger Vlado, 1994. Planine in posestna struktura kmetij. IX. trad. posvet kmet. svet. sluzbe: Kako izboljsati posestno strukturo v Sloveniji, , Bled 21. in 22. nov., p. 83 – 88.

Session 3: Improving the efficiency of livestock systems in Mediterranean mountains

Session 3.1: Dairy sheep systems / Dairy goats systems / Small ruminant meat systems

Theatre presentations

Dairy sheep systems and their efficiency in Mediterranean mountain areas

L.M. Oregui & R. Ruiz

NEIKER A.B.- Basque Country Research and Development Institute, Apdo 46, 01080 Vitoria-Gasteiz, Spain

Summary

The decreasing trend followed by agricultural prices within the current economic context demands from livestock systems an increase in their global efficiency in the search of economic viability. Generally speaking, productivity must be enhanced to achieve such an objective. Dairy sheep systems in mountain areas are characterised by a huge complexity, partly due to the spatial or temporal diversity and variability of natural resources, which have a strong negative effect on biological efficiency of the systems. Attempts to improve this efficiency should be based on a good knowledge of resources and production system characteristics. Strategies will be aimed towards improving resources utilisation practices that allow exploiting the system's possibilities, in terms of feeding, management practices and breeding programmes. Furthermore, productive factors such as land and labour are usually limited, posing additional constraints to the adoption of alternative measures, like increasing flock size or mechanisation, aimed towards improving the economic efficiency of the system.

Keywords: dairy sheep, mountain areas, efficiency, livestock production systems.

Introduction

Livestock systems in mountain areas are mainly related to the utilisation of natural resources, highly variable in terms of available quantity and quality due to their production conditions. In consequence, livestock systems have developed a set of complex techniques and practices (Theissier, 1979) in order to make a rational utilisation of these resources. In addition, they have evolved relatively isolated and nowadays have to face multiple top-down and bottom-up pressures, resulting from economic and social unsettled conditions, as well as changing policies.

In the Mediterranean basin, dairy sheep can probably be regarded as the best example of such complexity, and shepherds can hardly deal with all these factors in order to integrate them in a coherent, flexible and agile way. This means weakness, instability, and a situation of handicap regarding the efficient management of these systems.

Considering a farm production process as the transformation of physical inputs into marketable outputs under prevailing production conditions (Gibon *et al.*, 1996), efficiency can be defined in terms of the production achieved in relation to the amount of resources used. The analysis of this efficiency can be faced from specific perspectives (biological efficiency), or considering a more holistic approach, which implies taking into account the multifunctional character of dairy farming in mountain areas (Calatrava & Sayadi, 2003).

Biological efficiency

As for dairy systems, efficiency is usually defined in biological terms as total milk yield in relation to the amount of nutritive resources consumed by the animal. The interest of this ratio is based on the analysis of its evolution through time or its comparison among systems.

When systems placed in mountain areas are compared to those located at the valleys, the former are usually assessed worse due to the following issues that affect feed transformation into saleable dairy products:

- Nature of the resources used, characterised by low nutrient concentration with a low digestibility and metabolization, and therefore a lower metabolizable energy utilisation efficiency (km and kl) (Figure 1).
- Resources distribution. As in other rangelands, mountain pastures show lower nutrients concentration and greater spatial variability than grasslands. Patchy distribution of natural vegetation increases the energy expenditure for grazing and moving, and consequently the rise of maintenance requirements from 20 to 70% (INRA, 1989). In addition, the seasonal variations in the availability of grazing resources contribute to imbalances between supply and demand throughout the productive cycle, with periods of mobilisation and reconstitution of reserves along them.
- Sheep productivity. Under the previously mentioned conditions, sheep tend to show lower productivity and therefore lower gross feed efficiency (GFE), defined as the ratio between the Net Energy of milk produced and Metabolizable Energy ingested (NE_{milk}/EM_{intake}). Marie *et al.* (2002) working with the Manchega and Lacaune breeds with a production of 0.75±0.19 and 1.42±0.29 l/milk/day, found GFE values of 0.19 and 0.31 respectively. The higher proportion of energy ingested per production unit used to fulfil the maintenance requirements explains the lower GFE of less productive sheep.

Strategies in mountain dairy sheep systems

The constraints of mountain conditions may render difficult the definition of management strategies and nutritional practices in dairy sheep systems. To cope with these limitations, it is essential to achieve a

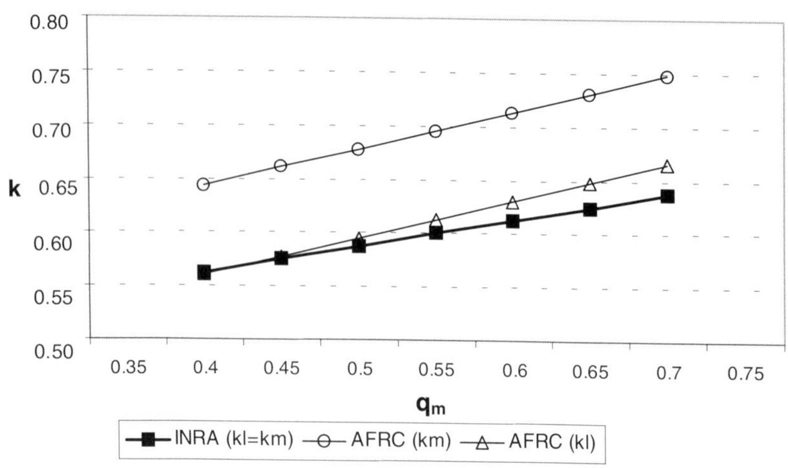

Figure 1. Metabolizable energy efficiency for maintenance (km) and milk production (kl) according to feed metabolization (q_m) in AFRC (1993) and INRA (1989) feeding systems.

good knowledge of the systems, in terms of the relationships existing between environment and resources, nature and availability, according to the production cycle (Peláez, 1991).

In sheep systems related to mountain areas, either aimed towards milk or meat production, natural grasslands contribute to a great extent to covering the total nutrient requirements of the flock (Ruiz, 2000; Choquecallata, 2000). Even when the productive season and most of the lactation takes place in the valleys, the practice of transhumance has been widely used in the Mediterranean basin in order to profit from mountain pastures. The importance of these pastures to livestock production depends on the dates and the state of the animals when going up to or down from the mountain areas. In the Latxa system, it has been estimated that mountain pastures provide from 20 to 50% of the annual energy requirements of the flock (Ruiz & Oregui, 2003).

Generally speaking, mountain pastures are communally managed resources and can be regarded as being cost-free. During their utilisation, sheep usually do not receive supplementary feed, resulting in a saving of concentrates and forages and with evident economic implications. Whereas total energy efficiency is usually higher in flocks only managed upon resources available at the valley's level in comparison to the transhumant ones (Table 1), it tends to be similar when the contribution of mountain pastures is not considered. As a consequence, mountain pastures help to improve the overall utilisation efficiency for milk production of purchased feedstuffs and home-grown forages.

The efficiency of the systems can also be improved by practices adapted to their special limitations. Molle *et al.* (1994) succeeded in getting higher milk yields (16%) despite less hay (22%) and concentrate (11%) utilisation by irrigating a limited area to produce winter forage. Likewise, Deshayes (1982) reported higher milk yields in farms that dedicated small surfaces for producing winter forages, such as rape, to be grazed during early lactation.

The utilisation of these small surfaces is related to grazing a limited number of hours per day, a common practice in most sheep mountain systems during certain periods. The objective is to overcome the constraints imposed by the weather, allowing a more rational and uniform use of the limited resources available. Then, pasture appears as another component of the ration together with forages and concentrates provided indoors. However, such a grazing system is constrained by the scarce information available about animal behaviour, potential intake, or the influence of the remaining ingredients on grass intake.

This "part-time" grazing practice allows a significant grass intake. Sitzia *et al.* (1998) found intakes between 750 and 850 g DM/day in lactating ewes grazing 6-7 hours/day, resulting in a higher production (218±9 vs. 181±9 kg/sheep, $P<0.01$) than that of ewes not grazing. Besides, these indoor-kept ewes showed a 29% higher ingestion of the complete diet distributed on stall. Even higher grass intakes, 983 and 1 172 g DM/day, have been observed in lactating Latxa ewe grazing 4 and 7 hours/day respectively (no published data), together with 509 g DM/day of concentrate plus 283 g DM/day of grass hay on stall.

Table 1. Utilisation of mountain pastures and energy efficiency.

	Mountain	Valley
Milk yield (l/sheep/year)	150	200
NE requirements (UFL/sheep/year)[1]	359	394
Total energy efficiency (NE milk / annual NE requirements)	0.23	0.31
UFL provided by mountain pastures / year (days in mountain pastures)[2]	84 (125)	0 (0)
Efficiency of energy not provided by the mountain pastures (NE milk/NE total-NE mountain)	0.31	0.31

[1]Maintenance, pregnancy and lactation included (INRA, 1989); NE: Net energy.
[2]Dried sheep and early pregnancy.

Particularly, the use of concentrates is widely spread under the conditions of mountain sheep systems in order to overcome the existing imbalance between flock demand and supply of natural resources. The utilisation of concentrates must be considered in relation to the expected increase in milk production. The use of higher amounts of concentrates, usually rich in sugar and starch contents, and lower forage/concentrate ratios during early lactation, goes with a higher milk peak (Cannas *et al.*, 2002) and exerts a positive effect on the whole lactation milk yield. However, this effect is not observed in more advanced stages of the lactation. This lack of effect has been related to a higher derivation of energy towards restoring fat deposits instead of milk production. Besides, the lower ruminal pH induced by high concentrate diets can exert a negative effect on milk fat content.

According to the feeding management practices, two different phases can be observed in mountain systems. First, a semi-intensive period in winter months, when lambings and early lactation take place indoors. Second, as the lactation progress and grass availability increase, grazing plays a key role, in parallel to reduction of concentrate supplementation.

Lots management

As for cattle, feeding recommendations are usually established at the animal level. However, sheep are managed as a flock, a wide range of animals existing in terms of production stages. Therefore, to improve biological efficiency, meeting the demands of most yielding sheep is required, but trying not to overfeed the less productive ones in excess. Under these conditions, it has been proposed to work with feedlots of homogeneous animals to allow a better adjustment of the diet to the sheep's requirements. However, it is difficult to manage such strategy and it does not always allow achieving the expected improvement of biological efficiency (Bocquier *et al.*, 1995).

A modelling approach was carried out to define the most suitable feeding level to manage a milking flock in absence of feedlots (Pérez de Arenaza, 2000). Milk recording data coming from 27 Latxa flocks were used to assess the milk yield associated with energy and protein concentrations in diet ranging from 80% to 130% of the average flock requirements in the milk test day (INRA, 1988). To calculate these concentrations, the intake capacity of a sheep yielding the average milk yield was considered (Caja *et al.*, 2002). The energy and protein available for milk production were estimated for each animal according to its intake capacity, and related to his own recorded milk yield, once maintenance requirements had been met and assuming no reserves mobilisation. For each feeding level, potential bulk tank milk was estimated as the sum of the individual yields, and compared with the observed production in the test day.

Figure 2. Relationship between milk yield estimated (EMP) according to the protein (A) and energy (B) nutrition plane and milk yield controlled (CMP) in different control test days along lactation.

The ratio between observed and estimated production was fitted to a non-linear model (Figure 3). To get 100% of the recorded yield, the diet must meet around 112% and 118% of the average energy and protein requirements respectively. These figures do not seem to be conditioned by milk yield variability within the flock associated to the average milk yield, lactation period, or lambing season characteristics. This model is an approach to define the feeding management of dairy flocks, but will still have to be validated and probably will have to include other factors, such as the improvement in the condition score required to maximise milk yields in dairy sheep (Alvarez & Guada, 1982).

Genetic improvement and breeding programmes

The relationships existing between genotype and environment, which have been stated in some conditions (Richarson *et al.*, 1971), is another factor to be considered in the search of improving efficiency in mountain dairy sheep systems. So, it appears reasonable to consider the definition of tailor-suited

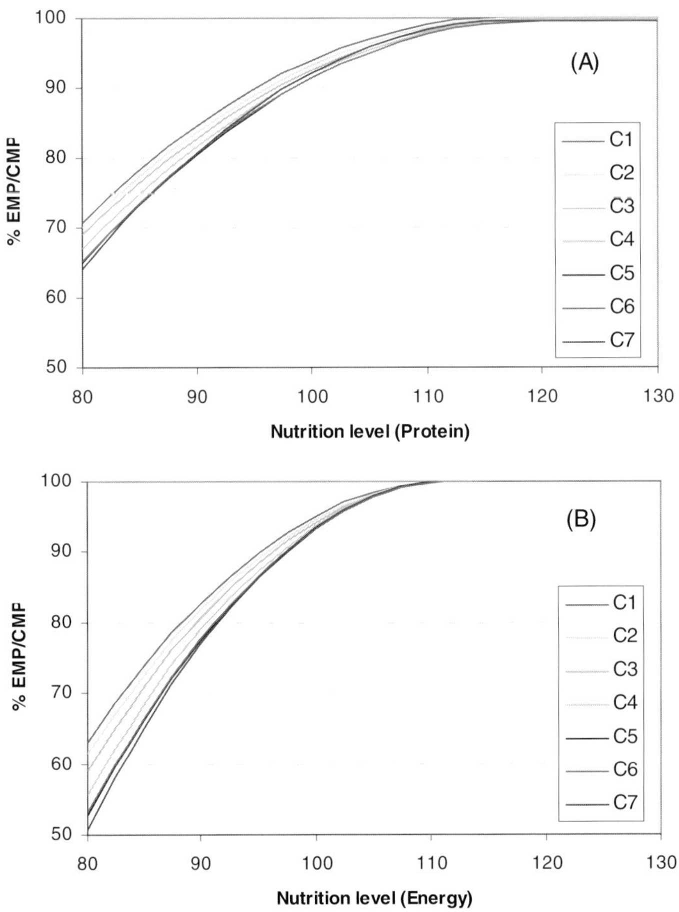

Figure 2. Relationship between milk yield estimated (EMP) according to the protein (A) and energy (B) nutrition plane and milk yield controlled (CMP) in different control test days along lactation.

breeding programmes for local breeds. Putting them into practice under the particular conditions of the system allows achieving significant increases in milk production (2-3% annually in Latxa breed; Ugarte, 2002) instead of keeping traditional management practices such as transhumance (Ruiz, 2000).

Obviously, that approach is a long-term bet when compared with the imminent expected results offered by the substitution of the local breed by a higher productive foreign one. However, the former does not impose management changes that can drive to dramatic modifications in the production system and even its displacement from the mountain areas to other ones more suitable for more intensive livestock production systems (Lavín, 1996).

Conclusion

The adoption of practices and strategies aimed towards improving the overall efficiency of mountain dairy sheep systems must be faced within a holistic approach encompassing social, economic and environmental sustainability. Biological efficiency is just a partial element of the system; in addition, production structures, management practices and market conditions have to be considered in order to enhance the overall efficiency. From this perspective, intensification does not mean to have just higher yields but also to maintain or even reduce the inputs and increase the added value of the production. The current trends observed within the European market (Denominations of Origin, Organic farming, Farm cheeses, etc.) provide new opportunities for improving the socio-economic viability of the dairy sheep enterprises, but only through a higher level of training, technical development and professionalism of an, up to recently, mainly traditional sector.

References

A.F.R.C. 1993. Energy and Protein Requirements of Ruminants. An advisory manual prepared by AFRC Technical Commitee on Responses to Nutrients. CAB Internat. Wallingford, UK. 159 pp.

Alvarez, P.J. & Guada, J.A. 1982 Respuesta de la producción de leche al plano de ingestiónen ovejas en ordeño de raza Churra. ITA Vol. Extra1: 202-204

Bocquier, F., Guillouet, P. & Barillet, F. 1995. Alimentation hivernales des brebis laitières: interêt de la mise en lots. INRA Prod. Anim., 8: 19-28.

Caja, G., Bocquier, F., Ferret, A., Gasa, J., Pérez-Oguez, L., Plaixats, J. & Oregui, L. 2002. Capacité d'ingestion des ovins laitiers: effets des principaux facteurs de variation. Options Méditerranéennes, Serie B, 42: 9-36.

Calatrava, J. & Sayadi, S. 2003. Milk production systems and rural development: the case of goat cheese making at the Eastern Alpujarras . In "Prospects for a sustainable Dairy sector in the Mediterranean" Edited by M. Djemali and M Guellouz. Vaggeningen Pers, Wageningen, Netherland. EAAP Nº 99, 34-43.

Cannas, A., Nudda, A. & Pulina, G. 2002 Nutritional strategies to improve lactation persistency in dairy ewes. Proc. 8th Great Lakes Dairy sheep Symposium. Cornell Unv. Ithaca NY, 7-9 Novenber.

Choquecallata, J. 2000. Interrelaciones entre el gradiente de intensificación reproductiva, las estrategias alimentarias y la economía de la explotación. Tesis Doctoral ETSIA-UPN, Pamplona, Spain. 257 pp.

Deshayes, P. 1982. Alimentation hivernale et performances des brebis laitières dans les Pyrénées Atlantiques. Memoire SICA-CREOM-ESITPA. 124 pp.

Duru, M. 1980. Exploitation agricole et analyse de système. Mise au point méthodologique. Doc. Roneo, INRA-SAD, 48 pp

Gibon, A., Rubino, R., Sibbald, A.R., Sorensen, J.T., Flamant, J.C., Lhoste, Ph. & Revilla R. 1996. A review of current approaches to livestock farming systems in Europe: Towars a common understanding. In "Livestock Farming Systems: Research, development, socio-economics and land manger" Edited by J.B. Dent, M.J. McGregor and A.R. Sibbald. Vaggeningen Pers, Wageningen, Netherland. EAAP Nº 79, 7-19.

INRA. 1989. Alimentation des bovins, ovins et caprins. INRA, Paris Francia, 471 pp.

Lavin, M.P. 1996. Los sistemas de producción ovina de la provincia de León: factores que condicionan su distribución y estructura. Tesis Doctoral. Universidad de León. León, Spain.

Marie, A., Such, X., Barillet, F., Bocquier, F. & Caja, G. 2002. Efficacité alimentaire selon le potencial laitier des brebis. Options Méditerranéennes, Serie B, 42: 57-71.

Molle, G., Spanu, E., Ligios, S., Vargiu, M., Arangino, R. & Casu, S. 1994. Effect of partial irrigation on performance of dairy ewes grazing 90% of native pastures buffered by 10% of sown forages. Inter. Symp. on the "Optimal explotation of marginal mediterranean areas by extensive ruminant production systems" Thessaloniki, Grecia, 18-20 June.

Peláez, R. 1991. Los sistemas de valoración nutritiva para rumiantes en relación con los sistemas extensivos. En "Nutrición de rumiantes en zonas áridas y de montaña" Edited by F.F. Bermudez. C.S.I.C. Madrid, Spain. 105-115.

Pérez de Arenaza, A. 2000. Anáisis teórico de la respuesta productiva del rebaño ovino latxo y de la evolución de su estado de carnes a distintos planos de alimentación. Memoria ETSIA. Univ. Pública de Navarra. 87 pp.

Richarson, D.O. Owen, J., Plowman, R.D. & Miles, J.T. 1971. Importance of sires x ration interactions in production and food intake traits of dairy cattle. J. Dairy Sci., 54:1518-125

Ruiz, R. 2000. Análisis de los factores de explotación que afectan a la producción lechera en los rebaños de raza Latxa de la CAPV. Tesis Doctoral.

Ruiz, R. & Oregui, L.M. 2003. Implication of different farming typologies in the utilisation of mountain pastures in the Latxa sheep dairy system. Int. Symp. Animal Production and Natural Resources Utilisation in the Mediterranean Mountain Areas. Ioannina, 5-7 June.

Sitzia, M., Fois, N., Ligios, S., Molle G. & Decandia, M. 1998. Grazing as a complement to complete diet for dairy ewes. 17th EGF Meeting "Ecological Aspects of Grassland Management" Debrecen, Hungary

Theissier, J.M. 1979. Relations entre techniques et pratiques. Conséquences pour la formation et la recherche. Bulletin INRAP 38, 20 pp.

Ugarte, E., Serrano, M., De la Fuente, L.F., Pérez-Guzmán, M.D., Alfonso L. & Gutiérrez J.P. 2002. Situación actual de los programas de mejora genética en ovino de leche. ITEA 98A: 102-117.

Efficient data acquisition and management for genetic improvement of the Comisana dairy sheep in Sicily

F. Pinelli[1], P.A. Oltenacu[2], A. Carlucci[3], G. Iannolino[1], M. Scimonelli[1], J.P. Pollak[2], J. Carvalheira[4], A. D'Amico[1] & A. Calbi[3]

[1]*Istituto Sperimentale Zootecnico per la Sicilia, Palermo, Italy*
[2]*Department of Animal Science, Cornell University, Ithaca, NY, USA*
[3]*Associazione Provinciale Allevatori di Matera, Italy*
[4]*ICBAS – Universidade do Porto, Portugal*

Summary

An information system has been developed in order to collect and manage productive and reproductive data efficiently, within a nucleus-based program implemented in Sicily (Italy) to improve milk production of the Comisana dairy sheep. Electronic identification of animals is used in flocks enrolled in the breeding program. The information system consists of four components: (a) the Database Program which stores and manages all records related to the productive and reproductive events of each animal, (b) the Field Interface Program which facilitates the collection of records on the farm and their transfer to the database, (c) the Genetic Evaluation Program which utilizes an autoregressive test day animal model to compute genetic and environmental parameters of milk yield traits in the population, and estimates the breeding values and their accuracy for all animals, and (d) the Mating Program which allows the formation of breeding groups for matching the available rams and ewes for breeding, using a set of criteria chosen by the operator. These computer programs are completely integrated with each other and are mainly used to perform the genetic evaluation of animals routinely. This allows to monitor the population and plan optimum mating within the nucleus. The information system was designed and is implemented efficiently in extensive dairy sheep systems in practice.

Keywords: dairy sheep, data management, genetic improvement, software.

Introduction

Effective on-farm animal identification and production recording systems are critically important in farm management and genetic improvement of an animal population. A genetic improvement program and good management are essential components of a viable dairy sheep industry.

In the Mediterranean, variable and sometimes inaccurate production recording systems are used by the local farmers' associations. The difficulties encountered in creating an efficient system for data recording and management are partly due to factors related to the particular characteristics of the dairy sheep production system, such as poor animal identification and the lack of farm infrastructures for milk yield recording.

The Experimental Zootechnical Institute of Sicily (Italy), the Farmers' Association of Matera Province (Italy) and the Cornell University (USA) have developed a specific information system for the complete management of data from flocks of a nucleus created in conjunction with the implementation of the breeding program to improve milk production in Comisana dairy sheep in the region of Sicily (Pinelli *et al.*, 2002).

This information system facilitates the monitoring and management of the population and supports all selection and breeding decisions needed for the genetic improvement program. The information system was designed and implemented to work efficiently in a wide variety of management systems: in intensive or extensive systems using marginal land resources, with efficient or rudimentary farm housing, with milking parlors or milking by hand.

This paper presents the different components of the information system developed to support the genetic improvement program for the Comisana breed. This system addresses not only the storage of data but also the collection of production and reproduction records, the genetic evaluation of animals and their mating.

Animal identification

Accurate identification of animals is a precondition for ensuring efficient flock management and for implementing a genetic improvement program in the field. In the nucleus flocks enrolled in the Comisana breeding program, electronic identification by means of the rumen bolus system was adopted.

The animals are identified by using individual tags and ear tattoos immediately after birth. At the age of six months the lambs received the rumen bolus (Figure 1), which was ingested orally and lodged permanently in the animals' reticulum. The rumen bolus is a ceramic capsule (cylindrical in shape and weighing 70 g) containing an ISOHDX type transponder of 32 mm. The transponder is a passive battery-less device functioning between - 25°C and + 85°C.

When stimulated by the handheld reader emitting low frequency electromagnetic waves, the microchip transmits a unique and inviolable number. The stick antenna enables the production controller to identify each animal without having to approach it closely, as shown in Figure 2. The handheld reader is connected to the records keeper. This is actually a field computer, which associates the microchip number with the animal's identification and allows the operator to enter the production and reproduction records for each animal in the flock.

The database

The database to store the production and reproduction data for dairy sheep or goat records, was developed by the Farmers' Association of Matera Province (Italy) and is named *Progecom* (Figure 3).

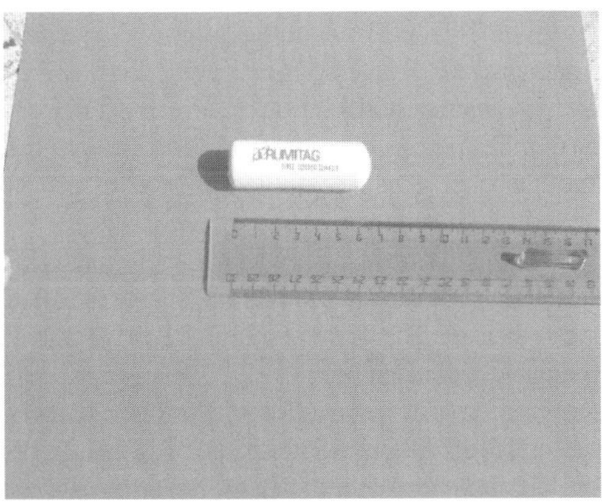

Figure 1. Rumen bolus microchip.

Figure 2. Reading an animal's identification in the field.

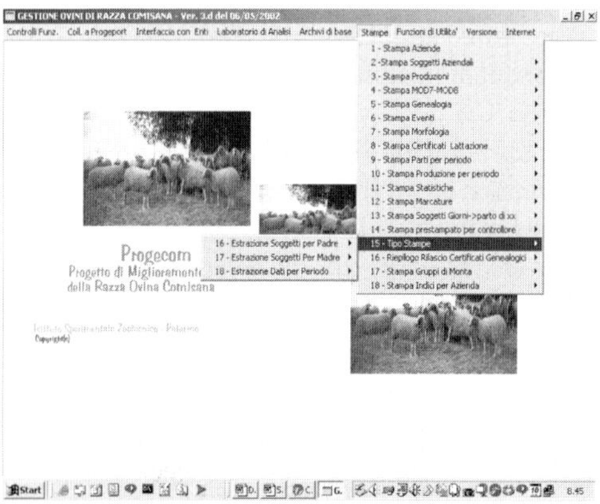

Figure 3. Progecom opening screen.

The program works on a PC with a Windows 95/98/NT/2000 operating system. The general structure and the main functions of the *Progecom* database are:

1. Farm identification and storage. This function of the database stores various information related to the farm, such as its name, location, telephone number, type of farm etc. Each farm has a unique code, which allows a fast and easy search of the database. The date of the last milk control is also automatically reported.
2. Animal identification and storage. The identification of animals is associated with a unique microchip number. All information related to the individual animal is stored, such as its sex, date of birth, sire and dam, farm, last event status code, lactation number, etc. The database allows the easy retrieval of the productive and reproductive records of each individual animal.
3. Record collector identification. The names of the technicians of the breed association or the farmers' association, who are responsible for the collection of records on each farm, are recorded.
4. Productive and reproductive data management. This function of the database allows the operator to store the productive and reproductive data collected in the field, such as date and type of lambing, milk yield and other events such as dry-off date, sale or elimination of animals, etc. The

operator is also enabled to transfer this information to the main database. A number of editing filters are built into the system to ensure the high accuracy of the collected records. The lactation curve is also constructed for each ewe, if requested.

5. Breeding groups management. This procedure assigns a ram to a single ewe or a group of ewes, either with natural mating or with artificial insemination. The operator enters the starting date and the last breeding date for each group, as well as the result of the pregnancy diagnosis. When the lamb's date of birth is entered, the program automatically assigns the sire according to the time interval between the breeding dates of the group and the birth date of the lamb.
6. Milk composition storage. The database can import the milk components, such as fat, protein, SCC, urea, lactose, total dry matter, etc, which will be associated with the milk yield records for the corresponding test day.
7. Building the dataset for the genetic analysis. A specific function of the program extracts the dataset used by the genetic evaluation program to estimate the genetic merit of all the animals.
8. Genetic indexes storage. The estimated genetic merit (the breeding values) can be automatically imported and stored in the database.
9. Interrogating the database via screen reports. The database provides a number of reports that have a direct application to flock management. These include: the list of the farm animals (the entire flock, males, lambs, etc.), the milk production for each farm in each control, the milk production in a predefined time interval for each farm, the list of animals that have produced more than a predefined amount of milk, the productive and reproductive career of each individual, the breeding groups, the morphological evaluation of each animal, the list of ewes that have lambed in a predefined time interval and the main statistical parameters. An image of the database highlighting the list of screen reports is shown in Figure 4.

Collecting records in the field

When dealing with dairy sheep, the collection of milk records on a farm is particularly laborious and typically biased, owing to the poor identification of individual animals. This is why a specific field interface program has been implemented for the flocks involved in the Comisana breeding project. The field interface program consists of two software components named *Progport* and *Ovichip*.

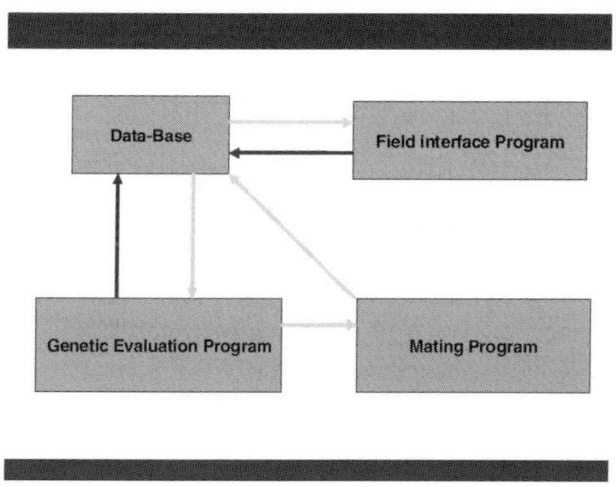

Figure 4. The data flow in the information system to evaluate animals and monitor the population.

Progport works on a portable personal computer and is designed to manage the productive and reproductive data on a farm. The software imports the records collected on the farm and provides the farmer with all information related to the milking.

Ovichip works on the portable keeper and has two important functions: it associates the microchip number with the animal's identification and allows the operator to enter the individual milk yield measured in the field. This program allows the records keeper to interrogate the identification of animals and greatly facilitates the collection of records on a farm and their transfer to the data-base, while maximizing the accuracy of the records. Figure 3 shows a phase of the recording of milk production.

The genetic evaluation program

The *Genetic Evaluation Program* is an important component of the information system. The first function of the program is to edit the data coming from the *Progecom* database and structure them in a format required by the genetic evaluation program.

The genetic evaluation program uses an autoregressive test-day animal model (TDAM), developed by J. Carvalheira *et al.* (1998). The computer software is based on a series of programs that build the incidence matrices according to the structure of the data, and compute the inverse of the genetic additive relationship matrices to be incorporated into the coefficient matrix of the BLUP mixed model equations.

The variance components, heritability and repeatability are estimated and used as inputs for subsequent genetic evaluation analysis in which the genetic ranking of all the individuals in the data set is determined. In the second stage of the analysis, the breeding values (EBV) and the accuracy of EBV are estimated for all the animals in the data set after adjusting for the effect of environmental factors such as farm, age, parity and days in milk.

The mating program

This component of the program allows breeding groups to be formed for the progeny testing of young rams or for the matching of available rams and ewes for breeding, by using a set of criteria chosen by the operator. The matching can be performed on the basis of age, production, location, genetic merit, etc, while at the same time controlling for the level of inbreeding in future offspring.

Conclusions

The information system that has been developed to support the nucleus-based breeding program, with a view of improving Comisana dairy sheep in Sicily, is making a significant contribution to increase the efficiency of animal management and selection in flocks that are involved in the genetic improvement program.

The information system has been designed and implemented to work efficiently in a wide variety of management systems, including those which are typical of dairy sheep farming in the Mediterranean areas. In Sicily, the dairy sheep production system is typically extensive, based on pasture and located in the hilly and mountainous areas of the island. Moreover, the amount of capital investment for management and infrastructure is generally low and there are very few farms with a milking parlor. In such environmental conditions, efficient data acquisition and management are critically important for the implementation of a genetic improvement program.

An important feature of the system described here is that, though the technology involved makes the most of natural resources available, it does not interfere with traditional farming systems.

References

Carvalheira, J., R.W. Blake, E.J. Pollak, R.L. Quaas & C.V. Duran Castro, 1998. Application of an autoregressive process to estimate genetic parameters and breeding values of dairy milk yield in a tropical herd of Lucerna cattle and in United States Holstein herds. J. Dairy Sci., 81: 2738-2751.

Pinelli F., P.A. Oltenacu, G. Iannolino, M. Scimonelli, G. Romeo, A. D'Amico, J. Carvalheira, A. Carlucci & A. Vella, 2002. Nucleus-based program to improve milk production in Comisana sheep in Sicily. Proceedings of the 7th World Congress of Genetics Applied on Livestock Production, Montpellier (France) 19-23 August 2002, comm. n° 01-38.

Some structural characteristics of goat breeding in Mediterranean mountains of Turkey

G. Dellal[1], *I. Dellal*[2], *N. Tekel*[3] *& I. Baritci*[4]

[1]*Ankara University Agriculture, Faculty Animal Science Department, Diskapi, Ankara, 06110, Turkey*
[2]*Agricultural Economics Research Institute, P.O. Box 34, Bakanliklar, Ankara, Turkey*
[3]*Dicle University Agriculture Faculty Animal Science Department, Diyarbakir, Turkey*
[4]*Gazi Osman Pasa University Agriculture Faculty Animal Science Department, Tokat, Turkey*

Summary

This research work was carried out to determine some structural characteristics of goat breeding in Mediterranean mountains of Turkey. According to the findings of this research, the number of goats was 213.3±37.4 heads (6.0±1.51 Billy goats, 127.3±22.46 Nany goats and 80.00±16.69 one-year-old goats).

The source of roughage essentially consisted of scrub areas (49%) and pasture in the forest area (47%). The first breeding age and breeding duration of male and female goats were 1.7±0.14; 2.0±0.16 and 5.1±0.38; 6.38±0.41 years, respectively. The weaning age and milking duration were 2.5±0.25 and 3.8±0.51 months respectively. The first shearing age was 1.3±0.09 years and shearing was mainly carried out in August.

Keywords: Turkey, hairy goat breeding, structural characteristics, Mediterranean mountainous area.

Introduction

Goat breeding is mainly concentrated in the Mediterranean region of Turkey and 28% of the total goat population of the country is found in this region. The largest and the smallest goat populations are found in the Antalya and Burdur provinces respectively (Anonymous, 1997). Goats are mainly produced in low-income farms on the mountainous and near forest lands. Goat producers in these enterprises are, for the most part, not organized. Thus, they are inefficient at getting supplies and processing their products and they can not benefit from subsidies sufficiently. In addition, goat production is limited in the region because goats are known as destructive animals to forests (Dellal *et al.*, 1997).

In this survey, structural characteristics of goat production on mountainous lands in the Antalya province were investigated. This province represents the Mediterranean region as for geographic features, production systems and intensity of goat population in Turkey.

Materials and methods

This study was carried out in the Antalya province, which is the best representative of the Mediterranean region in Turkey as far as natural factors, density of goat population and production systems are concerned. Investigations were carried out on mountainous lands of the Korkuteli, Elmali, Kas, Manavgat, Gündogmus, Gazipasa counties and the central district of the Antalya province. Surveys were mainly carried out on the western and central Taurus Mountains (Ak, Tahtali, Katrancik, Davras, Dedegöl, Anamas, Seytan, Geyik, Karakus Mountains). Thus, besides Antalya, there was an opportunity to investigate the goat production farms which can reflect the production systems on mountainous lands of other important provinces in the Mediterranean region such as Burdur, Isparta, and Mersin. For the determination of goat farms, "framework establishment forms" were used to find out goat distribution. Based on this distribution, a questionnaire was carried out in 92 randomly selected farms having more than 30 goats per farm (Günes and Arikan, 1988). The data were analyzed according to Düzgünes *et al.* (1993).

Results and discussion

Numbers and breeds of goat rearing in the farms

The average number of goats in the agricultural farms located on mountainous lands was 213.3±37.4, of which 6.0±1.51 were Billy goats, 127.3±22.46 Nany goats and 80.00±16.69 one-year-old goats. In these farms, the numbers of sheep and cows were 14.0±7.88 and 2.1±0.64 respectively. Compared to other livestock, the high number of goats indicates that environmental factors on mountainous and forest lands favour much goat production, and this also indicates that goat production is the primary income source for farms on these lands. The goat breed raised in all farms is ordinary (hair type) goat. In addition, a local goat breed (hair type) known as Honamli is also produced in some farms. This breed was developed by a local Turkmen tribe named Honamli. Compared to other breeds, Honamli goats have larger body size and faster daily weight gain.

Production systems

Goat production on mountainous lands is mostly (61%) carried out in a kind of tableland where farmers pass the summer on the mountains with their animals. These enterprises are located at certain distances. Farmers, especially in the summer, live with their families and use rough feed sources on these lands. Goats are also raised as village herds and some farms (31%) raise goats in this system. Most of these farms are located very near the mountainous and forest lands. They benefit from these lands for grazing animals throughout the whole year, except for days with very bad weather conditions.

Feed resources

Roughages are important feed resources for goat breeders in mountainous areas. Roughage resources consist of forest pasture (47%), shrubbery-maquis areas (49%) and forest pasture- shrubbery-maquis areas (4%). Concentrated feeds are used especially in the first lactation period, the last period of pregnancy and during the mating season. Wheat and barley are mostly used as concentrated feeds.

Goat house properties

Goat houses in mountainous areas are built as open (88%), semi-open (7%) and closed (5%). All house bases are made of soil and most of the house walls are made of stone (97%). Nylon, soil, cement, shrub and roof tile are used as a roof materials in closed and semi-open houses. Because of water insufficiency, houses do not have a bathtub. Some breeders use metal barrels, ground holes and stone holes as a bathtub.

Mating season management

All breeders apply a free mating system. The mating season begins in September (73%) and male goats rear the flock for eleven months. Male / female ratio is 1/ 24.

Some reproduction traits, breeding animal resources and evaluation of excessive breeding animals

First breeding age and breeding period of male and female goats are 1.7±0.14; 2.0±0.16 and 5.1±0.38; 6.38±0.41 years respectively. Breeders get their breeding animals from their own flock (50%), other flock (15%) and both (35%). Excessive breeding animals are evaluated on fattening for slaughtering (47%), for selling to brokers (25%) and both (28%).

Milking period management

Weaning age of kids is 2.5±0.25 months on average. The milking period lasts 3.8±0.51 months and range 3.0+0.28 with 5.4±1.6 months. Milking is mainly done by women and 85% of the farms milk goats once a day. Some flocks which have been transferred to the plateaus continue milking there.

Shearing season management

First shearing age is 1.3±0.09 months on average. Shearing is done once a year in August. Shearing takes place in the village (39%), on the plateau (10%), and both (51%). Shearing is generally done in common flocks. Goats' down coat (cashmere fibers) is not combed (98%).

Conclusion

Hair goat breeding is the main animal production system in mountainous and forest areas in the Mediterranean region. Flock size in these regions is particularly large compared to lowland flocks. In these areas, the plateau system is the most practiced breeding system. Roughage resources are obtained from forest pasture and shrubbery- maquis areas. There are no modern goat houses. On the other hand, present goat houses are useful for mountainous and forestry goat breeding under the Mediterranean climate and geographical conditions. The mating season begins in September (73%) and the free mating system is applied. First breeding age and breeding period of male and female goats are 1.7±0.14, 2.0±0.16 and 5.1±0.38, 6.38±0.41 years respectively. Weaning age of kids is 2.5±0.25 months on average. The milking period lasts 3.8±0.51 months. First shearing age is 1.3±0.09 months on average. Shearing is done once a year in August.

References

Anonymous, 1997. Agriculture Statistics. Summary DIE, Ankara.

Dellal, I., A Erkus, A. Eliçin & G. Dellal, 1997. Turkey's Hairy Goat Rearing and Economical Importance. Journal of Animal Research. 7(1):31-34.

Düzgünes, O., T. Kesici & F. Gürbüz, 1993. Statistics Methods. Ankara University Agriculture Faculty Publications: 861. Lecture Books: 229. Ankara.

Günes, T. & Arikan, 1988. Agricultural Economics Statistics. Ankara University Agriculture Faculty Publications: 1049. Lecture Books: 305. Ankara.

Performance of native Machaeras goats under a semi-extensive production system in a mountainous area of Cyprus

C. Papachristoforou[1], *C. Christofides*[2], *A. Koumas*[1] *& A.P. Mavrogenis*[1]

[1]*Agricultural Research Institute, P.O. Box 22016, Lefkosia, Cyprus*
[2]*Department of Agriculture, Akheleia Livestock Unit, Pafos 8503, Cyprus*

Summary

Over a 5-year period, the herd performance of native Machaeras goats kept in a mountainous area of Cyprus was examined under a medium input production system. Such systems utilizing native goats are common in the hills and mountains of the south-western part of the island. The herd consisted of about 130 animals with 68% adults (A) and 32% yearlings (Y). Both age groups are characterized by high fertility (95%) and prolificacy (A=1.89, Y=1.76). Adult goats without any additional treatment respond very well to the "male" effect during anoestrus (May) with 89% of animals kidding. The reaction time is only 4 days after buck introduction and 96% of goats give birth within a 2-week period. Young goats are mated in September at the age of 10-11 months, though during the same mating period high fertility (94%) is also achieved with females born in February at the age of 7 months. At 7 weeks post-partum, adults wean 1.7 (mean kid weight 12.3 kg) and primiparous 1.55 (mean kid weight 13.4 kg) kids, while the respective milk yield after weaning is 132 kg with 6.1% fat and 5.0% protein, and 120 kg with 5.2% fat and 4.3% protein. The results show very interesting reproductive characteristics in this breed that merit further investigation and exploitation while at the same time the development of the breed should concentrate on genetic improvement of milk production.

Keywords: Machaeras goat, semi-extensive, reproduction, milk.

Introduction

Indigenous breeds of livestock are valuable resources for any country, irrespective of their present impact on agricultural production. The Machaeras breed of goat is indigenous to Cyprus and a first description of this animal, based on data collection in a field study, indicated some interesting reproductive and growth characteristics and milk quality aspects (Papachristoforou and Mavrogenis, 1996).

The majority of the island's goat herds comprising 63% of the total goat population are found in the hilly and mountainous areas of Lemessos and Pafos districts where these animals are usually kept under semi-extensive systems. For collecting additional information to better evaluate this breed and for providing purebred stock to interested farmers, a nucleus herd was established about 10 years ago at the Orites station that belongs to the Department of Agriculture and is situated in a mountainous area of the Pafos district. The aim of the present work was to give a general evaluation of the production capacity of the Machaeras breed under a semi-extensive system and in a mountainous environment, to which this animal is better adapted, by examining various characteristics with particular emphasis on reproductive traits.

Material and methods

Animals and breeding systems

In the last 5-6 years, the number of goats in the herd was relatively stable and over this period the records of 444 adult and 211 yearling breeding females were utilized for the purposes of the present study.

Every year, there were two mating periods, each lasting for 30 to 35 days. In the first one, between the middle of May and the middle of June, all adult females were put to the buck, and in the second, between early September and early October, young replacement females and adults not having conceived during the first period were joined with males. The method of group mating was applied in both periods and no mating records were kept. Barren animals were removed from the herd.

Management and feeding

Kids were kept continuously with their mothers until weaned abruptly at 7 weeks of age. During the suckling period, any surplus milk was removed once daily. After weaning, the goats were machine-milked twice daily at 8.00 and 14.00 hrs, while the kids until 120 days of age were offered creep feed (16% CP) *ad libitum* plus 100 g / head daily good quality hay. The feeding regime during the year was as follows:

Period	Daily feed allowance
Parturition – weaning (goats kidding in periods I and II)	*Ad libitum* concentrate mixture (CM) plus 0.8 kg barley hay
Weaning – end of February (kidding period I)	CM according to milk yield plus 0.8 kg barley hay
March – April – May (all goats)	1.0 kg CM plus 0.25 kg barley hay plus grazing green barley for about 3 hrs
June – July – August (all goats)	Stubble grazing + 0.5 kg CM
September – October (parturition) (all goats)	Stubble grazing plus 0.25 – 0.5 kg barley hay plus up to 1.15 kg CM

From June to September, the animals were kept continuously in the paddocks and were brought in the shed when necessary, usually once daily for a short period of time.

Records taken each year (year is actually the period starting on October 1 and ending on September 30 next year) included all the important production and reproduction characteristics of the animals. Since no mating records were kept, conception date for each goat was estimated by subtracting 150 days from the kidding date.

Results and discussion

Fertility and kidding pattern

For the 5 periods from 1997/1998 to 2001/2002, the main fertility indicators for adult (A) and yearling (Y) goats are shown in table 1. The pregnancy rate of 95.0% and 94.3% for the two groups respectively, is quite good and the same could be said for the proportion of goats kidding (94.1% vs. 89.6%). Compared with fertility figures of 80 to 90% for the Damascus goat (Animal Health and Production

Table 1. Fertility characteristics of adult and yearling Machaeras goats[1].

	Adults		Yearlings	
Item	Number	%	Number	%
Put to the buck	444		211	
Pregnant	422	95.0	199	94.3
Kidded	418	94.1[1]	189	89.6
Aborted	4	0.9	10	4.7
Barren	22	5.0	12	5.7

[1]88.7% in period I, 5.4% in period II.

Compendium, 2002) which is widely used under semi-intensive and intensive production systems on the island, the Machaeras goat appears to be more fertile.

The kidding pattern (day 1 in each period is the calendar date when the first goat(s) kidded) was not different between periods I and II and the pooled data are shown in Figure 1. Parturitions were very concentrated as shown by the high percentage of goats giving birth within 10 days (93.3%), and reaching 95.7% within 2 weeks. The kidding pattern corresponds to the conception pattern of goats mated in periods I (adults) and II (90% yearlings, 10% adults). Considering that the May – June mating is during the seasonal anoestrus for Machaeras goats (Koumas, 2002), it can be concluded that adult females respond extremely well to the male effect, their response being consistent from year to year.

The situation is different in Damascus females that present variable responses to the introduction of males during anoestrus (Papachristoforou *et al.*, 2000). The average reaction time from the introduction of males to the first successful mating was 4 days (the average for each year ranged from 2 to 7) for period I and one day (the average for each year ranged from 1 to 2) for period II. Even though early September, when mating period II starts, is close to October that is the month of the onset of the normal reproductive season of Machearas yearling goats, the fact that buck introduction provokes an immediate response (oestrus and ovulation) not in isolated animals but in a rather considerable proportion, is an unexpected result.

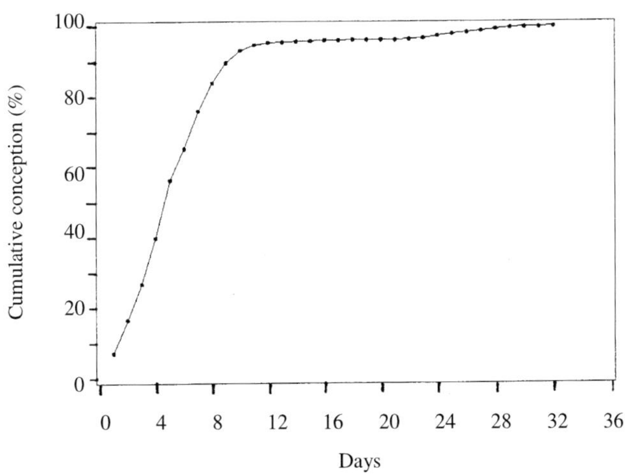

Figure 1. Cumulative conception percentage of Machaeras goats.

The capacity of the breed for early maturity was shown when February-born females 6 – 7 months old were joined with males in period II and 94% of them conceived at the age of 7.3 months and at liveweight of 28.3 kg. All pregnancies were carried to term.

Reproductive performance and milk yield

The reproductive performance in terms of number and liveweight of offspring born and weaned and the milk production and milk quality characteristics for adult and yearling goats are shown in table 2. For technical reasons, data from the 2001/2002 season are not included.

The litter size at birth and at weaning were similar to those of Damascus goats and of other prolific dairy breeds under Mediterranean conditions (Papachristoforou and Mavrogenis, 2000; Kitsopanides, 2002) and higher than those of native breeds of the region (Devendra and Burns, 1983; Zygoyiannis and Katsaounis, 1986; Guney *et al.*, 1992). Machaeras goats are easy at milking, releasing their milk within a very short time, and have good udders without major defects. Both the 90-day and the total milk yield of A and Y goats after weaning were low compared to Damascus and exotic dairy breeds, but the milk was rich in fat and protein with values even higher than those of indigenous goats in Greece (Simos *et al.*, 1991). It is of interest that the average daily milk yield was virtually the same in A an Y goats, and some minor differences in total yield reflected differences in lactation length. This is at variance with reports indicating substantial increases in milk production from the first to subsequent lactations (Guney *et al.*, 1992; Rogdakis *et al.*, 1996; Papachristoforou and Mavrogenis, 2000). It is possible that for Y goats there was a beneficial effect from grazing which starts in March immediately after their weaning, while adult goats at that time are towards the end of their lactation. Nevertheless, this finding merits further investigation.

The mortality of goats older than 6 months old was 5.9% and deaths were attributed to various causes. The comparative figure for Damascus goats in a government station in Pafos was 7.0%. Information on the post-weaning growth of kids and on carcass characteristics are given by Koumas *et al* (2003).

In conclusion, the Machaeras goat breed in its natural mountainous environment showed good reproductive characteristics and produced milk of high quality but low in quantity. Efforts for development of the breed should concentrate on the genetic improvement of milk yield.

Table 2. Reproductive performance and milk yield of adult and yearling Machearas goats.

	Adults			Yearlings		
Variable[1]	N	Mean	Sd	N	Mean	Sd
LSB	331	1.89	0.66	150	1.76	0.53
LSBL	327	1.84	0.64	141	1.72	0.54
LWTB	330	6.11	1.96	149	5.35	1.60
LSWN	315	1.70	0.64	125	1.55	0.57
LWTWN	315	21.0	8.17	125	18.4	6.8
MLK 90	302	89.5	36.6	150	90.9	36.1
TMLK	302	131.5	77.1	150	120.0	53.8
DMLK	302	136.4	69.7	150	124.7	32.1
DAILY MLK	302	0.98	0.26	150	0.94	0.30
FAT	301	6.06	0.87	150	5.21	0.81
PPOT	224	4.98	0.53	109	4.33	0.38

[1]LSB: litter size at birth, LSBL: litter size born live, LWTB: litter weight at birth (kg), LSWN: litter size at weaning, LWTWN: litter weight at weaning (kg), MLK 90: 90 – day milk (kg), TMLK: total milk (kg), DMLK: days in milk, DAILY MLK: daily milk yield (kg), FAT: milk fat %, PROT: milk protein %.

References

Animal Health and Production Compendium. 2002. CAB International, Wallingford, UK.

Devendra, C. & M. Burns, 1983. Goat Production in the Tropics. Commonwealth Agricultural Bureau, Slough, UK, 183 p.

Guney, O., O. Bicer & O. Torum, 1992. Fertility, prolificacy and milk production in Cukurova and Taurus dairy goats under subtropical conditions in Turkey. Small Rumin. Res. 7, 265-269.

Kitsopanidis, I.G., 2002. Economic viability and competitive aspects of four goat breeds in Greece. Animal Science Review 27, 98-99.

Koumas, A., 2002. A study of the Damascus, Machaeras and Machaeras x Damascus (F_1) goats with emphasis on growth and carcass characteristics of kids. PhD Thesis, Agricultural University of Athens, Greece.

Koumas, A., A.P. Mavrogenis, C. Papachristoforou, E. Panopoulou & E. Rogdakis, 2003. Growth potential and carcass characteristics of native Machaeras, Damascus and Machaeras x Damascus male kids. Proc. Animal Prod. And Natural Resources Utilisation in the Mediterranean Mountain Areas, Ioannina, Greece

Papachristoforou, C. & A.P. Mavrogenis, 1996. Milk and meat from a native goat under an extensive production system. In: the optimal exploitation of marginal Mediterranean areas by extensive ruminant production systems. EAAP Publication 83, 113-117.

Papachristoforou C. & A.P. Mavrogenis, 2000. Factors affecting reproductive traits and milk yield of Damascus goats. 7th International Conference on Goats, Tours, France, pp. 247-248.

Rogdakis, E., C. Vasiloudis, D. Mitsoyiannis, T. Papadimitriou & E. Panopoulou, 1996. Skopelos goat: morphological, reproduction and production characteristics. Animal Science Review 22, 25-35.

Simos, E., L.P. Voutsinas & C.P. Pappas, 1991. Composition of milk of native Greek goats in the region of Metsovo. Small Rumin. Res. 4, 47-60.

Zygoyiannis, D. & N. Katsaounis, 1986. Milk yield and milk composition of indigenous goats in Greece. Anim. Prod. 42, 365-374.

Performances des caprins dans les montagnes du sud Tunisien

S. Najari[1], *M. Djemali*[2] *& G. Khaldi*[2]

[1]*Institut des Régions Arides de Médenine, 4119. Tunisie*
[2]*Institut National Agronomique de Tunisie, 43 Av.Charles Nicolle. 1082 Mahrajène, Tunis, Tunisie*

Résumé

Le suivi de deux troupeaux caprins, conduits en extensif dans la montagne de la région aride Tunisienne pendant 4 campagnes, illustre des spécificités au niveau de la conduite et des performances individuelles. L'élevage caprin extensif de la montagne de Matmata joue un rôle socioéconomique important, en vertu de ses capacités de valorisation des ressources naturelles sans risques de dégradation de l'environnement. Les conditions climatiques de la montagne sont plus favorables à la production des caprins par rapport à celles observées au niveau de la côte et de la steppe. Le principal produit de cet élevage caprin est la viande du chevreau au lait. Estimée par l'équation de Gompertz, le poids du chevreau était de 2,8 kg à la naissance pour atteindre en moyenne 22,72 Kg avant l'âge de 8 mois; les performances de la croissance montrent des différences avec celles des chevreaux de la steppe et de la côte. La vitesse de la croissance diminue sensiblement après l'âge de 5 mois et le poids du chevreau reste évolue lentement pendant l'été. Le potentiel de production laitière, de la chèvre locale, s'avère limité et avec une large variabilité des performances individuelles. La moyenne journalière de production était inférieure à 200 g; alors que la production totale par lactation n'atteint pas les 25Kg de lait durant une période moyenne de 149 jours de lactation.

Keywords: Chèvre, montagne, région aride, Tunisie, croissance, production laitière.

Introduction

Dans le bassin méditerranéen, l'élevage caprin tient une place de choix dans la valorisation des zones montagneuses et des régions arides. En effet, la relation entre la chèvre et la montagne remonte à la période de domestication de cette espèce, qui manifeste des capacités anatomiques particulières pour l'exploitation des reliefs et milieux pentus. Pour les régions arides, la chèvre est l'une des rares espèces domestiques aptes à survivre et à produire (French, 1971).

En Tunisie, les effectifs des caprins sont estimés à environ 1 300 000 têtes (Ministère de l'agriculture, 2000), dont plus de 60 % sont élevés dans les régions arides et semi-arides du pays. La concentration des caprins dans les régions marginales et difficiles est, d'ailleurs, l'une des caractéristiques de l'élevage caprin dans plusieurs régions du monde et spécialement dans le bassin méditerranéen. Cet élevage aide à mettre en oeuvre le développement des zones marginales. Il est même parfois la seule activité agricole possible. L'élevage caprin, conduit en extensif, joue un rôle multifonctionnel (El Aïch *et al*, 1995; Bernus, 1981) et contribue par ses produits dans l'autosuffisance et l'économie de la société, surtout par la production de la viande (Alexandre *et al*, 1997; Devendra et Mc Leroy 1982; Wilson 1982).

Cette étude a pour objectif l'analyse des performances de la chèvre locale, conduite traditionnellement dans la chaîne montagneuse de Matmata. Une comparaison est faite par rapport à celles de l'élevage caprin dans les zones avoisinantes.

Matériel et méthodes

La montagne de Matmata se situe dans le sud tunisien, entre la méditerranée et la grand Erg oriental, soit en milieu de la région aride tunisienne. Cette région est caractérisée par un climat méditerranéen, soit des températures estivales importantes et des moyennes de pluviométrie variant entre 100 et 200 mm/an (Floret et Pontanier,1982). Les précipitations présentent une large variabilité spatiale et saisonnière, avec une large amplitude thermique.

La région aride tunisienne représente actuellement la zone de pâturage la plus importante du pays. Les parcours collectifs sont exploités par les petits ruminants et les dromadaires. La montagne sépare la plaine de Djeffara des parcours des Dhahars (Figure1). La première région abrite les villes et villages de la zone; alors que les parcours des Dhahars sont occupés par les troupeaux ambulants.

La chaîne de Matmata représente un ensemble de conditions climatiques, socioéconomiques et pastorales de la région aride tunisienne. Ces particularités affectent les performances des animaux. La montagne est connue par son effet tampon envers les pics de la chaleur et offre aux troupeaux l'abri des froids hivernaux; c'est pourquoi, le climat de cette zone pourrait être considéré comme la plus favorable pour les animaux par rapport aux climats de la steppe et de la côte.

La collecte des données a été réalisée dans le cadre d'un projet de caractérisation de la chèvre locale des régions arides tunisiennes, financé par le Secrétariat d'Etat à la Recherche et à la Technologie. L'information utilisée dans cette étude émane d'un suivi des performances de croissance et de la production laitière de certains troupeaux de la région. En vertu des différences des conditions naturelles et socioéconomiques, la région a été subdivisée en trois zones; soit la steppe, la montagne et la côte.

Résultats et discussion

Production de viande caprine

Dans le système d'élevage caprin traditionnel dans les zones montagneuses, le principal produit commercialisé est la viande des jeunes chevreaux. Ces derniers ne sont sevrés qu'au début de l'été.

Figure 1. Localisation de la montagne de Matmata sur la carte de la Tunisie.

Les mâles sont vendus et les chevrettes sont gardées pour le remplacement. Le poids final des chevreaux dépend de son poids à la naissance et de la croissance qu'il réalise durant ses premiers 6 mois d'âge.

Les caractères de la croissance des chevreaux sont affectées, en plus du génome, par l'environnement (Schinckel et de Lange, 1996; Bocquier *et al.* 1998; Walkden-Brown *et al.* 1994; Alexandre *et al.* 1997; Juarez Peraza 1978). Ainsi, les performances des chevreaux de la montagne devraient illustrer les particularités des conditions environnementales et des pratiques d'élevage de la zone. La courbe de croissance des chevreaux, des trois zones, a été ajustée par le modèle de Gompertz. Les équations 1, 2 et 3 présentent l'évolution du poids en fonction de l'âge du chevreau dans les trois zones d'élevage considérées:

Côte: Poids = 16,97*Exp[-Exp(0,6242 -0,0132*Age)] (1)
Steppe: Poids = 22,16*Exp[-Exp(0,8225 -0,0166*Age)] (2)
Montagne : Poids = 22,72*Exp[-Exp(0,74 -0,012*Age)] (3)

Les courbes de croissance, représentant ces équations (Figure 2), illustrent l'allure typique de l'évolution de poids des mammifères à jeune âge avant la maturité. Il s'agit d'une courbe sigmoïdale de forme S, avec un point d'inflexion qui sépare la première période à vitesse de croissance croissant, et la période finale lorsque la vitesse de croissance diminue et le poids tend vers une asymptote représentant le poids adulte.

Les chevreaux naissent en montagne avec un poids de 2,8 Kg, comaparble à celui observé à la côte et supérieure au poids correspondant aux chevreau de la steppe (2,4 kg) Dés l'âge de 1 mois, les chevreaux de la steppe deviennent plus lourds que ceux de montagne. A l'âge de 6 mois, ces derniers ont un poids moyen de 18Kg, alors qu'au niveau de la côte et de la steppe, les chevreaux pèsent respectivement 14,4 et 19,9 Kg.

La moyenne du gain journalier des chevreaux de montagne (tableau1) se situent entre celles correspondantes aux chevreaux de la côte et de la steppe; sauf à la fin de la croissance pour le GMQ 150-180, où on enregistre le plus important gain moyen quotidien pour les chevreaux de montagne. Le poids adulte est le plus important pour les chevreaux de montagne. Ce poids était respectivement 22,72 kg, 22,16 kg et 16,97 kg pour les chevreaux de montagne, de la steppe et de la côte. Cela signifie que les chevreaux de montagne ont tendance a continuer à augmenter de poids après l'âge de 8 mois.

Il parait qu'au niveau de la montagne, le stress climatique est moindre en comparaison à la steppe et à la côte, ce qui affecte favorablement l'ingestion et la croissance (Valîs Ortiz et Folch Pera, 1981;

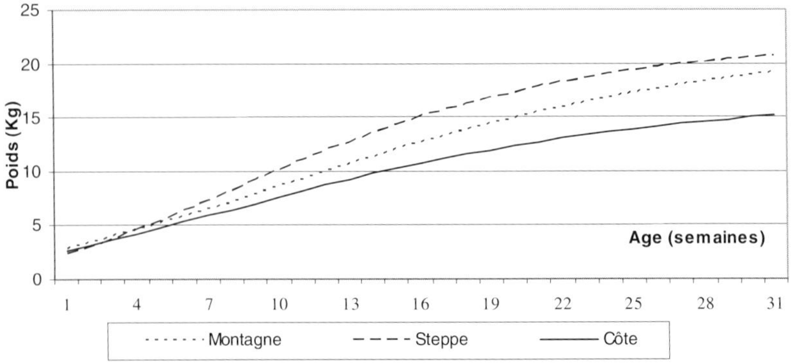

Figure 2. Courbe de croissance des chevreaux de la population locale en fonction de la zone géographique.

Tableau 1. Poids moyens des chevreaux autochtones (Kg), et gains moyens quotidiens (g/jour), en fonction de la zone géographique.

	Gains moyens quotidiens (g/jour) des chevreaux		
Période, entre	Zone côtière	Zone steppique	Zone montagneuse
10-30 jours	76,30	116,68	86,18
30-90 jours	79,58	128,97	98,10
150-180 jours	38,44	46,99	59,14
1-180 jours	68,11	102,33	88,10

Boyazoglu *et al* 1979). Ces conditions expliquent la supériorité des poids des chevreaux de la montagne, permettant d'augmenter la production en viande, mais aussi, permet aux chevrettes d'atteindre la maturité physiologique requise pour débuter la reproduction dés la première année d'âge, sans des difficultés ou risques d'avortement (Bocquier *et al.* 1998; Chemineau *et al.* 1991, Alexandre *et al.* 1997).

Production laitière

Comme pour la plupart des races et populations caprines locales des zones arides et difficiles, le lait n'étant pas la vocation première de l'élevage caprin. Ces groupes génétiques sont de type mixte ou d'aptitude laitière généralement médiocre (Benlekhal et Tazi, 1996). Toutefois, malgré les quantités réduites de lait, cette production justifie la présence des chèvres dans beaucoup de troupeaux pour assurer la production laitière, plus réduite pour les brebis (Bernus, 1981).

Les chèvres ne sont pas généralement traites, et les chevreaux ne sont sevrés qu'au début de l'été par la vente. Le tableau (2) présente les performances de la production laitière de la chèvre locale par zone naturelle. Ces résultats concordent avec ceux établis dans d'autres études (Najari *et al*, 2003, Jalouali, 2000), indiquant des faibles potentialités laitières de la chèvre locale.

Au niveau de la montagne de Matmata, on remarque que les performances sont plus faibles par rapport à celles des chèvres de la steppe et de la côte. Avec une moyenne de production journalière de 150 g/jour, une chèvre de la montagne ne produit durant une période de 148 jours, que 14,37 litres de lait. Ces faibles quantités sont essentiellement utilisées pour l'allaitement des chevreaux.

Conclusion

L'élevage traditionnel de la chèvre valorise, grâce à ses capacités d'adaptation, les ressources pastorales de la montagne de Matmata malgré l'important stress de l'aridité. Contrairement à la croissance observée chez les chevreaux de la steppe et de la côte, les chevreaux de montagne continuent à gagner du poids

Tableau 2. Performances de production laitière de la chèvre locale par zone naturelle.

		Durée de la lactation (jours)		Production totale (kg)		Moyenne journalière (kg/jour)	
Region	Obs.	Moyenne	Std Dev	Moyenne	Std Dev	Moyenne	Std Dev
Côte	178	147,71	25,33	39,84	15,93	0,28	0,12
Steppe	26	199,62	26,73	159,25	53,98	0,82	0,36
Montagne	15	148,47	29,80	22,77	14,37	0,15	0,08
Total	219	153,92	30,70	52,85	45,87	0,33	0,25

au début de l'été pour tendre à un poids adulte supérieur. Les chevrettes ont, ainsi, plus de possibilités de se reproduire dés la première année d'âge, et la production de la viande du troupeau pourrait être supérieure par rapport aux autres zones. Quant à la production laitière, les performances réduites sont comparables à celles des autres races locales élevées dans d'autres zones difficiles. La réduction des performances individuelles de la population locale ne devrait pas cacher l'importance de ses capacités d'adaptation aux conditions difficiles et aux ressources limitées. En effet, la survie en soit, dans des conditions drastiques, pourrait être comptabilisée comme une performance.

Références

Alexandre, G., G. Aumont, J. Fleury, J.C. Mainaud, & T. Kandassamy, 1997. Performances zootechniques de la chèvre Créole allaitante de Guadeloupe. Bilan de 20 ans dans un élevage expérimental de l'INRA. Prod. Anim., 10, 7-20.

Bernus, E. 1981. Range management' traditionnel et planifié: remarques à propos des éleveurs Nigériens. In Salzman, P.C. ed. Contemporary nomadic and pastoral peoples: Africa and Latin America. Studies in Third World Societies, no.17, College of William and Mary, Williamsburg. pp. 233.

Bocquier, F., B. Leboeuf, J. Rouel, & Y. Chilliard 1998 . Effet de l'alimentation et des facteurs d'élevage sur les performances de reproduction de chevrettes Alpines. 1998, INRA Prod. Anim., 11, 311-320.

Boyazoglu J.G., Casu S., & J.C. Flamant 1979. Crossbreeding the Sarda and East Friesian breeds in Sardinia. Ann. Génét. Sél. anim.,vol (1), 23-51.

Chemineau P., D. Chupin, Y. Cognié & J. Thimonier 1991. Maîtrise de la reproduction chez les mammifères domestiques. In: C. Thibault et M.C. Levasseur (eds), La reproduction chez les mammifères et l'homme, 655-676.

Chemineau P., Y. Cognié, A. Xandé, F. Peroux, G. Alexandre, F. Levy, E. Shitalou, J.M. Beche, D. Sergent, E. Camus, N. Barré & J. Thimonier, 1984. Le cabri Créole: monographie. Rev. Elev. Méd. Vét. Pays Trop., 37, 225-238.

Devendra C. & G.B. Mc Leroy, 1982. Goat and sheep production in the tropics. Trop. Agric. series, Longman, 271 p.

Djemali, M., M. Ben Hammouda & T. Dahmane, 1991. Analyse des performances du projet de croisement de la chèvre locale dans les oasis du sud Tunisien. Edition IRA Medenine. 17pp

El Aich, A., S. Landau, A. Bourbouze, R. Rubno & P. M. Fehr, 1995. Goat farming in Morocco. Une réflexion collective appliquée au cas marocain. (FAO production et santé animales/131). Edition FAO-Rome. www.fao.org./docrep/W3586F/w3586f03.htm.

French, M. H., 1971. Observations sur la chèvre. Etudes agricoles de la FAO. Première édition, FAO Rome. Pp 220.

Floret C. & R. Pontanier, 1982. L'aridité en Tunisie présaharienne : Climat – sol – végétation et aménagement. Trav. et Doc. ORSTOM, n°150. Paris; 544 p.

Jalouali, S., S. Najari, M. Jaouad & M. Rhouma, 2000. Rentabilité de l'amélioration de la productivité caprine par le croisement dans les oasis du sud Tunisien. Mémoire de Ffin d'étude; cycle Ingénieur. Ecole supérieure d'Agriculture de Mograne. Tunisie

Juarez, M.A., & C.C. Peraza, 1978. Systèmes d'alimentation en élevage caprin extensif au Mexique. In: Morand-Fehr P., Bourbouze A., De Simiane M., (Eds), Nutrition et systèmes d'alimentation de la chèvre, 1, 477-479.

Najari,S., M. Djemali & G. Khaldi, 2003. Aptitudes de production des caprins dans les régions arides Tunisiennes. Revue des Régions Arides (Sous presse).

Schinckel, A. P. & C. F. M. deLange, 1996. Characterization of growth parameters needed as inputs for pig growth models. J. Anim. Sci. 74:2021-2036.

Valîs Ortiz, M., & J. Folch Pera, 1981. Note sur la réponse à la chaleur des béliers Romanov et Aragonais dans des conditions naturelles. Options méditerranéennes, Série Etudes, 1981. III. 143-148.

Walkden-Brown, S.W., B.W. Norton and B.J. Restall, 1994. Seasonal variation in voluntary feed intake in cashmere bucks fed ad libitumdiets of low or high quality. Aust. J. Agric. Res., 45:355-366.

Wilson,R.T.,1982. Husbandry, nutritional and productivity of goat and sheep in tropical Africa. IN: Gatenby, R.M. & Trail, J.C.M. (Eds) Small Ruminant Breed Productivity in Africa. ILCA:Addis Ababa.pp.61-75.

The goats of Algeria: ecology, biologic diversity and economic interests

R. Bouhadad[1], K.Fantazi[2] & M. Abdelfattah[2]

[1]*USTHB, FSB, Lab. Gen. Anim., BP 32 El Alia, Algiers, Algeria*
[2]*INRA, Algiers, Algeria*

Summary

A general survey of the Algerian territory allows us to notice easily that a large part of the country comprises of mountains and dry areas. In these regions, however, goats have played a key role in the life of the human population. Despite their economic importance, the biological diversity and the origins of goat populations remain poorly understood. Commonly, these populations are distinguished according to three important geographic regions as: Arabian, Kabylian and Mzab goats. Unfortunately, no systematic or phylogeographic investigation has been carried out. In this regard, as a first step, morphometric characters could be an informative element of variability. A multivariate morphometric analysis (PCA, Cluster methods) has been performed on several samples (19), grouping more than 400 animals collected in the '*Oued Righ*' region (45 000 km^2). Surprisingly, goat populations are differently structured in comparison with the local farmers' classification that uses the visible phenotypic profile. However, three heterogeneous groups seem to be recognised.

Keywords: goats, biologic, variability, morphometric, characters.

Introduction

It is commonly known that goats are the most adaptable and geographically widespread livestock species, ranging from Siberia to the deserts of Africa. They are the most important resources in numerous developing countries (Gordan *et al.,* 2001). According to the key role they have played in human civilisation, these ruminants were the first to be domesticated (Sherf, 1995, Marsan *et al.*, 2002) and have always been an important source of milk, meat, skin and fibre (wool and mohair) (Crepaldi *et al.*, 2000, Zeder and Hesse, 2000) for many peoples around the world: Europe, Asia and Africa.

Goat populations, which are well adapted to deserts, dry areas and mountainous regions, covering a large part of the country, are well represented in Algeria's livestock. Recent estimates indicate that the number of heads rose from 2 700 000 animals years ago (Dekkiche, 1987) to 3 256 580 heads (of which 1 706 530 cows) recently.

Despite their economic importance much encouraged in order that goat populations constitute an important factor in rural development, their origins and biological diversity remain poorly understood.

According to the National Program for Protection of Biodiversity launched recently, it is suggested that a better knowledge of autochthonous genetic resources is a precondition for development programs, aiming at rational management and progress towards the genetic conservation of local species. In this context, our objectives in this preliminary study were to assess the level of variability in a privileged region of goat populations and, hopefully, to extend the investigation to the entire country using molecular methods.

Materials and methods

Geographical setting

The region of study (Oued-Righ valley, Figure 1) covers a large area (45 000km^2) in the south of Algeria. It is characterised by a typical Saharan climate, where the variation of temperatures between day and night is very significant. The average of Maximum and Minimum temperatures registered in August and January are 40ºC and 5.5ºC respectively.

Water resources: even though it rains rarely during the year (61.9 mm/year), highly mineralised underground water (4.2 g/l) is used in the local agriculture and in other ways as well.

Soils and vegetation: Soils are very heterogeneous and poorly evolved. The palm (*Phoenix dactylefera L.*) dominates the local vegetation formed by mixed cultivation in the palm groves (potatoes, onion...) and some fruit trees.

Sampling and variables identification

Phenotypic variability is compared among goat populations of nineteen sites inventoried (Figure 1), where 408 individuals had been gathered: (1:Tamelaht, 2: Goug, 3: Blidet-Amar, 4: Tala-Habiba, 5: El-Bhour, 6: Touggourt, 7: Sidi-Mehdi, 8: El-Estiklal, 9: Gamra, 10: El-Guessour, 11: Sidi-Slimane, 12: Harhira, 13: Sidi- Hachemi, 14: Djamaa, 15: El- Arfiane, 16: Sidi- khelil, 17: Tenedla, 18: Nesiga, 19: Oum-Tior). These populations, which seem to be heterogeneous, are locally classified by the farmers, according to a survey on the visible phenotypic profile, as Arabian, Kabylian and Mzab goats. The phenotypic variability was evaluated in five measurements on 3-year-old females: the measurements referred to: height at withers (H-W), neck circumference (N-C), ears length (E-R), horns length (H-L) and hairs length (H-G).

Statistical analysis

In order to estimate the degree of phenotypic similarity or divergence between these populations, PCA and a cluster analysis were performed on the Statistica program (version, 6.0).

Results and discussion

Averages of phenotypic measurements recorded on the 408 individuals grouped in (19) populations are shown in Figure 2. However, each measurement (variable) considered individually has no important effect on the goat phenotypic variation. The correlation's values between the different variables are lower: (0.52) is the highest value obtained between height at withers (H-G) and ears length (T-C). A negative value is often obtained between Sex and other measurements (for example, sex*circumference of neck = -0.19)

The (PCA) analysis on measurements (Figures 2 and 3) reveals three groups, including localities, as follows: (N-C: neck circumference, H-W: height at withers, H-G: hair length, E-L: ears length), (H-L: horns length) and (LOC: localities).

The variability analysis between the populations revealed three different associations. The first is an important heterogeneous group including fourteen populations (see Figure 1; the localities 1, 3, 4, 5, 6, 7, 8, 9, 11, 12, 14, 17 and 18), in comparison to the other two where only five populations are gathered (Sidi khelil, El-Behour) and (Sidi Hachemi, Oum-Tior).

Cluster analysis: interestingly, the degree of geographic structuring of goat phenotypic measurements (using the Pearson coefficient: 1 –r) generates a cluster where two important groups are clearly

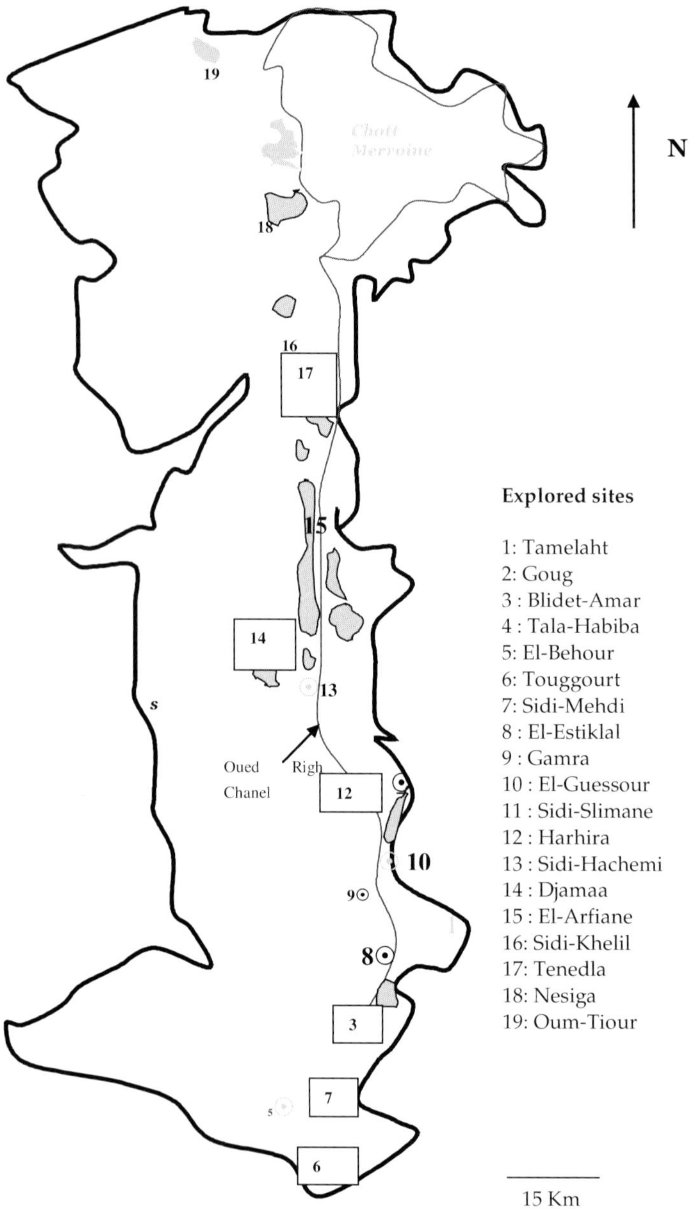

Figure 1. Geographical setting of the studied region.

distinguished. The two groups are structured differently into other sub-groups and have a heterogeneous topology. Comparative analysis of the results specific to PCA and clustering methods shows, unfortunately, differences in geographic structuring. Elsewhere, the degree of divergence observed defines clearly the nature of the raising system present in this region, based on the introduction of foreign populations, in pursuit of economic profit (Fantazi, 2002).

Table 1. Morphometric measures (mean± SE) of the nineteen goat populations studied: height at withers (H-W), neck circumference (N-C), ears length (E-R), horns length (H-L) and hairs length (H-G)

Morphometric measures (cm)	H-W	N-C	E-R	H-R	L-P
1: Tamalhaht	63.33 ± 5.48	74.78 ± 6.78	18.55 ± 2.89	19.68 ± 5.86	9.16 ± 3.98
2: Goug	55.78 ± 5.39	71.56 ± 5.12	16.58 ±1.78	20.55 ± 6.55	6.85± 3.97
3: Blidet Amar	60.07 ± 4.92	66.14 ± 8.36	15.86 ±1.11	15.42 ± 5.31	4.56± 0.42
4: Tala Habiba	64.45 ± 4.59	78.14 ± 5.50	18.75 ±2.36	21.83 ± 5.42	9.29± 1.99
5: El Behour	62.1 ± 11.1	78.8 ± 7.6	18 .00 ±3.14	18.33 ± 3.62	4.92± 0.73
6: Touggourt	65.72 ± 7.4	80.08 ± 8.4	17.35 ± 2.28	28.35 ± 10.43	7.83 ± 4.63
7: Sidi Mehdi	57.81 ± 4.77	69.41 ± 8.43	18.54 ± 1.7	17.2 ± 4.41	5.81 ± 4.02
8: El Estiklal	62.44 ± 4.93	74.00 ±6.61	16.61 ± 2.7	13.71 ± 3.68	9.03 ± 6.33
9: Gamra	61.33 ± 4.32	73.50 ±4.51	17.75 ± 1.72	13.92 ± 3.15	7.4 ± 5.48
10: El Guessour	59.09 ± 2.27	69.95 ±4.84	17.57 ±1.47	15.28 ± 4.57	8.98 ± 6.24
11: Sidi Slimane	63.5 ± 3.66	76.71 ±6.04	18.99 ±2.49	20.13 ± 6.59	8.26± 3.67
12: Harhira	60.07 ± 4.23	70.7 ± 7.5	17.00 ±1.50	16.93 ± 4.06	5.96± 3.71
13: Sidi Hachemi	64.83 ± 7.53	78.00 ± 8.81	17.46 ±2.03	28.06 ± 10.91	8.68± 4.57
14: Djamaa	63.9 ± 6.98	77.22 ± 6.89	17.84 ±2.12	20.97 ± 6.37	8.33± 4.3
15: El Arfiane	60.53 ± 4.23	69.89 ± 6.92	17.08 ±1.39	16.58 ± 2.92	5.72± 2.09
16: Sidi Khelil	56.92 ± 5.08	72.6 ± 5.09	16.82 ±1.74	21.29 ± 6.29	7.22± 3.85
17: Tenedla	62.65 ± 5.79	76.25 ± 9.28	17.8 ±2.3	20.07 ± 7.13	7.77± 3.65
18: Nesiga	61.35 ± 4.48	69.27 ± 6.32	17.46 ±1.78	17.00 ± 4.61	6.85± 5.01
19: Oum Tiour	62.65 ± 2.44	72.15 ± 4.41	18.06 ±1.31	15.18 ± 3.47	9.21± 5.79

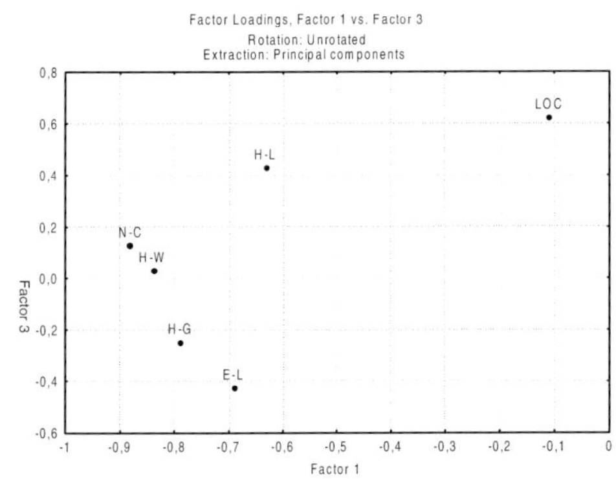

Figure 2. Projection of the measurements on the factorial axes (1 & 3).

The results explain the heterogeneous composition of the goat populations in this region, which constitute a breed of local and introduced animals. If previous studies have investigated the phenotypic variability, it is interesting to add the genetic diversity investigation in order to clarify the geographic structuring of the goat populations in Algeria, where protection and conservation programs have been launched.

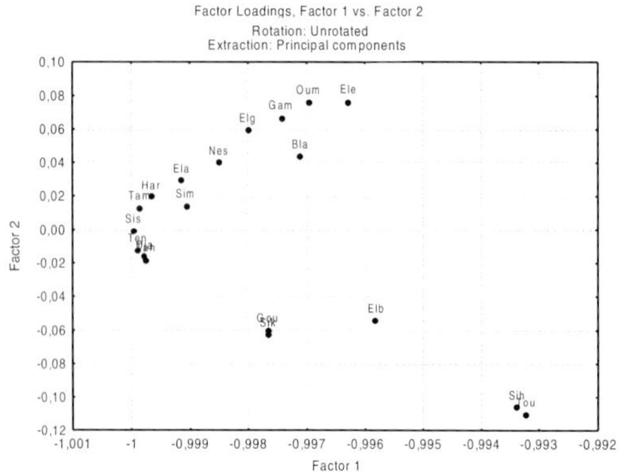

Figure 3. Projection of the (19) goat populations on the factorial axes (1 and 2).

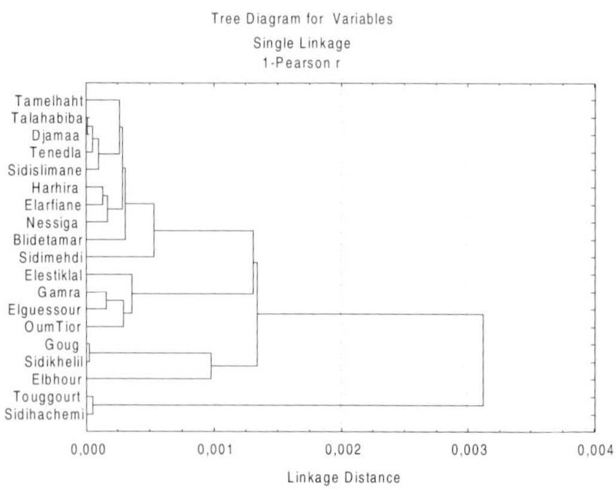

Figure 4.Similarity diagram among the (19) goat populations obtained by using Pearson coefficient (1 –r).

Conclusion

Oued-Righ valley, represents, in our opinion, a very interesting raising system, according to the significant contribution of goats to the local economic life (79 300 animals have been inventoried). The goats livestock in this region seems to present an important biological diversity. The results obtained, even though they present some divergences between different analyses, distinguish three recognisable groups by some morphological features. The 1st group includes animals that are high on paws, with a short mantle, white colour, often without beard. The 2nd group is fairly high on paws, with a mid-long mantle, without beard and with black or white colour. As for the 3rd group, it regroups animals less high on paws, with a long mantle and black or white colour, without beard. This contribution shows a typical model of Algerian goats which present an important phenotypic polymorphism. However, a molecular investigation (molecular markers) is a precondition to clarify all doubtful points concerning genetic variability. The success of goats livestock conservation programs depends on the local species' identification, requiring also a rational management and conservation.

References

Crepaldi, P., Negrini, R., Milanesi, F.Gorni, C.Cicogna, M.and Ajmone Marsan, P., 2001. Diversity in five Goat populations of the Lombardy Alps: Comparison of estimates obtained from morphometric traits and molecular markers. J. Anim. Breed. Genet, 118: 173 – 180.

Dekkiche, Y., 1987. Etude des paramètres zootechniques d'une race caprine améliorée (alpine) et deux populations locales (Mekatia et Arbia) en élevage intensif dans une zone steppique. Thèse Ing. INA, El- Harrach, 120p.

Gordan, L., Gielly, L., Excoffier, L., Vigne, J.D., Bouvet, J.and Taberlet, P., 2001. Multiple maternal origins and weak phylogeographic structure in domestic goats. Proc. Natl.Acad.Sci. USA; 98(10): 5927-5932.

Fantazi, K., 2002. Rapport sur la vallée de l'Oued Righ (Personal communication)

Marsan, P.A, Negrini, E., Melanisi, E., Crepaldi, p., Cicogna, M., Zagdusuren, Y., Ertugrul, O., Luikart, G. &nd Taberlet, P., 2002. 7th Cwgalp, CD- Rom, INRA.

Scherf, B.D., 1995.World Watch List for Domestic Animal Diversity, 2nd Ed. FAO, Roma, Italy

Statistica pour windows, 97, version 5.1, F 1984 – 1997.

Zeder, M.A.and Hesse, B., 2000. Goat busters track domestication. Physiologic changes and evolution of goats into a domesticated animal. Science, 287: 2254 –2257.

L'évolution de la transhumance des petits ruminants en Macédoine occidentale (Grèce)

V. Laga[1], I. Hatziminaoglou[2], J. Boyazoglu[2], I. Katanos[1] & Z. Abas[3]

[1]Institut d' enseignement technologique de Thessalonique, Département de zootechnie Thessalonique, Grèce
[2]Université Aristote de Thessalonique, Facucté d' Agronomie, Thessalonique, Grèce
[3]Université Democritus de Thrace, Facucté de développement d' agriculture, Grèce

Résumé

Le but de cette enquête est de mettre en évidence tous les paramètres (zootechniques et socio-économiques) qui déterminent la logique, le fonctionnement et les perspectives de la transhumance dans la région étudiée et en général en Grèce.
Pendant la période juillet 2001-février 2002 nous avons visité 106 élevages, parmi les 422 qui utilisent les pâturages montagneux et semi-montagneux de Macédoine occidentale. Le but des visites était d'observer de près les élevages et le milieu naturel où ils fonctionnent et de remplir un questionnaire préalablement rédigé, et qui tenait compte d'environ 40 paramètres qui couvrent tous les domaines du fonctionnement d'un élevage ou d'un système d'élevage.
Les résultats de l'enquête ont mis entre autres en évidence que:

- Malgré la diminution, en Grèce, de la population transhumante ovine et caprine, on peut enregistrer sa croissance dans la région de la Macédoine occidentale et surtout dans la région de Grevena.
- L'effort des éleveurs pour améliorer leur cheptel par des croisements (plutôt des brebis que des chèvres) est bien évident. Néanmoins, au vu des résultats, ils restent bien sceptiques sur la poursuite de cette pratique.
- Depuis la dernière décennie, il y a un changement évident du profil des personnes qui s'occupent de l'élevage ovin et caprin, en ce qui concerne leur âge et leur niveau d'éducation. De plus, les éleveurs veulent continuer à pratiquer le système transhumant..

Notre enquête rend compte de l'utilité des races locales ovines et caprines, qui sont déjà bien adaptées aux conditions du fonctionnement du système transhumant.

D'après les conclusions de l'enquête, on peut défendre le point de vue selon lequel le système transhumant peut être compris dans le cadre des systèmes d'élevage alternatifs dont le but principal est la production de produits de qualité parallèlement au maintien (conservation) de l'équilibre de l'écosystème avec lequel l'élevage ovin et caprin est fortement lié.

Keywords: élevages transhumants, troupeau, système d'élevage, ovins, chèvres, pâturage.

Introduction

L'élevage transhumant ovin et caprin est un des systèmes d'élevage de la Grèce et d'autres pays de l'Europe méditerranéenne (France, Espagne, Italie, Portugal). Selon ce système, les ovins et les caprins se déplacent au printemps (en mai) et gagnent les pâturages montagneux, tandis qu'en automne (octobre-novembre), ils retournent dans la plaine (hivernage). Aujourd'hui, la population transhumante ovine et caprine du pays représente 7% environ de l'ensemble des ovins et des caprins, alors que

40 années auparavant, elle en constituait 30% et qu'avant la seconde guerre mondiale, l'élevage ovin et caprin revêtait principalement une forme transhumante (Laga 1980, Laga 1986, Laga 1989, Hatziminaoglou 2001).

Etant donné qu'on observe ces dernières années une diminution continuelle du nombre des ovins et des caprins transhumants et que l'abandon du système d'élevage transhumant ne peut être considéré que comme un trait d'évolution négatif, ce présent travail tente une première approche du cadre général du fonctionnement de ce système (Anonyme 1992, Hatziminaoglou 1997). Le but de cette enquête est de mettre en évidence tous les paramètres qui déterminent le fonctionnement, la logique et les perspectives de l'élevage ovin-caprin transhumant, dans des régions précises et plus généralement dans toute la Grèce.

Matériel utilisé

Tout d'abord, nous avons répertorié exhaustivement les troupeaux des ovins et des caprins transhumants qui utilisent les pâturages montagneux des quatre départements de Macédoine occidentale (Grevena, Kastoria, Kozani et Florina) selon leur population, leur taille et le lieu précis de leur séjour hivernal et estival (Directions de l'Agriculture des Départements de Thessalie, Données statistiques, 2002).

Par la suite, nous nous sommes rendus sur les lieux-mêmes des élevages, dans un taux d'au moins 20% du total des élevages transhumants de chaque département (séparément pour chaque espèce, moutons-chèvres) pendant la période juillet 2001-février 2002, pour remplir un questionnaire rédigé spécialement dans les buts de l'enquête et qui tient compte d'environ 40 paramètres couvrant tous les domaines du fonctionnement d'un élevage ou d'un système d'élevage. Plus particulièrement les paramètres concernent:

1. L'élevage en général (historique, âge-niveau d'éducation des éleveurs, perspectives de l'élevage etc).
2. Le troupeau (taille, race, gestion, performances, hygiène etc).
3. La transformation des produits.

Résultats

Pour la suite un commentaire bref des principaux paramètres zootechniques et socioéconomique suit, parmi les 40 et plus qui sont enquêtés.

La taille des troupeaux

En général, le troupeau constitue la source principale de revenu des éleveurs transhumants, c'est pourquoi sa taille est plus grande que celle du troupeau des élevages sédentaires (moyenne des troupeaux d'ovins 401, moyenne des troupeaux de chévres 592).

Au cours des quinze dernières années même, on observe une augmentation de la taille des troupeaux qui est due autant à une vision différente du caractère de l'exploitation (purement professionnelle) qu'à la facilité de trouver un potentiel ouvrier bon marché (immigrés).

Situation de l'élevage il y a 10-20 ans

Ce paramètre concerne surtout la taille du troupeau dans le passé Comme il découle de l'enquête, dans 55% des élevages la taille du troupeau a augmenté pour des raisons connues (point de vue professionnel, subventions, chômage etc.), dans 34% environ elle est restée la même et elle a diminué seulement dans 10%.

Age du chef de l'élevage

Âien que le pourcentage d'éleveurs de moins de 40 ans semble faible (18%), cela ne signifie pas que les jeunes se désintéressent de l'élevage ovin et caprin. D'après l'enquête, 48% des élevages seront repris par le fils du responsable. Actuellement 42% environ des éleveurs sont âgés de plus 60 ans, ce qui à première vue semble décourageant, pourtant certains d'entre eux seront remplacés prochainement par leur fils.

Age-niveau d'éducation des personnes qui s'occupent de l'élevage

Au total 280 personnes, membres de la famille, travaillent dans 106 élevages. Presque 80% d'entre eux ont étudié jusqu'à la fin de l'école primaire, et la plupart est âgée de plus de 40 ans. Dans la tranche d'âge des 20-30 ans, il y a des titulaires du Brevet des Collèges (75% et 50% respectivement): cela s'explique naturellement par le fait que depuis une vingtaine d'années environ, une éducation obligatoire de 9 ans a été instituée. Ceux qui ont terminé des études secondaires constituent un faible pourcentage (4,6%), pourtant dans la tranche d'âge des 21-50 ans, dont les membres garantissent la continuité de l'élevage, ce pourcentage est assez important (presque 33%), tandis que le pourcentage des titulaires du Brevet des Collèges dans la même tranche d'âge dépasse les 80%.

On observe donc au cours des 15-20 dernières années un changement graduel du «profil» des personnes qui s'occupent de l'élevage ovin et caprin, et cela constitue un point positif pour l'évolution de la branche.

Employés rémunérés des élevages-Nombre d'employés

Dans 83 des 106 élevages (78% environ), travaille au moins un employé qui vient en général des pays Balkainiques. La rémunération oscille entre 300 Euros-450 Euros et est en moyenne de 350 Euros mensuels, hébergement, nourriture et habillement compris.

Le rôle de la femme dans l'élevage

Le rôle de la femme dans le fonctionnement de l'élevage a été examiné à trois niveaux: auxiliaire, important, essentiel. Selon l enquete, dans presque 60% des élevages, la femme est plus ou moins un membre fondamental de l'exploitation et quand la taille du troupeau est de 250-300 animaux, elle et son mari subviennent entièrement aux besoins de sa gestion. Dans 40% des elevages la femme participe aussi, mais inderectement.

L'avenir de l'élevage

Presque 80 % des élevages continuera à exister dans l'avenir proche, puisque 32 % des éleveurs (âgés de 40 à 50 ans) sont décidés à conserver eux-mêmes l'exploitation et que les autres (48 %) pensent la remettre à leurs fils.

Presque 20 % des élevages actuels semble devoir cesser d'exister dans un avenir proche en tant qu'entreprise familiale, faute de successeurs.

Types de bergeries

Il n'existe pas, habituellement, de bergeries dans les pâturages montagneux et les troupeaux paissent librement à ciel ouvert. Dans les cas isolés où elles existent, elles sont très rudimentaires ou sont de simples abris.

Pour la période d'hiver, les bergeries ont été caractérisées modernes, intermédiaires ou rustiques en fonction du matériau de leur construction, de leur équipement en eau et en électricité. Les données de l'enquête montrent que seul 10% environ des bergeries a été considéré comme moderne et que seul 12% environ dispose de l'électricité. La plupart des bergeries (70% et plus) sont équipées en eau, pourtant le fait que les 30% restants ne le soient pas constitue à notre avis, un désavantage important pour le fonctionnement de l'élevage. L'élevage des chèvres continue à être exercé de façon traditionnelle extensive, c'est pourquoi on remarque que le pourcentage des bergeries rustiques est plus élevé (58%) pour les chèvres que pour les moutons (28%).

Races élevées

Ovins

Presque tous les troupeaux dont il s'agit ici sont issus de la race montagneuse locale et de ses variétés (*Vlachico, Sarakatsanico, Boutsico, Arvanitovlachico, Grammoutsiano…*) (Laga 1980, Laga 1984, Hatziminaoglou 2001). Jusqu'au début des années 70, on pourait affirmer que ces troupeaux étaient d'une seule race et appartenaient à l'une des variétés ci-dessus. Selon l'enquête, 60% environ des éleveurs élèvent des animaux croisés, alors que dans les 40% des troupeaux restants, les animaux peuvent être considérés comme appartenant à la race montagneuse et à ses variétés, soit qu'il n'y ait eu aucune introduction de béliers d'autres races, soit que l'introduction se soit produite occasionnellement et à un faible degré. Quoi qu'il en soit, les éleveurs eux-mêmes pensent que dans des conditions d'élevage extensif ou semi-extensif (et non semi-intensif, comme cela s'est fait dans la plupart des cas), les races montagneuses pures sont plus rentables à long terme malgré leur faible productivité.

Caprins

La majorité des éleveurs de chèvres (84% environ) élève la race montagneuse locale. L'élevage étant resté extensif ou semi-extensif et la race locale étant absolument habituée à ces conditions, les éleveurs ont jugé qu'il n'y avait pas lieu de la remplacer.

Durée de l'allaitement-période d'abattage

Dans 67% environ des élevages, la durée de l'allaitement oscille entre 40 et 55 jours, la période principale des mises-bas étant en octobre-novembre et la plus grosse demande en agneaux et chevreaux se situant dix jours environ avant les fêtes de Noël (principale période d'abattage). Dans la plupart des élevages caprins également (76% environ), l'allaitement dure 45-60 jours.

Mode de traite-Nombre de traites par jour

Dans tous les élevages transhumants, la traite se fait manuellement. D'après l'enquête, la majorité des éleveurs (95% environ) commence par trois traites par jour pendant 2-3 mois, en fonction du début de la lactation (environ jusqu'à la fin février-mi-mars), continuent avec deux traites (jusqu'à environ la fin juin-mi-juillet) et terminent avec une traite pendant une courte durée de 2-3 semaines, avant l'arrêt définitif.

Chez les éleveurs de chèvres, on remarque que le contraire se produit, puisque la majorité des éleveurs (64,5%) trait deux fois par jour au début de la période de lactation et une fois un peu avant le «tarissement» (10-15 jours).

Début et durée de l'alimentation supplémentaire (concentrés-fourrage)

L'alimentation supplémentaire commence en général dès la descente des troupeaux dans les espaces d'hivernage. Le début de l'alimentation supplémentaire est essentiellement en octobre pour les deux catégories avec un taux de 68% et de 63% environ pour les chèvres et les moutons respectivement.

La durée de l'alimentation supplémentaire dépend essentiellement de l'existence de pâturages disponibles dans la région d'hivernage et des conditions climatiques de l'année. En tout cas, l'enquête a montré que pour 50% environ des élevages, la durée de l'alimentation supplémentaire oscille entre 200-220 jours, c'est-à-dire 7 mois à peu près. On doit noter bien sûr que à partir de la fin mars-début avril, date à laquelle commence le pâturage, la quantité journalière diminue de façon importante.

Comme nous l'avons déjà évoqué, la quantité journalière distribuée aux les troupeaux de caprins est plus faible et même, pour un taux important de troupeaux (33% environ), la durée est plus courte de 160 jours, tandis qu'il n'existe pas de troupeaux avec une durée supérieure à 220 jours.

Deuxième déplacement pendant la période d'été

Un certain nombre d'éleveurs (environ 20%) déplace son troupeau au début ou à la mi-juillet vers un pâturage autre que celui choisi principalement pour la période d'été. L'enquête a montré qu'il s'agit habituellement d'éleveurs du département de Grevena où les pâturages sont sur-pâturés, à cause du grand nombre d'animaux accueillis chaque été.

Mode de déplacement

Jusqu'au milieu des années 70, les troupeaux se déplaçaient vers les pâturages montagneux au printemps et vers les espaces d'hivernage en automne à pied, accompagnés par les familles des éleveurs. Aujourd'hui les troupeaux dans leur ensemble se déplacent par camion. Seuls 7 troupeaux sur 106 continuent la tradition du déplacement à pied (printemps-automne). Le déplacement (printemps-automne) de 150 animaux s'élève environ à 530-590 Euros.

Production moyenne de lait/brebis-chèvre / an

La production moyenne de lait oscille pour 70% des élevages de moutons et de chèvres entre 80-110 kg et 100-130 kg respectivement. Les productions relativement élevées qui s'observent dans 10% des élevages de moutons concernent des troupeaux à haut degré de croisement et qui ont de très bonnes conditions d'élevage. La même chose se produit pour les 13% environ des élevages de chèvres qui présentent des résultats élevés pour les données grecques (140-150 kg). Dans les troupeaux en question, on tente une amélioration du cheptel en introduisant des boucs de la race de Skopelos surtout, mais aussi de la race Alpin, de Damas, et de Saanen ces dernières années.

Valorisation du lait

On distingue trois catégories d'éleveurs en ce qui concerne la valorisation du lait:

- Les éleveurs qui livrent leur lait (industrie-fromageries) pendant toute la période de traite (hiver-été), (60% environ).
- Les éleveurs qui livrent leur lait pendant la période d'hiver seulement, tandis qu'ils le transforment eux-mêmes en fromage pendant l'été pour rechercher un bénéfice supplémentaire ou bien pour d'autres raisons(40% des eleveurs).
- Les éleveurs qui transforment eux-mêmes leur lait en fromage pendant toute la période de traite pour rechercher un maximum de bénéfice (3 eleveurs).

Prix de livraison du lait (hiver-été)

Pendant la période d'hiver, le prix d'achat du lait aux éleveurs, pour 85% d'entre eux, a varié en 2001 de 0,85 à 0,90 Euro/kg, tandis que le prix du lait de chèvre a oscillé de 0,53 à 0,59 Euro pour 70% des élevages. Quand il s'agit de petites fromageries, le prix du lait est fonction d'un accord personnel entre éleveur et fabricant.

Pendant l'été, le prix de livraison du lait est légèrement plus élevé. Le lait produit est considéré de meilleure qualité, puisque l'alimentation des animaux repose exclusivement sur le pâturage pendant l'été.

Commercialisation du fromage-prix de vente

En général, les éleveurs qui font eux-mêmes leur fromage produisent de la «feta», parce qu'elle est relativement facile à préparer. Dans très peu de cas, et en petites quantités, ils font aussi d'autres sortes de fromages comme le «kefalotyri», le «kasseri» et le «manouri». La «feta» produite est vendue habituellement au cercle des parents-amis et rarement à des magasins de vente au détail. Le prix de vente de la feta en 2001 a varié entre 4,99 et 5,87 Euros/kg dans la plupart des cas.

Poids de carcasses

Dans 82% et 67% environ des élevages de moutons et de chèvres respectivement, le poids de vente est de 8-10 kg pour les agneaux et de 5-7 kg pour les chevreaux, étant donnée la préférence du consommateur grec pour les agneaux et les chevreaux du lait.

Prix de vente de la viande des agneaux et des chevreaux

Selon l'enquête les prix les plus élevés (>5,58 Euros/kg) sont pratiqués au mois de novembre où l'offre des agneaux est relativement basse, tandis que la demande est satisfaisante; les prix moyens sont pratiqués avant Noël où l'offre et la demande sont élevées, et les plus bas prix sont pratiqués juste après les fêtes de Noël, où la demande est considérablement limitée. En tout cas, pour 50% des élevages de moutons et de chèvres, les prix varient entre 4,70 et 5,58 Euros et entre 4,99 et 5,87 Euros/kg de viande pour les agneaux et les chevreaux respectivement.

Subventions

Les subventions sont accordées à tous les éleveurs pour les animaux productifs et de plus, une indemnité compensatoire est versée pour les déplacements des animaux d'une durée de plus de trois mois. L'année

2001 il s'élevait à 13,246 Euros/animal pour les régions montagneuses et défavorisées (pour l'année 2002, le montant respectif s'élève à 23,86 Euros) et l'indemnité compensatoire à 3.500 Euros ou 50 unités animales (U.A.) au plus.

Conclusion

L'aspect zootechnique

L'effort des éleveurs pour l' amélioration des ovins et dans une moindre mesure des caprins, à travers les croisements est évident. Les races qui ont été utilisées principalement pendant les dernières 30 années sont: Karagounico, Chios, Serres, et Frisonne. (Laga 1986, Laga 1989, Hatziminaoglou 2001). Actuellement, 60% environ des troupeaux de moutons sont croisés, tandis que 40% peuvent être considérés de race pure, puisqu'on n'a pas du tout introduit de béliers d'autres races dans le troupeau ou que l'introduction s'est faite occasionnellement. L'intérêt des éleveurs de chèvres pour l'amélioration de leurs troupeaux a été moindre et a commencé à se concrétiser essentiellement seulement au cours de la dernière décennie. L'excellente adaptabilité de la race locale aux conditions qui dominent dans un élevage le plus souvent extensif, a été la raison principale qui a fait juger son amélioration inutile par les éleveurs de chèvres. Aujourd'hui, 85% environ des troupeaux de chèvres sont purs et 15% croisés, principalement avec la race de Skopelos.

Certains changements dans la gestion des troupeaux sont apparus au cours des 30 dernières années et sont en relation surtout avec la précocité importante des mises bas, les conditions d'alimentation et le mode de transport. Ainsi, les mises bas ont lieu surtout à partir de la mi-octobre-mi-novembre, alors qu'autrefois elles avaient lieu à partir de la fin décembre-début janvier. Pendant l'hiver, l'alimentation repose principalement sur les concentrés et le fourrage, en général achetés, à cause du manque de pâturages hivernaux. De plus, le déplacement se fait en camion pour la majorité des troupeaux alors que le mode traditionnel de déplacement des troupeaux «à pied» a tendance à disparaître.

L'aspect socio-économique

Les résultats de l'enquête vont à l'encontre de l'opinion admise, selon laquelle les jeunes ne s'occupent pas de l'élevage et particulièrement de l'élevage ovin et caprin. Ils ont montré que des jeunes le font, même avec un niveau d'études élevé et sont disposés à continuer à le faire, en appliquant eux aussi le système d'élevage transhumant. Le changement du «profil» de ceux qui s'occupent de l'élevage ovin et caprin est évident et cela constitue un point important et positif pour l'évolution de la branche.

L'intérêt des éleveurs pour les nouvelles méthodes d'élevage, leur participation à des séminaires et plus généralement leur désir d'information montre qu'ils souhaitent échapper à la vision traditionnelle de leur profession et participer à la procédure d'évolution de la branche de l'élevage ovin et caprin. De plus, bien que dans le cadre de l'enquête n'aient pas été étudiés des paramètres en rapport avec la rentabilité économique de ces élevages, il apparaît qu'ils sont viables, tels qu'ils fonctionnent aujourd'hui avec les prix relativement satisfaisants de leurs produits, les aides financières et l'offre d'une main d'œuvre «bon marché».

Références

Anonyme, 1992. L'extensification: une orientation nouvelle, in Pâtre, n° 339, 27-28.
Directions de l'Agriculture des Départements de Thessalie, Données statistiques, 2002 (en grec).

Laga, V., 1980. Etude de l'élevage ovin transhumant dans le Département de Grevena, Situation et perspectives, mémoire de D.E.A, université Aristote, Thessalonique. (en grec).
Laga, V., 1984. Performances et aptitudes d'une race ovine en zone problématique. Bibliographie sur les méthodes d'évaluation utilisées, mémoire de D.E.A., ENSA Montpellier.
Laga, V., 1986. Systèmes d'élevage ovins laitiers transhumants de Grèce centrale: Résultats des élevages et performances de la race vlachico, Thèse, Université des Sciences et Techniques du Languedoc.
Laga, V., Hatziminaoglou, I., Boyatzoglou, J., Vallerand, F., Prud'hon, M., 1989. Systèmes d'élevage ovin transhumant en Grèce. L'exemple de la Thessalie et de la Macédoine occidentale, Ethnozootechnie, n°44, pp123-160.
Hatziminaoglou, I., 1997. Evolution dans les élevages de petits ruminants et altérations du profil des régions d'élevage traditionnel de la zone méditerranéenne française, dans un cadre institutionnel, économique et social sans cesse transformé), Inspection de la Science Zootechnique, tome 24, pp. 39-56 (en grec).
Hatziminaoglou, I., 2001. Moutons et chèvres en Grèce et dans le monde , tome 1, Thessalonique, 2001, p. 240.

Session 3: Improving the efficiency of livestock systems in Mediterranean mountains

Session 3.1: Dairy sheep systems / Dairy goats systems / Small ruminant meat systems

Posters

Growth potential and carcass characteristics of native Machaeras, Damascus, and Machaeras x Damascus male kids

A. Koumas[1], A.P. Mavrogenis[1], C. Papachristoforou[1], E. Panopoulou[2] & E. Rogdakis[2]

[1]Agricultural Research Institute, P.O.Box 22016, Lefkosia, Cyprus
[2]Agricultural University of Athens, Iera odos 75, 11855, Athens, Greece

Summary

The native Machaeras (M) and Machaeras x Damascus (MxD) goats are well adapted to the hilly and mountainous areas of Cyprus, while Damascus (D) goats are raised under intensive production systems. The present work examined the growth and carcass characteristics of M, MxD (F_1) and D male kids. Following weaning at 7 weeks post-partum, male kids of the three groups were intensively fattened to the age of 80, 110 and 140 days. For each age and genetic group, 14 kids were slaughtered. For D, M and MxD kids, the respective growth rate (g/day) from weaning to 80 days was 174, 194 and 249, to 110 days it was 235, 198 and 256 and to 140 days, 264, 210 and 267. Dressing percentage (cold - International standards) of the respective D, M and MxD groups, expressed as empty slaughter weight, was 53.1, 54.6 and 55.4 at 80 days; 54.7, 53.8 and 54.8 at 110 days and 54.9, 55.1 and 55.7 at 140 days of age. The percentage of meat in the carcass varied between 63.5 and 65.6 with no substantial differences between genetic or age groups. In the 80, 110 and 140 age groups, the respective fat percentage varied from 7.8 to 11.7, from 11.1 to 12.7 and from 12.8 to 16.1, with the D breed having the lowest and the crossbreds the highest percentage at all ages. The results show that under intensive fattening, the performance of M and MxD male kids, in terms of post-weaning growth and carcass characteristics, is very good and comparable to that of D male kids, indicating that farmers on hilly and mountainous areas of Cyprus can improve their income if they intensively fatten their kids.

Keywords: male kids, breeds, growth, carcass traits.

Introduction

The goat population in Cyprus comprises of 37 000 (16.5%) of the Damascus breed, 68 000 (30.5%) local breeds and 119 000 (53%) crossbred animals that resulted from crosses of local breeds with the Damascus. These goats are considered as dual purpose animals (milk and meat). The Damascus breed is a high milk yielder, mainly found in intensive systems of production.

The Machaeras breed, a local hardy animal that numbers about 20 000 heads, is well adapted to the hot and dry conditions of the island and is found mainly on hilly and mountainous areas. Other local breeds and some crossbred flocks are found on hilly and mountainous areas where semi-extensive systems of production are practiced.

Unlike intensive production systems, where kids are weaned early, in semi-extensive and extensive systems kids suckle for a much longer period, sometimes even 90 days. This affects the production of saleable milk, with consequences on farmers' income. Moreover, considering that kids in Cyprus are slaughtered at liveweights ranging from 30 to 40 kg, a carcass gain is produced at much higher cost with milk than solid feed (Economides and Olymbios, 1991). The present study compared the growth potential and carcass characteristics of the Damascus, Machaeras and crossbred intact male kids under intensive fattening.

Materials and methods

Fattening trials

Three series of fattening trials were carried out to study the growth performance of Damascus (D), Machaeras (M) and Machaeras x Damascus (MxD) F_1 male kids, from weaning (49±3 days of age) to 80, 110 and 140 days of age. The first trial consisted of 31, 24 and 28 kids of the D, M and MxD groups respectively, born in the winter. The second trial consisted of 19, 25 and 25 and the third trial of 30, 30 and 24 kids of the respective groups, born in the autumn. Kids of each trial and genetic group were randomly distributed to three age groups just after weaning.

All age groups of each genetic group and trial were housed separately in a covered pen (30 m^2) having an open yard of 60 m^2. All kids were group fed, ad libitum, and were offered a pelleted concentrate mixture containing 18% Crude Protein on dry matter basis from an automatic feeder. Kids were additionally offered 100g of barley hay per head daily. Water was constantly readily available from automatic waterers. Weaning weight and thereafter weekly liveweights were recorded. Feed residues were recorded at each weighing. The concentrate mixture was composed of 774 (kg/t) barley, 164 soybean meal, 50 wheat bran, 7 limestone, 3 salt and 2 vitamin and trace elements. The vitamin and trace elements mixture provided consisted of 8 000 I.U Vit.A, 1 000 I.U Vit.D_3, 8.5 I.U Vit.E, 23 mg Mn, 1.75 mgI, 1.45 mg Zn, 30 mg Fe, 2 mg Co and 60 mg Mg per kg of concentrate mixture.

Slaughter trials

Fourteen kids from each genetic and age group were randomly selected at the time of weaning to form the slaughter sample. Each of the first two fattening trials was represented by 4 and the third trial by 6 kids. When kids reached slaughter age, they were weighed and moved to a separate pen and refrained from feed for 24 hours. Live weight at this point was considered to be the slaughter weight. Kids were slaughtered at the experimental slaughter house of the Veterinary Department and gut contents were weighed. Dressing percent of carcasses was expressed as carcass weight on empty slaughter weight (slaughter weight-gut contents). Carcass weight is the weight of the carcass without head, feet, viscera, tail and testis. Kidneys, perinephric and retroperitoneal fat were included in the carcass weight (International standard-IS). Carcasses were then stored for 24 hours at 2°C to 4°C, weighed (cold carcass weight) and carefully halved. The left half carcass was then split into six commercial joints i.e. leg, shoulder, breast and ribs, belly, lumbar and neck (Koumas, 2002). Each joint was then dissected into meat, fat and bones. Meat and fat percent of the carcass is expressed as total meat or fat of all joints on cold carcass weight.

Results and discussion

The growth performance of D, M and MxD male kids is given in table 1. The three genetic groups had a weaning weight of 16.0, 12.0 and 15.8 kg. From weaning until the age of 80 days, they achieved a growth rate of 174, 194 and 249 g/day. Crossbreds grew significantly faster ($P<0.05$) than M and D kids, whereas M grew faster than D kids. Feed to gain ratio (kg/kg) was poorer in the D kids and this may be attributed to the lower growth rate that resulted from a check of growth during the first week of fattening (Koumas, 2002). From weaning to 110 days, the growth rate of the three genetic groups was 235, 198 and 256 g/day and feed to gain ratio was 3.4, 3.3 and 3.4. Crossbreds grew significantly faster ($P<0.05$) than the other two groups and D grew faster than M kids. During the last period, D (264) and MxD (267) achieved similar growth rates (g/day). Machaeras kids' growth, although significantly lower than that of the other two, can be considered satisfactory considering that the mature weight of the breed is 25% lower. Feed to gain ratio until the age of 140 days was 3.8, 3.9 and 3.9. Growth performance and feed to gain ratios of both D and MxD kids compare favorably with results of Boer kids (Gisele, 1987) that are considered the best meat breed of goats.

Table 1. Growth performance of D, M and MxD (F1) male kids at 80, 110 and 140 days of age.

	Group		
	D	M	MxD
Age at weaning (days)	49	49	50
Weaning weight (kg)	16.0	12.0	15.8
80-day weight (kg)	21.7^b	18.3^c	23.4^a
Average daily gain (g)	174^c	194^b	249^a
Feed / Gain	3.4	2.6	2.7
110 –day weight (kg)	30.2^a	24.0^b	30.9^a
Average daily gain (g)	235^b	198^c	256^a
Feed / Gain	3.4	3.3	3.4
140-day weight (kg)	40.3^a	31.1^b	40.3^a
Average daily gain (g)	264^a	210^b	267^a
Feed / Gain	3.8	3.9	3.9

Means in the same raw with different superscript are significantly different from each other using the Duncan´s New Multiple Range Test at P<0.05.

Table 2. Carcass characteristics of D, M and MxD (F1) male kids at 80, 110 and 140 days of age.

	Group		
	D	M	MxD
80 days			
Empty slaughter weight (kg)	19.1^a	15.5^b	19.9^a
Cold carcass weight IS (kg)	10.2^b	8.5^c	11.0^a
Dressing percentage (cold)	53.1^b	54.6^a	55.4^a
Meat[1] (%)	65.1	64.9	64.5
Fat[1] (%)	7.8^b	9.0^b	11.7^a
110 days			
Empty slaughter weight (kg)	27.0^a	21.5^b	26.7^a
Cold carcass weight IS (kg)	14.8^a	11.6^b	14.6^a
Dressing percentage (cold)	54.7	53.8	54.8
Meat[1] (%)	65.6	65.5	64.6
Fat[1] (%)	11.1	12.5	12.7
140 days			
Empty slaughter weight (kg)	35.8^a	28.4^b	37.0^a
Cold carcass weight IS (kg)	19.6^a	15.6^b	20.6^a
Dressing percentage (cold)	54.9	55.1	55.7
Meat[1] (%)	65.6^a	65.0^a	63.5^b
Fat[1] (%)	12.8^b	14.0^b	16.1^a

[1]As percent of cold carcass.

Means in the same raw with different superscript are significantly different from each other using the Duncan´s New Multiple Range Test at P<0.05.

Carcass characteristics of the three genetic groups at three slaughter ages are given in Table 2. The D, M and MxD kids at the slaughter age of 80 days, with an empty slaughter weight of 19.1, 15.5 and 19.9 kg respectively, had a dressing percentage (cold) of 53.1, 54.6 and 55.4 respectively (IS). Empty slaughter weight at 110 days of age was 27.0, 21.5 and 26.7 kg and the dressing percent of the respective groups was 54.7, 53.8 and 54.8. Finally, at the age of 140 days, the three genetic groups with an empty slaughter weight of 35.8, 28.4 and 37.0 kg had a dressing percentage of 54.9, 55.1 and 55.7 respectively.

The percentage of meat in the carcass varied between 63.5 and 65.6. There were no substantial differences between genetic groups, or between age groups, except for the 140-day group, where crossbred kid carcasses had significantly lower meat percentage than that of the two purebreds. Fat percentage in the respective age groups varied from 7.8 to 11.7, from 11.1 to 12.7 and from 12.8 to 16.1, with the D breed having the lowest and the crossbreds the highest percentage in all age groups. The difference was statistically significant at 80 and 140 days. Fat percentage increased in all three genetic groups of kids as age increased. Similar findings with other breeds were reported by Casey (1988) and Colomer-Rocher *et al.* (1992).

Dressing percentage pooled over genetic groups and slaughter ages is considered satisfactory and compares favorably with the findings of Gisele (1987) for the Boer breed (52%) and Johnson *et al* (1995) for Florida Native, Nubian x Florida and Spanish x Florida (50-51.9%). Meat percentage remained stable, irrespective of age or weight at slaughter. Similar findings were reported by Manfredini *et al.* (1988) and Colomer-Rocher *et al.* (1992).

References

Casey, N., 1987. Meat Production and meat quality from Boer goats. Proc. of 4th International Conference on Goats, pp. 211-239. Brazilia, Brazil, March 8-13, 1987.

Colomer-Rocher, F., A.H., Kirton, G.J.K., Mercer & D.M. Duganzich 1992; Carcass composition of New Zealand Saamen goats slaughtered at different weights. Small Rumin. Res. 7, 161-173.

Economides, S., & S. Olymbios 1991. The effect of slaughter weight on carcass merit and conversion of milk or solid feed to meat in Damascus goats. Technical Bulletin 125, Agricultural Research Institute, Nicosia. 7p.

Gisele, A., 1987; The production of goat meat and carcass quality in humid tropical environments Proc. of 4th International conference on Goats, pp. 195-209. Brazilia, Brazil, March 8-13, 1987.

Johnson, D.D; C.H., McGowan, G. Nurse & M.R. Anous 1995. Breed type and sex effects on carcass traits, composition and tenderness of young goats. Small Rumin. Res. 17, 57-63.

Koumas, A., 2002; A study of the Damascus, Machaeras and Machaeras x Damascus (F_1) goats with emphasis on growth and carcass characteristics of their kids. PhD thesis, Agricultural Univ. of Athens, Greece.

Manfredini, M., M., Massari, C., Cavani & A.F. Falaschini 1988. Carcass characteristics of male Alpine kids slaughtered at different weights. Small Rumin. Res. 1, 49-58.

Progress and limitations concerning the national programme for organic livestock production in Greece

P. Dimitriou[1], P. Zoiopoulos[2] & A. Papatheodorou[1]

[1]Directorate for Animal Production, Ministry of Agriculture Headquarters, Athens 10176, Greece
[2]School of Management of Natural Resources and Enterprises, University of Ioannina, Agrinio 30100, Greece

Summary

Based on experience gathered after the first 18 months of operation of the Hellenic National Programme for organic livestock production, within the framework of Community legislation, certain remarks are made concerning progress, participation interest from the part of farmers and factors limiting or enhancing the practice of organic livestock production in Greece.

Keywords: organic livestock production, Hellenic National Programme.

Introduction

Organic livestock production became known in Greece only after the publication of the Regulation (EC) No. 1804/99 (EU, 1999), which supplements the Regulation (EEC) No. 2092/91 (EU, 1991) on organic production of agricultural products of plant origin. Until that time, there was confusion between the terms 'organic', 'extensive' and 'traditional' in relation to animal husbandry. The prevailing view, in the context of Greek agricultural reality, was that extensive sheep and goat keeping, and to some extend beef cattle and pig keeping, were both falling within what one would call organic animal production. Later on, it was made clear that organic farming, as described in the provisions of Community Law, was something different from what was initially thought in Greece. Given the stringent rules of the Community legislation, Greek farmers were in general rather reluctant to adopt the new method of production. However, this attitude changed when farmers, processors and scientists became more familiar with the relevant legislation.

National programme for organic livestock production

The national programme for organic livestock production in Greece was issued in December 2001. The programme supports the conversion of conventional bovine, ovine and goat husbandry into organic. It is expected that, during 2003, the Programme will be expanded to porcine. In addition, establishment of new organic holdings is supported by other programmes. This activity is part of the agro-environmental scheme of the Programme of Agricultural Development 2000 – 2006. Its funding is based on Regulation (EC) No. 1257/99 (EU, 1999). The Ministry of Agriculture planned to allocate 29 310 Livestock Units (LU) to each of the 57 Local Agricultural Authorities (LAA) in the 52 Prefectures of the country, for the years 2001 and 2002, out of a total of 61 769 LU for the period 2001 to 2006. These authorities had to submit a Prefectural Programme to the Ministry of Agriculture, containing the areas eligible for subsidy, as well as their demands in LU for this activity.

From the total 57 LAA invited to participate in the Programme, only 38 responded in good time. 31% of the LAA of the country did not submit any Prefectural Programme, either due to lack of interest from the part of producers and processors in the relevant Prefectures or inadequate information regarding the Programme and the organic production method itself.

The demand by the 38 LAA that responded amounted to 290 182 LU, a figure ten times higher than the initially planned. The above figures show that certain LAA were extremely optimistic about the expected progress of organic livestock production in some areas of their Prefecture. This optimism was due to the fact that several LAA were not fully aware of the difficulties involved in converting holdings or they considered that extensive animal production could be automatically converted into organic. In addition, applicants focused mainly on getting supplementary funds from the scheme. Finally, 24 310 LU were allocated to 47 LAA for the period 2001-2002, setting aside an amount of 4 355 LU to be reallocated in June for the second semester of 2002.

Until June 2002, only 17 LAA had implemented the Programme, with 9 728 LU absorbed (involving 2 289 bovine heads and 50 714 ovine and caprine heads); just one third of the LU initially allocated. An interesting point is that only five Prefectures had a satisfactory response, absorbing around 1 000 LU each. These Prefectures presented a relatively good performance in the field and made an effort towards group formation.

In July 2002, the aforementioned 4 355 LU were allocated to seven LAA (five old and two new ones). As shown in Table 1, until October 2002 the Programme had been implemented in 24 LAA, out of a total of 57 in Greek territory, with only 14 378 LU absorbed (3 809 bovine heads and 66 544 ovine and caprine heads). From 1st January 2003 onwards, a new total of 33 665 LU (4 320 more, compared to year 2002) were allocated to 49 LAA for the year 2003.

Limitations

The following parameters should be taken into consideration when one tries to explain the reluctance observed on the part of producers in participating to the national scheme.

Problems associated with requirements of Regulations 2092/91 and 1804/99

According to Regulation No. 2092/91, Greek farmers practicing organic agriculture are subject to inspection by an authorised private inspection body. This necessitates access of inspectors to farm installations, including pastures and storage facilities. Moreover, farmers are obliged to keep records of inputs and outputs and follow a registration and documentation system. The cost of these controls is paid by the producer, without any guarantee regarding the eventual approval of the exercise. As regards Regulation No. 1804/99, the main problem for the Greek farmer practicing organic animal production, refers to the lack of adequate quantities of organically grown feedstuffs, forage crops and protein concentrates in particular. In addition, good conditions of installations and effective management of grazing land appear to be major problems.

Problems associated with requirements of Regulation No. 1257/99

According to this regulation, subsidies to breeders are given on the basis of grazing land. The change from per head funding to per hectare of grazing land funding has brought serious problems to producers, as well as to administration. Grazing land is not registered in Greece so far. Moreover, there are no fences dividing common grazing land into parts used by each farmer. On the other hand, the National Programme requires a clear, distinct grazing area for each breeder. Since documents proving ownership of common grazing land are scarce, this limitation discourages farmers from joining the national scheme.

Table 1. Allocation of Livestock Units (LU) to different Prefectures of Greece.

Local Agricultural Authrities (LAA)	LU allocated to LAA 1/7/02	LU participating to the programme 20/10/02
Etoloakarnania	2 000	1998.2
Grevena	2 400	1 863.35
Magnesia	1 738	1738
Kefalonia	1 300	1293
Messinia	1 500	1 036.5
Evia	1 000	1017
Xalkidiki	800	710.45
Drama	700	706.5
Trifilia	700	568.15
Argolida	600	567.95
Lakonia	1 300	510
Fokida	500	469.9
Lesvos	500	281.25
Kozani	260	233.3
Imathia	400	200.9
Larisa	1 117	193.8
Arkadia	1 000	192.75
Karditsa	400	150
Kiklades	250	150
Hania	600	147
Lefkada	500	121.05
Viotia	500	100
Arta	400	80
Serres	1 000	48.9
Total	21 465	14 378

The requirement of the Programme for farmers to form groups of five in order to be financed, constitutes a considerable problem. Furthermore, an additional problem is the producers' need for a consultant for technical support and to cope with the paperwork. However, skilled and well-informed advisors on organic animal production are not available in Greece for the time being. This problem is more manifested in isolated islands and mountainous areas of Greece, where organic livestock production is given top priority.

Longstanding practices of Greek livestock production

Processing (slaughtering, cutting, packaging) of organic meat in Greece appears to constitute a problem, due to the limited number of authorized facilities for this activity. The inability of farmers to form groups and to produce market-orientated products increases the problem. The conviction that the large majority of Greek animal production is organic, because of its extensive method of keeping animals, creates the feeling that there is no need for the conversion of such a system.

Conclusion

Judging from the progress made so far in applying organic livestock production according to Community Law in Greece, we should say that clear and realistic goals must be set, regarding what the country wants to achieve by promoting this system. Looking at Table 1, one wonders why organic animal production has developed in certain areas whereas in others, namely Epirus and Thrace, - otherwise important areas for conventional animal production - it has not. It seems that the presence of organic food processing plants and the parallel development of eco-tourism would contribute to the expansion of organic livestock production in particular areas, in combination with State financial support. These factors should be taken into account by all those involved in the sector.

References

EU. 1991, Council Regulation (EEC) No 2092/91 of 24 June 1991 on organic production of agricultural products and indications referring thereto on agricultural products and foodstuffs. Official Journal L 198 , 22/07/1991 P. 0001-0015.

EU. 1999, Council Regulation (EC) No 1257/1999 of 17 May 1999 on support for rural development from the European Agricultural Guidance and Guarantee Fund (EAGGF) and amending and repealing certain Regulations. Official Journal L 160, 26/06/1999 P. 0080-0102.

EU. 1999, Council Regulation (EC) No 1804/1999 of 19 July 1999 supplementing Regulation (EEC) No 2092/91 on organic production of agricultural products and indications referring thereto on agricultural products and foodstuffs to include livestock production. Official Journal L 222, 24/08/1999 P. 0001-0028.

Comparison of some lactation characteristics of Hatay goat with Taurus dairy goat x Hatay goat crossbreds

O. Bicer, M. Keskin, S. Kaya & S. Gül

Mustafa Kemal Univ., Agric. Fac., Dept. of Anim. Sci., 31034, Hatay, Turkey

Summary

In this study, carried out to compare some lactation characteristics between the Hatay goat (HG) and the crossbreed of Taurus dairy goat x Hatay goat (THG), milk yield and milk composition of the above genotypes were monitored from weaning to the 210th day of lactation, under Mediterranean conditions. Results showed that there were significant differences between milk yield ($P<0.01$), total solids ($P<0.01$) and ash content ($P<0.05$) of the two genotypes. The average milk yield, total solids, protein, fat and lactose content for THG and HG were 151.1±6.05 and 112.5±4.42 litres, 13.1±0.18 and 13.9±0.23 (%), 3.3±0.08 and 3.5±0.07 (%), 4.7±0.18 and 5.0±0.20 (%), 4.1±0.17 and 4.6±0.21 (%) respectively. Consequently, the Taurus dairy goat can be a candidate to improve milk yield of the local goat breed (HG), as a 'genetic enhancer' breed in the East Mediterranean region of Turkey.

Keywords: Hatay goat, Taurus dairy goat, milk yield, milk composition.

Introduction

Although Turkey has the largest goat population (8 million heads of goat) in Europe, the country ranks fifth with 225 000 tones of goat milk production (Anonymous, 2001). The reason for low milk production is that the majority of the goat population is composed of the indigenous Hair goat (*Kilgoat*), which has low milk yield (70-150 kg/lactation) and a short lactation period (154 days). The rest of the population includes local breeds such as the Angora goat, the Kilis goat, the Hatay goat, the Shami goat and some crossbreds of local goats with exotic breeds (Güney *et al.*, 1990; Güney *et al.*, 1992; Sönmez, 1974).

Taurus dairy goats, one of the crossbreds, were developed by mating Kilgoats with Saanen and White goat bucks (Saanen x Kilis first backcross with Saanen). After backcrossing with Saanen and White goat bucks, the systhetic lines were mated reciprocally and Taurus goats were obtained. These goats produce 376 kg milk yield in 271 days of lactation under intensive conditions (Güney *et al.*, 1992).

Hatay goats are raised in the mountainous region of the Hatay province; they originate from natural crossbreeding between the Kilis goat and the Kilgoat, practiced for several years in this region. These goats have a marketable milk yield of 88-117 kg for a 115 d milking period under extensive conditions (Keskin & Bicer, 1997) and are reared extensively, depending on grazing mountain pastures, scrublands and common land. In this traditional goat keeping system, goats are not fed concentrate food. Goat milk is mainly processed into white cheese, salted yoghurt, stretched cheese (*sünme* cheese) and skim milk cheese (*cökelek*), while a small percentage of milk is evaluated as drinking milk in the public market (Bicer *et al.*, 1995).

There is a need to increase goat milk production in the villages of the rural area in the Hatay province, as there is high market potential. For this purpose, 5 years ago, Taurus dairy goat males were used as stock improvers to crossbreed with Hatay goats in this province. In the present study, marketable milk yields and milk composition of HG and THG were compared under the extensive conditions of the region.

Material and methods

This study was carried out with a local breed named Hatay goat (HG) and the Taurus dairy goat x Hatay goat crossbreds (THG) in the Yayladagi district of the Hatay province in Turkey, located between 36° East longitude and 36° North latitude in the east-Mediterranean region. The climatic conditions of the region, which has an altitude of 400 m, are hot and dry in the summer and warm and rainy in the winter.

Experimental animals (32 heads of HG and 32 heads of THG) were managed under extensive conditions without any additional feeding regimens throughout the year. All experimental goats were 4 years old.

Milk yield was recorded with a 30-day interval after weaning, at the age of 60 days. All goats were milked by hand twice a day. Marketable milk yield from weaning to the 210th day of lactation was calculated using the Vogel system (Özcan, 1989). In each recording day, 200 ml of evening milk samples were collected and taken to the laboratory in an icebox. The samples were analysed for total solids by the gravimetric method, for fat by the Gerber method, for ash by the gravimetric method and for titratable acidity as lactic acid using N/10 NaOH, as described in Turkish Standards No TS1018 (Anonymous, 1981). Total protein was determined by the phenol titration method, according to James (1988). By subtracting the sum of protein, fat and ash from the total solids content, lactose content was calculated.

Data were evaluated statistically by using the Windows version One-Way ANOVA procedure (Kinneer & Gray, 1994).

Results and discussion

Milk yield ($P<0.01$), total solids composition ($P<0.01$) and ash content ($P<0.05$) are shown in Table 1, with significant differences between the two genotypes.

Crossbred does had higher milk yield than local does. In terms of milk yield, data obtained from Hatay goats were in agreement with the findings of Keskin & Bicer (1997). The data of the present study indicate that Taurus dairy goats contributed significantly to the milk production of local goats

Table 1. Marketable milk yield and composition of goat's milk from Crossbreds (THG) and Hatay goat (HG).

	THG				HG				
Parameter	R	X	s.e.	n	R	X	s.e.	n	Sig.
Milk yield (l)	89.7-224.7	151.1	6.05	32	62.1-156.9	112.5	4.42	32	**
Total solids (%)	11.8-15.4	13.1	018	25	11.9-16.3	13.9	0.23	25	**
Total protein (%)	2.36-3.99	3.3	0.08	25	2.77-4.0	3.5	0.07	25	n.s
Fat (%)	3.3-6.5	4.7	0.18	25	3.2-7.6	5.0	0.20	25	n.s.
Lactose (%)	2.6-5.8	4.1	0.17	25	3.5-8.2	4.6	0.21	25	n.s.
Ash (%)	0.69-1.0	0.85	0.08	25	0.60-0.91	0.80	0.07	25	*

R, range; X, mean value; s.e. standard error; n, number of animal or samples.
*P<0.05; **P<0.01.
n.s.: non significant.

(Hatay goat) under the extensive conditions of the East Mediterranean region. On the other hand, milk composition, as a percentage, was negatively affected by the improvement of milk production. This negative correlation between milk yield and milk composition could be explained by the relation between milk yield and its contents. Studies showed that there is a negative correlation between milk yield and milk components, mainly total solids, protein and fat, and that the magnitude of this relation varies depending on the breed and the number of lactation (Anifantakis & Kandarakis, 1980; Calderon *et al.*, 1984; Joubert, 1997).

Figure 1 shows milk yields and total solids of the two genotypes. As indicated, the reduction of milk yields was accompanied by a decrease in total solids contents up to the 3rd month of the experiment. From that point, the reduction of total solids content was followed by a steady increase towards the end of lactation, indicating that the milk contents became progressively more concentrated. Such pattern is very common for goats, also in agreement with the findings of Boros (1986).

Figure 2 shows the variation of two main components of goat's milk, fat and protein. Protein content slightly dropped until the 4th month of the experiment and then increased over the remaining period; this could be the result of changing casein content, as reported by Brown *et al.* (1995). On the other hand, the protein difference in fat content was clearer. A slighter decrease was observed in fat content of HG than THG. Similar fluctuations have also been observed for Saanen and an indigenous Greek breed in the research of Anifantakis & Kandarakis (1980). The initial differences in fat content of milk could be attributed to the breed characteristics, suggesting that changes in total composition of the colostrums should also be determined.

Changes in two soluble components of goat's milk, lactose and ash, are shown in Figure 3. These components are considered as regulators of the osmotic pressure of milk. The lactose content decreased gradually during lactation, while a slight increase in ash content was observed. Similarly, Antunac *et al.* (2001) reported a decrease in lactose content and an increase in the ash content of milk for Alpine and Saanen goats. Decrease in the rate of lactose synthesis with advancing lactation could be the most possible explanation for this biochemical change (Wilde & Knight, 1989).

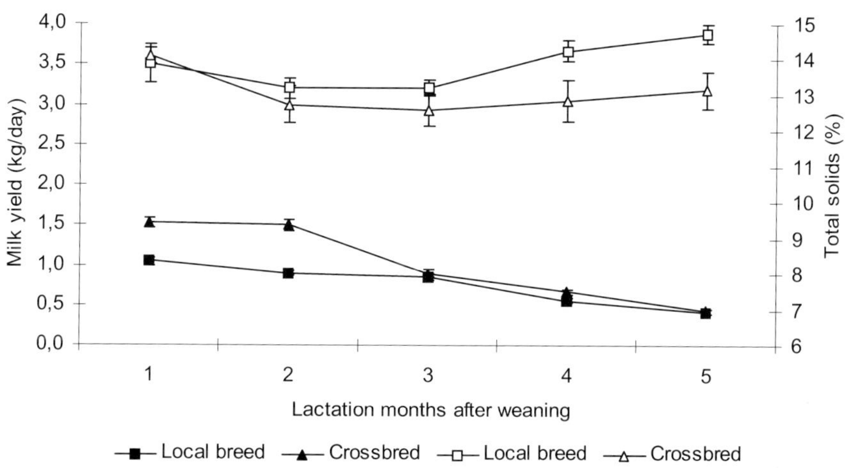

Figure 1. Changes in milk yield and total solids contents of milk samples obtained from Hatay goat (■, □) and Crossbreds (▲,Δ) during lactation. Black and white symbols indicate milk yield and total solids respectively. Vertical lines represent error bars.

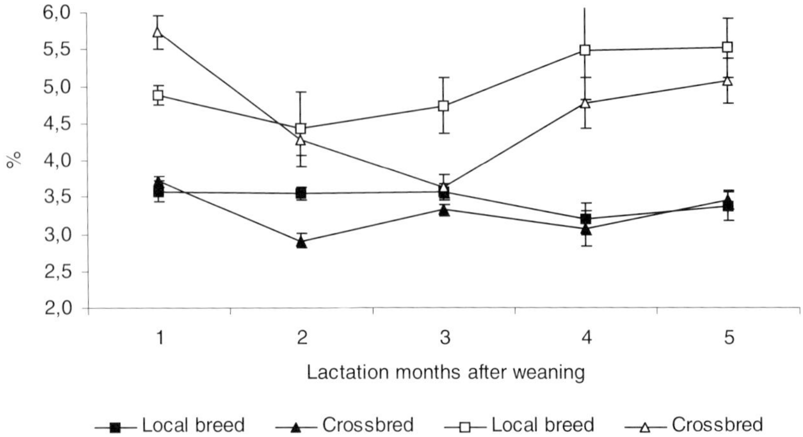

Figure 2. Changes in protein and fat contents of milk samples obtained from Hatay goat (■, □) and Crossbreds (▲,Δ) during lactation after weaning 60 days. Black and white symbols indicate protein and fat contents respectively. Vertical lines represent error bars.

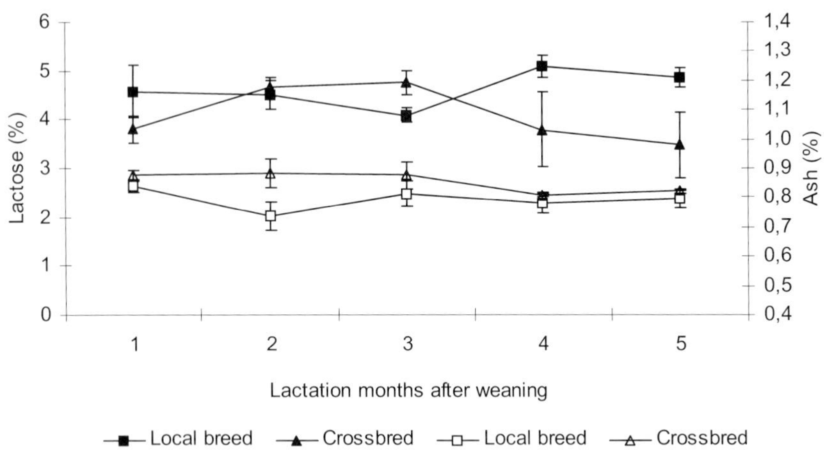

Figure 3. Changes in ash and lactose contents of milk Black and white symbols indicate lactose and ash contents respectively. Vertical lines represent error bars.

To conclude, it is clear that there are significant differences between the milk yield and some milk components of Hatay goats and Crossbreds, suggesting that the Taurus dairy goats can be used to improve milk yield of local goats as genetic improver breeds in the East Mediterranean region.

References

Anifantakis, E. M. & Kandarakis, J. G., 1980. Contribution to the study of the composition of goat's milk. Milchwissenschaft. 35 (10): 617-619.

Anonymous, 1981. Turkish Standard Institution. Raw cow's milk. TS1018, Turkey.

Anonymous, 2001. http://www.fao.org/ag/aga/glipha/index.jsp (26.12.2002)

Antunac, N., Havranek, J. L. & Samarzija, D., 2001. Effect of breed on chemical composition of goat milk. Czech J. Anim. Sci. 46 (6): 268-274 .

Bicer, O., Güler, M.B., Keskin, M. & Kaya, S., 1995. Goat production and some traditional goats milk products with special reference to Hatay region of Turkey. Int. Dairy Federation, Seminar on Production and Utilization of ewes and Goats Milk. Abstract of Lectures and Posters, Crete, Greece, p 72.

Boros, V., 1986. Influence of the lactation period on variations in the levels of certain components of bulked goat's milk. Bulletin of the International Dairy Federation. No:202, Production and Utilization of ewe's and goat's milk, Brussels, Belgium, pp. 81-83.

Brown, J. R., Law, J. R. L. & Knight, C. H., 1995. Changes in casein composition of goat's milk during the course of lactation: physiological inferences and technological implications. J. Dairy Res. 62 (3): 431-439.

Calderon, I., De Peters, E. J., Smith, N. E. & Franke, A., 1984. Composition of goat's milk: changes within milking and effects of a high concentrate diet. J. Dairy Sci. 67 (9): 1905-1911.

Güney, O., Torun, O. & Bicer, O., 1990. Milk Production and Reproductive Efficiency Characteristics of Two New Dairy Goat Type in the East Mediterranean Part of Turkey. Proceedings of Int. Symposium on "Livestock in the Mediterranean Cereal Prod." 7-10 October 1990. EAAP Publ. No: 49, Rabat, Morocco, pp. 174-176.

Güney, O., Bicer, O. & Torun, O., 1992. Fertility, Prolificacy and Milk Production in Cukurova and Taurus Dairy Goats under Subtropical Conditions in Turkey. Small Rumin. Res. 7 (3): 265-269.

James, C. S., 1988. Analytical Chemistry of Foods. Aspen Publishing, New York

Joubert, G., 1997. Recent advances in goat research. Chaiers options Mediterraneeennes, v. 25, CHIEAM-IAMZ, Zaragoza.

Keskin, M. & Bicer, O., 1997. Hatay Bölgesinde yetiþtirilen Kecilerin Bazi Morfolojik ve Fizyolojik Özellikleri. M.K.Ü. Zir. Fak. Dergisi, 2 (1): 73-86.

Kinneer, P.R. & Gray, C.D. 1994: SPSS for Windows. Department of Psychology, Univ. Of Aberdeen, UK.

Özcan, 1989. Kücükbas Hayvan Yetistirme II (Keci Üretimi). Cukurova Üniversitesi Ziraat Fakültesi Ders Kitani no:111, Adana. 318 s.

Sönmez, R., 1974. Melezleme yolu ile yerli kecilerin sut kecisine cevrilme olanaklari, Ege Universitesi Ziraat Fakultesi Yayinlari, No. 226, Izmir, Turkey.

Wilde. C. J. & Knight, C. H., 1989. Metabolic adaptations in mammary gland during the declining phase of lactation. J. Dairy Sci. 72 (6): 1679-1692.

Implications of different farming typologies on the utilisation of mountain pastures in the Latxa dairy sheep system

R. Ruiz & L.M. Oregui

NEIKER A.B. Basque Institute for Agricultural Research and Development, Apdo. 46, E-01080, Vitoria-Gasteiz, Spain

Summary

Dairy sheep farming systems in the Basque Country (Spain) have substantially evolved since 1982, when the Breeding Scheme for the Latxa breed began. The main features are maintained, such as grazing management, transhumance to mountain pastures, farm cheese-making, etc. However, whereas some shepherds continue managing their flocks in a more traditional way, other farmers have made important efforts in an attempt to keep abreast of the times. Consequently, an important diversity of flock management practices and farming typologies can be found, partly conditioned by the environmental features of the farms, and partly by the technology level achieved. In this paper, a description of the main typologies existing nowadays is provided. Implications on the milk production pattern and the utilisation of natural resources will also be discussed.

Keywords: dairy, sheep, mountain pastures, natural resources, farming typologies.

Introduction

Since the Breeding Scheme for the Latxa breed began in 1982, important efforts have been made to improve several aspects of the production system. They have focused on health (*brucellosis* eradication), nutrition (silage elaboration, utilisation of more concentrates), reproduction (artificial insemination, etc.), infrastructures and technology (milking parlours, cheese-making facilities, installations, electronic identification, etc.) and, of course, genetics. As a consequence, an important diversity of flock management practices can be found. The objective of this research was to describe the Latxa sheep production system and to go into the analysis of the current situation of the sector.

Material and methods

Data from the Milk Recording Programme were used, together with the results of a survey held throughout 1995, 1996 and 1997. The methodology used for characterising the lambing season and the typologies found have been described by Oregui *et al.* (1996) and Ruiz *et al.* (1997). These data referred to 70 flocks randomly located throughout the region. Lambings were grouped in weekly classes and each season was assigned to one of the four typologies previously defined by means of discriminating analysis (SAS Inst. Inc., 1990), resulting in four Groups of flocks identified from 1 to 4 respectively.

In order to quantify the effect of grazing in mountain pastures in different flock types, the evolution of the energy requirements throughout the year has been analysed in two Latxa flocks corresponding to extreme typologies (Group 1 and 4). A simulation model was used to estimate bulk tank milk yield and energy requirements during the milking period, according to the lambing season pattern, flock composition and fertility (Ruiz *et al.* 2000). Energy requirements for maintenance and pregnancy were estimated

(Jarrige, 1988) and the percentage of the total annual requirements met during the stay in the mountain pastures was calculated according to different strategies.

Results and discussion

Farming typologies

Flocks belonging to Group 1 represent a livestock system based on grazing management: grass intake meets up to 75% of the energetic requirements occurring during the milking season (Oregui & Ruiz, 2002) and flocks graze on mountain pastures from late spring to the beginning of winter. The use of artificial insemination is rare, replacement lambs are weaned over 3 months old and mating is avoided during their first season of sexual activity. As a consequence, lambings are quite concentrated, beginning at the end of the winter, but reproductive performances are significantly lower (Table 1).

Although the milking flock is normally led to the communal pastures after being dried-off at the end of July, sheep usually begin to be moved once their lactation has come to an end. Sometimes the whole flock is taken up to the communal areas in May and milking continues there. That is the reason why in many flocks classified within this typology hand-milking is still practised, the milk being then sold to dairy industries.

Table 1. Main features of the flocks typologies found in the Basque Country according to the characteristics of the lambing season.

	Group 1		Group 2		Group 3		Group 4	
	Avg.	St.dev.	Avg.	St.dev.	Avg.	St.dev.	Avg.	St.dev.
Age of the farmer, (years)	51.1	10.5	45.1	10.6	46.6	12.5	43.1	11.0
Labour available, (man units)	2.04	0.86	2.02	0.68	1.68	0.62	1.57	0.63
Land available,(ha)	20.5	14.6	27.4	20.3	24.2	16.4	20.1	10.0
Length of mountain period, (days)	153.4	37.3	142.9	34.4	118.2	29.3	127.0	32.7
Length of the milking season, (weeks)	24.5	3.5	26.6	3.2	31.0	3.3	34.2	3.7
Flock size, (n)	287.0	10.1	317	5.3	288.8	6.4	248.0	11.6
Fertility (%	73.0	1.0	76.0	0.5	81.0	0.6	80.0	1.1
Fertility of the yearlings, (%)	8.8	3.6	24.8	1.8	40.9	2.2	53.6	3.7
Milk yield per sheep, (l)	103.6	2.7	110.2	1.4	113.4	1.7	119.2	3.1
Length of lactation per sheep, (days)	142.0	2.2	150.0	1.2	155.0	1.4	160.0	2.5
Percentage of farms								
with milking parlour, (%)	37.5		56.0		53.2		46.7	
that sell cheese (%)	20.8		45.1		62.1		50.0	
that don't mate yearlings (%)	79.2		37.4		14.5		6.7	

Lambing concentration is related to a higher, increasing tendency in fat and protein content of bulk tank milk throughout the milking season, but is significantly lower at the beginning of milking (Ruiz & Oregui, 2002). Under the current payment context, it results in lower prices perceived. This type of flock, representing 12% of those taking part in the Breeding Programme, is normally related to areas characterised by severe winters (highlands), but presumably it will be more frequent among farmers not included in the Programme.

In particular, Groups 2, 3, and 4 present higher levels of milk specialisation, as reproductive and productive traits increase, and milking lasts longer. These options become more viable when the location of the farm is characterised by less severe winter conditions and grass begins to grow earlier (lower altitude, closeness to the coast), or land availability and foraging activities help to gather forages for the winter period. Group 4 comprises of flocks situated exclusively on the warmer and wetter valleys of the Atlantic basin.

Lambings begin earlier to a great extent, thanks to artificial insemination, and finish with the yearlings' lambings in the end of March or early April. As a consequence, the milking season is longer, to the detriment of a lesser dependency on mountain pasture (Table 2). To make milking more comfortable, efficient and hygienic, farmers resort to machine milking to a greater extent. Together with increasing fat and protein contents, the presence of on-farm sheep milk and cheese processing facilities is also more common.

Importance of the mountain pastures grazing period

Due to the previously mentioned differences in fertility, milk yield and lambings pattern between these types of flocks, the average requirements per sheep are also quite different. In the type 1 flock, nearly 30% of the total energy requirements (Table 2) occur when the flock is led up to the communal pastures at the end of July, when sheep are dried-off, and return in December. This figure can increase to above 50% when the flock is taken up before the end of the milking season. However, facilities there usually lack many of the amenities typical of the farm and milking has to be done by hand. Obviously, more farmers every day, reluctant to live under such conditions, decide to install machine-milking facilities and remain in the farm until the flock is completely dried-off.

According to these estimates, in the type 4 flock grazing in communal areas only meets 20% of the total energy requirements. The division of sheep in groups depending on the production state is seldom practised and the flock is usually managed as a whole. That figure could increase to 30% if prematurely dried-off sheep were taken up in May, or to 37% should milking be carried out there.
Economical implications of the utilisation of mountain pastures are evident, as it is an apparently cost free resource and farmers can profit from it for a substantial part of the year. In fact, mountain pastures

Table 2. Percentage of the total energy requirements (% TER) taking place while flocks graze on mountain pastures in two flocks belonging to the Groups 1 and 4.

		Mountain pastures period			
		Arrive			
Flock type	Strategy	Dried flock	Productive flock	Leave	% TER
1	A	28th July	28th July	1st Dec	29.08 %
	B	15th May	28th July	1st Dec	37.38 %
	C	15th May	15th May	1st Dec	47.95 %
	D	15th May	15th May	15th Dec	51.39 %
4	A	27th June	27th June	1st Dec	19.75 %
	B	15th May	27th June	1st Oct	28.85 %
	C	15th May	15th May	1st Oct	36.96 %

have been the main means of support for landless farmers who are only able to rent very limited land surface just for the lambing season and maybe the first third of the lactation period.

Implications of the utilisation of mountain pastures on the Latxa system

As for environmental issues, sheep tend to graze herbaceous species located in more pronounced sloping lands, hillsides and mountain summits, whereas cattle and mares prefer flat lands and the bottom of valleys (Marijuán, 1996). Less grazing pressure by sheep would lead to an increase in the shrubby cover, specifically in less accessible areas, where the adoption of alternative measures to control vegetation dynamics is more difficult.

Grazing on mountain areas has been recognised to have positive effects in terms of animal welfare and sheep health (García, 1992), as it has been related to lesser incidence of facial eczema and parasitic diseases. Obviously, carrying out this practice requires efforts and labour in areas that usually lack suitable infrastructures (roads, fences, electricity, water, etc.). In addition, the increasing presence of wolfs during the last decade is perceived as a serious risk for the continuity of the traditional system in broad areas of the territory.

In conclusion, the diversity observed in dairy sheep systems reflects the variability of farming conditions, strategies and management options adopted by farmers within the Basque Country. To adopt measures aimed towards improving productivity and efficiency of these systems in mountain areas, the particular location will have to be taken into account, together with labour force available in the farm, age, succession perspectives, inversions done, feeding resources availability, market opportunities, etc. These decisions will have an effect not only on the profitability of the farm, but also on the environmental conditions and landscape evolution at a regional level.

References

García-Pérez, A.L., 1992. Ensayo comparativo de tres modelos de tratamiento antihelmíntico estratégico en rebaños de raza Latxa. Servicio Central de Publicaciones del Gobierno Vasco, serie Tesis Doctorales n 14, 217 pp.

Jarrige, R., 1988. Alimentation des bovins, ovins et caprins. INRA, Paris, 476 pp.

Marijuán, S. 1996. El pastoreo en comunales: estudio del comportamiento de las ovejas y la utilización de los recursos disponibles. Thesis Master of Science, CIHEAM-IAMZ, Zaragoza, Spain, 165 pp.

Oregui, L.M. & R. Ruiz. 2002. El papel del pastoreo en la explotación del ganado ovino lechero en zonas húmedas y de montaña. OVIS. Alimentación del Ganado Ovino (II) 81: 11- 23.

Oregui L.M., M.V., Bravo, & E. Urarte, 1996. "Lambing season characteristics and its relationship with milk production on the Latxa ewe in the Basque Country", In: Livestock Farming Systems: Research, Development, Socio-Economics and the land manager. Wageningen Pers, Wageningen, Netherlands, EAAP 79: 118-122.

Ruiz, R. & L.M. Oregui. 2001. The effect of the lambing distribution on the evolution of bulk tank milk composition in the Latxa dairy sheep of the Basque Country (Spain). Proceedings of the British Society of Animal Science (BSAS) 71, 85-85.

Ruiz, R.; Oregui, L.M.; Bravo, M.V. 1997 Farm characteristics and milk production of dairy ewe flocks in the Basque Country. In: Livestock Farming Systems. More than food production. Wageningen Pers, Wageningen, Netherlands, EAAP Publ. 89: 42-47.

Ruiz R.; Oregui, L.M.; Herrero, M. 2000. Modelling the effects of lambing patterns on milk production and nutritive requirements of Latxa dairy sheep systems: a tool for extension. In: Livestock farming systems. Integrating animal science advances into the search of sustainability. Wageningen Pers, Wageningen, Netherlands, EAAP Publ. 97: 315-319.

SAS Inst. Inc., 1990. SAS Procedures Guide, Version 6, Third Edition, Cary, NC.

The effect of genotype and sex on carcass characteristics and meat quality of lambs

A. Cividini, S. Zgur, D. Kompan & D. Birtic

University of Ljubljana, Biotechnical Faculty, Zootechnical Department, Groblje 3, 1230 Domzale, Slovenia

Summary

Twenty-eight lambs, including 16 Jezersko-solcava lambs improved with Romanov (JSR) and 12 of their crossbreds with Texel (JSRT), were used to evaluate the effect of genotype and sex on carcass characteristics and meat quality traits. Lambs were weaned at around 60 days of age. They were fed commercial concentrate and hay *ad libitum* and slaughtered at 44 kg of average live weight, at 130 days of age. Lambs crossbred with Texel had a better dressing proportion (48.8%) than purebred JSR lambs (46.3 %) at the same live weight at slaughter. Carcasses of crossbred lambs were shorter and wider, with better conformation and lower fatness scores. There were no differences in the percentage of carcass cuts between the two genotypes, except for the joint of the back. Crossbred lambs had a higher percentage of muscle and a lower percentage of fat and bone than purebred JSR lambs in the hind leg. Crossbred lambs had higher CIE L*, a* and b* values of *Longissimus dorsi* muscles, but only b* values differed statistically significantly. Sex mainly influenced fat deposition, with female animals having higher carcass fatness score, higher proportion of kidney fat and higher percentage of fat and lower percentage of muscle and bone in the hind leg.

Keywords: lamb, genotype, sex, carcass characteristics, meat quality, carcass cuts, non-carcass components.

Introduction

The North and North-East part of Slovenia (Jezersko, Solcava, Savinjska valley) is appropriate for meat sheep breeds. The prevalent breed is the autochthonous Jezersko-solcava breed (JS) and Jezersko-solcava breed improved with Romanov breed (JSR). The JSR breed is known to be a very fertile breed (Cividini *et al.*, 2002), but on the other hand, its carcass quality is not well known. A great number of factors affect ovine carcass and meat quality (Sanudo *et al.*, 1998, Alfonso *et al.*, 2001). Carcass quality is also affected by the breeder and his choice of animal genotype (Hopkins *et al.*, 1997, Hawkins *et al.*, 1985) and breeding technology (Santos-Silva *et al.*, 2002, Diaz *et al.*, 2002). So, one of the fastest ways to improve carcass quality is crossbreeding, mainly industrial crossbreeding. Therefore, the aim of the following research was to compare carcass characteristics and meat quality traits of improved Jezersko-solcava lambs and their crossbreds with the Texel breed and to evaluate the effect of sex on these traits.

Material and methods

In the experiment, 28 lambs of two genotypes, namely 16 improved Jezersko-solcava lambs (JSR), 6 males and 10 females, and 12 lambs crossbred between the improved Jezersko-solcava breed and Texel (JSRT), 6 males and 6 females, were included. All lambs, coming from a single flock, were reared on the farm, where they were born, until slaughter. Lambs were reared with their dams on the pasture, until around the age of 60 days (about 20 kg live weight) when they were weaned. From 10 days of age, the lambs were fed commercial concentrate (18% crude proteins, 8% crude fibres) and hay *ad libitum* until slaughter.

After slaughter, hot carcass weight (HCW) was determined. Kidney with knob channel fat belongs to the carcass. Carcass conformation and fatness classes were scored according to the Slovenian regulation for grading and classifying carcasses of sheep and lambs (Pravilnik, 2001), which is in agreement with the EUROP classification.

pH was measured at 45 min and 24 h after slaughter in the *Longissimus dorsi* muscle behind the last rib, using a pH-meter equipped with a penetrating electrode. Carcasses were kept at room temperature for 2 h and were then chilled at 4°C for 24 h in a conventional chiller. After chilling, cold carcass weight (CCW), carcass length (CL), leg width (LW) and shoulder width (SW) were measured. Meat color was measured in triplicate on the cross section of the *Longissimus dorsi* muscle after 30 min of exposure to the air, by means of a chromo meter (Minolta CR 300), and expressed in CIE L*a*b* values.

Carcass length was recorded from the cranial edge of the symphysis (pelvis) to the cranial edge of the first rib. Leg width and shoulder width were defined as the maximum width of leg or shoulder, measured on a horizontal plane on the hanging carcass. After the removal of kidney fat, the carcass was further separated into seven joints: neck, chuck, back, loin, shoulder, leg and rib with flank. The weight of each joint was recorded and expressed as a percentage of CCW. The right leg was further dissected into muscle, subcutaneous fat and bone.

Data were analyzed using the GLM procedure of SAS (1990). Effects of genotype, sex and interaction between genotype and sex were included in the model as fixed effect, while slaughter weight was included as a covariable.

Results and discussion

The mean slaughter weight of JSRT lambs was 45 kg, being 1.7 kg higher than that of JSR lambs (43.3 kg). JSRT lambs were also older (136 days) than JSR lambs (126 days).

Mean values for all carcass characteristics are shown in Table 1. Crossbred lambs reached higher values ($P<0.001$)of dressing proportion. Similar results were reported by Santos Silva *et al.* (2002), Carson *et al.* (1999) and Hawkins *et al.* (1985).

Crossbred lambs had also higher values of carcass conformation and lower values of carcass fatness ($P<0.001$). Carcass length was shorter ($P<0.001$), but leg and shoulder width ($P<0.01$; $P<0.01$) were higher in crossbred lambs. Carson *et al.* (1999) found similar results for body length, which showed a linear decrease in body length, while width of shoulder showed an increase with a higher percentage of Texel genes in lambs.

Differences between sexes were statistically significant only for carcass fatness ($P<0.01$), with female animals having a higher fatness score. Higher carcass fatness in females was also found by Vergara & Gallego (1999).

The back was the only carcass cut that differed between crossbred lambs and purebred JSR lambs (Table 2). Purebred JSR lambs had a higher percentage of back ($P<0.001$). Genotype affected the proportion of kidney ($P<0.01$), being lower in crossbred lambs. Higher proportion of muscle and lower proportion of bone and fat in the hind leg were observed in crossbred lambs. Contrary to our results, Hawkins *et al.* (1985) found a statistically significant effect of genotype on the proportion of leg, loin, chest and neck. Hopkins *et al.* (1997) reported that Texel sired progeny had significantly higher muscularity values with a higher percentage of muscle in the hind leg than other crossbred lambs at the same mean carcass weight.

Table 1. Effect of genotype and sex on carcass characteristics in improved Jezersko-solcava lambs and their crossbred lambs with Texel (LS Means ±SEE).

	Genotype (G)		Sex (S)		Level of significance	
Carcass characteristics	JSR (N= 16)	JSRT (N = 12)	Male	Female	G	S
HCW (kg)	20.4 ± 0.2	21.5 ± 0.2	20.7± 0.2	21.2 ± 0.2	**	NS
DP (%)	46.3 ± 0.4	48.8 ± 0.5	46.9 ± 0.5	48.1 ± 0.4	***	NS
EUROP-fatness	3.5 ± 0.08	3 ± 0.09	3 ± 0.09	3.5 ± 0.08	***	***
EUROP-conformation	3 ± 0	4 ± 0[b]	3.5 ± 0	3.5 ± 0	***	NS
CL (cm)	66.5 ± 0.5	62.6 ± 0.6	64.6 ± 0.6	64.5 ± 0.5	***	NS
LW (cm)	22.3 ± 0.2	23.3 ± 0.3	22.4 ± 0.3	23.2 ± 0.2	**	NS
SW (cm)	18.3 ± 0.2	19.7 ± 0.3	19.1 ± 0.3	18.8 ± 0.2	***	NS

HCW: hot carcass weight; DP: Dressing proportion; EUROP-conformation: E=5, U=4, R=3, O=2, P=1;
CL: Carcass length; LW: Leg width; SW: Shoulder width;
**P*<0.05; ***P*<0.01; ****P*<0.001;
NS: not significant.

Table 2. Effect of genotype and sex on percentage of carcass cuts in improved Jezersko-solcava lambs and their crossbred lambs with Texel (LS Means ± SEE).

	Genotype (G)		Sex (S)		Level of significance	
Carcass cuts	JSR (N= 16)	JSRT (N = 12)	Male	Female	G	S
CCW[1] (kg)	19.9 ± 0.2	20.8 ± 0.2	20 ± 0.2	20.6 ± 0.2	**	NS
Kidney (%)	0.81 ± 0.02	0.70 ± 0.02	0.8 ± 0.02	0.8 ± 0.02	**	NS
Kidney fat (%)	2.5 ± 0.2	2.3 ± 0.2	1.4 ± 0.2	3.5 ± 0.2	NS	***
Neck (%)	6.5 ± 0.2	7 ± 0.2	7.3 ± 0.2	6.1 ± 0.2	NS	***
Chuck (%)	7.4 ± 0.1	7.6 ± 0.2	8 ± 0.2	7 ± 0.1	NS	***
Shoulder (%)	16.4 ± 0.1	16.6 ± 0.2	17 ± 0.2	16 ± 0.1	NS	***
Back (%)	7.6 ± 0.1	6.8 ± 0.1	7 ± 0.2	7.4 ± 0.1	***	*
Loin (%)	7.8 ± 0.2	7.7 ± 0.2	7.7 ± 0.2	7.8 ± 0.2	NS	NS
Rib and flank (%)	20.2 ± 0.3	20.8 ± 0.3	20.3 ± 0.3	20.6 ± 0.3	NS	NS
Hindleg (%)	30.7 ± 0.2	30.5 ± 0.2	30.6 ± 0.3	30.7 ± 0.2	NS	NS
Hindleg composition %						
- muscle	72.3 ± 0.4	76 ± 0.4	75 ± 0.4	73.3 ± 0.4	***	**
- fat	6.7 ± 0.3	5 ± 0.4	4.4 ± 0.4	7.3 ± 0.3	**	***
- bone	21 ± 0.2	19 ± 0.3	20.6 ± 0.3	19.3 ± 0.2	***	**

[1]CCW: cold carcass weight **P*<0.05; ***P*<0.01; ****P*<0.001; NS: not significant.

Female lambs were fatter than male lambs, as indicated by external fat estimation and kidney fat. Males had a higher proportion of neck, chuck and shoulder and a lower proportion of back. The hind leg composition demonstrated that males had higher values of muscle (*P*<0.001) and bone proportion, and a lower (*P*<0.01) proportion of fat. Similar results were found by Hawkins *et al.* (1985).

Considering meat quality traits, genotype had a significant effect only on the b* value of meat color (data not shown). Crossbred lambs had higher b* values. Santos Silva *et al.* (2002) found no differences between genotypes in L*, a* and b* values. Carson *et al.* (1999) reported that a higher percentage of Texel genes in lambs significantly increased L* and b* values. Our study showed higher L* and a* values for crossbreds, but differences were not significant. Sex had no effect on meat color parameters and pH values. Similar results were found also by Vergara & Gallego (1999) and Sanudo *et al.* (1998). The non-significant differences in meat color, in L*, a* and b* values, between sexes could be due to the fact that both sexes had the same feeding and a similar age and weight at slaughter. No sex effect on meat color and pH was found neither by Horcada *et al.* (1998) nor by Sanudo (1998[a]).

Conclusions

On the basis of the results attained, we can conclude that industrial crossing of JSR ewes with Texel improves carcass quality of lambs, with no or minor effect on studied meat traits.

This work was supported by the Ministry of Agriculture, Forestry and Nutrition and the Ministry of Science and Technology of the Republic of Slovenia.

References

Alfonso, M., Sanudo, C., Berge, P., Fisher, A.V., Stamataris, C., Thorkelsson, G., Piasentier, E., 2001. Influential factors in lamb meat quality. Acceptability of specific designations. Production system and product quality in sheep and goats. Options mediterraneennes, serie A, 46, 19-28.

Carson, A.F., Moss, B.W., Steen, R.W.J., Kilpatrick, D.J., 1999. Effect of the percentage of Texel or Rouge de l'Ouest genes in lambs on carcass characteristics and meat quality. Anim. Sci., 69, 81-92.

Cividini, A., Komporej, A., Kompan, D., Zan, M., Birtic, D., 2002. Porocilo o plodnosti ovc v kontroliranih tropih v Sloveniji v sezoni 2001. University of Ljubljana, Biotechnical faculty, Zootechnical Department, Dom•ale, 12.

Diaz, M.T., Velasco, S., Caneque, V., Lauzurica, S., Ruiz de Huidobro, F., Perez, C., Gonzales, J., Manzanares, C., 2002. Use of concentrate or pasture for fattening lambs and its effect on carcass and meat quality. Small Rum. Res., 43, 257-268.

Hawkins, R.R., Kemp, J.D., Ely, D.G., Fox, J.D., Moody, W.G., Vimini, R.J., 1985. Carcass and meat characteristics of crossbred lambs born to ewes of different genetic types and slaughtered at different weights. Livest. Prod. Sci., 12, 241-250.

Hopkins, D.L., Fogarty, N.M., Menzies, D.J., 1997. Differences in composition, muscularity, muscle:bone ratio and cut dimensions between six lamb genotypes. Meat Sci., 45 (4), 439-450.

Horcada, A, Beriain, M.J., Purroy, A., Lizaso, G., Chasco, J., 1998. Effect of sex on meat quality of Spanish lamb breeds (Lacha and Rasa Aragonesa). Anim. Sci., 67, 541-547.

Pravilnik o ocenjevanju in razvrscanju trupov ovc jagnjet in sesnih jagnjet na klavni liniji, 2001. Uradni list Republike Slovenije, 28, 2962-2966.

Santos-Silva, J., Mendes, I.A., Bessa, R.J.B., 2002. The effect of genotype, feeding system and slaughter weight on the quality of light lambs. 1. Growth, carcass composition and meat quality. Livest. Prod. Sci., 76, 17-25.

Sanudo, C. Sanchez A., & Alfonso M., 1998. Small ruminant production systems and factors affecting lamb meat quality. Meat sci., 49 (1), S29-S64.

Sanudo, C., Sierra, I., Olleta, J.L., Martin, L., Campo, M.M., Santolaria, P., Wood, J.D., Nute, G.R., 1998[a]. Influence of weaning on carcass quality, fatty acid composition and meat quality in intensive lamb production systems. Anim. Sci., 66, 175-187.

SAS/STAT User's Guide, 1990, Version 6. Cary, NC, USA, SAS Institute Inc.

Vergara, H. & Gallego, L., 1999. Effect of type of suckling and length of lactation period on carcass and meat quality in intensive lamb production systems. Meat Sci., 53, 211-215.

Genetic threats and potentials to improve native goats in Tunisia

M. Djemali[1] & S. Bedhiaf[2]

[1]*Laboratoire des Ressources Animales et Alimentaires, Institut National Agronomique de Tunisie, 1082 Cité Mahrajène, Tunisia*
[2]*Institut Natitional de la Recherche Agronomique de Tunisie, 2040 Rue Hedi Karray, Ariana, Tunisia*

Summary

Tunisian native goats have been raised under harsh environments. Information gathered showed that their age at first calving varied from 284 d to 455 d. Their calving interval was 300 d on the average. Exotic breeds (Boer and Alpine) encountered under the same conditions had longer calving intervals. Meat production of local goats was relatively low (4 kg/female/year). Average weights of kids were 2.6 kg, 6 kg, 11kg and 13 kg at birth, 30 d, 70 d and 90 d respectively. Crossing local goats with Boer and Alpine improved meat production by 30 to 35% in F1 (local x Boer), while milk production increased in F2 (Local x Alpine). Crossbreeding with the Alpine (F1 and F2) was suggested for the oasis production system and the Boer crosses were suggested for traditional low-input production systems. However, due to the lack of a complete, organized crossbreeding structure in that field, it does not allow to surpass these levels of crossbreeding, operations to upgrade the above breeds were mostly practiced. These practices have posed major limitations to the possibility of genetic improvement of native animals without the tendency to upgrade them to exotics. Alternatives based on the use of F1 and F2 males were developed.

Keywords: goat, crossbreeding, meat, milk, biodiversity.

Introduction

North Africa is home to a very rich animal biodiversity including sheep, goats, cattle, equines and camels that have been adapted for centuries to a variety of environments encountered in the region. More than 53 million heads of sheep are raised in the region, with 34% and 30% in Algeria and Morocco respectively. Mauritania, Libya and Tunisia have 12 % each (MEDAGRI, 2002). Farm animal resources play various agricultural roles in the region (food production, social, employment, traction, fuel, fertilizers, banks, culture, tourism). The livestock sector contributes around 30-35% to the GDP.

The improvement of living standards in the region, combined with a high population growth rate and a high rate of urbanization, has caused a massive increase in the demand for livestock products that native breeds could not satisfy. This situation resulted in the importation of exotic specialized breeds and the use of crossbreeding programs, mainly upgrading ones, that caused severe genetic erosion within native animal populations. The objectives of this study were to:

1. describe the performance of Tunisian native goats;
2. identify the major outcomes of a variety of crossbreeding projects carried out in different production systems; and
3. describe crossbreeding alternatives to improve native goat production, maintaining a fair proportion of their local genes.

Performance of native goats in Tunisia

Information gathered from international cooperative development projects in Tunisia, showed that native goats' meat productivity is 4 kg of meat/female/year on average. Means of live weights and weight gains from 1171 recorded kids, raised under low input production systems, are shown in table 1. On average, the weaning weight is 13 kg with an average daily gain of 100 g/d. Females are usually first mated at 8 months of age.

Reproduction performance in the mountains of Northern Tunisia showed that age at first calving of local goats was 412 d, with a sd of 30 d. Calving intervals (CI) were 300 d on average. They were shorter by 55 d than CI of Alpine and Boer breeds. Twinning rate was 130%. Figures in table 2 show age at first calving by month.

Results of crossbreeding

Crossbreeding trials under Tunisian conditions showed that crossbred animals (Local x Boer) were 30 to 35% heavier at weaning. Crossbred females (Local x Alpine) or F2 produced higher milk yields than the native ones (Table 3).

Crossbreeding with the Alpine (F1 and F2) was suggested for the oasis production system and the Boer crosses were suggested for traditional low-input production systems. However, due to the lack of complete, organized crossbreeding structures in the field, that does not allow to exceed these levels of

Table 1. Average live weights of native kids.

Age (days)	Weight (kg)	Standard error
Birth	2.6	0.6
10	4.0	0.9
30	6.2	1.6
70	10.6	2.7
90	12.9	3.4
ADG 10-30	110	53
ADG 30-70	111	46
ADG 30-90	112	44

Table 2. Mean ages at first calving by calving month.

Month of calving	Number	Mean age	Minimum	Maximum
7	2	284	284	284
8	2	489	489	489
9	2	526	526	526
10	30	467	399	518
11	20	455	405	489
12	124	410	298	518
1	34	414	357	531
2	66	390	327	487
3	18	378	282	409
4	4	334	325	342

Source: EDIMO/GTZ Project reported by Hammami, 2000.

Table 3. Average growth traits of native, exotic kids and crosses.

	Pure breeds				F1				
	(L)	(A)	(B)	(S)	(P)	(L*A)	(L*B)	(L*S)	(L*P)
Weight									
(kg)	2.81	3.85	3.51	3.20	3.56	3.43	3.27	3.28	3.1
wb	4.33	5.53	5.54	5.07	4.99	4.68	5.17	4.85	4.53
w_{10}	6.62	8.58	8.46	8.32	8.04	6.72	7.37	7.27	7.16
w_{30}	10.98	15.51	14.17	14.14	13.31	11.39	12.84	12.14	13.38
w_{70}	12.72	18.18	15.77	16.58	15.53	16.65	15.40	13.76	15.75
w_{90}									
ADG (g/j)									
10-30	-	152.25	146.28	162.90	152.10	102.10	106.60	120.70	131.80
30-70	-	-	-	-	-	152.30	130.70	139.40	127.50
30-90	101.04	155.69	117.86	122.70	137.6	140.50	126.50	132.00	113.13

(L) Local; (A) Alpine; (B) Boer; (P) Poitevine; (S) Saanen.

crossbreeding, upgrading operations to the above exotic breeds were mostly practiced. These practices have posed major limitations to the possibility of improving genetically native animals without upgrading them to exotics and harming the existing local biodiversity.

Proposed alternatives

Upgrade to exotic is probably the most widely practiced of all crossbreeding systems, especially in developing countries. It is a real example of a population replacement strategy. After the first two or three generations, the amount of heterosis contributing to performance becomes negligible. This strategy, apart from improving the performance of native breeds, has led, in many cases, to their loss by upgrading to exotics (Figure 1 and 2).

The following alternatives were proposed in order to put a limit to the loss of native genes, at the same time improving the productivity of native goats. One crossbreeding strategy that has the potential to improve native breeds and at the same time keep a proportion of their own genes is the upgrading to 50% or 75% exotic males.

Improvement of meat productivity of native goats

Upgrading to 50% exotic (Boer for example) can be achieved by maintaining a nucleus flock of selected goats from the local population. Boer sires can be used in the selected nucleus to produce F1 males. The latter are then used for general crossing with the main local breed population. In each generation, 50% of the maximum heterosis effect is maintained. The first crossbred generation in the local population

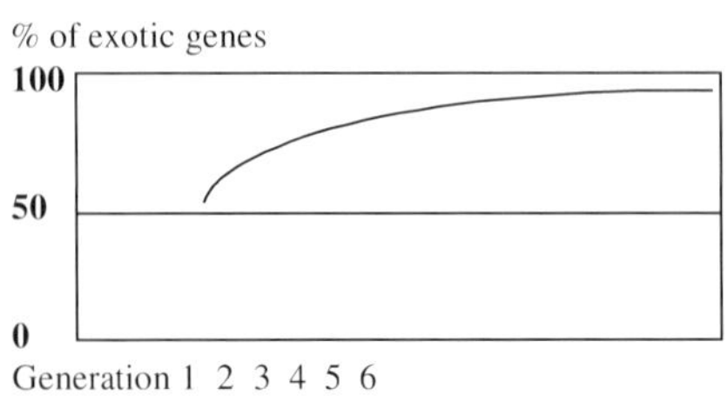

Figure 1. Upgrading to exotic.

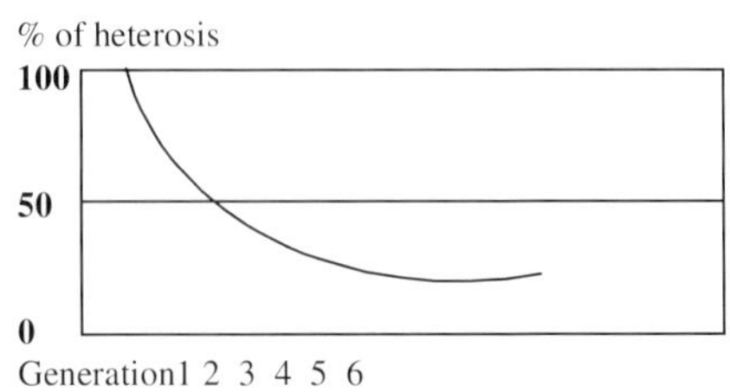

Figure 2. Heterosis in upgrading to exotic.

has 25% of exotic genes, but this proportion rapidly approaches a stable value of 50%. The system therefore explains half of the heterosis effect and half of the added difference between the local and the exotic breeds. The operational advantage of this scheme is that in many local populations it is difficult to organize any kind of breeding intervention other than the provision of bucks. On the other hand, it may well be possible to form an effective nucleus flock from the local native females. These females could then be mated with semen imported from the chosen exotic breeds and the resulting F1 bucks could be used in either natural mating or artificial insemination to breed the local goat populations.

Improvement of milk productivity of native goats

The oasis system can allow raising of improved goats thanks to the possibility of producing enough fodder and by-products to feed the animals. A higher degree of exotic genes is required. One possibility is the use of F2 sires (Local x Alpine). As in the preceding structure, Alpine sires are first mated to selected females of the local population to produce an F1 generation. These are backcrossed to the Alpine bucks to produce three-quarter bred males, which are then used on the local population (Figure 3). This procedure could be repeated in each generation, thus exploiting the opportunity of using any genetic improvement that took place in the exotic population.

This breeding system within around four generations, will give the local population up to three quarters of exotic genes. The proportion of maximum heterosis, which begins at 75% in the first generation, drops to a level of 37.5 % (Cunnigham, 1987).

Implications

The two examples described above show that adapted native goats can be upgraded to 50% or even to 75% exotic breeds, without losing a proportion of their local genes, thus ensuring their adaptation to stressful environmental conditions.

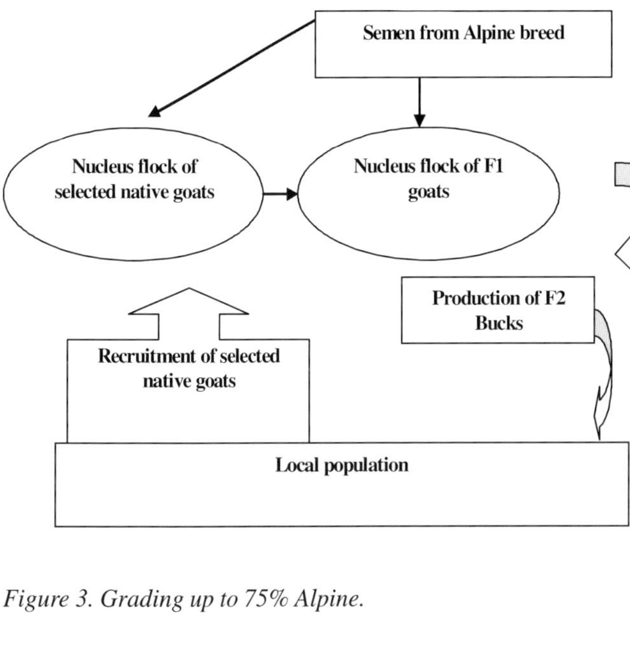

Figure 3. Grading up to 75% Alpine.

The operational advantages of these schemes can be noted in situations where it is difficult to organize any kind of breeding intervention other than providing bucks. The desired intermediate genotype is rapidly achieved, a good proportion of maximum heterozigosity is retained and no organized activity is required in the commercial flocks other than accepting F1 or F2 males.

References

Biao, Ali. 2003. Estimation des paramètres génétiques des caractères de croissance de la chèvre locale. Mémoire de DEA, INAT.

Cunningham, E. P. and O. Syrstad. 1987. Crossbreeding bos indicus and bos Taurus for milk production in the tropics. FAO Animal Production and Health paper 68. (Food and Agriculture Organization of the United Nations) Rome, Italy.

FAO. 1999. The Global Strategy for the Management of farm Animal Genetic Resources. (Food and Agriculture Organization of the United Nations) Rome, Italy.

Hammami Hedi, 2000. Analyse zootechnique de l'élevage caprin dans les zones montagneuses du Gouvernorat de Bizerte. Journée nationale sur l'élevage caprin. OEP, Gabes.

MEDAGRI, 2002. Yearbook of agricultural and food economies in the Mediterranean and Arab countries.

Philipsson, J. 2002. Animal genetic resources for sustainable agriculture and food production. Module 1. Animal Genetics training Resources (CD-ROM), Version 1.

Use of Near Infrared Spectroscopy (NIRS) to analyse goat milk and cheese composition and quality

M.P. Agüera[1], C. Angulo[1], J.L. Ares[2], E. Díaz[1], A. Garrido[1], N. Moreno[1], N. Nuñez[1], M.D. Pérez[1] & J.M. Serradilla[1]

[1]Department of Animal Production, University of Córdoba, P.O. Box 3048, 14080 Córdoba, Spain
[2]Agricultural Research and Training Centre (C.I.F.A), P.O. Box 3092, 14080 Córdoba, Spain

Summary

In 1990, our research group started using a Near Infrared Spectroscope to analyse goat milk, in order to study the effect of the genetic polymorphisms of the as1-casein gene on milk composition. This was the first time that NIRS calibrations were obtained to measure main components of goat milk and also the first time that calibrations were obtained to measure casein fractions in milk. Since then, calibrations for these milk constituents have been constantly improved with new instruments, new sets of samples and calibrations for new parameters (rheology parameters, curd and cheese yields, somatic cell and germ counts and fat, protein and dry matter contents in whey and cheese). More recently, research has been carried out to obtain calibrations for the detection of frauds.

Keywords: NIRS, goat milk, goat cheese.

Introduction

The goat cheese industry needs fast and cheap routine methods to determine composition, hygienic quality and technological properties of milk and cheese composition, to comply with market regulations and to detect possible frauds. Furthermore, milk recording and selection schemes require the use of new selection criteria based upon milk casein contents and technological properties, for which fast routine analytical methods are also needed.

Presently, several expensive analytical instruments or time consuming laboratory techniques are needed to achieve these purposes.

Near Infrared Spectroscopy (NIRS) is a good alternative, since it constitutes a powerful multipurpose technique, which is thoroughly applied in agriculture and food industry for the analysis of multiple products. Rodriguez-Otero (1997) published a review of all possible applications of NIRS in dairy products. Moreno *et al*. (2003) applied NIRS to detect small amounts (a minimum of 3%) of cow milk in goat milk, which constitute a common fraud in the goat cheese industry. Díaz (1993), Angulo (1997) and Agüera (2003) have used NIRS to quantify the main milk components and rheology parameters, including casein fractions and cheese yields, and they have also discussed the use of the method in milk recording and selection schemes.

Material and methods

Instruments and samples

Three different instruments have been used in our laboratory since the first calibrations were obtained: Pacific Scientific 6250, Foss NIR System 6500 SY-I and Foss NIR System 6500m SY-II with a fibre optic probe.

Different sets of calibration and validation samples have been used with each of the instruments. Some of them were milk samples collected from individual goats and samples of cheese made with these milk samples, in the context of goat genetics and selection studies. Other sets were constituted from tank milk samples and cheeses collected in cheese industries. Mixtures with different proportions of goat and cow milk were prepared for the calibrating NIR instrument to detect and quantify cow milk in goat milk and cheese.

Sample presentation, spectra and software

Milk samples have been presented to the instrument in two forms: dry, following the DESIR method (Alfaro and Meurens, 1990), and liquid. Two forms of presentation have also been used for cheese samples: homogenised and intact.

Different calibration and validation methods, included in software developed specifically for NIR spectra treatments (NSAS and WINISI), have been used. Best calibrations have been usually obtained with the partial least squares regression (PLS) method, or some modifications of this method (MPLS), using partial regression values obtained from main principal components synthesising spectra information.

The quality of calibrations is measured by a set of statistics, the most relevant being the coefficient of determination (R2 for calibrations and r2 for validations), which should be the highest possible, and the standard errors of calibration (SEC), cross-validation (SECV) and external validation (SEV), which should be the lowest possible.

Parameters analysed

Calibrations have been obtained a) for milk composition parameters: lactose, fat, protein, total casein, as-casein, αs1-casein, β-casein, κ-casein and total solids contents, b) for milk rheology parameters: pH, coagulation time (CT), curd firming rate (K20), curd firmness at 30 minutes (a30), curd firmness at 60 minutes (a60), curd yield (CY) obtained under laboratory conditions and cheese yield (ChY) obtained with a traditional farm cheese recipe in a pilot cheese making plant and c) for milk hygienic quality: somatic cell counts (SCC) and germ counts (bacteria/ml). Whey and cheese constituents, fat, protein and dry matter contents, have also been the objects of calibrations.

Results and discussion

Table 1 shows the results of calibrations and validations. The best calibration equations were obtained using MPLS in most of the cases. Coefficients of determination are over 0.80 and standard errors are low with respect to average values for most of the parameters considered, except for rheology parameters and somatic cell count. This proves that NIR can be used for accurate routine analysis of main milk components, cheese yield and cheese composition.

The poor calibration statistics obtained for rheology parameters are the consequence of the low repeatability of tromboelastographic values, used as a reference for calibration. New research is being

Table 1. Sample size and statistics of near infrared spectroscopy (NIRS) best calibration equations obtained for each of the milk and cheese parameters analysed with samples taken from individual goats.

	Best Calibration[1]			Cross validation[1]		External validation[1]			
Variable (trait)	Nº	R^2	SEC	r^2	SECV	Nº	r^2	SEV	References
Milk Composition									
Protein	185	0.96	0.09	0.94	0.1	9	0.90	0.16	Agüera (n.p)
Casein	142	0.96	0.11	0.93	0.14	9	0.95	0.14	Agüera (n.p.)
αs-casein	48	0.90	0.04	-	-	33	0.86	0.06	Díaz, 1.993
αs1-casein	130	0.83	0.86	0.78	0.98	9	0.68	2.31	Agüera, 2.003
αs2-casein	140	0.69	0.47	0.64	0.51	9	0.35	0.56	Agüera (n.p.)
β-casein	48	0.94	0.04	-	-	29	0.92	0.06	Díaz, 1.993
κ-casein	48	0.92	0.02	-	-	28	0.86	0.05	Díaz, 1.993
Fat	187	0.94	0.27	0.91	0.33	9	0.85	0.63	Agüera (n.p.)
T. solids	176	0.96	0.26	0.94	0.34	9	0.86	0.72	Agüera (n.p.)
Lactose	50	0.98	0.01	-	-	44	0.92	0.09	Díaz, 1993
Rheology[2]									
pH	138	0.85	0.08	0.82	0.10	-	-	-	Angulo, 1997
CT	108	0.57	5.29	0.42	6.11	-	-	-	Angulo, 1997
K20	97	0.27	2.50	0.24	2.56	-	-	-	Angulo, 1997
A30	77	0.12	15.1	0.07	15.8	-	-	-	Angulo, 1997
A60	209	0.40	9.07	0.29	9.86	-	-	-	Angulo, 1995
CY	108	0.88	2.01	0.80	2.77	-	-	-	Angulo, 1997
ChY	126	0.80	1.49	0.71	1.87	-	-	-	Angulo, 1997
LnSCC	157	0.36	0.93	0.22	1.02	-	-	-	Angulo, 1997
Cheese									
Fat	178	0.89	1.93	0.88	2.06	-	-	-	Agüera (n.p.)
T. solids	186	0.93	1.93	0.92	1.99	-	-	-	Agüera (n.p.)
Protein	101	0.92	1.28	0.89	1.5	-	-	-	Agüera (n.p.)

[1]R^2: Determination coefficient of calibration . SEC: Standard error of calibration. r^2: Determination coefficient of validation. SEV: Standard error of validation. SECV: Standard error of cross-validation

[2]CT: Clotting time K_{20}: Curd firming rate a_{30}: Curd firmness at 30 m. a_{60}: Curd firmness at 60 m. CY: Cheese yield under laboratory conditions ChY: Cheese yield LnSCC: Logarithm of somatic cells count. TY: Total yield.

Table 2. Cross validation statistics for near infrared spectroscopy (NIRS) calibrations obtained with industry tank samples for goat milk, whey and cheese.

	Milk		Whey		Cheese	
Parameter	SECV	r^2 (1)	SECV	r^2	SECV	r^2
Fat	0.20	0.92	0.08	0.66	0.57	0.92
Total Solids	0.22	0.95	0.19	0.67	0.92	0.80
Protein	0.07	0.94	0.07	0.76	0.63	0.70
Casein	0.07	0.93				
Lactose	0.05	0.89				
Bacteria/ml (10^3)	499.32	0.58				
Somatic Cells (10^3)	276.89	0.81				

[1]r^2: Determination coefficient of validation. SECV: Standard error of cross-validation.

Table 3. Sample size, calibration and cross validation statistics obtained for the near infrared spectroscopy (NIRS) calibrations to detect proportions, ranging from 3% to 50%, of cow milk in goat milk and cheese.

Product	N	SEC	$R^{2(1)}$	SECV	r^2
Milk	332	3.33	0.96	4.1	0.931
Fresh cheese	309	6.99	0.80	8.48	0.704
Mature cheese	168	6.09	0.87	7.90	0.789

[1]R^2: Determination coefficient of calibration; SEC: Standard error of calibration;
r^2: Determination coefficient of validation; SECV: Standard error of cross-validation

carried out with a new coagulometer, computer assisted, (YSEBAERT model ORTIGRAPH) to improve these calibrations.

Results in table 2 (Pérez, 2001) show determination coefficients over 0.80 and low standard cross validations errors, which proves that NIRS provides a solution capable of fulfilling the analytical requirements of the cheese industry with a single instrument. Results for bacteriology are poorer, but good enough to possibly obtain a classification in two categories (below and over the legal maximum).

Table 3 shows the results of a first approach to using NIRS for the detection of different proportions (ranging from 3% to 50%) of cow milk in goat milk and cheese.

Conclusions

NIRS calibration and validation results, obtained for most of the analytical parameters in our laboratory, prove that NIRS technology may fulfil all routine analytical needs of goat milk producers and transformers with a single instrument.

References

Agüera M.P, B. Urrutia, A. Sánchez, J.L. Ares, L. Amigo, & J.M. Serradilla 2003. Near infrared calibrations for a_{s1} casein fraction from goat´s milk. 11th Conference on NIRS Spectroscopy, Córdoba, Spain (in press).

Alfaro G. & Meurens M., 1990. DESIR near-infrared dry extract spectroscopy: a new quality-control technique for use in the food industry. Belgian Journal of Food Chemistry and Biotechnology 45(2): 63-69.

Angulo C., M. Analla, I. Jiménez, A. Muñoz, A. Moraga & J.M. Serradilla, 1995. Near infrared analysis of cheese-making properties of goat´s milk. The proceedings of the 7th International Conf. on NIR, Montreal, Canadá.

Angulo, C. 1997. Doctoral. Thesis. Department of Animal Production. Univesity of Córdoba. Spain

Díaz, E. 1993. Doctoral. Thesis. Science Faculty. University of Cordoba, Spain.

Moreno N., J.L. Ares, & J.M. Serradilla,, 2003. Detection of cows milk and fresh cheese by multivariate analysis of NIRS data. 11th Conf. on NIRS Spectroscopy, Córdoba, Spain (in press).

Pérez M.D., A. Garrido, J.M. Serradilla, N. Nuñez, J.L. Ares & J. Sánchez 2001. Chemical and microbiological analysis of goat´s milk, cheese and whey by near infrared spectroscopy. In: NIRS: Proceedings of thr 10th International Conference. Davies and Cho (Eds). 225-228.

Rodriguez Otero J.L, M. Hermida & J.A. Centeno, 1997 Analysis of dairy products by NIRS: a review. J. Agrc. Food Chem. 45 (8): 2815-2819.

Farm goat and sheep production in Andalusian mountainous areas

J.L. Ares[1], M.P. Agüera[2] & J.M. Serradilla[2]

[1]*Agricultural Research and Training Centre, P.O. Box 3092, 14080 Cordoba, Spain*
[2]*Department of Animal Production, University of Cordoba, P.O. Box 3048, 14080 Cordoba, Spain*

Summary

A study has been carried out concerning production levels, technologies used and social and economical aspects of 303 traditional farms and small cheese industries, which represent adequately this sub-sector in Andalusia (southern Spain). Most of them (71.3%) are located in geographically isolated, marginal mountainous areas with fragile ecosystems, limited services infrastructure and a declining population.

Aged over 50, long working experience (more than 20 years) and low training level are the predominant traits of cheese makers and farmers producing milk for these industries. Most farms are family owned and managed, with a small number of animals (50 to 100) and extensive or semi-extensive production systems. Most industries produce small quantities (less than 1 000 kg per year) of pure goat or ewe cheese, using traditional handcraft methods. Some chemical characteristics of these cheeses are also summarised.

Keywords: fragile ecosystems, mountainous areas, goat, sheep, traditional cheese.

Introduction

Modern and efficient agriculture has been characterised by the use of well proved technologies and production systems in order to obtain traditional products with a rational and sustainable use of natural resources, maintaining at the same time high quality levels and competitive prices (Reganold *et al.*, 1990).

The development of production systems adapted to local conditions has been widely studied and used as a way to generate complementary rents of important social value, contributing to elevate the standard of living of the agrarian population, stopping or reducing the abandonment of farm activities (Boyazoglu, 1989; Le Jaouen, 1990).

Developing small goat and sheep farms, with extensive or semi-extensive production systems that allow an ecological use of natural resources and permit to satisfy the growing demand of consumers for natural products, with a high added value for producers, constitute an important economic alternative for the Mediterranean mountainous areas (Boza, 1990).

Certain regions are known worldwide for their local cheese varieties (Carr, 1983; I.N.D.O., 1986). These traditional varieties are closely tied to certain geographical areas with specific climate and socio-economic and cultural characteristics (Barbosa, 1989). The European Union has a high variety of such traditional cheeses (Battistotti *et al.*, 1985).

The orographic (mostly mountainous) and climatic (long dry seasons and extreme temperatures) characteristics of the two thirds of Spain, one of the most important goat and sheep raising regions, allow only a few forms of profitable and sustainable use.

Several autochthonous breeds of goats and sheep exist in Andalusia, mainly orientated to milk products, mostly traditional cheeses, with an excellent quality but practically not known in big cities (Ares, 1990). The processing and commercialisation of these milk products constitute the main income for farmers in mountainous areas with scarce economic resources.

Material and methods

A large study of 303 traditional farms and small cheese industries, located in various Andalusian localities, has been carried out. During the visits to the farms and industries, information was collected on diverse technological parameters, using previously prepared questionnaires (Ares, 1987).

Entire pieces of cheese were also collected, transported and refrigerated at 4ºC for laboratory analysis. Each cheese sample (50 gr.) was analysed, repeating the analysis three times per sample, after previous elimination of about 2 cm of the external area, following the methodology recommended by the International Dairy Federation (I.D.F.). Fat was extracted with petroleum ether and weighted (I.D.F., 1965). Samples were dried up to constant weight, to calculate the relation of fat to dry matter of cheese (I.D.F., 1958).

Results and discussion

The results obtained (Table 1) allow us to classify the different cheese making technologies in three groups: handmade cheese (74.7%), industrial traditional cheese (19.7%) and cheese made with new technologies (5.6%). Handmade production is much more frequent in the eastern part of Andalusia (78.9%), than in the western area (71.3%).

The typical profile of the farmers interviewed corresponds to a 50 year old person, or older (46.4%), with a long labour experience (61.3%) and low training level (45.9%). Most farms (53.9%) are family owned and managed, with a low number of animals (50 to 100), individual ownership prevailing (88.1%) over the co-operative or other type of association ownership. Production systems are mostly extensive or semi-extensive (91.4%).

Five sheep and ten goat varieties of traditional Andalusian cheeses have been studied. Results, expressed as percentages, with respect to cheesemaking seasons and fat to dry matter content relation (FM/DM) are shown in Tables 2 and 3.

The sheep cheese varieties studied are (see Table 2): "Sierra de María" (Almería), "Grazalema" (Cádiz), "Los Pedroches" (Córdoba), "La Calahorra" (Granada) and "Los Montes de San Benito" (Huelva), all of them included in the list of traditional dairy products of the European Union (European Commission, 1996). These varieties are produced in mountainous areas, like many other traditional cheeses of the Mediterranean countries (Battistotti *et al.*, 1985).

Concerning the season in which cheeses are made, the traditional varieties are classified into three groups: those produced mostly in the winter, those produced mostly in the spring and the group of

Table 1. Regional distribution of Andalusian traditional farm and small cheese industries according to their cheese making technology (%).

Cheese making technology	Western Andalusia	Eastern Andalusia	Whole Andalusia
Handmade	71.3	78.9	74.7
Industrial traditional	22.2	16.7	19.7
New technologies	6.5	4.4	5.6

Table 2. Sheep cheese traditional varieties of Andalusia classified according to fat to dry matter (FM/DM) relation and cheesemaking season (%).

Traditional varieties	Cheesemaking Season		FM/DM relation		
	Winter	Spring	Low[1]	Middle[1]	High[1]
Sierra de María	87.5	12.5	-		100.0
Grazalema	44.8	55.2	-	46.0	54.0
Los Pedroches	58.7	41.3	-	35.9	64.1
La Calahorra	49.0	51.0	43.5	56.5	-
Los Montes de S.Benito	19.1	80.9	-	68.3	31.7

[1]Low: 25-45% Middle: 45-60% High: >60%.

varieties produced both in winter and spring. A single variety, "Sierra de María", constitutes 87.5% of total cheese of the first group. The second group is formed mainly by the variety "Los Montes de San Benito" (80.9%). The other three varieties, processed in both seasons, constitute the third group.

Regarding fat to dry matter relation (FM/DM), 100% of the "Sierra de María", 64.1% of the "Pedroches" and 54% of the "Grazalema" cheeses are considered highly rich in fat varieties. A large part (68.3%) of the "Los Montes de San Benito" and 56.5% of the "Calahorra" cheeses can be classified as medium fat varieties. In this last variety, a high percentage of low fat cheeses (43.5%) has been found. These results reflect the prevalence of varieties with medium and high FM/DM relation, like in most of the traditional sheep cheese varieties from other Spanish regions (M.A.P.A., 1990) and in other EU countries (Barbosa, 1989; Boyazoglu, 1989).

Traditional goat cheese varieties are shown in Table 3. Some varieties are markedly seasonal. The "Fresco de Almería", "Cádiz" and "Aracena" varieties are mostly processed in the winter (77.3%, 70.6% and 60% respectively). "Alhama de Granada" (75.7%), "Sierra Morena" (68.7%), "Las Alpujarras" (64.9%), "Ronda" (64.3%), "Las Serranías de Jaén" (61.3%), and "La Tiñosa" (60%) are produced in the spring, in the indicated proportions. On the other hand, the "Málaga" variety is produced practically in the same proportion during both seasons (53.6% in the winter and 46.4% in the spring).

Most of the "Cádiz" (76.5%) and "Fresco de Almería" (68.2%) cheeses are low fat. All cheeses of the "Las Alpujarras", "Málaga", "Ronda" and "Sierra Morena" varieties and most of the "Alhama de

Table 3.Goat cheese traditional varieties of Andalusia classified according to fat to dry matter FM/DM relation and cheesemaking season (%).

	Cheesemaking season		FM/DM relation		
Traditional varieties	Winter	Spring	Low[1]	Middle[1]	High[1]
Fresco de Almería	77.3	22.7	68.2	31.8	-
Cádiz	70.6	29.4	76.5	23.5	-
La Tiñosa	40.0	60.0	30.0	70.0	-
Alhama de Granada	24.3	75.7	-	86.5	13.5
Las Alpujarras	35.1	64.9	-	100.0	-
Aracena	60.0	40.0	-	12.0	88.0
Las Serranías de Jaén	38.7	61.3	19.4	80.6	-
Málaga	53.6	46.4	-	100.0	-
Ronda	35.7	64.3	-	100.0	-
Sierra Morena	31.3	68.7	-	100.0	-

[1]Low: 25-45% Middle: 45-60% High: >60%.

Granada" (86.5%), "Las Serranías de Jaén" (80.6%) and "La Tiñosa" (70%) varieties are medium fat, while the "Aracena" (88%) cheeses belong mainly to the high fat category. In general, these results are similar in the majority of the traditional varieties of goat cheese produced in other Spanish regions, which are also classified as medium and high fat cheeses (I.N.D.O., 1986). In other EU countries, on the contrary, traditional goat cheeses are predominantly low fat (Battistotti *et al.* 1985; Le Jaouen, 1990).

Conclusions

Mountainous areas in Andalusia present conditions that favour isolation and declining population. A relatively large number of traditional, handmade sheep and goat cheese varieties are produced in theses areas, linked to extensive or semiextensive production systems using natural resources in a sustainable way. These cheeses can potentially cover a large part of the demand for natural, ecologically respectful and good quality agricultural products in urban markets. However, some constraints (high age, low training and low association levels of producers) limit the expansion and broad commercialisation of these products. Developmental policies are needed to overcome these limitations.

References

Ares, J.L. 1987. Encuesta a los queseros artesanos de Andalucía. Doc. Trab. C.I.D.A.

Ares, J.L., 1990. Quesos andaluces tradicionales. ACTA-A., 51-65. Córdoba.

Barbosa, M.,1989. Situación de los quesos artesanos en Portugal. Jn. Tcn.Trujillo, Cáceres.

Battistotti, B., V., Bottazzi, A., Piccinardi & G. Volpato, 1985. Quesos del mundo. Ed. Elfos. Barcelona.

Boyazoglu, J., 1989. La production laitière en systèmes extensifs méditerranéens. Options Médit. Sér. Sém. 6, 141-147.

Boza, J., 1990. Sistemas de producción caprina en las zonas áridas del sureste de la península ibérica. Terra Arida, 10, 23. Coquimbo, Chile.

Carr, S., 1983. Guía de los quesos. Ed. Folio. Barcelona.

European Commission. 1996.

I.D.F. 1958. International standards FIL-IDF 4: 1958.

I.D.F.1965. International standards FIL-IDF 32: 1965.

I.N.D.O. 1986. Inventario de quesos artesanos de España. Dir. Gral. Pol. Alim. Barcelona.

Le Jaouen, J.C., 1990. Production du lait et marché des produits laitiers caprins dans le bassin méditerranéen. Options Médit. Sér. Sém.12, 73-80.

M.A.P.A. 1990. Catálogo de quesos de España. Secr. Gral. Tecn. Barcelona.

Reganold, J., R., Papendrick & J. Parr, 1990. L'agriculture biologique. Pour. Sci. 154, 30-39.

Farm's and farmer's characteristics affecting the selection of sheep and goat livestock's marketing channels in Greece

L. Tsourgiannis, A. Errington & J. Eddison

University of Plymouth, Faculty of Land, Food and Leisure, Newton Abbot, Devon TQ12 6NQ, United Kingdom

Summary

This paper examines the factors affecting the choice of marketing channel by sheep and goat livestock producers in the Region of East Macedonia and Thrace (EMTh) in Greece. A chi-square analysis was used to assess the association between farm's and farmer's characteristics and the selection of a particular marketing channel. The Kruskal-Wallis non parametric test was used to identify the relationship between the factors affecting the choice of marketing channel and the selection of a particular marketing channel. Four categories of marketing channels were identified while many factors were found to be associated with the selection of a particular marketing channel, including sales price, loyalty, volume of production and financial performance.

Keywords: livestock marketing, sheep meat, goat meat, marketing channels.

Introduction

McLay, Martin and Zwart (1996) argue that many agricultural economists have traditionally taken the view that marketing is a process that occurs after products leave the farm gate. Mitchell (1976) identified the product orientated, the selling orientated and the market orientated livestock producers.

Little is known about the strategic management process of farmers and particularly about the factors and the farmers' characteristics that influence them to choose a particular strategic alternative. Some studies have attempted to identify the characteristics of farmers using particular channels. Distribution risk was found to influence marketing decision-making (Royer, 1995). Transaction cost is another factor that has significant influence on marketing decision making (Hobbs 1996, Loader 1997). Others have sought to categorise farmers according to their strategic behaviour. McLay *et al* (1996) identified five strategic groups according to the strategy used by crop farmers in New Zealand, while Ohlmer, Olson and Brehmer (1998) categorised Swedish farmers in relation to their decision making. This paper aims to examine the factors affecting the choice of marketing channel by sheep and goat livestock producers in the Region of East Macedonia and Thrace (EMTh) in Greece.

Materials and methods

A ten page questionnaire was used to identify both the marketing channels that were used by farmers and also the characteristics of their farms and the farmers themselves. There were questions that respondents were asked to answer on a 5-point Likert scale, in order to identify the perceived importance of several factors influencing the choice of marketing channels. The questionnaires were pre-tested and piloted in the autumn of 2001. The main survey took place in spring 2002, in a sample of 343 sheep and goat farmers in the Region of EMTh in Greece. For the present study, the questionnaires were answered through field interviews, due to the poor literacy of most sheep and goat farmers in the Region of EMTh and the fact that most of these farmers are not familiar with this kind of research (Errington 1984, Oppenheim 2000). The effective response rate was 92%. The sample was derived randomly from lists that were obtained from the Local Authorities. Those lists include 6 826 sheep and goat farmers operating in the Region of EMTh. In this study, a chi-square analysis was used in order to assess the association between farm's and farmer's characteristics and the selection of a particular marketing channel. The Kruskal Wallis non parametric one way ANOVA was used in order to identify the relationship between each of the factors affecting the choice of marketing channel and the selection of a particular marketing channel.

Results

The results of the survey identified five direct marketing channels and five multi-choice marketing channels (sales to more than one marketing outlet, e.g. selling livestock direct to retailer and to wholesaler) but for analysis purposes only four categories of marketing channels were used, due to relatively small contributions made by six marketing channels.

The livestock marketing channels selection and utilisation for sheep and goat producers in the Region of EMTh in Greece are illustrated in the following figure (Figure 1).

It was found that there is a highly significant different relationship ($P<0.001$) between sales price of livestock, buyer's capability to purchase large quantities of livestock, loyalty, speed of payment, personal relationships, quantity of lambs, and the selection of a particular marketing channel. The figure below illustrates the relationship between each factor and the selection of a particular marketing channel.

A highly significant different relationship ($P<0.001$) was found between the selection of a particular marketing channel and the size of flock, the number of slaughtered animals, the volume of milk production and the financial performance. The relationship between the size of cultivated land allocated to sheep

Table 1. Farmer profiles: characteristics of farmers adopting different channels.

Direct sales to retailers	Direct sales to wholesalers	Private use of livestock	Sales to more than one marketing channels (Multi Channel)
Size of flock:51-150 heads (39.7%)[1]	Size of flock:151+ heads (62.1%)	Size of flock:<50 heads (71.8%)	Size of flock:151+ heads (46.7%)
Volume of slaughtered sheep and goats (all ages): <50 heads (55.9%)	Volume of slaughtered sheep and goats (all ages): 51+ heads (82.4%)	Volume of slaughtered sheep and goats (all ages): <50 heads (76.9%)	Volume of slaughtered sheep and goats (all ages): <50 heads (37.9%) and 151+ heads (37.9%)
Milk produce: 2.001-10.000 kg (41.2%)	Milk produce: 2.001-10.000 kg (40.1%)	Milk produce: <2000 kg (76.9%)	Milk produce: <2.000 kg (43.9%)
Percentage of land allocated to sheep and goat enterprise: 61%+ (38.2%)	Percentage of land allocated to sheep and goat enterprise: 61%+ (43.3%)	Percentage of land allocated to sheep and goat enterprise: 61%+ (48.7%)	Percentage of land allocated to sheep and goat enterprise: <30% (50.0%)

[1]Represents the percentage of farmers who adopt this particular marketing channel.

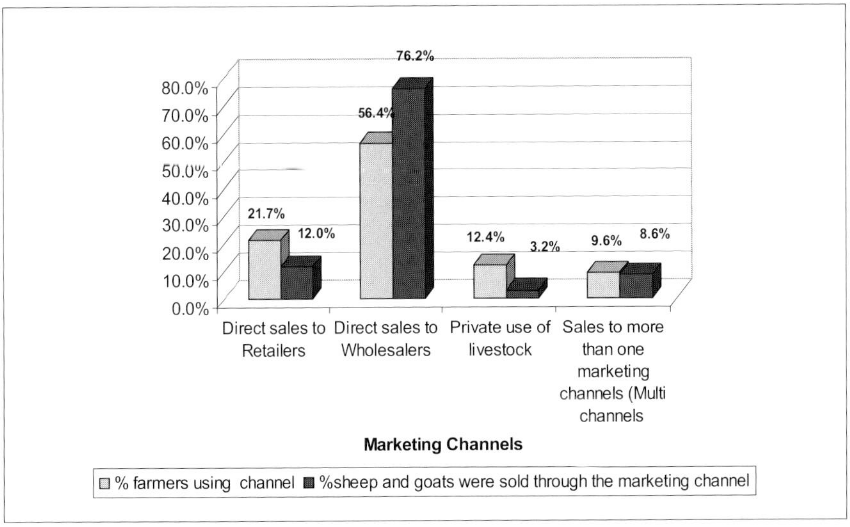

Figure 1. The livestock marketing channels selection and utilisation for sheep and goat producers in the Region of EMTh.

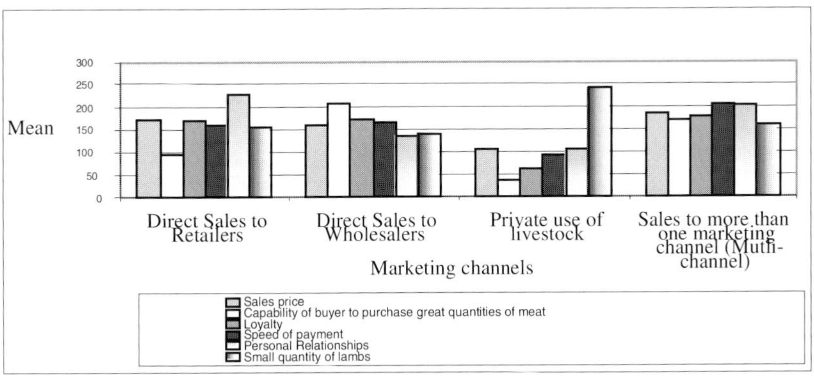

Figure 2. Relationship between factors and milk marketing channel selection.

and goat enterprise and the selection of a marketing channel is significantly different at *P*=0.013. The table below (Table 1) represents the relationship between farm/farmer characteristics and marketing channel selection.

Discussion and conclusion

Generally, many factors affect the selection of marketing channels by sheep and goat producers in Greece. More specifically, farmers that prefer direct sales to retailers are mostly influenced by personal relationships; they are small scale livestock producers and medium scale milk producers with small flocks and they allocate more than 61% of their cultivated land to their sheep and goat enterprise.

Farmers who prefer direct sales to wholesalers are mostly influenced by the buyer's capability to purchase large quantities of livestock; they are medium scale livestock and milk producers with big flocks and they allocate more than 61% of their cultivated land to their sheep and goat enterprise. On the other hand, farmers who prefer the private use are mostly influenced by the small quantity of livestock; those are small scale livestock and milk producers with small flocks and allocate less than 30% of their cultivated land to their sheep and goat enterprise. Finally, those who prefer sales to more than one marketing channel (multi-channel) are mostly influenced by personal relationships; those are small scale milk producers with big flocks and they allocate more than 61% of their cultivated land to their sheep and goat enterprise.

References

Errington, A. 1984. Delegation on Farms: An examination of organisation structure and managerial control on farms in the Vale of the White Horse. Unpublished PhD Thesis, University of Reading.

Hobbs, J. E. 1996. A transaction cost approach to supply chain management. Supply Chain Management. 1 (2), 15-27.

Loader, R. 1997. Assessing transaction costs to describe supply chain relationships in agri-food systems. Supply Chain Management. 2 (1), 23-35.

McLeay, F., S. Martin & t. Zwart, 1996. Farm Business Marketing Behaviour and Strategic Groups in Agriculture. Agribusiness. 12 (4), 339-351.

Mitchell G.F.C., 1976. The influence of Market Intelligence on Farmers' Livestock Marketing Decisions. Department of Economics, University of Bristol, 1-31

Ohlmer, B., K. Olson, & B. Brehmer, 1998. Understanding farmers' decision making processes and improving managerial assistance. Agricultural Economics. 18, 273-290.

Oppenheim, A. N. 2000. Questionnaire Design, Interviewing and Attitude Measurement. Continuum, New York. 303 pp.

Royer, J. S. 1995. Industry Note - Potential for cooperative involvement in vertical coordination and value - added activities. Agribusiness. 11 (5), 473-481.

Effect of dietary salt (NaCl) level on the growth performance and water usage of liquid fed growing-finishing pigs

C.A. Tsourgiannis, L. Tsourgiannis, P.H. Brooks & J. Eddison

University of Plymouth, Faculty of Land, Food and Leisure, Newton Abbot, Devon TQ12 6NQ, United Kingdom

Summary

The objective of this study was to examine the effect of different dietary salt levels on growth performance of liquid fed growing/finishing pigs. The results obtained in this study indicate that increasing the salt concentration from 0.25 to 1.0% does not adversely affect the dry matter feed intake and growth performance of pigs. However, such an increase in salt content did increase water consumption by 240% during Period 1 of the trial. The same animals kept consuming elevated amounts of water, even when they changed to a low dietary salt level diet. This would have important implications for effluent production.

Keywords: pigs, dietary salt, liquid diet, feed intake, water consumption.

Introduction

Salt (NaCl) and water are essential elements of a pig diet. Specifically, dietary salt inclusion in swine diets has been proved to increase growth performance (Mayer *et al.*, 1950; N.R.C. 1973; Falkowski *et al.*, 1998) and to minimise the incidence of biting (Fraser 1987; Tsourgiannis *et al.*, 2002) when it is included at 0.75% to 1.5% respectively. Salt (NaCl) has no impact on the acid-base balance of the diet (Patience & Zijlstra, 2001) and inclusion levels of salt up to 1.5% can be considered safe as pigs can tolerate dietary salt up to 8% (Patience *et al.*, 2001), provided that they have ready access to non-saline water. Water is the nutrient required in the largest quantity by pigs and it has the most rapid rate of turn-over of any nutrient in the body (Turner *et al.*, 1999). The inclusion of water into the feed (liquid diets) has shown a number of advantages for pork production, such as: improved pig performance and feed conversion rate (FCR), reduction of feed loss, improvement of the pigs' environment and health, improved dry matter (DM) intake in problem groups (e.g. weaners and lactating sows) and a number of other rewards (Braude & Rowell, 1967; Brooks, 1994; Brooks, 1999; Brooks *et al.*, 2001; Scholten *et al.*, 1998).

This study investigates the effect of increased level of dietary salt (1%) in liquid diets on biological performance such as feed intake (FI), live weight gain (LWG), feed conversion rate (FCR) and water consumption of rearing pigs between 38.8±1.1 kg and 68±1.1 kg of final weight.

Materials and methods

The experiment was conducted using a cross-over design with two replicates, two periods and two treatments (2x2x2) and lasted for 4 weeks (28 days). Thirty-two pigs were housed in four pens, each containing 4 males and four females (38.8±1.1 kg) at 0.57 m^2/pig stocking density. Each replicate consisted of two treatments: a high quality commercial diet with 0.25% added salt (LSDT), and a second experimental group fed the same basal diet but containing 1% added salt (HSDT). Two randomly chosen pens of pigs were treated using one of the two diets for two weeks and then changed to the second treatment for the rest of the experimental period. The pigs were offered the experimental diets at 2.5 parts of water to one part of food *ad lib* (Braude *et al.*, 1967). The salt was dissolved in the water before being added to the basal diet, to ensure even distribution. Most sodium salts are easily dissolved in the water and sodium ions are readily absorbed (Peeler, 1972). Feed refusals were collected daily and samples were dried in order to calculate the DM of residual food. Freshly mixed food was added twice a day. Feed was provided in all feeding troughs (8 troughs) of each pen, to ensure that all pigs could feed simultaneously if they wished. Fresh water was supplied through a drinker in each pen and water consumption was recorded daily per pen using a water meter (Kent PSM-L). The pigs were weighed on the first and last day of the trial and every 7 days, for four weeks (final live-weight 61±1.1 kg). The data were analysed using a GLM-ANOVA.

Results

Feed intake (FI) was not significantly different between the treatments throughout the experimental period. The animals which changed to HSDT (Table 1) decreased their feed consumption dramatically, even though they were getting bigger and their requirements were rising. Animals of all treatments lost efficiency on FCR as they transferred to the alternative treatment during week 3.

No significant difference in LWG was found between the treatments ($P>0.05$); however, even though pigs on LSDT were consuming 21% more feed (on the basis of DM) during the second week, their LWG was 6.2% lower than that on HSDT. In general, the change of the diet from HSDT to LSDT and vice versa decreased LWG in all treatments very dramatically (Table 1). The change of diet appeared to have a greater impact on pigs that transferred from HSDT to LSDT, although this was not statistically significant ($P=0.098$).

Table 1. Summary of biological performance of pigs fed on different dietary salt levels (average daily values per pen of pigs on weekly basis during Period 1& 2).

	Feed intake DM kg/pig			Live weight gain kg/pig			Feed conversion rate kg/pig		
	HSDT	LSDT	SED	HSDT	LSDT	SED	HSDT	LSDT	SED
Period 1	Group 1	Group 2		Group 1	Group 2		Group 1	Group 2	
1st week	11.54	10.46	1.295	6.398	6.564	0.359	2.049	1.794	0.404
2nd week	12.75	14.27	0.884	7.243	6.795	0.538	2.026	2.145	0.098
				Change of dietary treatment					
Period 2	Group 2	Group 1		Group 2	Group 1		Group 2	Group 1	
3rd week	14.03	15.12	1.257	5.959	5.941	0.416	2.591	2.801	0.244
4th week	13.14	13.94	1.243	6.078	6.078	0.480	2.424	2.582	0.073

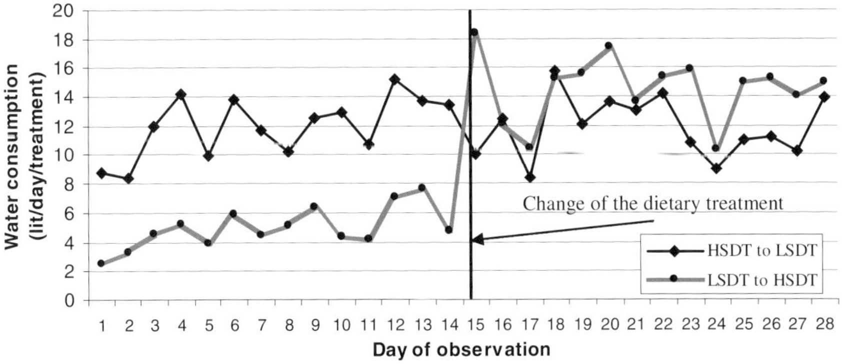

Figure 1. Average daily group water consumption per treatment (n=8 pigs). On day 15, pigs which were fed on the HSDT changed to LSDT and vice versa.

Pigs fed on the HSDT consumed 2.7 and 2.3 times more water ($P<0.001$) than animals fed on the LSDT during week 1 and 2 respectively (Figure 1). The change of dietary treatment in week 3 had a detrimental effect on water consumption for animals of all treatments. During week 3, pigs which changed to the HSDT increased their water intake by 260% (Table 2), in comparison with the pigs on the 0.25% dietary salt treatment which consumed almost the same volume of water as they did while they were fed on the HSDT. Given the reduced physiological need of pigs fed on the LSDT for excessive water usage, the lack of change in water consumption appears to be counter-intuitive.

Discussion & conclusion

No significant differences for FI, LWG and FCR were found between the treatments. Water consumption was significantly higher for pigs which were fed diets contain 1% salt ($P<0.001$). The phenomenon of polydipsia was observed on the pigs which were transferred from HSDT to LSDT. Polydipsia was also observed in animals deprived of food and it was stated that it could be of psychological origin rather than physiological (Yang *et al.*, 1981). During this experiment, pigs fed on the high salt dietary treatment increased their water consumption by 240% during Period 1 and they continued to consume high water levels even when they switched to a low dietary salt treatment (Period 2). This effect would have important implications for effluent production.

Table 2. Weekly water consumption by pigs fed on different dietary treatments.

	Water intake l/pig		
	HSDT	LSDT	SED
Period 1	Group	Group 2	
1st week	11.25	4.243	0.913***
2nd week	12.671	5.636	0.923***
Change of dietary treatment			
Period 2	Group 2	Group 1	
3rd week	14.69	12.20	1.394
4th week	14.41	11.49	1.018*

$^{***}P<0.0001$, $^{*}P<0.05$.

References

Braude, R. & J. G. Rowell. 1967. Comparison of dry and wet feeding of growing pigs. J. of Agricultural Science 68, 325-330.

Brooks, P. H. 1994. Water - forgotten nutrient and novel delivery system. In: Lyons, T.P. & K.A Jacques. Biotechnology in the feed industry Proceedings of Alltech's tenth annual symposium. Nottingham University Press, Nottingham. 211-234.

Brooks, P. H. 1999. The potential of liquid feeding systems. In: Lyons, T.P. & D.J.A Cole. Concepts in pig science. Nottingham University Press, Nottingham. 81-98.

Brooks, P. H., J. D. Beal & S. Niven. 2001. Liquid feeding of pigs: potential for reducing environmental impact and for improving productivity and food safety. Recent Advances in Animal Nutrition in Australia 13, 49-63.

Falkowski, J., M. Gajecki, W. Kozera, D. Bugnacka & L. Zielonaka. 1998. Effect of different NaCl levels in diets on growth and some blood indices of weaned pigs. Medycyna Weterynaryjna. 54 [9], 615-619.

Fraser, D. 1987. Mineral-deficient diets and the pig's attraction to blood: implications for tail-biting. Canadian J. of Animal Science. 67, 909-918.

Mayer, J. H., R.H. Grummer & P.H. Phillips. 1950. Sodium, chlorine and potassium requirements of growing pigs. J. of Animal Science. 9, 301.

N.R.C. 1973. Nutrient Requirements of Swine. In: N.R.C. Nutrient requirements of domestic animals. National Academy of Sciences-National Research Council., Washington, D.C.

Patience, J. F. & R.T. Zijlstra. 2001. Sodium, potassium, chloride, magnesium, and sulfur in swine nutrition. In: Lewis, A.J. & L.L Southern. Swine Nutrition. 213-227.

Peeler, H. T. 1972. Biological available of nutrients in feeds: availability of major mineral ions. J. of Animal Science. 35, 695.

Scholten, R. H. J., Peet-Schwering, v. d., den Hartog, L. A., Vesseur, P. C. & M.W.A. Verstegen. 1998. Effect of liquid by-products on performance and health of pigs. 49th Annual Meeting of the European Association for Animal Production, Warsaw, Poland. 1-12.

Tsourgiannis, C. A., J.F. Robertson & V.R. Fowler. 2002. Influence of salt application on biting by growing-finishing pigs. Proceedings of the British Society of Animal Science. 223.

Turner, S. P., S.A Edwards & V.C. Bland. 1999. The influence of drinker allocation and group size on the drinking behaviour, welfare and production of growing pigs. Animal Science. 68, 617-624.

Yang, T. S., B. Howard & M.V. McFarlane. 1981. Effects of food on drinking behaviour of growing pigs. Applied Animal Ethology. 7, 259-270.

Sheep and goat production systems in Palestine

J. Altarayrah[1], *Ch. Ligda*[2] *& A. Georgoudis*[1]

[1]*Aristotle University of Thessaloniki, Dept. of Animal Prod., 54120 Thessaloniki, Greece*
[2]*NAGREF, Agricultural Research Station of Chalkidiki, 63200 N. Moudania, Greece*

Summary

Forty percent of the total Palestinian agricultural revenue comes from the livestock sector, where sheep and goats are the predominant species. However, studies on sheep and goat production in Palestine and available data are scarce. Sheep and goats are mainly raised for milk, mutton, wool and hide. The sheep population in the country consists of Baladi (Awassi), which accounts for 95% of the population, Assaf and crossbreds. The main goat breeds raised are Baladi (local), Shami and crossbreds between Baladi and Shami. Sheep and goats graze on the eastern slopes, which are the main Palestinian rangelands, during the spring until the middle of summer. Awassi sheep is the dominant breed of sheep in Middle East countries. It is a fat-tailed, hardy, well-adapted breed used for a range of products, meat, milk and wool. Several studies in different parts of the world aim at the exploitation of the Awassi characteristics and the utilisation of this breed in different farming systems.

Keywords: production systems, Awassi sheep, Baladi goats.

Introduction

The farm animal sector plays an important role in the Palestinian agricultural economy, where 40% of the total Palestinian agricultural revenues come from the livestock sector, in which sheep and goats are the dominant species (ARIJ, 1994). Sheep and goats in Palestine are raised for milk, mutton, wool and hide. The Awassi sheep is known for its hardiness and adaptability and in the case of the improved Awassi, also for its high milk production. Yet, prolificacy of the Awassi is low, about 1.2 lambs born per ewe lambing (Epstein, 1985). Sheep and goat populations in Palestine have a very good ability of improving their productivity, which will also result in improved economic output for the farms, if problems such as lack of specialists, extension services, and selection scheme are overcome.

On the other hand, the Awassi sheep breed is already widely used, even outside Middle East countries (Hassan *et al.*, 2002; Kingwell *et al.*, 1995). The ability of this breed to adapt to severe environmental conditions and its high quality meat, are the characteristics that give Awassi the possibility to be used in crossbreeding schemes worldwide.

Production systems in Palestine

Breeds and numbers

The main sheep breed in the country is Baladi (Awassi), which accounts for 95% of the population. The remaining population includes Assaf (4%) and crossbreds. The main goat breeds raised are Baladi (local), which represent 90% of the total, Shami (3%) and crossbreds between Baladi and Shami. In

Table 1, the population of sheep and goats in Palestine from 1993 to 2001 is presented (PCBS, 2003). This information refers to the West Bank and the Gaza strip.

Production systems

The main production system for sheep and goats is transhumance. Feeding is based on grazing, crop residues and supplementary concentrates. For the grazing of sheep and goats, 22 500 ha remain as rangeland, where animals graze from spring till the middle of summer. During the winter, the animals are fed with the product of the cultivated lands after harvesting (mainly wheat, barley, clover etc.). Concentrates are supplementary, supplied to the animals during most of the year. In general, lambs are weaned at the age of 2-3 months. After weaning, ewes are milked twice a day (morning and evening). Many farmers use hormonal treatments for oestrus synchronization and for improving the ovulation rate, in order to increase the number of lambs per female. Yet, prolificacy of the Awassi, the major sheep breed in Palestine, is low. Epstein (1985) has reported a value of 1.2 lambs born per lambing. As lamb production is an important source of income in all Awassi flocks, increasing prolificacy of the Awassi has always been an important breeding goal.

In general, the women and children of the family are responsible for the animal care, as men are usually occupied outside the farm. According to the common practice, milk is processed at home, with main products the baladi cheese, butter and baladi margarine. These products are widely consumed by people in Palestine and have good prices.

No data recording is performed. Selection of breeding animals is carried out according to the experience of the farmer. Baladi or Awassi sheep have lower productivity compared to the Assaf, the second wide-spread sheep breed in Palestine. Farmers prefer the Assaf sheep when indoor rearing systems are to be used, while they prefer Baladi for outdoor rearing systems. This is because Assaf sheep have a lower ability to walk for long distances when grazing and also show higher susceptibility to diseases. However, the Assaf sheep have higher milk production and prolificacy.

Unfortunately, the animal production sector is suffering from the lack of guiding bulletins, specialized scientists, veterinary services, breeding stations and all types of studies on the production systems and the farm animals in Palestine.

Awassi sheep breed of the Middle East

Awassi breed of sheep is widely spread in Syria, Lebanon, Jordan, Iraq, Saudi Arabia, Palestine, Egypt and Turkey (Gootwine *et al.*, 2001; Gursoy *et al.*, 2001; Kingwell *et al.*, 1995). It is a triple-purpose breed used for meat, milk and wool (Tabbaa *et al.*, 2001; Gursoy *et al.*, 2001). It is regarded as an excellent meat type and one of the high milk producing, multiple-purpose breeds. It has a white body coat, usually brown face and legs, and is characterized by a fat tail.

Table 1. Numbers of sheep and goats in West Bank and Gaza strip.

Year	Sheep	Goats
1993/1994	521 685	259 202
1994/1995	445 151	252 235
1995/1996	634 489	272 636
1996/1997	504 903	267 101
1997/1998	537 998	252 258
1998/1999	504 078	295 033
1999/2000	566 409	308 845
2000/2001	615 838	313 583

Table 2. Daily milk production of improved Awassi sheep.

Age (years)	Production (kg/day)
2	1.2
3	1.4
4	1.4
5	1.5
6	1.4
7	1.3

Awassi sheep of the Middle East origin have 60-90 kg body weight for rams and 40-56 kg for ewes. The milk produced amounts to 105-218 kg per lactation, with a lactation length between 150 and 210 days. The Awassi milk type sheep, under intensive production systems, produce up to 350 kg per lactation at the age of 5 years (Table 2). The Awassi meat type sheep, raised under intensive production systems, reach up to 70 kg of live body weight (ACSAD, 1997).

The Awassi sheep produces good quality carpet (medium) wool. The greasy fleece weight, staple length, fibre length and fibre diameter measures in Jordan Awassi sheep were 2.1±0.03 kg, 14±0.18 cm, 24±0.26 cm and 36±0.33 μm respectively (Tabbaa *et al.*, 2201). However, this breed is characterized by low fertility, as reported by Epstein (1985) and Hamadeh *et al.*, (1996).

References

Arab Center for Studies of Arid Zones & Dry lands (ACSAD), 1997. Programme on Conservation of Biodiversity & Environment in the Arab Countries: Sheep Breeds; The Arab League, ACSAD-Damascus, edited by Drs F.M. Tuliamat & M.F. Warda.

Applied Research Institute-Jerusalem (ARIJ), 1994. Dry land Farming in Palestine. ARIJ. Bethlehem. Palestine.

Epsein, H. 1985 H. The Awassi Sheep with Special Reference to the Improved Dairy Type. Animal Production and Health. Paper No. 57, FAO, Rome.

Gootwine, E., A. Zenu, A. Bor, S. Yossafi, A. Rosov, & G.E. Pollot, 2001. Genetic and economic analysis of introgression the B allele of the FecB (Booroola) gene into the Awassi and Assaf dairy breeds. Liv. Prod. Sci., 71: 49-58.

Gursoy, O., G.E. Pollot, & K. Kirk, 2001. Milk production and growth performance of Turkish Awassi flock when outcrossed with Israeli improved Awassi rams. Liv. Prod. Sci., 71: 31-36.

Hamadeh, S.K., E.K. Barbour, M. Abi Said, & K. Daadaa, 1996. Reproductive performance of postpartum Awassi ewes under different lambing regimes. Small Ruminant Research 19: 149-154.

Hassan, Y., J. Solkner, S. Gizaw, & (name initial is missing) Baumung, 2002. Performance of crossbred and indigenous sheep under village conditions in the cool highlands of central-northern Ethiopia: growth, birth and body weights. Small Rum. Res., 43: 195-202.

Kingwell, R.S., A.K. Abadi Ghadim, & S.D. Robinson, 1995. Introducing Awassi sheep to Australia: an application of farming systems models. Agricultural Systems, 47: 451-471.

Palestinian Central Bureau of Statistics (PCBS). Agriculture Statistics (Annual Report), March, 2003.

Tabbaa, M.J., W.A. a-Azzawi, & D. Campbell, 2001. Variation in fleece characteristics of Awassi sheep at different ages. Small Rum. Res., 41: 95-100.

Productive and demographic characteristics of the Grazalema Merina sheep breed

A. Molina[1], J. P. Casas[2], P. Azor[1], M. Valera[1], J. A. Jaén[3] & R. Torres[4]

[1]Departamento de Genética, Campus Universitario de Rabanales, Edificio Gregor Mendel, Universidad de Córdoba, Ctra. Madrid-Córdoba, Km. 396a., 14071 Córdoba, Spain
[2]Cooperativa Agrícola Ntra. Sra. de los Remedios, Olvera, Cádiz, Spain
[3]Asociación de Criadores de la Raza Ovina Merina de Grazalema, Villaluenga del Rosario, Cádiz, Spain
[4]Centro Experimental Agrícola-Ganadero. Excma. Diputación Provincial de Cádiz, Spain

Summary

The Grazalema Merina sheep is a native Andalusian breed which has been traditionally raised in areas of middle-high altitudes (between 1 000 and 1 500 meters) of wide ranges, in valuable ecological grounds (The Natural Park of Grazalema and the Ronda mountains). In the '90s, it was a seriously endangered species; at the present time, however, it shows evident signs of recovery, with more than 1261 breeding females on 41 farms, thanks to support from diverse public administrations and the breeders' association, as well as the development of high added value products (mainly traditional cheese and the handcrafted Grazalema blankets).

In this paper we present the characteristics of the productive system, the census results, the population structure and its main productive characteristics.

According to our results, the Grazalema Merina Sheep breed has a good milk production, with daily averages of 399.61 ml in primiparous females (30% of the animals with up to 0.5 litres/day), high fat content (averaging 9.45%, with 93% of the animals up to 6%) and a high percentage of proteins (averaging 6.98%).

As to meat production, the breed's average prolificity was 135% in single births (145% in multiparous ones). The lambs' average daily gain at weaning was 0.247 g (0.278 g in single birth males). The feedlot growth was 0.240 (0.270 in single birth males).

Keywords: animal genetic resources, biodiversity, sustainable development, rural development, in-situ conservation, ex-situ conservation.

Introduction

The Grazalema Merina sheep is an endangered native Andalusian breed, which lives principally on wide ranges of the valuable ecological grounds of the Grazalema Natural Park and the Ronda mountain range.

During the '70s and the '80s, crossbreeding with other meat-producing breeds caused a great drop in its population, until it reached a critical situation (Rodero *et al.*, 1994). Thanks to the experimental Farm-Ranch Center at Cadiz and a small group of farmers who maintained a small nucleus of pure animals, the breed did not disappear; an association for the protection, recuperation and promotion of this breed was created (Jaén *et al.,* 2002), with 41 members presently.

As a first step in a recovery program, studies were carried out regarding the characterisation of its structure and population dynamics, its breeding system, its morphology and its productive capacity. In this paper, the first results obtained relating to milk production and meat characteristics are presented.

Material and methods

To determine the characteristics of this breed's exploitation type, a poll was carried out among the farmers registered in the Breeders' Association. This included components on the characteristics of the breed's exploitation (geographical situation, type of land ownership, range size, system of exploitation, soil type, etc), on the reproductive and feeding systems in the farms, sanitary management, facilities for the animals, census results and characteristics of the animals exploited and on the marketing of the products.

In order to define productive characteristics, a study was conducted regarding the productive capacity of an experimental flock kept by the Farming and experimental Center of the Cadiz Province at the "El Imperio" farm, in the town of Bosque. The milk production refers to primiparous females, while the milk control performed was A4. For growth control, individual weekly weights were determined, at weaning and from weaning to slaughter.

Results and discussion

Geographical distribution and census

The Grazalema Merina sheep lives mainly in the Grazalema Natural Park and outlying areas in the mountain range of Cadiz and in the mountains of Ronda, in the province of Malaga. These zones are known for their high altitudes, around 1 000-1 500 meters above sea level, and their abundant rainfall which can surpass 2 500 litres annually, making this region an ideal microclimate, identified as a humid variant of the Mediterranean climate.

Presently, we have registered a census of 4 576 sheep in 41 farms, which indicates that, in the last ten years, this census has tripled compared to the relevant census conducted in 1993 (Rodero, 1994).

The main nucleus, as far as the number of animals is concerned, is found at Villaluenga del Rosario (15 farms and 2 049 animals), Grazalema (8 farms and 1170 animals) and Ronda (328 animals in 4 farms). Farms are also found in the regions of Benaocaz, Conil de la Frontera, El Bosque, Olvera, Prado Del Rey, Setenil de las Bodegas, Torre Alhaquime, Ubrique and Zahara de la Sierra.

Characteristics of the productive system

According to our results, the exploitation system is a mixed, semi-extensive one, since the animals are fed through direct consumption, taking advantage of the natural resources of the area, and along with other species, such as goats (Payoya breed), pigs (Iberian branch) and cows (Retinta, Black and Red Berrendas) (Molina *et al.*, 2002). Exploitation is carried out in family units. Generally, there is no paternity control and males stay with females from January to May. In 85% of the flocks, the animals' feeding is supplemented (46% in times of deficiency and 54% during lactation).

Milk production

According to the outcome of our poll, 70% of the flocks are milked (80% on a regular basis and 20% occasionally), generally those situated in the best regions (mainly Villaluenga and El Bosque). They are milked twice a day (70%) and usually by hand (90% of the flocks milked). Lactation usually lasts 3-4 months (from March to June).

Table 1 shows the results of the milk control of the Grazalema Merina sheep at first lactation. The average daily production of 400 ml in lactation of 120 days (with 30% of the animals producing more than 0.5 litres per day) is especially notable. The milk has a high fat content, averaging 9.45% (93% of the sheep averaged above 6%), and a high protein percentage, averaging 6.98%

Milk is intended for the regional cheese industry and is used in the elaboration of the Grazalema Cheese brand, which is produced in the area where the breed is mostly found: Villaluenga del Rosario and Grazalema. This cheese is included in a list of traditional Spanish products proposed for the European Community. The manual process, the organoleptic qualities of the milk and the variety of types make it an excellent product (Fernández-Salguero *et al.*, 1995) whose demand in the market far surpasses its production.

Meat production

According to our results, an F1 lamb often resulted from a crossbreeding with German Merinos. In a pure flock in the Imperio farm, we found an average prolificacy of 1.35 at first parturitions and an average weight at birth of 3.85 kg, which ranged between 4.14 kg in single birth males and 3.19 kg in twin birth females. The average daily gain to thirty days was 0.247 kg/day, ranging from 0.278 kg/day in twin birth males, to 0.125 in single birth females. Table 2 shows the characteristics of the feedlot growth of lambs.

Conclusions

The Grazalema Merina Sheep can be considered as a rustic breed exploited under a mixed semi-extensive system, highly adaptable to regions of medium-high altitudes with heavy rainfall. It plays an important social role for the maintenance of culture and tradition in the sustainable rural development of valuable ecological regions.

Table 1. Characteristics of milk production of the Grazalema Merina breed at first lactation.

	Min	Mean	Max
Average daily production	140.00	399.60	730.00
Fat	4.10	9.45	13.78
Protein	5.45	6,98	9.28
Lactose	2.31	4.17	4.87
Total of solids	13.50	21.18	25.77

Table 2. Age, weight and average daily gain in feedlot of Merina de Grazalema lambs.

	Age	Weight	Average daily gain
Overall	62.24	18.90	0.240
Single birth males	56.40	19.20	0.270
Single birth females	61.15	19.60	0.250
Twin birth males	76.15	14.50	0.162
Twin birth females	78.21	15.00	0.151

According to our results, its milk capacity is more than acceptable, with a remarkable fat content and a high percentage of proteins, present in the qualities of the cheeses produced. As to its meat production, the results obtained showed some rather discreet values, especially during fattening.

At the present time, according to our studies, the Grazalema Merina breed is a sustained, endangered species, with more than 40 farmers having around 4 000 animals in different states of purity. This is the fruit of an initiation of diversification activities, like the formation of a cooperative for the elaboration of a high quality hand-made cheese ("*Payoyo* cheese") that has great demand in the region. Besides this alternative, there is another one in the poduction of blankets ("*Grazalemeñas*") with the rough wool of this breed, recuperating an old tradition from the '60s. However, the principle danger lies in the introduction into the region of outside breeds, more specialised in milk production (at least in terms of quantity), such as the Lacon, the Awasi or the Assaf breeds, with the consequent risk of indiscriminate cross-breeding.

References

Castillo Gigante, J.A. 1960. Producción de Merino de Grazalema. Publicaciones estudios zootécnicos. Cádiz, Spain.

Fernández-Salguero, J.; Gómez, R. y Carmona, M.A. 1995. Queso de Grazalema. Características y posibilidades de producción. Boletín Informativo del Colegio Oficial de Veterinarios de la Provincia de Cádiz, 22: 4-11.

Jaén, J.A., Casas, J. P., Torres, R., Jiménez, J.M., Valera, M., Molina, A. 2002. Situación actual y perspectivas de futuro de la raza ovina andaluza Merino de Grazalema. V Congreso Nacional y III Ibérico de las sociedades española y portuguesa SERGA y SPREGA. Madrid, Spain.

Molina, A.; Nuñez, J.P.; Jaen, J.A., Valera, M.; Juárez, M.; Torres, R.; Rodero, E. 2002. Productive Characteristics of the Spanish Grazalema Merina Sheep Breed. 6th World Merino Conference, Budapest-Hungary.

Rodero, E. 1994. Uso de marcadores genéticos en la caracterización de poblaciones raciales ovinas y caprinas andaluzas en peligro de extinción. Tesis Doctoral. Universidad de Córdoba, Spain.

Rodero, E.; Herrera, M.; Gutiérrez, M.J.; Peña, F. y Torres, R. 1994. Algunas aportaciones al conocimiento de la raza ovina Merino de Grazalema. Boletín Informativo del Colegio Oficial de Veterinarios de la Provincia de Cádiz, 17: 5-10.

Effect of protein source and protein level of the ration on growth parameters and carcass characteristics in organic lamb production

N. Papachristos, E. Sinapis, A. Karalazos & I. Hatziminaoglou

Department of Animal Production, Faculty of Agriculture, Aristotle University, 541 24 Thessaloniki, Greece

Summary

This paper compares data on live weight gain, feed conversion ratio, carcass composition and utilization efficiency of energy and nitrogen for lamb carcass production during the indoor feeding period of an organic sheep production, using diets with different protein sources and protein levels. For this study, 35 Boutsiko breed lambs received, after weaning at 42 days, diets of two protein sources (soybean meal and gluten maize meal), containing two protein levels (7.5 and 15% for soybean and 10 and 20% for maize gluten meal), for a period of seven weeks. Parameters of growth and carcass characteristics and composition were calculated. The results, under the conditions of this experiment, suggest that different diets have no effect on growth parameters and carcass composition of Boutsiko lambs, in spite of the tendency of the high protein levels to improve the daily weight gain and feed conversion ratio, and it is possible to substitute the soybean with gluten meal in the diets of lambs.

Keywords: chemical composition, lamb, meat, diets, slaughter performances, carcass characteristics, chemical composition.

Introduction

It is known that Greek consumers, like consumers in other Mediterranean countries, prefer to consume light lamb carcasses; recently, however, the interest of breeders to produce heavier and healthier lamb meat has increased. To achieve this goal, it is necessary to manipulate growth rate and carcass composition of lambs to achieve acceptable consumer standards, mainly by nutritional management (Zygoyiannis *et al.*, 1999). It has been demonstrated that the period of fattening in which the carcass of Boutsiko breed lambs presents the best characteristics and composition, is until the age of 90 days (Sinapis *et al.*, 2001).

According to the EEC Regulation 1804/1999 for organic livestock farming, it is interesting to substitute soybean meal, which is imported, with home produced maize gluten meal on a fattening system of Boutsiko breed lambs reared indoors and for four months at an organic pasture at the Vlasti Research Station in the Greek province of west Macedonia (1200 m above the sea level). A number of studies that have examined the substitution of soybean meal with gluten meal in the diets of lambs suggest this feeding practice (Karalazos and Liamadis, 1991; Liamadis and Stefos, 1990; Liamadis and Tzortzi, 1990).

The present study was undertaken in order to investigate the growth performance (daily weight gain, feed conversion ratio) and carcass characteristics (carcass yield, proportions of lean, bone and dissected fat) of lambs finished indoors in an organic sheep production, using diets with different protein sources (soybean meal and maize gluten meal), as well as different protein levels.

Materials and methods

Under an organic production system, 35 lambs (7 lambs per group) were used for fattening for a period of seven weeks after weaning (at 42 days of age). The lambs received diets of two protein sources (soybean meal and maize gluten meal), containing two protein levels, 7.5 and 15% for soybean meal and 10 and 20% for maize gluten meal, as well as Lucerne hay and straw ad libitum (Table 1). Table 2 shows the chemical composition of the diets.

Lambs were individually weighed once weekly and slaughtered according to Colomer's (1988) method. Growth parameters (daily weight gain, voluntary feed intake, and feed conversion ratio), slaughter performances (fasting weight, hot carcass weight, dressing percentage), dissected carcass composition (relative proportions of lean, bone and fat) and chemical composition of the shoulder cut of the carcasses were calculated.

Results and discussion

Table 3 shows the growth performance (daily gain, feed intake, feed conversion ratio) of Boutsiko breed lambs for two protein sources and two protein levels. The live weight of lambs at weaning per group (treatment) was of 16.7 to 17.7 kg and the final live weight at slaughter ranged from 27.9 to 30 kg for a finishing period of 50 days (Table 3).

The daily weight gain showed no differences between treatments (Table 3). This result coincides with those reported by Karalazos and Liamadis (1991), since Liamadis and Stefos (1990) found a

Table 1. Composition of the diets.

		Soybean meal		Gluten meal	
	CGr[1]	SM	SH	GM	GH
Maize	60.00	52.50	45.00	50.00	40.00
Barley	39.50	39.50	39.50	39.50	39.50
Soybean meal	-	7.50	15.00	-	-
Gluten meal	-	-	-	10.00	20.00
Salt	0.45	0.45	0.45	0.45	0.45
Vit. + Min.	0.05	0.05	0.05	0.05	0.05
Total	100.00	100.00	100.00	100.00	100.00

[1] CGr: Control Group.

Table 2. Chemical composition of the diets.

		Soybean meal		Gluten meal	
	CGr[1]	SM	SH	GM	GH
Dry mater (%)	86.07	85.96	85.85	85.95	85.84
Crude protein (%)	10.15	13.30	16.46	11.44	12.73
Crude fiber (%)	3.53	3.57	3.62	4.12	4.70
Ether extract (%)	3.19	2.94	2.68	2.83	2.47
Nitr. free extract. (%)	81.60	78.20	74.80	79.34	77.08
Ash (%)	1.81	2.17	2.52	2.42	3.04
ME (Mcal/kg)[2]	2.75	2.75	2.75	2.76	2.77
Total energy (Kcal/g)	4.28	4.30	4.32	4.29	4.31

[1] CGr: Control Group.
[2] NRC, 1985.

Table 3. Effect of diets on daily weight gain, voluntary feed intake and feed conversion ratio.

	Diets					S.D.	Signifi-cance
	CGr	SM	SH	GM	GH		
Weaning live weight (kg)	16.7	17.2	16.7	17.1	17.7	1.3	NS
Final live weight (kg)	27.9	29.4	30.0	28.6	30.0	2.1	NS
Finishing period (days)	50.0	50.0	50.0	50.0	50.0	-	NS
Daily weight gain	224.0	229.5	263.3	227.8	247.5	43.2	NS
Feed intake (kg)	53.5	54.9	54.2	56.2	54.5	5.8	NS
Feed conversion ratio	4.9	4.8	4.2	5.0	4.5	0.7	NS

slight superiority for gluten meal and concluded that further investigation is needed concerning the substitution of soybean meal with gluten meal in the diets of lambs. Liamadis and Tzortzi (1990), however, noted at the same time that there is a significant superiority for the maize gluten meal diets.

The weight gain tended to have higher values as the protein level increased (H: high level) for both protein sources, but the differences were not significant. The average values of daily weight gain obtained in this trial are higher than those reported by Zygogiannis *et al.* (1997) for the same breed (189 g/day), probably due to increased average daily feed intake.

There was no significant difference in feed intake and feed conversion ratio between the groups, but the feed conversion ratio tended to be smaller in diets of high protein level (Table 3).

The slaughter performance and the results of shoulder dissection into lean, bone and fat (the percentage difference of the three tissues above 100 is the percentage of the remainder, which was 1.4-1.9% for all groups) and the chemical analysis for the content % in crude protein and fat of the shoulder cut of lamb carcasses are shown in Table 4.

As anticipated, the weight of lambs after 24 h of fasting increased from 25.6 to 27.7 kg without any significant difference among the groups. The dressing percentage seems to be as high as calculated at empty live weight, whereas there were no differences between the different diets. Furthermore, the relative proportions of lean, bone and dissected fat in shoulder cut were not different among the protein sources neither among protein levels (Table 4).

The results, under the conditions of this experiment, suggest that different diets have no effect on growth parameters and carcass composition of Boutsiko lambs, in spite of the tendency of the high protein levels to improve the daily weight gain and feed conversion ratio. Consequently, in an organic

Table 4. Effect of diets on slaughter performances, carcass characteristics and chemical composition of lamb meat.

	Diets					S.D.	Signifi-cance
	CGr	SM	SH	GM	GH		
Fasting weight (kg)	25.6	27.3	27.7	26.2	27.6	2.2	NS
Hot carcass weight (kg)	14.0	15.3	14.9	14.3	15.0	1.4	NS
Dressing percentage (%)	55.0	56.0	54.0	54.4	54.3	2.8	NS
Shoulder							
Lean (%)	59.6	56.4	59.8	59.0	59.8	3.0	NS
Bone (%)	21.5	20.4	21.1	20.0	20.6	1.7	NS
Dissected fat (%)	17.0	21.8	17.5	19.6	17.9	4.2	NS
Crude protein (%)	17.0	16.3	16.8	17.7	18.2	1.5	NS
Chemical Fat (%)	15.2	16.7	14.4	16.8	16.2	4.9	NS

breeding system it is possible to substitute the soybean meal with maze gluten meal otherwise, protein sources may be totally omitted in diets of lambs, without unfavourable effects on growth parameters and carcass characteristics of Boutsiko breed lambs.

References

Colomer-Rocher, F., 1988. Méthode normalisée pour l'étude des caractères quantitatifs et qualitatifs des carcasses ovines produites dans le Bassin Méditerranéen en fonction des systèmes de production. Agriculture, EUR 11479, 7-30.

Karalazos, A. & D. Liamadis, 1991. The effect of different protein sources on the performance of growing-fattening early weaned lambs. Animal Sci. Review, 13, 47-61.

Liamadis, D. & K. Stefos, 1990. Effect of the protein source and of sex on the rate of gain feed intake and feed efficiency ratio of early weaned lambs. Animal Sci. Review, 12, 43-59.

Liamadis, D. & P. Tzortzi, 1990. Effect of the protein source, energy content rations and of sex on the fattening and carcass characteristics of synthetic type lambs. Animal Sci. Review, 11, 53-71.

National Research Council, 1985. Nutrient Requirements of Sheep. National Academy Press, Washington D.C.

Sinapis, E. Panopoulou, E. Hatziminaoglou, I. Karalazos, A. & B. Skapetas, 2001. Characteristics and composition of lamb carcass of mountain breed slaughtered at different ages. Animal Sci. Review, Special Issue, 25, 53.

Zygoyiannis, D., I. Kyriazakis, C. Stamataris, N.C. Friggens, & N. Katsaounis, 1997. The growth and development of nine European sheep breeds. 2. Greek breeds: Boutsko, Serres and Karagouniko. Anim. Sci., 65, 427-440.

Zygoyiannis, D., N. Katsaounis, C. Stamataris, G. Arsenos, L. Tsaras, & J. Doney, 1999. The use of nutritional management after weaning for the production of heavier lamb carcasses from Greek dairy breeds. Livest. Prod. Sci., 57, 279-289

Description des élevages ovins de race Chios en Macédoine centrale, Grèce

E. Sinapis[1], Z. Abas[2], V. Laga[3] & E. Pliatsika[3]

[1]Département de Production Animale, Faculté d'Agronomie, Université Aristote,54124 Thessalonique, Grèce
[2]Université Démocrite de Thrace, Faculté de Développement d'Agriculture
[3]Institut d'Enseignement Technologique de Thessalonique, Département de Zootechnie

Résumé

La race Chios est très réputée parmi les races ovines grecques pour sa production laitière (222 kg du lait trait/brebis/lactation, en moyenne; 200 jours de lactation) et sa prolificité (187%, en moyenne) donc elle est considérée comme la plus efficace pour des systèmes d'élevages intensifs.

L'étude, à partir d'une enquête, de 41élevages en Macédoine centrale (qui représentent le 53% des élevages de cette race en Macédoine) a montré que: la taille de troupeau qui domine est de 101-200 têtes (37% des cas) et 201-300 (37% des cas), 54% des élevages ont été créés pendant la dernière décennie, 58% des éleveurs s'occupent entièrement de l'élevage, 51% des élevages pratiquent la traite mécanique, tout le lait est destiné aux industries laitières (54%) et aux petites fromageries régionales (46%), la continuité de l'élevage est incertaine dans le 37% des cas, mais un pourcentage de 37% des éleveurs envisage de le transmettre à sa descendance et le reste (26%) va continuer ce métier. Il faut tenir compte que 41% des éleveurs ne sont pas maries, et que 29% entre eux ont jusqu'à 40 ans, 37% ont entre 40 et 60 ans et de 34% plus de 60 ans.

Nous croyons qu'avec la suppression des aides financières un grand nombre d'élevages extensifs surtout en régions difficiles et marginales disparaîtra et que le système intensif avec la race Chios sera une solution alternative pour ceux qui veulent continuer à s'occuper de brebis laitières, étant donné que les 29 de ces élevages se trouvent en régions semi- montagneuses.

Keywords: questionnaires, exploitations, race Chios, production laitière, conditions environnementales.

Introduction

La race Chios est d'origine de l'homonyme île grecque de la mer Egée. Grâce aux efforts de la Station de Recherche d'Agronomie de Chalcidique, depuis 1977, cette race a été exploitée dans plusieures régions en Grèce du Nord, particulièrement en Macédoine (Gabriilidis *et al.*, 1988), soit pour élever en race pure soit en croisements avec les populations locales (Ploumi *et al.*, 1996).

L'intérêt des éleveurs grecs pour cette race continue à augmenter, puisque la race Chios est très réputée parmi les races ovines grecques pour sa production laitière (222 kg du lait trait/brebis/lactation en 200 jours de lactation, en moyenne) et sa prolificité (187%, en moyenne) et elle est considérée comme la plus efficace pour des systèmes d'élevages intensifs (A.G.I.C., 2002). Aussi, il est bien connu qu' un certain nombre de brebis de cette race peut faire deux mises-bas dans la même année (Zervas *et al.*, 1988). Le but de cette étude est la description des élevages ovins de race Chios en Macédoine centrale, en Grèce, étant donné que l'élevage des brebis Chios est en expansion importante.

Matériels et méthodes

Une enquête a été menée auprès de 41 élevages de race de brebis Chios en Macédoine centrale, en Grèce. Les élevages représentent le 53% des élevages de cette race en Macédoine, avec un effectif d'environ 8.000 têtes qui sont au contrôle laitier officiel (Tableau 1).

Le questionnaire a été rempli entre Mai et Octobre 2001 pendant des visites d'une durée de 2-3 heures à chacun de 41 éleveurs et avait pour but l'indentification de paramètres sociaux économiques, de structures techniques, de mode d'occupation et de production.

Résultats et discussion

L'élaboration des questionnaires a montré que la taille de troupeau qui domine est de 101 200 têtes (37% des cas) et 201-300 (37% des cas) et seulement 5 élevages possèdent au dessus de 300 têtes (Tableau 2). Du même tableau on constate qu'aux 31 élevages (76% des cas) la production laitière moyenne est au dessus de 200 kg, ce qui indique la haute productivité laitière de la race Chios, déjà mentionnée par d'autres auteurs (Zervas *et al.*, 1988; Ploumi *et al.*, 1996; Ploumi *et al.*, 1998; A.G.I.C., 2002).

Les résultats (Tableau 3) ont mis en évidence que 58% des éleveurs s'occupent entièrement de l'élevage et cette situation existe surtout en régions montagneuses où les conditions environnementales favorisent l'élevage des ovins et des caprins, tandis qu'au reste des exploitations (42%) on note une importante activité agricole, hors élevage, en complément du revenu.

Tableau 1. Brebis de race Chios au contrôle laitier officiel (A.G.I.C., 2002).

Préfecture	Élevages	Têtes
Chalcidique	29	5 072
Thessalonique	23	3 291
Imathia	12	1 067
Kilkis	7	1 122
Pella	7	826
Total	78	11 378

Tableau 2. Taille du troupeau et production laitière des brebis Chios.

	Taille du troupeau (têtes)				Production Laitière (kg)		
	<100	101-200	201-300	>301	<200	201-300	>300
Élevages	6	15	15	5	10	16	15
Pourcentage %	15	37	37	12	24	39	37

Tableau 3. Activité des éleveurs et terres utilisées par les élevages.

	Activité de l'éleveur			Terre utilisé		
	Agriculteur	Éleveur	Autre activité	Individuel	Loué	Indiv.+ Loué
Élevages	13	24	4	18	2	21
Pourcentage %	32	58	10	44	5	51

Une grande partie des exploitations recourt, dans des proportions variables, à la location de terre (51%) et seulement le 5% loue toutes les terres. Le reste (44%) des éleveurs sont propriétaires des espaces qu'ils utilisent (Tableau 3).

Le tableau 4 montre que l'un tiers des éleveurs ont moins de quarante ans, élément très encourageant pour ce métier difficile. La plupart des éleveurs sont mariés (59%) et leurs exploitations sont de type familial et ont entre 40 à 60 ans. Par contre les non mariés ont jusqu'à 40 ans d'age.

Parmi les 41 élevages de l'étude les 18 (44%) sont de type familial, les 11 (27%) utilisent un employé, tandis que les 12 (29%) utilisent deux employés. Il faut noter que seulement les 23 élevages utilisent les 35 employés (Tableau 5).

Il apparaît au tableau 6 que 54% des élevages ont été créés la dernière décennie et les facteurs essentiels qui ont contribué à cette situation étaient: les aides financières par l'Etat, le chômage, les prix satisfaisants du lait, l'amélioration des conditions du travail (traite mécanique etc.) et la haute productivité de cette race. La continuité de l'élevage est incertaine dans le 37% des cas, mais un pourcentage de 37% des éleveurs envisage de le transmettre à ses enfants et le reste (26%) va continuer ce métier (Tableau 6).

Il ressort du tableau 7 que la majorité (51%) des élevages pratique la traite mécanique. Les éleveurs préfèrent cette mécanisation notamment en raison de la grande taille du troupeau et la haute production laitière de ses brebis. En ce qui concerne le lait produit, on constate que tout le lait est destiné aux industries laitières (54%) et aux petites fromageries régionales (46%). On n'observe pas, alors, d'autoconsommation ou auto valorisation de lait.

Tableau 4. Age et condition familiale des éleveurs.

	Age (ans)			Condition familiale	
	<40	40-60	>60	Marié	Non Marié
Élevages	12	15	14	24	17
Pourcentage %	29	37	34	59	41

Tableau 5. Type d'élevage et age des employés.

	Type d'élevage			Age des employés		
	Familiale	Un employé	Deux employés	<20 ans	20-40 ans	>40 ans
Élevages	18	11	12	16	15	4
Pourcentage %	44	27	29	46	43	11

Tableau 6. Création et continuité des élevages.

	Création de l'élevage			Continuité de l'élevage		
	Avant 1980	1981-1990	1991-2001	Le même	Les infants	Incertain
Élevages	7	12	22	11	15	15
Pourcentage %	17	29	54	26	37	37

Tableau 7. Type de traite appliquée et valorisation du lait.

	Type de traite		Vente du lait	
	Manuelle	Mécanique	Industries	Fromageries
Élevages	20	21	22	19
Pourcentage %	49	51	54	46

Conclusion

Les informations recueillies par cette enquête décrivent le système semi-intensif ou bien intensif de l'élevage de race Chios, qui peut être généralisé dans plusieures régions de la Grèce. Nous croyons que, avec la suppression des aides financières dans l'avenir, un grand nombre d'élevages extensifs, surtout en régions difficiles et marginales, disparaîtra et que le système intensif avec la race Chios sera une solution alternative pour ceux qui veulent continuer à s'occuper de brebis laitières, étant donné que les 29 de ces élevages se trouvent en régions semi- montagneuses.

Références

A.G.I.C. (Animal Genetic Improvement Center), 2002. Results of genetic improvement of Chios sheep. Nea Mesimbria, Thessaloniki.

Gabriilidis, G.H., Zervas, N.P., Hatziminaoglou, J., Georgoudis, A. and J.G. Boyazoglu, 1988. The Chios breed. Special bulletin published by the Ministry of Agriculture, Agricultural Research Station of Halkidiki, Greece.

Ploumi, K., Soulopoulos, D. and S., Savidou, 1996. The production of the Chios breed sheep in Macedonia. EAAP Publication, No 79, 131-136.

Ploumi, K., Belibasaki, S. and G., Triantaphyllidis, 1998. Some factors affecting daily milk yield and composition in a flock of Chios ewes. Small Rum. Res., 28, 89-92.

Zervas, N.P., Hatziminaoglou, J., Georgoudis, A. and J.G. Boyazoglu, 1988. Characteristics and experiences of Chios breed. J. Agric. Sci. Finland, 60, 576-584.

La transhumance ovine et caprine en Grèce centrale

V. Laga[1], *E. Sinapis*[2], *Z. Ambas*[3] *& I. Katanos*[1]

[1]*Institut d'Enseignement Technologique de Thessalonique, Département de Zootechnie*
[2]*Département de Production Animale, Faculté d'Agronomie, Université Aristote 54124 Thessaloniki, Grèce*
[3]*Université Démocrite de Thrace, Faculté de Développement d'Agriculture*

Résumé

Le système transhumant, variante de l'ancien nomadisme, se pratique dans plusieures régions de la Grèce (il concerne 7,5% environ du cheptel d'ovins et de caprins, soit 850 000 ovins et 500 000 caprins), mais surtout dans la région de Thessalie en Grèce centrale, où 1 300 élevages (240 000 ovins et 80 000 caprins) pratiquent chaque année la transhumance. Ce système s'appuie presque entièrement sur un effort de mise en valeur des pâturages de montagne et dans notre cas, des pâturages de la chaîne du Pinde, qui traverse la Grèce. Les races rustiques d'ovins (Vlachiko et Boutsiko) et de caprins (locale) réalisent sans grand dommage (jadis à pied, aujourd'hui en camion) le grand déplacement de transhumance vers la chaîne du Pinde. Les animaux se déplacent vers les estives au mois d'avril et reviennent dans la plaine de Thessalie en octobre.

20,7% du cheptel ovin et caprin et 14% des exploitations de la région de Thessalie pratiquent aujourd'hui la transhumance vers les régions montagneuses (33% dans le département de Grevena, 12,8% dans celui de Ioannina et 10,2% dans celui de Kozani). La taille moyenne des troupeaux est environ de 250 animaux. La longueur du déplacement des troupeaux varie entre 50 et 200 km et les destinations de Grevena, de Ioannina et de Kozani sont les plus éloignées. On constate également des déplacements dans les limites intérieures de la région de Thessalie (16,5%). Pendant l'estivage, la plupart des éleveurs valorisent eux-mêmes le lait produit en fabriquant du fromage artisanal.

Keywords: système transhumant, population ovine et caprine, troupeaux sédentaires.

Introduction

L'élevage transhumant ovin et caprin constitue un système dynamique pour la région de Thessalie depuis des décennies. Il est caractéristique que d'après ce qu'on rapporte, plus de 600 000 ovins et caprins transhumants du pays - le quart environ des troupeaux nomades - étaient élevés en 1923 en Thessalie (Syrakis, 1925). De nos jours, la plaine de Thessalie continue d'être le lieu d'hivernage d'un nombre important d'ovins et de caprins transhumants, qui, d'après les dernières données des 4 Directions départementales de Thessalie, s'élève à 319 720 animaux (238 750 moutons et 80 520 chèvres), représentant environ 20% de l'ensemble des ovins et caprins élevés en Thessalie (Laga, 2003) et la région de Thessalie occupe la première place pour le nombre d'animaux transhumants (Tableaux 2 et 3). Les élevages transhumants extensifs de Thessalie sont fortement liés avec le nomadisme et le «*tseligato*» (troupeau collectif) qui était très répandu au cours du 19ème siècle et a survécu jusqu'à la Seconde Guerre mondiale (Hatziminaoglou, 2001). Autour de la ville de Larissa, pendant la période 1950 – 1960, il y avait 150 environ «tseligato» comprenant chacun 3 000 animaux. Les Sarakatsans, les Koupatsares, les Vlaques, les Karagounes sont parmi les plus connus des groupes humains à avoir appliqué et à continuer d'appliquer le système d'élevage transhumant (Actes du Colloque, Serres, 1983; Poulianou, 1994).

Matériel utilisé

Nous avons utilisé les dernières données des 4 Directions d'Agriculture départementales de Thessalie, relatives au nombre des élevages transhumants, à leur population, au lieu d'estivage et à la distance entre lieu d'hivernage et estives. Parallèlement, après discussion avec de nombreux éleveurs, nous avons essayé d'approfondir la logique des déplacements et de prévoir leur avenir.

Résultats et commentaires

La population ovine et caprine de la région de Thessalie s'élève à 1 542 000 animaux (1 046 570 moutons et 495 686 chèvres, tableau 1). Le climat doux de l'hiver, les températures d'été très élevées ainsi que l'étendue importante des pâturages ont été les raisons essentielles pour lesquelles les éleveurs ont appliqué le système transhumant (Laga, 1986, 2003).

La population transhumante a diminué de façon significative ces 50 dernières années à cause du grand développement de l'agriculture et par conséquent de la diminution du nombre des pâturages hivernaux, mais surtout à cause des changements socio-économiques qui ont eu lieu dans notre pays.

Malgré cela, ces vingt dernières années, la population transhumante ovine et caprine est stable. Aujourd'hui, 20% environ des moutons et des chèvres sont élevés avec le système transhumant (Tableaux 2 et 3). On constate que la plus grande partie de la population transhumante se trouve aux environs de la ville de Larissa. Cela s'explique parce que:

- Dans le département de Larissa, il y a des pâturages hivernaux plus importants que dans les autres départements. Leur superficie dépasse les 200 000 hectares.
- L'hiver y est doux et les pâturages sont considérés comme les meilleurs «hivernages».
- L'approvisionnement en concentrés et en fourrage de luzerne est très facile parce qu'ils sont produits dans le département.
- La ville de Larissa est un carrefour de communication.

Tableau 1. Population ovine et caprine élevée en Thessalie.

Département	Moutons	Chèvres	Total	%
Larissa	564 152	217 773	781 925	50,7
Trikala	264 015	140 087	404 102	26,2
Magnissia	90 927	109 620	200 547	13,0
Karditsa	127 476	28 206	155 682	10,1
Total	1 046 570	495 686	1 542 256	100,0

Source: Directions de l'Agriculture des départements de Thessalie, 2002.

Tableau 2. Population ovine et caprine transhumant en Thessalie.

Département	Moutons	Chèvres	Total	%
Larissa	168 915	49 800	218 725	68,4
Trikala	45 183	16 465	61 648	19,4
Magnissia	11 623	8 689	20 312	6,4
Karditsa	13 029	5 566	18 595	5,8
Total	238 750	80 520	319 720	100,0

Source: Directions de l'Agriculture des départements de Thessalie, 200.

Tableau 3. Répartition de la population transhumante ovine et caprine par région selon le système d'élevage.

Système d'élevage	Région							
	Thrace %	Macédoine %	Epire %	Thessalie %	Sterea Ellada & Eubée%	Péloponnèse %	Crète et autres îles %	Toute la Grèce %
Moutons								
Sédentaire	98,4	98,3	80,5	78,5	80,8	81,2	80,9	84,1
Transhumant	1,6	0,3	10,4	19,3	8,9	7,3	5,1	7,5
Familial	0,0	1,4	9,1	2,2	10,3	11,5	14,0	8,4
Chèvres								
Sédentaire	98,4	98,3	80,5	78,4	82,5	81,2	80,9	84,1
Transhumant	0,0	0,3	10,4	19,3	2,8	7,3	5,1	7,5
Familial	1,6	1,4	9,1	2,3	14,7	11,5	14,0	8,4

Source: Service National Grec des Statistiques, 1998.

Tableau 4. Répartition de la population transhumante ovine et caprine selon le lieu des estives.

Estives	Moutons		Chèvres	
	Population	%	Population	%
Macédoine Occidentale	118 811	49,76	39 849	49,49
Macédoine Centrale	12 895	5,40	2 101	2,61
Epire	40 148	16,82	7 929	9,85
Sterea Ellada	774	0,32	2 827	3,51
Thessalie	66 122	27,70	27 814	34,54
Total	238 750	100,0	80 520	100,0

En ce qui concerne la taille, les données montrent que celle des troupeaux transhumants est plus importante que celle des troupeaux sédentaires (300 animaux en moyenne pour les troupeaux transhumants et 130 pour les troupeaux sédentaires). Cela s'explique car en général, le troupeau constitue la source principale de revenu des éleveurs transhumants alors que pour les éleveurs sédentaires, il complète les revenus provenant de l'agriculture.

Les troupeaux se déplacent au printemps (fin mai) vers les pâturages montagneux, de préférence vers la chaîne du Pinde qui traverse la Grèce. L'altitude des pâturages varie de 700 à 2 500 m. Les troupeaux de chèvres valorisent d'habitude les pâturages de la zone de chênes arbustifs de basse altitude, environ 700-1100m.

Les estives appartiennent aux départements voisins de la Macédoine occidentale, de l'Epire, de la Sterea Ellada. Un important pourcentage (35% à peu près) se déplace vers les pâturages montagneux de la région de Thessalie. Il s'agit de troupeaux provenant surtout des départements de Trikala et de Karditsa (Tableau 4).

La distance entre lieu d'hivernage et estives varie de 27 à 270km. Les courtes distances concernent les déplacements à l'intérieur de la Thessalie et les plus grandes ceux vers l'Epire et la Macédoine occidentale.

Le transport des troupeaux se fait par camions et seul un petit nombre d'éleveurs continue à se déplacer à pied.

Le retour des troupeaux commence au mois de novembre. La plupart des troupeaux retourne aux hivernages en octobre, avant la période des mises-bas. Le retour en novembre concerne d'habitude les troupeaux de chèvres avec des mises-bas tardives.

Conclusion

La population transhumante ovine et caprine a diminué de façon significative pendant les 50 dernières années dans toute la Grèce. Pourtant, elle reste stable dans la région de Thessalie depuis ces vingt dernières années et cela renforce notre conviction que le système transhumant est possible et qu'il doit constituer un système viable dans le cadre des formes d'élevage modernes et alternatives ayant comme but principal l'utilisation de la toute gamme des terres montagneuses et en général des régions défavorisées (Hatziminaoglou, 1997).

Références

Directions de l'Agriculture des Départements de Thessalie, Données statistiques. – 2002. Service National Grec des Statistiques, 1998 (en Grec).

Laga V. 1986.Systèmes d'élevage ovins laitiers transhumants de Grèce centrale: Résultats des élevages et performances de la race vlachico, Thèse, Université des Sciences et Techniques du Languedoc.

Laga V., Hatziminaoglou I., Boyazoglu J., Abas Z. 2003. Elevages transhumants ovins et caprins en Macedoine occidentale (Grece), Ethnozootechnie (à paraître)Actes du Colloque «Sarakatsans: une population nomade», Serrès 1-3, Octobre 1983.

Syrakis D. 1925. L'élevage nomade en Grèce, Bulletin Agricole de la Société d'Agriculture Grecque, XII, Tome 169, pp.651-777, Athènes. (en Grec).

Hatziminaoglou I. 2001. Moutons et chèvres en Grèce et dans le monde , tome 1, Thessalonique, 2001, p. 240.

Poulianou D. 1994. Kopatsares, un passé vivant au pied du Pinde oriental, Bibliothèque de la Société Grecque d'Anthropologie, n°7.

Present status of goat breeding in Turkey

M. Koyuncu, E. Tuncel & S.K. Uzun

University of Uludag Faculty of Agriculture 16059 Bursa, Turkey

Summary

Turkey is one of the leading countries in the world as far as the number of goats and production from goats are concerned. Due to many reasons, the number of goats has decreased in recent years. Hair and Angora goats are the dominant goat breeds of the country. Hair goats are raised throughout the country but are concentrated especially in the mountainous part of the country, while Angora goats are raised mainly in central Anatolia. All the production systems prevailing in the country are extensive. The various yields are comparatively low, especially in native goats, and the income of goat farms is not encouraging. According to present knowledge, the future of goat raising would be rather pessimistic unless certain measures were taken.

Keywords: goat, production, performance traits, Turkey.

Introduction

Turkey has about 7.2 million heads of goat. Turkey's goat population is 6.8 million Hair or Black goat and 0.37 million Angora goat (Anonymous, 2002). There are many reasons for the presence of such a large number of goats in Turkey. Geographical and ecological conditions, as well as the socio-economic situation of goat keepers, are suitable for goat raising. Goats are kept for milk, meat, skin and hair for several centuries in Anatolia. Goat milk and meat are the main sources of animal protein for the inhabitants of the Turkish mountainous areas and surroundings. Goats provide 4.4 % of the total red meat, 2.2 % of the total milk, 12.2 % of the total skin and naturally 100 % of the mohair and hair production of the country.

Although the number and economical importance of goat breeding enterprises has decreased over the years, goat breeding still plays and important socio-economic role for the people living in and around forest areas. The socio-economic structure of the local population of these territories is appropriate for goat husbandry. Some poor parts of the population rely only on goat production for their survival.

The two breeds, named Hair and Angora goat, are dominant in the total goat population. But the number of goats has decreased in recent years, due to many reasons. The total number of the two main breeds and their distribution in various agricultural regions of the country, are shown Table 1. It can be clearly seen that goat is raised almost throughout the whole country. The density of Hair goats increases along with the altitude of the land, because of the flora. In forests and bushy areas, when the size of cultivated land is limited, the number of goats increases. Those regions are quite suitable for meeting the demands of goats, while at the same time the feedstuff available in those areas can be utilized only by goats. People living in such regions keep goats mostly for a living, while some of them are occupied with small-scale arable farming as well. On the other hand, Angora goats are concentrated in central Anatolia, especially in the province of Ankara and surroundings. This breed partly exits in some provinces in the south-eastern part of the country too. From Table 1, it is clear that the density of Hair goats is rather

Table 1. Number and density of goats in the agricultural regions of Turkey (Anonymous, 2002).

Agricultural regions	Number of goats (head)		Total (head)	Number of goats per km^2 (head)
	Hair	Angora		
1. Central North	284 280	227 046	511 326	4.1
2. Aegean	1 332 680	17 255	1 349 935	13.1
3. Marmara	215 850	-	215 850	4.8
4. Mediterranean	1 742 584	-	1 742 584	20.2
5. North-East	295 981	910	296 891	3.9
6. South-East	1 917 680	29 156	1 946 836	16.9
7. Black Sea	100 164	24 313	124 477	1.7
8. Central East	525 871	108	525 979	6.2
9. Central South	414 397	74 187	488 584	4.7
Total	6 829 487	372 975	7 202 462	-

high in the uplands. In any case, it is known that the socio-economic structure of the native population is suitable for goat husbandry (Koyuncu & Tuncel, 1998).

Apart from these two breeds, there is another native breed which is called Kilis and is kept especially in the Gaziantep province, situated at the Syrian border. A limited number of Malta, Saanen and crossbred dairy goats are also present in the West and Marmara regions of the country. The total number of the abovementioned minority of goat breeds is estimated to about 200 000 heads.

Goat husbandry systems in Turkey

Different management systems prevail in goat husbandry, depending on the environmental and social conditions. In one of these systems, farmers keep a large number of goats and most of their income comes from goat production. At this type of enterprise, goat keeping is done either by a hired shepherd or by one of the family members. Only a small amount of the product is consumed within the family and the rest is sold mainly in the form of dairy products like cheese. The number of such goat owners is not particularly high and they usually use a system commonly known as "Horizontal Transhumance". In this system, goat herds are sometimes mixed with sheep, especially in the eastern part of the country; they are taken to gradually higher grazing lands and return back late in the autumn. The "Vertical Transhumance" system is more common among goat breeders of the other parts of the country. In this system, herds are taken out early in the morning and return back in the late afternoon. Milking is generally performed when the animals are outside. In some villages, the size of the herds varies between 10-50 heads for each farmer. In this case, animals are gathered in a common herd managed by a hired shepherd. The herd is usually taken to the grazing land during the day.

Although nomadism has declined over the years, it is still a prevailing system of goat husbandry. Nomads are people with no permanent residence. Thus, they do not own land for arable farming and grazing. They generally keep goats, and occasionally sheep, at the highlands of East Anatolia and move to the south-east depending on the climatic conditions. The number of animals owned by each nomad group varies depending on the number of people in each group. They generally produce and sell cheese, in order to meet their essential living needs. They also produce goat hair and skin, mostly for private use.

There is another system, common in the western, southern and northern part of the country, called family enterprise. In this system, farmers have other farming business, such as orchards or arable lands, keeping a small number of dairy goats for private consumption. Unfortunately, goats are usually kept under poor conditions (Tuncel & Okuyan, 1988).

Angora goat husbandry systems are similar to the systems described above. In some areas, this breed is raised extensively and herds have generally a size of 400 or 500 heads.

Type of production

There are two main production types which affect the goat management system in the country. These can be classified by the name of the breeds, that is Angora goat production and Hair goat production. Dairy goat production can also be added to these two systems. In the Angora goat production system, mohair is the main product. Milk and meat can be regarded as by-products. On the other hand, the main product of Hair goats is milk. Meat production is generally less important. Hair, down, skin and, to some extent, manure can be regarded as by-products of Hair goats.

Goats provide 3.7 % of the total red meat, 3.0 % of the total milk, 9.5 % of the total skin and naturally 100 % of the mohair and hair production of the country (Table 2). Table 3 aims to give a general idea on average yields of goats in Turkey.

Problems and evaluation of goat breeding

The number of goats has steadily decreased during the last twenty years, clearly indicating that farmers tend to abandon the goat business or reduce the number of goats they keep; this means that goat keeping is not profitable any more. Therefore, it is almost impossible for any investments to be made in order to develop the goat breeding activity genetically and environmentally. Especially Angora goat breeding should be maintained, as far as foreign trade and the home textile industry are concerned.

Table 2. Production of various goat products and their proportions in the total production (Anonymous, 2002).

Product	Prod. from goats	Total prod.	Proportion in the total prod.(%)
Read meat(tons)	21 393	491 497	4.4
Milk (tons)	220 295	9 793 000	2.2
Skin (number)	1 232 034	10 133 130	12.2
Mohair (tons)	421	421	100.0
Hair (tons)	2 697	2 697	100.0

Table 3. Average yields of some performance traits in different goat breeds Eker et al., *(1978); Imeryuz & Koseoglu (1980); Sengonca (1989).*

	Milk yield							
Breeds	Lact. length (days)	Lact. yield (kg)	Hair yield (kg)	Mohair yield (kg)	Repr. perf. (%)	Liveability up to 3rd month (%)	Adult live weight (kg)	Dressing Percentage (%)
Hair	90-120	60-90	0.7-2.0	-	123.0	88.0	40-45	40-45
Angora	80-100	25-55	-	1.0-2.0	87.5	98.0	30-40	45-50
Kilis	190-260	250-320	0.6-1.0	-	142.5	93.5	35-50	43-47
Malta	175	250-350	-	-	184.0	95.7	40-45	40-44

This, in turn, necessitates a very efficient and dynamic organisation among breeders, in the marketing and breeding fields. New types of products made from mohair, such as carpets, curtains, etc, should be introduced by locals to boost mohair production. An acceptable basic price should be defined especially for best-quality mohair. Otherwise, tradition would not be sufficient enough for people to continue the Angora goat production activities. The solution to other problems, such as lack of breeding material, feeding, hygiene, etc, depends on profitable marketing. Meat, down or coarse hair and skin are other commercial materials which have been exported. But both domestic market and international market prices are too low to encourage goat keepers. On the other hand, the potential of down production, in terms of quantity and quality, should be investigated and the export or domestic use of cashmere should be promoted.

The intensity of goat husbandry in the country might not be higher in the near future. The settlement of nomadic tribes or over population in the forest areas as well as the price policy on goat products will enforce the decline of goat numbers. Any positive changes in the factors making goat keeping profitable in the future will be made by raising the productivity rather than by increasing the number of goats (Tuncel & Rehber, 1995).

The points mentioned thus far apply also to the production of milk and by-products. The way of making goat cheese more expensive should be found, since goat cheese has had a lower price thus far, compared with sheep or cow cheese.

References

Anonymous, 2002. Statistical Yearbook of Turkey. State Institute of Statics.

Eker, M., Yener, S.M., Askin, Y. and Tuncel, E., 1978. Studies on the Body Development and Live Weight Gain of Kilis Goats. Yearbook of Faculty of Agriculture, 28: 1-16.

Imeryuz, F. and Koseoðlu, H., 1980. The Effect of the Level of Nutrition on the Growth Survival, Reproduction and Mohair Characteristics in Angora Goats. Journal of Lalahan Zootecni Research Institue, 20: 20-39

Koyuncu, M. and Tuncel, E., 1988. The Importance of Goat production in Turkey. 1th Agean Region Agriculture Congress , Aydin, Turkey.

Sengonca, M., 1989. Small Head Animal Breeding (Goat Breeding). University of Uludag Aware Publication No. 27.

Tuncel, E. and Okuyan, R., 1988. Present Status and Future of Goat Husbandry in Turkey. World Review of Animal Production, Vol. XXIV, No. 2, April-June 1988.

Tuncel, E. and Rehber, E., 1995. Goat Production Systems in Turkey. Goat Production Systems in the Mediterranean. EAAP Publication No. 71, 111-135.

Goat breeding in Drama district of East Macedonia, Greece

I.Katanos, V. Laga & B. Skapetas

Technological Educational Institute of Thessaloniki, Faculty of griculture,Department of Animal Production, 54101, Thessaloniki, Greece

Summary

The Prefecture of Drama is located in East Macedonia-Greece. In this region, 77 982 goats are kept in 367 farms. In 60 of these farms, a questionnaire was filled in. Analysis of the collected data produced the following results: 43.3% of the farms were inherited, 38.3% were new establishments by the farmers, while 18.4% were purchased. With regard to the farmers' age, 18.3% of them were under 40 years old, 30% between 40-50 years and 51.7% above 50 years old. 81.6% of goat breeders had an elementary school certificate, while only 18.4% held a secondary school certificate. Concerning the future of goat farming in the region, according to the farmers' opinion, 45.5% of them will continue their profession, 16.7% will sell their animals, 18.3% will continue through their family successors, while 20% do not have a definite view. Regarding the breed composition, 1.7% of the animals belong to the Saanen breed, 16.7% are crossbreds between the local Greek goat and imported goat breeds (Saanen, Alpine, Maltese, and Damascus) and 81.6% are goats of the indigenous Greek breed. Concerning the farm size, the study showed that 8.3% of the farms have less than 100 animals, 15% range from 100 to 150 animals, 20% from 150 to 200 animals, 38.4% from 200 to 250 animals and 18.3% of the farms have more than 250 animals. With regard to land ownership, 13.3% of the farms possess privately-owned land, 51.7% only rented land, while 35% have both privately-owned and rented land. Finally, in terms of the average milk yield per goat, the study showed that 1.7% of the farms produce above 350 kg, 16.7% around 200 kg and 81.6% around 150 kg.

Keywords: goat breeding, farm size, breed structure, milk yield, crossbred.

Introduction

The Prefecture of Drama is situated in East Macedonia, Greece. It has an area of 346 800 ha and a population of 103 763. There is a strong tradition and extensive accumulated experience on small ruminant production in the region (Peikos, 2001). Natural pastures cover 40% of the total land and goats and sheep that make use of these pastures are the most efficient elements for transforming vegetation into high quality animal products (Laga *et al.*, 2003).

Materials and methods

In 60 goat farms of the Prefecture, a questionnaire was filled in. Data on the number of goats, the size and evolution of goat farms during the last 20 years, as well as the breeding methods and systems, were recorded. The members of the research group visited the farms at least twice, during 2001 and 2002, and filled in the abovementioned questionnaire by interviewing the farmers.

The questionnaire contained questions related to the background of the farms, the age and educational level of farmers, the goat breeds and breeding methods, the productivity of animals etc.

Results and discussion

From the data collected and their statistical analysis, the following results were obtained:77 982 goats, 70 005 sheep, 25 677 cattle and 36 497 pigs (Table 1) are raised in the district. During the period 1980-2002, the number of goats increased significantly (by 59.15%, Table 2). The number of goat farms was found to be 367, of which 238 are only goat farms and 129 mixed farms (goats and sheep). 28.1% of these farms have less than 100 animals, 57.5% between 101 and 500 animals, 13.9% between 501 and 1000 animals and 0.5% more than 1 000 animals (Table 3).

The majority of the goats belong to the native Greek breed. Only a small percentage are crossbred animals (Saanen and Alpine with the local Greek breed).The animals have small body size, females weighing 35-40 kg and males 45 60 kg. The adaptation of these animals to their physical environment and their resistance during the movements and walking into the pasture are very satisfactory (Hatziminaoglou *et al.*, 1983). There is a great variation in the color of animals, black being the most common. Both males and females have horns. The prolificacy varies between 1-1.5 kids per doe, while the average milk yield rises to 150 kg (Katanos, 2001).

In terms of farm ownership, 43.3% of the farms were inherited, 38.3% were new establishments, while 18.4% were purchased (Table 4).

Regarding farmers' age, 18.3 % of them are younger than 40, 30% between 40 and 50 years old and 51.7% older than 50 (Table 5). The educational level of farmers is low, since 81.6% of the farmers have an elementary school certificate and only 18.4% hold a secondary school certificate (Table 6). A similar situation exists in other regions of Greece (Laga *et al.*, 2003).

Table 1. Livestock population in Drama Prefecture.

Species	Number of animals
Goats	77 982
Sheep	70 005
Cattle	25 677
Pigs	36 497

Table 2. Evolution of goat population and milk production.

Year	Goats (number)	Milk production (tons)
1980	49 000	3 400
1982	50 000	3 500
1985	52 000	3 650
1990	59 500	4 580
1992	65 000	4 650
2002	77 982	-

Table 3. Size of goat herds.

Classes (Animals per flock)	%
< 100	28.1
101 - 500	57.5
501 - 1000	13.9
> 1000	0.5

Table 4. Origin of farm ownership.

Origin	Number of farms	%
Inherited	26	43.3
New establishments	23	38.3
Purchased flock	11	18.4
Total	60	100.0

Table 5. Age structure of goat farmers.

Farmers' age (years)	Number of farms	%
<40	11	18.3
40-50	18	30.0
>50	31	51.7
Total	60	100.0

Table 6. Farmers' educational level.

Level of education	Number of farmers	%
Elementary	49	81.6
Secondary	11	18.4
Total	60	100.0

Table 7. The prospects of goat farming.

Farmers' intention	Number of farms	%
Continue farming	27	45.5
To be sold	10	16.7
To be succeeded by children	11	18.3
No opinion	12	20.0
Total	60	100.0

Table 8. Breed composition of goats.

Breed	Number of farms	%
Saanen	1	1.7
Crossbreds	10	16.7
Native breed	49	81.6
Total	60	100.0

Table 9. Herd size of goats.

Classes (Number of goats)	Number of farms	%
<100	5	8.3
101-150	9	15.0
151-200	12	20.0
201-250	23	38.4
>251	11	18.3
Total	60	100.0

Table 10. Land ownership.

Category	Number of farms	%
Privately-owned	8	13 3
Rented	31	51 7
Private and rented	21	35 0
Total	60	100.0

Table 11. Average milk yield per goat.

Milk yield (kg)	Number of farms	%
350	1	17
200	10	167
150	49	816
Total	60	100

The prospects of goat production in the region are rather good, since 45.5% of the farmers stated that they would continue their profession, 16.7% said that they would sell their farms, 18.3% would continue through their family successors, while 20% had no definite view (Table 7).

Regarding the breed composition of the 60 farms studied, 1.7% of the animals belong to the Saanen breed, 16.7% are crosses between the local Greek goat and imported goat breeds (Saanen, Alpine, Maltese, and Damascus) and 81.6% belong to the native Greek breed (Table 8).

About farm size, the study revealed that 8.3% of the farms have less than 100 animals, 15% range between 101 and 150 animals, 20% between 151 and 200 animals, 38.4% between 201 and 250 animals and 18.3% have more than 250 animals (Table 9).

With regard to land ownership, the study showed that 13.3% of the farms have privately-owned land, 51.7% only rented land, while 35% have both privately owned and rented land (Table 10).

Finally, the study showed that the average milk yield in 1.7% of the farms was above 350 kg, in 16.7% it was 200 kg and in 81.6% of farms around 150 kg per doe (Table 11).

Conclusions

Goat production in the Prefecture of Drama is a very important component of livestock production. The number of animals has increased considerably over the last two decades. Extensive goat production systems prevail in the region, exploiting natural pastures which make up the largest part of land, thus contributing to the production of high quality goat products.

References

Hatziminaoglou, I., Zervas, N., and Boyazoglou, J. G., 1983. First approach in the evaluation of local goat breeds. 34th Annual meeting of E.A.A.P., Madrid.

Katanos, I., 2001. Sheep and goat production. TEI of Thessaloniki (in Greek).

Laga, V., Hatziminaoglou, I., Boyatzoglu, I. Katanos I. & Z. Abas, 2003. L' évolution de la transhumance des petits ruminants en Macédoine Occidentale (Grèce). International Symposium, Animal Production and Natural Resources Utilisation in the Mediterranean Mountain Areas, June 5-7, 2003, Ioannina, Epirus, Greece.

Peikos, G., 2002. Agriculture and Livestock in Drama prefecture. Animal Science Review. Official journal of the Hellenic Society of Animal Production, special issue, No 26, p. 17-28 (in Greek).

Goat breeding in Halkidiki Prefecture of Central Macedonia, Greece

I. Katanos, V. Laga, K. Zaralis & B. Skapetas

Technological Educational Institute of Thessaloniki, Faculty of Agriculture, Department of Animal Production,54101, Thessaloniki, Greece

Summary

The prefecture of Halkidiki is situated in central Macedonia, south of the Thessaloniki district. It has an area of 2 917.9 km^2 and a population of 92 117. The human population is rural (54.7%) and semi-urban (45.3%) living in mountainous (14.2%), semi - mountainous (36.9%) and lowland (48.9%) areas. The district's climate is mediterranean in the south and continental in the northern part, with cold winters. In Halkidiki, 169 842 goats and 53 340 sheep are kept. According to the farming system, 7 807 goats are home kept, 156 535 sedentary, managed in flocks, and 5 500 transhumant. The goat population increased by 41.5% over the period 1981-1998 (112 000 animals in 1981). There are 752 goat farms and 170 mixed sheep and goat farms in the district. 59.7% of goat farms and 47% of mixed farms have a size of 100 500 animals. In the goat farms, the average number of goats is 278 animals. The dominant breed is the native Greek breed, while there is only a limited number of crosses between the local breed and imported dairy breeds. The kidding period lasts from the end of November - beginning of December until February. The prolificacy varies between 120 and 140%. Kids, as a rule, suckle for about 2-2.5 months and are slaughtered immediately after weaning. The annual production amounts to 13 425 tons of milk (av. yield 151 kg). The average milk yield from home kept goats is 203 kg, while from sedentary and transhumant animals 100 kg. Every year, about 126 000 kids are slaughtered and 1 080 tons of kid meat are produced (av. carcass weight 8.4 kg), while 19 000 adult animals, older than 4-5 months, provide 330 tons of meat (av. carcass weight 17.3 kg.).

Keywords: goats, farming system, mixed farms, local breed, dairy breed.

Introduction

The Prefecture of Halkidiki is located in Central Macedonia, south of the Prefecture of Thesaloniki. It covers an area of 2918 square kilometres and has a population of 92 117 inhabitants, living in rural (54.7 %) and semi-urban (45.3 %) areas. Most people (48.9 %) live in low land, while 14.2 % live in mountainous and 36.9 % in semi-mountainous areas. The region's climate is mediterranean in the southern and continental in the northern part.

Goat production has a long tradition in the region and is an important component of the extensive farming systems (Hatziminaoglou *et al.*,1983). Many factors, such as the landscape relief, the high percentage of hilly and mountainous zones, vegetation and climate have influenced positively the development of this sector (Zaralis, 2000).

In the past, the nomadic and transhumant production systems were dominant. The goat flocks were taken up to the mountains at the end of the spring and back to the lowlands at the end of the autumn. During the last decades, transhumance is being gradually abandoned. The majority of transhumant flocks were turned into sedentary flocks.

Materials and methods

The working group visited the Halkidiki region in 2 years (1997 and 1998) and studied its livestock farming, and particularly goat farming, through personal interviews with the farmers (N=35) and completion of a questionnaire.

Results and discussion

The number of animals raised according to species, appears in Table 1. From these data, it appears that the number of goats (169 842) is much higher compared to other Prefectures (Laga *et al.*, 2003).

Table 2 shows the milk and meat production by species in Halkidiki. Goat milk makes up 61.4 % of the total milk production, while goat meat amounts to 25.2 % of the total meat production. The corresponding figures at the national level are 26.0 % and 11.9 % respectively (Katanos, 2001). These results indicate that goat production in this district is very important.

According to the farming system, the goat population is classified into: 7 807 home-farmed heads (4.6%), 156 535 sedentary – managed in flocks (92.2%) and 5 500 transhumant (3.2%). The percentage of transhumant animals (3.2%) is lower than that of the Serres Prefecture (10.2%, Laga *et al.*, 2003) and also lower than that of Epirus and Thessaly regions (10.4% and 19.3% respectively, Zioganas *et al.*, 2001). The goat population shows a significant increase during the period 1981 – 1998 (41.5 %,

Table 1. Number of farm animals in Halkidiki Prefecture.

Species	Number of animals
Horses	385
Mules	1 261
Donkeys	355
Cattle	7 241
Pigs	19 447
Sheep	53 340
Goats	169 842
Rabbits	293 680

Table 2. Milk and meat production in Halkidiki Prefecture during 1998 (tons).

Animal products	Quantity (tons)	%
Milk Production		
- Cow milk	4 257	19.5
- Sheep milk	4 184	19.1
- Goat milk	13 425	61.4
Total	21 866	100.0
Meat production		
- Beef	729	13.0
- Mutton	332	5.9
- Goat	1 410	25.2
- Pork	2 306	41.2
- Rabbit	20	0.4
- Chicken	798	14.3
Total	5 595	100.0

Table 4). There are 752 goat farms and 170 mixed goat and sheep farms in the region. About 59.7 % of the goat farms and 47.5 % of the mixed goat and sheep farms have a size of 100-500 animals (Table 3).

The overwhelming majority of goats belong to the local Greek breed, only a small percentage of them being crosses between the imported dairy breeds (mainly Saanen and Alpine) and the local Greek goat. As a rule, bucks of the local breed are used for natural mating. The kidding period usually starts at the end of November and lasts until February, depending on the location of farms (lowland-hilly-highland areas). The prolificacy of flocks varies between 120 and 140 %. Kids usually suckle for a period of 2-2.5 months and are slaughtered immediately after weaning. The annual production is 13 425 tons of milk (average milk yield per goat: 151 kg). The average milk yield from home-kept goats comes up to 203 kg, while from sedentary and transhumant animals to 100 kg per doe. Every year, about 126 000 milk-fed kids are slaughtered and 1 080 tons of kid meat are produced (average carcass weight: 8.4 kg). 19 000 adult animals (above 4-5 months of age) are also slaughtered, resulting in 330 tons of meat (average carcass weight: 17.3 kg).

Conclusions

Goat production in the Prefecture of Halkidiki is an important component of the extensive ruminant farming system. Productivity remains relatively low, while traditional management practices prevail, in terms of breeding, feeding, housing and marketing. Farm size varies considerably; a large number of animals, though, are found in small-sized farms.

Table 3. Classification of goat and mixed (sheep and goat) farms according to size.

Size (number of animals)	Goat farms			
	Goat farms		Mixed farms (goats and sheep)	
	Number	%	Number	%
1–20	72	9.6	20	11.8
21–50	110	14.6	32	18.8
51–100	95	12.7	35	20.6
101–500	449	59.7	80	47.0
501–1000	25	3.3	3	1.8
1001>	1	0.1	0	0
Total	752	100.0	170	100.0

Table 4. Evolution of goat population in Halkidiki Prefecture during the period 1970-1998.

Year	Goats
1970	126 650
1975	123 003
1981	112 350
1986	140 872
1991	150 624
1996	155 000
1998	166 679

References

Hatziminaoglou, I., Zervas, N., and Boyazoglu, J. G., 1983. First approach in the evaluation of local goat breeds. 34th Annual meeting of E.A.A.P., Madrid.

Katanos, I., 2001. Sheep and goat production. Technological Educational Institute of Thessaloniki, Thessaloniki Greece.

Laga, V., Katanos, I., Skapetas, B. & Chliounakis, S., 2003. Transhumant sheep and goat breeding in Serres district of Central Macedonia, Greece. International Symposium, Animal Production and Natural Resources Utilisation in theMediterranean Mountain Areas, June 5-7, 2003, Ioannina, Epirus, Greece.

Zaralis, K., 2000. Goat production in Halkidiki Prefecture of Central Macedonia, Greece. Technological Educational Institute, Thessaloniki, Greece.

Zioganas, C., Kitsopanidis, G., Papanagiotou, E., Kanteres, N., Comparative technical economical analyses of sheep and goat production according the geographic regions Greece (in Greek).

Transhumant sheep and goat breeding in Serres district of Central Macedonia, Greece

V. Laga, I. Katanos, B. Skapetas & S. Chliounakis

Technological Educational Institute of Thessaloniki, Faculty of Agriculture, Department of Animal Production, 54 101 Thessaloniki, Greece

Summary

In the Serres district, located in Central Macedonia, there are 935 sheep farms, 579 goat farms and 567 mixed (sheep and goats) farms. The total number of sheep and goats is 157 000 and 128 500, respectively. Every year, about 140 000 milk-fed lambs, 25 000 young and adult sheep, 110 000 milk-fed kids and 20 000 young and adult goats are slaughtered, with a corresponding meat production of 1400, 500, 900 and 360 tons. The annual milk production from ewes and goats reaches 13 200 and 11 650 tons respectively. Flock migration takes place only within the borders of the prefecture, without family movement (transhumance). Every year, 44 sheep and goat farmers move about 3 550 sheep (2.95%) and 12 900 goats (10%). Transhumance is applied in the Eleonas, Melenikitsio, Inusa and Hionohori villages. The flocks are moved to Ano Vrondou, Anghistro, Arahovitsa and Menikio regions. The altitude of the regions (villages) where the wintering of flocks takes place, varies from 60 to 650 m. The corresponding altitude, where the flocks move during the summer months, varies between 800 and 1600m. The distances are 10-15 km and are usually covered in one day, while the distance between Eleona-Angistro is 30 km and the transfer lasts 2-3 days. The summer movements start between mid April and the first days of May, while the return to the wintering area occurs towards the end of October - beginning of November. Matings take place in the mountains (theretra) during July and August, while the lambing and kidding period is in December and January (in himadhia).

Keywords: transhumance, flock migration, sheep, goat, farms, matings, lambings.

Introduction

The Serres district, named after its capital, is situated in Central Macedonia, bordering Bulgaria to the North, Drama and Kavala prefectures to the East, Kavala prefecture and the Aegean Sea to the South and Thessaloniki prefecture to the West. The climate of the area may be characterized as Mediterranean and in some zones as continental. The arid period lasts for 3-4 months, coinciding with the summer and the beginning of autumn. Agriculture is the most important activity in the region. Cereals (wheat, maize, oat, barley), industrial plants (tobacco, sunflower) and horticultural plants are cultivated. Livestock production has a strong tradition in this region. Ruminant species (cattle, sheep, goats), pigs and poultry are kept. Goat production is of particular importance since these animals utilize semi-mountainous and less favored areas of the region, offering employment opportunities for the local population.

The most important sheep breed is the Serres breed, with an average milk yield of 130-150 kg, prolificacy 1.3-1.4 and good meat production capacity. The majority of goats are of the local Greek breed, which is found all over the country. Many farmers use the Damascus breed to upgrade the local goat population. The results obtained seem to be satisfactory (Katanos, 2001).

The sedentary herding system is dominant among the sheep and goat farming systems,, while the migratory herding system (transhumance) is nowadays limited. This system prevailed in the Serres region before 1950 and was practiced mainly by Sarachatsans who were making use of the lowland pastures (himadhia) during the winter and the mountainous areas of Rodopi during the summer.

The main objective of this work was to study the transhumant sheep and goat production system in the Serres district.

Materials and methods

The livestock sector, in terms of species and numbers, meat and milk production, and the sheep and goat production systems, with particular reference to the transhumance system, were studied in the Serres district. Information was collected from pastoralists during 2001, using a set of structured questionnaires. Direct observations of livestock and settlements were also recorded in the course of the interview, in order to validate information given by the breeders.

Results and discussion

In the Serres district, 929 dairy cattle farms, 496 beef cattle farms, 935 sheep farms, 579 goat farms, 567 mixed farms (sheep and goats) and 205 pig farms (Table 1) are operating. The total number of dairy cows is 13 076, beef cattle are 10 983, sheep are 157 407, goats 128 482 and pigs 3 884. There are also 114 150 laying hens on 1 592 farms and 1 357 300 broilers in 340 farms (Table 1).

Annually, 140 000 milk-fed lambs, 25 000 adult sheep, 110 000 milk-fed kids and 20 000 adult goats are slaughtered with a corresponding meat production of 1 400, 500, 900 and 360 tons. According to the data shown in Table 2, it appears that mean carcass weight is 10 kg for lambs, 9 kg for kids, while for adult sheep and goats is 20 kg and 18 kg respectively.

The total annual sheep and goat milk production in the Serres district is 13 194 and 11 646 tons respectively (Table 3).

The migration of sheep and goats takes place exclusively within the borders of the prefecture, without family movement, while in other regions of the country movement of animals takes place beyond prefecture borders (Laga *et al.*, 2003). Every year, 44 sheep and goat farmers practice transhumance with 3 546 sheep (2.95 % of the population) and 12 881 goats (10% of the population). The percentage of transhumant sheep and goats in the Serres district is lower than that of other regions like Halkidiki, Thessaly and Epirus (Katanos *et al.*, 2003, Zioganas *et al.*, 2001). The animal movements take place from the villages of Eleonas, Melenikitsio, Inousa and Hionohori towards the villages of Ano Vrondou, Anghistro, Arahovitsa and Menikio during the spring and in the opposite direction during the autumn (Table 4). The animals utilize the mountainous natural pastures during the summer months and part of the autumn. In October – November, flocks return to the lowlands (himadhia), where they spend the winter and part of the spring. The distances covered during migration are usually about 10 – 15 km. Flock migration usually lasts for 1 day. The distance between Eleona and Anghistro is 30 km and, in this case, the movement lasts for 2 – 3 days. In the Thessaly region, the distance of the migration is up to 270 km (Laga *et al*, 2003). During the movement, sheep and goats graze through footpaths and passages on the hills, mountains and forests. In other regions, the animals are transported with vans and lorries.

The altitude where the wintering of flocks takes place varies from 60 to 650 m above sea level, while flocks are kept at an altitude of 800 to 1 600 m, during the summer months (Table 5). The summer movements start between mid April and the beginning of May, while flocks return to the plains (himadhia) towards the end of October and in early November. The matings are carried out on the

Table 1. Number of farms and animals by species in the Serres Prefecture.

Species/category	Farms	Animals
Dairy cows	929	13 076
Beef cattle	496	10 983
Sheep	935	157 407
Goats	579	128 482
Mixed farms (sheep and goats)	567	-
Pigs	205	3 884
Rabbits	8	4 405
Bees	219	15 283 hives
Lying hens	1 592	114 150
Broilers	340	1 357 300

Table 2. Annual sheep and goat meat production in the Serres Prefecture.

Animals/ category	Carcasses	Meat production (tons)
Lambs (< 1 year old)	140 000	1 400
Adult sheep	25 000	500
Kids (< 1 year old)	110 000	990
Adult goats	20 000	360

Table 3. Total annual sheep and goat milk production in the Serres Prefecture.

Animal species	Milk production (tons)
Sheep	13 194
Goats	11 646

Table 4. Number of transhumant sheep and goat farms and destination places in the Serres district.

Village (Origin)	Number of farms	Winter pastures	Summer pastures
Eleonas	21	Eleonas	Ano Vrondu
	1	Eleonas	Angistro
Melenikitsio	18	Melenikitsio	Orini
Inousa -Hionohori	4	Inousa -Hionohori	Arahovitsa-Menikio

Table 5. Altitude (m) of winter (himadhia) and summer (theretra) pastures.

Winter pastures	Altitude	Summer pastures	Altitude
Eleonas	630	Ano Vrondu	1 000 – 1 600
Melenikitsio	60	Orini	900 – 1 300
Inousa	100	Arahovitsa	850
Hionohori	650	Menikio	1 300

mountains during the summer months (July – August), while the lambings take place on the lowlands during December and January. The animals are milked by hand in the majority of flocks. Machine milking is applied only in few flocks.

Conclusions

Small ruminant production in the Serres district is an important component of livestock production. The transhumance herding systems studied constitute a form of extensification of animal production, which allows the increase of productivity in marginal areas. These systems are well adapted to the local conditions, and therefore, have a number of advantages over the other systems in the same area.

References

Katanos, J., 2001. Sheep and goat production. Technological Educational Institute of Thessaloniki, Thessaloniki Greece.

Katanos, I., Laga, V., Zaralis, A. & Skapetas, B., 2003. Goat production in the Halkidiki Prefecture of Central Macedonia, Greece. International Symposium, Animal Production and Natural Resources Utilisation in the Mediterranean Mountain Areas, June 5-7, 2003, Ioannina, Epirus, Greece.

Laga, V., Hatziminaoglou, J., Boyatzoglou, J. Katanos, J., and Z. Abas. 2003. L' evolution de la transhumance des petits ruminants en Macedoine Occidentale, Greece. International Symposium, Animal Production and Natural Resources Utilisation in the Mediterranean Mountain Areas, June 5-7, 2003, Ioannina, Epirus, Greece.

Zioganas, C., Kitsopanidis, G., Papanagiotou, E. & Kanteres, N., 2001. Comparative technical-economical analysis of sheep and goat production according the geographic regions of Greece (in Greek).

Genetic parameters of preweaning growth traits of Egyptian Zaraibi kids

E.Z.M. Oudah[1], *Z.M.K. Ibrahim*[1], *A.I. Haider*[2] & *M. Helmy*[1]

[1]*Animal Production Department, Faculty of Agriculture, Mansoura University, 35516, Egypt*
[2]*Sheep and Goats Research Division, Animal Production Research Institute, Giza, Egypt*

Summary

Records of biweekly live weight (LBW) from birth to 12 wks of age of 562 Egyptian Zaraibi kids, progeny of 17 bucks and 296 does, born during the period from 1999 to 2000, were used in this study. The overall mean LBW at birth and at 2, 4, 6, 8, 10 and 12 wks of age was 2.2, 4.6, 5.9, 7.4, 8.9, 10.8 and 11.3 kg respectively. Heritability estimates of LBWs were medium to high, ranging from 0.273 to 0.422. Average daily gains (ADG) at 0-4, 0-8, 0-12, 4-8, 4-12 and 8-12 wks of age were 120, 109, 100, 98, 90 and 80 g/d respectively. Heritability estimates of ADGs were low to high, ranging from 0.138 to 0.352. The effect of sire (as random effect) on LBWs was significant for all traits studied, while the effect on ADGs was significant for all traits except ADGs during the periods of 0-8 and 4-8 weeks of age, for which it was not significant. Values of transmitting ability, estimated by means of the Best Linear Unbiased Predictor method (BLUP), were 0.330, 1.20, 1.18, 1.30, 1.68, 1.89 and 1.32 kg respectively for LBWs and 34.1, 25.7, 12.7, 21.3 and 27.6 g/d respectively for ADGs.

Keywords: goats, Zaraibi, preweaning growth, genetic parameters, Egypt.

Introduction

In Egypt, Zaraibi goats are kept mainly for meat production. The total number of goats in Egypt during the year 2002, estimated at 3,466,771 heads, produced 32 700 tons of meat and 15 000 tons of milk (FAO, 2003). This production plays a very important role in the utilization of marginal zones, where more than 90% of the Egyptian livestock are raised under smallholder production systems (Metawi, 2001). The main breeding objective concerning the Egyptian goat breeds and their crosses with exotic breeds is to obtain genetic improvement, especially in growth traits. The potential for genetic improvement is largely dependent on the heritability value of the trait or the breeding value of the animal. Thus, information on heritability and breeding values is essential for planning efficient breeding programs and for predicting response to selection.

Body weight and average daily gain are considered as two of the most economically important and easily measured traits of meat animals. Rapid growth during the pre-weaning period minimizes the cost of rearing, thus providing more profit to the farmer.

The present study was conducted in order to obtain 1) heritability estimates of body weights and average daily gains during the pre-weaning period and 2) estimates of buck (sire) transmitting ability for different traits. All traits studied and their abbreviations are given in Table 1.

Materials and methods

Records of live body weight at birth and at 2, 4, 6, 8, 10 and 12 weeks of age of 562 Egyptian Zaraibi kids, progeny of 17 bucks and 296 does, born during the period form 1999 to 2000, were used in the

Table 1. Least squares means (LSM), sire variance components (δ^2 s), heritability estimates (h^2) and BLUP estimates of LBW (kg) and ADG (g/d) of Zaraibi kids

		LSM	Sire Variance[1]			Blup estimates		
Trait	Abb.	± SE	δ^2 s	V%	h^2 ± SE	Min.	Max.	Range
Live body weight (kg) at:								
Birth	BWT	2.2±0.07	0.015	7.77	0.308± 0.144	-0.138	0.192	0.33
2 wk of age	W2	4.6±0.02	0.115	8.30	0.331± 0.150	-0.618	0.586	1.20
4 wk of age	W4	5.9±0.24	0.156	8.14	0.325± 0.148	-0.732	0.449	1.18
6 wk of age	W6	7.4±0.28	0.242	9.98	0.399± 0.168	-0.904	0.398	1.30
8 wk of age	W8	8.9±0.34	0.367	10.6	0.422± 0.174	-1.040	0.636	1.68
10 wk of age	W10	10.8±0.35	0.356	9.14	0.365± 0.159	-1.270	0.620	1.89
12 wk of age	W12	11.3±0.26	0.158	6.81	0.273± 0.134	-0.832	0.487	1.32
Average daily gain (g/d) from:								
0 – 4 wk	G0-4	120± 7.97	126.9	6.54	0.262±0.131	-22.4	11.7	31.1
0 – 8 wk	G0-8	109± 6.64	76.34	8.80	0.352±0.156	-16.2	9.51	25.7
0 – 12 wk	G0-12	100± 2.85	15.68	5.72	0.229±0.122	-8.55	4.41	13.0
4 – 8 wk	G4-8	98± 5.75	68.31	3.44	0.138±0.095	-11.7	9.59	21.3
4 – 12 wk	G4-12	90± 2.22	0.00	0.00	Not available	-----	-----	-----
8 – 12 wk	G8-12	80± 6.88	113.3	6.32	0.253±0.128	-8.83	18.8	27.6

[1] V% = sire variance components as a percentage of the total variance components.

present study. The farm belongs to the El-Serw Experimental Research Station, Animal Production Research Institute (APRI), Ministry of Agriculture. The farm is located at the north-eastern part of the Delta of the Nile River (about 20 km south of Damietta city, Egypt). Goats were housed in semi-open barns. The flock followed the schedule applied under the feeding and management of APRI. Available feeds comprised of Egyptian clover (*Trifolium alexandrium*) and rice straw, in addition to concentrate mixtures during the period from December to May, while during the rest of the year feed was comprised of clover hay, with a concentrate mixture also available. Concentrate mixtures were also provided to animals twice daily, at the rate of 1/2 kg/head/day, the first in the morning before grazing and the second in the evening after grazing. The animals had two matings per year, in May and September. Mating groups were formed by 25 to 35 does with one buck. The mating period lasted for 45 days from kidding. Does were firstly mated with the buck at the age of approximately 18 months. Supplementary concentrate was offered two weeks prior to mating (about ¼ Kg/doe) for flushing and during the last two weeks of pregnancy for steaming up. The kids were suckled naturally by their dams until weaning at the 12th week of age. Kids were weighed within 24 hours after birth and biweekly thereafter, until weaning at 12 weeks of age.

Statistical analyses

Harvey's (1990) Least squares mixed model and maximum likelihood computer program (LSMLMW) was used to analyze the traits. The main fixed effects on live body weight and average daily gain assumed in the present study were: season of birth (November or March), type of birth (single, twin, triplet or quadruplet) and sex (male or female). The assumed model for all traits included the effect of sire as random effect. Dam weight at kidding (DWK), birth weight of kid (BWT) and suckling period (SP) were added to the statistical model as covariates (linear and quadratic) for all studied traits except for BWT trait, where only DWK was added to the model as a covariate. The absolute ADG for each kid was calculated by taking the difference in weight between two periods and dividing it by the time interval in days. Heritability estimates (h2) were computed by the paternal half–sib method, according to the formula: $h^2 = 4\ \delta^2 s / \delta^2 s + \sigma^2 e$. Estimates of heritability were computed using Harvey's (1990) LSMLMW program. Bucks (sires) with at least 13 kids were evaluated for each of the traits studied. The sire transmitting ability (ETA) was estimated by means of the Best Linear Unbiased Prediction (BLUP) method, as a deviation from the means of LBW and ADG. One set of cross-classified, non-interacting random effects (sire) was absorbed and maximum resemblance was obtained.

Results and discussion

Least squares means of LBW of Zaraibi kids at birth and at 2, 4, 6, 8, 10 and 12 weeks of age are given in Table 1. These values are within the range of body weights reported by different authors on Zaraibi kids in Egypt. For example, Peters and Fettback (1995), Mousa (1996) and Mekkawy (2000) found that birth weight of Zaraibi kids was 1.99, 2.28 and 10.14 kg respectively. Least squares means for ADG during different periods from birth to weaning are presented in Table 1. The ADG of kids decreased with advancing age. These results indicate that the gain weight of the kid is closely associated with the milk intake during the stages of the suckling period, decreasing towards weaning, as the kids become independent of their dams. Malik *et al.* (1986) and Ruvuna *et al.* (1988) reported similar conclusions.

The sire variance components, as a percentage of the total variance components (V%), for LBWs ranged between 6.81 (W12) and 10.6% (W8). The corresponding figures for ADG ranged between 0.0 (G4-8) and 8.8% (G0-8). The present results (Table 1) suggest a reasonably good possibility for genetic improvements for LBW and ADG through sire selection. Heritability estimates obtained in the present study (Table1) for LBW and ADG were, in general, medium to high, ranging from 0.273 to 0.422, indicating the relatively large contribution of additive genetic variance and the potential of selection for improving Zaraibi kids' body weight. The heritability estimate of BWT, for example, given in Table 1 (0.308), was higher than that reported by Bula-Das *et al.* (1998): 0.20 and by Ribeiro *et al.* (2000): 0.29, but lower than those reported by Mekkawy (2000): 0.37; Neopane (2000): 0.53 and Unalan and Cebeci (2001): 0.48.

Minimum, maximum and range of sire transmitting ability for studied traits, using at least 13 kids for each buck, are presented in Table 1. It could be noticed that there are large differences between the bottom and the top bucks in breeding values, which accordingly reflect the high potential for rapid genetic progress in growth traits through the selection of bucks within the Zaraibi goat flocks. Selecting bucks with positive BLUP estimates for intensive use in breeding programs, may lead to rapid genetic improvement in these traits. At the same time, mating does to bucks selected from the top ranking performance bucks tested for growth traits, would help to minimize the impact of selection errors due to the low accuracy in individual animal records (Oudah, 2002).

Conclusion

From the present study, it could be concluded that heritability estimates were large enough, thus selection would be effective for improving growth traits of Zaraibi kids. Selecting the top ranking bucks with the most positive proofs for future use in improving LBW and ADG of kids during the suckling period, may be a key resource; producers need to meet the challenges of kid production systems.

References

Bula-Das, T.C. Roy, R.N. Goswami, A. Saleque & B. Das, 1998. Factors affecting birth weight in Assam local and Beetal kids. Indian J. Small Ruminants 4(2), 83-86.

FAO, 2003. Food and Agriculture Organization, United Nations. FAOSTAT Agriculture Database. Website: http://apps.fao.org/page/collections?subset=agriculture.

Harvey, W.R., 1990. User's guide for LSMLMW and MIXMDL, Least Square and Maximum Likelihood Computer Program. The Ohio State Univ, Columbus (Mimeo) pp, 91.

Malik, C.P., A.S. Kanauija & P.L. Bander, 1986. A note on the factors affecting pre-weaning growth in Beetal and Black Bengal and their crosses. Anim. Prod. 43, 178-182.

Mekkawy, W.A., 2000. Estimation of genetic parameters for growth performance of Zaraibi goats. M.Sc. thesis, Fac. Agric., Ain Shams Univ., Egypt.

Metawi, H.R., 2001. Effect of breed and management system on lamb production of ewes. J. Agric. Sci., Mansoura Univ., Egypt 26(9), 5343-5348.

Mousa, M.R.M., 1996. Physiological and nutritional studies on goats. Ph.D. thesis, Fac. Agric., Mansoura Univ., Egypt.

Neopane, S.P., 2000. selection for improvement of the productivity of Hill goats in Nepal. 7th Inter. Conf. on goats, 15-18 May 2000, Tours, France, 19-21 May 2000, Poitiers, France, Vol. 1, 206-208.

Oudah, E.Z.M., 2002. Genetic parameters and sire evaluation for growth traits in Egyptian Rahmani lambs. J. Agric. Sci., Mansoura Univ., Egypt 27(2), 927-943.

Peters, K.J. & C. L. Fettback, 1995. A comparative study of performance of Egyptian goat breeds. I. reproductive and dairy performance. Archiv Fur Terzucht, 38(1), 93-102.

Ribeiro, A.C., S.D.A. Ribeiro, S.A. Queiroz & K.T. Resende, 2000. Environmental and genetic effects on birth weight in dairy goats in Brazil. 7th Inter. Conf. on goats, 15-18 May 2000, Tours, France, 19-21 May 2000, Poitiers, France, Vol. 1, 224-225.

Ruvuna, F., T.C. Cartwight & H. Blackburn, 1988. Gestation length, birth weight and growth rates of pure-bred indigenous goats and their crosses in Kenya. J. Agric. Sci. 111, 363-368.

Characterization of extensive animal production systems through factorial analysis

R. Acero, J. Martos, A. García, M. Luque, M. Herrera & F. Peña

Animal Production-University of Cordoba., Madrid-Cadiz road, km 396, Córdoba, Spain

Summary

The use of factorial analysis techniques reduced the dimensionality of the variables studied. Five factors were selected, explaining 84.5% of the variance. Factor 1 refers to the physical and economical dimension (41%); Factor 2 is related to the 'technification' and productivity degree (19%); Factor 3 is related to farm tenancy (10%); Factor 4 refers to the degree of utilization of resources and handling (8%) and Factor 5 is related to the reproductive intensification level (6%). According to the study, there are two goat production subsystems within the extensive system: the traditional extensive and the technical one.

Keywords: farming systems, typification, extensive production, equimax rotation, cross tabulation.

Introduction

The present study characterizes, technically and economically, the goat production systems present in the Jaen mountains. By means of factorial analysis techniques, a more complex and interesting classification of the group of farms was obtained. Techniques used by Maza (1998), Sáez *et al.* (1999) and Manrique *et al.* (1999) for the characterization of extensive goat farms were employed. The establishment of subsystems or farm typologies is an analysis instrument of their diversity (Alvarez & Paz, 1997) which permits to group and classify them according to their production, technological and development systems, costs, efficiency, competitiveness, etc (Osty, 1978).

Materials and methods

The extensive goat farms in the Jaen mountains were studied in 2000. Sixty three herds, with more than 45 reproductive females (representing 60% of the farms in the area of study) have been sampled. A statistical analysis was previously performed for each variable and the dependence between any two of them. A factorial analysis was performed a posteriori with the typified variables, thus obtaining a group of factors that, once rotated, allow to define hypothetical variables by which extensive goat farms (Martos, 1996) are economically classified. Maza (1998) points out this methodology as an algorithm of data reduction and search of subjacent structural variables that explain the system's configuration.

Results and discussion

The results of the factorial analysis (Table 1) show the values obtained in the present study.

- *Factor 1*. This factor shows unipolarity that is strongly shifted towards a negative sign. The situations of the first factor with the variables: number of female goats present (NCAD), feeding cost (ALIMT), amortizations (AMORTZ), external and internal expenses of the production process (GEXTER and GINTER) have a high absolute value. This factor characterizes the farms by their physical and economic data, thus defining itself as of physical and economic dimension.

- *Factor 2.* The saturations of the second factor with the variables: commercial kids index (ICHC) and mortality rate (TMORTAL) have a high absolute value with strong bipolarity, contrasting the first one (positive saturation) to the second one (negative saturation). Therefore, the second factor is defined as indicative of the technification and productivity level.
- *Factor 3.* The saturation of the third factor is high only for the farm tenancy (ARRT) variable, a consequence of what has been explained before, and therefore defined as the rent of grazing land.
- *Factor 4.* The fourth factor is bipolar and the saturations with the set stocking (CARGA) and labor (MOT) variables are high, the second one (positive saturation) being opposite to the first one (negative saturation). The fourth factor is defined as the utilization degree of resources and handling.
- *Factor 5.* The fifth factor is unipolar and presents a high positive saturation with the replacement rate (TREPOS) variable. As a consequence, it is defined as the reproductive intensification factor.

Consequently, and since the factors do not represent dichotic variables but form a *continuum* in which both poles suppose a higher or lower accordance with these types of values, it is proposed to classify the group of farms, for each factor, in function of the positive (1) or negative (-1) incidence, when the punctuation is higher or lower than zero respectively.

Firstly, a cross classification of the first factor (F1) with the second one (F2) is performed, since these factors explain 61% of the variance. The results shown in Table 2 highlight the fact that in 57% of the farms the first factor incises negatively, which manifests a scarce physical and economic dimension.

Table 1. Factor loading matrix after equimax rotation.

Variable	Communality	Factor 1	Factor 2	Factor 3	Factor 4	Factor 5
TREPOS	0.97	0.04	0.16	-0.04	0	0.97
NCAD	0.87	0.74	0.04	0.44	0.24	-0.25
ICHC	0.92	-0.07	0.95	-0.03	-0.07	0.12
CARGA	0.94	0.06	0.13	0	-0.96	-0.06
TMORTAL	0.83	-0.14	-0.88	-0.07	0.1	-0.11
ALIMT	0.58	0.63	0.38	0.16	0.07	-0.13
ARRT	0.96	0.06	0.02	0.97	0.08	-0.07
AMORTZ	0.81	0.85	-0.01	0.23	0.17	0.06
MOT	0.84	0.41	-0.04	0.37	0.67	-0.3
GEXTER	0.78	0.72	0.13	0.45	0.2	-0.09
GINTER	0.79	0.68	0.09	0.48	0.26	-0.14

Table 2. Cross tabulation between factors.

F1\F2	-1	0	1	Total	F3\F4	-1	0	1	Total
-1	15	8	13	36	-1	20	9	3	32
	24%	13%	21%	57%		32%	14%	5%	51%
0	3	2	3	8	0	3	2	9	14
	45%	3%	5%	13%		5%	3%	14%	22%
1	4	4	11	19	1	0	2	15	17
	6%	6%	17%	30%		0%	3%	24%	27%
Total	22	14	27	63	Total	23	13	27	63
	35%	22%	43%	100%		36%	21%	43%	100%

Likewise, 42% of the farms show an adequate technification degree. When crossed relations are analyzed, three situations of interest are evident: 24% of the farms with scarce dimension and productivity; 17% of the farms with great dimension and adequate productivity; and 21% of the farms with scarce dimension and adequate productivity.

These data indicate that, within the system's grazing character, there are two meat-orientated goat production subsystems in the province of Jaen (Tables 3 and 4). The first one, called traditional extensive, has a high number of reproductive females per farm (225) and high production costs (feeding expenses of 860 Euros, and external and internal expenses of 156 and 9 000 Euros respectively); in this subsystem, animals need sheltering facilities (from April to June), since these farms do not have fences, and therefore have high amortizations (2 085 Euros). Likewise, the farms present meager productivity (with an index of commercial kids of 0.96 and a mortality rate of 17%). 24% of the farms belong to this subsystem.

The second subsystem, called technified extensive, is characterized by the presence of smaller herds, lower production costs and a higher rate of productivity, reaching an index of commercial kids of 1.32 and mortality rates of 7.33%. According to Table 2 and 3, 21% of the farms are included in this subsystem. Likewise, 17% of the farms operate in both subsystems.

In Table 2, a cross classification of the third and fourth factor is presented. Taking as points of reference the extremes of the principal diagonal, it is observed that in 32% of the farms both factors affect negatively, whereas in 23% are affected positively. The first case (-1, -1) corresponds to farms where private grazing lands are used, situated in natural, unprotected spaces. Likewise, these farms represent livestock loads of 0.16 UGM/ha and limited use of labor (1 929 Euros). On the contrary, the second group corresponds to farms that use public grazing land or under a partnership regime, situated in protected natural spaces, with high costs (2 085 Euros) and low load levels (0.05 UGM/ha). Grazing is guided, thus requiring a higher quantity of labor (7 933 Euros). Lastly, a cross classification of the punctuation of each factor, in conjunction with the production system (TYPE), is elaborated as being either simple (S) or mixed (M) (Table 3). According to what has been presented above, it characterizes the extensive goat production subsystems in the province of Jaen.

The traditional extensive subsystem is characterized by large size farms with high production costs and low technological level. They are situated in public grazing lands and under partnership regimes, with high rent costs, low livestock load levels and guided grazing with high labor requirements (1.5 UTH). Likewise, a reproductive strategy with low replacement levels is evident. These farms work under minimum cost criteria, rather than "business profit" at short term, for a "social profit" (Tirel, 1992).

The technified extensive subsystem corresponds to farms of smaller dimensions, with lower production costs and higher production intensification levels. They are situated in private grazing lands, in unprotected natural spaces and therefore with lower rent. There is free range grazing and the farms are fenced, thus permitting higher livestock loads and lower labor requirements. Likewise, they demonstrate high renewal rates (19.5%), thus indicating a renewal policy that tends to maximize the profitability of the process.

Table 3. Relative frequency table for TYPE by factors.

	TYPE[1]	F1	F2	F3	F4	F5
-1	M	46%	24%	43%	36%	26%
	S	11%	11%	8%	0%	21%
0	M	9%	17%	16%	14%	14%
	S	3%	5%	6%	6%	0%
1	M	19%	33%	16%	24%	32%
	S	11%	9%	11%	19%	5%

[1]TYPE. Production systems used; M: mixed or multifunctional. S: Simple, farms exclusively dedicated to goats.

References

Alvarez, R. & R. Paz, 1997. Metodología asociada al diseño de propuestas para el desarrollo de la producción lechera caprina. Arch. Zootec. vol 46:211-224.

Manrique, E., A. Bernues, A. Olaizola & M.T. Maza, 1999. Economía de explotaciones ovinas de montaña y sistemas de explotación. XIX Jornadas Científicas de la SEOC, 119-124.

Martos, J., 1996. Statgraphics. Edit. Paraninfo.Madrid, 250-270.

Maza, M.T., 1998. Desarrollo ganadero de la Comarca de "La Litera": Su estudio mediante la aplicación del análisis factorial de componentes principales. ITEA Vol 9: 558-560.

Osty, P.L., 1978. L'exploitation agricole vue comme un système. Diffusion de l'innovation et contribution au developpement. B.T.I. 326:43-49.

Sáez, E., L. Pardos, J.M. González, & A. Allueva-Pinilla, 1999. Caracterización técnica de explotaciones ovinas aragonesas mediante métodos estadísticos multivariantes. XIX Jornadas Científicas de la SEOC, 219-231.

Tirel, J.C., 1992. Utilisation de l'espace et systèmes de production. Economie Rurale 208-209:11-116.

Testing the suitability of BHT for the conservation of goat semen

T.A.A. Khalifa

Department of Theriogenology, Faculty of Veterinary Medicine, Mansoura University, Mansoura, Egypt

Summary

The aim of this study was to investigate the possibility of using butylated hydroxytoluene (BHT) as a suitable auxiliary element or alternative of egg yolk during low-temperature manipulation of goat semen. Supplementation of Tris-based extenders, containing low levels (2.50%) of egg yolk, with 5.00 mM BHT resulted in a significant improvement in the viability of chilled-stored semen, as well as in the motility (48.50%) and fertility (62.50%) of frozen-thawed spermatozoa. Alternatively, the use of 0.60 mM BHT in Tris-citric acid-glucose-glycerol extenders could sustain not only the viability of chilled-stored spermatozoa but also the post-thaw sperm motility (47.50%) and fertility (53.75%) of frozen-thawed goat semen.

Keywords: goat, semen, BHT, cryopreservation.

Introduction

Butylated hydroxytoluene (BHT) was used to alleviate cold-induced membrane stress in ejaculated spermatozoa (Killian *et al.*, 1989). The present study investigated whether BHT could improve the preservation of goat semen in egg yolk-based and egg yolk-free extenders.

Materials and methods

Semen collection and preservation

Semen samples were collected by means of an artificial vagina from 10 mature Damascus goat bucks. Only ejaculates with at least 70% sperm progressive motility and concentration of 2000×10^6 sperm cells per ml were split-diluted (1:4) with the following semen extenders (Evans & Maxwell, 1987) and used in the following experiments:

- *Experiment I*: Tris-glucose-citric acid-glycerol (TGCG) diluent, containing 2.5% egg yolk and supplemented with 0, 0.3, 0.6, 2, 5, 8 mM BHT, dissolved in 0.25% (v/v) dimethyl sulfoxide (DMSO).
- *Experiment II*: TGCG diluent, free from egg yolk and supplemented with or without the aforementioned concentrations of BHT, dissolved in 0.25% DMSO. The diluted semen in both experiments was stored at 5°C for 168 hours, the concentration of progressively motile sperm being 300 to 400×10^6 per ml.
- *Experiment III*: TGCG diluent, free from egg yolk and supplemented with 0.3, 0.6, 0.9 mM BHT, as well as TGCG diluent containing 2.5% egg yolk and supplemented with 0 or 5 mM BHT. All BHT concentrations were dissolved in 0.25% DMSO. The diluted semen was cooled to 5°C for a period of 4 hours, frozen in the form of 0.3 ml pellets, stored for 4 weeks in liquid nitrogen and

dry-thawed at 40°C (Evans & Maxwell, 1987). Each pellet contained 60 to 70x10^6 progressively motile sperm after thawing.

Evaluation of preserved semen

Using a phase contrast microscope (400x, 37°C), sperm progressive motility of chilled-stored semen was assessed just after dilution and after 6, 24, 48, 72, 96, 120, 144 and 168 hours of storage. The viability index of stored semen was computed according to Milovanov *et al.* (1964). For cryopreserved semen, sperm motility was assessed after dilution, before freezing and after thawing. A fertility trial was also conducted to evaluate results of Exp.III after a single cervical insemination of estrous does with 0.6 ml of frozen-thawed semen containing 120 to 140x10^6 motile sperm. Statistical analyses (ANOVA, LSD, Chi-square χ^2) of the results were carried out according to the general linear models procedures of the Statistical Analysis Systems (SAS, 1990).

Results

As indicated in Fig. 1 and 2, while the maximum value of viability index (114.51±4.25) was achieved in egg yolk-based diluents supplemented with 5 mM BHT, the highest values of viability indices (106.17±3.84

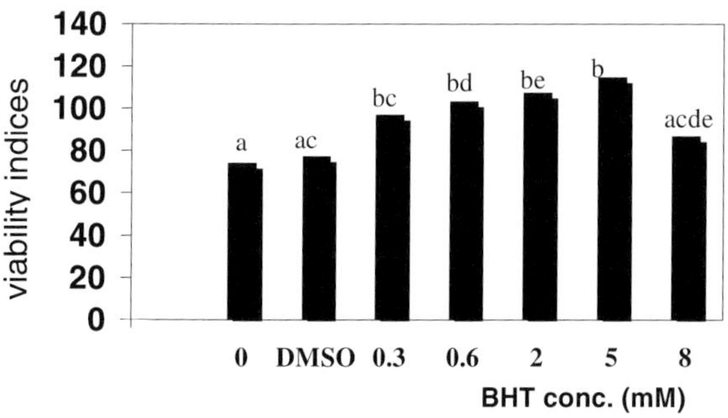

Figure 1. Viability of chilled-stored semen in egg yolk-based extenders supplemented with or without BHT. Data are presented as mean values ± SEM of 30 measurements. Different letters above bars denote significance (P<0.01).

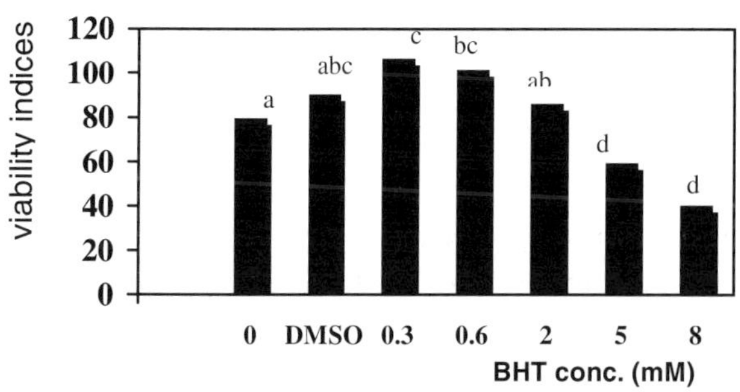

Figure 2. Viability of chilled-stored semen in egg yolk-free extenders supplemented with or without BHT. Data are presented as mean values ± SEM of 30 measurements. Different letters above bars denote significance (P<0.01).

Table 1. Effect of BHT on motility (%) of frozen-thawed spermatozoa.

Semen treatments	Stages of semen processing		
	After dilution	Before freezing	After thawing
0.30 mM BHT in egg yolk- free extenders	78.50±2.14	74.50±2.30	37.00±2.14[a]
0.60 mM BHT in egg yolk -free extenders	79.50±0.90	76.50±1.50	47.50±2.39[b]
0. 90 mM BHT in egg yolk -free extenders	79.50±1.17	73.50±1.07	38.50±2.79[a]
Egg yolk-based extenders	78.00±1.22	76.00±1.87	38.00±2.57[a]
5 mM BHT in egg yolk-based extenders	80.00±2.02	75.00±1.70	48.50±2.97[b]

Means ± SEM with different superscripts in the same column are significantly different ($P<0.05$).

Table 2. Effect of BHT on fertility of frozen-thawed semen.

Semen treatments	Number of does kidded / Number of does inseminated	Kidding rates (%)
0.60 mM BHT in Egg yolk free extenders	43/80	53.75[ab]
Egg yolk based extenders	27/70	38.57[a]
5.00mM BHT in Egg yolk- based extenders	50/80	62.50[b]
Overall	120/230	52.17

Values with dissimilar superscripts are significantly different ($P<0.01$).

and 100.98±3.63) were attained in egg yolk-free diluents supplemented with 0.3 and 0.6 mM BHT. Moreover, after freeze/thaw processing of goat semen (Table 1 and 2), the highest percentages of motility (47.50±2.39% and 48.50±2.97%) and fertility (53.75 and 62.50%) were recorded for spermatozoa treated with 0.6 and 5 mM BHT in egg yolk-free and egg yolk-based diluents respectively.

Discussion

In agreement with the findings of Killian *et al.* (1989) and Bamba & Cran (1992), the present work maintains that including BHT in egg yolk-free (0.6 mM) and egg yolk-based (5mM) extenders results in a remarkable improvement not only in the viability of chilled-stored semen but also in the motility and fertility of frozen-thawed spermatozoa. It seems that during slow cooling of semen, the biophysical properties of BHT render it a soluble quasi-spherical hydrocarbon molecule that could permeate into the sperm plasma membrane and lower the effective phase transition temperature of its lipid domains by as much as 10°C .This could lead to a concurrent decrease in membrane lipid viscosity as well as a subsequent maintenance of membrane fluidity, which was demonstrated to be a prerequisite for proper sperm functions (Graham & Hammerstedt, 1992). In conclusion, BHT could be adopted as a reliable auxiliary element or substitute of egg yolk for hypothermic preservation of goat semen.

References

Bamba, K. & D.G. Cran, 1992. Effects of treatment with butylated hydroxytoluene on the susceptibility of boar spermatozoa to cold stress and dilution. J. Reprod. Fert. 95, 69-77.

Evans, G. & W.M.C. Maxwell, 1987. Salamon's artificial insemination of sheep and goats. Butterworths pty limited Publishers, Australia, p. 93-140.

Graham, J. K. & R. H. Hammerstedt, 1992. Differential effects of butylated hydroxytoluene analogs on bull sperm subjected to cold-induced membrane stress. Cryobiology 29, 106-117.
Killian, G., T. Honadel, T. Mcnutt, M. Henault, C. Wegner & D. Dunlap, 1989. Evaluation of butylated hydroxytoluene as a cryopreservative added to whole or skim milk diluent for bull semen. J. Dairy Sci. 72, 1291-1295.
Milovanov, V. K., G. D. Trubkin & Z. K. Erzin,1964. Artificial insemination of livestock in the USSR. Israel Program For Scientific Translations, Jerusalem, p. 102-104.
Statistical Analysis Systems (SAS) Institute Inc., 1990. SAS/STAT User's Guide, Version 6, Vol. 1. SAS Institute Inc., Cary, NC.

Farm's and farmer's characteristics affecting the selection of sheep and goat livestock's marketing channels in Greece

L. Tsourgiannis, A. Errington & J. Eddison

University of Plymouth, Faculty of Land, Food and Leisure, Newton Abbot, Devon TQ12 6NQ, United Kingdom

Summary

This paper examines the factors affecting the choice of marketing channel by sheep and goat livestock producers in the Region of East Macedonia and Thrace (EMTh) in Greece. A chi-square analysis was used to assess the association between farm's and farmer's characteristics and the selection of a particular marketing channel. The Kruskal-Wallis non parametric test was used to identify the relationship between the factors affecting the choice of marketing channel and the selection of a particular marketing channel. Four categories of marketing channels were identified while many factors were found to be associated with the selection of a particular marketing channel, including sales price, loyalty, volume of production and financial performance.

Keywords: livestock marketing, sheep meat, goat meat, marketing channels.

Introduction

McLay, Martin and Zwart (1996) argue that many agricultural economists have traditionally taken the view that marketing is a process that occurs after products leave the farm gate. Mitchell (1976) identified the product orientated, the selling orientated and the market orientated livestock producers.

Little is known about the strategic management process of farmers and particularly about the factors and the farmers' characteristics that influence them to choose a particular strategic alternative. Some studies have attempted to identify the characteristics of farmers using particular channels. Distribution risk was found to influence marketing decision-making (Royer, 1995). Transaction cost is another factor that has significant influence on marketing decision making (Hobbs 1996, Loader 1997). Others have sought to categorise farmers according to their strategic behaviour. McLay *et al* (1996) identified five strategic groups according to the strategy used by crop farmers in New Zealand, while Ohlmer, Olson and Brehmer (1998) categorised Swedish farmers in relation to their decision making. This paper aims to examine the factors affecting the choice of marketing channel by sheep and goat livestock producers in the Region of East Macedonia and Thrace (EMTh) in Greece.

Materials and methods

A ten page questionnaire was used to identify both the marketing channels that were used by farmers and also the characteristics of their farms and the farmers themselves. There were questions that respondents were asked to answer on a 5-point Likert scale, in order to identify the perceived importance of several factors influencing the choice of marketing channels. The questionnaires were pre-tested and piloted in the autumn of 2001. The main survey took place in spring 2002, in a sample of 343 sheep and goat farmers in the Region of EMTh in Greece. For the present study, the questionnaires were answered through field interviews, due to the poor literacy of most sheep and goat farmers in the Region of EMTh and the fact that most of these farmers are not familiar with this kind of research (Errington 1984, Oppenheim 2000). The effective response rate was 92%. The sample was derived randomly from lists that were obtained from the Local Authorities. Those lists include 6,826 sheep and goat farmers operating in the Region of EMTh. In this study, a chi-square analysis was used in order to assess the association between farm's and farmer's characteristics and the selection of a particular marketing channel. The Kruskal Wallis non parametric one way ANOVA was used in order to identify the relationship between each of the factors affecting the choice of marketing channel and the selection of a particular marketing channel.

Results

The results of the survey identified five direct marketing channels and five multi-choice marketing channels (sales to more than one marketing outlet, e.g. selling livestock direct to retailer and to wholesaler) but for analysis purposes only four categories of marketing channels were used, due to relatively small contributions made by six marketing channels.

The livestock marketing channels selection and utilisation for sheep and goat producers in the Region of EMTh in Greece are illustrated in the following figure (Figure 1).

It was found that there is a highly significant different relationship ($P<0.001$) between sales price of livestock, buyer's capability to purchase large quantities of livestock, loyalty, speed of payment, personal relationships, quantity of lambs, and the selection of a particular marketing channel. The figure below illustrates the relationship between each factor and the selection of a particular marketing channel.

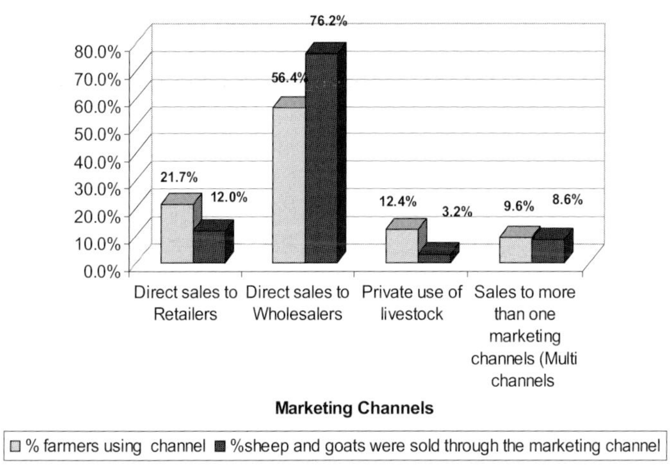

Figure 1. The livestock marketing channels selection and utilisation for sheep and goat producers in the Region of EMTh.

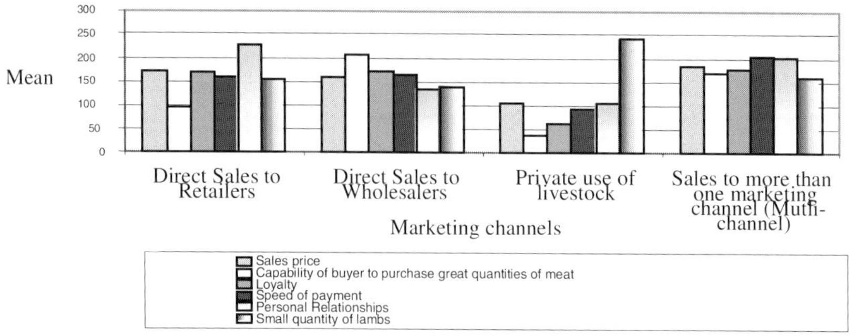

Figure 2. Relationship between factors and milk marketing channel selection.

A highly significant different relationship ($P<0.001$) was found between the selection of a particular marketing channel and the size of flock, the number of slaughtered animals, the volume of milk production and the financial performance. The relationship between the size of cultivated land allocated to sheep and goat enterprise and the selection of a marketing channel is significantly different at $P=0.013$. The table below (Table 1) represents the relationship between farm/farmer characteristics and marketing channel selection.

Discussion and conclusion

Generally, many factors affect the selection of marketing channels by sheep and goat producers in Greece. More specifically, farmers that prefer direct sales to retailers are mostly influenced by personal relationships; they are small scale livestock producers and medium scale milk producers with small

Table 1. Farmer profiles: characteristics of farmers adopting different channels.

Direct sales to retailers	Direct sales to wholesalers	Private use of livestock	Sales to more than one marketing channels (Multi Channel)
Size of flock:51-150 heads (39.7%)[1]	Size of flock:151+ heads (62.1%)	Size of flock:<50 heads (71.8%)	Size of flock:151+ heads (46.7%)
Volume of slaughtered sheep and goats (all ages): <50 heads (55.9%)	Volume of slaughtered sheep and goats (all ages): 51+ heads (82.4%)	Volume of slaughtered sheep and goats (all ages): <50 heads (76.9%)	Volume of slaughtered sheep and goats (all ages): <50 heads (37.9%) and 151+ heads (37.9%)
Milk produce: 2.001-10.000 kg (41.2%)	Milk produce: 2.001-10.000 kg (40.1%)	Milk produce: <2000 kg (76.9%)	Milk produce: <2.000 kg (43.9%)
Percentage of land allocated to sheep and goat enterprise: 61%+ (38.2%)	Percentage of land allocated to sheep and goat enterprise: 61%+ (43.3%)	Percentage of land allocated to sheep and goat enterprise: 61%+ (48.7%)	Percentage of land allocated to sheep and goat enterprise: <30% (50.0%)

[1]Represents the percentage of farmers who adopt this particular marketing channel.

flocks and they allocate more than 61% of their cultivated land to their sheep and goat enterprise. Farmers who prefer direct sales to wholesalers are mostly influenced by the buyer's capability to purchase large quantities of livestock; they are medium scale livestock and milk producers with big flocks and they allocate more than 61% of their cultivated land to their sheep and goat enterprise. On the other hand, farmers who prefer the private use are mostly influenced by the small quantity of livestock; those are small scale livestock and milk producers with small flocks and allocate less than 30% of their cultivated land to their sheep and goat enterprise. Finally, those who prefer sales to more than one marketing channel (multi-channel) are mostly influenced by personal relationships; those are small scale milk producers with big flocks and they allocate more than 61% of their cultivated land to their sheep and goat enterprise.

References

Errington, A. 1984. Delegation on Farms: An examination of organisation structure and managerial control on farms in the Vale of the White Horse. Unpublished PhD Thesis, University of Reading.

Hobbs, J. E. 1996. A transaction cost approach to supply chain management. Supply Chain Management. 1 [2], 15-27.

Loader, R. 1997. Assessing transaction costs to describe supply chain relationships in agri-food systems. Supply Chain Management. 2 [1], 23-35.

McLeay, F., S. Martin & t. Zwart, 1996. Farm Business Marketing Behaviour and Strategic Groups in Agriculture. Agribusiness. 12 [4], 339-351.

Mitchell G.F.C., 1976. The influence of Market Intelligence on Farmers' Livestock Marketing Decisions. Department of Economics, University of Bristol, 1-31

Ohlmer, B., K. Olson, & B. Brehmer, 1998. Understanding farmers' decision making processes and improving managerial assistance. Agricultural Economics. 18, 273-290.

Oppenheim, A. N. 2000. Questionnaire Design, Interviewing and Attitude Measurement. Continuum, New York. 303 pp.

Royer, J. S. 1995. Industry Note - Potential for cooperative involvement in vertical coordination and value - added activities. Agribusiness. 11 [5], 473-481.

Session 3: Improving the efficiency of livestock systems in Mediterranean mountains

Session 3.2: Cattle, pigs and poulytry systems

Theatre presentations

Cattle husbandry systems in Mediterranean mountains: situation and prospects

S. Ligios[1], R. Revilla[2], A. Nardone[3], S. Casu[1]

[1]Istituto Zootecnico e Caseario per la Sardegna. Olmedo (SS), 07040, Italia
[2]Servicio de Investigation agroalimentaria. D.G.A., 50080, Zaragoza, Spain
[3]Istituto di Zootecnia. Università della Tuscia. Viterbo, 01100, Italia

Summary

Cattle production systems in Mediterranean mountain areas were an ancestral tradition up till 1940-1950 and in some cases this tradition still remains, as it does in some countries of the South Mediterranean Basin where it plays an important social role. These farming systems were very extensive in terms of farm inputs and land use, and were also characterised by the exploitation of hardy, low-producing animals for milk production, meat and sometimes for draught purposes. Economic development after the Second World War resulted in a concentration of milk production in specialized farms located in intensive production areas, while draught cattle disappeared as agriculture was mechanised. Meat production remains the main activity in cattle farming systems in those mountain areas where they still exist and different evolutionary patterns can be observed:

- Animal breeding and specialization of local breeds (Chianina, Marchigiana, Romagnola, Pirenaica, Parda de Montaña).
- Introduction of specialized breeds for meat production (Charolais, Limousine).
- Commercial crossing of specialized meat bulls with local breeds; this is the case of Sardinia in Italy and the Spanish Pyrenees.

Most specialized dairy farms in mountain areas disappeared due to the EU milk-quota policy. In these areas three main types of farms still remain:

- non-specialized cattle farming systems in which the production is mainly consumed on the farm (North Africa).
- non-specialized dairy farms with low milk quotas that use local breeds, where high value cheese production takes place (Southern Italy and Greece).
- suckler cattle farming systems for beef production, where calves are suckled by their mothers and then sold to be fattened in specialized areas.

In the first situation, development is possible with an improvement of husbandry management by improving the availability of forage and suitable land use.

In the second type of farms, a development alternative is exploiting the value of local cheeses, although cow cheese production is very demanding in terms of labour and there is great competition from sheep and goat cheese.

In the third case, development is possible through conversion into organic farming, which is relatively easy for extensive mountain farms. However, this alternative could be limited by the globalisation of agriculture, which implies competition with organic products from other production areas around the world.

In the Spanish Pyrenees, the development of cattle production systems occurred through new fattening activities, either in private or cooperative farms. In this case the local calves are normally marketed under specific quality labels.

In any case, cattle farming systems in Mediterranean mountain areas should improve their development opportunities through the sustainable use of pastures and forestland. The utilisation of these resources by cattle can be beneficial for farms (reduction of production costs); for the conservation of landscape and natural values; for the prevention of environmental hazards (forest fires); and can also contribute to the maintenance of human local populations.

Keywords: cattle rearing systems, Mediterranean mountains.

Introduction

Cattle raising in the Mediterranean has a long tradition and has always been linked to other agricultural and animal husbandry activities.

The current developments in the cattle rearing systems in the Mediterranean and other regions and the simultaneous opening of the markets and the social and demographic changes, call into question the stability of the traditional systems of stockbreeding, above all in underdeveloped areas.

In terms of techniques, the mountainous zones of the Mediterranean area have great problems in competing with North Europe or intensely cultivated regions. Considering that cattle raising is principally based on grazing, productivity in Mediterranean conditions is clearly inferior to that in other zones of extensive farming, particularly in temperate areas. While in the Spanish Pyrenees the grazed sward supplies only 43% of the feed requirements of the beef cattle being raised, in the Massif Central of France pasture supplies 73% of the feed required (D'Hour *et al.*, 1998). In optimum production conditions in the mountainous regions of the Mediterranean, cattle increase their weight by 55 kg during grazing (Casasùs *et al.*, 2002) and the calves may reach 200 Kg at weaning (Villalba *et al.*, 2000). These values are much lower than those obtained in other humid mountainous zones (Petit *et al.*, 1995). This work presents an overview of recent developments in cattle raising in the Mediterranean mountain zones and of possible developments in this field.

Climate, pedology and vegetal cover

The term Mediterranean zone (MA) indicates an area, which may not actually be on the coast of the Mediterranean, where annual rainfall is greater than 400 mm and in which the relationship between summer precipitation and the average maximum temperatures in the hottest months is less than 7 (Bourbouze & Donadieu, 1987). The MA is defined by 2 climates: dry and mild mid-latitude (Köppen, 1936). The dry climate is characterized by higher evapotranspiration than annual rainfalls, it is defined as subtropical desert, semi-arid or subtropical steppe and dry climate areas. Altogether, the dry climate area constitutes a 46% of the whole area of the MA. The mild mid-latitude climate is divided into three sub-climates: inland mediterranean climate, coastal mediterranean and marine west coast. Altogether, the coastal and inland mediterranean sub-climates are present in about 41% of the whole MA, and the marine west coast sub-climate on a little more than 13% (Nardone, 2000). This area extends from Portugal in the West to Iran in the East and from France in the North to Tunis in the South and covers some 158 million hectares (Bourbouze & Donadieu, 1987). Inside this vast area there are plains and hilly zones but a large part of the area is mountainous.

The Mediterranean mountains are in general not very high (most are between 1 800-2 000 m high, although some peaks reach more than 4 000 m) and are characterised by steep slopes which greatly limit farming possibilities. In addition, the area includes different environments and climates. The most common climate type is a quite hot and dry season from May-June to September-October and a cold and humid season for the rest of the year. Within these general climatic conditions there is great variety in certain areas, of which the most extreme examples are Corsica in the North and the Atlas Mountains in the South.

The Mediterranean mountains are thus often quite arid and the period of snow cover is generally of limited duration. The prevailing winds, even though rarely strong, also have a detrimental effect in defining the environment of the Mediterranean and the mountainous areas in particular.

The Mediterranean mountain soils also vary from rocks of volcanic origin, to granite or sedimentary formations.

Lastly, not only are there variations in climate altitude and pedology, but also in vegetal cover, with grasslands, scrubland, sometimes forests and very often mixed vegetation being present.

Traditional uses

The environments described above are used in many different ways depending on the particular environments and local customs.

Alongside areas where the land is divided into individual private farms, one finds areas of common land, occasionally of great extent, where the land use is regulated by laws or, more frequently, custom and verbal agreements between single farmers or groups of farmers. In addition, next to zones where man and animals are present all year round one finds marginal zones where forage is only available in certain seasons and transhumance is usually practised (Provence – Alpine foothills, North Africa – Maghreb, Pyrenees –Ebro valley).

Finally, there are regions in the Mediterranean mountains which have been abandoned and where recovery is problematic, and other zones which are overpopulated by humans and overstocked with animals where there may be great risk of environmental degradation. An example of the former is the Alpine foothills of Digne where the population density is 3.9 inhabitants per km^2 (with districts which have lost 85% of their population in the last 100 years) and of the latter the region of Khroumirie in Tunisia where the population has more than doubled in the last 40 years and the density is 92 inhabitants per km^2. During the periods mentioned above, along with the population changes the stocking rate has also changed; in Digne the sheep population has fallen by 20% while in Khroumirie the number of cattle has grown by 37% and sheep and goats by some 30% (Boujou, 2000).

The races and breeds raised and their productivity

As a result of the variables listed above, all principal domestic species of animals are raised in the Mediterranean mountains: sheep, goats, cattle, pigs and also horses. These animals often use the same land and are raised on the same farms.

The principal types of sheep and goats raised are dairy breeds (and meat breeds on the southern shores of the Mediterranean and in the numerous arid mountainous areas of Spain). Cattle are traditionally dual purpose (meat and dairy) breeds.

Focusing on cattle, many breeds have been present in the Mediterranean area for many years. Nardone & Villa (1997) reported that the 38 million heads of cattle in the area belonged to 97 different breeds. Most of these are dairy breeds. However, in mountainous regions most breeds are meat breeds. There are great morphological differences between the breeds even when they live in zones which are relatively close to one another. They range from the Chianina, the giant of the species with the adult female having an average weight of some 850 Kg, to the much smaller Sarda which can only reach a live weight of about 350 kg.

Recently, new specialised meat breeds such as Charolais or Limousine have been introduced with satisfactory results. Attempts to introduce new milk breeds such as the Frisian, have faced more difficulty and the results have been less satisfactory.

There are examples of triple purpose breeds which have become specialised in meat production: this is what has happened with the Chianina, Romagnola and Marchigiana Italian breeds and the Brown breed in Spain.

Some characteristics of cattle breeds in the area under consideration are shown in table (1).

Rearing system

Various authors have studied the rearing system in the Mediterranean area and have classified it according to various parameters. (Nardone, 1996).

Matassino (1987), for example, identified five stock raising systems, based on use of the food resources of the area, for Podolic cattle (but also sheep and goats) in Southern Italy.

These are:

- pastoral, which uses grazing areas in a graded way which may be far distant one from the other and includes transhumance;
- semi pastoral, which also uses grazing but at a local level, with summer pastures used for grazing;
- stalled free grazing, which includes the sheltering and the use of food supplements for the animals which use the vast grazing areas which often form part of the common land;
- not free grazing, based on the food resources of the farm and the use of food supplements in the stall;
- stalled, where the animals are fed in stalls.

On the Southern shore of the Mediterranean, in the mountainous area, Benyoucef (1996) reported that almost all animals are raised in the open air and covered resources are rudimentary, but still divided the types of raising:

- extensive pastoral, with cattle of local breeds in herds of between five and ten heads, left free to graze where the owner only gives certain supplements. The production of the animals is destined to consumption by the owner or selling;
- family, with smaller herds than those in the above system, around the villages and along the roads.

In terms of classification, perhaps the most peculiar aspect of cattle raising both on the Northern and Southern shores of the Mediterranean is that in the past the animals were mainly raised on small family farms with different species present, with the aim of supplying the family's needs. Thus, the number of cattle raised on the farm (normally less than 5 to 6 heads of adults) was less, as is also the case for sheep and goats and pigs. The traditional dairy products of various regions of the Mediterranean still contain traces of this system with cheeses being produced from a mixture of sheep's and cow's milk, or sheep's, goat's and cow's milk (e.g. J'ben in North Africa, Caciotte in South Italy). Nevertheless, in Spain the production of traditional cheeses is concentrated in the humid Atlantic mountain zone characterized by intensive dairy farming systems. The production of the different species was reduced due to both the low level of production and to the inefficiency of the farm workers, and cheese could only be produced by mixing all the milk together.

Another form of animal husbandry was share cropping and the cultivation of cereals which was typical of Central Italy. Here the animals were principally used as draught animals, although other products such as meat, and occasionally milk, were obtained. The animals were principally fed on the by-products of cereal production.

Thus, in cattle husbandry in the Mediterranean one did not find large herds of hundreds or thousands of heads, raised almost exclusively for meat or leather and left free to graze over vast uncultivated

Table 1. Principal characteristics of some cattle breeds raised in the Mediterranean are (Nardone & Villa, 1997).

Name	Breeding Country	Production Systems	Cows (000)	Cow wither height	Cow weight	Trend
Holstein	MAR	Intensive milk Intensive milk-meat Intermediate milk Intermediate milk-meat	3.467	131-40	420-750	Stable-increase
Anatolian black	TR	Intermediate meat-milk	1.506	112	265	Stable
Busha	YU	Intermediate milk-meat	1.000	115	300	Decrease
Brown	ES FR GR IT TR TU	Intensive milk-meat Intermediate milk Intermediate milk-meat	737	131-40	506-710	Stable-increase
Greek shorthorn	GR		8.5		262	
Jersey	TR IT	Intermediate milk	37	115	425	Increase
Brune Atlas	DZ MO	Extensive meat-milk	170	130-35	500-700	Increase-stable
Simmental	GR IT DZ	Intermediate milk-meat	364	130-38	630-750	Increase
Montbeliard	DZ	Intermediate milk-meat	51	136	650	
Morucha	ES	Extensive meat	119		400	Increase-stable
Brava	ES FR PT	Extensive meat	63	115	325	Stable
Retinta	PT	Extensive meat	137	140	600	Increase
Alentejano	PT	Extensive meat	20		650	Stable
Marchigiana	IT	Intermediate meat	70	140	800	Stable
Chianina	IT	Intermediate meat	60	155	850	Decrease
Podolica	IT	Extensive meat-milk	33	120-60	400-600	Decrease
Modicana	IT	Intermediate milk-meat	18	140-45	550	Decrease
Maremmana	IT	Extensive meat	15	140	500-600	Stable
Cinisara	IT	Intermediate milk-meat	5	130-40	450-550	Stable
Romagnola	IT	Intermediate meat	4	138	800	Stable

To be continued...

Table 1. Continued.

Name	Breeding Country	Production Systems	Cows (000)	Cow wither height	Cow weight	Trend
Sarda	IT	Extensive meat	23	112.3	250	Decrease
Boz	TR	Intermediate meat-milk	91	117	353	Decrease
South an. Red	TR	Intermediate milk-meat	16	130.5	404	Decrease
Cyprus	CY		0.5			
Mirandesa	PT	Extensive meat	50		600	Decrease
Barrosa	PT	Extensive meat	35		430	Decrease
Limiana	ES	Extensive meat	15	140.6	731	
Maronesa	PT	Extensive meat	10		500	Decrease
Marinhoa	PT	Extensive meat	5		600	Decrease
Rubia Gallega	ES	Extensive meat-milk	189	135	700	Increase
Limousine	FR IT	Intermediate meat	76	130-40	600-850	Increase
Avilena negra	ES	Extensive meat	93	140	550	Increase
Charolais	PT FR IT ES	Intermediate meat	77	134	630-700	Increase
Sardo modicana	IT	Extensive meat-milk	24	137	420	Decrease
Asturiana valles	ES	Extensive meat	35	136	750	Increase
Corse	FR		42.4			Decrease
East a. Red	TR	Intermediate meat-milk	437	114	345	Decrease
Na.s. yellow	TR	Intermediate meat-milk	140	107	197	Decrease
Pirenaica	ES	Extensive meat	11	130-35	550	Increase
Tudanca	ES	Extensive meat	10	131	330	Decrease

areas, as those found on the Great Plains in the West of the USA, in South America, in Australia and New Zealand.

However, alongside the system described above directly connected to cultivation, there was another system as well. This was more extensive animal husbandry, above all in mountainous areas often forested and thus inappropriate for farming, and almost always on common land, where the forage resources of the animals came from grazing on pasture and scrubland rather than from the by-products of farming. The animals raised using this system were generally smaller and wilder and the herds bigger (30 adult cows). Production exceeded the direct needs of the families of the farmers and was even exported. In Sardinia, for example, live cattle were exported to Southern France until 1887 (Dettori, 1915).

In this type of animal husbandry there was no real system of housing for the animals (apart from some huts for calves) but only simple walled areas were milking took place. A description of this type of animal husbandry in Sardinia in the early years of the 20th century can be found in Wagner (1920).

Evolution of the animal husbandry system

The animal husbandry systems described above have changed greatly due to technical, commercial and political and economic changes. These changes have taken place at different rates depending on the region.

Here one must differentiate between the changes which have taken place on the Northern and Southern shores of the Mediterranean.

On the North shores of the Mediterranean the traditional systems of animal husbandry suffered their first crisis from a technical point of view with the advent of mechanisation, which quite rapidly eliminated the use of draught cattle for ploughing or as draught animals in transport. The development of the communication network, which made possible the transport of large numbers of live and slaughtered animals and above all large quantities of milk over long distances, was indirectly responsible for another crisis in animal husbandry in mountainous zones. The heavily populated mountain zones were far from the plains and although they could not compete with the plains in terms of price, before the improvement in communications they had little difficulty in marketing their products. By contrast, in Spain, where the mountains were traditionally used for rearing horses for draught purposes, the advent of mechanisation resulted in horse breeding being substituted by cattle rearing in these areas.

In the Countries on the Northern shore of the Mediterranean, in particular in France and Italy but also to some extent in Spain, from the end of the Second World War demand for both milk and meat increased. This phenomenon accelerated during the 1960's and 1970's (Cassano, 1984).

Between 1951 and 1981 the Italian population increased by 10 million, while milk consumption increased from little more than 2,800 million kilos, to almost 48,000 million kilos. Similar developments took place in Spain, Portugal, Greece (Patuelli & Aragrande, 1989) and Turkey (Sekerden, 1996), albeit at different times.

The increased demand for milk was met partly by increasing local production, improving the use of the most suitable areas (intensively cultivated plains) and substituting local breeds with specialised imported breeds (Frisian and Bruna), and partly by importing milk and dairy products, mainly from Northern and Central Europe (Patuelli & Aragrande, 1989).

The changes in the market have caused and are causing profound changes in the animal husbandry systems of the mountainous areas of the countries mentioned above.

In general, the number of heads per farm has increased while the number of farms themselves has decreased.

However, the number of heads of cattle per farm remains very low when compared to Northern and Central Europe. This is particularly true for Greece with an average of 3.4 heads per farm (Patuelli & Aragrande, 1989) and Turkey where 75% of cattle are raised in units of 1 one 4 head (Sekerden, 1996).

Nonetheless, in certain areas some farms have continued to produce milk and beef, but only in situations where the milk has been traditionally used for typical cheeses, with high added value and aimed at a limited market of connoisseurs. This is the case of Modicana cattle which are raised in Sicily, in certain restricted areas of Sardinia, and in Podolica in South Italy. Today the survival of these breeds and this animal husbandry system is linked to the production of cheeses which have a quality mark of origin to protect them (Fresa and Casizolu in Sardinia, Caciocavallo Podolico in Apulia, Caciocavallo Palermitano in Sicily)

Apart form these particular situations, which are very labour-intensive and suffer from the effects of the depopulation of the areas, the most logical choice for most farmers is to concentrate on meat production. This is most evident in those areas where milk production was less specialised. For example, in Spain between 1987 and 2000 the total number of cattle increased by 22%, with the number of dairy cows falling by 47% and beef cattle increasing by 87% (MAPA, 2003). The relatively low production of dairy farms in Spain in the 1980's combined with important subsidies for beef cattle were the principal factors responsible for this change.

The demand for meat in general, and that of beef in particular, increased in the same way as that for milk form the 1950's to the beginning of the 1990's.

Italy in particular, in 1991, apart from slaughtered animals, imported from France alone more than one million animals between 2 weeks and 14 months old for fattening. Of these, 800,000 were broutards from central France which were sent to fattening centres in Italy (Guesdon, 1996).

In Greece, Georgoudis (1997) reported that the cattle population fell between 1965 and 1993 from 1 131 000 to 608000 heads.

Thus, the meat market seems promising and internal production should be intensified.

The new approach to mountain animal husbandry where milk production could not continue has followed two paths:

1. industrial crosses;
2. raising pure breeds.

The former has been primarily the choice of farmers where the animals are fed mainly on natural resources. In these situations, after some years of research on various specialised meat breeds (Casu *et al.*, 1985; Casu & Nardone, 1994), the most suitable breed of bull in each case has been identified to cross with the cows to produce the most satisfactory results in terms of quality and quantity (rendered at slaughtering) with respect to the breed of cow. In this system, called "cow–calf", the product is a calf of some 6 to 7 months, raised on grazing after weaning and fattened in specialised centres located on the plains.

In this case, the combination of raising in the mountains and fattening on the plains has reciprocal advantages:

- the resources of the intensive farms on the plains are destined for milk production and fattening and are thus not "wasted" on raising beef cattle;
- the mountain farms use natural forage at low cost and by crossing with beef bulls furnish suitable beef animals with high growth potential, but they do not fatten the cattle and give up the specificity of the product which in the fattening centres are lost due to the mixture of animals of different origin and the system of mass production.

The latter system mentioned above has been used by farmers raising breeds which are partly used for beef (Chianina, Marchigiana and Romagnola, as previously mentioned). This system has witnessed a great fall both in the number of farms and the heads of cattle despite the efforts made to select the animals and modernise the structures of the farms (Lucifero, 1984).

Here too, research, in order to give value to the product, has resulted in the establishment of various quality marks for the meat as was reported by Rodrigues *et al.* (1998) in Portugal for the Alentejana, Arouquesa, Barrosa, Cachena, Marinhoa, Maronesa, Mertolenga Mirandesa breeds (http://europa.eu.int/comm/agriculture/qual/en/1bbaa_en.htm).

In the middle of the 1990's, there was a reversal of the trend towards increased consumption of beef. In countries which traditionally consumed more than they produced, there was a marked fall in demand although they still remained net importers (Rovai, 1998).

This fall in demand, which was linked to the stabilisation of populations and changes in eating habits, and finally to particular health questions, had a very marked effect on mountain cattle farms were the effect of the fall in prices was particularly felt.

As a result of the health problems, the question of being able to trace the origin of the cattle became of prime importance and more stringent veterinary controls at slaughtering were established. The abattoirs which conform with EU regulations were large establishments, often far away from the production centres, and were connected to wide distribution networks, while the small public (or less frequently private) slaughterhouses with limited capacity were forced to close because they could not afford the costs involved in conforming with the new regulations. The mountain cattle farmers thus have found that they have to compete once more with the Northern and Central European farmers who reduced their prices as demand fell and sold finished, well formed, and uniform animals to the large abattoirs. This has caused further difficulties for mountain farmers who were already organised for the cow-calf system. As the by now traditional use of fattening centres on the plain is now more difficult, the mountain farmers have been forced to sell their production or to try to fatten the calves in improvised fattening centres on the farms themselves, with less profit as a result.

Indeed, research in Sardinia has found that fattening based on hay and grain from the farm is uneconomic unless maize silage is used (Salaris, 2003).

The crisis in meat consumption has also encouraged, in some cases, meat from particular breeds being marketed under specific marks (IGP). This has favoured small producers and native breeds, both in their pure form and in crosses. At present, there are several IGP in Spain, Portugal and Italy (http://europa.eu.int/ comm/ agriculture/ qual/ en/ 1bbaa_en.htm), based on the use of a specific area, mainly mountainous or underdeveloped regions, and using native breeds (MAPA, 2003).

Developments on the Southern shore of the Mediterranean are similar in some ways to those of the North (mechanisation etc.), but there are other profound differences.

In particular, the demand for milk and meat is increasing, due to the increase in population and improvements in life style, and production has not been able to keep up with this increase in demand.

Milk production has been concentrated, as on the North shores of the Mediterranean, in localised units in the most suitable areas, principally areas irrigated by large plants for collection and distribution of water. These units were established with state aid and are now mainly small or medium sized (max 35–40 heads of cows) intensive private farms (Bourbouze *et al.*, 1989). However, cow's milk continues to be produced by non specialised local breeds (average production per lactation some 400 l) in dry zones and is destined for consumption by the producers themselves.

The increase in demand for meat has been mainly met by increasing the production of sheep breeds in particular and at a secondary level that of goats and cattle. For cattle, the strategy adopted has been to increase the number of heads and crossing with specialised breeds. This has meant an increase in importation of animal feed (Benfrid, 1998; Sekerden, 1998).

At the same time, in some states such as Algeria, quotas have been established for beef imports (Benfrid, 1998) which has kept prices high and stimulated increased production, although once again this has meant that animal feed has had to be imported.

In addition, the particular conditions of slaughtering and distribution and the food customs (direct relationship between the farmer and slaughterer, demand for meat from local breeds, unsupervised slaughtering) mean that also the traditional mountain farms are still economically viable (Benfrid, 1998)

The particular role of cattle husbandry in the Mediterranean area

On the southern shore of the Mediterranean, animal husbandry and in particular cattle raising has many multiple roles, above all in traditional farms and in difficult environments. Eddebarh (1989) shows how cattle are seen as a having prestige value and a form of savings, being acquired when money is available and sold to cover the costs of agricultural land or social activities.

Conclusions

There are two principal situations in which cattle are raised in the Mediterranean mountain areas:

- the first is the Northern shore of the Mediterranean where the drive towards productivity at low cost has forced the mountain farmers to compete with environments and animal husbandry systems

which are much more productive. This loss of competitiveness has had a negative effect and may result in farms being closed and the regions where they exist becoming depopulated;
- the second is the Southern shore of the Mediterranean where the same line of development can be seen but with important differences connected to the increase of population and the use of import quotas.

To sum up, cattle raising in the Mediterranean mountains in general, when seen from the point of view of productivity, does not seem to have good prospects of development because production per hectare in the system employed is not comparable with that in plains in intensive farms or even with grazing in less disadvantaged areas. The environmental and structural limitations linked to the small size of the farms, and their fragmentation and isolation accentuate their economic difficulties.

This situation will worsen when the meat market is opened in the near future, and there will be competition from countries with much higher productive capacity than the Mediterranean ones, such as Argentina, Brazil or Australia (ISMEA, 1999).

In addition, on the southern shores of the Mediterranean the market will probably continue to develop, at least until the pressure from international markets becomes so strong that they will be forced to remove their import quotas. In any case, the number of heads cannot increase indefinitely, even if feed is imported, because the already evident environmental problems, desertification, and the effects of overgrazing will be aggravated (Bouju, 2000).

Another limitation on cattle husbandry development on the Northern shore of the Mediterranean is that in the less disadvantaged areas in terms of climate (Tuscany, Marche, Umbria) or tourism (Corsica, Sardinia, Greece, Spain) the farmers can find economic alternatives in agriculture (river valley vegetable farming) or animal husbandry (raising milk sheep) or tourism (agro-tourism) and thus neglect cattle raising.

Thus, in productive terms, cattle raising in the mountains does not seem to have prospects of development but merely of maintaining its present position by producing food for market niches (typical cheeses, meat of specified place of origin) and will survive as long as particular conditions continue to exist, such as community subsidies on the Northern shore and import quotas in the Southern shore.
Nonetheless, the reduction and disappearance of cattle husbandry in the mountains, without being substituted by other activities, could have consequences which can already be clearly seen in certain areas (Bouju, 2000, Benyoucef, 1996):
- depopulation;
- risks of fires and desertification;
- closing of scrubland and woods:
- damage to the countryside and scenery, erosion and flooding;
- increase of the degraded areas in the outskirts of urban areas.

In these conditions, cattle raising in mountain areas should not be seen as an exclusively economic activity. Maintaining this form of animal husbandry has special relevance when considering the following points:
- cattle raising supports the rural population;
- cattle raising is a base for differentiated production of quality;
- cattle raising plays a role in protecting the environment.

Indeed, forestry has been considered as an alternative to abandoning the countryside and various countries along the coasts of the Mediterranean have invested considerable resources in an attempt firstly to forest areas where animal husbandry has been abandoned and then to maintain these forests.

The realities of the Mediterranean climate and above all the low rainfall meant that the results of these efforts have been generally mediocre in terms of quality and quantity and do not justify the costs incurred (Bifulco, 2002).

The costs involved in forestry are not justified solely economically, but also in terms of their effects on the environment, landscape and protection of the territory (water management, fight against erosion, ect...).

Seen from this perspective, there is an existing wooded and scrubland environment where cattle are indigenous and compatible with the evolution of the scrubland itself and the real Mediterranean forest, which, unlike conifer forests, also provides forage.

An experiment carried out in a mountainous zone of Sardinia (Scotti *et al.*, 2003) showed that such evolution was possible. After twenty five years of use by wild cattle, the forest had continued to evolve and the system provided up to 80% of the annual feed requirements of the animals.

One possible prospect for cattle raising in the mountains is therefore a non-specialised, indeed mixed, production model; a model in which the territory, precisely because it contains marked diversity enclosed in a restricted area (a farm), produces also "different" products: meat and milk, but also wood, cork, honey, scenery…

References

Benfrid, M., 1998. La commercialisation du bétail et de la viande rouge en Algérie. Options Méditerranéennes: Série A. Séminaires Méditerranéens n. 35, p 163-174.

Benyoucef, M.T., 1996. Situation actuelle et rôle futur des bovins dans les systèmes d'élevage mixtes: le cas de l'Afrique du Nord. Proceedings of a special session of the Cattle Commission, Madrid 1992. Cattle in the Mediterranean area. EAAP Publication n. 86, p 69-84.

Bifulco, C., 2002. Specifities écologiques du bassin méditerranéen. In Problématique de la foret méditerranéenne. Foret Méditerranéenne, hors série n. 1, aoùt 2002, p 49-64.

Bouju, S., 2000. Evolution des systèmes d'élevage de part et d'autre de la Méditerranée: une difficile conciliation avec des objectifs de développement durable. Quelques réflexions à partir de deux études de cas en France (Préalpes de Digne) et en Tunisie (Khroumirie). Options Méditerranéennes, Sér. A, n. 39, p 145-158.

Bourbouze, A., Donadieu, P., 1987. L'élevage sur parcours en régions méditerranéennes. Options Méditerranéennes, Série Etudes, 11/87.

Bourbouze, A., Chouchen, A., Eddebbarh, A., Pluvinage, J., Yakhlef, H., 1989. Analyse comparée de l'effet des politiques laitières sur les structures de production et de collecte dans les pays du Maghreb. Options Méditerranéennes, Série A: Séminaires Méditerranéens n. 6. Le lait dans la région méditerranéenne, p. 247-258.

Cassano, C., 1984. Riflessi della politica comunitaria sulla produzione della carne bovina. Atti del convegno nazionale sulle razze bovine bianche da carne dell'Italia centrale. 26-27 ottobre, Firenze. 2° supplemento atti "I Georgofili" settima serie – vol. XXX, p. 71-80.

Casu, S., Bibé, B., Picinelli, G., 1985. La place des populations bovines locales dans l'élevage méditerranéen: 25 années d'expérimentation en Sardaigne. 36éme Réunion annuelle de la F.E.Z., Kallithea, Grèce, 30 sept. – 3 oct. 1985.

Casu, S., Nardone, A., 1994. Il ruolo delle razze specializzate da carne negli allevamenti estensivi di vacche nutrici. L'esperienza mediterranea: il caso della Sardegna. Proceeding of the Scientific Day of the 28th World Charolais Congress "The role of specialized beef breeds in extensive husbandry systems of suckling cows". Alghero, Italia, 21 sett. 1993. EAAP publication n. 72, p 49-64.

Dettori, G., 1915. Il movimento economico di Cagliari e della Sardegna dal 1881 al 1912. p XLII, Cagliari 1915.

Eddebbarh, A., 1989. Systèmes extensifs d'élevage bovin laitier en Méditerranée. Options Méditerranéennes, Série A: Séminaires Méditerranéens n. 6. Le lait dans la région méditerranéenne, p. 123-133.

Georgoudis, A., 1997. Population characteristics and management of animal genetic resources in Hellas. Proceedings of the international symposium on Mediterranean animal germplasm and future human challenges. EAAP Publication n. 85, p. 299-306.

Gigli, S., Iacurto, M., Bisegna, V., 2001. Italian meat bovine breeds: situation and prospects. Atti del 36° Simposio Internazionale di Zootecnia "Prodotti di origine animale: qualità e valorizzazione del territorio. Portonovo (AN), Italia, 27 aprile. Edizione a cura di G.F. Greppi e G. Enne, p. 31-46.

Guesdon, J.C., 1996. Les systèmes de production de viande bovine dans les pays de l'Europe méditerranéenne : Un témoignage. Proceedings of a special session of the Cattle Commission, Madrid 1992. Cattle in the Mediterranean area. EAAP Publication n. 86, p. 59-67.

ISMEA, 1999. Filiera Carni. Ismea, Roma.

Köppen, W.,1936. Das geographische system der limate. In Köppen E., Geiger R. Handbuck der Klimaologie, Bd 1, Teil C., Berlino.

Lucifero, M., 1984. Lo studio sulle razze bovine bianche da carne dell'Italia centrale. Atti del convegno nazionale sulle razze bovine bianche da carne dell'Italia centrale. 26-27 ottobre, Firenze. 2° supplemento atti "I Georgofili" settima serie – vol. XXX, p. 19-26.

Matassino, D., 1987. La zootecnia del Mezzogiorno: alcune ipotesi per il miglioramento produttivo. La Questione Agraria, n. 26, p. 45-90.

Nardone, A., 1996. Analysis of cattle production systems in the Mediterranean area. Proceedings of a special session of the Cattle Commission, Madrid 1992. Cattle in the Mediterranean area. EAAP Publication n. 86, p 5-26.

Nardone, A., Villa E., 1997. Characterisation, utilisation and conservation of cattle germplasm in the Mediterranean area. Proceedings of the international symposium on Mediterranean animal germplasm and future human challenges. EAAP Publication n. 85, p. 109-121.

Nardone, A., 2000. Weather conditions and genetics of breeding systems in the Mediterranean Area. Proc. XXXV Int. Symp. Società Italiana per il Progresso della Zootecnia, p. 67-91.

Patuelli, V., Aragrande, M., 1989. Le secteur du lait en Italie par rapport aux autres pays méditerranéens (Espagne, Grèce, Portugal). Options Méditerranéennes, Série Séminaires n. 6, p. 35-50.

Rodrigues, A.M., Pinto de Andrade, L., Vàrzea Rodrigues J., 1998. Extensive beef cattle production in Portugal : the added values of indigenous breeds in the beef market. 2nd LSIRD Conference on Livestock production in the European LFAs, Bray, Ireland. Dec. 1998.

Rovai, M., 1998. Gli adattamenti della filiera della carne in relazione all'evoluzione del quadro normativo e dei consumi. In Pacciani A., Belletti G., Marescotti A., Scaramuzzi S. (A cura di). Strutture e dinamiche nel sistema agro-industriale toscano. Osservatorio INEA per la Toscana ricerca OAIT – Secondo Rapporto, Firenze.

Salaris, S., 2003. Confronto fra due razioni di ingrasso per vitelli in Sardegna. Comunicazione personale.

Scotti, R., Ruiu, P.A., Sitzia, M., 2003. Grazing cows in a forest restoration area in Sardinia: 25 years of experimental data. International symposium Animal Production and Natural Resources Utilisation in the Mediterranean Mountain Areas. Ioannina, Epirus, Greece. Jun. 5-7.

Sekerden, O., 1998. Extensive breeding of cattle in Turkey. Options Méditerranéennes: Série A. Séminaires Méditerranéens n. 35, p. 117-122.

Wagner, M.L., 1921. La vita rustica della Sardegna riflessa nella lingua. Saggio introduttivo, traduzione e cura di Giulio Paulis. Nuoro: Ilisso, 1996

Les ânes dans les montagnes de la zone méditerranéenne

J-L. Tisserand[1] & A. Guerouali[2]

[1]*Etablissement National d'Enseignement Supérieur Agronomique de Dijon (ENESAD), BP 87999, 21079 Dijon, France*
[2]*Institut d'Agronomie et Vétérinaire (IAV) Hassan II, BP 6202, Rabat, Maroc*

Résume

Parmi les équidés l'âne est un animal très efficace pour l'économie dans la zone montagneuse méditerranéenne. Il est particulièrement adapté au climat méditerranéen grâce à une forte tolérance à la déshydratation et à son aptitude à utiliser les fourrages pauvres ayant une teneur élevée en cellulose.

L'âne peu coûteux est adapté à l'économie des petits fermiers.

Il est très efficace pour la traction et le trait.

Le métabolisme d'entretien de l'âne est environ 20 % inférieur à celui du cheval.

Sa dépense énergétique pour les différentes catégories de travaux est significativement plus basse que celle du cheval.

Du fait de son aptitude à augmenter son ingestion pour les fourrages de qualité médiocre, il consomme des plantes riches en paroi et accroît la qualité de la pâture. Ses déjections constituent un bon engrais. Il contribue au développement des activités touristiques en particulier le tourisme pédestre. Le lait d'ânesse est bénéfique pour la santé humaine surtout chez les jeunes.

En conclusion l'âne est très recommandé pour améliorer la qualité du travail et le revenu de l'agriculteur.

Keywords: âne, nutrition, travail, environnement.

Introduction

Il existe deux grandes catégories d'équidés, les chevaux qui sont des animaux de plaine et plus orientés actuellement vers le sport et les ânes qui sont des animaux de travail peu exigeants. Au cours du siècle dernier un croisement le mulet a permis de donner aux chevaux une place dans le travail en zone de montagne.

Aujourd'hui il apparaît que dans les zones montagneuses méditerranéennes les ânes peuvent constituer une aide précieuse pour les travaux liés à l'agriculture.

Les ânes sont particulièrement adaptés au climat méditerranéen et aux faibles disponibilités financières des petits agriculteurs.

A titre d'exemple au Maroc l'âne est le principal animal utilisé pour le travail agricole et surtout pour le transport des hommes et des marchandises.

L'âne transforme l'énergie solaire à travers les végétaux qu'il consomme en force de travail économisant l'énergie fossile souvent importée. Il favorise en outre les activités touristiques.
Nous allons successivement étudier l'adaptation des ânes au climat méditerranéen, l'efficacité de son travail, son aptitude valoriser le fourrage de faible qualité sans oublier ses autres avantages sur le plan écologique.

Adaptation au climat méditerranéen

Excepté les camélidés les ânes sont parmi les mammifères les moins exigeants en eau. En climat aride ils réduisent leur excrétion d'eau et en particulier leur sudation (Yousef, 1991). Après 36 heures de privation d'eau les ânes réduisent la consommation de foin de 18 % alors que les poneys la réduisent de 33 %. En une heure et demi les ânes boivent 15,2 kg d'eau soit la même quantité qu'avant déshydratation alors que les poneys ne consomment que 14,9 kg d'eau soit 37 % de moins (Tableau 1).

Efficacité du travail de l'âne

Si la dépense énergétique par kg de poids vif au repos est inférieure chez les bovins par rapport aux équidés elle s'avère supérieure pour le déplacement et la traction. Dans tous les cas elle est inférieure chez les ânes par rapport aux poneys (Smith *et al.,* 1994).

Le coût énergétique du déplacement est respectivement 46 % et 50 % de celui des bovins pour les ânes et les poneys et celui de la traction 81 % et 89 % de celui des bovins respectivement pour les ânes et les poneys. (Tableau 2).

Une comparaison des trois espèces pour la dépense de traction de 10 kg/100 kg de poids vif et 20 kg/100 kg de poids vif montre qu'elle est plus faible pour les équins et notamment les asins que pour les bovins notamment pour 10 kg/100 kg de poids vif (Tableau 3).

D'après Lawrence et Stibbards (1990) Dyjkman (1992) Matthewman et Dyjkman (1993) Booth *et al.*(1993) Mueller et Fall (communication personnelle).

Par comparaison aux chevaux les ânes consomment moins d'oxygène au repos et au travail (Tableau 4). Dans le cas des chevaux les mesures de Guerouali *et al.*(2003) sont comparables à celles données par Jarrige et Martin-Rosset (1984). Chez les deux espèces l'augmentation de la consommation d'oxygène est proportionnelle à l'activité physique.

Le calcul de la dépense totale énergétique à partir de la consommation d'oxygène X 20 L (Blaxter, 1989) montre les mêmes différences entre les espèces quelque soit l'activité physique. Le métabolisme d'entretien des ânes est 83 % de celui du cheval. Pour chaque catégorie d'activité physique la dépense d'énergie est significativement plus faible chez l'âne par rapport au cheval.

Le tableau 6 présente les résultats de dépenses énergétiques de l'âne et du cheval exprimées comme multiples du métabolisme de repos, le port d'une charge au repos ou en déplacement correspondant à 40 % du poids vif augmente le métabolisme de repos de 20 % chez l'âne et de 40 % chez le cheval. Toutefois une augmentation comparable du métabolisme de repos est constatée chez les deux espèces en déplacement (1.75) ou en déplacement avec charge (2.05). Des résultats comparables ont été obtenus par Dyjkman (1992) et par Lewis (1955) qui indique que le déplacement avec ou sans charge augmente le métabolisme de repos de 100 % chez le cheval.

Les chiffres du besoin énergétique journalier pour le métabolisme de repos et l'augmentation de la dépense énergétique pour 1 heure de travail (exprimée en pourcentage du métabolisme énergétique) chez le cheval et l'âne sont donnés dans le tableau 7. Chez les deux espèces huit heures de déplacement par jour augmente la dépense énergétique de 60 % et le déplacement avec charge de 70 %. Des résultats comparables ont été observés par Zuntz et Hagemann (1998) qui montrent que le cheval augmente son métabolisme de repos de 7 % par heure de travail. Compte tenu de ces résultats les recommandations nutritionnelles doivent tenir compte du temps et de l'intensité du travail de l'animal.

Tableau 1. Effet de 36 heures de privation d'eau sur l'ingestion de foin et d'eau chez l'âne et le poney (Mueller et Houpt, 1991).

	Avec eau	Sans eau
	Anes (4 sujets)	
Ingestion de foin (kg)[1]	8.3 (0.6)[a]	6.8 (0.6)[b]
Ingestion d'eau (kg)[2]	15.5 (0.6)[c]	15.2 (0.6)[c]
	(poneys 6 sujets)	
Ingestion de foin (kg)[1]	10.8 (0.5)[d]	7.2 (0.5)[b]
Ingestion d'eau (kg)[2]	23.6 (1.7)[c]	14.9 (1.7)[f]

[1]Valeur moyenne avec SEM entre parenthèses.
[2]Valeur moyenne absorbée durant 1.5 h après 37 h de privation avec SEM entre parenthèses.
Des lettres différentes indiquent une différence significative ($P < 0.05$) entre les valeurs moyennes.

Tableau 2. Comparaison du coût énergétique du travail chez les bovins, les poneys et les ânes à une vitesse de 1 ms^{-1} sur une surface dure (W/kg PV) (Smith et al., *1994).*

	Repos	Déplacement	Traction	Source
Ane (130 kg)	1.40[1]	0.97	2.65	Dyjkman 1992
Poney (200 kg)	1.93	1.06	2.91	Smith *et al.* 1997
Vache (450 kg)	1.12[2]	2.1	3.27	Lawrence et Stibbards 1990

[1]Mueller et Fall (communication personnelle).
[2]Matthewman et Dyjkman (1992).

Tableau 3. Besoins énergétiques supplémentaires (multiples de l'entretien) et besoins énergétiques journaliers des ânes, poneys et bovins, déplacement sur une surface dure pendant 10 km soit 10 kg/100 kg PV soit 20 kg/100 kg PV (Smith et al., *1994).*

	Traction 10 kg/100 kg de PV		Traction 20 kg/100 kg de PV	
Espèces	Coût énergétique (multiple de l'entretien)	Besoin journalier (MJ)	Coût énergétique (multiple de l'entretien)	Besoin journalier (MJ)
Ane (130 kg)	0.3	18.2	0.42	19.88
Poney (200 kg)	0.33	31.48	0.35	31.95
Vache (450 kg)	0.55	67.48	0.36	59.21

Tableau 4. Consommation d'oxygène par les chevaux et les ânes pour différentes activités physiques (ml/kg$P^{0.75}$/mm).

	Périodes			
Animal	Repos	Repos avec charge	Déplacement	Déplacement avec charge
Cheval	12.58 ± 0.69	17.62 ± 1.59	21.39 ± 1.87	25.54 ± 1.39
Ane	10.49 ± 0.87	12.58 ± 1.39	18.88 ± 1.42	22.02 ± 1.18

Tableau 5. Dépense énergétique totale chez le cheval et l'âne au repos et au travail (KJ/kg $P^{0.75}$ /h) (Guerouali et al., *2003).*

	Périodes			
Animal	Repos	Repos avec charge	Déplacement	Déplacement avec charge
Cheval	15.18 ± 0.57	21.25 ± 1.33	25.8 ± 1.57	30.80 ± 1.17
Ane	12.67 ± 0.73	15.11 ± 1.9	22.76 ± 1.51	26.11 ± 1.34

Tableau 6. Augmentation de la dépense énergétique chez l'âne et le cheval en fonction de l'activité physique exprimée comme un multiple du métabolisme de repos.

	Périodes		
Animal	Repos avec charge	Déplacement	Déplacement avec charge
Cheval	1.4	1.7	2.0
Ane	1.2	1.8	2.1

Tableau 7. Métabolisme de repos journalier du cheval et de l'âne et augmentation des besoins énergétiques (par heure de travail) en pour cent du métabolisme de repos.

	Repos	Repos avec charge	Déplacement	Déplacement avec charge
Cheval	364 KJ/kg $P^{0.75}$/J 0.031 UFCI/kg$P^{0.75}$/J	6.0 %	7.1 %	8.3 %
Ane	304 KJ/kg $P^{0.75}$/J 0.026 UFC/kg$P^{0.75}$/J	5.0 %	7.5 %	8.8 %

Utilisation des fourrages de faible qualité

Les ânes sont plus aptes à utiliser les fourrages de faible qualité (comme la paille) que les poneys. La plupart du temps comparativement aux poneys ils ingèrent plus et sont plus efficaces pour la digestion microbienne des parois végétales (Pearson *et al.,* 2001, Tisserand, 2002).

Le tableau 8 montre en particulier l'aptitude des ânes à utiliser la paille distribuée à volonté comme seul aliment. Cela est dû en partie tout au moins au fait que l'âne trie et consomme moins d'eau par kg de matière sèche ingérée.

La comparaison entre un bon fourrage (foin de luzerne dactyle) et de la paille mélassée montre que l'âne limite l'ingestion du bon fourrage et augmente celle de la paille. Dans les deux cas il digère mieux la matière organique, la cellulose brute et les matières azotées totales que le poney (Tableau 9).

La comparaison de l'utilisation du foin de luzerne dactyle et de la paille sous forme de bouchon pour limiter le tri chez l'âne, au même niveau d'ingestion, montre que la digestibilité de la MO et du NDF est dans les deux cas plus importante chez l'âne que chez le poney et que la différence est significative dans le cas de la paille. Il en est de même de la production d'acides gras volatiles et de la dégradation de la cellulose in sacco (Tableau 10).

Tableau 8. Comparaison de l'utilisation par le poney et l'âne de la paille offerte à volonté (Suhartanto et Tisserand, 1976).

	Poney	Ane
MSI g/kg $P^{0.75}$	53.0 ± 2.3[1]	62.0 ± 0.3
Composition des refus		
MAT g % MS	3.4 ± 0.8	2.6 ± 0.3
CB g % MS	44.5 ± 1.8	46.5 ± 0.4
Eau bue l/kg MSI	3.0	2.7
DMO %	34.9 ± 5.9	34.3 ± 2.6
DNDF %	38.3 ± 6.5	37.5 ± 4.4
MODI g/kg $P^{0.75}$	18.4 ± 0.9	19.6 ± 1.6
AGV mmoles/l	31.6 ± 1.7	36.1 ± 6.4

[1]Différence significative.

Tableau 9. Ingestion de Matière Sèche (MS) et digestibilité apparente (%) de la Matière Organique (MOD) de la cellulose brute (CBD) et des Matières Azotées (MAD) chez le poney et l'âne (Tisserand et al., 1991).

Fourrage	Espèce	MSI G/kg $P^{0.75}$	MOD	CBD	MAD
Foin de					
luzerne	Ane	87.6	54.5 ± 3.4	12.0 ± 4.2	69.1 ± 3.2
dactyle	poney	100.6	51.9 ± 0.8	40.6 ± 3.0	65.4 ± 2.5
Paille	Ane	56.8	51.5 ± 2.5	46.0 ± 7.0	54.4 ± 6.3
mélassée	poney	53.2	46.1 ± 3.8	40.9 ± 3.3	43.6 ± 3.8

Tableau 10. Comparaison de l'utilisation du foin (luzerne dactyle) et de la paille sous forme de bouchon chez le poney et l'âne.

Fourrage	Foin		Paille	
Espèce	Poney	Ane	Poney	Ane
MSI g/kg $P^{0.75}$	57.3 ± 0.8	58.7 ± 0.5	47.8 ± 3.8	49.8 ± 0.7
MOD %	51.7 ± 8.0	57.0 ± 1.1	41.7 ± 1.2[1]	48.3 ± 2.3
NDFD %	46.6 ± 1.6	48.3 ± 1.0	38.6 ± 2.4[1]	47.3 ± 4.1
MODI g/kg $P^{0.75}$	26.7 ± 1.5	30.1 ± 0.6	18.5 ± 1.1[1]	22.3 ± 1.3
AGV mmoles /l	42.6 ± 8.1[1]	62.2 ± 6.4	30.8 ± 5.2[1]	71.6 ± 7.0
Cellulose digérée in sacco %.	35.3 ± 2.0	39.3 ± 3.3	30.5 ± 0.6[1]	34.6 ± 2.2

[1]Différence significative.

Dans le caecum l'activité cellulolytique microbienne est plus importante chez l'âne que chez le poney.

La digestibilité in sacco mesurée sur trois poneys et trois ânes adultes munis d'une canule du cecum et recevant une ration de paille de blé (77 %) de maïs grain (15 %) et de tourteau de soja (8 %) montre que la capacité de l'écosystème microbien à dégrader la cellulose au bout de 24 h et 48 h est supérieure chez les ânes par rapport aux poneys (figure 1).

Avec de la paille seule ou complémentée la production d'acides gras volatils (AGV) est supérieure chez l'âne (47.0 à 67.1 mmoles/l) par rapport au poney (33.6 à 41.9). La complémentation avec du maïs grain et de l'azote (tourteau de soja ou urée) augmente la production d'AGV (Tableau 11).

Le pH du jus de caecum des ânes est inférieur (6.7 à 6.9) à celui des poneys (7.0 à 7.3). La complémentation diminue le pH chez les deux espèces.

Le tableau 11 montre que la proposition d'acide acétique est moins importante chez l'âne que le poney alors que celle des acides butyriques et valériques est supérieure. Il n'y a pas de différences significatives en ce qui concerne l'acide propionique.

Aspect écologique

Il est encore possible de mettre en évidence des atouts de l'âne sur le plan écologique.

Le pâturage par les ânes limite la dégradation des pâtures et améliore la qualité de l'herbe pour les ruminants. En effet l'âne préfère les fourrages riches en paroi végétale ce qui favorise la production de bonnes graminées.

Le fumier d'âne très riche en azote organique constitue un engrais de qualité qui contribue à la protection de l'environnement.

L'âne peut jouer un rôle important dans les activités touristiques en particulier comme animal de trait pour le tourisme pédestre ou pour l'animation des fêtes rurales.

Le lait d'ânesse a des propriétés cosmétiques et les savons à base de lait d'ânesse sont très recherchés.

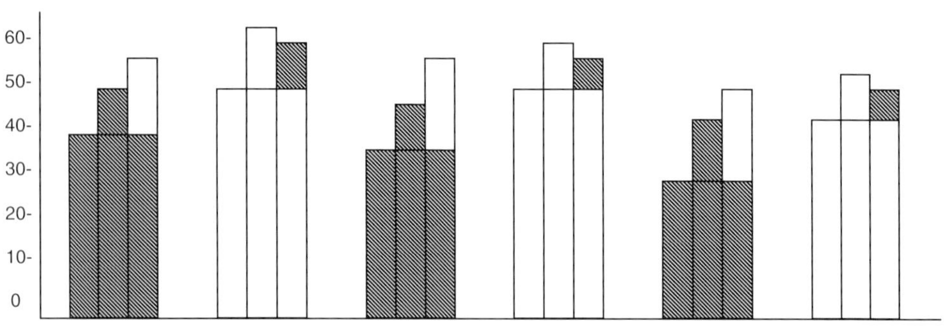

1. digestion après 24 h
2. digestion après 48 h
3. digestion après 24 h dans une espèce et 24 h dans l'autre.

Figure 1. Digestion in sacco dans le caecum des poneys ▨ et des ânes □ (Faurie et Tisserand, 1994).

Tableau 11. Concentration (mmol/l) et proportion (mol%) du AGV et valeur du pH dans le caecum des ânes (A) et des poneys (P) (Suhartanto et al., 1992).

	I		II		III		IV		SEM
Diet	Paille 77% maïs grain 15% tourteau soja 8%		Paille 78.5% maïs grain 21.5%		Paille 78.5% maïs grain 21.5% urée 11g/kg		Paille 100%		
	D	P	D	P	D	P	D	P	
AGV (mmol/l)	67.1***	40.9	59.6***	38.6	59.5*	41.9	47.0*	33.6	3.5
Acide acétique	68.2	71.3	69.3	72.6	68.6*	73.5	71.1*	74.1	1.7
Acide propionique	23.1	24.0	20.6	22.8	21.5	21.6	21.6	20.9	1.5
Acide butyrique	6.9***	3.7	8.7***	3.9	8.8**	4.3	5.8	4.2	0.4
Acide isobutyrique	0.9	0.7	0.8*	0.4	0.5	0.3	0.7	0.3	0.2
Acide valérique	0.4*	0.2	0.3	0.2	0.2	0.2	0.3	0.3	0.1
Acide isovalérique	0.5***	0.2	0.4***	0.1	0.3**	0.1	0.5	0.2	0.1
pH	6.8**	7.1	6.8**	7.1	6.7**	7.0	6.9**	7.3	0.1

Signification statistique entre espèce * $P<0.05$ ** $P<0.01$ *** $P<0.001$.
SEM = Erreur standard de la moyenne.

Il peut aussi constituer un aliment de qualité pour les bébés. Au début du siècle dernier les hôpitaux parisiens possédaient des troupeaux d'ânesses pour disposer de lait de remplacement pour les nourrissons.

L'âne peut contribuer efficacement à soigner les jeunes handicapés physiques ou mentaux.

Conclusion

Avec une grande tolérance à la déshydratation l'âne a une dépense journalière d'oxygène au repos inférieure de 20 % à celle du cheval.

L'âne est plus apte à utiliser les fourrages riches en parois végétales que les poneys du fait d'un niveau d'ingestion supérieur, de ses capacités de tri et d'une digestion microbienne cécale plus efficace.

Le coût énergétique plus faible du travail de l'âne animal bien adapté au climat méditerranéen et peu exigeant en aliment et en eau en fait un animal efficace pour le travail en zone montagneuse méditerranéenne.

L'âne, animal de travail, constitue pour l'Afrique du Nord une possibilité d'augmenter l'efficacité et le revenu du travail humain.

Références

Blaxter K-L. (1989). Estimation of heat production from the gaseous exchanges. Energy metabolism in animals. Cambrodge University Press, USA, p: 13-19.

Booth M-E., Pearson R-A. et Cuddeford D. (1993). The effect of speed of walking on the energy costs of walking in ponies. 43 rd Annual Meeting of the European Association for animal production, Madrid, September 1992 vol. 2: 542-543.
Dyjkman J-T. (1992). A note on the influence of negative gradients on the energy expenditures of donkey walking, carrying and pulling loads. Anim. Pro., 54: 153-156.
Faurie F. et Tisserand J-L., 1994. Comparative study of the cellulolytic activity of caecum microbes in ponies and donkeys. Ann Zootech. 43, 281.
Guerouali A., Bouayad H. et Taouil M. (2003). Estimation of energy expenditures in horses and donkeys at the reste and when carrying a load.
Jarrige R. et Martin-Rosset W. INRA (1984). Le cheval: Reproduction, Selection, Alimentation, Exploration. ED., INRA, Paris, France, 689 p.
Lawrence P-R. et Stibbards R-J. (1990). The energy cost of walking carrying and pulling loads on flat surfaces by Brahman cattle and swamp buffalo. Animal Production 50: 29-39.
Lewis L-D. (1995). Feeding and care of the horses. 2end Edition American College of Veterinary Nutrition. Topeka, Kansas, p. 7-12. Ed. Williams and Wilkins. USA.
Matthewman R-W. et Dyjkman J-T. (1993) The nutrition of draught animals. Journal of Agricultural Science, Cambridge 121: 297-306.
Mueller P-J. et Houpt K-A. (1991). A comparison of the Response of donkeys and ponies to 36 hours of water deprivation. Proceeding of the colloquium donkeys mules and horses in tropical agricultural. Eds. Fielding D and Pearson R-A., 86-95.
Pearson R-A., Archibald R-F.et Muirhead R-M., 2001. The effect of forage quality and level of feeding on digestibility and gastro intestinal transit time of oat straw and alfalfa given to ponies and donkeys. Brit. J. of nut., 85, 599-606.
Smith D-G. Nahius A. et Archibald R-F. (1994). A comparison of the energy requirements for work in donkeys, ponies and cattle. Working equines. Eds Bakkoury M., Prentis R-A., 17-22.
Suhartanto B., Julliand V., Faurié F.et Tisserand J-L., 1992. Comparison of digestion in donkey and ponies. Proceeding of the First European. Conference on Equine Nutrition Pferdeheilkund Sondersgabe, 158-161.
Suhartanto B.et Tisserand J-L., 1996. Utilization of hay and straw by ponies and donkeys. 47th EAAP Meeting Lillehammer, 2p.
Tisserand J-L., Faurie F.et Toure M., 1991. A comparative study of donkey and pony digestive physiology. Proceeding of the colloquium donkeys mules and horses in tropical agricultural. Eds. Fielding D and Pearson RA, 67-72.
Tisserand J-L. (2002) Comparative feeding between ponies and donkeys. 53th EAAP Meeting Cairo, 4 p.
Yousef M-K. (1991). Energy cost of locomotion in the donkey. Proceeding of the colloquium donkeys, mules and horses in tropical agricultural. Eds. Fielding D and Pearson R-A., 220.
Zuntz N. et Hagemann O. (1998). Untersuchungen uber den stoffwechsel des peferdes by ruhe and arbeit. Landn. Hahrb., 27, Supp. 3, p. 438;

Cattle production in the mountain regions of North West Tunisia: Present situation and prospects for increased productivity

M. Lahmar[1], M. Djemali[2], H. Khemiri[3]

[1]INRA Tunisia, Rue Hédi Karray, 2049 Ariana, Tunisia
[2]INAT, 43 Avenue Charles Nicole, 1082 Tunis, Tunisia
[3]ODESYPANO, 8130 Aïn Drahem, Tunisia

Summary

Much of the cattle production in northern Tunisia is carried out in the western mountains where most of the available land can not be used for anything else but grazing. However, milk and meat production per cow is low in this region. The objective of this paper is to examine the current situation of cattle production in the mountains of North West Tunisia, discuss its performance and identify its major limiting factors. A first survey was conducted in 1996 by the "Office de Développement Sylvo Pastoral du Nord Ouest, (ODESYPANO)" to achieve a good evaluation of the situation in the region in terms of feed resources, constraints and animal performances. Collected data were used as a reference base. Additional surveys were later conducted on a sample of 527 representative farms in 14 different delegations of the region, which were covered by recent development projects implemented by the OSESYPANO. Data were collected every two years (1998 and 2000) and compared to the reference base to assess the impact of the projects on cattle performance. Data showed that the prevailing cattle population is mainly composed of the native cow and its crosses with exotic dairy breeds. Native animals were adapted to the utilization of highly fibrous vegetation, which is characteristic of the mountains. However, they were very poor milk producers, with a low capacity for meat production too. Production performances and calving rates were low for all genotypes. Major limiting factors identified were the limited availability of cultivated forages, the irrational management of rangelands, the imbalance between herd and farm sizes, the inadequate extension approaches and, most importantly, the lack of cattle supplementation and the low levels of genetic improvement of animals. Improving the utilization of poor quality feed resources, determining suitable sources and adequate levels of animal supplementation, developing appropriate training and extension programs in areas of feeding management, health control and heat detection should constitute the future priorities in order to increase production efficiency of cattle production systems in the mountain. In addition, crossbreeding programs need first to be identified, planned and controlled once implemented, as they can become a threat leading to the loss of local cattle genes due to their upgrading nature.

Keywords: cattle system, Tunisian mountains, milk, meat, efficiency.

Introduction

Much of the milk and meat production in Tunisia comes from cattle. In 2001, the contribution of these animals to total milk and red meat production were 98 and 43% respectively. However, available data suggest that it is most likely that such shares resulted mainly from the increase in the number of cows over the years and not from a significant increase in animal productivity. This is particularly true for cattle in the mountains of North West Tunisia, where milk and meat production per cow remain low.

Meanwhile, the cattle population is increasing and much of the available land in the mountains will continue to be used by cattle as it can not be used for anything else but grazing. The objectives of this work were to examine and discuss the current situation of cattle production in the mountains of north west Tunisia, to identify the major limiting factors and suggest future priorities to increase the efficiency of cattle production systems in this region.

Methodology and data description

Survey data, published documents and final reports of any work and development project which dealt with cattle production in the region were all considered in this study, whenever possible. However, much of the information presented here comes from comprehensive surveys conducted and published reports by the ODESYPANO operating in forest and mountain zones of North West Tunisia. A first survey was conducted in 1996 in order to achieve a good evaluation of the situation in terms of feed resources, constraints and animal performances. Collected data were used as a reference base. Later, additional surveys were conducted in 1998 and 2000 on a sample of 527 representative farms in 14 different delegations, which were covered by the development projects of the ODESYPANO. Collected data were compared to the reference base to assess the impact of the projects on cattle production. In addition to farm description and production constraints, surveys addressed issues such as animal performances and common management practices in use, such as feeding, artificial insemination and genetic improvement. All the data presented here refer to milk yield and calving rates for dairy cows and to average daily gains (ADG) and carcass weights for fattening animals. Data on meat and milk quality, processing, and technology are lacking. The first part of the article will present a rapid survey of the cattle breeds in the region and their major characteristics. The second part is a presentation of animal performances and a discussion of their variations according to breed and management. In the third section, major constraints were identified and aspects which require future efforts, were addressed.

The cattle population in Tunisia

Currently, the total population of cattle in Tunisia is 759 000 heads. Nearly 80% of that is in the north of the country, while half of that (41%) in the North West. This population is composed of native animals, exotic breeds and their respective crossbreds. Major imported breeds include the Holstein-Friesian, the Brown Swiss and the Tarentaise.

The native cow

The local cattle population is represented by the «Brune de l'Atlas» and the «Blonde du Cap Bon». These animals are predominantly found in the north of the country, particularly in the mountains. They are small in size, have a low birth weight and are very early maturing. They are very poor milk producers and have limited capacity for meat production. However, they are well adapted to harsh environments and resistant to diseases and parasites. They are especially useful in the utilization of highly fibrous vegetation and forages which otherwise would be of limited use to humans. Their number has decreased over the years, mainly because of their cross breeding with exotic breeds in an attempt to increase production performances. Published data showed ADG of only 750 g for males between the age of 3 and 12 months under favorable conditions and an average milk yield per cow of less than 500 kg in first lactation (Ben Dhia and Antic, 1971; Rondia *et al.*, 1984 and Atti and Ben Dhia, 1990). However, these animals' genetic potential in relation to milk production appears to be a little higher, as productions of 920 and 1 122 kg were observed for some cows in their first and second lactations respectively.

Exotic and crossbred animals

Many exotic breeds of cattle have been introduced into the country primarily to produce milk and to determine their possible use in crossbreeding programs with local animals for increased cattle production. Efforts have been directed towards the identification of the appropriate crossing level for higher milk yield daily gains. The major breeds included in these programs were the Friesian, the Schwitz and the Tarentaise. Improvements were achieved in milk and meat production of crossbred animals. Basic performances of these animals are given in table 1.

Maximum milk production was obtained with the F2 Friesian animals, whereas maximum ADG increase was obtained with the F2 Schwitz.

Cattle production in the mountains

Characteristics of the production system

The mountains of northwest Tunisia are known for their traditional and extensive animal systems where cattle production is conducted at the smallholder level. Sixty eight percent (68%) of the farmers have between 2 and 5 cows (Khémiri and Jmel, 1996). In addition, nearly 20% of the herds belong to landless farmers and 36% are found in farms of less than 3 ha. The distribution of the cattle population is 38% local animals and 62% exotic and crossbreds (62%). However, such distribution can vary among zones, depending on the availability of cultivated forages, the type and quality of other feed resources and the existing facilities. The Tarentaise and the Schwitz represent major exotic breeds. For most of the herds, calves are usually sold without undergoing a fattening period which limits meat production per cow. Heifers are often used for replacement. Produced milk is partly used for nursing young calves until weaning. In the absence of a real milk collection network and marketing channels, the remaining quantity is either used for family consumption and /or transformed to dairy products, such as buttermilk and butter.

Herd management

The cattle production system in the mountains of northwest Tunisia is traditional and extensive. It is the direct consequence of prevailing climatic and agro-ecological conditions. It differs from conventional intensive cattle systems, being characterized by poor feeding and reproductive management. Animals rely mainly on natural pastures and forest rangelands for feeds. The supplementation of cattle with concentrate or any other type of feed is very rare. It is used randomly, by a very small number of farmers, for certain animals and during limited specific periods. Furthermore, the contribution of natural

Table 1. Average milk yield[1] (kg) and daily gains (g) for local and exotic animals and their respective crossbreds (Rondia et al., 1984).

	F0		F1		F2		F3	
Genotype	Milk (kg)	ADG (g)	Milk (kg)	ADG (g)	Milk (kg)	ADG (g)	Milk (kg)	ADG (g)
Schwitz	2 856	1 036	2 061	952	2 809	1 022	2 275	957
Friesian	4 627	1 014	2 816	915	4 920	983	-	972
Tarantaise	2 212	1 016	1 640	916	2 891	970	2 594	990
Local	805	753	-	-	-	-	-	-

[1]Fourth lactation, 305 days.

resources to animal feeding varies from season to season as it is largely dependent on climatic conditions. This is very crucial, particularly during gap periods of the autumn and winter. It can affect the body condition of animals and the size of herds as high culling rates involving productive cows can be observed. In addition, fluctuating climatic conditions in the mountains can have a direct effect on the cows' reproductive performance. The important mobilisation of body reserves by the animals during periods of limited resources can negatively affect their physiological status at certain stages of their reproductive cycle and may cause heat and ovulation problems, abortions and some embryo deaths. Moreover, the constant presence of bulls within the herd is, in many cases, responsible for their low fertility, the wide distribution of parturitions throughout the year and the significant difference in reproduction performances observed between these herds and those kept under intensive management conditions. Moreover, cattle in these mountains are usually confined in simple shelters which neither provide any kind of comfort nor meet any housing requirements of the animals. Shelters are simply used to protect animals against severe weather conditions, predators and any kind of invasion. They require no investment at all as buildings are expensive and the return per cow is low. The only expense involved in setting up these shelters is the cost of family labour. Such housing conditions coupled with management, climatic and agro-ecological constraints would limit production performances and expose cattle to infectious diseases and parasites, particularly in the absence of health programs.

Production performances

Based on the data obtained from the 1996 survey, it appears that reproductive parameters and milk and meat productions are low for all genotypes. The average milk yields per cow for the local and crossbred animals in the northwest mountains were 260 and 810 kg/cow/year respectively. That is the equivalent of about 500 and 1 400 kg/cow/lactation respectively for the local and crossbred animals. Average yearly meat production per cow, on a carcass weight basis, were 42, 90 and 150 kg for the local, crossbred and pure breed animals respectively. The respective calving rates were 53, 58 and 69%. These performances are poor compared to similar animals in other parts of the country. Recent investigations indicated that the low fertility rates were due to the anoestrous in 60% of the cases, ovarian cysts in 13%, repeated breeding in 15% and uterine infection in 6% of the cases. The above results demonstrate a poor management of the herds and the existence of limiting constraints which need to be identified if improvements are to be achieved.

Major constraints

The examination of survey data and available reports indicates that major limiting factors for cattle production in the mountains include the limited availability of cultivated forages, the poor utilization of low quality feed resources, the irrational management of pastures and rangelands, the imbalance between herd and farm size, the inadequate extension programs and their failure in changing producers' old management practices, the total absence of a herd recording system and, most important, the poor feeding and reproductive management, particularly the lack of animal supplementation and the low level of genetic improvement of animals due to a limited adoption of artificial insemination. Indeed, like in most developing countries, cattle production in the Tunisian mountains is mainly carried out at the smallholder level, where the practice of artificial insemination is difficult. In addition, the cattle production system in these zones is based on pastures and locally available low-quality roughages without any type of supplementation. Moreover, the crossbreeding programs implemented, although they helped to improve milk and meat production during the first generation, thereafter resulted in the loss of local cattle genes because of their upgrading nature.

Implemented development programs

During the nineties, country efforts in cattle production focused on producing more milk and meat to reach self-sufficiency in these products by the year 2000. Thus, various development projects were implemented all over the country, including the North West part where significant cattle production is carried out. It was felt that production performances in this area were low and needed further support. It is for this reason that ODESYPANO implemented several development projects in the region. Their objectives were to improve the production performance of animals, raise farmers' income and ensure sustainable and efficient animal production in the forests and mountainous zones of the northwest. These projects consisted mainly in developing the production of cultivated forages, enhancing farmer skills, improving feeding and reproduction management and the animals' genetic potential through artificial insemination. Globally, such programs had positive effects on production performances and farmers' revenues. Survey data showed that the contribution of the agricultural income to the total revenue of households increased between 1996 and 2000. It increased from 47 to 48% for small farms (£ 5 ha) and from 65 to 67% for larger farms (> 5 ha). However, larger increases were observed between 1996 and 1998. Results in table 2 show a shift in the herd composition toward the introduction of more exotic animals, mainly Schwitz and Tarentaise which are made available to farmers through the projects. Major production indicators were also improved. Milk yield went from 260 to 401 kg for the local cow and calving rate increased from 53 to 61%. Meat production, in carcass equivalent, increased from 42 to 68.8 kg. Improvements were also observed for the exotic and crossbred animals. However, the magnitude of these improvements was lower than that observed with local cows. The part of cultivated forage in the farms has also increased from 15% of the total farm size in 1996 to 23.7% in 2000.

Table 2. The impact of the OSESYPANO development project on the production performances of cattle in the mountain zones of North West Tunisia (ODESYPANO, 2000).

Indicators	Year			Difference
	1996	1998	2000	2000-96
Herd composition (%)				
- local	38	19.1	17.5	- 20.5
- crossbred	62	62	67.5	5.5
- exotic	-	18.9	15	15
Milk yield (kg/cow/year)				
- local	260	308	401	141
- crossbred	810	1390	1469	659
- exotic	2070	2393	2742	672
Meat (kg carcass/head/year)				
- local	42	60.8	68.6	26.6
- crossbred	90	100.5	109.3	19.3
- exotic	150	165.5	170.7	20.7
Calving rate (%)				
- local	53	63.8	61	8
- crossbred	58	69.9	71	13
- exotic	69	80.2	82	13
Forage production (% of total area)	15	20.4	23.7	8.7

Conclusion

This paper examined the current situation of cattle production in the mountains of north west Tunisia. It can be concluded from the presented data that production performances and reproductive parameters are low. However, cattle production in these zones plays a major role in the conservation of biodiversity, as local animals constitute a very important genetic reserve for the country. The conservation of such genetic resources can be positively used as a base for genetic improvement and selection in response to specific production, productivity and market requirements. Moreover, animal performances can be greatly improved, provided that appropriate development programs are implemented and priorities are defined. Areas that need future attention to increase the efficiency of the cattle production system require improvements in the utilization of poor quality feed resources, the determination of the adequate levels and suitable sources of supplementation for grazing animals, the development of a herd recording system for more accurate follow up and evaluation and the implementation of appropriate training and extension programs in feeding and reproductive management, such as heat detection and artificial insemination. The adoption of the participatory approach and the creation of test herds and interest groups among farmers for demonstration purposes are highly recommended. These will ensure an active involvement of farmers themselves, a larger diffusion of new technical information and a quicker transfer of technologies generated by development projects. The introduction of exotic breeds needs to be determined and defined according to the potential of the region and the characteristics of the host farm. Crossbreeding programs, if needed, have to be first identified, planned and then controlled once implemented. Indeed, although they can help to improve milk and meat production to some extent during the first generation, thereafter they represent a threat, resulting in the loss of local genes because of their upgrading nature.

References

Atti, N. & M. Ben Dhia, 1990; Performances des bovins croisés en Tunisie. Amélioration génétique des bovins sous climat sud-méditérranéen. EAAP publication N° 47 pp: 196-199.

Ben Dhia, M. & A. Antic, 1971; Résultats préliminaires de croisement d'absorption des bovins de race locale. Séminaire.

Khémiri, H. & S. Jmel, 1996; Plan d'action d'amélioration génétique bovine dans les zones d'intervention de l'OSESYNANO.

ODESYPANO, 2000; Quantification et analyses de l'évolution des indicateurs de suivi des effets socio-économique du Projet de Développement des Zones Montagneuses du Nord Ouest. Rapport d'activité 2000.

Rondia, G., A., Deker., M., Jabari & A. Antoine. 1984; Produire plus de grain et de lait en Afrique du Nord. Projet ferme modèle de Frétissa. Publication Agricoles No. 5.

Viability and profitability of extensive beef cattle farming under present conditions in Greece

G.I. Kitsopanidis

University of Thessaloniki, Greece, P.O.Box 232, 541 24 Thessaloniki, Greece

Summary

In this paper, an attempt is made to present the possibilities and prerequisites under which the Greek extensive beef cattle farming can become viable and much more profitable. The investigation undertaken is based on a sample of 106 farms for the year 2002. The physical and economic data of these farms come from various semi mountainous and mountainous regions of Central and Northern Greece, the most important ones from a beef meat production point of view.

The analysis of the physical and economic data of the above beef cattle farms showed that the gross return of a beef cow without subsidies, amounting to 374 Euros, cannot possibly cover its total cost (676 Euros/cow), while with various subsidies, amounting to 843 Euros/cow, gross return is higher than total cost. The loss resulting from the lack of subsidies (302 Euros/cow) or the profit resulting from subsidies (167 Euros/cow) affect the farm family income and the return to capital unfavorably or favorably respectively. Indeed, the farm family income and the return to capital without subsidies are negative, while with subsidies they reach 302 Euros per cow and 26.2% respectively. This means that an extensive beef cattle farm of 50 or 100 beef cows achieved, in 2002, a farm family income of 15 100 or 30 200 Euros with subsidies.

From the above, it is concluded that the viability of extensive beef cattle farming cannot possibly be achieved without subsidies under the present technical and economic conditions. An improvement of the economic situation of this type of livestock farming can be achieved by increasing the productivity of beef cows, by decreasing feeding costs and by increasing the price of beef meat. Apart from this improvement, the level of the aforementioned loss or profit showed that the continuation of the various kinds of subsidies from the European Union and the Greek Government is considered necessary.

Keywords: viability, profitability, extensive beef farming.

Introduction

Extensive beef cattle farming is an important sector of the Greek livestock economy. This is true taking into account that this sector contributes directly to the increase of the domestic beef meat production and indirectly to the decrease of the beef meat imports, and also to the improvement of the farmers' income, especially those of the semi mountainous and mountainous regions.

There is no doubt that this sector of our livestock production faces certain problems relating to the existence of abundant pasture, the lack of workers especially on the mountains during the summer period, the high costs of feed and the low prices of beef meat. The Greek Government and the European Union, being aware of the aforementioned difficulties, give certain subsidies for supporting this type of livestock farming, the viability of which can contribute to the survival of the farmers.

This investigation is based on a sample of 106 extensive beef cattle farms or 9 304 beef cows, namely 7.6% of the total beef cows (122 024) of the regions studied in Central and Northern Greece and 4.8% of the total beef cows (194 616) of the whole country for the year 2002. The physical and economic data were collected personally, using a special questionnaire. The following analysis refers to the gross return without and with subsidies in comparison with total costs, loss or profit, farm family income, return on capital, marginal value products of the resources used and marginal rate of substitution between concentrates and forages for estimating least cost rations.

Economic analysis of this type of livestock farming

Physical and economic data referring to beef cows

The total capital invested per beef cow is 675 Euros. This amount of capital includes values of land, land improvements, buildings, machinery and farm truck. The annual wages of a worker per cow are 134 Euros. The number of cows per bull is 44. The value of a beef cow as a productive animal is 880 Euros, while the corresponding value of a bull is 1 467 Euros. The average productive life of a cow is 13.5 years, while the that of a bull is 3.5 years. The number of calves weaned from 100 cows per year was found to be 75, that is 0.75 per cow. The average value of a calf at the age of 9 months is estimated to be 499 Euros (Table 1).

The cows, bulls and calves are fed during the winter period for 150 days, while in the remaining period (spring, summer, autumn for 215 days) they graze in pasture areas. During the winter, the above mentioned animals are given 682 kg of concentrates and 1 625 kg of forages per cow (including bulls and calves of 9 months). The prices of these kinds of feeding stuffs are 18 Euros per 100 kg for the former and 7 Euros per 100 kg for the latter. The cost of grazing in pasture areas is estimated to be 18 Euros per cow (including bull and calf). Finally, the interest rate of short and long–term loans in the year 2002 was 10%.

Table 1. Physical and economic data referring to beef cows.

Total capital invested (including farm truck) per cow	675 •
Annual wages of a worker per cow	134 •
Number of cows per bull	44
Value of a cow as productive animal	880 •
Value of a bull as productive animal	1 467 •
Average productive life of a cow	13.5 years
Average productive life of a bull	3.5 years
Number of calves weaned per cow	0.75
Average value of a calf at the age of 9 months	499 •
Days of feeding animals during the winter period	150
Concentrates per cow (including bull and calf of 9 months)	682 kg
Forages " " (" " " " ")	1 625 kg
Average price of concentrates per 100 kg	18 •
Average price of forages per 100 kg	7 •
Days of grazing in pasture areas during summer and autumn	215
Cost of using pasture per cow (including bull and calf)	18 •
Interest rate (for long and short-term loans)	% 10

Economic analysis of beef cows

The gross return per cow is 374 Euros without subsidies and 843 Euros with various subsidies (for cow, calf, slaughtering, extensification and compensatory allowances). In other words, subsidies contribute about 55.6% to the total gross return (Table 2).

From the total costs of cows, bulls and calves at the age of 9 months, amounting to 676 Euros/cow, the most important one is feed (40.6%), followed by labour wages (19.8%), annual expenses (depreciation, mortality, interest) of cow and bull (18.7%), annual expenses (depreciation, repairs, insurance, interest) of buildings, machinery, farm truck etc. (16.1%) and veterinary services and interest on variable capital and value of calf from 6 months (period of weaning) to 9 months (period receiving subsidies) (4.8%). The fact that 72.0% of the total costs are covered by fixed costs and the remaining 28.0% by variable costs, means that it is necessary to increase the number of calves weaned per cow and the period of their fattening.

By comparing gross return without subsidies with total costs, it can be seen that the former is impossible to cover the latter. This means that there is a loss of 302 Euros per cow and a negative farm family income and return to capital. On the contrary, the gross return with subsidies gives a very high profit (167 Euros/cow) as well as farm family income (302 Euros/cow) and return to capital (26.2%). Taking into account that the farm size of the 70% of the farms studied fluctuates between 50 and 100 cows, it can be seen that the farm family income in 2002 was negative without subsidies, while it fluctuated between 15 100 and 30 200 Euros per year with subsides.

Table 2. Economic analysis of beef cows.

1. Gross return per cow		
Value of 0.75 calf at the age of 9 months	• 374	
Various subsidies	• 469	
Total		• 843
2. Total costs per cow (including bull and calf)		
Labour wages	% 19.8	
Feed	" 40.6	
Annual expenses (depreciation, mortality, interest) of cow and bull	" 18.7	
Annual expenses (depreciation, repairs, insurance, interest) of buildings, machinery, farm truck, etc.	" 16.1	
Veterinary services, interest on variable capital and value of calf from 6 to 9 months	" 4.8	
Total		• 676
3. Kinds of total costs		
Fixed	% 72.0	
Variable	" 28.0	
4. Loss or Profit per cow		
Without subsidies		• -302
With subsidies		" 167
5. Farm family income		
Without subsidies		• negative
With subsidies		" 302
6. Return to capital		
Without subsidies		% negative
With subsidies		" 26.2

Marginal value products of cows, labour and feeding stuffs and marginal rate of substitution between concentrates and forages for achieving least cost ration

The marginal analysis of the resources used in beef production and of the two main kinds of feed (concentrates and forages) is of special importance from an economic point of view, leading to the estimation of their productivity in relation to opportunity costs and their marginal rate of substitution for achieving the same quantity of beef meat produced at the lowest feeding costs. The data used were analyzed by applying the well known Cobb-Douglas production function.

From the three farm resources included in the given production function, the marginal value product of cows was found to be higher (525 Euros/cow) than their opportunity costs (129 Euros/cow). On the contrary, the marginal value product of labour, amounting to 118 Euros/cow, is lower than labour wages (134 Euros/cow). The same is true for feeding stuffs (226 Euros/cow marginal value product and 260 Euros/cow opportunity costs). Estimating the marginal value product of concentrates and forages separately, we see that the marginal productivity to opportunity cost ratio is lower than one (0.763) for the former and higher than one (1.282) for the latter. This means that the combination of these two kinds of feeding stuffs in the actual ration is not the optimum one. For this reason, it is necessary to decrease the quantity of concentrates and to increase the quantity of forages for achieving the optimum combination which leads to a most economical ration. This can be done by using the principle of marginal rate of substitution, for which the general equation is:

$$dX_1/dX_2 = b_2X_1/b_1X_2$$

$$X_1 = \left[\frac{Y}{aX_2^{b_2}}\right]^{1/b_1}$$

This equation shows the amount of concentrates saved (X_1) by supplying one additional unit of forages (X_2) for producing the same amount of beef meat. On the other hand, the quantity of concentrates, which corresponds to a certain quantity of forages for achieving a least cost ratio, is estimated by the following equation:

From the above, it can be seen that the optimum combination of concentrates and forages is 458.7 kg and 3 775 kg respectively, while their actual combination is 682 kg and 3 342 kg respectively. At the optimum combination of concentrates and forages, corresponds the lowest feeding cost (351.96 Euros/cow) which is 2.7% lower than the cost of the existing combination of these feeding stuffs (361.63 Euros/cow).

Conclusions

The technical and economic analysis of the 106 beef cattle farms showed that viability of this type of livestock farming cannot possibly be achieved without subsidies under the present technical and economic conditions, since the gross return, amounting to 374 Euros/cow, cannot cover the total costs (676 Euros/cow). On the contrary, the gross return of this type of livestock farming with various subsidies, amounting to 843 Euros/cow, is higher than the total costs (676 Euros/cow). The loss resulting from the lack of subsidies (302 Euros/cow) or the profit resulting from subsidies (167 Euros/cow) affect the farm family income and the return to capital unfavourably or favourably respectively. Indeed, the farm family income and the return on capital without subsidies are negative, while with subsidies they reach 302 Euros/cow and 26.2% respectively. An improvement of the economic situation of this type of livestock production can be achieved by increasing the productivity of cows, decreasing feeding costs and increasing the price of beef meat. Apart from this improvement, the level of the aforementioned loss or profit showed that the continuation of the various subsidies from the European Union and the Greek Government is considered necessary.

References

Dexter, W. and R. Hartwig (1973). "Beef Cow Farming in Michigan" Department of Agricultural Economics Michigan State University.

Heady, E. and J. Dillon (1961). "Agricultural Production Functions" Iowa State University Press.

Kitsopanidis, G., M. Martika, A. Phsychoudakis and E. Papanagiotou (1981). "Economics and Productivity of Beef Meat Production in Greece", (Greek text and English summary), Dept. of Agr. Econ. Research, University of Thessaloniki.

Kurta, J. (1972). "Beef Production", Agricultural Economic Unit, University of Cambridge.

Parvin, D. and M. McCullough (1974). "Animal and Feed Costs for Beef Production in Georgia" Research Report 194, Dept. of Agr. Economics.

Perrin, R. (1972). "A Survey of Beef Production Patterns in the Mountains of North Carolina" North Carolina State University.

Simpson, J. (1988). "The Economics of Livestock Systems in Developing Countries" Westview Press" Colorado U.S.A.

A typology of farms located in a mountainous area in Morocco through the analysis of livestock rearing practices

M.T. Sraïri, K. Benabdeljelil & A. Touré

Animal Production Department, Hassan II Agronomy and Veterinary Medicine Institute, P.O. Box 6202, Rabat, 10101, Morocco

Summary

The present study aimed to characterise livestock farming systems in "Agoudim", a village located in the Middle Atlas Mountains of Morocco. A typology of farms was established following the description of local livestock farming practices and the assessment of their contribution to farm profitability. The research was conducted on 59 farms. Structural and economic parameters of farms were collected for descriptive analysis. Multivariate statistical analyses, namely principal components and cluster analyses were carried out. Livestock farming is practised on small lots and collective grazing resources. Forage reserved area corresponds to around 0.40 ha per livestock unit (LU). There were 6 LU per farm on average. Feed represented nearly 87% of total expenses, which highlighted its important role in the whole organisation of livestock farming. Average gross margin per LU was about 2 250 Dhs[1] per year, varying from -1 713 to 4 100 Dhs. Five different groups of farms were identified, namely:

1. 19 farms combined sheep production with cereal crops;
2. 2 farms had an emerging livestock investment in cattle fattening;
3. 18 farms with limited means of production;
4. 8 farms relied on fattening and marketing lambs; and
5. 12 farms used concentrates to a large extent.

Results of this study confirmed the large diversity of animal farming systems in the Agoudim area and in mountainous areas as a whole. This diversity should be taken into consideration for future development purposes.

Keywords: typology, rearing practices, profitability, livestock, mountain areas, Morocco.

Introduction

Mountainous areas, located above 1 000 m, cover more than 26% of total Moroccan land. These regions have been partly neglected in development processes because of climate harshness and also due to a geographical environment that poses real difficulties in establishing appropriate infrastructure (El Alaoui, 1992). Extensive livestock farming based on local breeds of mainly small ruminants, remains the essential source of income, because of its adaptation to the environmental and economic constraints. Even when a rational exploitation of other natural resources (water, forests, wild animals, tourism, etc) provides additional income, it develops at a very slow pace (Bourbouze, 1998). A wide diversity of livestock systems, mainly sheep farming, has already been described in Morocco, based on breeds and

[1] 1 Euro = 10.5 Dirhams, Dhs

on the use by farmers of various types of feedstuffs (Kabbali and Berger, 1990). These systemic analyses remain however insufficient to clarify the diversity of practices adopted by breeders and to assess the economic profitability of flocks. They cannot evaluate the role of livestock in farms within these mountainous areas. In fact, Rekik *et al.* (2000) have confirmed that, in Tunisian mountainous regions, the diversity of constraints concerning livestock activities should be considered in order to achieve a precise understanding of farming systems. Hence, a multidimensional approach of livestock farming is a prerequisite for understanding their logic and dynamics (Roeleveld and Van Den Broek, 1999). Bouy and Dasnière (1994) have used such an approach in order to create a typology of farms with livestock activities in the North East of the Afghan mountains, by the use of multivariate statistical analyses. Similarly, Orsini *et al.* (1985) have established a typology of agro-pastoral farms in the region of Siné-Saloum in Senegal, based on multivariate analyses applied on data gathered after several enquiries.

The interest of such analyses lies in the assessment of the kind of relations between variables, the definition of correlated vs. independent variables, the identification of homogenous groups of farms and, finally, the demonstration of differences between groups of farms.

Consequently, this study aims to establish a typology of farms with livestock activities in a mountainous area of Morocco, taking into account all structural and rearing practices variables characterising these farms, as a preliminary and original step to describe livestock technical and economic results, at a moment in which very few references exist on this kind of activities. This is an essential phase before promoting any plan directed to this kind of farms located in mountainous areas.

Materials and methods

A follow-up on 59 farms, located in the Middle Atlas mountainous village of Agoudim, in the Khenifra province, was established. This was achieved with three enquiries per year, aimed at realising a benchmark survey of livestock activities on these farms and their economic profitability. Collected data dealt with structural parameters of farms (i.e. agricultural land, wells, irrigation, etc) and their agricultural activities (types of cereals sewn, forages, horticulture, etc). On the other hand, the structure of flocks was closely observed (species, number of animals, sex-ratio), as well as the way they were fed (purchases of concentrates, beginning of grazing, animal sales and purchases, etc) and the destination of their products (sales, autoconsumption, gifts, etc).

The investigations began in the end of November 2001 and finished in June 2002. The first enquiry was carried out at the beginning of the agricultural campaign, with the establishment of cereal crops, while the second one took place in March, after autumn and winter rainfall, at a time of relatively large forage availability. The last enquiry was conducted in June, at the end of the harvest period of cereals.

Structural parameters were determined, covering all data related to land area and herds, such as:

- Total agricultural land (TAL).
- Land directly devoted to livestock grazing (fallow and forages).
- Lands with other crops (LOC) such as cereals, trees and horticultural crops.

The average number (AN) of cattle, sheep and goats, expressed in "Livestock Units" (LU) was estimated by the following formula:

$$AN_{ip} = \Sigma Ap_i / 3 \text{ (in LU)}$$

where:
A_i represents the number of cattle, sheep or goats on farms in each of the three enquiries;
i varies from one to three;
p represents a passage;

The number of Livestock Units was calculated as the average number of those units from the beginning until the end of the follow-up.

Synthetic ratios expressing the importance of each species in the global number of LU were determined. They consisted in LU_C/LU_T (number of LU of cattle in comparison with total LU in the flock), LU_S/LU_T (number of LU of sheep in comparison with total LU in the flock) and LU_G/LU_T (number of LU of goats in comparison with total LU in the flock).

Economic profitability was estimated by the determination of total costs associated with livestock rearing (i.e. feed purchases, costs of forage production, veterinary treatments, cost of manpower associated with livestock grazing, livestock purchases, etc) and total products sold or consumed (animal sales, milk and wool sold and, eventually, sales of manure).

Descriptive statistics were applied to collected data to identify global trends of the variables related to livestock activities on sampled farms. Next, multivariate statistical analyses were used to further analyse the reality of livestock activities in the enquired farms.

A principal components analysis (PCA) was applied to 8 main quantitative variables related to farms, i.e.:

- LUM/LUt: LU in movement (sold or purchased) per LUt.
- LU_S: Livestock units related to sheep.
- LU_G: Livestock Units related to goats.
- TP/LU: Total products per LU.
- TC/LU: Total costs per LU.
- CP: Concentrates purchases.
- TAL/LU: Total agricultural land per LU.
- LOC: Land dedicated to other crops.

Following the PCA, a cluster analysis was used to establish a typology of farms. It was accomplished with the STATITCF multivariate analyses tool (STATITCF, 1985). The main goal was to focus on groups of farms with similar characteristics related to flocks management and their impacts on economic results.

Results and discussion

Farms relied on rainfed cereal crops coupled with livestock activities. Cereals had a dual destination: they provided grains to humans and residues (straw, stubble and bran) to ruminants. The TAL used by the 59 farms enquired was 376 ha, which corresponded to an average of 6.4 ± 4.2 ha per farm. Land dedicated to cereals represented 4.1 ± 1.3 ha, almost 2/3 of the available area. This demonstrated the importance of cereals in this region, as a vital crop for humans, without the necessity for significant investments, when compared to other agricultural productions (fruit trees or horticulture).

Forages occupied 10.3% of total land, mostly oat and irrigated alfalfa. Alfalfa, only available in limited quantities, which did not allow stocks of hay, was mainly destined to cows. Cereal straws and barley grain were the most important native sources of nutrients for ruminants. Fallow, another important feedstuff source, represented 34% of total land. It had a vital role in maintaining soil fertility (Jouve, 1993).

Within farms, family members endorse livestock daily activities, meaning that they do not get any salary.

The composition of multispecific flocks (Figure 1) revealed the domination of sheep (4.0 LU per farm), followed by cattle (1.4 LU per farm) and to a lesser extent by goats (1.2 LU per farm). Ruminants load, defined as the number of LU per ha of arable land, averaged 0.93.

Livestock rearing remains completely extensive. Fallow, cereal stubbles and collective grazing areas are the most commonly fed sources of nutrients. Concentrates supplementation occurs whenever

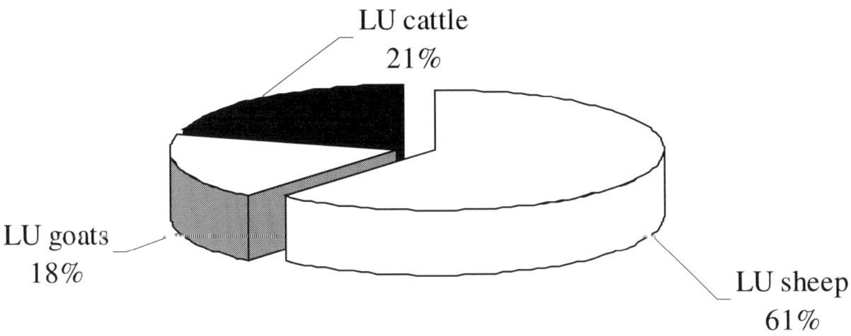

Figure 1. The importance of different ruminant species (sheep, cattle and goats) in Agoudim flocks.

those resources are completely used up, such as during winter periods, from November to late February. Herdsmen are then forced to rely on concentrates purchases and straw, to cover at least the maintenance requirements of the flocks.

In order to assess flock dynamics, sales and purchases were observed. Sales were contracted from late July to the end of September and concerned mainly young sheep. The need for funds to finance the start of a new agricultural campaign (purchases of seeds and fertilisers) was the key reason of this concentration of sales. On the other hand, there appears to be a specific and intense period of animal sales and purchases linked to religious festivities of *Aïd El Kébir*[2]. Three months before this feast, various farmers invest important amounts of money to get young rams aged 12 to 18 months. A couple of weeks before the feast, these rams, once fattened, were sold in nearby urban and rural markets and sometimes in large cities such as Rabat, Tangiers and Tetouan.

An intensive use of roughages from fallow and mountain rangelands has been observed. At the same time, farmers' strategies relied also on the mobilisation of the flocks' body reserves whenever feeding resources were scarce. These extensive rearing practices resulted from limited financial resources and risky marketing channels (Sraïri, 2002). Cereals' by-products (straw, stubble and bran) and even grains were used mostly as post-harvest feed or at times where rangeland resources were of poor quality. Whenever farms ran out of these feedstuffs, zero-grazing period occured, mainly during the winter, from November to March. Purchases of important amounts of necessary concentrates were made by wealthy farmers, whereas farms with limited means relied mainly on oak leaves from neighbouring mountainous rangelands, coupled with straw and limited quantities of concentrates to maintain their flocks alive. Wheat bran and dehydrated beet pulp were the most purchased types of concentrates. The latter was destined mainly to cows; farmers stated that it was sustained with lactation persistency.

The analysis of global expenses related to livestock rearing revealed that feeding represents 87% of total needs on average. There were very limited numbers of farmers who used veterinary treatments, even those dealing with basic antiparasitic prophylaxis. In such a case, animal products derived from these production systems would be considered as "organic", but there was no such consideration for them when brought to the market. The local market remained limited (no important city with wealthy consumers in the vicinity). There were limited skills to improve the quality of final products (no fattening

[2]Aïd El Kébir: ritual sacrifice celebrated annually in the Muslim world.

strategies adapted to lambs or kids), and an incapacity to sell local products as "organic" and high value "natural" products.

Another consequence of such livestock production systems was that feed purchases and mainly the efficiency regarding their conversion to animal goods were decisive factors when considering profitability.

Live animals sales represented 74% of total products. Milk was not sold because of the absence of a local market. Manure was totally recycled and wool was sold once a year, during the summer (14% of total sales).

Average gross margin per LU was estimated to 2 250 Dhs per LU, but with a wide variation, from 1 713 to 4 100 Dhs per LU.

These results demonstrated the extreme variability of livestock practices on a site that at a first glance seems to be very homogeneous. Subsequently, a multivariate treatment of global variables related to these farms revealed general trends related to livestock activities.

A preliminary PCA treatment has distinguished two specific, distinct groups of farms (one with 19 and the other with 2 farms). A third group with 38 farms was isolated and submitted to a new sub-PCA analysis. Both PCA explained more than 75% of global variability (Table 1).

Axes explanations, as shown in figure 2, were as follows:

- Axis 1: linked to LU_M/LU_T, TP/LU and TC/LU variables. This axis can be seen as a limit between farms with few animals sales and purchases coupled with few concentrates use, in comparison with farms with the opposite characteristics.
- Axis 2: correlated to LU_S, CP and LOC variables, it confronts farms which have chosen to invest on suckling flocks of sheep coupled to cereal crops, with those that do not buy important amounts of concentrates.
- Axis 3: shows the presence of goats in flocks (LU_G). Confronts farms with extensive livestock practices (mainly rangeland resources and goats) to farms with more intense activities.

A cluster analysis allowed the definition of five distinct groups, based on feed resources use, animal products marketing channels and species representativity in the flocks (Bouy and Dasnière, 1994; Schiere *et al.*, 2001).

The first group, with 19 farms, would be described as "suckling small ruminants systems" where feeding relied mainly on cereal products (grains, straw and stubble). The second group, with 2 farms, showed a visible trend towards "cattle fattening", as those farms did not raise sheep and had few goats.

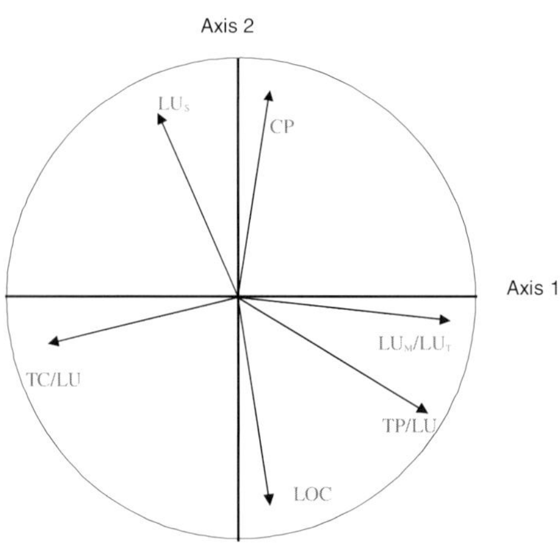

Figure 2. Variables projection on axes 1 and 2 defined by the primary PCA.

Table 1. Correlation coefficients (in %) between variables and principal axes from the first PCA.

	Variables	Correlation		Variables	Correlation		Variables	Correlation
	LU_M/LU_T	85		LU_S	90		LU_G	80
Axis 1	TP/LU	87	Axis 2	LOC	84	Axis 3		
	TC/LU	91		CP	82			

LU_M/LU_T: LU in movement (sold or purchased) per LU_T, LU_S: Livestock units related to sheep, LU_G: Livestock Units related to goats, TP/LU: Total products per LU, TC/LU: Total costs per LU, CP: Concentrates purchases, TAL/LU: Total agricultural land per LU, LOC: Land dedicated to other crops.

Table 2. General comparison between groups of farms revealed by the typology.

	Groups				
Variables	1	2	3	4	5
Number of farms	19	2	18	8	12
ALA (ha)	9.0 ± 4.5	7.0 ± 1.4	3.5 ± 2.5	4.9 ± 5.2	6.2 ± 1.6
LU_S	7.3 ± 3.3	0	1.9 ± 1.7	2 ± 1.6	4.5 ± 3.9
LU_C	0.4 ± 0.2	1.3 ± 0.4	0.25 ± 0.48	0.20 ± 0.28	0.20 ± 0.22
LU_G	1.8 ± 1.9	0.2 ± 0.3	0.8 ± 0.7	0.4 ± 0.3	1.5 ± 1.6
LU_M/LU_T (%)	71 ± 62	81 ± 13	32 ± 31	91 ± 42	61 ± 32
LOC (ha)	7 ± 3	6 ± 2	2 ± 1	2 ± 2	4 ± 1
CP (Dhs/LU)	7 388 ± 5500	3 400 ± 1 500	700 ± 385	1 300 ± 680	1 800 ± 1200
GM (Dhs/LU)	8 000 ± 16 000	11 000 ± 900	1 690 ± 2 206	15 000 ± 12 000	10 700 ± 9 500

ALA: Arable land, LU_S: Sheep Livestock Units, LU_C: Cattle Livestock Units, LU_G: Goats Livestock Units, LU_M/LU_T: LU in movement (sold or purchased) per LU_T, CP: Concentrates Purchases, LOC: Land devoted to other crops, GM: Gross Margin per LU.

The third one, with 18 farms, typically regrouped "unspecialised farms with limited production means". On the contrary, the fourth group was "specialised in lambs fattening and marketing" mainly for Aïd El Kébir ceremonies. Finally, the fifth group, made of 12 farms, was characterised as "heavy user of concentrates" because of limited grazing resources compared with the number of animals (Table 2).

Each group can be defined by its specific livestock rearing strategies, even though the majority of farms keep plurispecific flocks, as a way to diversify sources of income (lambs, fattened animals, calves, etc), limit risk effects (climate hazards, mortality, etc) and fight poverty. The first and fourth groups were typical sheep-dependant farms. The first one, common to all Maghreb countries, can be named "agropastoral" sheep farming as mentioned by Rekik *et al.* (2000). These authors described this kind of farms in Tunisia as barley-dependant, because this cereal crop, well adapted to mountainous harsh conditions, suits both humans' and ruminants' needs. The fourth group illustrates a common activity in rural Morocco: animal dealers, who are not particularly specialised in animal rearing, but mostly keen on marketing live animals. Group 2 is dominated by cattle fatteners. This is a very marginal activity (only two farms), mainly practiced by farmers with limited family manpower to keep ruminants on rangeland all year long. However, these farmers recognise that their activity is very hazardous, as the availability of fast growing calves in local markets is not guaranteed (only calves of local breed with limited growth potential). It can be commented that the third group, corresponding to farms with limited means of production, represents almost 33% of the sampled farms. These rural households cannot rely exclusively on agricultural activities and, as pointed out by Amar (2002), they have to practice extra-agricultural works to ensure regular income.

Conclusion

This study constitutes a preliminary step to identify the plurality and diversity of livestock farming activities in a village located in a mountainous area in Morocco. It has permitted to establish a typology of 5 groups of farms. Even though there appear to be factors creating a global homogeneity in flocks (geographic localisation, specific composition, etc), real differences in livestock status and rearing practices can be identified. At a time when specialisation and intensification are limited, it is mainly the strategies adopted by farmers concerning the role of livestock in their farms that differ. It has been noticed that animal production systems rely principally on small ruminants, above all sheep. Only 30% of farms can be considered as suckling sheep-oriented with a consequent strategy to feed their flocks on fallow, grain and cereal residues. The remaining farms, are either diversifying their activities in sheep or cattle fattening and marketing, or they maintain limited means of production (agricultural land and number of animals), which do not allow them, in present conditions, to ensure their sustainability. Large numbers of local inhabitants are forced to look for extra-agricultural activities (working in construction sites in large cities, peddlers, etc) to guarantee a steady income for themselves. As agriculture and livestock farming constitute, at present and even in the near future, the most important source of income for the inhabitants of mountainous areas in Morocco, it is clear that the diversity of livestock farming systems identified in this study should be considered to lead those farmers and maintain sustainable farms. From a development perspective, it seems that urgent extension of elementary technical notions (veterinary treatments, feed formulas adapted to suckling and/or growing sheep and goats, forage production, etc) is needed. This would improve flocks' low productivity, which is due to technical errors and limited know-how. Another axis of intervention would be to work with farmers to promote better ways to market their products. As there is a growing demand for products of "natural value", mainly in large, but distant cities with urban populations that have a better income, adapted marketing channels to promote "organic" kids meat or mutton could be implemented. This means that extra research and extension efforts are still required.

Acknowledgements

This work has been entirely supported by the joint Hassan II Agronomy and Veterinary Medicine (Morocco) and Benson Agriculture and Food Institute (USA) project. The authors would like to thank the project for its help during fieldwork. Sincere thanks are reserved to Agoudim farmers for their timely assistance during the enquiries.

References

Amar M. (2002). Le rôle des coopératives agricoles dans le secteur laitier au Maroc. Thèse de Doctorat en Sciences Biologiques Appliquées, Agronomie. Université de Gand. Belgique. 254 p.

Bourbouze A. (1997). Des agdals et des mouflons: protection des ressources et (ou) développement rural dans le parc naturel du Haut Atlas Oriental (Maroc). Le Courrier de l'Environnement (INRA, France). 30: 63 – 72.

Bouy M., Dasnière J. (1994). Typologies des villages et pratiques d'élevage dans le Badakhshan (nord-ouest de l'Afghanistan). Revue d'Elevage et de Médecine vétérinaire des Pays tropicaux. 47: 245 – 256.

El Alaoui M. (1992). L'intervention de l'Etat dans le développement agricole et rural au Maroc et problématique de la participation paysanne. Thèse de Doctorat d'Etat en droit public. Université Paris II. 3 Tomes. 1200 p.

Jouve P. (1993). Adaptation des systèmes de production à l'aridité au Maroc et au Sahel. Thèse de Doctorat. Université Paul Valéry, Montpellier III. Géographie de l'Aménagement. 188 p.

Kabbali A., Berger Y.M. (1990). L'élevage du mouton dans un pays à climat Méditerranéen: le système agropastoral du Maroc. Actes Editions, I.A.V. Hassan II, Rabat, Maroc. 235 p.

Orsini J.P.G., Lhoste P., Bouchier A., Faye A., Niang L. (1985). Une typologie d'exploitations agropastorales au Siné-Saloum, Sénégal. Revue d'Elevage et de Médecine vétérinaire des Pays tropicaux, 38 (2): 200-210.

Rekik M., Mahouachi M., Gharbi M., Attia W., Medhioub L., (2000). Le dilemme de l'élevage ovin extensif dans les régions élevées du nord-ouest, semi-aride tunisien. Revue d'Elevage et de Médecine vétérinaire des Pays tropicaux. 53: 377 – 385.

Roeleveld A.C.W., Van Den Broek, A. (1999). Les systèmes d'élevage: orienter la recherche. Institut Royal des Tropiques, Amsterdam, 165p.

Schiere, J.B., Singh K., De Boer A.J., 2000. Farming systems research and livestock feed development: the case of a project on feeding of crop residues in India. Experimental Agriculture. 36: 51 - 62

Sraïri M.T., (2002). Enseignements et recherche zootechniques face aux contraintes des élevages au Maroc: une convergence encore à réaliser ? Le Courrier de l'Environnement (INRA France). 46: 84 - 94.

STATITCF, (1985). Logiciel d'analyses multidimensionnelles. Institut Technique des Céréales et des Fourrages. Paris, France.

Livestock system for the Berrendas cattle breeds in Andalusian mountain areas

P.J. Azor[1], E. Rodero[1], C. Fernández[1], M. Herrera[1], F. Peña[1] & A. Molina[2]

[1]*Departamento de Producción Animal, Campus Universitario de Rabanales, Universidad de Córdoba, Ctra. N-IV, km. 396a, 14071 Córdoba, Spain*
[2]*Departamento de Genética, Campus Universitario de Rabanales, Edificio Mendel, Universidad de Córdoba, Ctra. N-IV, km. 396a, 14071 Córdoba, Spain*

Summary

We are studying the characterization and evaluation of the Berrendas cattle breeds. Research project results (RZ00-017, INIA 2001) presented in this work, illustrate the characterization of their production systems. We have conducted a survey at cattle breeding farms in 5 provinces of Andalucia. 24 of the farms kept the Berrenda en Negro breed, while other 24 had the Berrenda en Colorado.

The basic aspects to describe the production systems have been considered according to the FAO (AGRI, 2001).

We can briefly describe the Berrendas cattle production system in the south of Spain as the dehesa system of *Quercus sp.* (Mediterranean forest). Both breeds live in mountain farms, in extensive conditions, and in many cases, with hunting species (79.16 % of the cattle farming systems).

The available surface is full of contrasts, ranging from 12 to 760 hectares. The male/female ratio of the cattle herds is 1/40 and in 70.83% of the farms both breeds live together. 50 % of the property/land is private. The remaining 50 % is divided between 20 % leased and 30 % company-owned.

The calves are weaned within 5-6 months until their weight reaches 180-200 kg; then they are sold. Others are fed fattening products until 15 months, when they reach 400 kg live weight.

Keywords: cattle livestock systems, sustainable development, natural park, Berrendas cattle breed.

Introduction

The Spanish Berrendas native cattle breeds (Berrenda en Negro and Berrenda en Colorado) are identified by the EAAP as EN29 and EN30 respectively (Simon & Buchenauer, 1993). These authors assigned a priority index of 82.8 for the Berrenda en Negro and 95.3 for the Berrenda en Colorado breed (Rodero *et al.*, 1992). They are raised on a meadow system (Mediterranean Quercus wood), sharing space with other domestic and hunted animals. They are reared especially for meat and traditional folklore activities, such as annual pilgrimages to religious shrines, which gives them a special value for private and public interests. A research project (RZ00-017) was implemented to evaluate and characterize them with regard to their conservation and genetic improvement, both for their potential in the market as well as their adaptation to the their environment and certain production systems.

Material and methods

In order to determine the characteristics of these breeds, 30 farms in 8 provinces, five of which in Andalusia, were investigated. A total of 2 136 animals were studied, of which 1 806 were Berrenda en

Negro, 230 Berrenda en Colorado and 100 crossbred. This sampling included 75.29 % of the total animals of these two breeds and 60 % of the existing farms (Rodero, 2003).

23 surveys were conducted in five of the eight Andalusia provinces (See Figures 1 and 2); Jaen was the most closely studied province and was where most of the breed was found. The survey contained 140 questions, including the following: Location, habitat, area surface, farm crops, normal activities, herd size , means of reproduction, sanitation and market items. In order to get a view of the social and economic aspects, questions concerning the facilities and equipment were included in the survey.

Results and discussion

Habitat description

The Berrendas breed cattle are raised in an open land area called Mariánico-monchiquense, in Andalusia. A typical area of the Mediterranean mountain zone with *Quercus sp.*, *Cistus sp.*, *Lavandula stoechas, etc,* as well as olive groves and pines. This area is rich in botanic variety, with mixed European and African species. The landscape is full of valleys, hills and low mountains (700 metres above sea level). Other breeds of cattle and both hunted and domestic animals inhabit the area. In 56.52 % of the farms surveyed big game animals were found (wild boar, deer, etc), while in 78.26 % of the farms surveyed small game animals inhabited (rabbits, hares, partridges, etc). More than 50% of the farms were located within Natural Parks (Natural Park of Despeñaperros, of Sierra de Andujar, of Sierra de Aracena and Picos de Aroche and Natural Parks of the Alcornales) (Table 1). For this reason, this breed is especially important for the ecosystem and its sustainability.

Concerning the Natural Parks, Despeñaperros is located in the north of Jaen province and Sierra de Andujar is in the northwest of the province. The predominant vegetation, typical of this type of forest, is a combination of oaks, cork trees (*Q. suber*), holm oak (*Q. rotundifolia*), *Q. faginea, Q. pyrenaica* and pine trees (82 %) and widespread Mediterranean brush. The terrain is abrupt and rough, with humid valleys with seasonal woods made up mainly of *Quercus sp.* In addition, there are open areas and big forests. The most outstanding vegetation in this type of ecosystem is the Mediterranean wood.

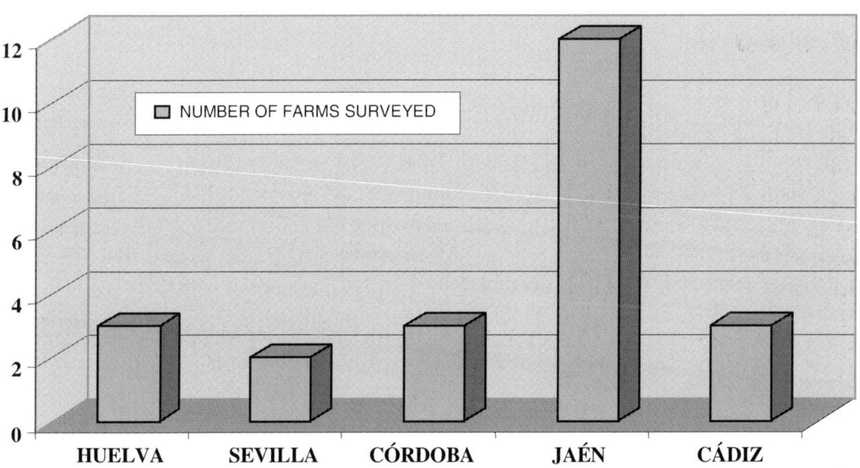

Figure 1. Number of farms surveyed in each province.

Figure 2. Distribution of the population of the Berrendas breeds studied.

The Sierra de Aracena and Picos de Aroche Natural Park is located in the Huelva and Seville provinces. In this Natural Park, Quercus areas are prominent.

The Alcornales Natural Park is located in the Cádiz province, situated in the sub-tropic and maritime Mediterranean (with special characteristics of the Gibraltar straight). Rainfall is high due to the Atlantic ocean and its north-south mountain range. The average annual rainfall ranges from 700 to 800mm, mainly between April and September.

Table 1 shows the cities where farms surveyed and Natural Parks are located.

A large number of hunted animals live in the four natural parks, mostly big game animals, as well as fight bulls. 79.16 % of the farms surveyed are in areas with wild animals.

Crop land and resources

The area of the farms surveyed ranged from 12 to 760 hectares. The average size was 252.62, with a total surface area of 5 582 hectares.

Most of them were in mountain zones, with 23.80 % of them dedicated to environmental improvement such as forest replanting, mushroom cultivation, and brushland clearing. 22.65 % of this land is farmland, closed to animal traffic and dedicated to olive plantation, rice and other crops. In all farms, the animals live off the land, totally depending on the seasonal changes; they pasture from November to May, depending on the area. For this reason, all farms resort to feed periods with scant vegetation or when the nutritive necessities of the animal increase. These supplements are frequently based on hay and straw and only rarely supplemented with cereals for feed.

Animal handling

On most farms(19), both breeds were raised; only four farms kept only one of them (three farms kept the Berrenda en Negro breed and the other the Berrenda en Colorado breed). At present, only two farmers continue with the tradition of "trailing" for seasonal reasons.

Table 1. Cities where farms were surveyed and the Natural Park where they are located.

City	Province	Number of farms	Natural Park
Santa Elena	Jaén	3	Despeñaperros
Santa Olalla	Huelva	1	Sierra Aracena y Picos de Aroche
Aracena	Huelva	2	Sierra Aracena y Picos de Aroche
Córdoba	Córdoba	2	
Baños de la Encina	Jaén	1	Sierra de Andújar
La Carolina	Jaén	7	Despeñaperros
Vilches	Jaén	1	
Gerena	Sevilla	1	
Sevilla	Sevilla	1	
Medina Sidonia	Cádiz	1	Los Alcornocales
Jara	Cádiz	1	
Tejeda	Cádiz	1	

Horseback control of herds was usual and no special pairing was followed and natural coupling was practiced in all farms, maintaining a male/female ratio of 1/40.

In 41.67 % of the farms, males were together with females all year round. In the rest of the farms, males and females were joint for mating from June to November.

Health care was the obligatory one only.

Production

The farms' profits for maintaining an endangered species are based on the sale of their animals. They also receive subsidies provided by public administrations, such as the Government of Andalusia, the Ministry of Agriculture (MAPA) and the European Community.

In all farms, the calves stay on the meadows with their mothers during milk-feeding and post grass-feeding until they reach 6-7 months. After weaning, they are sold for fattening. Most of the calves sold for fattening came from the industrial F1 cross bred with studs from the Charolais or Limousin breed. 55 % of the farms keep these breeds for this purpose.

On the farms, offspring came from the farm animals chosen at the time of weaning; some of the animals, pure-bred ones, were dedicated to the reproduction on other farms or to create new farms.

Few farms did their own fattening. Those that did, either dedicated the animals to ecological purposes or slaughter houses, at times to butchers or private individuals.

Another use of these breeds includes bullocks (castrated bulls), some of them previously trained to be used in bullfighting.

In Andalusia, these animals are widely used in traditional pilgrimages to religious shrines, especially in the Rocío in Huelva.

Social and economical aspects

As a native breed, in competition with other, more apt breeds, this one is not very profitable from an economic point of view (e.g. the Retinta breed) but it has a great importance for the local farmers who have inherited the tradition and wish to keep it up and also for maintaining environmental balance in this zone. For this reason, owners have an additional source of income which permits them to continue the exploitation of this breed. Farms surveyed and their structure are shown in table 2.

Table 2. Property structure or make-up of Berrenda cattle.

Private	Rented property		Cooperative	
	Pasture	Complete	S. A.	S. L.
11	1	5	2	4

The average farmer was forty years old, married with three children, and with middle school education. In the 38.09 % of the cases, the farmers live on their own land with their families. 57.14% expect their children to continue raising the Berrendas breeds.

Most of these farms are well-connected by road and telephone, lacking neither water nor electricity. In addition, they have complete facilities for the cattle and their care, covered by insurance for animals (95 % of the cases), crops (40 % of the cases) and equipment in 60 % of the cases.
43.47 % of the farms surveyed keep paid employees. The person in charge is normally the overseer who generally inherits this post from his father. Apart from the overseer, the average number of permanent employees was 3.1. An average of 4.1 persons were employed seasonally for additional tasks. However, in spite of ruling regulations, some farmers do not belong to the breed association.

Conclusions

The production system for the Berrenda breeds in Andalusia produces a lot of beef, naturally with little work involved. It depends solely on the Mediterranean woodlands within the natural park, protected by the government. This breed lives in a natural habitat with other animals, both domestic and wild, but its primary difficulty is to survive among other cattle breeds. Nevertheless, its importance is especially critical for the crossbreeding of F1 calves under ecological conditions. All these aspects are complemented with the sale of bullocks previously trained to be used with carts (oxcart) and in bullfights.

References

AGRI, 2001. Animal Genetic Resources Information, Nº 31. FAO Roma.

FAO 2000. World Watch list for domestic animal diversity. FAO Roma, 3rd Ed.

Rodero, E., Azor P. J., Peña F., Luque M., Molina A. & Valera M. "Evaluación de la situación actual de las razas bovinas autóctonas andaluzas en estado de riesgo". II Congreso universitario de ciencias veterinarias y afines. Madrid 2003.

Rodero, E., Camacho, M., Delgado, J. & A. Rodero 1992. Study of the Andalusian Minor breeds: Evaluation of the Priorities of conservation. Animal Genetic Resources Information . FAO. 10: 41-52.

Rodero, A., Delgado, J.V., Rodero, E, & Camacho, M.E. 1994. Razas autóctonas andaluzas en peligro de extinción. Monografías de la Junta de Andalucía. Consejería de Agricultura y Pesca de la Junta de Andalucía.

Simon, D.L. & Buchenauer, R. 1993. "Genetic diversity of european livestock breeds". EAAP. Public. Wageningen Pers. 582 pp.

Inventaire et développement d'un schéma de conservation du Poney des Mogods (cheval de montagne) en Tunisie

M. M. Haddad[1], *S. Bedhiaf Romdhani*[2] *& M. Djemali*[3]

[1]*Fondation Nationale d'Amélioration de la Race Chevaline. 2020 Sidi Thabet. Tunisie*
[2]*Institut National de la Recherche Agronomique. Tunisie*
[3]*Institut National Agronomique de Tunisie. Avenue Charles Nicol, 2040.s. Tunisie*

Summary

Animal genetic resources are valuable resources that have served mankind and will do so in the future. The objective of this study was to conduct an inventory of a native equine breed (Mogods poney). A morphological description of this mountain horse was performed with identification of niches to allow its promotion in areas where it fits the most.

Keywords: poney des Mogods, inventaire, caractérisation morphologiques.

Introduction

La Tunisie abrite actuellement quatre races chevalines le pur sang arabe, le pur sang anglais, le barbe et le poney des Mogods. Les deux dernières étant des races autochtones. Toutes ces races chevalines jouent un rôle socio économique et agricole dans le pays. Le poney des Mogods est un cheval de petite taille, appelé aussi le cheval Djebelli ou de montagne. Il se trouve principalement dans la région du Nord-Ouest. Cette région est faite des zones de relief, souvent accidentées, (le Mogod et la Kroumirie) et de la vallée de la Mejerda. Les altitudes varient de 400 m à 1 203 m et la pluviométrie moyenne est de 800 mm/an. La période estivale est souvent très sèche. La région Kroumirie - Mogod correspond à l'étage bioclimatique humide. La quasi-totalité des forêts de chêne liège et de chêne zéen sont situées dans cette région (Ben M'hamed *et al.*, 2002).

Plusieurs hypothèses sont émises quant à l'origine du poney en Tunisie. Cette race n'est autre que l'ancienne race africaine ou numide conservée presque sans altération. Elle habite au milieu du peuple montagnard qui lui a donné ce nom (Sanson, 1896). Ce cheval est un descendant direct du cheval Aryen des Proto-Mongols et il se distingue par une petite taille. Sous l'influence des invasions nombreuses et successives que la Tunisie a subi, la population autochtone s'est vue dans l'obligation, afin d'échapper au contact de l'étranger, de se retirer dans la montagne. C'est ainsi que le poney a été tenu à l'écart des croisements avec les races exotiques (Dechambre, 1912). Le cheval Djebelli que les Berbères avaient pieusement conservé pur dans leurs montagnes, montre un type de cheval primitif du pays. C'est une miniature du cheval oriental et du pur-sang arabe (Hosni, 1989).

Les transformations observées dans la vie des populations du Nord Ouest et le changement des modes de vie a engendré une diminution des effectifs de ce poney. C'est dans ce cadre que cette étude a eu pour objectifs de faire un inventaire et une caractérisation morphologique du poney des Mogods. Une proposition d'un schéma de conservation est faite.

Matériel et méthodes

L'approche méthodologique développée a été basée sur la prise des photos en choisissant les types les plus fréquents (un mâle, une femelle et une poulinière). Pour cela, des visites ont eu lieu dans des fermes et des souks hebdomadaires de la région du Nord Ouest. Des mensurations ont été effectuées sur 53 poneys. Les mensurations ont interressé la hauteur au garrot et la longueur du corps du poney d'une part et la répartition de la couleur de la robe d'autre part.

Résultats et discussion

Les éleveurs du poney des Mogods sont des agriculteurs possédant des exploitations souvent de petites tailles, en pente et ayant un accès difficile pour la machine agricole. La hauteur au garrot des poneys mesurés varie de 1,24 m à 1,41 m. La moyenne est de 1,32 m. La longueur totale est sensiblement égale à la hauteur au garrot. Le poney des Mogods est un cheval « carré ». Sur l'effectif des poneys mesurés, trois robes ont été identifiées (Bai, Alezan et Gris). Un total de 28 poneys soit (53 %) ont une robe de couleur baie. La couleur grise et alezane sont sensiblement égales. Soixante trois pourcent (63%) des poneys ne présentent pas d'entête et (21 %) présentent un entête prolongé par une liste terminée par un ladre entre naseaux (Figure 1).

Dans cette étude, une description standard du poney des Mogods a été établie en impliquant les éleveurs. Les principales caractéristiques de ce poney figurent dans le tableau .

Utilisation

Le poney des Mogods est utilisé dans différents services tel que le transport de personnes, du bois, du tabac, de l'eau sur des sentiers abrupts et difficile d'accès. Il est exploité dans les divers travaux agricoles, le labour et la traction de petites carrioles. C'est un animal docile, calme et facile au dressage. Une des habitudes des éleveurs de poneys est de les laisser attachés à des arbres avec une corde et par un membre, seuls sans surveillance. Ces animaux peuvent attendre longtemps leurs propriétaires partis faire le souk à 6 Km de leurs lieux d'attache.

Le maréchal ferrant peut les parer et les ferrer sans l'aide des propriétaires. Les éleveurs et les propriétaires des poneys montent sur leur poney avec une « bardâa » ou directement à nu sur un tapis et sans l'aide d'étriers. Le poney est conduit par une seule bride faite de corde et sans mord. Sa docilité est telle qu'il est monté par de très jeunes enfants et des vieux.

Dans les montagnes forestières, ces chevaux sont employés dans le transport des lièges, des tanins. Ils supportent les charges les plus écrasantes dans les terrains les plus heurtés et les moins pourvus de routes.

Particularités du poney des Mogods

L'alimentation des poneys se compose de pâturage dans les montagnes, ainsi que d'une petite complémentation de fourrage si disponible. L'animal est seul au pâturage sans gardien. Le poney est un animal robuste et élégant, sobre, nerveux, bien adapté à la montagne et à ces ressources, ainsi qu'aux difficultés occasionnées par les déplacements et les transports. Le poney est fringant, à des allures franches et un caractère énergique. Il n'est pas craintif. Il est d'une grande douceur, d'une grande obéissance et d'une docilité remarquable. Comme tous les montagnards il est sobre, résistant, nerveux, ses tissus sont fins, son énergie se manifeste dans ses performances, dans toutes ses attitudes et dans toutes ses expressions qui ne le cèdent en rien à des chevaux de sang.

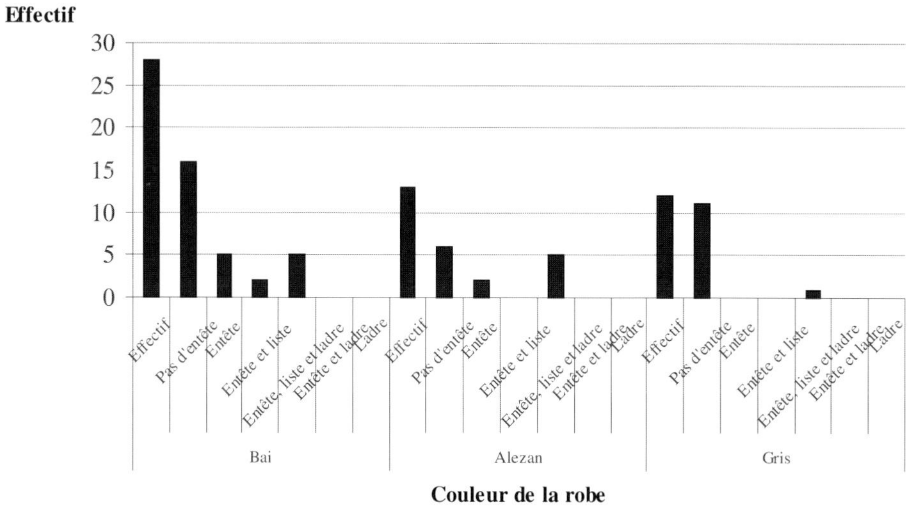

Figure 1. Répartition de la couleur de la robe des poneys des Mogods

Tableau 1. Caractères morphologiques du poney des Mogodss.

Caractères	Description
Profil céphalique	Droit
Front	Large
Robe	grise, baie, alezane
Taille	Moyenne 1,32 m
Longueur (Scapulo ischiale)	sensiblement égale à la taille
Indice corporel: T	égal à 1 (cheval carré)
Tête	un peu forte et bien fixée
Oeil	Expressif et grand
Arcade orbitaire	Très développée
Encolure	Forte, courte et bien attachée
Poitrine	Profonde
Dos	Court
Rein	Soutenu
Croupe	Large et bien développée
Queue	Bien plantée
Membres	Vigoureux et puissants
Aplombs	Réguliers
Conformation	Bréviligne

Figure 2. Le poney des Mogods

Ebauche d'un schéma de conservation (*In situ*)

Identification des poneys

Il serait utile de réaliser, dans le berceau de cette race, l'inscription des poneys à titre initial dans un document officiel identifiant l'animal par un signalement descriptif et graphique. Pour inscrire un poney, il faut qu'il soit conforme aux caractères morphologiques décrits précédemment (Hauteur au garrot <1,40 m) et n'avoir aucun caractère faisant référence à une autre race. Une prise de sang devra être éffectuée pour un eventuel contrôle de filiation et une puce électronique pourra être mise en place.

Création de stations de monte

Ceci pourrait améliorer le taux de renouvellement des effectifs et la diminution des intervalles de remise à la reproduction puisque la poulinière peut être saillie 7 à 9 jours après le poulinage. Ces stations de monte serviront à collecter les données de base sur les effectifs et les utilisations du poney, la localisation géographique et les données sociologiques sur les propriétaires.

Création d'Association d'éleveurs

Inciter les éleveurs du poney à s'organiser en association régionale d'éleveurs du poney aiderait à mieux conserver et promouvoir cette race qui a tant de qualités. Cette association peut encourager la mise en place de clubs poney pour apprendre aux enfants l'équitation, l'organisation de concours de saut d'obstacles et de polo spécialement conçu pour les poneys, l'organisation de concours d'attelage et le développement de tourisme écologique.

Incitations financières

Une prime à la naissance d'un produit issue d'une saiilie par un étalon national pourrait être envisagé. L'organisation de concours de modèle et allure des poulinières suitées et non suitées pourrait inciter les éleveurs à entretenir leur jument et leur élevage.

Conclusion

Ce travail est un soubassement du développement et de conservation de cette race équine autochtone. Il peut être considérer comme point de départ à l'aboutissement de recherches plus approfondies des spécificités de cette race tel que la caractérisation génétique et moléculaire. Il a permis de définir les caractères morphologiques du poney des Mogods avec une dominance de la couleur bai de la robe. L'application de ces actions peut s'étendre à d'autres espèces domestiques autochtones et aller de pair avec la Stratégie Mondiale de la Conservation des Animaux Domestiques établie par la F.A.O.

Références

Sanson A., 1896. Traité de zootechnie. Tome III. Ed: Librairie Agricole de la Maison Rustique, France: 374 p.

Dechambre P., 1912. Les équidés. In. Traité de zootechnie. Tome II. Ed: Charles Amat Libraire-Éditeur et Asselin & Houzeau Libraires, France, p. 136-270.

Hosni K., 1989. Situation du cheval barbe en Tunisie. In. Tous les textes officiels sur le cheval barbe. Ed: Favre, Lausanne, Suisse, p. 121-124.

Ben M'hamed M., H. Abid. et M. L. Lahbib Ben Jamaa, 2002. La subéraie Tunisienne. Importance et orientations pour une gestion durable. Séminaire la subéraie: biodiversité et paysage. Vivés – Pyrénées Orientales – France 30 et 31 mai 2002: 32 p.

Session 3: Improving the efficiency of livestock systems in Mediterranean mountains

Session 3.2: Cattle, pigs and poulytry systems

Posters

The native dog breeds of Turkey

C. Tepeli, O. Cetin, A. Günlü & K. Kirikci

Selcuk University, Faculty of Veterinary Science, Department of Animal Breeding, 42031 Konya, Turkey

Summary

The purpose of this review is to provide information concerning the native dog breeds of Turkey. Turkish dog breeds have been bred for a very long time in Anatolia. These breeds are mainly of two types: Turkish Shepherd Dogs and Turkish Hunting Dogs.

There are three different Turkish shepherd dog breeds in Turkey. These are the Kangal dog, the Akbas dog and the Kars dog. All three breeds are bred for livestock guarding by country people who, in Turkey, are usually referred to as "villagers". Sheep and goat husbandry is an important aspect of Turkish agriculture. Historically, predators constitute a major threat to Turkish agriculture.

The native hunting dogs are readily identifiable as gazehounds of the saluki or "greyhound" type. They tend to be larger than the westernized Saluki. In Turkey, they are called "Tazi" or Turkish Tazi. They are not a regional breed, thus not limited to a specific geographical area; they can be found in almost any rural area of Turkey.

Origin, geographical distribution, breed standards of Turkish dog breeds and dog breeding realities in Turkey are presented in this paper.

Keywords: Turkish, dog breeds, Akbas dog, Kangal dog, Turkish Tazi.

Introduction

Geographically, Turkey forms a natural bridge between the old continents of Asia, Africa and Europe. Turkey is also an ancient land, famous for its rich history and diverse traditions. It has given the world such products as exquisite handmade carpets, quality cotton and leather goods, and the Ankara goat. The Angora is a tribute to the early Turkish people's ability in "animal husbandry" and animal breeding, for it is the "Ankara" goat that formed the basis for the world's mohair industry. Another unique contribution has been made by the native dog breeds of Turkey, which have been bred in the rugged terrain and relative isolation of various Turkish regions (Cetin & Tepeli, 1996), (Nelson, 1996), (Taylor, 1996).

These breeds were mainly classified into Turkish Shepherd Dogs and Turkish Hunting Dogs in the International Symposium on Turkish Shepherd Dogs, held at Selcuk University in Turkey (Nelson, 1996).

Turkish Shepherd Dogs are livestock guarding dogs and have been used by previous generations primarily for protecting sheep against predators, such as wolves. In Turkey, the shepherd's dogs accompany him and the flock to the high summer pastures and live there until the harvest is finished in the lower valleys. The flock then moves back to the village fields until the beginning of winter. During winter, sheep, dogs and any other livestock, such as the family's cattle or goats, are housed in the village in low barns. There are three different Turkish Shepherd Dog Breeds in Turkey. These are the Kangal

Dog, the Akbas Dog and the Kars Dog. In recent years, the Kangal and the Akbas dogs have become well-known all over the world and the breeds have began to gain greater public attention (Cetin & Tepeli, 1996), (Green & Woodruff, 1996).

The native hunting dog breed, still existing in Turkey today, is the Turkish Tazi, a breed that hunts by sight and belongs to the gazehound or greyhound family. Turkish Tazi is generally used for hunting rabbits.

Origin of the breeds

There are two different theories concerning the origin of Turkish dog breeds. The first one maintains that they are native breeds of Anatolia. According to the second one, Turkish people brought them from Central Asia to Anatolia (Caferoglu, 1962), (Cetin & Tepeli, 1996), (Coruhlu, 1995), (Nelson, 1996). According to the first theory, early archaeological records show that the native dog was living within the borders of Turkey (Asia Minor) as early as 7000 B.C., representing some of the earliest dog finds in the world (Oates, 1976). Remains of these ancient dogs have been found at Neolithic sites, such as Hacilar in western Turkey and Catal Hüyük on the Konya Plain of central Turkey (Waters, 1969). These dogs constitute the "original" dog of Asia Minor.

There is also another archaeological record related to the first theory. History shows that big guarding dogs, probably of the mastiff family, were used by such civilizations as the Babylonian (1900-331 B.C), the Assyrian (858-627 B.C), the Hittites (2000 -1180 B.C.) and the Phrygians (750-300 B.C.) (Mellaart,1978).

The second theory maintains that Turkish dog breeds originated from Central Asia. Turkish people arrived via Persia and began to occupy Asia Minor (modern Turkey) in significant numbers around 1000 A.D. On their long trek out of Central Asia they were accompanied by guard dogs and gazehounds.

There are many museums representing different civilizations in Anatolia. In almost every museum, it is possible to find a wall relief depicting any kind of animal except for dogs. However, a number of Turkish Tazi's reliefs are available in some historical places. One of the first records of greyhound presence in Turkey is found in a miniature painting from the Shanama of Sultan Suleyman the Magnificent, a sultan of the sixteenth century, which represents the sultan's sons hunting with gazehounds (Akurgal, 1980), (Caferoglu, 1962), (Coruhlu, 1995). Moreover, in some historical books it has been accepted that livestock guarding dogs originated from central Asia. Such evidence confirm the second theory.

We may conclude that Turkish guard dog breeds, although a reflection of the dogs of a number of different civilizations, were most recently influenced by the dogs that the Turkish people brought with them on their long migration to Asia Minor.

Geographical distribution of the breeds

Geographical distribution of the shepherd dogs is seen in Figure 1. The Akbas dog is a regional dog breed found in western Turkey, mostly in Eskisehir and neighbouring provinces. The Arayit Mountain, in the southeast of Sivrihisar (Eskisehir), might be considered as the geographic center of the Akbas Dogs. The region is bounded on the north by the Sundiken Mountains and on the south by the Karakus and Sultan Mountains. The western boundary is less distinct and lies among the broken mountain and hill country of the region (Nelson, 1996).

The Kangal dog is found in the high rolling plains of central Turkey. The approximate geographic center of the region is Sivas City. Although the Sivas Province is the center of Kangal dog breeding, good examples of the breed can also be found in parts of the neighbouring provinces of Kayseri,

Yozgat, Tokat, Erzincan, and Malatya, where they border with the Sivas Province (Cetin & Tepeli, 1996), (Nelson, 1996), (Tepeli & Cetin, 2000), (Tepeli *et al.*, 2003).

The Kars dog is also a regional dog breed found in eastern Turkey, mainly in Kars and neighboring provinces. Turkish Tazi is principally found in the central, eastern and south-eastern part of Turkey (Nelson, 1996).

Breed standards

The Kangal dog

The breed is treasured in Turkey, where it is bred on a purebred, pedigreed basis at several government and university facilities. In addition, there are private breeders throughout the Sivas-Kangal region, many of whom are villagers. The breed is recognized by the United Kennel Club, British Kennnel Club and the Australian National Kennel Control.

Body: Chest deep to point of elbow, ribs well-sprung. Body powerful and well-muscled, never fat. Back rather short in proportion to leg length, slight arch over the loins, with moderate tuck up.

Colour and coat: Body colour ranges from dun to steel grey. A white chest blaze may be present. Short and dense with thick undercoat. The head always has a black mask.

Weight and height: Males 40 - 70 kg, 70 - 90 cm ; Bitches 35 - 60 kg, 65 - 80 cm.

Temperament: The Kangal Dog has the classic livestock guardian dog temperament, characterized by a calm, alert, and independent demeanour. Possessing a natural protective instinct, he is loyal, bold, and courageous without showing undue aggression (Cetin & Tepeli, 1996), (Nelson, 1996), (Tepeli & Cetin, 2000), (Tepeli *et al.*, 2003).

The Akbas Dog

The Akbas is regarded as the Turkish counterpart of the other European white livestock guarding breeds which include the Kuvasz, Chuvatch, Tatra, Maremma, Greek Sheepdog and Great Pyrenees. It is also registered by the United Kennel Club.

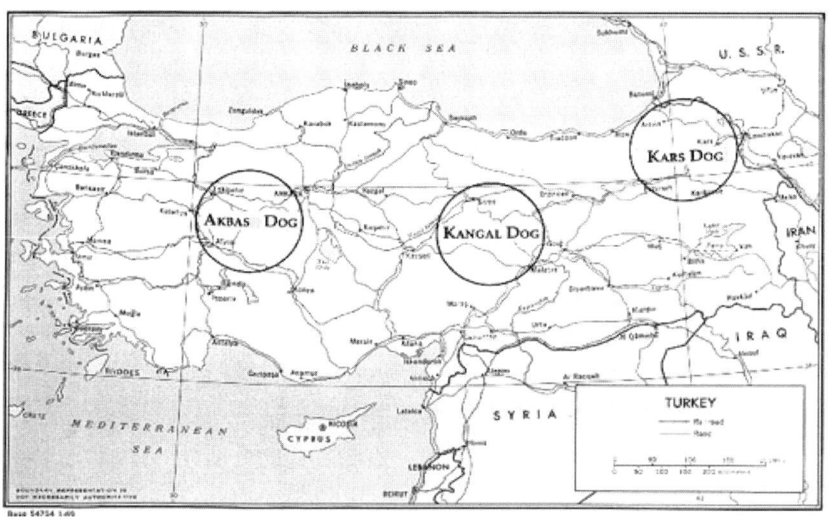

Figure 1. Geographical distribution of turkish shepherd dog breeds.

Body: Chest deep with well sprung ribs reaching almost to the elbows. The back appears rather long, is straight and firm, but slightly arched over the loins. The croup is well muscled and sloping.
Colour and coat: White. Skin pigmentation is desirable but not necessary, provided that the individual specimen shows ample pigmentation of the eyes, lids, nose, mouth, and/or pads.
There are two varieties of coat, smooth and long coat. S*mooth coat:* the hair is of medium length and lies flat, giving the dog a sleek, racy appearance. *Long coat:* the hair is quite long, lies somewhat flat, and may appear slightly wavy, but is never curled or matted.
Weight and height: Males 40 - 60 kg, 65 - 80 cm ; Bitches 35 - 55 kg, 60 - 75 cm.
Temperament: Its inherent protective instincts and calm, stately deportment also render the breed highly suitable as estate and personal guard dogs. The Akbas Dog is loyal, gentle, and quietly affectionate with its own family, including children (Nelson, 1996), (Tepeli *et al.*, 2003).

The Kars dog

The breed is similar to the Caucasian Ovcharka (Caucasian Mountain Dog) found across the Turkish border with the Republics of Georgia and Armenia.
Body: Back is broad, straight and muscular. Loins are short, broad and gently arched; croup is broad, long and almost horizontally set. Abdomen moderately tucked.
Colour and coat: Solid black, brown, white, crème, fawn, tan, tawny agouti grey-dark, light, silver, reddish or yellowish with or without markings. Double coat formed by straight guard hairs and a well developed undercoat.
Weight and height: Males 45 -75 kg, 70 - 90 cm ; Bitches 40 - 60 kg, 65 - 80 cm.
Temperament: The breed is alert and courageous, protective, without undue aggression, and assiduous in performing its livestock guardian duties (Nelson, 1996).

Turkish Tazi

Turkish Tazi resembles the Arabian *salug*, whose western name is Saluki. It is used for hunting game such as rabbits.
Body: Chest deep with well sprung ribs reaching almost to the elbows. The legs appear rather long.
Colour and coat: The colour can be white, cream, fawn, golden, grizzle, silver grizzle, deer grizzle, tri-colour (white, black and tan), and variations of these colours. The coat is smooth and silky in texture.
Weight and height: Males 20 - 25 kg, 60 - 70 cm ; Bitches 15 - 20 kg, 55 - 65 cm.
Temperament: Active, gentle, affectionate and loyal (Nelson, 1996).

Breeding realities in Turkey

Most of the livestock guarding dogs in Turkey are merely village dogs. They are not bred on a pure or pedigree basis. It is very unusual for village dog owners to travel any distance with their canine, be that bitch or dog, with the purpose of having that dog bred selectively to another canine. For this reason, there are many crossbred livestock guarding dogs in Turkey. However, there are certain regions in Turkey where the dogs have become a matter of great pride, having been bred on a purebred basis for hundreds of years. In these areas, regional breeds are found (Cetin & Tepeli, 1996), (Nelson, 1996).

Sheep and goat husbandry has declined in Turkey over the last 20 years, resulting in a decrease in the number of livestock guarding dogs. However, some modern breeding units have been established especially for guarding dogs in recent years. Kangal and Akbas dogs have also been bred by urban or "city Turks" for guarding houses in the last ten years (Cetin & Tepeli, 1996).

There is no national kennel club in Turkey. This probably reflects the manner in which the Turkish native dogs are bred, as well as religious and social customs. However, there have been some attempts to establish a national club for the native dogs of Turkey in recent years.

Conclusion

Today, the Akbas and Kangal dogs are recommended by the USDA Animal Damage Control as two of the best breeds for livestock guarding. Moreover, these versatile animals also serve as family companions, attend obedience classes, and win at dog shows in Europe.

References

Akurgal, E. 1980; The Art and Architecture of Turkey. New York.

Caferoglu A. 1962; Türk Onomastiðinde Köpek Kültürü, Türk Dili Arastirmalari, Türk Tarıh Kurumu Basimevi, Ankara.

Cetin, O and Tepeli, C. 1996; Türkiye'de Türk Coban Köpegi Yetistiriciligi. International Symposium on Turkish Shepherd Dogs, 23 rd October, Konya, Turkey, 217-227.

Coruhlu Y. 1995; Türk Sanatinda Köpek Figürlerinin Sembolizmi, Toplumsal Tarih Dergisi, 14, 20-25.

Green, J.S. and Woodruff, R.A. 1996; Livestock Guarding Dogs and Predation Management: 19 Years of Effort by the U.S. Department of Agriculture. International Symposium on Turkish Shepherd Dogs, 23 rd October, Konya, Turkey, 197-217.

Mellaart, J. 1978; The Archaeology of Ancient Turkey. London.

Nelson, D. 1996; Classification of the Native Dogs of Turkey. International Symposium on Turkish Shepherd Dogs, 23 rd October, Konya, Turkey, 19-97.

Oates, D. J. 1976; The Rise of Civilization. Oxford.

Taylor, T. 1996; Breeding Turkish Shepherd Dods in the U.S. International Symposium on Turkish Shepherd Dogs, 23 rd October, Konya, Turkey, 147-171.

Tepeli, C., Cetin, O. 2000; Kangal Irki Türk Coban Köpeklerinde Büyüme, Bazi Vücut Ölcüleri ve Döl Verimi Özelliklerinin Belirlenmesi. I. Büyüme ve Bazi Vücut Ölcüleri. Vet. Bil. Derg. 16, [1], 5-16.

Tepeli, C., Cetin, O., Inal, S., Kirikci, K., Yilmaz, A. 2003; Kangal ve Akbas Irki Türk Coban Köpeklerinin Büyüme Özellikleri. Tr. of Vet. Anim. Sci.

Waters, H. D. 1969; The Saluki in History, Art and Sport. New York.

Socioeconomic aspects of the Andalusian mountainous areas bovine of the Pajuna breed

A. Molina[1], A. Luque[2], M. Valera[1], P. Azor[1], E. Rodero[3] & F. Goyache[4]

[1]*Departamento de Genética, Campus Universitario de Rabanales, Edificio C5, Universidad de Córdoba, Ctra. Madrid-Córdoba, Km. 396a, 14071 Córdoba, Spain*
[2]*Asociación de Criadores de Ganado de Vacuno de Raza Pajuna (GRAPA), Partido Rural de Sigüela s/n, Apto. Correos 159, 29400 Ronda, Málaga, Spain*
[3]*Departamento de Producción Animal, Campus Universitario de Rabanales, Universidad de Córdoba, Ctra. Madrid-Córdoba, Km. 396a., 14071 Córdoba, Spain*
[4]*Área de Genética y Reproducción Animal. Serida-Censyra de Somio, C/ Camino de los Claveles 604. E-33203 Gijón, Spain*

Summary

The Pajuna bovine is an autochthonous breed of the Andalusian mountainous areas, which traditionally presented a twofold role: meat producers and working animals. At the present time, this breed is in a situation of extreme risk, with 310 registered females and only 11 males, according to the EAAP data base (2002). In year 2000, the Breeding Association was created to protect the breed, while a research project titled "Socioeconomic, productive and genetic characterization of Pajuna bovine breed: Rules for the design of strategies for its preservation, conservation and sustainable development" started in 2002 (INIA RZ-02-007). In this paper we present the rules which are being established in this direction. The first results obtained confirm the gravity of the situation. From the 29 farms with animals belonging to this breed, only 8 of them had only pure animals, with a total of less than 100 females. 33% of the farms are concentrated in Natural Parks (in Alcornocales, Cazorla, and in Sierra Nevada). The economic study of this breed's productive system confirms the existence of subsistence economy and the necessity of economic support by the public administration to avoid its extinction.

Keywords: biodiversity, animal genetic resources, sustainable development, rural development, in-situ conservation, ex-situ conservation, natural parks.

Introduction

In the developed world, animal production has shifted its orientation towards the quality of products, production under less intensive conditions (Upton, 1997), more respect for the environment, guarantees for the sustainability of the system and efforts to maintain the population in the rural areas (Brown, 1998). These strategies seek the maintenance of biodiversity on the one hand, preventing the loss of genetic patrimony, and on the other hand, the maintenance of local breeds as an aid for the subsistence of rural populations.

The Pajuna breed has traditionally been exploited in medium-high mountainous areas in the south of Spain, frequently in natural parks and other protected areas. In this sense, the actions being carried out presently are necessary for the maintenance and promotion of the Pajuna breed.

These actions have been included in the Concerted Action BIOC4CT96-0197 which completes the recommendations of the Secondary Guidelines for Development of National Farm Animal Genetic

Resources Management Plans (FAO, 1999). Here, the need is pointed out to identify the situation of each breed, its productive potential (which is usually unknown), its breeding system, the commercialisation of its products etc, and in general, all those circumstances that have brought the breed to its present situation and any others that may allow to find ways of promoting it.

Material and methods

Consultation with the official veterinary services in the Regional Agrarian Offices enabled the location of the farms that presently maintain any animal that might fall into the Pajuna breed. Visits to these farms made it possible to confirm if any of these animals met the breed standards.

To determine the characteristics of this breed's exploitation, a survey was undertaken among the farmers registered in the Breeders' Association for this breed. This poll included questions about the characteristics of the farm, the system of reproductive management and feeding, sanitary care, animals' characteristics, and, finally, the marketing of their products.

Finally, an economic study was conducted in which the cost and profit obtained per fattened calf were compared for the Retinta breed (the most commonly exploited breed in Andalusia), the Pajuna breed and a calf cross bred with a specialized breed (Charoles). These data were obtained on the Almoraima farm.

Results and discussion

Geographical distribution and Census

According to our study, there are 82 farmers at present with 1 125 animals showing influences of the Pajuna breed (13 animals/farmer), although 46% of the farms had fewer than 5 reproducers; 38% of them had between 3 and 2 and only 16% had more than 25.

The traditional Pajuna habitat is very extensive (practically all Andalusian high lands and mountain ranges). The animals spend the period from the autumn to the end of spring in the ranges of Sierra Morena, Cazorla, Segura and the Villas and Serrania de Ronda; however, its habitat spreads to Grazalema and the Valley of Alcudía and the breed migrates towards Sierra Nevada and the Almerian Alpujarras in the summer. At the present time, this habitat is restricted to very limited centers in the Sierra Norte in Seville, the Granadan Alpujarras (all cross-bred animals) and the ranges of Cazorla, Segura and Villas, where the conditions are so harsh that it is not possible to introduce animals from other, more demanding breeds. Animals have also been found in mixed cow herds in the Serrania de Ronda and the range of Grazalema and among reducts of yokes in work fields at the coasts of Granada and Almería.

In the scarce bibliography that exists on the Pajuna breed, it is observed that the census has diminished drastically in recent years, falling from a couple of thousand pure females in the 80s (Sánchez, 1984) to 310 females and only 11 males in the 90s (EAAP, 2002 and FAO, 2000). This last report pointed out that only 31 females coupled with males of the same breed (that is, pure-breeding).

According to our studies, by the year 1992 this breed could have been considered in a situation near to extinction (Rodero *et al.,* 1992). Presently, this situation has worsened. Among 29 farms visited, it was determined that only 8 of them had animals that could be considered pure, with a total of less than 100 reproducers. In the official catalogue of Spanish cattle breeds, it is considered as a specially protected breed.

Characteristics of the reproductive system

According to our findings, the main problems affecting the exploitation of this breed are:

1. As regards the territorial base, the infrastructures and the agricultural equipment:
    - Smallholding: Approximately 45% of the farms do not have a sufficient territorial base which makes it difficult for them to be profitable while feeding the animals with feed manger.
    - Land ownership: 48% of the farms have rented land and therefore cannot make improvements.
    - 33% are located within protected lands (Natural Parks) with great restrictions on farming and ranching activities.
    - 40% still do not have electricity and another 10% depend on electrogen systems or solar energy.
    - Lack of networks, both in quality and quantity, for the distribution of water.
    - Very poor road conditions, mainly by-roads for access to farms. In many cases, a complete absence of road for moving in the farm itself.
2. As regards the business structure and human resources:
    - Advanced age of farmers. Approximately 65% are older than 40 (35% are over 50). Only 42% of the offspring plan to carry on the family tradition.
    - Isolation and poor business training of the farmers.
    - About 65% are family farms with limited profitability due to: under-usage of resources, poor dedication to productivity orientation and the misuse of labour. The few farms run by businessmen face problems of cash flow, a lack of proper productivity orientation and the high labour cost.
    - 82% are dedicated principally to ranching, but only 35% of the farmers use mainly the Pajuna breed.
3. The main deficiencies found in relation to the handling and feeding of the animals are:
    - Improper food management, with scarce supplement for the seasons with few resourses in the fields. Over-pasturing: 50% of the farms practice continuous pasturing.
    - Poor health management. 33% of the farms can not interchange their bulls with other farms because of sanitary problems.
    - 82% of the farms do not undertake any kind of concentration or planning of births.
    - Only 27% of the farms have Pajuna bulls for assuring replacement.
4. Problems regarding the commercial structure might be summed up as follows:
    - Lack of specialization: 96% of the farms exploit other species along with the bovine (46% ovine, 42% goat, 8% pigs), besides hunting activities (48% of the farms).
    - The majority of the production is marketed for export, using outside middlemen (70% of the farmers). Only 26% of the farms fatten their calves, the rest sell them to other fattening farms (14% are harness animals; there are no mating ones).
    - Dispersion and atomisation of the supply, long distances to markets: 30% of the farms are 75 km away from animal markets and 50% are further than 75 km away from a slaughterhouse.
    - Lack of associative mentality and business capacity in the existing associations (only 25% of the ranchers belong to some kind of ranching association).
    - Only 8% of the farms had a person in charge of marketing and economic management.
    - Only 40% received some form of economic aid for the conservation of genetic resources.

All of the above justify the drastic drop in the population size and the number of farmers. But as the EAAP (1998) recognizes, the degree of danger for a breed does not depend only on its population size, but also on the speed and direction of its change, the degree of crossbreeding with other breeds, the degree of organization among the breeders and their geographical distribution, etc. All these are parameters that make us very pessimistic regarding the recuperation of the breed.

Furthermore, the majority of the socio-economic conditions described previously lead to a lack of competitiveness in this sector with relation to the exploitation of other bovine breeds and make it difficult to take any type of action that might contribute to the maintenance of the present population. The economic studies undertaken show that, in the present economic and market situation, in the areas of exploitation of this breed, the profit per Pajuna calf is inferior on a percentage basis that ranges from 31% (fattening of 15 calves per cow in the same farm) to 78% (fattening is not done in the farm). However, the same study shows a profit superior by 1-3% to that of the Retinta breed, if the present economic subvention for endangered species is taken into account. This economic assistance (120 Euros/cow) in no way makes up for the greater profit obtained from industrial cross breeding.

For all the abovementioned reasons, "ex-situ" conservation actions are recommended, such as the creation of a germplasm bank which has began recently, along with marketing strategies that promote ecological tourism (e.g. creating a farm park on protected land in the mountains of Ronda), as well as the promotion of genuine, high quality and ecological products which is presently being attempted. Lastly, traditional leisure and cultural activities, in which these animals participate, are being promoted, such as pilgrimages in carriages drawn by Pajuna cows (nowadays, 18% of the farmers have wagon-hitch animals).

References

Brown, L. 1998. The future of growth. In: the State of the World, Worldwath Institute, USA, 21-40.

EAAP Animal Genetic Data Bank. 2002. Hannover, www.tiho hannover.de/einricht/zucht/eaap/index.htm

EAAP Working Group on Animal Genetic Resources, 1998. Assessment of the degree of endangerment of livestock breeds. 49th Animal Meeting of the EAAP Warsaw.

FAO, 1999. Secondary guidelines for development of National farm animal genetic resources. Management Plans. FAO, Roma.

FAO, 2000. World Watch list for domestic animal diversity. FAO Roma, 3er Ed.

Rodero, E. Camacho, M., Delgado, J. & A. Rodero (1992). Study of the Andalusian Minor breeds: Evaluation of the Priorities of conservation. Animal Genetic Resources Information . FAO. 10: 41-52.

Sánchez, A. 1984. Razas Bovinas Españolas. Publ. Extensión Agraria. Madrid

Upton, M. 1997. Intensification or extensification: Which has the lowest environmental burden World Animal Review 88: 21-29.

Socioeconomic characterization of the feral Losino horse in the Losa mounts ecosystem

M. Valera[1], A. Molina[1], J. Martínez-Sáiz[2], P.J. Azor[1] & F. Peña[3]

[1]*Departamento de Genética, Campus Universitario de Rabanales, Edificio Gregor Mendel, Universidad de Córdoba, Ctra. Madrid-Córdoba, Km. 396a., 14071 Córdoba, Spain*
[2]*Asociación Nacional de Criadores de raza Losina. Pancorbo, Burgos, Spain*
[3]*Departamento de Producción Animal, Campus Universitario de Rabanales, Universidad de Córdoba, Ctra. Madrid-Córdoba, Km. 396a., 14071 Córdoba, Spain*

Summary

The Losino Horse is a feral pony breed in the mountainous areas in Burgos province (Spain), living in an altitude from 600 to 1 450 m. Its breeding systems develop under adverse conditions because of the hard climate and the presence of wolfs' attacks. The INIA RZOO-016 research project has set the basis to start a Recovery and Improvement Program of the breed which analyses its present situation (poblational and demographic structure), system breeding, genetic variability and its integration into the rural economy and sustainable integrated development of the region.

This breed had maintained its census until the fifties when it experimented a drastic diminution to only 30 animals existent in the decade of the 80s. In 1986, the Losino horse recovery center in Pancorbo was created (Burgos) to prevent its disappearance. In the last years, the number of registered reproductive animals has already reached two hundred animals.

The socioeconomic study of old and present breeders has allowed to know the importance of the Losino horse and its potential to diversify and harness the economic activities derived from its exploitation (saddle, rural tourism, sport, slight agricultural labours).

According to our results, at the present time the greater census of the breed in wild state (feral) is in the mountainous zones. 60% of the breeders have only 1-2 Losino horses; 73.33% keep this breed together with other species, mainly milk cattle. 33.3% of the Losino breeders do not belong to the agrarian-livestock sector, raising this horse only by liking and for recreational operations, and 40% have an experience inferior to 20 years. Only 16.7 % of these new Losino breeders have more than 10 animals. Despite its main use nowadays as a saddle horse, it should be pointed out that, because of their natural talent for mountain and forest cross-country, 17 % of the breeders are focused on rural tourism.

Keywords: biodiversity, animal genetic resources, sustainable development, rural development, in-situ conservation, ex-situ conservation.

Introduction

The Losino Horse, Spanish Losino Pony according to Mason (1969), gets its name from the original breeding area, the Losa Valley in the north of the Burgos province (Spain). This horse is one of the three original native horse breeds of the Iberian peninsula as shown by studies made at the Pleistocene diggings at Atapuerca (Cervera *et al.*,1998).

This horse had a special importance as a war horse, especially during the Reconquest of Spain (Sainz and Baranda, 1947) and the Colonisation of America (Cabrera, 1945). Later on, it was used as a light draught horse in agricultural labours mainly in the south of Spain (fruit orchards) and along the coast of Almeria (Greenhouses). It was also used as an animal in muling production (Martinez-Sáiz *et al.,* 1996).

In the 40s and a good part of the 50s, a large rise occurred in the breeding of the Losino horse (Ortega, 1974) due to the great demand for draught animals and the high prices of these animals at fairs and markets (Baranda, 1950). The mechanization of agriculture made these horses lose their primary importance and brought a decline in their census that has presently reached a situation of endangerment.

To prevent its extinction, an Association of Breeders and a Centre for the Recuperation of the breed was created in Pancorbo and in the year 2000 a research project began in order to determine its real situation and genetically characterize this horse (INIA RZOO-016).

Materials and methods

During the decades of its greatest extension, this horse covered the whole area of the Losa Valley and some isolated spots in the rest of Spain. However, at the present time, it is restricted to only two zones: one in Pancorbo, where it is raised with the traditional free range method, and the other in Quincoces with a stable method.

For the socioeconomic characterization of this breed, 50 interviews were conducted with the breeders in these two nucleus centers of the Losino horse:

1. The Pancorbo Nucleus. At the present time, this center is made up of a horse population that ranges around 300 horses. It is set in the mountainous zones of Pancorbo. The average altitude of the valley zones ranges between 600 and 800 metres above sea level, rising to 1 450 metres at the Urvión peak in the Pancorbo mountain range. The climate is continental, rainy, with very cold winters and temperate summers. The precipitations usually concern snow in the winter, with the high mountain zones snow-covered for several weeks. Due to the geographical situation, the horses have little contact with the rural world, remaining mainly in the high mountain zones.
2. The Quincoces de Yuso Nucleus. The horse population at this center is about 150 animals in a setting in the valley zone. The majority of the horses at this center have a constant contact with the farmers of the valley. The average altitude of the valley lands ranges between 450 and 550 meters above sea level, rising to a maximum height of 1 207 meters of the peaks of the Sierra de Bóveda. The climate is northern and rainy, being influenced by the mists from the Cantábrico. It has good pasture lands all year round.

Apart from these interviews, we collected information at 3 slaughter houses in the area, 5 equestrian centres and 10 rural tourism establishments. Furthermore, the Junta of Castilla y Leon supplied us with statistical and economical information that allowed us to perform the economical analysis of the Losina breed based on the purpose of use of the animals.

Results and discussion

Horse census

The first census reference for the Losino horse dates from the year 1933 with a total of 1 455 horses (Cría Caballar, 1933). Nevertheless, its greatest census was reached during the 40s when its population surpassed 10 000 animals (Ortega, 1974). This total progressively waned until the 70s when it had diminished to less than 4000 horses, and it reached its most dangerous levels at the beginning of the 80s when it had only a census of 30 animals. This drastic descent was mainly due to agricultural mechanization, cross-breeding with meat breeds and with asses for mule production. In this year, in view of the alarming situation, a plan for recovery of the breed began with the creation in Pancorbo (Burgos) of the first Breeding and Selection Center for the Losino horse. At this center the traditional open-range natural system for breeding has been used. Once broken and tame, the animals are used for children's Horseback riding, in carriages and covering horse riding routes in the country and mountain areas (Martínez-Sáiz, 2000). At the beginning of this breed recovery program, there were 185 Losino horses in the census of 1988.

Figure 1 shows the evolution of the number of Losino horses born during the last 15 years. Once the recovery program began, there was a slight increase in the census with the greatest numbers of births (81) occurring during the last birth season in the year 2002.

Socioeconomic study of the productive sector of the Losino horse breed

From the inquiries carried out among the 50 private farmers who raised or had raised Losino horses, the results found showed that only 24.1% were dedicated exclusively to the raising of this breed. On the contrary, the remaining 75.9% shared the raising of the Losino with other species, mainly milk cows.

The greatest percentage of the farmers who raise and exploit the Losino horse (66.7%) are not part of the horse world and do not come from farming or ranching families, but most are young new farmers with farms less than twenty years old. At the same time, it should be pointed out that 46.4% of the farmers receive benefits from the aid or funds received for dealing with a native, endangered or specially-protected breed (RD 1682/1997 of Nov. 7th by which the Official Catalogue of Spanish Native Cattle Breeds was brought up to date, BOE 279, on the 21st of Nov, 1997). 56.7% of the farmers are listed in classifications of sanitary defense (ADS) or in farm cooperatives in order to receive benefits from the autonomous and ministry government funds available for the defense and recuperation of the Losino horse breed.

Although 83.33% of the farmers polled have no more than ten horses on their land, almost 50% use artificial insemination as reproductive means, so as not to increase the level of endogamy of their

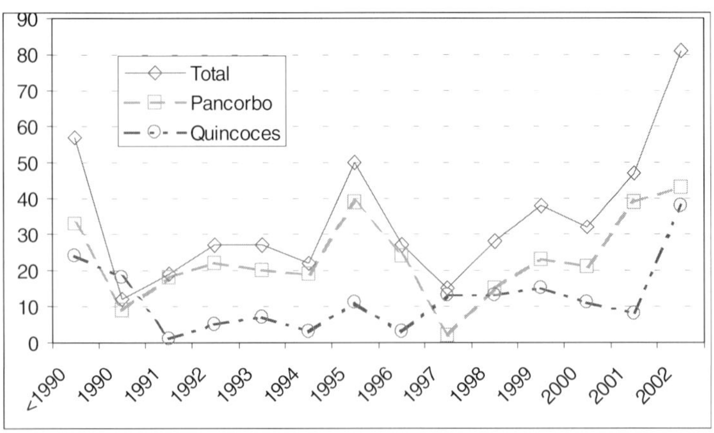

Figure 1. Evolution of the number of animals registered in the Genealogical Book for the Losino breed with reference to the year of birth.

farms. Farmers who use the natural process of reproduction usually use groups of mares per stallion that vary in a proportional way between 2-4 mares and 5-8 mares.

In spite of the fact that at the present time the main use is saddle horses, especially among the young riders (Sanchez-Belda, 1999), 44.7% of the farmers dedicate the Losino horse to meat production. Its use as a light draught horse is still maintained to a certain degree, especially on small farms far from the cities, where the modern energy systems have not yet arrived or are difficult to get (for example, on forest farms). They are also recognized for the prowess in cross-country travel, above all on the rough lands of the mountains of this region. This ability for mountain crossing constitutes a special attraction in rural tourism houses. It should be pointed out, in this sense, that 17% of the polled farmers dedicate their Losino horses to Horseback riding tourism in the rural zones in the north of the Burgos province.

As far as the purpose of use of the animals is concerned, we can group them in breeding (18.7%), leisure and equestrian activities (36.4%), meat production (mainly foals under 1 year of age) (11.9%), private use of the breeder/owner (29.4%), and finally a small group (3.6%) used in other activities, such as fire prevention on forests and hipotherapy (riding for the disabled).

The total income of the production of the Losino breed, including the created wealth and the amount consumed from other economic areas (Rodriguez-Alcaide, 1998), represented in the year 2002 a sum of 135 000 Euros, from which 70.4% (95 000 Euros) represented created wealth (salaries, amortizations, several taxes, social security, etc.) and 29.6% (40 000 Euros) represented the amount consumed from other economic areas (food stuffs, bedding, pharmaceuticals, transportation, etc.).

References

Cabrera, A. 1945. Caballos de América: Los caballos de centroamérica. Ed. Sudamerica. Buenos Aires. pp. 129-141.

Cervera, J., Arsuaga, J.L., Bermúdez de Castro J.M. & Carbonell, E. 1998. Atapuerca. Un millón de años de historia. Plot Ediciones S.A y Ed. Complutense. 240 pp.

Cría Caballar. 1933. Censo equino. Ed. Jefatura C Caballar. Ministerio de Defensa. España.

Martinez-Sáiz, J., Valera, M., Molina, A. 1996. El Caballo Losino. Animal Genetic Resources Information. AGRI, AGAP, FAO Nº 19, 17-28.

Martinez-Sáiz, J. 2000. Estudio de la variabilidad genética de la raza autóctona equina "El Caballo Losino". Tesis Doctoral. Universidad de Córdoba.

Mason, I. 1969. World Dictionary of Livestock Breeds Tipes and Varieties. Ed. Commonwealth Agricultural Bureaux. Edinburg, Scotland.

Ortega, J. 1974. Transformación de un Espacio Natural. Las montañas de Burgos. Ed Univ. de Valladolid. pp. 383-385.

Rodríguez-Alcaide, J.J. 1998. Aspectos socioeconómicos del mundo del caballo: La industria del caballo. Congreso internacional del caballo PRE. Trujillo. España.

Sainz de Baranda, J. 1947. El Valle de Losa, notas para su historia. Boletín de la Institución de Fernán González. Ed. Diputación de Burgos. año XXVI; nº 99, pp. 387-393.

Sánchez-Belda, A. 1999. Las otras razas caballares autóctonas de España. Federación Española de Asociaciones de Ganado Selecto. FEAGAS. nº 16[7], 46-51.

Effect of sex and some anti-biotics as growth promoters on performance and some metabolic responses on growing ducks

S.A. Abd El-Latif

Department of Animal production, Faculty of Agriculture, Minia University, Minia, Egypt

Summary

A total number of two hundred and seventy (270) one day old, sexed Muscovy ducks (135 males and 135 females) were used to evaluate the effect of sex and some feed additives such as zinc bacitracin or virginiamycin on performance, metabolic functions and carcass characteristics. A factorial arrangement (2×3) of six treatments was formulated to contain two sexes (males and females) and three diets with feed additives (control, zinc bacitracin, 1 000 g/ton, and virginiamycin, 1 000 g/ton,). The experiment was terminated when birds were 11 weeks old. Weight gain and feed intake were recorded at 0, 3, 5, 7 9 and 11 weeks of age. Feed conversion (feed/gain) was calculated. Some plasma constituents were determined. At the end of the experiment, some of the carcass characteristics were measured. Body weight and body gain were improved for male ducks ($P<0.05$) by adding the examined growth promoters during the entire period (0 to 11 weeks of age) compared with control diet. Feed intake was depressed by adding either zinc or virginiamycin to the control diet of males or females. Adding zinc bacitracin or virginiamycin to the control diet of both sexes, recorded the best ($P<0.05$) feed conversion efficiency (kg, feed/kg, body gain). The birds (males or females) fed dietary zinc bacitracin or virginiamycin showed improvement ($P<0.05$) in the concentration of total protein, albumin, globulin, total lipids, glutamic oxalacetic transaminase (GOT), glutamic-pyruvic (GPT) and triiodothyronine (T3) during the 9th and 11th weeks of age. In males, dietary virginiamycin improved ($P<0.05$) the absolute carcass weight and dressing percentage compared with dietary zinc.

Keywords: sex, anti-biotic, Muscuvy ducks, performance, metabolic concentrates.

Introduction

Feed additives are added to broiler rations in very small quantities to improve the growth performance and economic efficiency (Ali, 1994, Omar, 1996 and Ibrahim *et al.*, 1998). Some of these feed additives are not only essential for biological function, but have also demonstrated a positive effect on the animal, including growth promoters, absorption enhancement, technological additives, antimicrobial agents, metabolic modifiers, probiotics and prophylactics (Namur *et al.*,1988, Abd EL-Latif *et al.*, 2002, and Abdel-Azeem, 2002 and Zeinab Abdo *et al.*, 2003).

The use of antibacterials in poultry diets to improve performance has become an accepted husbandry practice. Virginiamycin is an antibiotic which has been reported to stimulate growth and improve feed conversion of broiler chicks (Belary and Teeter 1991, and Abdel-Azeem, 2002). In addition, Ravindran *et al.* (1984) reported that Virginiamycin tended to improve utilization of some minerals such as phosphorus, calcium, magnesium and iron.

Elkiaty *et al.* (2002) concluded that supplementing growing Muscovy ducks diet with Zinc bacitracin, Lincomix, Ovo-Stark, N-Fac or virginiamycin as growth promoters, presented improvements ($P<0.05$) in body weight, body gain, and feed intake. Also, these supplementations improved the concentration of total protein, albumin, globulin, total lipids, glutamic oxalacetic transaminase (GOT), glutamic-pyruvic (GPT), and triiodothyronine (T3) during the 9th and 11th weeks of age. However, N-Fac and virginiamycin showed the best results on these components. Bird (1968) summarized the response of broiler chickens at or near market weight and fed diets containing procaine penicillin, zinc bacitracin, chlortetracycline, or oxytetracycline at levels from 2 to 20 ppm. The median live weight gain over the corresponding controls fed non-supplemented diets was 4% (range 1 to 15%) and the improvement in feed conversion was 2% (range 1 to 6%). No trend towards decreased effectiveness was apparent throughout the series.

This study was conducted to evaluate performance, some metabolic functions and carcass characteristics of growing male or female Muscovy ducks, fed diets including zinc bacitracin and virginiamycin as growth promoters, at a level of 1 000 g/ton for each source .

Materials and methods

Birds management

Two hundred and seventy (270) one day old, male and female Muscovy ducks (135 males and 135 females) were housed in light and temperature controlled room. Free access to water and food was available constantly. Ducklings were divided into 6 groups (45 birds each) according to sex and feed supplementation, as follows: dietary control, zinc bacitracin and virginiamycin for males and dietary control, zinc bacitracin and virginiamycin for females. Each group contained 3 replicates of 15 birds.

Diets

The control diet for males or females contained adequate levels of nutrients for growing ducks as recommended by the National Research Council (NRC, 1994), with no feed additives. Two additional diets were obtained by adding zinc bacitracin or virginiamycin to the control diet of males and other two additional diets were obtained by adding the same feed additives to female control diets. Each additional diet contained one source of the growth promoter at levels of 1 000 g/ton ration each. The composition of the starting and growing control diet for males and females is shown in Table 1.

Measurements and determinations

Body weight and feed intake were recorded for birds at 0, 3rd , 5th , 7th , 9th and 11th weeks of age. Feed conversion values (feed/gain) were calculated. At the 9th and 11th weeks of age, blood samples from five birds of each treatment were randomly collected from the wing vein in heparinized tubes and centrifuged at 3 000 rpm/15minutes. The plasma was obtained and immediately stored at -20°C until the analysis was performed. Total protein, albumin, total lipids, GOT & GPT, were determined according to Weischelbaum (1946), Doumas (1971), Frings *et al.* (1972) and Wallnofer *et al.* (1974) respectively. Triiodothyronine (T3) was determined by the double antibody radioimmuno assay, with commercial kits purchased from Antibodies Incorporated (P.O. Box 442, Davis, California 95616). The radioactivity was measured by gamma counter as described by Peebles and Marks (1991). At the end of the experiment (6 weeks of age), three birds from each replicate were scarified after 12 hours of fasting. After bleeding out, the birds were scalded, plucked with electrical cyclomatic picker and eviscerated. Eviscerated carcasses were individually weighed. The percentages of dressing, edible giblets (liver, gizzard, heart, and abdominal fat) and offals (blood, head, legs, intestine and feathers) were calculated in relation to the live body weight. ANOVA and LSD procedures were performed as outlined be Snedecor and Cochran. (1980).

Table 1. The chemical and proximate analyses of the control diet.

Ingredients	Starting diet (0 to 2 weeks)	Growing diet (2-11eeks)
Ground corn, yellow	60.25	66.75
Wheat bran	7.00	12.50
Soy bean meal (44% CP)	22.50	10.50
Broiler concentrates (52% CP)	10.00	10.00
Vitamins Minerals mixture[1]	0.25	0.25
Total	100.00	100.00
Chemical analysis		
Metabolizable energy	2 873	2 889
Crude protein	21.73	17.76
Crude fiber	3.97	3.94
Ether extract	4.24	4.09
Calcium	0.980	0.925
Av. Phosphorus	0.541	0.523
Methionine&cystine	0.741	0.614
Lysine	1.620	1.408

[1]Each 2.5 kg of vitamins and minerals mixture contain:
120 00 000 IU vitamin A acetate; 2 000 000 IU vitamin D3; 10 000 mg vitamin E acetate; 2 000 mg vitamin K3; 100 mg vitamin B; 4 000 mg vitamin B2; 1 500 mg vitamin B6; 10 mg vitamin B12; 10 000 mg Pantothenic acid; 20 000 mg Nicotenic acid; 1 000 mg Folic acid; 50 mg Bioten; 500 000 mg Chorine; 10 000 mg Cooper; 1 000 mg Iodine; 30 00 mg Iron; 55 000 mg Manganese; 55 000 mg Zinc, and 100 mg Selenium.

Results and discussion

Productive performance

Effects of dietary treatments on body weight, body gain, feed intake and feed conversion (feed, kg/gain, kg) are shown in Table 2. It was observed that adding either zinc bacitacin or virginiamycin to the control diet of growing male ducks, enhanced ($P<0.05$) body weight and body gain at the market age (11 weeks old). However, females fed dietary feed additives recorded a small improvement ($P>0.05$) in these elements compared with the control diet. The lowest ($P<0.05$) body gain value was noticed for females fed the control diet during the last period of the experiment (9 to 11 weeks) in comparison to other dietary treatments.

The improvement in body gain, as affected by adding feed additives to male or female diets, may be attributed to the mode of action of probiotics which may operate by producing antibiotic substances and inhibiting harmful bacteria, altering microbial metabolism and decreasing intestinal pH (Sissons 1988 and Makled, 1991). Similar results were observed by Elkiaty *et al.* (2002), who found that body weight and body gain for growing muscovy ducks were improved ($P<0.05$) by adding Zinc bacitracin, Lincomix, Ovo-Stark, N-Fac and virginiamycin to the control diet, by levels of 1 000, 250, 1 000, 500, and 1 000 g/ton ration respectively. Birds fed dietary N-fac or virginiamycin presented the greatest ($P<0.05$) values of body weight and body gain.

In the present study, feed intake was depressed ($P<0.05$) in male and female diets by adding Zinc bacitracin or virginiamycin to the control diets during the entire period (0 to 11 weeks of age). Males ducks consumed more ($P<0.05$) feed than females during all experimental periods. As a result of the improvement in body gain for either male or female ducks fed dietary feed additives with decline in feed intake, these birds (males and females) recorded improvement ($P<0.05$) in feed conversion efficiency (feed, kg/gain, kg) compared with its control diets during the entire period (0 to 11 weeks of age). The

Table 2. Effect of adding some sources of growth promoters in growing Muscovy ducks diet on growth performance.

		Treatments					
		Males			Females		
Items	Age (weeks)	Control	Dietary Zinc bacitracin	Dietary Virginia-mycin	Control	Dietary Zinc bacitracin	Dietary Virginia-mycin
Body weight (kg)	0	0.055 ±0.004	0.055 ±0.001	0.055 ±0.004	0.054 ±0.003	0.055 ±0.002	0.055 ±0.004
	3	0.884[ab] ±0.021	0.923[a] ±0.087	0.864[b] ±0.096	0.741[c] ±0.062	0.774[c] ±0.056	0.799[bc] ±0.055
	5	2.066[b] ±0.077	2.140[a] ±0.099	2.032[b] ±0.098	1.576[c] ±0.087	1.606[c] ±0.176	1.555[d] ±0.099
	7	3.253[b] ±0.255	3.369[a] ±0.089	3.321[ab] ±0.091	2.285[c] ±0.067	2.316[c] ±0.101	2.314[c] ±0.096
	9	4.321[b] ±0.107	4.435[a] ±0.126	4.438[ab] ±0.108	2.635[c] ±0.156	2.609[c] ±0.125	2.670[c] ±0.121
	11	4.685[b] ±0.110	4.857[a] ±0.093	4.774[ab] ±0.098	2.733[c] ±0.088	2.769[c] ±0.088	2.779[c] ±0.091
Body gain (kg)	0 to 3	0.829 ±0.098	0.868 ±0.061	0.809 ±0.095	0.687 ±0.078	0.719 ±.092	0.745 ±0.84
	3 to 5	1.182[b] ±0.046	1.217[a] ±0.069	1.167[b] ±0.065	0.834[c] ±0.100	0.832[c] ±0.069	0.756[c] ±0.101
	5 to 7	1.187[b] ±0.086	±1.228[a] ±0.101	0.1.289[a] ±0.097	0.709[d] ±0.091	0.709[d] ±0.084	0.759[c] ±0.091
	7 to 9	1.068[b] ±0.118	1.066[b] ±0.106	1.117[a] ±0.125	0.350[c] ±0.105	0.292[c] ±0.126	0.356[c] ±0.120
	9 to11	0.363[b] ±0.072	0.422[a] ±0.056	0.336[b] ±0.025	0.098[d] ±0.065	0.160[c] ±0.054	0.109[cd] ±0.065
	0 to 11	4.630[b] ±0.228	4.801[a] ±0.154	4.719[ab] ±0.265	2.678[c] ±0.258	2.714[c] ±0.212	2.724[c] ±0.201
Feed intake (kg)	0 to 3	2.816[ab] ±0.096	2.858[a] ±0.079	2.612[b] ±0.064	2.571[c] ±0.067	2.555[c] ±0.057	2.530[c] ±0.084
	3 to 5	2.882[c] ±0.056	3.115[a] ±0.072	2.670[b] ±0.065	2.335[de] ±0.069	2.437[d] ±0.067	2.327[e] ±0.076
	5 to 7	3.625[a] ±0.110	2.866[c] ±0.126	3.069[b] ±0.155	2.808[c] ±0.116	2.566[d] ±0.115	2.530[d] ±0.135
	7 to 9	3.689[a] ±0.141	3.113[c] ±0.179	3.446[b] ±0.097	2.967[d] ±0.101	2.746[e] ±0.142	2.676[e] ±0.165
	9 to11	3.095[c] ±0.058	3.371[b] ±0.084	3.563[a] ±0.065	3.088[c] ±0.069	2.823[d] ±0.056	3.055[c] ±0.086
	0 to 11	16.107[a] ±0.599	15.323[b] ±0.659	15.360[b] ±0.365	13.769[c] ±0.586	13.127[d] ±0.485	13.118[d] ±0.484

negative feed intake effect, as affected by dietary feed additives, was supported by Abd El-Rahman *et al.* (1994). They found that broiler chicks fed diets incorporating probiotic or virginiamycin presented a depression ($P<0.01$) in the amount of both feed or protein consumed per bird in comparison with those birds fed the control diet.

Table 2. Effect of adding some sources of growth promoters in growing Muscovy ducks diet on growth performance.

		Treatments					
		Males			Females		
Items	Age (weeks)	Control	Dietary Zinc bacitracin	Dietary Virginia-mycin	Control	Dietary Zinc bacitracin	Dietary Virginia-mycin
Feed conversion (feed/gain)	0 to 3	3.404^{ab} ±0.029	3.085^{c} ±0.052	3.053^{c} ±0.062	3.764^{a} ±0.076	3.554^{b} ±0.075	3.400^{b} ±0.065
	3 to 5	2.438^{d} ±0.248	2.558^{c} ±0.156	2.332^{d} ±0.289	2.801^{ab} ±0.156	2.929^{a} ±0.202	3.078^{a} ±0.184
	5 to 7	3.054^{c} ±0.211	2.352^{d} ±0.154	2.381^{d} ±0.215	3.959^{a} ±0.298	3.614^{ab} ±0.286	3.333^{b} ±0.265
	7 to 9	3.454^{d} ±0.328	2.960^{f} ±0.590	3.085^{e} ±0.465	8.493^{b} ±0.224	9.372^{a} ±0.125	7.516^{c} ±0.351
	9 to11	8.502^{c} ±0.176	7.988^{b} ±0.114	10.604^{b} ±0.125	31.510^{a} ±0.156	17.644^{a} ±0.125	28.027^{a} ±0.124
	0 to 11	3.479^{c} ±0.117	3.191^{de} ±0.125	3.255^{d} ±0.141	5.141^{a} ±0.121	4.836^{b} ±0.109	4.816^{b} ±0.112

Data followed by unlike letters differ significantly at 0.05 level probability.

Metabolites changes

Changes in total plasma protein, albumin, globulin, total lipids, GOT, GPT and T3, as affected by dietary feed additives, are shown in Table 3. In general, the data obtained demonstrated that adding zinc bacitracin or virginiamycin as growth promoters to the growing male or female ducks diet enhanced ($P<0.05$) plasma, total protein, albumin, globulin, total lipids, GOT, GPT and T3 during the entire testing period during the 9th and 11th weeks of age for males and females, compared with the control diets. Males fed diet including virginiamycin presented the highest ($P<0.05$) concentrates of total protein, globulin, total lipids, GOT and GPT at the market age (11 weeks of age). However, males fed dietary zinc bacitracin recorded the highest ($P<0.05$) concentrates of total albumin and T3 (at 11 weeks of age). These results were confirmed by the data of body gain and feed conversion (Table 2). Similar results were observed by Elkiaty *et al.* (2002). They found that the concentrations of total protein, albumin, globulin, total lipids, GOT, GPT and T3 of growing ducks were improved ($P<0.05$) when birds fed on diets containing Zinc bacitracin, Lincomix, Ovo-Stark, N-Fac and virginiamycin, by levels of 1 000, 250, 1 000, 500, and 1 000 g/ton ration respectively.

The improvement of metabolic functions as a result of adding zinc bacitracin or virginiamycin to the growing male and female duck diets may be due to the potential of probiotics as an alternative to antibiotics. Havenaar *et al.* (1992) defined probiotics as live microbial preparations, that, when ingested by animal or man (as viable mono or mixed culture of microorganisms), can benefit the host by balancing the intestinal microflora. Moreover, El-Sherbiny *et al.* (1990) reported that Flavomycin or Zinc bacitracin supplemented to the diet tended to increase the total plasma protein, albumin, globulin and A/G ratio in broiler chicks compared with those obtained from the birds receiving the non supplemented control diets.

Table 3. Effect of adding some sources of growth promoters in growing Muscovy ducks diet on some metabolic functions.

Items	Age (weeks)	Treatments: Males Control	Males Dietary Zinc bacitracin	Males Dietary Virginia-mycin	Females Control	Females Dietary Zinc bacitracin	Females Dietary Virginia-mycin
Total protein, gm/100ml	9	4.421^{b}	4.911^{a}	5.010^{a}	3.815^{c}	3.912^{bc}	4.124^{b}
		±0.241	±0.325	±0.245	±.198	±.309	±0.258
	11	4.392^{b}	5.081^{a}	5.123^{a}	4.294^{c}	4.562^{b}	4.545^{b}
		±0.150	±0.099	±0.142	±0.129	±0.128	±0.098
Albumin, gm/100ml	9	1.574^{a}	1.598^{a}	1.584^{a}	1.433^{b}	1.482^{b}	1.597^{a}
		±0.02	±0.23	±0.55	±0.41	±0.25	±0.97
	11	1.552^{b}	1.772^{a}	1.625^{a}	1.257^{c}	1.425^{b}	1.654^{a}
		±0.303	±0.520	±0.361	±0.370	±0.292	±0.191
Globulin, gm/100ml	9	2.847^{b}	2.813^{b}	3.426^{a}	2.382^{c}	2.430^{b}	2.527^{ab}
		±0.232	±0.253	±0.309	±0.253	±0.104	±0.246
	11	2.840^{b}	3.309^{a}	3.498^{a}	3.037^{b}	3.137^{ab}	3.896^{a}
		±0.339	±0.358	±0.485	±0.433	±0.323	±0.401
Total lipids, gm/dl	9	3.434^{b}	3.562^{a}	3.571^{a}	3.262^{b}	3.512^{a}	3.501^{a}
		±0.112	±0.140	±0.153	±0.243	±0.125	±0.231
	11	3.345^{b}	3.815^{ab}	4.721^{a}	3.417^{b}	3.992^{a}	4.012^{a}
		±0.415	±0.335	±0.345	±0.303	±0.334	±0.252
GOT, Units, ml	9	25.124^{b}	26.901^{a}	26.933^{a}	25.120^{b}	25.836^{ab}	25.897^{ab}
		±1.102	±1.001	±1.100	±1.011	±1.021	±1.031
	11	27.671^{b}	28.991^{a}	29.184^{a}	27.933^{b}	28.351^{a}	38.985^{a}
		±1.040	±1.035	±1.613	±1.313	±1.124	±1.232
GPT, units/ml	9	30.251^{b}	30.911^{a}	31.015^{a}	29.851^{b}	30.945^{a}	29.959^{a}
		±1.052	±1.21	±1.041	±1.124	±1.024	±1.039
	11	32.339^{b}	32.894^{a}	33.079^{a}	32.215^{b}	32.989^{a}	32.833^{a}
		±1.205	±1.014	±1.062	±1.018	±1.252	±1.602
T3, Ng/ml	9	6.508^{b}	7.891^{a}	8.106^{a}	6.103^{b}	6.096^{b}	6.195b
		±0.43	±0.292	±0.121	±0.103	±0.109	±0.102
	11	6.012^{b}	8.975^{a}	8.804^{a}	6.057^{b}	6.013^{a}	6.086^{a}
		±0.605	±0.521	±0.340	±0.211	±0.240	±0.301

Data followed by unlike letters differ significantly at 0.05 level probability.
± SE.

Slaughter data

Reported in Table 4 are the absolute and proportional weights of carcass, edible, abdominal fat, edible meat and offals. The data demonstrate that males fed dietary supplementing with virginiamycin improved ($P<0.05$) the absolute and proportional weights of carcass compared with dietary Zinc bacitracin. Also, females fed dietary Virginiamycin presented improvement ($P<0.05$) in the proportional weights of carcass and abdominal fat compared with dietary Zinc bacitracin. No significant improvement was observed in other items of carcass measurements as affected by adding feed additive to the control diet of growing ducks. The improvements in absolute carcass weight and dressing percent of birds fed

Table 4. Effect of adding some sources of growth promoters in growing Muscovy ducks diet on some carcass measurements.

	Treatments					
	Males			Females		
Items	Control	Dietary Zinc bacitracin	Dietary Virginia-mycin	Control	Dietary Zinc bacitracin	Dietary Virginia-mycin
Live body	4.800[b]	4.416[ab]	4.726[a]	2.626[c]	2.670[c]	2.533[c]
(kg)	±0.199	±0.212	±0.205	±0.324	±0.312	±0.324
Carcass[1]	3.430[a]	3.130[b]	3.460[a]	1.886[c]	1.886[c]	1.835[c]
(kg)	±0.157	±0.156	±0.114	±0126	±0.142	±0.112
Edible[2]	0.283[a]	0.263[b]	0.273[a]	0.147[d]	0.170[c]	0.171[c]
(kg)	±0.024	±0.026	±0.023	±0.019	±0.021	±0.024
Abdomin	0.051[ab]	0.057[a]	0.041[b]	0.033[c]	0.034[c]	0.040[c]
al fat (kg)	±0.020	±0.018	±0.013	±0.012	±0.015	±0.017
Offals[3]	1.086[a]	1.023[a]	0.993[a]	0.593[b]	0.613[b]	0.560[b]
(kg)	±0.051	±0.050	±0.046	±0.042	±0.025	± 0.030
Dressing,	71.444[ab]	70.825[b]	73.200[a]	71.842[ab]	70.658[b]	71.489[ab]
%	±0.826	±0.717	±0.825	±0.594	±0.916	±0.739
Edible, %	5.898[b]	5.949[b]	5.784[bc]	5.586[c]	6.379[a]	6.704[a]
	±0.351	±0.421	±0.299	±0364	±0.329	±0.311
Abdomin	1.058[d]	1.280[c]	1.874[a]	1.253[c]	1.278[c]	1.570[b]
al fat, %	±0.103	±0.110	±0.115	±0.121	±0.138	±0.116
Offals, %	22.656[ab]	23.225[a]	21.015[c]	22.571[ab]	22.962[a]	21.807[b]
	±0.659	±0.749	±0.784	±0.654	±0.585	±0.568

Data followed by unlike letters differ significantly at 0.05 level probability
[1]Carcass weight = Live body weight (without edible parts) - offal weights
[2]Edible parts = Liver, heart, and gizzard weights
[3]Offals = Blood, feather, intestine, head, and legs weights ± S.E

dietary virginiamycin may confirm the results obtained by Mervat Ali, 1999 and El-Kiaty *et al.*, 2002. Also, it affirms the critical role of virginiamycin in improving body gain (Table 2.)

The obtained results showed that supplementing growing male and female Muscovy ducks diet with Zinc bacitracin or virginiamycin, at a level of 1 000 g/ton diet, as growth promoters, improved performance, metabolic functions and dressing percentage. In addition, male ducks responded to a greater extent to these feed additives than females.

References

Abd EL-Latif, S. A., A. I. Faten and A. M. Elkiaty (2002). Effect of feeding dietary thyme, black cumin, dianthus and fennel on productive and some metabolic responses of growing japanese quail. Egypt. Poult. Sci. 22(1): 109-125.

Abd El-Rahman, S. A., A. M. Abou-Ashour and H. S. Zeweil (1994). Effects of probiotic and virginiamycin supplementation on performance of broiler chicks. Menofyia J. Agric. Res., Vol. 19 no (1) : 241-256.

Abdel-Azeem (2002). Digeston, Neomycin, and yeast supplementation in broiler diets under Egyptian summer conditions. Egypt. Poult. Sci. 22(1): 235-257.

Ali, M. E. (1994). The effect of some nutritional additives on feeding broiler. M. Sc. Thesis, Fac. Agric. Zagazig University.
Belary, T. D. and R. G.Teeter (1991). Effect of virginiamycin supplementation on growth and humoral mediated immunity of broilers. Poultry Sci. Supp. 70:137.
Bird, H. R., (1968). Effectiveness of antibiotics in broiler feeds. World's Poultry Sci. J. 24:309-312.
Doumas, B. T (1971). Automated analysis Beohringer Mannheim. Clin Acta. 31:87.
El-Sherbiny, A. E., S. H., El-Samra, M. Raafat, and K. Y., Nagmy (1990). Antibiotics as growth promoters in broiler: 1- Effect of flavomycin or Zinc bacitracin supplements on performance of broiler chicks fed diets varying in energy and protein content. J. Agric. Sci. Mansoura Univ. 15 (3) : 384-398.
Elkiaty A. M., A. Abd El-Latif and Faten A. A. Ibrahim, (2002). Productive and physiological evaluation of some commercial feed additives as growth peromoters for growing muscovy ducks. Egyptian J. Nutrition and feeds 5 (1):101-111.
Frings, C. S., T. W. Frendly, R. T. Dunn and C. A. Queen (1972). Improved determination of total serum lipid by sulfo-phospho-vanilin reaction. Clin. Chem.18:670-673.
Havenaar, R., B. T. Brixk, J. H. H. Hers, and R. Fuller (1992). Selection of strains for probiotic use, in Fuller, R. (Ed) Probiotics. The Scientific Basis, PP 209-221. (London, Chapman and Hall)
Ibrahim. M. R. M., S. A. Abd El- Latif, and El-Yamny (1998) Effect of adding some natural growth promoters to broiler chicks diets on growth performance, digestibility, and some metabolic functions. J. Agric. Sci. Mansoura Univ., 23(3):1029 -1037.
Makled, M. N. (1991) The potentials of probiotics in poultry feeds. A review. 3rd Scientific Symp. For Animal, Poultry and fish nutrition. Sakha, Kafr-El-Shekhe; (Egypt) 54-68pp
Mervat A. Ali (1999). Effect of probiotics addition to broiler rations on performance and some blood constituents. Egypt Poult. Sci. 19: 161-177.
Namur, A. P., J. Morel and H. Bichek (1988). Compound animal feed and feed additives. In Deboer, F. H. BICHEL, eds. Livestock feed resources and feed evaluation in Europe. Elsevier. Sci. Publ., Amsterdam.
National Research Council (1994). Nutrient requirements of Poultry 9th ed. National Academic of Science. Washington, Dc. USA.
Omar, A. S. (1996). Bioprotein in feeding broiler chicks. M. Sc. Thesis, Fac. Agric. Zagazig University.
Peebles, E. D. and H. L. Marks (1991). Effect of selection plasma thyroxin in Japanese quail under protein stress. Poultry Sci. 70L641-650.
Ravindran, V., E. T. Kornegay, and K. E. Webb, Jr., (1984). Effect of fiber and virginiamycin on nutrient absorption, nutrient retention and rate of passage in growing swine. J. Anim. Sci. 59: 400-408.
Sissons, J. W. (1998). The potential of probiotic organisms to prevent diarrhea and promote digestion. Proceed 4th Int. Seminar, Poland, 457-370.
Snedecor, G. W. and W. G. Cochran, (1980). Statistical Methods. 7th ed.. The Iowa State University Press. Ames, Iowa.
Wallnofer, H. E. Schmidt and F. W. Schmidt, Eds (1974). Synopsis der Lebrkrankheiten Georg Thieme Verlag, Stuttgart
Weischelbaum (1946) Test-combination, total protein calorimetric method. Ann. J Clin. Path 16:40.
Zeinab M.A. Abdo, A. Z. M. Soliman and Olfat S. Barakat (2003). Effect of hot pepper and marjoram as feed additives on the growth performance and microbial population of the gastrointestinal tract of broilers. Egypt. Poult. Sci. 23(I):91-113.

The use of *Cistus ladanifer* L. tannins to protect soybean protein from degradation in the rumen

M.T.P. Dentinho, R.J.B. Bessa, O.C. Moreira & M.S. Pereira

Estação Zootécnica Nacional, Fonte Boa, 2000 Vale de Santarém, Portugal

Summary

Cistus ladanifer L. is a perennial shrub, very abundant in dry woods and dry land of the Mediterranean zone, with high contents of tannins. Tannins bind with protein, preventing its degradation in the various digestive compartments. This tannin/ protein complex may also have a positive effect when used in quantities that allow to protect good quality feed protein from excessive desamination in the rumen. The objective of this trial was to use *Cistus* phenols to prevent excessive microbial desamination of soybean meal protein in the rumen. To obtain the phenolic extract, the cistus was washed with petroleum ether and an acetone/water solution (70/30%). The supernatant fraction was decanted, the acetone removed and the water solution lyophilised. Soybean meal was treated with the cistus extract (64% of total phenols in DM) in order to obtain mixtures with 0, 1.25, 2.5, 5, 10 and 15% of total phenols. The diets were analysed for chemical composition. Three rumen canulated rams were used to determine *in situ* ruminal protein degradadability. The three-step *in vitro* procedure was used to determine intestinal digestibility. Ruminal protein degradation of soybean meal treated with 0, 1.25, 2.5, 5, 10 and 15% of phenolic compounds was described by an exponential equation. The soluble fraction (a) decreased ($P<0.05$) with the increase of phenolic compounds (55, 44, 41, 32, 27, 20% for treatments with 0, 1.25, 2.5, 5, 10 and 15% respectively). The rate of degradation (c) decreased with the level of extract inclusion ($P<0.05$). The effective degradability, calculated using a rumen outflow rate of 8%/h, was 69, 63, 59, 54, 48 and 40% for treatments of 0, 1.25, 2.5, 5, 10 and 15% respectively. Intestinal digestibility was affected by the treatments ($P< 0.05$) (61, 56, 52, 46, 40, and 39% for soybean meal treated with 0, 1.25, 2.5, 5, 10 and 15 % respectively). In spite of the decrease of intestinal digestibility with the increase of cistus extract inclusion, total protein availability (rumen undegradable protein x intestinal digestibility in %) increased, the highest value corresponding to the highest level of inclusion (S5). This is due to the increase of feed protein arriving at the intestine.

Keywords: Cistus ladanifer L., tannins, soybean meal, protein.

Introduction

Tannins are hydrosoluble polyphenols that combine with protein and other molecules (starch, cellulose and minerals), thus leading to stable complexes (Mangan, 1988).

The ability of tannins to form stable complexes with proteins can be used to protect protein sources in ruminant feeds (by-pass protein), preventing their excessive microbial desamination in the rumen and, consequently, increasing the flux of rumen non-ammonia nitrogen into post-ruminal compartments.

The *Cistus ladanifer* is a shrub with a high level of tannins, very abundant in Portugal, in marginal fields and practically not used. Although consumed by goats in the spring, this plant is of little use in direct grazing due to its low feeding value. A small quantity of this plant is also used in the cosmetic industry. Our aim was to study the use of *Cistus ladanifer* tannins to protect soybean meal protein.

Material and methods

To obtain the phenolic extract, the Cistus was washed with petroleum ether and afterwards it was extracted three times with an acetone/water solution (70:30). After each extraction, the tannin-containing supernatant was conserved and finally the acetone was removed by rotary evaporation at 30°C. This extract was then stored at –20°C and freeze-dried.

Samples (500g) of soybean meal were sprayed with mixtures of 300ml acetone/water (70:30) and cistus phenolic extract. This extract was added in order to obtain soybean meals with 0 (S0), 1.25 (S1), 2.5 (S2), 5 (S3), 10 (S4) and 15% (S5) of total phenols. The samples were air-dried for one day to remove acetone and then dried at 40°C in a forced air oven for 24 h.

Three cannulated rams were used to determine *in situ* ruminal protein degradability. Feed samples were incubated in the rumen for 2, 4, 6, 8, 16, 24, 48 and 72 hours. The protein disappearance values were fitted to the Ørskov and McDonald (1979) equation $d=a+b(1-e^{-ct})$, where d is the loss from the bag after t hours, a the rapidly degradable fraction, b the slowly degradable fraction and c the rate of degradation of b. To estimate effective degradability (P8), a, b, c and the outflow rate (k) of 8%/h were used in the equation $P= a+b(c/c+k)$ described by Ørskov and McDonald (1979).

Intestinal protein digestibility was determined by the three-step *in vitro* procedure developed by Calsamiglia and Stern (1995).

Cistus phenolic extract and soybean meal samples were analysed for dry matter (DM), total phenolics (TP) (Julkunen-Tiitto, 1985), condensed tannins by the vanillin method (CTv) (Broadhurst and Jones, 1978), condensed tannins (proanthocyanidins) (PA) (Porter *et al.*, 1986) and total tannins by the radial diffusion method (TTdr) (Hagerman, 1987).

Soybean meal samples were also analysed for nitrogen (N) (AOAC, 1990), soluble-N (sol N) by solubilization in distilled water and determination of nitrogen by the Kjeldahl method, and *in vitro* organic matter digestibility (OMD) (Tilley and Terry, 1963). Bag residues of *in situ* degradability were analysed for N (AOAC, 1990).

Analysis of variance of ruminal degradation parameters (a, b, c) of protein, effective degradability P(8), non-degradable protein, intestinal digestibility and total protein availability was carried out using the General Linear Model of SAS (1989). Significance between means was tested using the least significant difference (LSD).

Results

The cistus extract obtained presented high levels of TP (64%DM), CTv (31.5%DM), CTp (584 Abs_{550nm}/g^{-1} DM) and TTdr (30% DM).

The chemical composition of soybean meal preparations is presented in Table 1. With the increase of cistus extract inclusion, sol-N and *in vitro* OM digestibility decreased, while TP and CT increased. TP recovered in treated soybean meal were lower than those applied in each treatment. From the initial 1.25, 2.5, 5, 10 and 15% of TP used in treatments, only 0.32, 0.38, 0.75, 3.68 and 5.68% of TP were, respectively, recovered. Tannins were not detected by the radial diffusion method in any of the treatments. Probably stable tannin/proteins complexes were formed, lowering the extractability of tannins.

Table 2 shows protein degradation parameters of different soybean meals (a, b, c), their effective degradability (P8), ruminal undegraded protein (RUP), intestinal digestibility (ID) and total protein availability (TPA). The soluble fraction (a) and the slowly degradable fraction (b) of protein were affected in all treatments ($P<0.05$). With the increase of cistus extract level, fraction a decreased and fraction b increased. The rate of degradation (c) decreased with the level of extract inclusion ($P<0.05$). There are no significant differences in potential degradability (a+b) due to the treatments. The effective degradability (P8) showed a significant decrease with the level of extract inclusion. These results show

Table 1. Chemical composition and in vitro organic matter digestibility (OMD) of soybean meal (S0) and soybean meal treated with a pholyphenolic extract of Cistus ladanifer L. (S1,S2,S3,S4, S5).

	S_0	S_1	S_2	S_3	S_4	S_5
Total-N [1]	8.1	7.8	7.9	7.5	7.2	6.9
Sol.-N [2]	18.5	14.9	11.5	7.9	4.9	3.5
TP [1,3]	0.11	0.32	0.38	0.75	3.68	5.68
CTv [1,4]	nd	nd	nd	0.40	2.96	5.09
CTp [1,5]	1.49	2.9	4.1	13.3	60.7	105.4
OMD [6]	94.3	81	79.4	76.7	70.8	66.5

[1]% Dry matter.
[2]% Total-N.
[3]Tannic acid equivalent.
[4]Catechin equivalent.
[5]A_{550nm} g^{-1}DM.
[6]-%.
nd- not detected.

Table 2. Ruminal degradation parameters (a, b, c), effective degradability P(8), rumen undegradable protein (RUP), intestinal digestibility (ID) and total protein availability (TPA) of soybean meal (S0) and soybean meal treated with a pholyphenolic extract of Cistus ladanifer L.(S1,S2,S3,S4,S5).

	S0	S1	S2	S3	S4	S5	SE[1]	S[2]
a[3]	0.55^{a}	0.44^{b}	0.41^{c}	0.32^{d}	0.27^{e}	0.20^{f}	0.0090	***
b[3]	0.45^{a}	0.56^{b}	0.59^{c}	0.68^{d}	0.71^{e}	0.80^{f}	0.0067	***
C[5]	0.037^{ab}	0.039^{a}	0.033^{b}	0.037^{ab}	0.034^{ab}	0.025^{c}	0.0019	**
P(8) [3]	0.69^{a}	0.63^{b}	0.59^{c}	0.54^{d}	0.48^{e}	0.40^{f}	0.0066	***
RUP[3]	0.31^{f}	0.37^{e}	0.41^{d}	0.46^{c}	0.52^{b}	0.60^{a}	0.0066	***
ID[3]	0.61^{a}	0.56^{b}	0.52^{c}	0.46^{d}	0.40^{e}	0.39^{e}	0.0150	***
TPA[3,4]	0.19^{a}	0.21^{b}	0.21^{b}	0.21^{b}	0.21^{b}	0.24^{c}	0.0031	***

[1]Standard error.
[2] Significance.
[3]%.
[4]TPA=RUN x ID, [5]-h^{-1}
[a,b,c,d,e,f]- Mean values within a row with unlike superscript letters were significantly different (P<0.05).

that cistus extract has a large effect on protein solubility (fraction a) through the formation of insoluble complexes with protein and also on the rate of degradation (c), suggesting reduced microbial activity. The RUP increased with extract inclusion level (P<0.05). The intestinal digestibility of soybean meal significantly decreased until the S4 level of inclusion (P<0.05). Our results suggest either a small dissociation of tannin-protein complexes or the inhibition of enzymatic activity (pepsin and pancreatin). Considering our results for total tannins obtained by the radial diffusion method in soybean meal treated feeds, the low intestinal digestibility obtained was probably due to a reduced dissociation of tannin-protein complexes. In spite of the decrease of intestinal digestibility with the increase of cistus extract inclusion, total protein availability (RUP x ID in %) increased, the highest value corresponding to the highest level of inclusion (S5). This is due to the increase of feed protein arriving at the intestine.

Conclusions

These results show that cistus extract has a depressive effect on ruminal degradabilities of soybean meal protein and on intestinal digestibility. In spite of the decrease of intestinal digestibility, with the increase of cistus extract inclusion, total protein availability increased due to the increase of feed protein arriving at the intestine.

References

Association of Official Analytical Chemists (AOAC), 1990. Official methods of analysis. Washington, DC., US.

Broadhurst, R. B., Jones, W. T. 1978. Analysis of Condensed Tannins Using Acidified Vanillin. J. Sci. Food Agric., 29, 788-794.

Calsamiglia, S. and Stern, M. D. 1995. A three step in vitro procedure for estimating intestinal digestion of protein in ruminants. J. Anim. Sci., 73, 1459- 1465.

Hagerman A. 1987. Radial Diffusion Method for Determining Tannin in Plant Extract. J. Chem. Ecology,13 (3), 437-449.

Julkunen-Tiitto, R. 185. Phenolics Constituents in the Leaves of northern Willows: Methods for the Analysis of Certain Phenolics. J. Agric. Food Chem., 33, 213-217.

Mangan J. 1988. Nutritional effects of tannins in animal feeds. Nutrit. Res. Rev.,1,209-231

Ørskov E.R. and McDonald, I., 1979. The estimation of protein degradability in the rumen from incubation measurements weighed according to rate of passage. J. Agric. Sci., Camb. 92, 499-503.

Porter, L. J., Hrstich, L. N., Chang, B. G. 1986. The Conversion of Procyanidins and Prodelphinidins to Cyanidin and Delphinidin. Phytochemistry, 25, 223-230.

SAS, 1989. SAS/STAT User´s Guide. SAS Inst., Inc., Cary, NC. 2: 846 p.

Tilley J.M.A., Terry R. A., 1963. A two stage technique for the in vitro digestion of forage crops. J. Br. Grassl. Soc., 18:104.

Session 4: Application of new technologies for environmentally sound management of livestock and natural resources in mountain areas

Theatre presentations

Use of GIS to improve livestock and natural resources management

M.P. Palacios[1], V. Mendoza-Grimón[1], R. Quiñonero[2], M. Rivero[2] & T. Morant[2]

[1]*Agronomía. Prod. Animal. ULPGC. Autovía Las Palmas-Arucas, Km 6.5, 35416 Islas Canarias, Spain*
[2]*Dpto. Cartografía y Expresión Gráfica en Ingeniería, ULPGC. Spain*

Summary

The Guiniguada basin (Canary Island, Spain) is a valuable area in terms of landscape and natural resources, affected by the abandonment of livestock and agricultural production. The Gran Canaria island's high population density, the area limitations and also the dependence on tourism are leading to unsustainable development. The Guiniguada project (an Urban Pilot Project, FEDER Art 10, ERDF 97.11.29.003H) was promoted by the Canary Island Regional Government in order to mitigate the above mentioned problem.

A part of the Guiniguada project consists in the creation of the "Information System for Agricultural and Livestock management, (ISAL)", a Geographic Information System (GIS) to improve agricultural, livestock and hydraulic resources management. Using the ISAL application presented in this paper, a higher speed data management, new possibilities for integration of different types and formats of data (maps, database files, statistics, remote sensing, ...) and finally better decision making are achieved. Thus, best practices on agricultural and livestock management are provided. Two application types are developed in ISAL: one is for the database management (water irrigation, manure management and nutrient crop needs, Graphic User Interface for the data base) and the other one is for the ISAL final user. Conceptual models, database designed for data thematic storage (agriculture, livestock and hydrology), are presented. Finally, some ISAL examples are demonstrated.

Keywords: GIS, livestock, agricultural, best management practices, sustainability, water management.

Introduction

The Guiniguada basin (Canary Island, Spain) is extended along 28 km. The Gran Canaria island's high population density, the area limitations and also the dependence on tourism are leading to unsustainable development, affected by the abandonment of livestock and agricultural production. The Guiniguada project (an Urban Pilot Project, FEDER Art 10, ERDF 97.11.29.003H) was promoted by the Canary Island Regional Government to mitigate the above mentioned problem (Figure 1).

Facilitation of the coexistence between rural and urban world is one of the main objectives of the proposed Project, avoiding the different interests confronted. The promotion of profitable activities compatible with environmental protection and natural resources management and the decrease of urban construction pressure are needed.

A Geographic Information System (GIS) is a computational tool formed by hardware, software, data, staff and methodology. A GIS is the best technological and conceptual tool for the analysis and management of geo-referenced data (Aronoff, 1991) linking automatically alphanumeric data and their spatial location. A GIS allows also to operate, to process data and to obtain new data or a graphic representation (Korte, 1997).

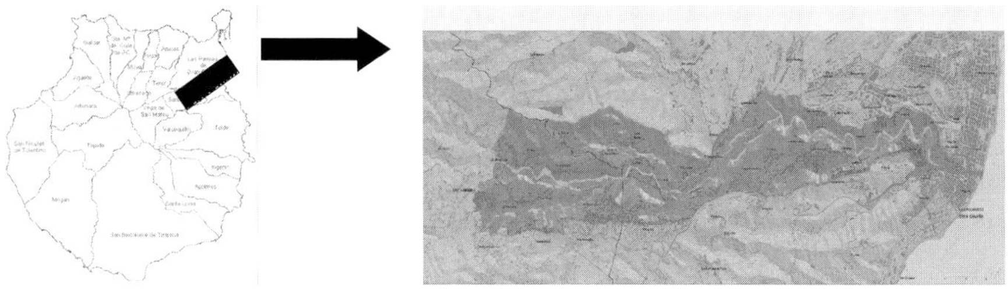

Figure 1. Guiniguada Project zone.

One objective of the Guiniguada project consists in the creation of an "Information System for Agricultural and Livestock management (ISAL)", a GIS application to improve agricultural, livestock and hydraulic resources management.

Unsustainable intensive agricultural and livestock practices have a high impact on water and soil quality and on air pollution (Balairón, 2000; Blackmore *et al.*, 1997). Nitrates and other residues from these activities pollute the drinking water (Smith, 1997; Lemunyon *et al.*, 1997). Lower and uncertain benefits earned by the rural population, especially in the mountain areas, are moving the population and promoting land abandonment. When landscapes are affected, people can not complement their incomes using tourism possibilities. Sustainable activities are promoted by the Regional Government to avoid land, ecosystems and landscape degradation (BOCA, 2000; BOE, 1996). ISAL gives the opportunity to integrate the best nutrient practices to fertigate crops and to feed animals, to manage manure residues and to calculate water consumes avoiding environmental degradation (USDA, 2001; Larscheid *et al.*, 1998).

Materials and methods

GIS design, development and implementation need a suitable methodology to be established to ensure the success of a project (Calkins *et al.*, 1996). To complete the different steps proposed in the ISAL methodology, various programming tools have to be developed, leading to the previous ISAL functions defined in table 1.

The most relevant applications developed in ISAL are: for the database management (crop water requirements, manure management linked to nutrient crop needs, Graphic User Interface for the data base) and for the ISAL final user interface.

To facilitate and consolidate the tasks of upgrading and maintaining the alphanumeric database, an application of three layers has been programmed in Visual Basic (Petroutsos, 2000). ActiveX, ADO (ActiveX Data Object), and OLE DB (OLE for Databases; Microsoft, 1998) technologies are used (Figure 2). This application allows access to data contained in Microsoft Access 2000.

To document and manage the metadata, MS Access 2000 was used, integrating the Spanish official norm (MIGRA v.1) in a relational database. A user's graphic interface in Visual Basic for Applications (VBA) was developed to offer a simple and intuitive data entry. VBA was also used to automatically calculate the crop water requirements and to integrate these results in the ISAL. For the development of the alphanumeric database, MS Access 2000 was used. Microstation Geographics was used for the graphic database construction (topological checking, edition of files DGN and formation of the cartographic bases), and the software ArcView GIS 3.2 was developed for users' applications (Hutchinson, 2000).

Table 1. ISAL functions required.

Data management	Data vectorial 2D and 3D, data raster, images and alphanumeric data.
Connection capacity with extern data	Different DBMS (Oracle, SQL Server, Access, etc.), capacity to visualize data in other formats without import them (DXF, DGN, DWG, etc.).
Georeferenced functions	Images georeferenced, projection changes, coordinate transformation.
Visualization functions	
Edition functions	Alphanumeric and graphic data.
Topology	Topological cleaning and checking and topological. Topological construction.
Analysis spatial functions	Buffers, network analysis, proximity analysis, overlays...
Selection functions	Alphanumeric, graphic and mixed consults.
Conversion data capabilities	
Presentation of results	Graphics, charts and thematic map production.
Calculation of watering needs	
Calculation of fertilizer needs	taking into account the manure management used.
Metadata management	
Customize and extension possibilities	Macro languages, users interface develop and connection with other systems.

The ISAL functions (table 1) mainly allow us to:

- Determinate the water restrictions in case of drought.
- Calculate the crop water and nutrient requirements linked by manure reuse.
- Determinate the exclusion areas to reuse the organic residues from livestock farms.
- Calculate the available water volume.
- Administrate the livestock facilities.

Database model

The database model adopted was extended E/R (Entity/Relation). The spatial and alphanumerical data have to be defined and integrated as entities to be managed by the DBMS (Data Base Management System). Figure 3 shows an example of the database modelling for the theme "Livestock" (Balter, 2002). The rest of the themes managed by ISAL (agriculture, hydrology and general data) are modelled too (Blaha, 2001).

Figure 4 shows the whole entities and relations included in the ISAL Database. Figure 5 shows an example of the way to work with the tables included in the database.

Results

Applications for the database management

The following applications are developed for the ISAL database management: one to calculate and to update the crop water requirements and the nutrient crop needs included in the database; a second one:

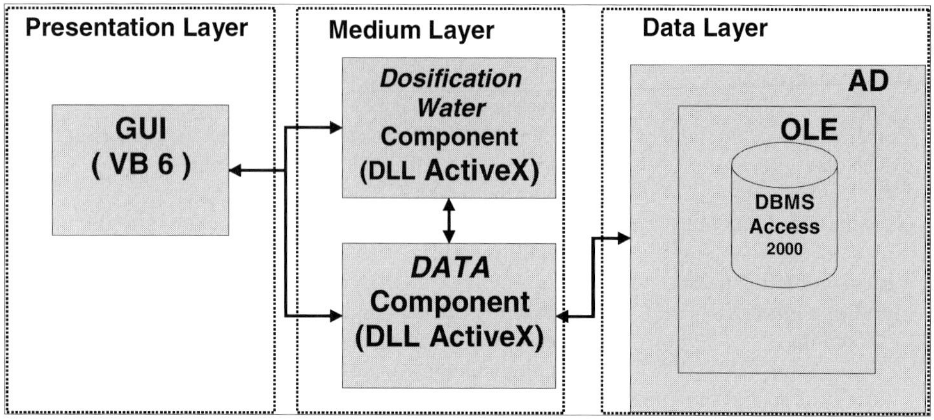

Figure 2. Three layers architecture in the developed application

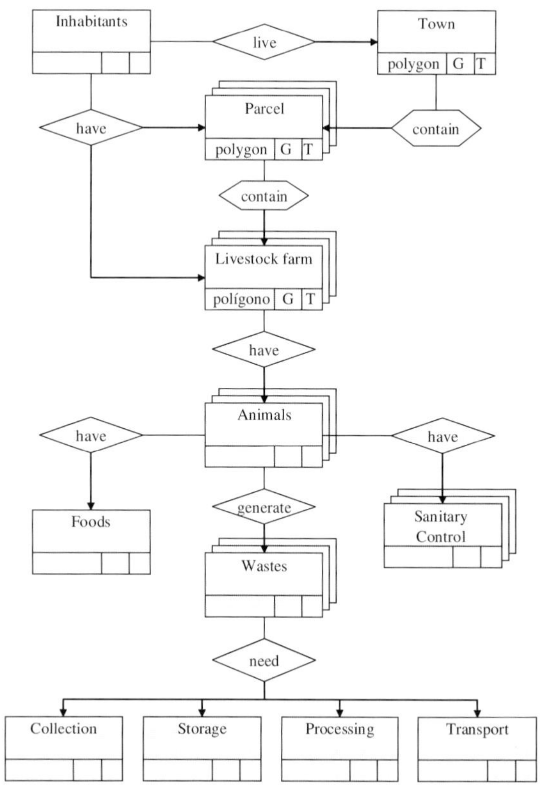

Figure 3. E/R extended diagram corresponding to database "Livestock".

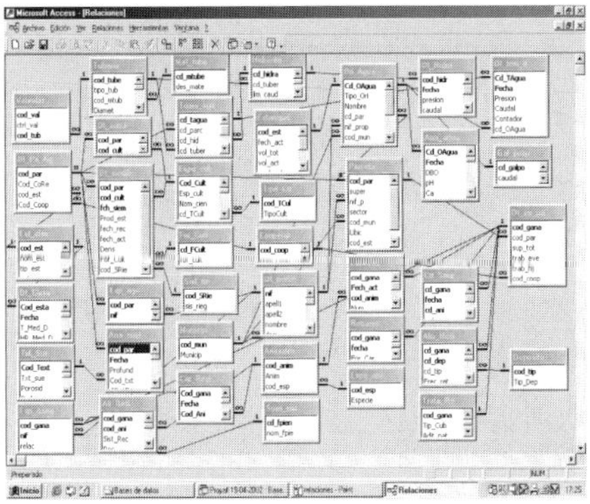

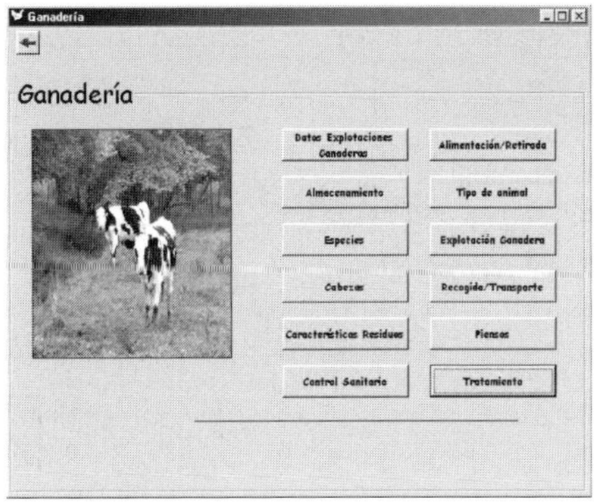

Figure 4 and 5. ISAL database relations and access form to the tables related with Livestock.

a GUI to help the final user in database management and finally, another one to generate and update metadata files. We present here the crop water requirement application.

The application to calculate the crop water requirements

This application is fundamental to manage water, a valuable resource in all arid and semiarid regions, being the main cost of forage production. It is a very useful tool to the farmers, allowing them to optimize its use. Among other utilities, it also allows a greater objectivity when taking polemic decisions, like the restrictions of water, being based on objective technical approaches. The algorithm used to calculate this topic is presented in figure 6. An interface access to the Crop Water Requirements Application from the "Agriculture" Database and the HTML, and a final report were generated for the plot 125.

Applications for the ISAL final user

Applications for the ISAL final user allow the interaction in a simple way with the GIS in the space analysis operations, sometimes complex. For example, Figure 7 shows a consultation example for "livestock": the exclusion areas (buffer cities and wells) regarding manure reuse to avoid nitrate contamination, the affected plots and a Landscape impact report. Figure 8 presents the utility of the "hot link" tool: on an entity of the topic "Livestock farm" the html report is created and presented through intranet or web. Thus, ISAL allows the farmers to improve the natural resources management, including the use of the best irrigation practices, the optimal reuse of manure linked to the changes in the fertilization programs avoiding soil or water pollution and landscape negative impact, etc.

Conclusions

Experience showed that the use of Microsoft Access 2000 is not recommended for the future ISAL, since it doesn't meet the necessary requirements. We recommend other DBMS like Oracle, DB2 or SQL Server. The GIS software used, ArcView GIS 3.2, is an old version, limited from the point of view of automation, personalization, topological capabilities, graphic exits and interaction with other software. However, the new versions of this software (ArcView 8.1 and ArcView 8.2) overcome many of these limitations.

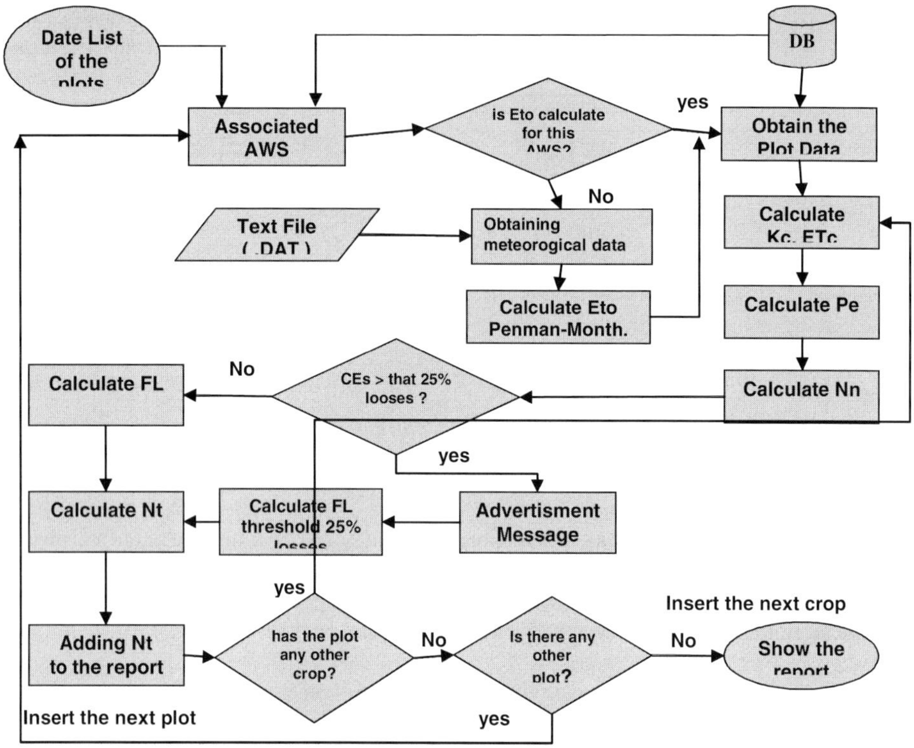

Figure 6. Flush diagram for crop water requirements application.

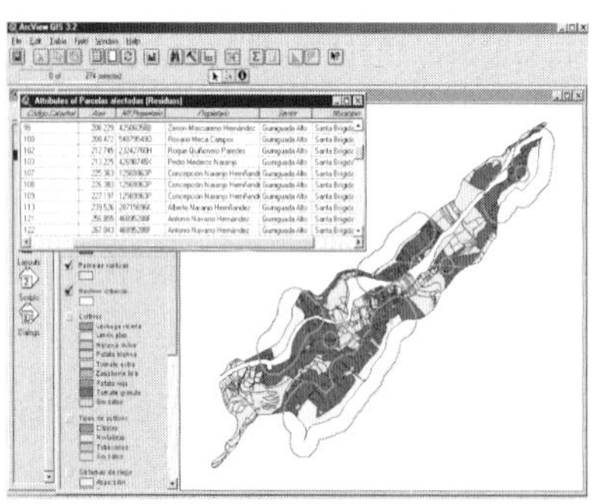

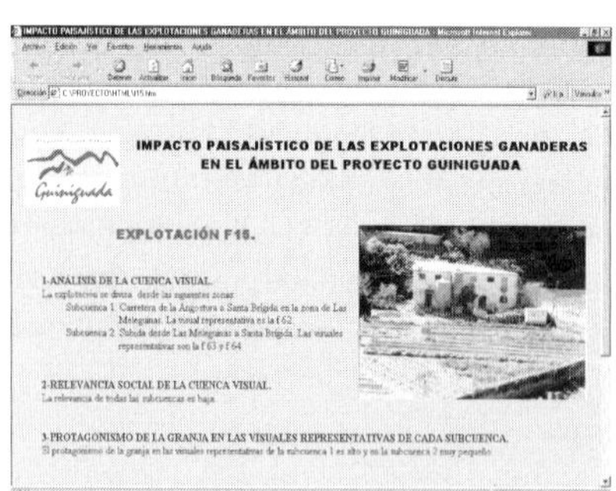

Figures 7 and 8, Consultation example: the exclusion areas (buffer cities and wells) and the affected plots appeared. Landscape impact report: Using the tool "hot link" on an entity of the topic "Livestock farm" (farm F15), html report is created and presented through intranet or web.

In general, the development of the ISAL pilot project has allowed us to learn and apply the possibilities of the use of GIS technology. The ISAL application is a GIS tool of great utility for the improvement of the data management, automation of tasks, new possibilities for integration of different types and formats of data (maps, data base files and images) and integrated analysis. Therefore, better decision making is achieved and best practices on agricultural and livestock management are provided.

ISAL is also a useful tool for working and communicating for technical staff, students, community and public administrations. The demonstrated effect on decision making in agricultural and livestock management will allow to extend the use of GIS in other thematic areas.

References

Aronoff, S., 1991. Geographic Information Systems: A Management Perspective. WDL Publications, Otawa

Balairón, L., 2000. Gestión de recursos hídricos. Edicions UPC, Barcelona.

Balter, A., 2002. Relationships: Your Key to Data Integrity in Access. www.informit.com

Blackmore et al., 1997. The role of precision farming in sustainable agriculture: a european perspective.http://www.siloe.cranfield.ac.uk/cpf/

Blaha, M., 2001. Implementing Models with Relational Databases. www.informit.com

B.O.C.A. Orden 223. 2000. Código de Buenas Prácticas Agrarias.

B.O.E. Real Decreto 261. 1996. Código de Buenas Prácticas Agrarias.

Calkins, Hugh et al., 1996. GIS Development Guides. Albany, New York. www.geog.buffalo.edu/ncgia/sara/

Hutchinson, S. & Daniel, L., 2000. Inside ArcView GIS. 3ª edición. Onword Press, Albany.

Korte, G.B., 1997. The GIS Book. 4ª edition. Onword Press, Santa Fe.

Larscheid, G. & Blackmore B., 1998. Interactions Between Farm Managers and Information Systems with Respect to Yield Mapping. http://www.cranfield.ac.uk/SAFE/cpf/

Lemunyon J. & Daniel T,. 1997. Phosphorus Management for Water Quality Protection:A National Effort. http://ces.soil.ncsu.edu/sera17/publications/sera171/Preface97.htm

Microsoft Corporation, 1998. OLE DB/ADO: Making Universal Data Access a Reality. Microsoft Corporation. www.microsoft.com

Petroutsos E., 2000. Programación de Bases de Datos con Visual Basic 6. Anaya. Madrid.

Smith, J.U. et al., 1997. Constructing a Nitrogen Fertilizer Recommendation System around the Dynamic Nitrogen Turnover Model, SUNDIA., First European Conference for International Technology in Agriculture, Copenhagen.

USDA, 2001. Agricultural Waste Management Field Handbook. United States Department of Agriculture, USA.

Virtual realities in animal production and natural resources utilisation research and education

G. Bellos[1], J. Bellou[2] & T. A. Mikropoulos[2]

[1]Center of Animal Genetic Improvement of Ioannina, Ministry of Agriculture, P.O. Box 1133, Ioannina 45110, Greece
[2]The Educational Approaches in Virtual Realities Technologies Lab, University of Ioannina, Ioannina 45110, Greece

Summary

Virtual Reality (VR), a different approach in human – machine interaction, offers new opportunities for scientific research, education and training. It can be seen as a way for humans to visualise, manipulate and interact with computers and complex data. This paper proposes the exploitation of VR in research and education in the animal production and natural resources utilisation domains. We propose virtual field trips for the study of natural resources in places where access is difficult or even impossible. Our applications concern visualisations of real or imaginary landscapes, such as the Ioannina basin 7 000 000 years ago till now, for the study of their natural resources for future utilisation. We also propose immersive or desktop virtual environments for education and training purposes in agricultural and animal sciences. EIKON is an integrated open environment used to support agricultural technology courses at high school and university levels. The simulation of a dairy for training on milk pasteurisation is another application that has shown good results among educators and students of a technical secondary school.

Keywords: virtual reality, virtual environments, virtual field trips, education, natural resources, animal production.

Introduction

Information and Communication Technologies (ICT) are powerful tools for research and education in all scientific and technological domains. Virtual Reality (VR) technologies, an approach to human - machine interaction different than the other Information Systems, offers new opportunities for scientific research, education and training. VR can be defined as a way for humans to visualise, manipulate and interact with computers and complex data. Virtual environments are three-dimensional multi-sensory environments that represent realistic or non-realistic situations. Animal production and natural resources utilisation combine scientific, technological and managerial data. Their needs for quick processing of huge volumes of data and the visualisation of information require new ways for data and information process and management. Although animal production and natural resources is a domain where ICT find various applications, there are quite a few VR applications in this domain on research and education. Grunwald and Barak investigated the use of Virtual Reality Modelling Language (VRML) to create virtual three-dimensional (3D) soil landscape models representing natural soil landscape components showing the spatial distribution of soil patterns and terrain characteristics (2001). Lim and Honjo developed a 3D forest landscape visualization system that included the function of three-dimensional

digital plant modelling, as well as walkthrough simulations using VRML techniques (2003). The above examples make use of VRML, a technique close to VR without exploiting the attributes of VR systems. In the education field, Thomson and Nolan proposed a simple, flexible and easily modified spreadsheet application to provide least-cost diet formulation for use by undergraduate students, following common sense reasoning in educational software (2001). Coleman and associates studied the effectiveness of a multimedia training program for stock people in the pig industry (2001). Their results showed that the participants in the multimedia group did not retain content better than those in the printed manual format, but were more satisfied with the multimedia context. Mahaman and associates developed and evaluated an expert system to be used both as a diagnostic tool for beekeepers and as an educational tool in bee pathology (2002). These three examples make use of 'traditional' ICT systems, showing the added value of Computer Assisted Instruction (CAI) in animal production. To our knowledge, there is no research on animal production and natural resources utilisation using virtual reality systems.
This paper proposes the exploitation of Virtual Reality in both research and education in the animal production and natural resources utilisation domains.

Virtual reality in education

The main attributes of VR that contribute to research and education are natural semantics, first person's field of view and free navigation. In particular, VR supports science learning exploiting the following characteristics (Mikropoulos *et al.*, 2003):

- Interaction. The user interacts with the virtual environment acting on and manipulating virtual objects using controls similar to those on real objects, takes different viewpoints at will and hence operates with intuitive immediacy in the environment.
- Size. The virtual environment gives users the ability to 'change' their physical size, so that they can navigate and interact in macro and micro worlds.
- Transduction. This refers to the perception of non-perceptible signals through their proper representation in the virtual environment.
- Reification. This means the transformation of abstract ideas into perceptible representations.
- Autonomy. Refers to the independence of the virtual environment on the user's actions.
- Presence. Users feel that they are present in the virtual environment, navigate in the 3D space with six degrees of freedom and participate in certain tasks.

Especially in animal production and natural resources utilisation, VR provides the following possibilities:

- Visualisation of past, present or future natural resources based on real data
- Visualisation and telepresence in places where man would not otherwise have access to
- Visualisation of large time and space scale geomorphologic phenomena
- Exploration of places and things that students would not otherwise have access to
- Exploration of real things and processes that, without alterations of scale in size and time, could not be effectively examined otherwise
- Representation of physical and chemical phenomena in closed type processes
- Interaction with real people in imaginary spaces to support interactive design.

Virtual environments in animal production and natural resources utilisation

Among the VR applications in education and domains close to animal production and natural resources utilisation, we propose some of the virtual environments that have been designed, developed and evaluated in the Educational Approaches in Virtual Realities Technologies Lab, University of Ioannina (www.uoi.gr/schools/edu/ptde/mvrlab_en/vrlab_en.htm).

Virtual field trips

Virtual field trips are of main importance for the study of natural resources in places with difficult or even impossible human access. Field trips are good practices for education in earth, agricultural and animal sciences. Virtual visits in places where students have no access are a good substitute for real field trips. A virtual field trip on the Moon or on planet Mars are strong tools for the study of their natural resources for future utilisation. A virtual field trip in time may contribute to the study of landscape evolution including natural and human factors. Such an example is the simulation and visualisation of the evolution of the basin of Ioannina 7 000 000 years ago till now (Figure 1). It has been used as a teaching tool for the comprehension of geomorphologic phenomena with great success in a sample of 95 University students, future teachers (Bellou *et al.*, 2002).

Desktop virtual environments

Desktop, fully interactive, immersive or not virtual environments are of great importance for education and training purposes in agricultural and animal sciences.

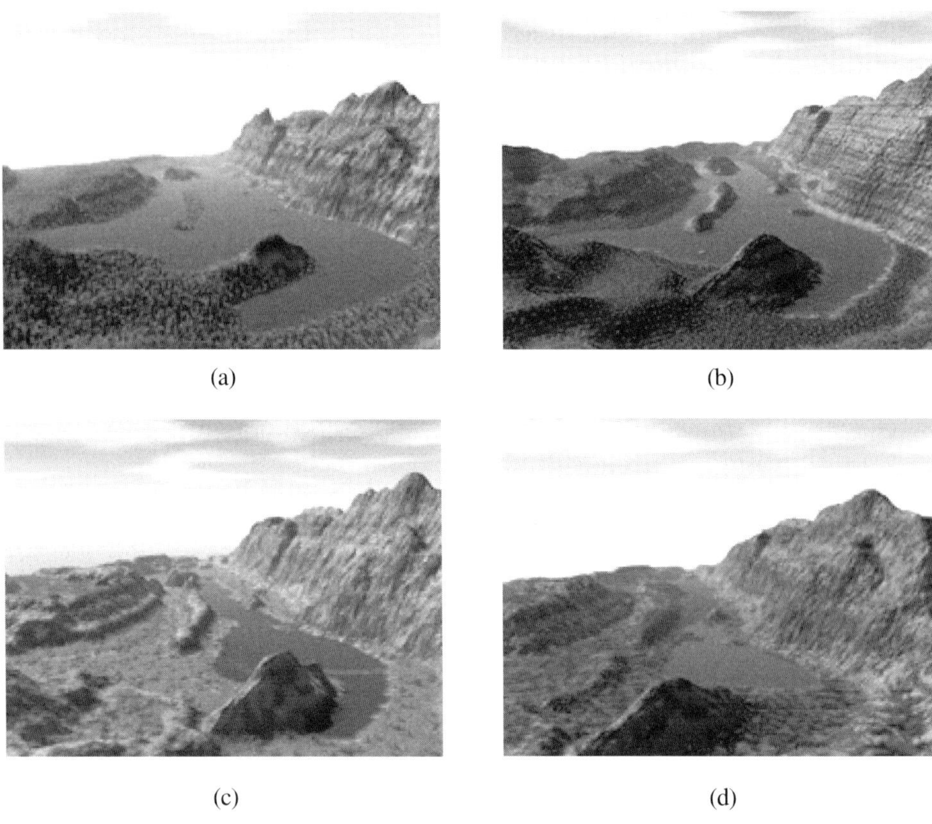

Figure 1. Visualizations of the Ioannina basin. (a) 7 million years ago, (b) 2 million years ago, (c) 25000 years ago, (d) today.

EIKON is an integrated open educational environment used to support agricultural technology courses in high school and University levels. EIKON combines state-of-the-art ICT, such as virtual reality, hypermedia and networking, with constructivism and collaborative learning being its pedagogical approaches. Students using EIKON study the evolution of agricultural technology since the prehistoric times. The results of a case study using EIKON in high school teachers showed good results concerning both technology and learning aspects (Kameas *et al.*, 2000).

The simulation of a dairy for training on milk pasteurisation is another interactive virtual environment that has shown good results among educators and students of a technical secondary school (Padiotis and Mikropoulos, 2002).

From the above examples, as well as from other virtual environments, it seems that virtual realities can be effectively combined with other Information and Communication Technologies such as hypermedia, GIS, remote sensing and Internet for the integration of computer-based environments for research and education purposes.

References

Bellou, I., Katsikis, A., Mikropoulos, T. A., 2002. simulations and visualizations of spatial changes as a teaching tool for the comprehension of geomorphologic phenomena. The case of evolution of the basin of Ioannina. Proceedings of the 6th National Geographic Conference, I, Thessalonica. 507-512.

Coleman, G., Rea, T., Hall, M., 2001. Training in the pig industry. Computers and Education, 37, 257-271.

Grunwald, S. & Barak, P., 2001. The use of VRML for virtual soil landscape modelling. SAMS, 41, 755-776.

Kameas, A., Mikropoulos, T. A., Katsikis, A., Emvalotis, A., Pintelas, P., 2000. EIKON: Teaching a high-school technology course with the aid of virtual reality. Education and Information Technologies 5[4], 305-315.

Lim, En-Mi & Honjo, T., 2003. Three-dimensional visualization forest of landscapes by VRML. Landscape and Urban Planning, 63, 175–186.

Mahaman, B. D., Harizanis, P., Filis, I., Antonopoulou, E., Yialouris, C. P., Sideridis, A. B., 2002. A diagnostic expert system for honeybee pests. Computers and Electronics in Agriculture, 36, 17-31.

Mikropoulos, T. A., Katsikis, A., Nikolou, E., Tsakalis, P., 2003. Virtual environments in biology teaching. Journal of Biological Education, to be published.

Padiotis, J. & Mikropoulos, T. A., 2002. Interactive virtual environments in technical education. The case of a dairy school. Proceedings of the 3d Conference on Information and Communication Technologies in Education, B, Rhodes, 425-428, (in Greek).

Thomson, E. & Nolan, J., 2001. UNEForm: a powerful feed formulation spreadsheet suitable for teaching or on-farm formulation. Animal Feed Science and Technology, 91, 233-240.

The use of GIS to improve the resources utilisation of mountain areas: the case of sheep and goat breeding in the Greek regions of Thessaly and Epirus

D.P. Kalivas[1] *& C.D. Apostolopoulos*[2]

[1]*Panteion University, Department of Economics & Regional Development, 136 Sygrou Ave. 176 71 Athens, Greece*
[2]*Harokopion University, Department of Home Economics & Ecology, 70, El. Venizelou Str. 176 71 Athens, Greece*

Summary

Sheep and goat breeding is the most important component of the Greek livestock sector. Research shows that if it is based on the utilization of available natural resources (e.g. pastures) and on their own production of feeding stuffs, sheep and goat farms can be viable and contribute to a balanced regional development.

GIS have been used to study the trends of the sheep and goat population (permanent and transhumant) and to assess the environmental characteristics in Thessaly and Epirus, regions with large pasturelands abandoned, subjected to significant deterioration.

GIS proved to be efficient in exploring the spatial differences of animal population changes and in interpreting these changes by using methods of spatial analysis. On the spatial model basis, GIS were also suitable for identifying the areas in which mountain pastures could be better utilized.

Keywords: GIS, goat, sheep, land resources.

Introduction

Sheep and goat breeding (both permanent and transhumant) is one of the most important sectors of animal production in Greece. If based on the utilisation of the country's natural pastures, it could contribute significantly to a balanced regional development (Apostolopoulos and Stoforos, 1997).

An examination of the evolution of the sheep and goat numbers in Greece shows that the population of transhumant sheep was reduced by 15% in the period 1983-99; on the contrary, during the same period, the population of permanent sheep increased by 13%. On the other hand, in the same period, the number of transhumant goats remained essentially stable, while the population of permanent goats demonstrated a significant increase (33%). The decline of transhumant (animals stocked in the mountains during the summer and in plain areas during the winter) sheep and goat breeding reduced the exploitation of the natural resources of large areas in Greece.

On the contrary, the number of permanent sheep and goats showed a significant increase.

A study referring to the plain, hilly and mountainous areas of Greece (Apostolopoulos and Stoforos, 1999) shows a major decline in transhumant sheep of the hilly areas (20%) and in transhumant goats of the mountainous areas (15%). All these changes reflect a declining utilisation of the country's natural resources suitable for sheep and goat grazing.

The interpretation of this decreasing tendency requires an exhaustive study of the spatial distribution of the changes, aimed at specifying the reasons of such trend and, at the same time, pointing out the spatial features related to the development of the mountainous and sub-alpine zone pasturelands.

The utilisation of Geographic Information Systems (GIS) for the examination of the problems related to sheep and goat breeding has been widely developed on an international level, but their application on the Greek animal production systems is still rather limited.

GIS have been broadly used for the integration of spatial information, to analyse the constraints to animal breeding (Malafant, 1998), to describe the characteristics of crop/livestock production systems and to map the village territory and livestock migration (Diamond *et al.,* 2001). Moreover, researchers have used GIS to integrate resource data, location and size of livestock breeding (Berge *et al.*, 1998), to support the decisions concerning the sustainability of livestock breeding in terms of environmental, social and economic issues (Verburg and van Keulen, 1999) and also to describe and evaluate the distribution of livestock population and its productivity. In this way, better resource assessment, monitoring and management could be guaranteed.

In the present study, GIS have been used to study the trends of the sheep and goat population (permanent and transhumant) and to assess the environmental characteristics in Thessaly and Epirus, regions with large pasturelands abandoned, subjected to significant deterioration. They are also used in order to propose a spatial model for better utilization of the mountain pastures.

Materials and methods

In order to study the changes in the size of sheep and goat population, data deriving from the annual Agricultural Statistics of Greece, published by the National Statistical Service of Greece (NSSG), were used. This set of data referred to the annual number of permanent and transhumant sheep and goats in the period 1983-99 (NSSG, 2001). The prefecture was used as the spatial reference area and, consequently, data for the four prefectures of Thessaly (Karditsa, Larissa, Magnesia, Trikala) and the four prefectures of Epirus (Arta, Thesprotia, Ioannina, Preveza) were obtained. For a comparative study of the temporal changes of the sheep and goat population in the abovementioned prefectures, it was necessary to calculate the annual percentage changes in the animals' number, as well as the average of these percentage changes for the period 1983-99.

The assessment of the landscape characteristics of the study area was based on altitude data obtained from topographical maps at a scale of 1:100 000 (Geographical Service of the Army, 1987).

In order to assess vegetation and then to detect the spatial characteristics in relation to grazing potentiality, data of the CORINE (Co-ordinate Information on the European Environment) land cover project (CEC, 1994) were used.

For the purposes of this study, a GIS has been developed using the ArcGIS ver. 8.2 software (ESRI, 2002) and all the geographical data were manually digitized and organized in three different layers of information. The first layer contains the administrative boundaries (polygon data) of the studied prefectures and the associated data about the sheep and goat population. The second layer contains the contours of the study area (line data) and the third one the boundaries of the different land use categories (polygon data), with the specific characteristics of land use as described in the CORINE land cover technical guide – addendum 2000 (Bossard *et al.*, 2000).

To describe the environmental patterns and to spatially correlate the data, overlays and terrain analyses were carried out using GIS capabilities.

Non spatial statistical analysis (monovariate, bivariate and multivariate) was carried out using S-Plus 2000 Professional statistical software (MathSoft, 1999).

Results and discussion

Figure 1 shows the annual percentage change of the population of transhumant (Figure 1a) and permanent (Figure 1b) sheep and transhumant (Fig 1c) and permanent (Fig. 1d) goats in the period 1983-1999.

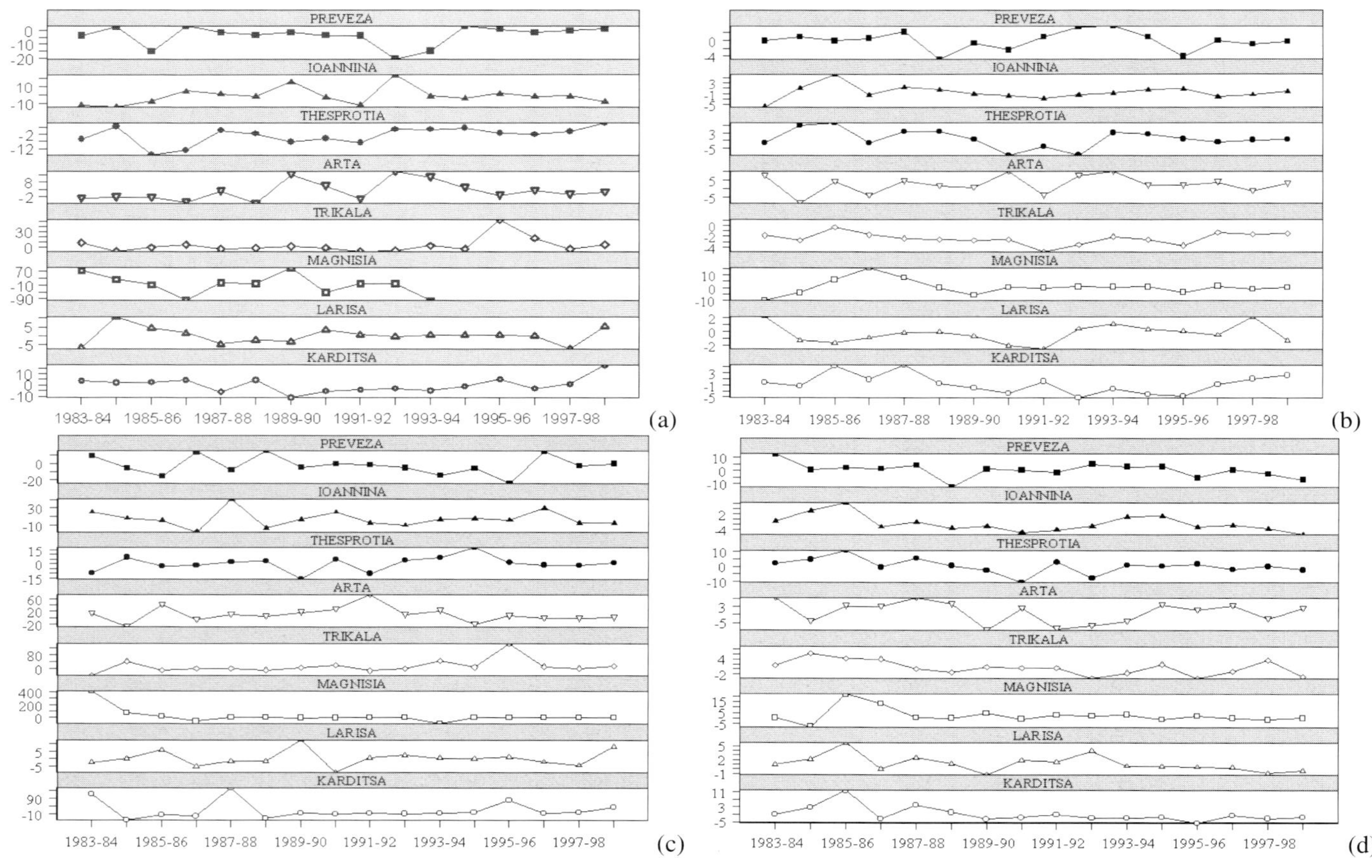

Figure 1. Annual percentage change (y axis) of the population of (a) transhumant and (b) permanent sheep and of (c) transhumant and (d) permanent goats for the time period 1983-99.

These diagrams highlight a significant gradual reduction of the transhumant sheep population in Epirus (the rates of annual reduction range from –1 to –20%). The only exception was represented by the prefecture of Arta, where there was a rather significant increase (about 32% in the period 1992-1999). Lower fluctuations were observed in Thessaly, apart from the prefecture of Trikala where there was a decrease in the years 1992-95 and a very significant increase later (70% total increase over the period 1995-99).

The population of permanent sheep (Figure 1b) demonstrates stability in the prefectures of Thessaly and Epirus, apart from the prefectures of Arta, where a significant increase was observed (total increase 25% in the period 1992-99), and Trikala, where there was a continuous annual reduction (average annual decrease of -2,36% in the period 1983-99).

The population of transhumant goats (Figure 1c) increased in all prefectures and in some of them (Magnesia, Trikala, Karditsa, Arta) this rise was very significant, with the exception of the prefecture of Preveza where there was an average annual reduction of 2,16%. Finally, the population of permanent goats (Figure 1d) presented small annual changes, most of which were positive. However, they were negative in the prefectures of Karditsa and Ioannina.

In order to exclude areas unsuitable for sheep and goat breeding, a digital terrain model (Figure 2a) and a slope map was created from the contours of the topographic maps.

From the CORINE land cover classes, those unsuitable for sheep and goat breeding were excluded because of their uselessness for grazing. Figure 2b presents the land categories integrated into two wide classes: (i) agricultural areas and (ii) forest and semi-natural areas. Among others, the first class contains the following sub-categories: non-irrigated arable land (which also includes temporary fallow land and weeded crops), complex cultivation patterns (including mixed patterns of permanent crops, parcels of grassland and scattered houses), agro-forestry areas (includes annual crops of grazing land under the wooded cover of forestry species or grazing land and fallow land). The second class contains coniferous forests, mixed forests (including shrub and bush understoreys, where neither broad-leaved nor coniferous species predominate), natural grassland (low productivity grassland, often situated in areas of rough, uneven ground, often including rocky areas, briars and heathland), sclerophylous vegetation (includes evergreen sclerophylous bushes and scrubs which compose maquis, garrique, amtoral and phrygana), transitional wood/shrub-land (bushy or herbaceous vegetation with scattered trees, representing either woodland degradation or forest regeneration/ recolonisation), burnt areas (affected by recent fires, still mainly black).

The land cover classes and the administrative boundaries were overlaid (using GIS capabilities) and the surface of each cover class in each prefecture was calculated. Furthermore, the correlation coefficients between the sheep and goat population (transhumant and permanent) and the surface of each land cover in each prefecture were calculated (Table 1).

Taking into account the surface of the entire study area (about 23 000 km^2), it is found that sclerophylous vegetation is the most important category of land use (about 25% of the total land area). In descending order, this category is followed by natural grassland (16 %), permanently irrigated land (15 %) and transitional land wood/shrub-land (13 %).

The examination of the correlation coefficients shows that, although certain categories of land use are suitable for grazing (e.g. sclerophylous vegetation), they are not actually exploited, as they do not correlate with the number of sheep and goat population. This may be due to lack of stock breeders' interest to increase their flock of transhumant sheep and goats by relying on the suitability of these natural resources. On the contrary, there is a very clear tendency for sheep and goat breeding to depend on non-irrigated arable land and burnt areas, as well as a clear tendency to connect permanent sheep and goat breeding with the exploitation of mainly natural grassland and, to a lower extent, with complex cultivation patterns.

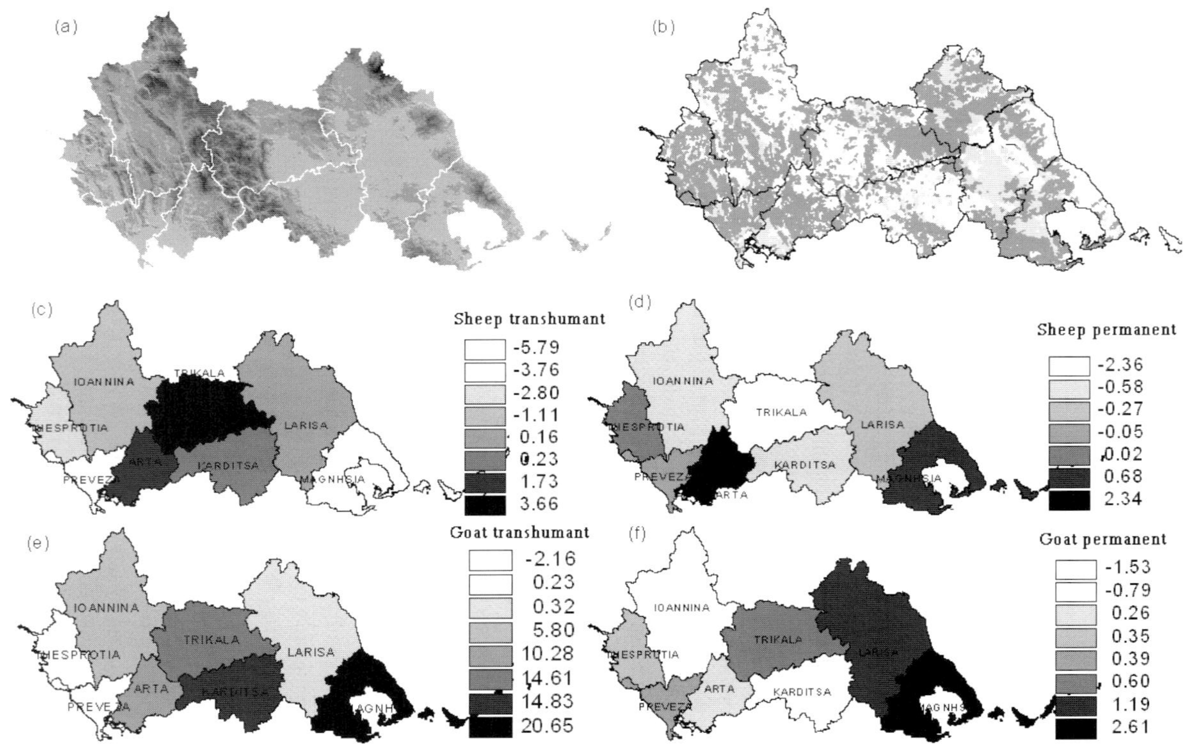

Figure 2. (a) Digital terrain model, (b) Land cover classes (light grey: agricultural areas, dark grey: forest and semi-natural areas, blank: no interest land use areas), (c), (d), (e), (f) mean annual percentage of the population change in the period 1983-99.

Table 1. Percentage distributions of the studied CORINE land cover classes in each prefecture and correlation coefficient between the annual population of the transhumant and permanent animals of each prefecture in the period 1983-99 and the surface of each CORINE land cover class in each prefecture.

Prefecture	Karditsa	Larisa	Magnisia	Trikala	Arta	Thesprotia	Ioannina	Preveza	Total	Corr. coefficient significance[a]			
Surface (km^2)	2.638	5.382	2.399	3.385	1.607	1.512	4.999	1.0[illegible]2	surface	TR[b]	TR[b]	PER[c]	PER[c]
CORINE land cover class					%				(km^2)	Sheep	Goats	Sheep	Goats
Non-irrigated	3.5	23.3	15.2	2.9	0.2	1.3	0.5	6.0	1 922	**	*	*	**
Permanently irrigated land	38.3	17.5	3.0	11.6	0.7	2.6	2.0	5.1	2 620	n.s.	n.s.	n.s.	n.s.
Complex cultivation	3.1	7.1	6.0	5.3	11.0	9.4	6.0	17.5	1 586	*	n.s.	**	*
Agro-forestry	0.7	0.0	0.6	0.5	1.2	0.2	0.2	-	85	n.s.	-*	n.s.	n.s.
Broad-leaved forest	8.1	3.8	6.4	9.2	1.6	4.9	11.3	1.0	1 559	n.s.	n.s.	n.s.	n.s.
Coniferous forest	7.0	1.5	1.9	10.1	3.7	3.5	11.2	1.[illegible]	1 334	n.s.	n.s.	n.s.	n.s.
Mixed forest	3.2	4.0	8.5	4.4	6.2	0.9	6.3	0.5	1 085	n.s.	n.s.	n.s.	n.s.
Natural grassland	4.8	12.4	5.6	16.4	5.4	14.3	14.2	16.9	2 669	n.s.	n.s.	**	*
Sclerophylous vegetation	11.4	17.3	30.4	11.8	29.2	30.4	15.1	28.7	4 338	n.s.	n.s.	n.s.	*
Transitional woodland/shrub	7.5	5.7	4.4	14.9	8.8	8.8	16.5	3.9	2 249	n.s.	n.s.	n.s.	n.s.
Bare rock	0.2	-	-	0.0	0.2	0.1	0.0	0.2	10	n.s.	n.s.	n.s.	-*
Sparsely vegetated areas	3.8	0.5	0.2	5.2	8.1	10.7	4.3	3.5	850	n.s.	n.s.	n.s.	n.s.
Burnt areas	0.0	0.6	0.1	0.0	-	0.2	-	0.3	39	**	*	*	*
Water courses	0.1	0.2	-	0.1	-	-	0.0	-	21	*	*	n.s.	n.s.

[a] Correlation coefficients: ns, not significant; * and ** significant at the 0.05 and 0.01 level respectively.
[b] TR: transhumant; [c] PER: permanent.

In an effort to detect the spatial particularities and correlate the natural resources with land characteristics (e.g. slope), not only within the same prefecture (an obligatory step in the case of transhumant animal husbandry), the averages of the annual changes in animal population in the period 1983-99 were mapped (Figure 2 c, d, e, f). These maps present some spatial concentrations, i.e. the prefectures of Ioannina, Trikala and Karditsa, that surround a large part of mount Pindos, present a reduction or stability in the permanent sheep and goats number, which is not compensated by a respective increase in transhumant sheep and goats. This demonstrates that the natural resources of the central mountain area of Greece are not sufficiently utilised.

References

Apostolopoulos C.D. and Chr. Stoforos, 1997. Meat Supply Response: A Cointegration Analysis for the Greek Livestock Sector. Spoudai, 1997, pp. 125-146.

Apostolopoulos C.D. and C. E. Stoforos, 1999. Recent Developments in Socio-economic Tranformations of the Itinerant Stockfarming System: The case of Greece. Agricoltura Mediterranea, 129: 174-179.

Berge, H., I. Herfindal, O.J. Strommen & J.P. Wittbank. Can Landscape pattern explain loss of free-ranging sheep to carnivores in Hedmark county. http:/www.nt.ntnu.no/~herfinda/giseng.html, accessed March 21, 2003.

Bossard, M., J. Fereanc & J. Otahel, 2000. CORINE land cover technical guide – Addendum 2000. European Environment Agency. Technical report No 40. pp. 105.

CEC, 1994. CORINE land cover. Technical guide. Luxemburg (Office for Official Publications of European Communities).

Diamond, B., J. Young & Al. Stork, 2001. Using GIS to Compare Abiotic Factors Influencing Habitat Use by Bighorn Sheep in Two Introduced Populations. http:/www.western.edu/bio/Brandon.htm, accessed March 21, 2003.

ESRI, 2002. ArcGIS 8.2. ESRI, Redlands, California, USA.

Geographical Military Service, 1987. Topographical maps to Thessaly and Epirus, scale 1 : 100.000.

Malafant, K., 1998. Mapping Livestock Populations. www.complexia.com.au /Documents/Density_maps/stock.html/, accessed March 21, 2003.

MathSoft, 1999. S-PLUS 2000 Professional Release 2. MathSoft, Inc. Seattle Washington.

NSSG (National Statistical Service of Greece), 2001. Agricultural Statistics of Greece Year 1983-Year 1999.

Verburg, P.H. & H. van Keulen, 1999. Exploring changes in the spatial distribution of livestock in China. Agricultural Systems 62 (1): 51-67.

Méthodes et outils d'interventions participatives sur les pratiques collectives de gestion des pâturages en montagne méditerranéenne

D. Goussios[1], F. Vallerand[2] & J. Faraslis[1]

[1]*Laboratoire de l'Espace Rural -Université de Thessalie, Volos, Grèce*
[2]*LER - et INRA- Systèmes agraires*

Summary

Due to the depopulation, abandonment and migration observed in the internal mountain areas of the north Mediterranean, livestock occupies a significant position, simultaneously growing in size. However, the state of anarchy of extensive systems and the decline of practices entail the loss of reproduction and the conflict concerning land use. In order to clarify the challenges and solutions and also help the local authorities confront negotiation procedures, the authors chose to: 1) carry out research on a collective land in a mountain village of central Greece (Anavra) with 95 stock-farmer families and the local authorities 2) utilize the agents' representations using improved technology (cartography, high resolution satellite images, photogrammetry, GIS, flight simulation software, etc) in order to identify the management practices of all flocks in space and time. The tool, invented and constructed with the information provided by stock-farmers and villagers, allowed the implementation of a concerted penetrative diagnosis that demonstrates the problems and the block points.

Keywords: élevage, pâturages, gestion, processus participatif, SIG, image virtuelle.

Introduction

En montagne méditerranéenne, l'élevage devient souvent la seule (ou l'une des rares) activité-s productive-s, car il utilise la rente écologique du territoire environnant (pâturages collectifs, terrains de culture abandonnés, etc.). La modernisation de l'agriculture et son insertion dans de vastes marchés ont coupé beaucoup des liens fonctionnels et des dépendances que les agriculteurs de montagne entretenaient avec les plaines, fournisseuses de ressources pour les troupeaux, qui souvent transhumaient au rythme des saisons. La PAC a accompagné et renforcé ces évolutions, en jouant de façon différentielle sur les primes et aides, et donc favorisé la dérive extensive de l'élevage extensif méditerranéen.

L'utilisation des territoires déclassés par les éleveurs se fait souvent de façon extensive avec un système de gestion du territoire pastoral non ajusté à la nouvelle situation. Les conflits d'usage y deviennent nombreux et de plus en plus complexes à réguler. La reproductibilité de la ressource fourragère, et par conséquent, la pérennité de nombreux systèmes d'élevage sont en jeu et finalement la durabilité de l'habitat est sérieusement compromise.

Choix méthodologiques

Représenter pour faire prendre de la distance

Pour prétendre agir sur une telle configuration complexe d'enjeux et de forces, nous, techniciens, ne pouvons que jouer sur la ressource «information» pour élargir la vision des possibles dont disposent les différents types d'acteurs et de groupes sociaux.

Comment les méthodes de représentation (des dispositifs spatiaux) des géographes et leurs outils(particulièrement ceux construits sur les technologies d'image virtuelle), peuvent-ils aider à faire créer cette distanciation qui permet de débloquer l'action collective?.

Recherche participative

Notre recherche participative se rapproche de la recherche-action caractérisée par «la rencontre d'une volonté de changement (de la part des acteurs) et d'une intention de recherche» (Liu, 1992). Les villageois ont formulé un problème: la conduite des élevages et la gestion des espaces et des ressources. Ils sont décidés à remédier à cette situation en changeant un certain nombre de manières de faire. Est en jeu la durabilité de la gestion de la ressource fourragère et paysagère des divers terrains (privés, collectifs, publics) d'une communauté et donc la co-construction (par tous les acteurs) de *ressources vues comme des biens communs* (Albaladejo & al. 1997)

Représentation virtuelle d'un territoire «vécu»

Cette double exigence méthodologique nous a conduit à construire un «*objet intermédiaire*», une représentation du territoire et de son utilisation qui soit appropriable et «parlante» par tous les types d'acteurs (éleveurs, techniciens, élus, administrations) et par les chercheurs.

A cette fin, nous avons cherché à comprendre les façons et les modalités qu'avaient les éleveurs et les élus et associatifs du village, de parler et d'expliquer les mouvements des troupeaux sur les différentes zones de leur territoire. Quelles sont pour eux les combinaisons entre troupeau-zone et intérêt zootechnique (qualité de la ressource et durée d'utilisation, par qui, etc…). Nous avons donc procédé à une conception du «territoire virtuel», le module informatisé, selon une segmentation spatio-temporelle «à dire d'acteurs».

Conditions de réalisation de la recherche

Choix de Anavra

La zone d'étude, la commune d'Anavra (département de Magnésie), d'une superficie de 13 200 ha, fait partie du mont Othrys (altitude 1 776 m) et comprend environ 600 habitants (2001). Son principal système de production est l'exploitation d'élevage multi-espèce (bovin, ovin-caprin, porcin) avec une petite unité de production agricole intégrée. Anavra est représentative des villages de montagne, caractérisés par la part du foncier de statut collectif (terres communales), et par l'élevage de libre pâture. L'application de la PAC, depuis 1981, semble avoir contribué au maintien de la population et à l'essor de ses productions d'élevage.

Etapes de déroulement de la recherche

La faible fiabilité des statistiques officielles, nous a amené à conduire nos propres enquêtes et à des interviews semi-directives auprès des acteurs collectifs (administration, services, associations locales) et des producteurs pour:

1. comprendre les pratiques de gestion des troupeaux, leur complémentarité-compétition entre espèces, et leur réalisation dans l'espace et dans le temps;
2. reconstruire le «système spatio-temporel d'activités» des éleveurs, avec toutes ses variantes en fonction du type d'élevage.

Nous avons utilisé le modèle tridimensionnel lors de réunions de travail avec des acteurs locaux organisées au siège de l'Université et à Anavra, pour saisir la représentation du territoire communal telle que la racontent les acteurs, sur laquelle nous avons inscrit en détail les pratiques de gestion des troupeaux et des pâturages de plusieurs éleveurs-partenaires privilégiés. Ayant examiné l'ensemble des éléments du problème de la gestion des pâturages et prouvé la nécessité de réorganiser le système de gestion existant, nous avons formé des groupes de travail entre producteurs, chercheurs et cadres des services compétents.

Outils de GIS utilisés et élaboration du support de l'outil

La télédétection et la SIG constituent de nouvelles technologies utilisables en gestion du territoire. Leurs progrès récents, notamment la haute résolution des images satellitaires, en combinaison avec l'usage de logiciels de traitement et de révision, nous permet d'assembler diverses informations sur les paysages. Cet assemblage de nouvelles technologies ouvre sur la représentation de territoire en trois dimensions et le survol simulé sur écran d'ordinateur. Pour créer notre représentation du territoire, nous avons utilisé deux sources d'informations: une thématique appuyée sur l'image satellite en haute résolution et l'autre topographique basé sur le relief modélisé en trois dimensions[1]. La combinaison de ces deux sources permet de reconstruire, à l'aide de logiciels spécialisés, le territoire de la région d'étude dans l'environnement de 3-D SIG. Sur cette modélisation nous avons localisé des informations collectées localement comme i) les toponymies des lieux (officielle et celle de lieux-dits utilisés par les acteurs), ii) les installations d'élevage, iii) les voies de circulation sur le territoire, y compris les chemins de montagne iv) les zones d'utilisation et leur «qualité».

Résultats

Les activités d'elevage et les eleveurs (Résultats des enquêtes exhaustives)

Notre enquête exhaustive des familles et des élevages (troupeaux, pâturages, pratiques) a recensé 127 troupeaux contre 151 sur les listes officielles (Tableau 1).

Les exploitations d'élevage peuvent être classées en deux principaux groupes:

- les élevages spécialisés (bovins et porcins pour la viande, ovins et caprin pour le lait et le fromage) mais 40% d'entre eux élèvent plus d'une espèce; le troupeau ovin-caprin (extensif, traditionnel) exige de la main d'œuvre familiale pour la conduite et la traite, le troupeau bovin ou porcin est en libre pâture. Pour les exploitations mixtes, notamment, la libre pâture devient un élément structurel nécessaire de leur système de production;

---

[1]Pour la digitalisation du territoire nous avons utilisé 25 cartes (échelle 1:5000 m), des photos aériennes (de 1963, 72, 82 et 95), et 4 images satellitaires dont 3 Landsat (de 1986, 93 et 97) et Ikonos (de 2000).

Tableau 1. Types d'exploitations d'élevage et leurs effectifs d'animaux.

Exploitations d'élevage			Bovin		Ovins-Caprins		Porcins	
Types	Nombre	%	Nb	%	Nb	%	Nb	%
Mixte	30	23.6	1 308	42.9	3 472	29.4	401	45.9
Bovin	27	21.3	1 681	55.2	173	1.5	317	36.3
Ovin-Caprin	29	22.8	7	0.2	7 151	60.6	55	6.3
Porcin	2	1.5	0				70	8.0
Sans Avenir	39		50	1.6	1 005	8.5	30	3.4
Total	127		3 046	100	11 801	100	873	100

- les exploitations sans avenir (éleveurs âgés, sans successeur) maintiennent un petit cheptel en nette diminution d'effectifs La conduite des animaux est assurée soit par l'ancien (proximité du village) soit par un jeune éleveur-parent qui les incorpore à son troupeau.

Diagnostic sur l'utilisation du territoire d'Anavra

La coexistence de plusieurs types et systèmes d'élevage aux exigences différentes et antagonistes à certaines périodes, ne fait que rendre fragile le système de gestion des 5 800 ha de pâturages. Les forêts recouvrent 44,5% du territoire communal, les pâturages 48,3% et les terres agricoles 6,9% (à 98,1%, consacrées, faute d'irrigation, aux céréales). Les subventions PAC ont conduit à abandonner les cultures destinées à l'alimentation des troupeaux (luzerne, maïs, remplacés par des blés durs primés) ainsi que les parcelles marginales du fait de l'altitude et du rendement faible. En conséquence, les pâturages sont surexploités à cause du fort accroissement de l'effectif bovin, de l'introduction de races européennes moins rustiques (abandon des pâturages à forte pente) et aux difficultés de gestion optimale des pâturages.

Représentation des pratiques d'utilisation des ressources fourragères

La segmentation du territoire communal en zones construites «à dire d'acteurs» a permis d'inscrire dans l'espace virtuel l'organisation du système du village ainsi que les stratégies et les pratiques des producteurs. Les liens entre les différentes zones et les pratiques saisonnières rendent fournissent une représentation claire du «système spatio-temporel des activités d'élevage» du village. Notre démarche a contribué à situer dans leur espace les stratégies et les dérives familiales des droits coutumiers (respect de la date d'entrée des animaux, taille du troupeau familial, etc.) mais aussi les paramètres socio-économiques qui les déterminent.

Nous avons ensuite procédé au zonage des unités spatiales de pâturages (dimension familiale et collective-groupes de producteurs). Leur charge en bétail, par saison et les pressions exercées par type de producteur et par espèce, sur chacune des zones, ont été faciles à évaluer.

Mise au point d'un outil de navigation sur le territoire communal

L'outil de représentation en 3D du territoire et de navigation a été construit et testé en invitant un petit nombre des éleveurs du village dans notre laboratoire pour une démonstration et évaluation de leurs réactions. Sur l'écran nous les «avons fait voler», à volonté au-dessus du territoire. Leurs réactions ont comblé nos attentes: Ils ont compris de suite leur région et reconnu très vite les éléments de territoire. Chaque éleveur voulait et pouvait observer la région sous différents angles selon la perception qu'il en a (du Nord au Sud ou de S-O en N-E).

Les réactions des acteurs durant les restitutions

L'effort entrepris pour mettre les éleveurs dans un processus de reconnaissance du terrain et d'inscription de leurs activités n'a pas rencontré de difficultés. Une fois reconnus leur espace et territoire, ils s'en sont sentis maîtres ainsi que des informations à y inscrire. Le survol-navigation a permis de les aider à s'approprier ce «territoire vécu et vivant» bien que virtuel.

L'intégration de l'outil proposé dans le cadre d'un diagnostic appliqué dans les zones d'élevage de montagnes, prouve que lorsque l'éleveur se sent capable de pouvoir maîtriser méthodes, techniques et outils, il devient un interlocuteur indispensable pour l'évaluation et la planification des interventions dans le cadre des systèmes de production considérés comme traditionnels et par conséquent, difficiles à intégrer et délicats pour y intervenir.

La détection des points de blocage vis à vis de l'utilisation du territoire

Traditionnellement on retenait les troupeaux de septembre à fin mai dans les "zones basses" (surfaces cultivées) et sur les terres limitrophes (pâturages de faible densité - de 400 à 800 m). Cette période et surtout les 3 derniers mois constituent une durée indispensable pour la reproduction des pâturages d'altitude (1 000 à 1 200 m). L'extension des surfaces cultivées a bien limité la capacité de pâture des zones basses. Ces dernières années, les bêtes rentrent de plus en plus tôt dans les pâturages d'altitude, presque dès la fonte des neiges (fin 03-début 04) alors que l'herbe n'a pas encore atteint la taille nécessaire. Fin mai, il faut déjà y limiter la pâture des animaux et obliger les troupeaux à retourner dans les zones basses alors que les récoltes céréalières ne sont pas encore faites(début Juillet). Les faibles qualité et productivité de ces pâturages d'altitude, et surtout le retour des troupeaux en période chaude, ont des conséquences très néfastes sur les rendements et la santé des animaux. Cela conduit les éleveurs à réagir individuellement par la recherche d'autres pâturages dans les communes limitrophes (par location ou sans permission) où l'élevage a diminué considérablement.

La constitution de groupes d'acteurs pour résoudre les problèmes

A partir de ce diagnostic instrumentalisé autour de l'outil de navigation 3D, plusieurs groupes (éleveurs, association et autorités locales) se sont constitués par nature de problème à résoudre avec l'objectif de dégager des solutions discutées au sein du groupe et négociées avec les autres intéressés, pour modifier les pratiques devenues inacceptables pour le maintien des activités d'élevage à Anavra. Car ce village jouit d'une réputation certaine pour la qualité de ses produits d'élevage et les acteurs sont devenus bien conscients que leur «réputation» est un bien commun à gérer et à ne surtout pas se laisser dégrader auprès des consommateurs.

Discussion des résultats

En milieu méditerranéen, la persistance des droits coutumiers et des systèmes traditionnels, la survie des modes de transmission du savoir et des savoir-faire liés à la civilisation orale, s'entrechoquent avec l'intégration de ces sociétés d'éleveurs par des politiques modernes, des mécanismes d'encadrement, de formation et de transfert de techniques. Cette coexistence du passé et du présent, de l'informel et du formel, conduit souvent, à des contradictions et à des malentendus entre producteurs et services publics et privés. En réalité, il n'y pas une confrontation à dépasser entre l'ancien considéré comme obstacle et le nouveau comme panacée et progrès, mais un besoin d'obtenir complémentarité et osmose entre les deux.

Processus d'apprentissage

Pour devenir fructueuse la coopération entre chercheurs, éleveurs et autres acteurs doit se fonder non sur un «impossible» langage commun mais sur une représentation suffisamment intermédiaire, partagée et instrumentée (nature, malléabilité, interactivité, ouverte…) pour rendre mutuellement compréhensibles les idées, les diagnostics, la détection des blocages, l'exploration de possibles et l'identification et test de solutions. Notre recherche a montré que les transferts d'expériences, d'évaluations et la recherche de perspectives sont possibles et fructueux et que cela procède d'un processus d'apprentissage de tous les partenaires.

- *Pour les Eleveurs,* le travail en environnement virtuel est une initiation à de nouvelles techniques et un apprentissage au travail en groupe. Le rôle et les comportements des éleveurs face à la spatialisation de leurs activités conduit à la mise sur la table par chaque producteur de la gestion de son troupeau, dévoilant en même temps le degré d'implication des autres acteurs locaux mais aussi le rôle des politiques et des actions concrètes. Cette méthodologie, une fois acceptée par l'ensemble des acteurs, conduit à une dynamique de confrontation-négociation qu'il faut gérer en vue de la résolution des problèmes émergents.
- *Pour les Chercheurs,* il s'agit tout autant d'un apprentissage (pas l'objet de cette communication) concernant la manière de conduire en temps réel une telle démarche, ce qui permet de la transposer et de la rendre reproductible.

Développements en cours ou possibles

Les acquis de cette méthode constituent une base importante pour la mise au point d'un outil de projection et de représentation sur carte de la nouvelle organisation du système spatio-temporel de gestion des pâturages. Carte qui représente l'adaptation annuelle du système aux conditions climatiques, pastorales et productives.

Sur le plan de l'affinage du diagnostic, le test de scenarii pour chaque type d'élevage, de troupeaux et même pour chaque éleveur, l'image virtuelle permet de faire intervenir et d'intégrer les contributions, les paramètres et les points de vue des autres disciplines comme: Agronomie, Géographie, Pastoralisme, Zootechnie, Sylviculture...

Originalité et valeur ajoutée de la démarche

Les éléments du diagnostic établi n'ont rien d'original. Ils peuvent être obtenus par d'autres méthodes et voies. Les zootechniciens et pastoralistes, ont élaboré des concepts et outils, utilisés pour la plupart par services de conseils. La démarche de recherche participative n'est pas non plus nouvelle. Enfin, depuis une ou deux décennies, les outils de représentation de l'espace se sont considérablement développés, diversifiés et améliorés notamment en utilisant en routine les interfaces entre les nouvelles technologies informatiques et satellitaires.

La démarche et les outils que nous avons utilisés tirent leur originalité et leur efficacité dans deux éléments pas souvent mis en exergue:

- la primauté donnée au «territoire vécu et raconté» par les acteurs et non aux représentations des gens de technique;
- l'utilisation des technologies avancées pour associer les acteurs dans un exercice aux dimensions ludiques manifestes.

Ce double aspect permet que les acteurs regardent les outils et représentation des chercheurs, et même plus généralement la technologie, non comme une relation qui les fait se situer comme passifs voire rétrogrades (marginalisés par l'évolution de la société) mais plutôt de façon positive. Cette co-construction et ce jeu sur leur propre territoire permet en outre aux acteurs de prendre une distance suffisante par rapport à leur vécu quotidien, aux pesanteurs sociales, aux savoirs. Cela ouvre les espaces de négociation recherchés.

Transportabilité de la démarche et de l'outil

L'ensemble démarche et outil de navigation 3D expérimenté est facilement transportable pour traiter une autre situation de développement d'un territoire diversifié en relation avec ses producteurs et acteurs, notamment dans le cadre des systèmes de production familiaux. Ce transfert de la démarche et de l'outil a été réalisé par notre laboratoire pour traiter, en Albanie, région de Korça, le projet «Évolution et perspectives des systèmes de production et de cultures de la commune de Drenova» (2000-2001). De ces 2 expériences, nous déduisons que son coût est inférieur à celui d'une recherche locale tout en permettant un haut niveau de participation.

Perspectives et conclusions

L'évolution du système de gestion des pâturages de nombreuses régions méditerranéennes est de plus en plus déterminé, d'une part, par la dynamique du système de production aux prises avec la PAC et le marché et, d'autre part, par la statique du système traditionnel de gestion de pâturages. La construction d'un support spatial en étroite interaction avec un environnement participatif, permet d'examiner au fond comment s'inscrit cette confrontation dans l'espace avec toutes ses dimensions physiques, écologiques, support de production, espace socialisé et produit historique et construit par les activités et confrontation de nombreuses générations.

La méthodologie et les outils proposés contribuent entre autres, à la mise en œuvre d'une pédagogie qui favoriserait outre l'intégration de l'éleveur traditionnel, sa compréhension en tant que porteur des savoirs et des savoirs-faire relevant des systèmes et des techniques qui assuraient l'équilibre entre environnement, écosystèmes et production. L'outil 3D offre aux éleveurs traditionnels des moyens précieux pour devenir actifs dans la négociation et l'évaluation des interventions nécessaires. Enfin, il constitue en tant que tel un media qui rassemble la société d'éleveurs autour de l'analyse de leurs systèmes socio-économiques et spatiaux, un élément qui soutien et renforce la démocratie locale.

Références

Albaladejo Ch., Casabianca F. (éds) 1997. La recherche-action. Ambition, pratiques, débats Etud. Rech. Syst. Agraires Dév N°30 –INRA édit Paris 212 p

Albaladejo Ch., Audiot A., Sauget N. 1997 in La recherche-action. Ambition, pratiques, débats - Etud. Rech. Syst. Agraires Dév N°30 INRA édit: 27-46

Liu M. 1992 Revue Inter Systémique, 6 (4): 293-311

Campbell J. 1996, "Introduction to remote sensing', 2eme edition, Taylor & Francis

Goussios D., 2000. In 17 textes sur la planification, les villes et le développement. Editions Universitaires de l'Université de Thessalie. Volos.(En grec).

Lillesand–Kiefer, 1994, «Remote sensing and image interpretation», 3eme ed., Wiley

Osty P. L., Lardon S., Lhuillier C., 1994 in: J. Brossier et al (eds) Systems Studies in Agriculture and Rural Development. INRA, Paris, pp. 258-268.

Goussios D, Mardakis P, Faraslis, 2001, in Compte rendu final Programme Européen FAIR CT96-1893,(1997-2000) «Diversification et réorganisation des activités productives liées à l'élevage dans les zones défavorisées".

Session 4: Application of new technologies for environmentally sound management of livestock and natural resources in mountain areas

Posters

Habitat selection for grazing by free-ranging beef cattle in the Natural Park of Gorbeia (Basque Country)

N. Mandaluniz[1], A. Aldezabal[2] & L.M. Oregui[1]

[1]NEIKER, Granja Modelo de Arkaute, Apdo. 46. E-01080, Vitoria-Gasteiz Spain
[2]Landare-Biologia eta Ekologia Saila, UPV-EHU. Apdo. 644, E-48080, Bilbo, Spain

Summary

The livestock use of mountain areas is constrained by biotic and abiotic factors, which need to be identified in order to improve the sustainable management of grazing areas. The objective of this work was to analyse vegetal communities selection by free-grazing beef cattle.

The study was carried out in two grazing areas of the Natural Park of Gorbeia. Vegetation units ranged from groves and rocky areas to open pastures with different degrees of shrub cover. Two beef cattle herds were monitored during two grazing seasons (1997 and 1998) and daily herd locations were recorded on aerial photographs in 1-hour intervals by scan-sampling. In order to calculate habitat use by herds, two digitalized maps were built (herd location and vegetation maps) and overlaid using a *GIS* (ArcInfo, 8.2), while the *Jacobs index* was applied to analyse selection.

Herds selected positively open pastures throughout the grazing period, due to their higher grass availability. As the grazing season was going on, grass availability within the pastures decreased and cattle changed the selection pattern in favour of shrubby communities of *Erica vagans*. On the contrary, groves and rocky areas were constantly turned down for the grazing activity. The consequences of this selection pattern on management will be discussed.

Keywords: beef cattle, habitat selection, vegetal communities, GIS, free-ranging.

Introduction

Traditional livestock systems of the Basque Country have used communal pastures with a mixed-grazing system with beef cattle, dairy sheep, goats and mares during the grazing season. Probably related to the European Agricultural Policy (milk quotas and the extensification premium) and to a better compatibility with other economical activities, an increase has occurred in the number of cows and mares grazing the mountain areas. Besides, considering that vegetal communities are dynamic and affected by livestock grazing activity, their modifications influence the grazing strategy and free-ranging animals can be used as their management tool (Milne & Grant, 1986; Reseau SPACE, 1999; Grant *et al.*, 1985). The use of mountain areas by cattle is constrained by both biotic and abiotic factors (Senft *et al.*, 1985; Bailey, 1995). Those factors need to be identified in order to improve habitat management and to better understand animal production. The objective of this work was to study the influence of vegetal communities on the habitat selection of beef cattle herds managed in a transhumant, free-ranging system.

Materials and methods

The study was carried out in two management units, Aldamiñape, between 900 and 1 200 m. a.s.l. and Egiriñao between 1 000 and 1 300 m. a.s.l., located in the Atlantic water-shed of the Natural Park of

Gorbeia (Basque Country, Northern Spain). Vegetation ranged from tree-covered areas to open pastures with different degrees of shrubby cover. Five vegetal communities were defined in the study areas (Table 1):

1. open dense pasture (Op), composed of *Festuca gr. rubra*, *Agrostis capillaris* and *Trifolium repens*;
2. heath (H), composed of open pasture and a mosaic of heather (*Erica vagans* and *E. cinerea*) with a cover lower than 50%;
3. heather-gorse-fern community (HGF), composed of more than 50% of shrubs (*Ulex europaeus, Erica vagans, E. cinerea, E. tetralix, Vaccinium myrtillus, Calluna vulgaris*) and *Pteridium aquilinum*;
4. rocky poor pasture (R); and
5. grove areas (Gr), composed of *Fagus sylvatica* or *Pinus radiata*, with a variable understorey (grass, bramble, bare soil, faeces, dead leaves, litter, etc).

The floristic composition of these communities was determined by the point quadrate method (Daget & Poissonet, 1971) and the cover percentage of the following plant components was calculated: graminoids, herbaceous dicots, heather, gorse, fern and litter.

Two beef cattle herds were monitored during spring (May-June), summer (July-August), end of summer (September) and autumn (October-November) of 1997 and 1998. Daily activity, grazing, resting and walking were recorded by the scan-sampling method (Altmann, 1974) in 15-minute intervals. Herd locations were recorded in 1-hour intervals using ortophotos at a 1:10 000 scale.

To calculate the use of vegetal communities by each herd for grazing, two digitalized maps were built (herd location and vegetation maps) and overlaid using a *GIS* (ArcView, 8.2). The habitat selection was analysed by the Jacobs index (J, Jacobs, 1974):

$$J = (U_i-A_i)/\{(U_i+A_i)-[2*(U_i*A_i)/100]\},$$

where U_i is the number of animals observed in the community i and A_i is the availability of the community i in each area. This index ranges from –1 to +1, indicating negative and positive selection respectively, while the zero value means no selection.

Results and discussion

We found differences in the availability of herbaceous plant classes (graminoids and dicots) between vegetal communities (Table 2).

A total of 28 sampling days and 365 locations were recorded throughout the two years of study. The most important activity during daylight was grazing (8h 16min.), followed by resting (4h 28min.) and walking (1h 11min.) (Mandaluniz & Oregui, 2000). In general, herds selected positively Op and H

Table 1. Percent of surface occupied by each vegetal community (Op, H, HGF, R and Gr) in both study areas (Aldamiñape and Egiriñao).

Study area - Vegetal community	Egiriñao (%)	Aldamiñape (%)
Open pasture (Op)	58	23
Heather<50% (H)	0	18
Heather-Gorse-Fern >50% (HGF)	36	17
Rocky (R)	2	10
Grove (Gr)	4	32

Table 2. Percentage abundance (Mean ± SD) of different components of the vegetal communities.

Vegetal community Plant components	Gr	R	H	Op	HGF
Graminoids	22.3±24	23.7±9.0	40.3±9.1	65.5±11.4	20,6±9.1
Dicots	6.4±8.6	28.4±9.6	17.9±9.1	31.1±11.7	7.9±5.5
Heather	0.2±1.3	2.5±3.0	30.5±8.4	0.2±0.7	15.0±8.5
Gorse	0	0.02±0.1	2.7±4.7	0	24.8±21.6
Fern	0.02±0.16	0.7±1.9	4.5±5.0	0	29.1±29.0
Litter	71.0±30.2	44.5±14.7	3.2±3.0	3.1±2.9	2.3±2.7

communities for grazing activity during the grazing season (Figure 1), which could be due to higher herb availability (Bailey, 1995; Senft *et al.*, 1985). The negative selection of the HGF community (Figure 1) could be related to a higher cover of shrubs (particularly gorse), which hinders accessibility and finding of herbaceous components for cattle grazing. The herd of Aldamiñape selected more positively Op and H communities and more negatively Gr and R ones than the cattle of Egiriñao. Nevertheless, HGF community was only slightly selected by cattle of Egiriñao. These tendencies could be due to differences in plant components of the same vegetal community (Wallis de Vries, 1996) between Aldamiñape and Egiriñao and also due to the different spatial distribution of Op, H and HGF patches into each management unit.

On the other hand, temporal changes have been observed in the pattern of habitat selection throughout the grazing season (Figure 2). The selection of Op was reduced as the grazing season was going on and animals selected more positively shrubby communities. This behaviour could be due to a reduction of herb availability and quality in Op areas and/or to an easier herb intake in those shrubby communities with more grass height, like H (data not shown). Finally, there were some slight annual differences in grazing patterns that could be due to climate variations and their effect on vegetation phenology.

Cattle showed different selection patterns depending on the type of shrubby community: H community was selected in summer and autumn, while HGF was selected at the end of the summer. According to the optimal foraging theory (Pyke, 1984), herbivores try to optimise ingested-spent energy by selecting different vegetal communities. When forage availability is reduced, animals choose other communities which allow optimising this ratio.

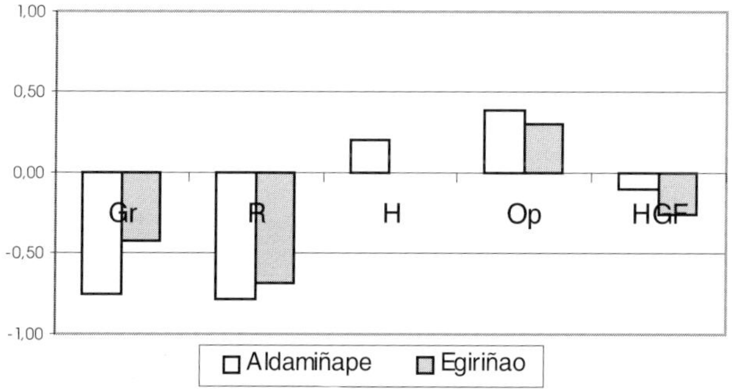

Figure 1. Jacobs selection index of vegetal communities of the study areas.

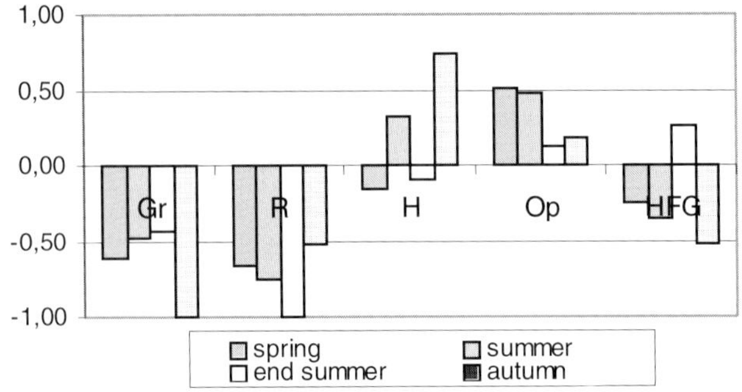

Figure 2. Temporal evolution of the Jacobs selection index of vegetal communities.

Conclusions

Open pastures and shrubby communities of mountain areas showed a high level of heterogeneity (inter- and intra-variability). The comparison of the selection pattern by cattle between Aldamiñape and Egiriñao demonstrated that these large herbivores are capable of distinguishing between different types of shrubby communities and that they could modify their use and foraging strategy depending on the composition of these communities, rejecting those with more gorse and fern. It seems that the relative abundance of gorse and ferns plays a crucial role in the selection pattern of shrubby communities by beef cattle. It this sense, it is very important to take into account the seasonal foraging importance of different types of shrubby communities (ignored until now) in order to design a suitable and sustainable grazing management plan for livestock of these protected areas.

References

Altmann, J 1974. Observational study of behaviour: sampling methods. Behaviour, 49:227-267

Arc-Info, version 8.2 ESRI. Geographic Information System.

Bailey, DW 1995. Daily selection of feeding areas by cattle in homogeneous and heterogeneous environments. Applied Animal Behaviour Science, 45:182-200.

Daget, Ph & Poissonet, J 1971. Une méthod d'analise phytologique des prairies. Ann. Agron., 22:5-41.

Grant, SA; Bolton, GR & Torvell, L 1985. The responses of blanket bog vegetation to controlled grazing by hill sheep. J. Appl. Ecol., 22:739-751.

Jacobs, J 1974. Quantitative measurement of food selection. A modification of the forage ratio and Ivlev's electivity index. Oecologia, 14:413-417.

Mandaluniz, N & Oregui, LM 2000. Mountain grazing system of beef cattle in a natural park of the Basque Country, preliminary data. Livestock farming systems. Integrating animal science advances into the research of sustainability, vol 97. Ed. Wageningen Pers, Wageningen, The Netherlands.

Milne, JA & Grant, SA 1986. Sheep management on heather moorland. Efficient sheep production from grass. B.G.J. Occasional Symposium n°21, ed. GE Pollott.

Pyke, GH 1984. Optimal foraging theory: a critical review. Annual Review of Ecology and Systematics, 15:523-575.

Reseau SPACE 1999. Symposium "Preserving biodiversity by extensive grazing". FFPNR Proceedings, Paris, France.

Senft, RL; Rittenhouse, LR & Woodmansee, RG 1985. Factors influencing patterns of cattle grazing behaviour on shortgrass steppe. Journal of Range Management, 38:82-87.
Steward, FE & Eno, SG 1998. Grazing management planning for upland Natural 2000 Sites: a practical manual. Ed. by S. Sullivan. The National Trust for Scotland. Edinburgh. pp.142.
Wallis de Vries, MF 1996. Nutritional limitations of free-ranging cattle: the importance of habitat quality. Journal of Applied Ecology, 33:688-702.

Utilisation of GIS technology for the planning of sustainable sheep grazing in the Monti Sibillini National Park (Central Apennines, Italy)

P. D'Ottavio[1], M. Scotton[2], D. D'Ottavio[3] & U. Ziliotto[2]

[1]Dipartimento di Biotecnologie Agrarie ed Ambientali, Università Politecnica delle Marche, Via Brecce Bianche, 60131 Ancona, Italy
[2]Dipartimento di Agronomia ambientale e Produzioni vegetali, Università di Padova, Viale dell'Università 16, 35020 Legnaro (Padova), Italy
[3]GeoAmbiente, Piccola Cooperativa a.r.l., Via Portuense 104, 00153 Roma, Italy

Summary

In order to contribute to a definition of sustainability of the economic activities traditionally conducted in protected mountain areas of Italy, GIS methodologies were used in the planning of the sheep grazing systems in the area of Castelluccio di Norcia (1 400-2 448 m a.s.l.). Eighty one vegetation surveys, performed during two consecutive summers on a area of about 300 ha, led to the definition of 12 pasture types characterised by different species composition. The pasture types were mapped on to an area of about 750 ha. Pastoral values of the grasslands varying between 14.9 and 35.8 were assessed and used to calculate a mean carrying capacity of 6.5 sheep ha^{-1} per 131 grazing days. The applied GIS technologies played a significant role in establishing this figure and in identifying situations of uneven stocking rate distribution.

Keywords: sustainability, sheep, mountain pastures, grazing planning, GIS.

Introduction

In contrast to the previously established sheep production systems of the Central Apennines, as described by Pullè (1937), consistent reductions in animal numbers and significant modifications of the flock and grazing management systems (D'Ottavio *et al.*, 2002; D'Ottavio and Scotton, in press) were undertaken in the second half of the last century.

This study aims at assisting in the planning of sheep grazing systems in Monti Sibillini, in order to contribute to the redefinition of sustainability of the pastoral activities traditionally conducted in Italian protected mountain areas. This is achieved through the determination of the carrying capacity of pastures located at different altitudes, established by considering their pastoral value and using the facilities offered by GIS technology.

Materials and methods

The research was performed in the pastoral unit "Casale Ghezzi" (Castelluccio di Norcia, Perugia province), characterised by a calcareous bedrock and a climate consisting in a mean annual temperature of 6.3 °C and a precipitation of 840 mm, with a maximum occurring in the spring and autumn and a minimum in August. The pastures considered (1 400-2 450 m a.s.l) have a total area of around 750 ha: those located below 1800 m a.s.l. were created from original *Fagus sylvatica* woods felled in past centuries in order to increase grazing areas (Pedrotti, 1969).

According to the phytosociological approach (Braun-Blanquet, 1964), 81 vegetation surveys (including the assessment of the topographic and soil characteristics) were performed during two consecutive summers (1995 and 1996) on a sample area of around 300 ha. By means of specific surveys, the different pasture types were mapped on to an area of about 750 ha. The maps were then digitalized using the software PC ARC/INFO (ESRI).

The Potential Pastoral Value (PPV: 0-100) of the different pasture types was assessed according to Daget and Poissonet (1971) and has been widely discussed by D'Ottavio *et al.* (in press). It is based on the Specific Indexes (scale 0-5, according to Delpech, 1960) reported by Roggero *et al.* (2002) and for additional species as calculated by D'Ottavio *et al.* (2000). A Fragility Coefficient (FC: 0.8-1.0) of the different pasture types, as proposed by Cemagref (1983), was determined by considering the structural instability of the soil, evidence of erosion, and the gradient of the slope if greater than 26.6° (50%). The FC was then utilised to obtain a Corrected PV (CPV). The annual Milk Forage Unit yield (MFU ha^{-1} $year^{-1}$) of the pastures was calculated according to Daget and Poissonet (1971) and to Cemagref (1987) assigning 66, 55 and 44 MFU to 1 point of PV of the pastures located in the mountain (1 000-1 500 m a.s.l.), sub-alpine (1 500-2 000 m a.s.l.) and alpine (>2 000 m a.s.l.) levels respectively.

The planimetric surfaces of the pastures located at the different altitudinal levels were obtained by overlay operations performed with the software PC ARC/INFO (ESRI). Four altitudinal levels were considered: < 1 500, 1 500-1 800, 1 800-2 000 and >2000 m a.s.l. The sub-alpine level (1 500-2 000) was divided in low and high because 1800 m is normally considered the limit between the secondary (< 1 800 m) and the primary pastures (>1 800 m). This division can assist in a differentiated management, as primary pastures located in protected areas require particular management aimed at their conservation. The actual surface areas of the pastures were obtained by increasing the planimetric area according to the gradient of the slope as electronically calculated. The total MFU production was assessed by multiplying actual surfaces and MFU yield ha^{-1} $year^{-1}$.

Finally, the number of sheep grazing-days and the carrying capacity of the studied pastures were calculated by considering the daily feed requirements of 1.2 MFU for a sheep weighing between 60 and 80 kg (Cemagref, 1983).

Results and discussion

Characterisation of pasture types: environmental characteristics and pastoral value

The vegetation analysis led to the definition of 12 pasture types characterised by the different species composition and by the PV as widely described by D'Ottavio *et al.* (in press). In the present study the characteristics of each pasture type needed for determining the fragility coefficient are highlighted; the latter is then used to obtain the corrected PV (Table 1).

A value of 0.8 for the FC was calculated, based on the structural instability of the soil, apparent signs of erosion, and the inclination of the different pasture types (in general, varying from 18 to 30°). This value was then applied to the following four pasture types: pasture type 1 *Sesleria tenuifolia* and *Carex kitaibeliana*-dominated pasture and pasture type 2 *facies* dominated by *Globularia cordifolia* and *Helianthemum oelandicum* ssp. *canum* that develop on consolidated slopes, which occasionally can be considerably steep, and on the crests, appearing as pastures typically characterised by steps and discontinuous coverage; pasture type 3 *Sesleria nitida*- and *Carex macrolepis*-dominated grassland, a very steep pasture typically characterised by steps and discontinuous sward, with the FC particularly accounting for the critical inclination and the erosion risk related to the cryoclastic origin of its soils; pasture type 4 *Festuca dimorpha*-dominated grassland, that develops typically on environments of gravely soils and on screes characterised by low vegetation cover and considerable inclination.

Table 1. Assessment of carrying capacity of the pastures of Casale Ghezzi.

Pasture type [1]	1	2	3	4	5	6	7	8	9	10	11	12	Tot
Potential pastoral value	21.8	19.6	18.6	19.0	23.0	25.1	22.0	26.6	21.4	35.8	32.3	19.5	-
Vegetation cover (%)	55.1	69.0	58.7	38.3	94.2	98.7	97.0	92.9	89.0	98.3	100	99.0	-
Erosion occurrence	No	No	Yes	No	No	No	No	No	No	No	No	No	
Inclination (degrees)	22.1	18.0	27.8	28.9	24.3	13.7	17.5	17.4	11.3	0.5	18.0	4.2	-
Fragility coefficient	0.8	0.8	0.8	0.8	0.9	1.0	1.0	1.0	1.0	1.0	1.0	1.0	-
Corrected pastoral value	17.4	15.7	14.9	15.2	20.7	25.1	22.0	26.6	21.4	35.8	32.3	19.5	-
UFL ha^{-1} $year^{-1}$													
Mountain plain (<1500 m)	1 151	1 035	982	1 003	1 366	1 657	1 452	1 756	1 412	2 363	2 132	1 287	-
Sub-alpine plain (1500-2000 m)	959	862	818	836	1 139	1 381	1 210	1 463	1 177	1 969	1 777	1 073	-
Alpine plain (> 2000 m)	767	690	655	669	911	1 104	968	1 170	942	1 575	1 421	858	-
Planimetric pasture surface (ha)													
Mountain plain (<1500 m)	11.3	20.0	6.0	2.2	5.5	-	-	-	-	-	-	-	45
Low sub-alpine plain (1500-1800 m)	75.5	36.1	28.3	34.8	77.5	4.2	19.8	11.6	15.6	2.2	-	-	306
High sub-alpine plain (1800-2000 m)	55.8	0.4	14.1	62.6	23.8	-	-	0.4	-	-	14.4	4.3	176
Alpine plain (> 2000 m)	47.9	-	-	54.8	8.1	-	-	0.2	-	-	84.1	5.8	201
Total	190.5	56.5	48.4	154.4	115.0	4.2	19.8	12.2	15.6	2.2	98.5	10.1	727
Weighted pasture surface (ha)													
Mountain plain (<1500 m)	12.2	21.0	6.8	2.5	6.0	-	-	-	-	-	-	-	49
Low sub-alpine plain (1500-1800 m)	81.5	38.0	32.0	39.8	85.0	4.3	20.8	12.2	15.9	2.2	-	-	332
High sub-alpine plain (1800-2000 m)	60.2	0.4	15.9	71.5	26.1	-	-	0.4	-	-	15.1	4.3	194
Alpine plain (> 2000 m)	51.7	-	-	62.6	8.9	-	-	0.2	-	-	88.4	5.8	218
Total	205.6	59.4	54.7	176.4	126.1	4.3	20.8	12.8	15.9	2.2	103.6	10.1	792
UFL $year^{-1}$													
Mountain plain (<1500 m)	14 038	21 763	6 661	2521	8245	-	-	-	-	-	-	-	5 3228
Low sub-alpine plain (1500-1800 m)	78 162	32 735	26 183	33 231	96 811	5 968	25 121	17 785	18 724	4 332	-	-	33 9051
High sub-alpine plain (1800-2000 m)	57 768	363	13 045	59 778	29 730	-	-	613	-	-	26 898	4 624	19 2819
Alpine plain (> 2000 m)	39 671	-	-	41 864	8 095	-	-	245	-	-	125 674	4 990	22 0539
Total	189 639	54 860	45 889	137 394	142 880	5 968	25 121	18 643	18 724	4 332	152 572	9 614	80 5637

(Table 1 continued).

Pasture type [1]	1	2	3	4	5	6	7	8	9	10	11	12	Tot
Number of sheep grazing-days													
Mountain plain (<1500 m)	11 698	18 136	5 551	2 101	6 870	-	-	-	-	-	-	-	44 356
Low sub-alpine plain (1500-1800 m)	65 135	27 279	21 819	27 693	80 676	4 973	20 934	14 821	15 603	3 610	-	-	282 543
High sub-alpine plain (1800-2000 m)	48 140	302	10 871	49 815	24 775	-	-	511	-	-	22 415	3 853	160 683
Alpine plain (> 2000 m)	33 059	-	-	34 886	6 746	-	-	204	-	-	104 728	4 158	183 782
Total	158 033	45 717	38 241	114 495	119 067	4 973	20 934	15 536	15 603	3 610	127 143	8 012	671 364
Potential n° of sheep ha^{-1} for 131 days	5.9	5.9	5.3	5.0	7.2	8.8	7.7	9.3	7.5	12.5	9.4	6.0	6.5
Real n° of sheep ha^{-1} for 131 days	3.9	4.8	11.1	1.8	9.3	16.3	16.6	19.3	7.1	15.1	3.6	2.2	5.5

[1] see legend in the text.

A 0.9 FC was applied to grassland dominated by *Brachypodium genuense* (pasture type 5), which is characterised by steeper slopes, typically with large steps and dense coverage, with deeper soils and a greater susceptibility to trampling damage.

The FC was valued at one, i.e. no correction, for pastures dominated by *Festuca nigrescens* (pasture type 6) and by *Anthoxanthum odoratum* (pasture type 7), which are slightly sloped or located on flat mountain tops with a high index of vegetation cover (>93%) and are not subject to erosion. The PV was also not corrected for pastures dominated by *Euphorbia cyparissias* and *Verbascum longifolium* (pasture type 8) which colonize the surfaces surrounding the plain or slightly sloping areas occupied by the *Bellardiochloa violacea*-pasture (pasture type 9) or by *Festuca nigrescens* and *F. circummediterranea* (pasture type 10). Among the pastures growing at high altitudes, no corrections were applied to the *facies* dominated by *Festuca nigrescens*, *Plantago atrata* and *Crepis aurea* ssp. *glabrescens* (pasture type 11) due to its dense coverage and to its location on flat ground or on slight gradients situated along the edges of the hollows and of the large steep stable slopes; nor to the grassland dominated by *Nardus stricta* (pasture type 12) that occupies the flat basin of the hollows and the large flat areas located at the higher altitudes.

MFU yield of the pasture types

According to the CPV obtained, the lowest MFU ha^{-1} $year^{-1}$ were recorded for the pasture type 4 (982, 818 and 655 MFU ha^{-1} $year^{-1}$ in the mountain, sub-alpine and the alpine levels respectively) and the highest values for pasture type 10 (2 363, 1 969 and 1 575 MFU ha^{-1} $year^{-1}$ in the mountain, sub-alpine and the alpine levels respectively) (Table 1). Among the most represented pastures, the higher values of MFU ha^{-1} $year^{-1}$ were recorded for pasture types 11 and 5 and the lowest for pasture type 1 and for the aforementioned pasture type 4.

Surface and altitudinal location of the pasture types

The overlay applications of the software PC ARC/INFO (ESRI) allowed the assessment of the surface extension of the 12 pasture types located at the different altitudinal levels (Table 1). Among the pastures with a greater diffusion in the study area and represented in all the altitudinal levels, types 1 (26.0% of the total area) and 5 (15.9% of the total area) are found mainly in the lowest altitudes of the sub-alpine belt (1 500-1 800 m), but are also well represented at the higher elevations (particularly type 1). The pasture type 4 (20.7% of the total surface) is mainly found at elevations above 1 800 m a.s.l.. The pasture types 2 (7.5% of the total area) and 3 (6.9% of the total area) are present at the lower altitude of the study area and are principally represented (64% and 58% respectively) at the low sub-alpine level. The pastures 6, 7, 8, 9 and 10 occupy small surface areas (in general, varying from 0.5% to 2.6% of the total) exclusively or prevalently located at the lower altitudes of the sub-alpine belt. The pasture types 11 and 12 are both located at the highest altitudes: type 11 (13.1%) mainly occupies large areas whereas type 12 small areas.

Total production of MFU of the pasture types and of the pastoral unit

The multiplication of the MFU ha^{-1} $year^{-1}$ for the extension of the pasture types located at the different altitudinal belts allowed the calculation of the total production of MFU throughout the year (Table 1). Among the pastures more prolific in the study area, those with the greater production of MFU, substantially due to the large extension and not to high PV, were of type 1. Despite their smaller extensions, pasture type 5 and especially type 11 presented high values of MFU substantially due to the high PV. In spite of its large extension, pasture type 4 did not produce high values of MFU because of its low PV.

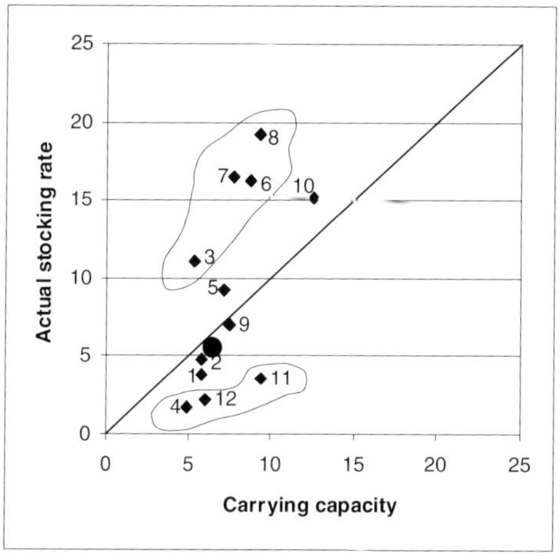

Figure 1. Relationship between actual stocking rate and carrying capacity (number of sheep ha^{-1} for 131 grazing days). The black circle represents the mean values.

Carrying capacity of the pasture types and of the pastoral unit

The consideration of the daily feed requirements of sheep related to the availability of the MFU of the pasture types located at the different altitudes, led to the assessment of the number of sheep grazing-days, and therefore the carrying capacity, to be assigned to each pasture type, at each individual altitudinal level and to the entire pastoral unit (Table 1). Consequently, among the pastures more prolific in the study area, the greatest number of sheep grazing-days was obtained in the grasslands dominated by pasture types 1, 11, 5 and 4.

A grazing period of 131 days, as observed in the study area, led to assign a mean carrying capacity of 6.5 sheep ha^{-1} in the area of the pastoral unit considered (Table 1). Besides, according to the total production of MFU, among the pastures more represented, the highest carrying capacity was assigned to pasture types 11 (9.4 sheep ha^{-1}) and 5 (7.2 sheep ha^{-1}). On the contrary, the smallest carrying capacity was given to pasture types 1 (5.9 sheep ha^{-1}) and 4 (5.0 sheep ha^{-1}). Among the pastures less represented in the study area, the highest carrying capacity was assigned to pasture type 10 (12.5 sheep ha^{-1}) and the lowest to pasture type 12 (6.0 sheep ha^{-1}).

Conclusions

The comparison between the actual stocking rate (calculated according to D'Ottavio and Scotton, 2002 and to D'Ottavio *et al.*, in press) and the carrying capacity of the pasture types (Table 1 and Figure 1) did not highlight a great difference between the mean values (5.5 vs 6.5). However, this relationship does illustrate an uneven distribution of the sheep stocking rate (Figure 1), as previously discussed in (D'Ottavio *et al.*, 2000; D'Ottavio *et al.*, in press). As a consequence of the non-rational management systems adopted and of the lax shepherding. the sheep preferred to graze the pasture types with a high presence of very palatable forage species (e.g. *Sesleria nitida* in pasture type 3), pastures with higher PV (pasture type 8) or those more easily accessible or on areas located near to farm buildings (pasture types 6 and 7) where the sheep are brought in every night.

Figure 1 also highlights a pronounced under-grazing of the less accessible pastures (pasture type 4) and those located at a greater distance from the farm-buildings (pasture 12) which are characterised by a low PV, or even if they are characterized by a high PV (pasture type 11), they are located at higher elevations and are utilised for a short period of the entire grazing season.

Based on these considerations, the application of GIS technology could be usefully employed:

- to assess the PV of each pasture type and of the entire pastoral unit;
- to identify situations of uneven stocking rate distribution and to propose its re-equilibration which can be accomplished through a more rational pasture management;
- to re-define the carrying capacity of the pastoral unit after a possible exclusion of the more environmentally sensitive primary pastures located above 1800 m.

Acknowledgements

The authors are very grateful to the geologists of GeoAmbiente (www.geoambiente.it) for their valid contribution to the implementation and analysis of the computerised cartography.

References

Braun-Blanquet J., 1964. Pflanzensoziologie. Grundzuge der Vegetationskunde. III ed., Springer Verlag, Wien, New York.

Cemagref, 1983. Pastoralisme montagnard, recherches en briançonnais. Etude n° 188. St. Martin D'Heres.

Cemagref, 1987. Exploitation de pelouses et landes subalpines par des bovins et des ovins. Compte-rendu de recherche n° 211. Saint Martin D'Heres.

Daget, P., Poissonet, J., 1971. Une méthode d'analyse phytologique des prairies. Critères d'application. Ann. Agro. 22 (1), 5-41.

Delpech R., 1960. Criteres de jugement de la valeur agronomique des praires. Fourrages, 4: 83-98.

D'Ottavio P., Scotton M., (2002). Modalità di utilizzazione di pascoli ovini nel Parco Nazionale dei Monti Sibillini (Appennino Centrale). Monti e Boschi. Anno LIII - n° 5 settembre-ottobre 2002. Pp. 18-25.

D'Ottavio P., Scotton M., (in press). Stocking rate distribution and grazing management systems adopted by sheep farms in the territory of Castelluccio di Norcia (Monti Sibillini National Park, Central Italy). Proceedings of the 2nd International Congress "Environment and identity in the Mediterranean", Corte (Corsica, France), 3-5 July 2002. Pp. 15.

D'Ottavio P., Scotton M., Ziliotto U., 2000. Legumes in mountain pastures of Monti Sibillini (Central Apennines, Italy) grazed by sheep. Grassland Science in Europe. 7, 286-288.

D'Ottavio P., Scotton M., Ziliotto U., 2002. Flock and grazing management systems adopted by sheep farms in the Monti Sibillini National Park (Italy). Grassland Science in Europe. 7, 912-913.

D'Ottavio P., Scotton M., Ziliotto U. (in press). Pastoral value and potential stocking rate of mountain pastures of Monti Sibillini (Central Apennines, Italy) grazed by sheep. Seminar FAO-CIHEAM "Sustainable grazing, nutritional utilisation and quality of sheep and goat products". Granada, Spain, 2-4 October 2003. Options Méditerranéennes.

Pedrotti F., 1969. Introduzione alla vegetazione dell'Appennino centrale. Mitt. ostalp. -din pflanzensoz. Arbeitsgem., 9: 21-57.

Pullé G., 1937. La pastorizia transumante nell'Appennino Umbro-Marchigiano. L'Universo. Anno XVIII. N. 4-5. Aprile-Maggio 1937-XV.

Roggero P.P., Bagella S., Farina R., 2002. Un archivio dati di Indici specifici per la valutazione integrata del valore pastorale. Riv. Agron, 36: 149-156.

Sensory evaluation of eggs enriched with n-3 fatty acids in Greece

A. Tserveni-Gousi[1], *A.Yannakopoulos*[1], *E. Christaki*[1], *P. Florou-Paneri*[1], *N. Botsoglou*[1] & *E. Yannakakis*[2]

[1]*Department of Animal Production, Ichthyology, Ecology and Protection of Environment, Faculty of Veterinary Medicine, Aristotle University of Thessaloniki, 541 24 Thessaloniki, Greece*
[2]*American Farm School, Thessaloniki, Greece*

Summary

Four types of designer eggs available on super-market shelves can be found in the Greek market. Trade mark, firm and location of production of these eggs are as follows: "Omega 3 Eggs" produced by the American Farm School (Thessaloniki), "Eggs+plus" produced by the Mega Farm company (Megara), "Every day Eggs" produced by the Golden Eggs company (Athens) and "Achyrona Eggs" produced by the Vlachakis company (Athens). All the above egg types are enriched with n-3 fatty acids and vitamin E, while one of them (Omega 3 eggs) is enriched additionally with vitamin E and natural antioxidants.

In this preliminary study, 120 eggs (20 eggs of each of the Omega 3, Eggs+plus and Achyrona types and 60 ordinary-control eggs) were boiled in water for 15 min; 20 untrained panelists were asked to evaluate egg taste, egg aroma and yolk colour and to find the differences in these organoleptic characteristics between the enriched eggs and the controls.

The results have shown that organoleptic acceptability depended on the source of omega-3 fatty acids and the contribution of vitamin E or vitamin E and natural antioxidants to the hen diet. In particular, dietary enrichment of eggs with flaxseed and natural antioxidants resulted in higher consumer acceptability (egg aroma and yolk colour).

Keywords: sensory analysis, omega-3 eggs.

Introduction

The human organism is not able to synthesise on its own the appropriate polyunsaturated fatty acids (PUFA) and their defined content in diet is necessary for proper body function (Van Elswyk, 1997). Different feeds, such as flaxseed, sea-flower oil, perilla oils, chia, fish meal, fish oil etc, were added to chicken feeds in order to increase the n-3 (omega-3) fatty acid content in the egg yolk (Newton, 1996). Poultry rations containing flaxseed, fish oil or menhaden meal can increase the levels of omega-3 fatty acids in egg yolks; panelists, however, detected a fishy or fish-related flavour (Stearns *et al.*, 1994; Nash *et al.*, 1996). The enrichment of alpha-linolenic acid (a-LNA) and docosahexaenoic acid (DHA) content of egg yolk may be increased from 30 mg and 80 mg per egg in the normal eggs, to over 300 mg and 170 mg per egg in the modified eggs respectively (Yannakopoulos *et al.*, 1999).

Some omega-3 fatty acid enriched or modified eggs are available in the Greek market under various brand names, such as: *Omega 3 Eggs*" produced by the American Farm School (AFS-Thessaloniki); "*Eggs+plus*" produced by the Mega Farm company (Megara); "*Every day Eggs*" produced by the Golden Eggs company (Athens) and "*Achyrona Eggs*" produced by the Vlachakis company (Athens).

The aim of the preliminary study conducted was to evaluate the consumer acceptance of eggs laid by hens fed different feed ingredients, as a source of omega-3 fatty acids, in comparison to the ordinary eggs (control).

Materials and methods

Eggs used in this study included 60 ordinary eggs, as well as enriched (omega-3) eggs with the following brand names: *Omegga 3 eggs*, *Eggs+plus* and *Achyrona eggs* (20 eggs per type). All the above eggs are enriched with n-3 fatty acids and vitamin E, while one of them (*Omegga 3 eggs*) is additionally enriched with vitamin E and natural antioxidants.

Twenty untrained panelists, with experience in sensory evaluation (students at the American Farm School), were asked to evaluate these 120 eggs, that had been stored at 5 ^{0}C for 14 d after the day of lay. All eggs used in this study were boiled in water at room temperature, water reaching the boiling point and maintained at this temperature for 15 min. Eggs were cooled to an internal temperature of about 60 ^{0}C and placed in individual closed containers prior to evaluation.

Panelists were asked to evaluate peeled eggs, by cutting each egg in half and providing information on egg taste, egg aroma and yolk colour. Each panelist was presented with 6 eggs to which random numbers were assigned (1 egg per type and 3 ordinary eggs, one ordinary egg for each type). Panelists were instructed to eat slices of unsalted bread, drink water between each sample to clear the palate and pause for 25s between samples.

Data for the Triangle Difference sensory test were compiled and computed to determine statistical significance (a=0.05), based on the number of correct responses (Roessler *et al.*, 1948). The triangle test helps to determine whether or not a difference exists.

Results and discussion

Panelists detected no significant taste differences among ordinary (control) and enriched eggs with different brand names (Table 1). According to the findings of Scheideler *et al.* (1994), the overall

Table 1. Sensory evaluation of enriched eggs under various brand names in Greece.

Parameter/Test	Brand names	Total responses (n)	Correct responses Number	%	P
Taste					
Control Vs enriched egg	"Eggs+plus"	20	4	20.0	>0.05
Control Vs enriched egg	"Omegga 3"	20	3	15.0	>0.05
Control Vs enriched egg	"Achyrona"	20	5	25.0	>0.05
Overall total		60	12	20.0	>0.05
Aroma					
Control Vs enriched egg	"Eggs+plus"	20	5	25.0	>0.05
Control Vs enriched egg	"Omegga 3"	20	9	45.0	<0.05
Control Vs enriched egg	"Achyrona"	20	6	30.0	>0.05
Overall total		60	20	30.0	<0.05
Yolk color					
Control Vs enriched egg	"Eggs+plus"	20	11	55.0	<0.05
Control Vs enriched egg	"Omegga 3"	20	8	40.0	<0.05
Control Vs enriched egg	"Achyrona"	20	3	15.0	>0.05
Overall total		60	22	30.0	<0.05

acceptability of eggs from flax-fed hens was not greatly different from that of regular eggs. Moreover, chicken eggs enriched with DHA (Van Elswyk *et al.*, 1995) and LNA (Caston *et al.*,1994;Ahn *et al.*,1995) sometimes present different sensory characteristics.

On the contrary, some differences in egg aroma and yolk colour (darker) between control and enriched eggs were detected in this study. In particular, "*Omega 3 eggs*" (AFS) had better aroma and yolk colour than the controls, whereas "*Eggs+plus eggs*" (Mega Farm) had better yolk colour than that of the control eggs. Differences in yolk colour between eggs from flax-fed hens and control eggs were reported by Yannakopoulos *et al.* (1999). According to the findings of Scheideler *et al.* (1994), the degree of lightness/darkness of the yolk colour was significantly affected by the variety of flaxseed.

The results have shown that the enrichment of omega-3 fatty acid content of egg yolk, especially through dietary flaxseed and natural antioxidants, makes them more sensorially acceptable (better egg aroma and yolk colour), consequently increasing consumer acceptability.

References

Ahn, D.U., H.H. Sunwoo, F.H. Wolfe & J.S. Sim, 1995. Effects of dietary á-linolenic acid and strain of hen on the fatty acid composition storage stability, and flavor characteristics of chicken eggs. Poultry Science, 74:1540-1547.

Caston, L.J., E.S. Squires & S. Lesson, 1994. Hen performance, egg quality, and the sensory evaluation of eggs from Scwl hens fed dietary flax. Canadian Journal of Animal Science, 74: 347-353.

Nash, D.M., R.M.G. Hamilton, K.A. Sanford & H.W. Hulan, 1996. The effect of dietary menhaden meal and storage on the omega-3 fatty acids and sensory attributes of egg yolk in laying hens. Canadian Journal of Animal Science, 76:377-383.

Newton, I.S., 1996. Long chain fatty acids in health and nutrition. Journal of Food Lipids, 3:233-249.

Roessler, E.B., J. Warren & J.F. Guymon, 1948. Significance in triangular taste tests. Food Research, 13:503-505.

Scheideler, S.E., S. Cuppett & G. Froning, 1994. Dietary flaxseed for poultry: production effects, dietary vitamin levels, fatty acid incorporation into eggs and sensory analysis. Proceedings of 55th Flax Institute (Flaxseed utilization in poultry rations and related nutritional studies), Fargo, North Dakota, pp. 87-95.

Stearns, L.D., T.A. Petry, J. Holstun & D.F. Zetocha, 1994. Potential use of flaxseed in laying hens rations. Proceedings of 55th Flax Institute (Flaxseed utilization in poultry rations and related nutritional studies), Fargo, North Dakota, pp. 102-105.

Van Elswyk, M.E., 1997. Comparison of n-fatty acid sources in laying hen rations for improvement of whole egg nutritional quality-a review. British Journal of Nutrition, 78(1):61-69.

Van Elswyk, M.E., P.L. Dawson & A.R. Sams, 1995. Dietary menhaden oil influences sensory characteristics and head-space volatiles of shell eggs. Journal of Food Science, 60:85-89.

Yannakopoulos, AL, A.S. Tserveni-Gousi & S. Yannakakis, 1999. Effect of feeding flaxseed to laying hens on the performance and egg quality and fatty acid composition of egg yolk. Arch. Geflügelk., 63:260-263.

Integrating proximal sensing techniques in the prediction of agronomic characteristics of pastures

D. Gianelle[1], *F. Guastella*[1,2] *& G. De Ros*[3]

[1]*Centro di Ecologia Alpina, Sardagna, Trento, Italy*
[2]*Dipartimento di Agronomia Ambientale e Produzioni Vegetali, Università degli Studi di Padova, Italy*
[3]*Istituto Agrario di San Michele all'Adige, Trento, Italy*

Summary

Remote sensing techniques have been proposed and developed to extend at regional level local measurements of biomass, LAI and nitrogen in agronomic crops. At present, only few data are available for natural grassland ecosystems. In order to improve the correlation between data collected at different investigation scales, the use of a close network of quick field measurements of canopy spectral reflectance to calibrate airborne and satellite data has been proposed for agronomic crops. This paper aims to extend the above technique to heterogeneous alpine grasslands. In the canopy of an alpine grassland located at 2 000 m a.s.l. and referring to a typical *Nardetum alpigenum* association, reflectance data were collected with a portable spectroradiometer. Measurements were carried out on several geo-referred locations and repeated at two-week intervals during the entire vegetative period. Biomass, LAI and nitrogen content of the forage were also measured. Subsequently, the possibility to integrate proximal sensing data with different canopy parameters was investigated. Correlations obtained between the Normalized Differential Vegetation Index (NDVI), phytomass, biomass and LAI are discussed, together with relations between nitrogen content, PSSRa and PSNDa indices.

Keywords: spectral reflectance, vegetation indices, alpine pastures, agronomic parameters.

Introduction

The assessment of the production of a given mountain pasture is critical in determining its feeding capacity. Production is currently estimated by clipping and testing very few pasture samples, which brings about considerable uncertainty in the evaluation. Furthermore, summer grazing frequently implies a decrease in animal production, more or less severe according to the animal production level and distance of time from calving (Zemp *et al.*, 1989; Malossini *et al.*, 1992; Andrighetto *et al.*, 1996). As a result, total animal nutritional requirements may be not satisfied.

A more accurate assessment of both production and feeding capacity requires dense measurements of biomass availability and quality, instead of the current scattered ones. The use of a portable spectroradiometer may be helpful, as it allows relatively quick and cheap measurements and offers the additional possibility of extending local data at regional level by calibrating remote sensing data, thus increasing their reliability.

Spectral vegetation indices are widely used in remote sensing to monitor, at regional and continental scale, time- and space-wise variations of canopy structure, changes in Leaf Area Index (LAI), net primary production and forage quality (Clevers and van Leeuwen, 1996, Myneni *et al.*, 1995, 1997).

Most vegetation indices combine information obtained in the red and near-infrared (NIR) bands. The red reflectance will decrease with vegetation cover increase, due to the strong chlorophyll absorption in the red band, while the reflectance in the NIR spectral region will generally increase.

NDVI is one of the most widely used vegetation indices, because it provides information on production, total leaf area and canopy architecture; it also compensates, at least in part, for changing illumination conditions, surface slope and viewpoint position (NOOA, 1990). NDVI is stable enough to permit meaningful comparisons of seasonal and inter-annual changes in vegetation growth and activity. Main disadvantages of this index are the signal saturation at increasing biomass or LAI values and its considerable sensitivity to background reflectance.

For the nitrogen biomass content, the Pigment Specific Simple Ratio (PSSRa) and the Pigment Specific Normalized Difference (PSNDa) can be used. PSSRa is the ratio of the reflectance at 676 nm to the one at 810 nm for chlorophyll *a*. PSNDa is the normalized index referring to the same wavelength of PSSRa for chlorophyll *a* (McNairn *et al.*, 2001).

At present, no extensive data sets of canopy reflectance collected on natural alpine grasslands are available. This work presents preliminary results on canopy reflectance related to an alpine pasture, aiming to integrate proximal sensing with different canopy parameters such as phytomass, LAI and nitrogen content.

Material and methods

The site investigated is characterized by the typical Central-East Alps climate, with long, cold winters and warm, wet summers. The mean annual temperature is 2.7°C and the annual rainfall is 1 100 mm, abundant in the summer.

"Malga Juribello" is a typical alpine mountain pasture. The pasture has an area of approximately 170 ha and is located between 1 820 and 2 230 m a.s.l.. The pasture is managed by the "Breeder Provincial Federation of Trento" and is grazed by 130 cattle. The grazing period lasts about 90 days, from June 15th to September 15th. The study was carried out on a less exploited pasture sector of 60 ha, where the vegetation is dominated by the primary *Nardetum alpigenum* association, typical of the siliceous sub-alpine belt. The pasture was grazed throughout the day and night by 30 cattle for a period of 50 days.

Grassland productivity and LAI have been studied using direct and indirect methods based on spectroradiometry techniques. The direct method involved clipping repeated at twenty-day intervals, in three 0.5 x 0.5 m homogeneous plots. The phytomass was first divided into biomass and necromass and then dried up h at 80 °C for 48. The total leaf area was determined using an optical scanner and the Image Tools software (UTHSCSA, University of Texas, USA). In the same plots, nadir canopy reflectance was measured before clipping with a portable spectroradiometer (FieldSpec Pro ASD), using a field of view of ten degrees. The NDVI index based on red and near infrared spectral region was calculated and correlated with phytomass and LAI. Moreover, the eLAI was determined at two-week intervals by an indirect, non-destructive technique involving the use of optical sensors (Li-cor LAI 2000, Lincoln, Nebraska, USA) and appropriate inverse models of radiative transfer.

The nitrogen content of the forage was determined with an elementary analyzer (Perkinelmer Series II CHNS/O Analyzer 2400) and data were correlated with chlorophyll indices PSNDa and PSSRa.

Results and discussion

The correlations between NDVI, phytomass ($r^2 = 0.70$), biomass ($r^2 = 0.37$) and necromass ($r^2 = 0.33$) are statistically significant ($P < 0.01$).

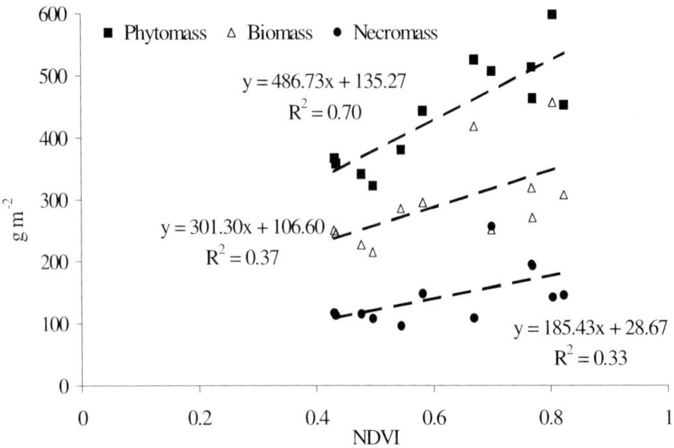

Figure 1. Relationship between NDVI, phytomass, biomass and necromass. Linear regressions are statistically significant (P<0.01).

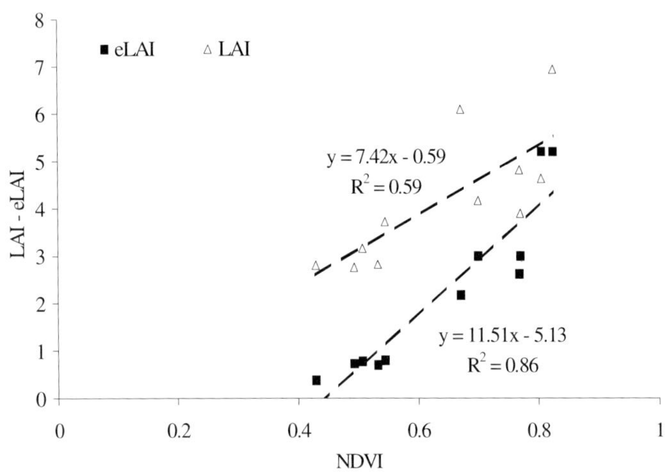

Figure 2. Relationship between NDVI, LAI and eLAI. Both linear regressions are statistically significant (P<0.01).

The contribution of necromass on the total phytomass proved to be very high (between 30% and 50% during the vegetative period) due to the abundance (40%) of *Nardus stricta*, whose previous year leaves were still slowly decomposed because of the low temperatures occurred in the study area. Figure 1 shows that NDVI correlation with phytomass is much better than the ones with necromass and biomass. This confirms the strong link existing between the total production and vegetation reflectance. At the same time, however, the poor correlation of NDVI with biomass sets a limit on the use of this index for the prediction of the actual forage availability, namely for pastures constituted by species having a low decomposition rate.

A significant (P<0.01) positive linear relation was found between NDVI and LAI ($r^2 = 0.59$), as well as between NDVI and eLAI ($r^2 = 0.86$) (Figure 2). The better r^2 of the correlation between NDVI

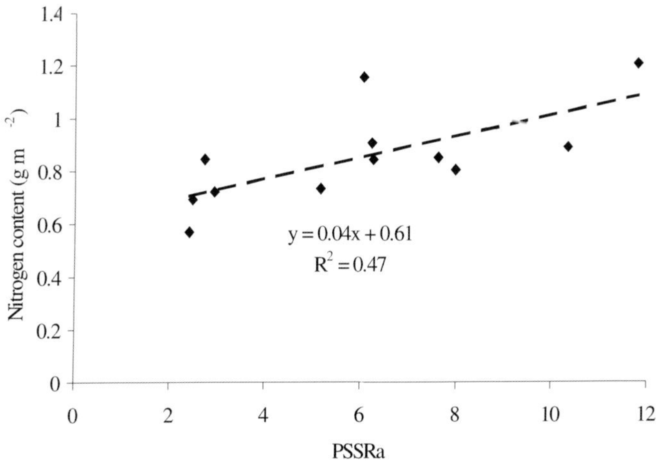

Figure 3. Relationship between PSSRa and Nitrogen content. Linear regression is statistically significant (P<0.05).

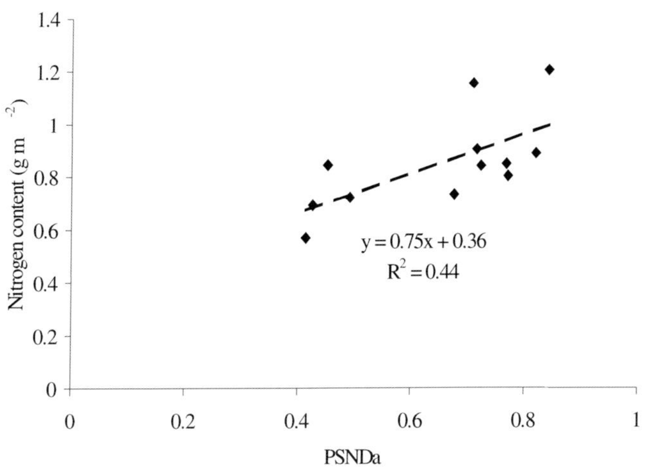

Figure 4. Relationship between PSNDa and Nitrogen content. Linear regression is statistically significant (P<0.05).

and eLAI is probably due to the strong dependence of both indices on canopy structure and density (see also Vescovo *et al.* 2003 for the differences between LAI and eLAI).

The relations between total biomass nitrogen and PSSRa ($r^2 = 0.47$, Figure 3) and PSNDa ($r^2 = 0.44$, Figure 4) are statistically significant ($P<0.05$). No significant correlation was found, instead, between the two indices and phytomass or necromass nitrogen. The two indices, normally used for chlorophyll estimation, should also be potentially good predictors of biomass nitrogen content.

The study results indicate that the spectral indices discussed above may provide a reliable estimate of some significant canopy parameters such as phytomass, eLAI and biomass nitrogen in natural grassland ecosystems. They may also allow to extend local data at regional level by calibrating remote sensing data. Therefore, it can be said that spectroradiometer measurements may be a suitable, quick and economical way to achieve a better description of the agronomic parameters of a pasture. However, such indices should be considered with some attention in case of heterogeneous pastures constituted by species with low decomposition rate (see also Gianelle *et al.*, 2003)

Acknowledgements

The project is financed by the Research Found of the Autonomous Province of Trento. Authors also wish to thank the Trento Provincial Breeders Federation and the Trentinograna Consortium for their support to the project.

References

Andrighetto, I., Berzaghi, P., Cozzi, G., 1996. Dairy feeding and milk quality: extensive system. Zoot. Nutr. Anim., 22, 241-250.

Clevers, J.P.G., Van Leeuven, H.J.C., 1996. Combined use of optical and microwave remote sensing data for crop growth monitoring. Remote Sens. Environ., 56, 42-50.

Gianelle, D., Cescatti, A., Vescovo, L., Guastella, F., 2003. Measurement of spectral vegetation indices using field spectroradiometers and plant canopy analyser in alpine grassland. EGF, Pleven, Bulgaria, May 26-28.

Malossini, F., Bovolenta, S., Pradi, P.P., Piras, C., 1992. Effect of summer grazing on the production of milk by Brown cows. Zoot. Nutr. Anim., 18, 259-265.

McNairn, H., Deguise, J.C., Pacheca, A., Shang, J., Rabe, N., 2001. Estimation of crop cover and chlorophyll from hyperspectral remote sensing. 23rd Canadian Remote Sensing Symposium, Sainte-Foy, Quebec, Canada, August 21-24, 2001.

Myneni, R.B., Hall, F.G., Sellers, P.S., Marshak, A.L., 1995. The interpretation of spectral vegetation indexes. IEEE Tran. Geosci. Rem. Sens., 33, 481-486.

Myneni, R.B., Nemani, R.R., Running, S.W., 1997. Estimation of global leaf area index and adsorbed par using radiative transfer models. IEEE Tran. Geosci. Rem. Sens., 35, 1380-1393. NOOA, 1990. Global Vegetation Index user's guide. Washington D.C., NESDIS.

Vescovo, L., Guastella, F., Gianelle, D., Cescatti, A., 2003. Seasonal leaf area development in different alpine grassland ecosystems. Proceeding of the 20th EGF meeting, Pleven, Bulgaria.

Zemp, M., Leuenberger, H., Künzi, N., Blum, W., 1989. Influence of high altitude grazing on productive and physiological traits of Dairy cows. I: Influence on milk production and body weight. J. Anim. Breed. Genet., 106, 278-288.

Session 5: Livestock as a fundamental factor for rural development and safeguard of natural resources in mountain areas

Theatre presentations

Aspects juridiques de la production animale et de l'utilisation des ressources naturelles dans les zones de montagne méditerranéenne

J. Audier

Faculté de droit et de science politique d'Aix-Marseille, Avenue Robert Schuman, 13628 Aix-en-Provence Cedex France

Résumé

La spécificité du milieu montagne est prise en compte par des règles juridiques communes adaptées ou par des règles particulières. Les réglementations relatives aux indications de provenance, appellations d'origine et indications géographiques peuvent être utilisées pour les produits animaux de montagne.

L'indication de provenance montagne peut être réglementée et réservée aux produits issus des zones de montagne.

Par ailleurs les noms géographiques des produits originaires de la montagne peuvent faire l'objet d'un enregistrement communautaire et d'une protection particulière.

Keywords: montagne, produits agricoles, produits agroalimentaires, indication de provenance, appellation d'origine, indication géographique.

Introduction

La montagne est lieu de mystère et siège des dieux. Mais elle est surtout un espace de vie à redécouvrir et à faire connaître. Contrairement à l'image de retirement, d'isolement et de retard véhiculée par le public, la montagne est en avance sur bien des idées et des politiques.

L'espace montagnard est un trésor de biodiversité, le château d'eau des autres zones, le lieu de produits aux caractéristiques particulières, un lieu de loisirs, un conservatoire culturel, où l'on pratique depuis fort longtemps l'agriculture durable.

Un espace différent par son altitude et ses rigueurs climatiques, même en montagne méditerranéenne, différent par ses sols et leur pente, différent par les populations qui l'habitent. Le montagnard est dur à la tâche, résistant aux choses de la vie, entreprenant et prudent, habile et opiniâtre.

Inévitablement quand des politiques de développement agricole ou de développement rural ont été mises en place, partout dans le monde, la question de leur faisabilité a été posée pour les montagnes. De façon générale la réponse donnée a pris deux formes complémentaires ou exclusives: soit on a procédé par adaptation des règles communes, soit on a construit des réponses spécifiques.

Le droit et la réglementation ont suivi ces deux voies possibles: adaptation ou spécificité. En effet la montagne n'est pas en dehors de l'action et des règles étatiques. Elle est soumise au système juridique local, national, et aussi le cas échéant aux règles de la Communauté européenne.

Mais dans un souci d'efficacité et de cohérence les règles juridiques se plient souvent aux contraintes spécifiques de la montagne. Contraintes qui peuvent même générer des statuts ou des systèmes juridiques spécifiques.

On en veut pour exemple la loi française n°85-30 du 9 janvier 1985 relative au développement et à la protection de la montagne (1), dont l'article premier reste d'actualité: "La montagne constitue une entité géographique, économique et sociale dont le relief, le climat, le patrimoine naturel et culturel nécessitent la définition et la mise en œuvre d'une politique spécifique de développement, d'aménagement et de protection. L'identité et les spécificités de la montagne sont reconnues par la nation et prises en compte par l'Etat ...". Suivaient des orientations qui sont toujours d'actualité: objectif de parité des revenus et des conditions de vie, démarche d'autodéveloppement par mobilisation et diversification des ressources pour valoriser les aptitudes agricoles, forestières, artisanales, industrielles et promouvoir le tourisme, le thermalisme et le climatisme; protéger les équilibres biologiques et écologiques, les sites et paysages, adapter et améliorer les équipements et services.

L'agriculture de montagne aujourd'hui est "Par sa contribution à la production, à l'emploi, à l'entretien des sols et à la protection des paysages, [....] est reconnue d'intérêt général comme activité de base de la vie montagnarde" (2).

Quelques Etats ont également pris des textes spécifiques dont l'Italie au plan national, loi n°97 du 31 janvier 1994 sur les lois, forêts et territoires de montagne, et avec des lois régionales dans onze régions (notamment: Abruzzes, Basilicate, Calabre, Frioul-Vénètie julienne, Latium, Lombardie, Marches, Molise), la Grèce (loi 1892-90 d'aide à l'économie et au développement et au développement des régions de montagne, modifiée par la loi 2234/94) et la Bulgarie.

Au plan communautaire la montagne est impliquée plus ou moins directement dans de nombreuses mesures ou réglementations: indemnité compensatoire des handicaps naturels – ICHN; politiques des fonds structurels dont européens 95% des montagnes sont éligibles à leurs objectifs, Interreg, directive oiseaux et habitats (Pinde en Grèce; Apennins en Italie), politique de l'eau et de préservation des ressources naturelles, mesures de la Politique agricole commune (agroenvironnementales, forestières, de modernisation des filières...). Mais il n'existe pas encore de politique européenne structurée à l'égard de la montagne, constituée de mesures particulières, ne s'appliquant qu'à elle du fait de la reconnaissance de ses spécificités (3).

Au plan mondial après 2002 l'année des montagnes décidée par les Nations-Unies un nouvel élan est donné à la Convention alpine et à d'autres projets ambitieux (4).

Il faut également noter que des institutions administratives ou financières propres à la montagne sont souvent créées (5).

En définitive la montagne et les montagnards ont parfois des difficultés à trouver leur chemin, et leurs règles, dans les systèmes existant qui s'intéressent à eux de plus ou moins prés. Ainsi il n'existe pas a priori de système particulier relatif aux produits agricoles et agroalimentaires spécifiques ou de qualité obtenus en montagne. Pourtant ces produits sont souvent identifiables sur les marchés: agneau de montagne, fromage de montagne, fruits de montagne, charcuterie de montagne, miel de montagne, lait de montagne, yaourt et produits frais de montagne, plantes aromatiques et médicinales, etc... (6). D'ailleurs la montagne est aussi en elle-même un produit qui peut faire oublier ses vraies richesses: il faut veiller à ce que le produit montagne fasse vendre les produits de montagne.

Valoriser au mieux la production animale et les ressources naturelles de la montagne méditerranéenne sont des objectifs qui peuvent être complémentaires et fructueux. Préserver les ressources naturelles permet généralement d'obtenir des produits (viandes, laits, fromages,...) qui ont des caractéristiques spécifiques qui peuvent servir de fondement à une identification particulière. De nombreuses possibilités existent qui se déclinent en fonction du lien existant entre les produits et le lieu de production.

Lorsque le produit alimentaire ou agroalimentaire a été entièrement obtenu ou a subi une transformation substantielle en montagne, la montagne est une indication de provenance (7). En revanche si une dénomination géographique est utilisée en prétendant que le produit de montagne a une qualité ou des caractères dus exclusivement au milieu géographique, incluant des facteurs naturels et humains, on est alors en présence d'une appellation d'origine.

Enfin si un nom géographique désigne un produit originaire de la montagne dont une qualité déterminée, la réputation ou une autre caractéristiques peut être attribuée à cette origine géographique, on est en présence d'une indication géographique (8).

Les observations qui précèdent nous conduisent à examiner successivement l'indication de provenance montagne (I), puis les produits originaires de la montagne (II).

L'indication de provenance montagne

Si un produit est identifié comme provenant de la "montagne", il est nécessaire que cette information soit exacte (9) et par conséquent que la "montagne" soit identifiée, délimitée en tant que zone spécifique de provenance. La signification technique de cette indication de provenance montagne devra aussi être précisée.

Les zones de montagne

Dans la Communauté européenne c'est la Directive 75/268/CEE du Conseil, du 28 avril 1975, sur l'agriculture de montagne et de certaines zones défavorisées, art.3.3 (10) qui a défini les zones de montagne. Cette définition est, après l'abrogation de la Directive précitée en 1997, reprise avec de légères modifications à l'article 18.1 du Règlement (CE) n°1257/1999 du Conseil du 17 mai 1999 concernant le soutien au développement rural par le Fonds européen d'orientation et de garantie agricole (11).

En substance les zones de montagne sont caractérisées par une utilisation limitée des terres et un coût des travaux accrus par: - soit l'altitude et un cycle végétatif raccourci; - soit de fortes pentes rendant la mécanisation très coûteuse ou impossible – soit la combinaison des deux facteurs précédents (altitude-pentes) moins accentués mais conduisant ensemble à un handicap équivalent.

Les Etats membres ont mis en œuvre ces principes de façon autonome avec un résultat d'ensemble incohérent. L'altitude est variable, de 600 à 1000 mètres (12), 20% de déclivité minimum ou aucune indication chiffrée (13). La définition communautaire devrait donc être améliorée par l'indication de seuils chiffrés ou de fourchettes pour les critères d'altitude et de pente (14).

En d'autres termes ce qui est reconnu comme zone de montagne dans un Etat membre peut ne pas l'être dans un autre. Il faut donc s'en référer aux délimitations nationales qui sont généralement faites par une décision gouvernementale classant des communes ou parties de communes en zone de montagne.

Dans d'autres pays les situations peuvent être très proche des situations communautaires avec un texte législatif ou réglementaire qui définit la zone de montagne (15). En l'absence de texte ce sont les usages qui permettront de définir la zone de montagne.

Les produits issus de la zone de montagne pourront être désignés par l'indication de provenance correspondante dont la signification doit être précisée.

La signification de l'indication de provenance montagne

De manière générale l'indication de provenance correspond à un produit qui a été obtenu (récolté, extrait), ou qui a subi une transformation substantielle dans le lieu, la région ou le pays dont le nom sert à le désigner.

L'appréciation de la transformation substantielle peut être très variable mais elle correspond généralement à une position déterminée dans une nomenclature douanière. En d'autres termes la position douanière d'un produit est un moyen d'appréciation de la transformation substantielle qu'il a subi et qui lui permet de revendiquer une provenance particulière (16).

Pour les produits agricoles leur provenance est facile à déterminer puisqu'elle est celle de leur récolte. La question de la provenance des produits agroalimentaire est plus délicate et contingente au produit considéré: lieu d'élaboration en montagne avec des matières premières de montagne et d'autres provenances éventuelles, élaboration hors montagne avec des matières premières de provenance de montagne.

Pour de la charcuterie nécessitant une longue période de séchage, on peut sans doute considérer que le lieu d'élaboration du produit est essentiel (le porc est de provenances diverses), s'il se trouve en zone de montagne l'indication de provenance montagne sera possible.

La France, dotée de longue date d'une législation sur les appellations d'origine (1919), a précisé le contenu technique de l'indication de provenance montagne pour éviter les allégations peu crédibles. Ainsi a été créée une sorte d'indication de provenance "réglementée", dont l'avènement a été difficile.

La loi sur la montagne de 1985 dans un article 33 disposait que tous les produits, autres que les vins bénéficient d'une appellation d'origine, d'un label ou d'une certification de qualité pouvaient bénéficier en outre d'une appellation (sic) "montagne". L'article 34 du même texte prévoyant la protection de l'indication de provenance "montagne" et des noms géographiques pertinents de la zone (noms de massif, vallée, commune, département).

Un décret du 26 février 1988 fixa les conditions d'utilisation pour les produits agricoles et alimentaires de l'indication de "provenance montagne" (17). La production, la transformation, l'élaboration et les matières premières utilisées devaient provenir des zones de montagne définies par la réglementation française en application des règles communautaires, sauf dérogations, et faire l'objet d'une autorisation administrative.

En application de ce décret des opérateurs français furent pénalement condamnés pour avoir commercialisé de la charcuterie portant l'indication "montagne" ou "Monts de Lacaune", sans avoir reçu l'autorisation administrative nécessaire. La Cour de cassation française saisit la Cour de justice des communautés sur les questions de la compabilité du décret français avec le règlement AOP-IGP et sur la libre circulation des marchandises puisque le texte ne s'appliquait qu'aux produits des zones de montagne françaises.

La Cour par un arrêt du 5 mai 1997 (18) a dit pour droit que le règlement n°2081/92 (AOP-IGP) ne s'oppose pas à l'existence d'une telle réglementation nationale sur la dénomination "montagne", mais que l'article 30 [devenu 23] du traité (liberté de circulation des marchandises) s'oppose à un texte qui réserve l'utilisation de la dénomination "montagne" aux seuls produits fabriqués sur le territoire national et élaborés à porter de matières premières nationales.

Un nouveau décret a été publié le 15 décembre 2000 sur "l'utilisation du terme "montagne" (19) qui reprend le texte précédent en le complétant largement du point de vue technique, mais en précisant que l'autorisation administrative nécessaire pour utiliser le terme "montagne" n'est pas exigée lorsque les produits sont originaires d'un Etat membre de l'Union européenne (art.4).

Des dérogations sont prévues à la nécessaire provenance des zones de montagne, elles concernent: les matières premières qui ne peuvent être produites en montagne, les matières premières de zones de montagne hors de France, les céréales et oléoprotéagineux utilisés pour l'alimentation des animaux si les conditions techniques l'imposent, de même pour l'abattage des animaux ou le conditionnement des produits (art.2).

Il faut préciser que la demande d'autorisation administrative d'utilisation du terme "montagne" est accompagnée d'un cahier des charges précisant, entre autres, les contrôles de traçabilité et enregistrements prévus (art.6) (20).

Une autre situation existante est l'attestation de spécificité communautaire enregistrée pour le jambon cru montagnard de l'Espagne: "Serrano". L'attestation de spécificité identifie le produit comme une spécialité traditionnelle garantie qui ne fait pas référence à une origine quelconque, mais a pour objet de mettre en valeur une composition traditionnelle du produit ou un mode de production traditionnel (21). Le produit est obtenu dans des conditions comparables à celles de l'élaboration en montagne (22).

D'autres techniques juridiques permettent de signaler la provenance "montagne". Ainsi il existe en France quelques labels régionaux (23), dont le label "Savoie" qui évoque évidemment une zone de montagne. Les labels régionaux existant survivent mais désormais l'utilisation d'un nom géographique pour désigner un produit agricole ou agroalimentaire oblige les producteurs à respecter la réglementation communautaire pertinente relative aux produits originaires, dont les produits originaires de la montagne (24).

Les produits originaires de la montagne

Lorsqu'un produit est désigné par un nom géographique situé dans une zone de montagne (lieu, région de montagne) il peut revendiquer cette origine et la protéger par un enregistrement communautaire AOP-IGP désormais bien connu des opérateurs (25).

On sait que, pour l'AOP, le produit désigné est originaire d'une région, lieu ou pays et sa qualité ou caractères sont des exclusivement au milieu géographique, incluant des facteurs naturels et des facteurs humains. Pour l'IGP le nom géographique désigne un produit dont une qualité déterminée, la réputation ou une autre caractéristique peut être attribuée à cette origine géographique (26). Dans le cas d'une AOP la transformation, la production et l'élaboration ont lieu dans l'aire géographique délimitée. En revanche pour l'IGP la production et/ou la transformation et/ou l'élaboration ont lieu dans l'aire géographique délimitée.

Lorsque le nom géographique est enregistré en qualité d'AOP-IGP il est alors l'objet d'un droit de propriété intellectuelle. Son usage est réservé aux opérateurs de l'aire géographique délimitée qui respectent le cahier des charges pertinent. La protection de ce nom est renforcée tant contre les contrefaçons, que les imitations ou le parasitisme (27).

Au plan international les AOP-IGP sont évidemment des indications géographiques au sens de l'Accord sur les aspects des droits de propriété intellectuelle qui touchent au commerce de l'organisation mondiale du commerce (28).

L'application du règlement AOP-IGP aux produits de montagne est naturellement possible, mais suggère quelques observations relatives au nom géographique utilisé et aux cahiers des charges pertinents.

Le nom géographique des produits de montagne originaires

Parmi les centaines de noms enregistrés sur le fondement du Règlement n°2081/92 (AOP-IGP) certains sont l'illustration d'une utilisation pour des produits de la montagne.

Des noms géographiques enregistrés comme AOP sont des noms de région de montagne ou de massifs notamment: Cabrito Transmontano (P), Valle d'Aosta Jambon de Bosses (I), Valle d'Aosta Lard d'Arnad (I), Allgäuer Bergkäse (RFA), Beaufort (F, massif), Bleu du Haut-Jura (F), Cantal (F), Reblochon de Savoie (F), Mont d'or du Haut-Doubs (F), Bleu du Vercors-Sassenage (F, massif), Valle d'Aosta Fromadzo (I), Formai de Mut dell'alta Valle Brembana (I), Tiroler Graukäse (A), Vorarlberger Alpkäse (A), Queijo Serra de Estrela (P), miel de sapin des Vosges (F), Mel da Serra de Manchique (P), Mel do Ribatejo Norte-Serra d'Aire (P), Sierra Magima (E), Montes de Toledo (E), Sierra de Segura (E), Azeite de Tràs-os-Montes (P), Metsovone (GR) , Formaella Arachovas Parnassou (GR).

Les opérateurs qui exportent ces produits sur le marché unique peuvent, pour vaincre l'ignorance géographique des acheteurs, préciser dans leur étiquetage que ces produits sont originaires de la montagne. Sauf erreur les produits sous AOP cités sont obtenus et transformés et élaborés dans des zones de montagne. En d'autres termes les produits concernés sont obtenus dans des zones qui sont des zones de montagne au sens du Règlement n°1257/1999 du Conseil (29). Mais il est possible, les deux réglementations étant indépendantes, que l'aire géographique du produit AOP soit plus restrictive que la zone de montagne pertinente au sens du règlement précité (30).

Lorsque le nom géographique est enregistré comme IGP il peut aussi exprimer sa situation en montagne: Vitellone bianco dell'Appennino Centrale (I), Speck dell'Alto Adige (I), Emmental de Savoie (F), Tomme des Pyrénées (F), Tome de Savoie (F), Cerezas de la Montaña de Alicante (E), Pommes et poires de Savoie (F). A notre avis aussi, la production et/ou la transformation et/ou l'élaboration peut se situer dans une aire géographique plus restrictive que la zone de montagne définie au sens du règlement n°1257/1999.

Qu'il s'agisse d'une AOP ou d'une IGP, la dénomination utilisée relative à une région ou bien de montagne doit nécessairement être exacte et exprimer le lien entre le milieu géographique montagnard et la qualité ou les caractères du produit (AOP), ou une qualité déterminée, la réputation ou une autre caractéristique du produit (IGP) (31).Sur ce point l'Italie a une réglementation particulière par l'effet du décret du 27 mai 1998 (GU n°265, 12/11/1998). Ce texte dispose que la mention complémentaire "produit dans la montagne italienne" peut être utilisée pour les produits sous AOP ou IGP communautaires dont les matières premières et la transformation ou élaboration sont originaires ou localisées dans une commune de montagne et inscrits sur un registre des produits de montagne.

De façon originale, mais juridiquement acceptable car il s'agit de produits agricoles, la France a inscrit expressément les produits forestiers parmi ceux qui peuvent bénéficier d'un signe d'identification comme une appellation d'origine ou une indication géographique (32). Si un nom géographique est utilisé on aura par conséquent une AOP ou IGP des bois extraits d'une forêt déterminée, si l'annexe II du réglement n°2081/92 est complétée par le produit pertinent (33).

Ainsi les noms géographiques des régions de montagne peuvent être réservés aux produits conformes à un cahier des charges s'ils sont enregistrés par la Commission européenne (34).

Les cahiers des charges

L'exigence d'un cahier des charges est consubstantielle à l'enregistrement des noms des produits originaires de la montagne comme pour tous les autres produits originaires.

Les produits concernés sont soumis à des spécifications nombreuses et précises qui permettent de s'assurer que leur caractère originaire est bien établi et contrôlé (35). Leur origine à 100% ne supporte pas d'exceptions (36). Néanmoins pour les AOP seulement, les matières premières que sont les animaux vivants, les viandes et le lait peuvent provenir d'une aire géographique plus vaste ou différente de l'aire de transformation si l'aire de production de la matière première est elle-même délimitée et que cette production est soumise à des spécifications particulières, ces conditions faisant l'objet d'un contrôle spécifique (37). Dans le cas d'un produit de montagne cette dérogation ne semble pas avoir été utilisée à ce jour (38), ce qui est conforme à l'esprit du système et à la définition de l'AOP.

Un examen sommaire des cahiers des charges des produits de montagne dont le nom est enregistré comme AOP ou IGP permet aussi de se rendre compte que les conditions de production peuvent être variables en raison même des caractéristiques du milieu montagnard. Ainsi du lait produit en été sur les alpages ou estives, et transformé sur place, qui permet d'utiliser une indication supplémentaire dont dispose le droit national (39).

En conclusion nous pensons que les handicaps naturels de la montagne, compensés économiquement s'ils sont incompressibles ou réduits dans la mesure des possibilités, ne doivent jamais servir d'alibi ou de masque à l'immobilisme et ternir une image à la valeur indiscutable et grandissante. "L'image positive dont bénéficie la montagne, ainsi que la qualité et l'originalité de ses produits et de ses savoir-faire, constituent un potentiel énorme envers lequel il convient de développer une stratégie favorable à son expansion ... l'engagement dans une telle voie pourrait consister à reconnaître au niveau communautaire le terme "montagne", en tant qu'allégation applicable aux produits élaborés et conditionnés en montagne..." (40). Ce serait une étape complémentaire ou liminaire vers les AOP-IGP, instruments dés maintenant à disposition des opérateurs de la Communauté européenne.

Références

1) JORF 10 janvier 1985. La première intervention législative limitée est dûe à la loi n°72-12 du 3 janvier 1972 permettant la promotion de l'activité pastorale dans les régions d'économie montagnarde, devenu art. L. 113-2 et s. du Code rural, www.legifrance.gouv.fr. La loi de 1985 comportait aussi une adaptation spécifique pour les départements d'outre-mer (Martinique, Guadeloupe, Guyane, Réunion): AudierJ. La loi sur le développement de la montagne dans les départements d'outre-mer, Revue française de droit administratif, 1985, 818-828. Voir aussi: Amoudry J.-P., L'avenir de la montagne: un développement équilibré dans un environnement préservé, Rapport d'information n°15, 9 octobre 2002, Sénat; Emorine J.-P, BAILLY G., L'avenir de l'élevage: enjeu territorial, enjeu économique, Rapport d'information n°57, 7 novembre 2002, Sénat. Rapports disponibles: www.sénat.fr.
2) Article L.113-1, alinéa 1er du Code rural
3) Avis du Comité économique et social européen sur "L'avenir des territoires de montagne dans l'Union européenne", 2003/C61/19, JOCE n°C61, 14 mars 2003, 113-122. Le dossier est en évolution puisque le Commissaire européen Michel Barbier a précisé aux Assises Euromontana en 2002 que la politique régionale européenne de 2007-2013 devrait considérer la montagne comme zone prioritaire d'intervention. Le Président de la Commission européenne, Romano PRODI, s'est prononcé en faveur d'une politique européenne de montagne le 17 octobre 2002.
4) Villeneuve A., Tallap P., Mekouar M.A., 2002, El marco legal para la gestion sostenible de las montañas: instrumentos aplicables a las zonas de montaña, Unasylva, 208, 2002/1, FAO.
5) En France: Conseil national de la montagne, Comités de massifs; en Italie: Fondo nazionale per la montagna.
6) Nous excluons du champ de cette étude les vins et boissons spiritueuses généralement soumis à des statuts particuliers. Mais la montagne méditerranéenne est aussi le siège d'une viticulture importante, www.cervim.vao.it/, ou d'élaboration de spiritueux: liqueur de myrte, liqueur d'arbouse, etc...
7) La "valeur montagne" est souvent utilisée dans des marques, notamment pour les eaux de source ou minérales: Evian, Vittel, Volvic... ou d'autres produits.
8) Ces définitions sont celles des appellations d'origine protégées (AOP) et des indications géographiques protégées (IGP) au sens du règlement (CEE) n°2081/92 du Conseil du 14 juillet 1992, JOCE n°L. 208, 24 juillet 1992, p.1. L'auteur ne s'exprime pas au nom du Comité scientifique des AOP-IGP, les opinions émises sont personnelles.
9) L'étiquetage ne doit pas être de nature à induire l'acheteur en erreur sur "..l'origine ou la provenance..", Directive 2000/13/CE du Parlement européen et du Conseil du 20 mars 2000 relative au rapprochement des législations des Etats membres concernant l'étiquetage et la présentation des denrées alimentaires ainsi que la publicité faite à leur égard, JOCE, n° L. 109, 6 mai 2000, p.29, spec. art.2.1, a), i).
10) JOCE, n° L.128, 19 mai 1975, p. 1.
11) JOCE, n° L.160, 26 juin 1999, p. 80.
12) Italie, Allemagne, France, Espagne; mais l'Italie a supprimé le seuil altitudinal chiffré en 1990.
13) France et Espagne; Italie et Allemagne.
14) En ce sens: Avis du CES, précité, n°3.1.2 et 3.1.3. Le même avis souhaite les subdivisions de haute montagne et de montagne sèche, n° 3.1.5, distinctions déjà mises en œuvre par la France dans ses barèmes ICHN et autres aides (dotation au jeune agriculteur). Pour les D.O.M. de la France: 500 mètres à la Réunion et 350 mètres aux Antilles, ou 100 mètres et pentes supérieures à 15%.

15) C'est le cas de la Géorgie avec une possibilité de classement à partir de 800 mètres et le classement en montagne au-dessus de 1500 mètres.
16) Pour des matériels ou des instruments on déterminera la part des pièces, ou de la main-d'œuvre nécessaire pour transformer en un lieu une matière brute. Par exemple une montre est suisse en raison de l'origine douanière de ses composants et de la valeur ajoutée de son montage, Ordonnance du 23 décembre 1971, règlant l'utilisation du nom "suisse" pour les montres, 232.119, www.admin.ch.
17) Décret n°88-194, JORF 1988, 27 février, p. 2747; un décret n°88- 195 du même jour, prévoyant une "appellation montagne" qui n'a pas été utilisée et a été abrogée en 2000.
18) Aff. C-321/94, C-322/94, C-323/94 et C-324/94, Recueil de jurisprudence 1997, p. I- 02343.
19) Décret n°2000-1231 du 15 décembre 2000, JORF 17 décembre 2000, p. 20108.
20) Ce sont essentiellement des produits de la charcuterie et des miels qui utilisent le terme "montagne". Les marques enregistrées antérieurement au 27 février 1988, premier décret, subsistent.
21) Règlement (CEE) n°2082/92 du Conseil du 14 juillet 1992 relatif aux attestation de spécificité des produits agricoles et des denrées alimentaires, JOCE n°L. 208, 24 juillet 1992, p.9.
22) Des producteurs de "Serrano" se sont regroupés autour d'une marque collective (un logo particulier). Le jambon est préparé dans des "secaderos" que reproduisent le milieu ambiant de la montagne. Le produit est élaboré en Espagne à partir de porcs élevés et abattus en Espagne: www.consorcioserrano.com.
23) Les labels régionaux apposés sur des produits agricoles sont des labels agricoles institués en 1960, ils attestent de la qualité "supérieure", de qualités et caractéristiques fixées dans un cahier des charges, un logo particulier les identifie: le label rouge. Les labels régionaux évocateurs de la montagne sont les suivants: Label régional Franche-Comté, Label régional Païs Midi-Pyrénées, Label régional Savoie.
24) Depuis la loi n°94-2 du 3 janvier 1994 relative à la reconnaissance de qualité des produits agricoles et alimentaires: "Le label ou la certification de conformité ne peut pas comporter de mention géographique si cette dernière n'est pas enregistrée comme indication géographique protégée", désormais art. L 115-23-1 du Code de la consommation. Sont devenues des IGP les produits qui ne remplisserent pas les conditions de l'AOP: tome de Savoie, emmental de Savoie, pommes et poires de Savoie. Aucun nouveau label régional ne peut être créé et les labels existant devaient disparaître le 31 décembre 2002 pour les produits dans le champ d'application du règlement n°2081/92.
25) Plus de 600 appellations d'origine protégées (AOP) et indications géographiques protégées (IGP) ont été à ce jour enregistrées par la Commission européenne. Il convient de noter avec soin que le nom d'une race animale ne peut être utilisé en tant que tel comme AOP-IGP s'il est "susceptible d'induire le public en erreur quant à la véritable origine du produit.", règlement n°2081/92, art.3.2.
26) Règlement (CE) n°2081/92, article 2.2, a) et 2.2., b°.
27) Règlement (CE) n°2081/92 article 13. Si une protection nationale existe déjà (appellation d'origine nationale), elle est transitoire en attendant l'enregistrement communautaire, article 5.5, al. 2 et s.
28) Sur cet Accord: Audier J., Accord ADPIC-Indications géographiques, Office des publications officielles des Communautés européennes, 2000.
29) Voir supra, Première partie- I, A.
30) La situation inverse, aire géographique étendue au delà de la zone de montagne, devrait être examinée avec soin mais n'est pas impossible si la qualité du produit est toujours à la définition de l'AOP.
31) En France l'arrêté du 6 février 1998 relatif à la "saucisse de Morteau" a été annulé par le Conseil d'Etat car aucune qualité déterminée ou mode de fabrication " ne peut être attribué à l'élaboration du produit dans la seule zone constituée de communes situées à une altitude au moins égale à 600

mètres et, d'autre part, que la réputation du produit est attachée à un produit traditionnel fabriqué dans l'ensemble des départements du Doubs et du Jura, y compris dans les communes de plaine", Conseil d'Etat 17 novembre 1999, Soc. Bonnet et autres. Debrincat M. Analyse de décisions récentes du Conseil d'Etat sur l'application du règlement AOP-IGP, Revue de droit rural, 289, 2001, 23-27.

32) Article L640-2 du Code rural, modifié par la loi n°2001-602 du 9 juillet 2001 sur la forêt.

33) Les exploitants du massif montagneux et forestier de la Chartreuse, prés de Grenoble, ont fait savoir qu'ils souhaitaient obtenir une appellation d'origine pour leur bois, Le Monde, 11 janvier 2003, p.11. On peut imaginer que le chêne issu d'autres forêts et utilisé en tonnellerie puisse être ainsi identifié.

34) Le même nom géographique peut être utilisé, comme AOP-IGP pour différents produits originaires correspondant à des cahiers des charges différents et à différents enregistrements (Tome de Savoie; Emmental de Savoie; pommes de Savoie). Eventuellement, mais pour les AOP seulement, une dénomination traditionnelle géographique ou non, peut être enregistrée, règlement AOP-IGP, art. 2.3.

35) Sur les spécifications qui doivent figurer dans le cahier des charges: règlement n°2081/92, article 4.2.

36) Sauf pour les additifs ou auxiliaires technologiques à notre avis.

37) Règlement n°2082/92, article 3.

38) Sans cela l'acheteur serait partiellement induit en erreur sur la qualité du produit qu'il attribue à la montagne. En revanche cette dérogation n'est pas possible pour les IGP dont leur lien au lieu de production peut être moindre puisque le produit est alors produit et/ou transformé et/ou élaboré dans l'aire géographique délimitée dont il porte le nom.

39) "Fromage fermier", fabriqué sur l'exploitation pour l'Abondance (F) et le reblochon de Savoie; "été" et "chalet d'alpage" pour le Beaufort (F); "Ferme de..." pour le Salers; "Buron", chalet d'estive, pour le Laguiole.

40) Avis du Comité économique et social européen, précité; n°5.3.3.

Reciprocal interest of cultural patrimonial issues and animal agriculture development: an essay

J.-C. Flamant

INRA, B.P. 38, F-31321, Castanet-Tolosan Cedex, France

Introduction

Culture and patrimony issues are not usual as topics of the scientific meetings dedicated to animal production science. And I am not sure that colleagues involved in anthropological science expressed some interest to the animal production sector. However, I accepted the challenge which consists in exploring that we could put under "strategies for preservation and valorisation of endogenous culture and traditional knowledge in respect to livestock in mountain areas of the Mediterranean".

I firstly recall that in 1996-1997, some of us were exploring, to the invitation of Andreas Georgoudis, the possibility of organising a Symposium under the title: "From the roots of animal science to the innovative biotechnics of the year 2000". It was a proposal in the framework of the year of "Thessaloniki Cultural Capital of Europe" (1997). The project was to enlighten animal agriculture by cultural dimension in the city which is the Aristotle's birthplace.

For the present essay, I made the choice of organising information from various fields under two first topics:

1. Cultural views from the animal sector.
2. Animal production involved in cultural approaches.

Cultural views from the animal sector

In the past, some of our Mediterranean Symposium have paid attention to cultural aspects related to the subject of the Symposium. Culture and patrimony were not the focus of these Symposiums, but it is interesting to observe that even marginally they had their place and they were commented..

Firstly, I remember the Adana Symposium (1991), dedicated to "*The Production of Hides, Skin, Wool, and Hair*", where in a spectacular afternoon we listened to the presentation made by the most famous specialists in Turkish carpets and rugs, after reports from Egypt and Morocco which illustrated the relation between the fleece characteristics of local sheep breeds and the nature of the carpets, and their hand making. Thanks to photography, our Turkish friends commented us the use of natural plant pigments which contribute to the magnificence of the secular designs, the motives and the figures. So, with this session, the link was well demonstrated between the various components of a local traditional hand-woven industry closely associated to the society: sheep, pastures, plants, carpet, traditional design... Coming back to sheep breeding, we also concluded that the sheep improvement of local breeds in Near-East and North Africa was focussed on sophisticated traits related to physical characteristics of the wool fibre, different of the Merinos fine wool adapted to the needs of the world wool industry. In this respect, we cannot miss to remember the specific properties of the hair of the dark goat local breeds in Anatolia, which are searched for providing suitable isolation qualities against rain and sun to the tents of the nomadic populations.

Evora Symposium (1993) was dedicated to tourism ("*Animal Production and Rural Tourism in Mediterranean Regions*"), an important Mediterranean economic activity. Certainly the Mediterranean area is the first tourist destination over the world, with its attracting favourable climatic condition (the summer sun), its spectacular sea costs, but also justified by the prestigious vestiges of the past civilisations of humanity (Egypt, Greece, Italy…). A large number of reports presented during this Symposium gave various illustrations of the implementation of domestic animals and animal products in functions which have a part in the interest of the tourist people for these regions. For instance, one Session was dedicated to the animal contribution to "Leisures, Fairs, Handicraft and Iconography", with several papers which enlightened the breeding and economic aspects of the livestock involved in the corrida, in Spain and in France. This angle was enlarged to other forms of fests, social and local traditional events associated to animals, including the hunting activities. In fact, during this Symposium, many of the participants discovered that the social traditional events could be a mean for stressing the interest of local products and promoting them. These fests, which are celebrated for a long time, can contribute to the arguments of the dossier for benefiting protected appellations.

It is with this idea in the mind, that the Spanish organisers of the 1996 Mediterranean Symposium, around Manolo Espejo, took the opportunity to make a link between this Symposium and the Feria of Zafra which is 500 years old in Extremadura, south-west Spain! The specific quality of the Mediterranean products from animals was the subject discussed during the Badajoz-Zafra Symposium: "*Basis of the quality of typical Mediterranean products*". The most part of the Symposium was dedicated to technical and biological issues, but the "Cases reports" provided the opportunity of describing the traditional basis of a lot of typical farm products, particularly the cheeses.

The theme of the territory and of the management practices was a central one in several of our Mediterranean Symposiums (mainly Rabat and Thessaloniki). For instance, in the Rabat Symposium (1990), we discussed the link between animal and cereal production ("*Livestock in the Mediterranean cereal production systems*"), and I remember that I proposed to analyse the present agricultural systems under the point of view of various ways of evolution from the traditional organisation of the Mediterranean territory (the "archetype"). In these condition, the local territory has to be considered as a resource for the livestock, a component of its feeding system, correlated with the reproduction system in order to transform grass and brushes in meat and milk (Gibon et al. 1996). The evolution of the livestock systems have strong influences upon the evolution characteristics of the Mediterranean landscape. I'll come back further to this aspect.

A fourth important subject of local patrimony, that of the animal genetic resources, was discussed during the Benevento Symposium (1995): "*Mediterranean animal germplasm and future human challenges*". It was dedicated to the assessment and the conservation of biological diversity, but some papers were related to the cultural basis of the local breeds. Particularly, I stressed that the livestock breeds are not the product of nature but are of cultural origin. It means to pay attention to the fact that the human society carry out the management of animal population. And that it is important to discuss the relation between social and political organisation and the conception of the animal genetic improvement.

We can see various markers of this influence in the history of animal breeding which can be read for example in relation with the Histoire de France: the centralised power of the absolute monarchy for the Royal Horses, the hierarchical organisation by a group of elite farmers using the model conceived by Bakewell and other land owners in the framework of the 3rd Republic, the democratic creation and diffusion of genetic progress with the animal breeding law of the 5th Republic. All this evolution has to be put in relation with the economic objectives and the technical progress for controlling the "animal generation" as it is called by Vissac (2002): his magisterial book provides an exciting contribution to the human size of the technical progress in animal production from a large field of cases having involved scientific research during 40 years.

The "Société d'Ethnozootechnie" offers another source of examples of the interest of animal production specialists in the human field. Its biyearly "dossiers" is covering a lot of exiting subjects, either related to one animal species, or to one general topic. We can read with a special interest those dedicated to the evolution and human history of animal breeding, of farm animals feeding, or of animal science teaching. In the last one, I was pleased to produce one paper about particular figures of Professor in the South European countries during the years 50-70s, in Spain, Italy and Greece (Flamant, 1994).

Animal production involved in cultural approaches

Religious size

Are the anthropologists interested by the animal sector? It is my second large question. What is the place given to animal production by the specialists of the local human cultures?

Firstly, I should like to here evoke one of the major "connaisseurs" of the Mediterranean societies, Julian Pitt-Rivers, from Ecole Pratique des Hautes Etudes (Paris). I want here to report that it seems to me a strong comment from him during the introduction of the Symposium he organised few time before he disappeared: "If to-day, forty years after, I should have to search that it makes Mediterranean as a unity, under the light of the results of our researches, it is clearly in the important role of cattle and sheep in the Mediterranean religions that I should feel to find it. Effectively, their role is a major one over all the Mediterranean basin. For very old time till our days, the livestock was a part of the religion." Pitt-Rivers (2001).

Secondly, the analysis of another author comes in my mind, that of Jacques Cauvin. He is a well-known specialist of the Near-East Neolithic, which is considered as the birth place of the agriculture and domestication of the main animal species in support to the economic development of the civilisation. We are used to explain and comment the domestication by the need of the society to control and secure its providing in meat, milk, wool and hair. Cauvin (1997) develops a very stimulated different theory. He explains, gathering and synthesing the results of numerous archeological excavations in the Syrian region, that it was the strong fascination felt by the humans in front of the animals which induced the development of a religious adoration. In this framework, human societies of the Near-East were giving birth to divinities together with agriculture, associating tow symbols: the mother goddess and the bull.

The capacity to carry out the herds of animals was interpreted by other people as being the expression of "a strange power upon the animals". This power, which was of religious origin was further used for its practical consequences for the development of animal agriculture, and was spread in all the Mediterranean from its singular berceau. If we follow Cauvin, it means that we have to be critical with a way of interpretation of the old society under the light of our present society and references. The question of the heritage in culture and patrimony is particularly interesting for informing the issue of the relation between the successive generations, which is one of the main challenge of the paradigm of sustainable development: for pursuing our present goals, we have profit from the products of the past generations, products achieved with other goals than ours, and we have to pay attention to the needs of the future generations. It is a fascinating aspect of the dialectic between modernity and tradition.

The Aubrac case

For illustrating this type of reflection, I propose to here mobilise the results obtained within a very important research programme carried out during several years, in the 60-70s, in a small mountainous area, the Aubrac, at the south of Massif Central. The "RCP Aubrac" (Recherche Coopérative sur Programme) was imagined, conceived and conducted by Georges-Henri Rivière, who was also involved in the origin of the "Musée des Traditions Populaires", in Paris. He is considered as one of the most important fathers of the rural anthropology carried out in France and not in far countries over the world. Aubrac is a basaltic plateau at more or less 900 – 1100 meters altitude. After the second World War, the major phenomena of the region is the movement of deep human abandonment. After several centuries of intensive settlement of which the actual marks remains the numerous Romanic churches from the XI-XII centuries and also the traditional "burons" used during the transhumance period, the decline of the local society began was started with the First World War. The idea of G.H. Rivière was that at the eve of the irreversible human desertification of the region, it was a priority goal to collect all the people knowledge in so various field as the traditional stories, the music instruments and songs, the tools of the daily life... like an inventory before to go to Museum!

A classical anthropological demarche may be! But its originality was the intuition that agricultural system, land management, livestock farming, practice of cheese processing... were considered at that time also important to collect and to register before this pastoral society disappears. It was the reason of the personal involvement of INRA scientists, mainly Claude Béranger and Bertrand Vissac, in investigating pastures and livestock, closely to the work of the ethnologists. It was for them a strong human adventure and a scientific original approach which was indirectly at the roots of the INRA Department "Systèmes Agraires et Développement" and then of the EAAP "Livestock Farming Systems" Working Group recently transformed in a Study Commission.

Coming back to Ioannina and to the mountains case

At this stage, I ask me if really, it is right to consider the mountains as providing a specificity in the reciprocal interest of cultural issues and animal agriculture development. And in the Mediterranean countries is it suitable, under this point of view, to make a distinction between the upper territories and the lowlands. In fact, after reflection, it seems to me reasonable to consider that the mountains areas could have a new specific chance in connecting cultural patrimonial issues and animal agriculture development. But before to go in this direction, may be it is useful to put the point about that we call "mountain".

Two types of mountain

Schematically, I have proposed to simply identify two types of mountains in the Mediterranean (Chassany and Flamant, 1996): those of the industrialised countries (North Mediterranean) and those of South Mediterranean countries (North Africa), differentiated by their demographic rate and human density, and not by their geophysical or climatic traits.

In the industrialised countries, the situation of Mediterranean mountains is that of abandonment and human desertification, joint to environmental problems focussed on the fire risks and erosion coming from the uncontrolled extension of bushes (Cf. the trends of depopulation described by Euromontana, McDonald et al, 2000). In front to intensified agriculture and to the potential of the large surfaces of low lands, the society has no more need of the agricultural products of the mountains areas!

In a second situation, the population remains numerous and even excess in respect to the food possibilities coming from the local agriculture in the territory. It is the case of North African mountains, as in Algeria (Kabylie) or in Morocco (Upper Atlas). The valleys are the place of emigration toward the large cities of the coast or Europe. And the emigrated members of the families provide them with money and domestic equipment. Does it mean that the mountains are poor as it is usually said. I voluntary develop the idea that they are sufficiently rich for producing an excess of population, even if their narrow situation are insufficient for giving work to all the young people. This population surplus is their richness. In these situations, the family, the village, the valley... are the place where was built a strong social personality. The both - flux of population and social tradition – strongly mark the cities which are the destination of the emigration movement. So, in this second situation, the issue of the persons in charge of public responsibility is to find the way for maintaining the excess of population in the mountain and even for avoiding to create the condition of a deep human abandonment as it was the case of the mountains of the industrialised countries.

In the Mediterranean mountains, critical situation comes from environmental problems in relation to heavy human pressure which can hampered the renewal of natural resources, mainly forest, soil and water which are the basis of the local systems, or the human desertification which mean fire sensibility and loss of soil by erosion.

Specificity and richness of the mountains: examples

I express the hypothesis that the mountain territory are very rich places of human culture and patrimony, higher than in the plains. It is true that cities are historically the place where civilisations were originated, particularly in Greece, with a large capacity for spreading around and far from them their influence and political power. But the segmentation of the mountain societies and their vital need for social coherence and survival created the condition of a large diversity which is living till now despite they are menaced by the standardisation of the life style. This large capacity is higher than in the plains, where the rural life was more influenced by the cities one. And when my friend J.J. Lauvergne was searched to make an inventory in the years 70s, around the Mediterranean, of the livestock genetic diversity, he expressed the concept of "shelter area", as being the place where there was more chance to find a local breed preserved from the expansion of cosmopolite breeds. In the Mediterranean these "shelter areas" are mainly represented in the mountain valleys and in the islands (and also in the Sahara oasis. This situation also meets political resistance of people, as it was well illustrated by the Pleven sheep breed in Bulgaria, of which the farmers were reluctant to the expansion of Merinos breed in the collective farms.

In fact, the large world market of agricultural products has no more need of the mountain production for meeting the need of mass consumption of the urban population which are beginning the majority! So, if we follow one of the main lines expressed during the EAAP Round Table in Cairo (2002), the chance of an agriculture opened to globalisation is staid in its capacity to produce something which is different, which is not standard product submitted to the competition of other agriculture which have economic advantages. In this framework, the mountains could have the advantage with the large diversity of their geophysical, livestock and human situation which generated a large diversity of products and of recipes.

The idea of the anthropologists of the RCP Aubrac was supported by an emergency feeling: "Before they were disappeared!". In fact, curiously, this external and intellectual interest was the source of the revival of the region twenty years after. This resurrection has been well studied and provided examples for a lot of other initiatives as those of the Pyrénées. It is well illustrated by Vissac (2002) in his book who gathers and comments theoretical lessons of this experience:

- Local breed has to be considered as "revelatory of the relations between a society and his territory and support of the activities of a human localised settlement".
- Traditional practices of the population are the expression of the "esprit des lieux" (local spririt).
- The revival of the activities by a human localised group is achieved through filtrating new technologies combined with the practices of the "esprit des lieux". (Vissac here comments that this dynamics of the group is a good illustration of the notion of "technological membrane" expressed by philosophe Leroi-Gourhan in the years 40s: "The Aubrac system has make a filtration of the technical innovation proposed by research, through the prism of his own culture").

This revival has taken arguments from the ethnological studies on the traditional cheese-making, with three traits: production of "old Laguiole cheese" with using Fleckvieh cattle (because local Aubrac livestock was not bred in sufficient number, and as alternative to the generalised expansion of Holstein breed), processing and commercialisation of the "Aligot" (a local recipe with cheese and potatoes) as an emblematic image of the tradition, organisation of the old transhumance fairs with a strong popular success!

In any case, in these mountains, the future is opened to all the world, not in the enclosure of a valley or by coming back to the past practices. Nevertheless, the past could be a resource for the future, and the modernity and the aperture to the outside world could be a chance for preserving the patrimony. It is also the lesson of an extensive survey I carried out during one year along the whole Pyrénées cordillera (Flamant and Thierry, 2003).

In my visits along the whole Pyrénées cordillera, from the west to the east part, I had the opportunity to concretely have contact with this reality, observing the role of human groups in searching how to combine a better economic valorisation of the working product with a preservation of the mountain original environment. Their way of achievement are associating local old breeds, feeding management on the basis of pastoral resources of the valley and specific products. Various ways of economic valorisation are followed: protected appellation, proximity sold to tourist people mainly in the reputed places, sold by post over all France and even to other European countries.

Conclusive lessons

This paper is only a first essay for exploring the field of reciprocal interest between culture and animal agriculture. I am sure that it is no complete. For instance, I voluntary miss all that it is related to the preservation of the mountain landscape through animal production activities. It should be also interesting, for better illustration of the mountain richness to produce statistics about the frequency of protected appellations coming from the mountain areas in contrats to those coming from plains... I could have take other examples in Corsica or Sardinia where similar demarches to Aubrac or Pyrénées were carried out. Nevertheless, with this first overview, may I express some provisional lessons:

1. The interest of cultural approaches for better reasoning the challenge of the development in mountains areas.
2. The chance of the mountains areas for providing the large market in specific products.
3. The needed reflection about what is called modernity in these situations.

Finally, it could be of major interest to come back to the proposal made by Thessaloniki University for organising a Symposium taking into account the human size of animal production science

Table 1. Production systems of some French and Spanish cheeses.

- Manech and Basco-Béarnaise Sheep (Pays Basque and Bearn): "Ossau-Iraty" cheese; cooperative organisation and protected appellation.
- Basque Pig (Aldudes valley): cure products of high added value; farm processing and commercialisation; protected appellation in course).
- Barèges Sheep (Luz-Saint-Sauveur): "Barèges-Gavarnie" mutton (2 years old castrated male) with transhumance practice; recent protected appellation.
- Tarasconnaise Sheep (Central Pyrénées): mountain lamb; cooperative or farmer commercialisation.
- Traditional Brown Cattle (Couserans): Pyrénées cheese - yellow croute; farm processing and commercialisation of local product.
- Various Cattle breeds (Aure and Louron valleys): beef meat; farmers organisation till cooperative local butchery.
- Pyrénées Goat (all the chain): cheese; farm processing and commercialisation of local products.
- Gasconne breed (Ariège): 3 years beef in extensive livestock system; cooperative organisation; Label Rouge.
- Crossed Charolais x Gasconne or Aubrac (Catalan mountains): female calf in transhumance without fattening; regional commercialisation by cooperative; protected appellation in course.

References

Proceedings of the EAAP Mediterranean Symposiums

Rabat, 1990. "Livestock in the Mediterranean cereal production systems", EAAP Publication n° 49

Adana, 1991. "The Production of Hides, Skin, Wool, and Hair", EAAP Publication n° 56.

Cairo, 1992. "Prospect of Buffalo Production in the Mediterranean and the Middle East", EAAP Publication n° 62.

Evora, 1993. "Animal Production and Rural Tourism in Mediterranean Regions", EAAP Publication n° 74.

Thessaloniki, 1994. "The optimal exploitation of marginal Mediterranean areas by extensive ruminant production systems", EAAP Publication n° 83.

Benevento, 1995. "Mediterranean animal germplasm and future human challenges", EAAP Publication n° 85.

Badajoz-Zafra, 1996. "Basis of the quality of typical Mediterranean products", EAAP Publication n° 90

Agadir, 1998. "Livestock production and climatic uncertainty", EAAP Publication n° 94.

Hammanet, 2000. "Prospect for a Sustainable Dairy Sector in the Mediterranean", EAAP Publication n° 99.

Papers

Cauvin J., 1997. Naissances des divinités. Naissance de l'agriculture. Champs Flammarion, pp. 310.

Chassany J.-P., Flamant J.-C., 1996. Contexte économique, social et institutionnel de la question pastorale et des systèmes d'élevage extensif en régions méditerranéennes. In "The optimal exploitation of marginal Mediterranean areas by extensive ruminant production systems". EAAP Publication n° 83, 15-32.

Flamant J.-C., 1994. L 'enseignement de la zootechnie en Europe du Sud: personnages, lignages et messages. Ethnozootechnie n° 54 (La zootechnie et son enseignement), 41-55.

Flamant J.-C., 2002. Histoires de races animales. Histoires de sociétés humaines. Les Cahiers Agrobiosciences.

Flamant J.-C., Thierry S., 2003. Nouvelles Pyrénées. Paysans, paysages, produits. (to be published), Editions Glénat, Grenoble.

Gibon A., et al, 1996. A review of current approaches to livestock farming systems in Europe: towards a common understanding. Proceedings of the Third International Symposium on Livestock Farming Systems (Aberdeen, September 1-2, 1994), 7-19.

MacDonald D., et al, 2000. Agricultural abandonment in mountain areas of Europe: environmental consequences and policy response. Journal of Environmental Management, 59, 47-69

Pitt-Rivers J. 2001. La conférence de Burg Wartenstein. In D. Albera, A. Blok, C. Bromberger, "Anthropology of the Mediterranean". Maisonneuve et Larose, 59- 63.

Vissac B, 2002. Les vaches de la République. Saisons et raisons d'un chercheur citoyen. INRA Editions, 505 pages

Stratégies des éleveurs et politiques forestières dans les montagnes méditerranéennes: du conflit à la conciliation

A. Bourbouze

Institut Agronomique Méditerranéen de Montpellier, 3191, route de Mende, BP 5056, F- 34033, Montpellier Cédex 1, France

Résumé

En Europe, la mise en place des politiques forestières qui réglementent strictement le pâturage (interdit en forêt soumise et fortement contrôlé en forêt non soumise), est chose ancienne mais ne s'est pas faite sans mal et s'est heurtée longtemps à l'hostilité des sociétés montagnardes qui finirent par céder tant elles étaient affaiblies par la dépopulation. Mais après une longue exclusion, les troupeaux, sous réserve de respecter les conditions d'un sylvopastoralisme sous contrat avec les responsables forestiers (ONF…), sont de retour dans les sous bois depuis une vingtaine d'années. Ceci c'est réalisé entre autre par le biais de la Défense contre les Incendies (DFCI) qui a été le vecteur de toutes ces actions. Au Maghreb par contre, la domanialisation est un peu plus récente et les éleveurs, qui s'estiment dépossédés de leur patrimoine, sont en conflits larvés ou violents qui conduisent à un grave dysfonctionnement: défrichements multiples pour mise en culture, surpâturage et coupe abusive de feuillages s'ajoutent aux dégâts classiques des coupes de bois de feu. Le sylvopastoralisme est pourtant un élément clef de la survie des régions de montagne. L'analyse d'exemples discrets de gestion patrimoniale de forêts communales (les *agdal* du Haut Atlas, l'arganeraie de la côte atlantique, la forêt albanaise, etc…) montrent qu'une gestion rationnelle est possible et soulignent l'impératif de la responsabilisation des usagers et l'adaptation des politiques aux spécificités régionales. Il faut une réforme en profondeur de la politique forestière en montagne qui reconnaisse les collectivités ou les usagers, identifie les ayants droits (collectifs ou privés) et les implique, au delà des discours généreux, dans une gestion réellement concertée.

Keywords: impact démographique, spécificité du sylvopastoralisme, domanialisation, gestion paisible et discrète des forêts.

Introduction

En régions méditerranéennes, traiter des rapports entre élevage et forêt implique de réfléchir à la combinaison de deux systèmes d'organisation radicalement différents qui se sont longtemps ignorés ou combattus. Il est vrai que de nombreux facteurs les séparent: les finalités (le bois ou la viande), les organismes professionnels et de représentation (l'agent forestier ou le conseiller agricole), les plans d'action s'exerçant dans un cadre temporel écartelé entre le siècle ou l'année, des référents administratifs et spatiaux différents (le village ou le triage). Tout les opposent, et pourtant le concept d'agro-sylvo-pastoralisme recouvre une réalité et a été précisément créé pour rendre compte de systèmes qui fonctionnent, ou qui ont fonctionné, à la fois dans l'espace et le temps, à des échelles et à des rythmes différents.

Il se trouve que cet agro-sylvo-pastoralisme est particulièrement bien représenté dans les montagnes méditerranéennes et ce pour plusieurs raisons. La première est climatique. La sécheresse estivale induit un faible développement de la strate herbacée au profit des ligneux de toutes tailles, caractéristiques des milieux naturels méditerranéens. Ce sont les steppes arbustives, les maquis, matorrals, garrigues ou forêts, au sein desquels bon nombre d'espèces sont sempervirentes donc plus ou moins consommables en toutes saisons. Accessibles pendant l'hiver, qui est doux en Méditerranée, ces ressources ont pris logiquement leur place dans le cycle alimentaire des troupeaux. Par ailleurs, les défrichements pour la mise en culture ayant porté à toutes époques prioritairement sur les régions plates ou peu accidentées, c'est naturellement sur les reliefs des bassins versants, qui captent une bonne part des précipitations, que les formations ligneuses hautes ou basses ont le mieux résisté. Le paysage méditerranéen emblématique bien connu se construit donc sur une opposition entre d'une part des plaines , des piémonts et des fonds de vallées agricoles cultivés intensément, et d'autre part des massifs forestiers ou des collines et des arrières pays accidentés, voués au pâturage des troupeaux et occupés par des végétations ligneuses, embroussaillées, sousexploitées ou surexploitées selon les lieux et les époques. C'est autour de ces derniers espaces, objet d'usages et d'enjeux multiples et parfois contradictoires, que s'est forgée progressivement une doctrine forestière destinée à les contrôler et les gérer. Si pour l'éleveur méditerranéen les espaces forestiers sont potentiellement des pâturages, pour le forestier, le parcours est une forêt qui s'ignore ! (Flamant, 1976).

Dans les régions septentrionales ou océaniques qui bénéficient d'une pluviométrie bien répartie et d'une production herbacée régulière, les éleveurs ont toujours disposé de ressources pâturées et stockables, de sorte que l'alimentation des troupeaux n'a jamais dépendu des ressources forestières. En France, à la fin de l'Ancien Régime (fin 18ème siècle) la forêt est un espace devenu de moins en moins accessible où le pâturage est permis mais très contrôlé par les pouvoirs en place. Dans le monde méditerranéen par contre, lorsque des législations forestières protectrices et répressives fortement imprégnées de l'idéologie forestière des "gens du Nord" se furent mises en place au début du 19ème siècle, elles ont totalement méconnu le besoin impératif qu'avaient les éleveurs du Sud de l'Europe d'utiliser la forêt, perçue par eux comme un espace naturellement voué à l'élevage s'intégrant obligatoirement dans le cycle de la conduite des troupeaux.

Si les problèmes diffèrent entre Sud et Nord de l'Europe pour tout ce qui touche à l'exploitation des forêts et des parcours, les systèmes de référence et les problématiques opposent encore plus fortement Nord et Sud de la Méditerranée. En effet, les trois grandes communautés culturelles, Chrétienté, Islam et Monde orthodoxe, qui ont traversé le temps et l'histoire, ont généré des juridictions très différentes relevant notamment du droit musulman[1] ou du droit médiéval des seigneuries de l'Europe Occidentale. Cette histoire, que nous ne reprendrons qu'à grands traits, impose ainsi un cadre très différent malgré une symétrie évidente dans les comportements des éleveurs et les enjeux sur l'espace. Il nous faut donc soigneusement contextualiser nos exemples et ce d'autant plus que la situation démographique est diamétralement opposée entre Sud et Nord de la Méditerranée. Si la forte pression démographique au Sud conduit à une surexploitation des écosystèmes, au Nord l'exode rural et la déprise agricole laissent des territoires entiers vides d'hommes où la nature ne reprend certes pas ses droits, mais qui sont marqués par la sous-exploitation et une gestion médiocre des ressources. L'ensemble de la problématique se détermine ainsi en fonction de ces différences essentielles qui impriment leurs marques sur la nature des problèmes.

Survol historique des rapports entre élevage et forêt dans la France méditerranéenne: la mort programmée de l'agro-sylvo-pastoral

En France, les historiens fixent aux alentours de 1830 l'époque où l'espace forestier va se couper du monde rural. Avant, sous l'Ancien Régime, il n'y a pas à proprement parler de zone réservée au

[1]Mais aussi du droit Ottoman qui s'est inspiré du droit islamique en le reformulant. Le monde orthodoxe survivra en Méditerranée jusqu'à la conquête turque en 1453, et ne renaîtra qu'au 19ème siècle quand les peuples chrétiens des Balkans se libéreront aidés de l'Europe.

parcours: toutes les terres y contribuent, les cultures et sous produits agricoles (l'ager), le saltus et ses broussailles, et la sylva où se distinguent en Méditerranée (i) le domaine du chêne blanc coupé régulièrement et pourvoyeur de glands l 'hiver et de feuillages au printemps, (ii) celui du chêne vert exploité tout les 20 ans pour le charbon de bois et pâturé hiver et printemps et (iii) celui du chêne kermès produisant un peu de bois de chauffage et pâturé en toutes saisons (Gilbert, 1989). La forêt est donc normalement intégrée dans le système alimentaire. C'est pourtant depuis les Ordonnances royales de 1669 un espace très réglementé et contrôlé par les seigneurs et le pouvoir royal afin que les grands objectifs, production d'un bois de qualité pour la marine, et protection des chasses royales, soient respectés. Mais la région méditerranéenne est en vérité assez peu concernée par ces lois.

Après l'épisode de la Révolution de 1789 vécue par les forestiers comme une régression, l'Etat reprend la main en se dotant d'un outil juridique performant, formalisé dans le Code Forestier de 1827 qui développe un quadruple souci: la production de bois, la protection de l'écosystème, la réduction des usages et le renforcement du droit des propriétaires (mis à mal pendant la révolution). Les éleveurs et leurs troupeaux sont implicitement désignés comme les ennemis de la forêt et deviennent de ce fait les ennemis des forestiers. Devant la résistance des paysans, une telle législation peinera longtemps à se mettre en place. Mais dans les cent années qui vont suivre, on va assister à la lente éviction des troupeaux du domaine forestier d'une part, et l'extension de ce dernier au détriment des parcours d'autre part. L'épisode fameux du programme de Restauration des Terrains de montagne (RTM) à la fin du 19ème siècle qui imposera autoritairement le reboisement des terres agricoles et pastorales, et notamment des communaux si utiles aux éleveurs, ne fera qu'accélérer ce repli, mais sera longtemps l'objet de critiques pour son aspect excessivement dirigiste. C'était la mort programmée de l'agro-sylvo-pastoralisme et la séparation consommée des espaces agricoles, pastoraux et forestiers.

L'impact démographique de la 1ère guerre, le développement de l'économie de marché, l'exode rural et la crise qui secouera les sociétés rurales montagnardes ouvriront de nouvelles possibilités à la politique de reboisement, accompagnée par une politique volontariste de financement (Fonds forestier national, FFN). En Provence-Alpes-Côte d'Azur, 40.000 ha seront plantés de 1947 à 1980 !

Cependant en Méditerranée, au détour des années 1980, le bilan n'est pas optimiste. Partout, ces forêts s'enfrichent et présentent une grande sensibilité aux incendies. En effet, ces espaces forestiers répondent mal aux besoins d'une sylviculture moderne, pour un marché qui s'approvisionne de plus en plus en bois "du Nord" ou en bois tropicaux. Considérée comme une simple forêt de protection, elle est marginalisée, peu entretenue et embroussaillée (Hubert *et al.*, 1989). C'est une forêt "intermédiaire" à vocation floue. Cette image d'une forêt qui produit peu, qui envahit le paysage et qui coûte beaucoup d'argent pour la prévention et la lutte contre les incendies est donc le triste produit de cette histoire et de cette incompréhension "organique" entre éleveur et forestier.

Le timide retour du sylvo-pastoralisme[2] après 1980

Dès les années 70-80, de nombreux débats (programme Agrimed, programme MAB, projet pilote sarde, travaux de l'INRA Avignon, etc...) vont enrichir la réflexion sur ce thème de l'animal et du pâturage en zone forestière pour justifier scientifiquement la réintroduction des troupeaux en forêt: étude des dommages causés, effets comparés des espèces et notamment impact des caprins, études sur le comportement alimentaire, impact sur le sol et l'infiltration, modélisation des relations herbe-arbre, etc...Mais parallèlement à ces activités de nature scientifique, et en partie inspirée par elles, une nouvelle loi forestière (1985) va autoriser le pâturage en forêt et permettre le lancement d'opérations expérimentales dans tout le Sud de la France. Elles partent d'une idée simple qui ne fait pas l'unanimité car le pastoralisme

[2]Tout ce paragraphe s'inspire largement de l'excellente mise au point de Legeard (1994) citée en référence

a mauvaise presse: la réintroduction de l'élevage en forêt est un outil efficace pour lutter contre les incendies. Dès lors, la Défense des Forêts Contre l'Incendie (DFCI) va être le vecteur de la relance du sylvopastoralisme (Legeard, 1994). Dans les années 80, le développement des grands incendies, fortement médiatisés, a effectivement permis de comprendre la vanité de bien des dispositifs «imparables» de prévention. L'idée s'impose donc de cloisonner les massifs forestiers par la mise en place de coupures agricoles ou pastorales, idée dont se saisit la profession agricole, soucieuse de respecter les nouvelles directives de la PAC en diversifiant les modes d'élevage et en modernisant les pratiques extensives (Figure 1)

Un nouveau principe d'action est ainsi édicté: prévenir les incendies en développant les complémentarités d'usage en forêt méditerranéenne, à partir de (i) l'installation ou le redéploiement d'éleveurs en massif forestier et (ii) la dynamisation de la transhumance hivernale d'animaux d'élevages montagnards en forêt littorale.

Actuellement pour la seule région PACA[3], près de 25 000 ha sont concernés (dont la moitié ont fait l'objet d'aménagements tels que ouverture de grandes coupures, débroussaillement, installation de parcs et de points d'eau, sursemis), soit un investissement moyen de 120 Euros/ha traité au profit de 180 éleveurs (43 % de proximité et 57 % transhumants). Ces opérations se sont-elles révélées efficaces ? Il faut en faire l'évaluation technique et économique en considérant deux points de vue, celui du forestier et celui de l'éleveur. Pour le forestier, le pâturage des troupeaux est-il concurrent du classique débroussaillement mécanique ?

Le tableau 1 suivant démontre peu d'avantages strictement financiers, mais souligne des retombées indirectes d'un intérêt indiscutable.

Pour les éleveurs, le bénéfice tiré de la transhumance hivernale en forêt est plus significatif pour les troupeaux bovins (en général non gardés) que pour les ovins (accompagnés d'un berger, ce qui engendre

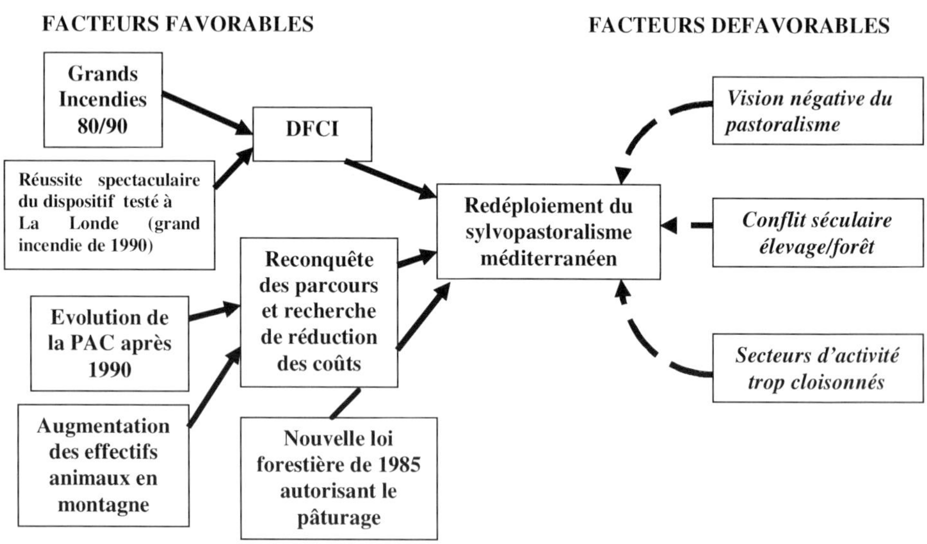

Figure 1. Les facteurs du redéploiement du sylvopastoralisme dans le Sud de la France.

[3]PACA: région Provence Alpes Côte d'Azur

des coûts). Le départ en forêt a imposé une réorganisation complète des cycles de production et permis un accroissement notable des effectifs. Si pour les ovins cet avantage est gommé par le fait que le coût d'hivernage en forêt est plus élevé qu'en bergerie (surcoût de 12 à 24 Euros par brebis), pour les bovins le bénéfice sur la seule période hivernale est de 44 à 62 Euros par bovin.

Les éleveurs impliqués souscrivent à un plan d'action qui s'échelonne sur trois niveaux, (i) du plus bas, à impact faible (pâturage simple de la strate herbacée avec convention pluriannuelle à titre gracieux et prime de 23 Euros/ha), (ii) au niveau moyen (respect d'un cahier des charges qui impose un niveau de chargement, des parcs clôturés et un plan indicatif de pâturage et prime de 38 à 76 Euros/ha), enfin (iii) au niveau le plus élevé avec obligation de résultat (phytovolume arbustif <2 500 m3/ha et prime de 91 à 137 Euros/ha).

Pour l'ensemble de la forêt méditerranéenne, ces résultats peuvent sembler modestes. Ils ont pourtant permis de tester des procédures d'aménagement et de financement complexes: appui sur les PIDAF[4], prise en compte du pastoralisme/DFCI dans le champ d'application des mesures agri-environnementales de la PAC. Ils marquent aussi un changement radical de l'état d'esprit des Services forestiers qui intègrent maintenant le pastoralisme dans leur stratégie, tout en sachant que l'élevage n'a nullement la prétention de tout entretenir et qu'il doit s'intégrer dans des dispositifs DFCI plus larges impliquant le recours aux engins mécaniques de débroussaillement. C'est un point essentiel à préciser.

Spécificité du sylvopastoralisme dans les "sociétés à forte contrainte" des pays tiers méditerranéens

Sans aucun souci d'exhaustivité, nous voudrions au travers de quelques exemples pris dans les pays tiers (Maghreb) souligner les différences fondamentales avec le sylvopastoralisme des pays du Nord. Quelles relations éleveurs et forestiers entretiennent-ils dans ces montagnes densément peuplées?

La difficile domanialisation des forêts maghrébines

Avant la colonisation (mi 19ème début 20ème siècle), les espaces montagnards étaient occupés par des populations, souvent très mobiles, installées dans des territoires reconnus par l'usage, et utilisant alternativement les ressources des pâturages d'altitude en été et les ressources forestières en hiver. Il y avait donc une bonne adaptation des systèmes de production aux conditions de ces milieux contrastés et complémentaires. Les éleveurs ne faisaient aucune différence juridique entre parcours et forêt, puisque

Tableau 1. Comparaison pâturage/débroussaillement mécanique.

Débroussaillement mécanique	Pâturage
• Action discontinue	• Action continue
• Sans effet biologique marqué	• Remontée biologique
• Strictement limité en surface	• Larges débordements sur bordures
• Pas de présence humaine permanente	• Présence humaine en forêt
• Pas de conflit d'usage	• Conflits multi-usages potentiels
• Aucun effet sur les systèmes d'élevage	• Relance économique des élevages
• Coût: 450 Euros /3 ans soit 150 Euros/ha/an	• Coût total: 150 à 180 Euros/ha/an

[4]PIDAF: Le Plan Intercommunal de Débroussaillement et d'Aménagement Forestier est la procédure de base pour l'organisation de la protection des massifs forestiers contre les risques d'incendie.

sur le plan du statut foncier, ces terres étaient collectives et les droits des groupes utilisateurs (tribus, clans) étaient reconnus par le Sultan et par l'Etat qui exerçait une simple "tutelle". Ainsi, les tribus disposaient de bien plus qu'un simple droit de jouissance sur leurs territoires.

De ce fait, la mise en place par les autorités coloniales du statut domanial sur "tout terrain occupé par un peuplement végétal ligneux d'origine naturelle" fut ressentie par ces populations montagnardes comme une atteinte à leurs droits. Cette notion de domanialité, applicable sur des espaces où les usages étaient des *droits véritables*, est, depuis lors, une éternelle source de conflits plus ou moins vifs selon les pays (Bourbouze, 2000). Certes, la caractéristique des textes de loi est d'avoir pris en considération les besoins fondamentaux des usagers (pâturage et bois de chauffage) mais en imposant les mises en défens pour assurer la régénération, en restreignant les mises en culture, en interdisant la coupe des feuillages. Les trois états d'Afrique du Nord ont donc été amenés à délimiter et borner des massifs boisés dont la gestion a été confiée à une Administration centralisée spécialisée.

Pour l'ensemble du Maghreb, on peut estimer à 8 millions d'ha la superficie en forêts et matorrals (Destremau, 1995) dont un million[5], soit 13 % seulement, font l'objet d'un aménagement forestier "académique" pour pérenniser une production de bois à très long terme et à rendement annuel soutenu. Le reste, qualifié de forêt de protection, a surtout pour fonction de satisfaire les besoins des populations usagères en énergie domestique[6] et en ressources pastorales (herbe sous couvert arboré, feuillages et pousses annuelles des semi-ligneux, fruits, glands, noix d'argan,...). Le sort de ces forêts est donc étroitement lié à celui de l'élevage. Par exemple, dans une forêt de production (Cédraie et Iliçaie d'Ifrane au Maroc), la productivité fourragère par hectare forestier est de 330 UF/ha, soit une valorisation par l'élevage de 28 Euros/ha. Le produit brut forestier se répartit dès lors ainsi: 61 %, 26 % et 13 % respectivement pour la production animale, les recettes forestières et les prélèvements de bois de feu et bois d'œuvre.

Des différences sensibles d'un pays à l'autre

Au Maroc, les procédures de délimitation et d'homologation de la forêt (commencées dans le Haut Atlas en 1934 par exemple) sont loin d'être terminées. Dans le Rif, les prétentions des forestiers sont jugées si exorbitantes (notamment sur les matorrals irrégulièrement cultivés et considérés par les populations comme un réservoir foncier) que près de 80 % de la forêt rifaine n'est pas inventoriée (Grovel, 1997). Partout, les parcours forestiers sont dans un état de dégradation alarmant. On en connaît les causes: multiplication des constructions à la lisière des forêts pour mieux utiliser les ressources disponibles l'hiver, défrichements et mises en culture pour étendre la zone de culture en sec, écimage et élaguage, coupe et transports incontrôlés de feuillages. Toutes les essences forestières sont mises à contribution, le Chêne vert, le Cèdre, le Génévrier oxycèdre ou thurifère, le Frêne etc... Les coupes de feuillage étant interdites par le forestier, les éleveurs ont quelques réticences à reconnaître le rôle clef de ces apports. C'est surtout en fin d'hiver, quand la neige disparaît des adrets où sont les plus belles forêts, que les bergers commettent les plus graves délits. Mais les cédraies étant plus étroitement surveillées, c'est le chêne vert qui est l'objet des plus gros prélèvements[7]. Tout éleveur est par nécessité un délinquant au regard de la loi forestière, conçue pour d'autres systèmes agroforestiers que ceux-là.

Le problème fondamental réside donc dans la totale incompréhension entre éleveurs et agents forestiers. Les premiers, confrontés au rude problème de l'alimentation hivernale des animaux, n'acceptent pas les interdits imposés par la réglementation forestière sur un espace qu'ils vivent comme étant le leur

---

[5]100.000 ha de cédraie, 400 000 ha de subéraie, 250 000 ha de peuplements naturels rares, 250 000 ha d'eucalyptus et autres plantations (Destremau, 1995).

[6]L'Algérie, qui a largement vulgarisé le gaz naturel, fait exception.

et dont ils contestent la domanialité. Les seconds, dans l'incapacité de contrôler l'ensemble du périmètre domanial dont ils ont la charge, se bornent à percevoir quelques taxes de principe pour les menus produits et l'ébranchage, et à pourchasser les délinquants. Mais qui n'est pas délinquant ? Dans un espace aussi fortement utilisé, le forestier à quelques raisons de se lamenter mais il en tire aussi un bénéfice inattendu: ces forêts brûlent peu. On peut estimer en effet à 0,4 % la superficie forestière annuelle qui est la proie d'incendies.

La situation algérienne n'est sans doute pas meilleure mais est actuellement trop mal connue pour que nous en traitions. La forêt aurait régressé de près de 25 % au cours de ces 15 dernières années difficiles. Beaucoup de forêts de montagne ont brûlé dans le cadre de la lutte contre le terrorisme. Aucun contrôle n'ayant pu s'exercer dans cette période, les défrichements se sont multipliés, le blocage des approvisionnements en gaz et un certain enclavement ont poussé les populations à faire des coupes de bois de feu illicites. Tout ceci est d'autant plus dommageable que l'Algérie avait réussi un remarquable plan de protection de ses forêts par la diffusion du gaz naturel qui s'est partout substitué au bois de feu. Quant aux troupeaux riverains, ils continuent comme par le passé d'exploiter les ressources forestières de proximité (Madani *et al.*, 1996) .

En Tunisie, passée la grande période de défrichement qui a vu fondre la forêt de près de 50 % entre 1900 et 1980[8], il semble que la situation se soit stabilisée (Auclair *et al.*, 1997). Dès les années 60-70, une politique sociale volontariste s'est efforcée de freiner l'exode rural montagnard (Kroumirie et Mogod) par la mise en œuvre de chantiers publics, de programmes de reboisement et d'aménagements anti-érosifs. Simultanément une politique d'installation de "villages forestiers" va imposer aux populations forestières des regroupements intempestifs pour faciliter l'accès de ces populations défavorisées aux infrastructures d'un Etat moderne (école, etc…). Si sur le plan de la protection de la forêt le bilan est incontestablement positif, sur le plan social les résultats sont plus discutables: marginalisation progressive de l'agriculture et désintérêt pour l'élevage notamment dans les familles les moins pauvres, généralisation d'une pluri-activité précaire ("petits boulots" sur chantiers en forêt, charbonnage clandestin, petit commerce). Le domaine forestier n'est même plus revendiqué par les riverains tant la déstructuration sociale est forte, et les ressources sont prélevées sur un mode minier sans respect pour la reproduction d'un système perçu par les usagers comme n'étant définitivement plus le leur. Le sylvopastoralisme est en pleine régression, les troupeaux de petite taille sont menés par les femmes ou les vieillards à la périphérie des villages sur des espaces dégradés, les vaches sont laissées à elles mêmes sans gardien. L'étude économique d'un village de Kroumirie montre que les revenus des ménages proviennent pour 52 % du charbonnage (clandestin) et seulement pour 16 % de l'agriculture et l'élevage (Bouju *et al.*, 1998). Le lien qui unissait cette population forestière à son environnement semble en partie rompu.

Vigueur et permanence des forêts gérées "en bon père de famille"

Mais le constat n'est pas toujours aussi sombre car il existe des situations, certes un peu exceptionnelles, mais qui soulignent et révèlent les conditions dans lesquelles des populations sont parfaitement capables de gérer les forêts "en bon père de famille".

---

[7]Beaucoup d'éleveurs préfèrent grimper dans les arbres et couper sur place des feuillages en nourrissant directement le troupeau massé au pied de l'arbre pour éviter le transport mais aussi pour ne pas laisser traîner dans les bergeries des preuves compromettantes. Les jours de neige, les transports de feuillages sont systématiques (environ 3 ou 4 chênes sont "exploités" par jour pour un troupeau de 50 têtes), sinon, en temps normal, plusieurs chargements de mulets sont ramenés par semaine (3 à 5) le soir dans les bergeries où les branchages sont suspendus sur une corde. Ainsi, les besoins par hiver en feuillages transportés (feuilles et bois) sont d'environ 4 à 5 tonnes pour un troupeau moyen de 50 têtes.

[8]Auclair note toutefois qu'entre 1922 et 1996, le cœur du massif forestier de Kroumirie n'a régressé que de 6 %

Le bel exemple de l'arganeraie marocaine

La forêt d'arganier occupe dans le Sud Ouest marocain près de 800 000 ha[9]. C'est une forêt claire, témoin vivant d'un système agro-sylvo-pastoral de plaine et de montagne qui par bien des traits rappelle la "dehesa" espagnole. Il se fonde sur quatre produits: le chevreau, l'orge, le bois et l'huile d'argan. L'élevage caprin, étroitement associé à ce système, se révèle comme un exemple exceptionnel de synergie entre un animal et son milieu. De par leur comportement alimentaire spécifique de grimpeuse, les chèvres savent tirer parti non seulement du feuillage mais aussi des noix d'argan dont elles consomment la pulpe, participant ainsi indirectement à la collecte des noyaux[10] par réjection au moment de la rumination.

A la suite de la domanialisation vers 1930 de cette forêt-verger qui était, dès cette époque, en cours d'appropriation, l'espace s'est trouvé progressivement découpé en trois zones, (i) le privé cultivé (qui comporte souvent les plus beaux arganiers à proximité des maisons), (ii) le domanial sur lequel les paysans se sont appropriés *individuellement* les droits d'usage, et qu'ils cultivent ou dont ils exploitent les arbres , et (iii) le "vrai" domanial où les usages sont collectifs (mouchaa). Ce découpage et les usages qui lui sont associés, commande par conséquent le mode d'exploitation de l'arganeraie par les caprins (Bourbouze, 2003)

Deux formes d'organisation, relevant de deux ordres juridiques, se superposent ainsi :

1. la première, officielle de droit moderne, appliquée par les services forestiers reprend le Code Forestier en l'adaptant à la situation. Elle s'appuie sur l'octroi de droits d'usage, reconnaissance obligée en fait de droits immémoriaux (droit de cultiver et de récolter les noix d'argan, droit de s'enclore…), qui font de la législation forestière de l'arganeraie une originalité et une exception au Maroc. Le forestier affirme cependant le droit imprescriptible d'exploiter la forêt pour son bois (en fait son charbon de bois) bien que celle-ci soit fruitière. Les textes relatifs à l'arganier s'éloignent donc du Code Forestier (la "grande loi") pour fabriquer une "petite loi" plus participative (Mekouar, 1991).
2. L'autre forme correspond à l'application du droit coutumier et islamique qui réglemente l'accès aux ressources: mise en défens à la maturation des fruits (agdal) et vaine pâture, accès libre aux mouchaa, application des droits d'héritage sur les biens (arbres, parcelles), y compris ceux de statut domanial !

Cette convivialité entre deux modes de gestion qui se respectent à peu près, est la clef de la durabilité de ce système agro-sylvo-pastoral. L'éleveur est ainsi un bon gestionnaire de ses arbres quand le droit d'exploitation lui est concédé sans ambiguïté. Il gère alors l'arganier "en bon père de famille", comme un olivier, ni plus ni moins. Les troupeaux caprins pâturent l'arganeraie et grimpent aux arbres quand c'est permis (avant et après l' "agdal" qui est une mise en défens organisée selon la coutume) et sans excès. Sur terrain privé, près des maisons et loin du domanial, on trouve même des régénérations par semis naturels avec les systèmes de protection habituels qu'on applique couramment aux oliviers (tubes de grillage, palmes, pierres, enclos de jujubier…). Ailleurs, sur le domanial qui comprend les parties en "agdal" que les éleveurs se sont attribués individuellement et les "mouchaa" à usage collectif, pas un paysan ne se risque à semer ou planter de jeunes arganiers sur un espace qui ne lui appartient pas statutairement, bien qu'il en revendique l'exploitation exclusive.

Les forestiers de leur point de vue, accusent volontiers les paysans de ne pas se soucier de régénération, regardent d'un mauvais œil les chèvres grimper aux arbres et poussent à l'application

[9] 400.000 ha si on ne comptabilise que les ensembles forestiers où la densité dépasse 30 arbres/ha.

[10] Les femmes concassent les noyaux pour récupérer les amandons qu'elles pressent pour extraire l'huile d'argan.

d'une gestion sylvicole par mise en adjudication de parcelles pour des coupes à blanc (au ras du sol) censées régénérer la forêt[11] et destinées à la production de charbon de bois dont 80 % des recettes vont à la commune. Si sur le plan technique ces coupes se justifient à peine, sur le plan social elles deviennent inacceptables et sont maintenant refusées vigoureusement par les populations.

La gestion paisible et discrète des forêts particulières ou villageoises du Haut Atlas marocain

Serait-ce une concession faite par l'Etat ou tout simplement un oubli des services forestiers ? Quelle qu'en soit la raison, un certain nombre de forêts, ou d'arbres isolés en terrain domanial relèvent d'une exploitation strictement privée, la nu-propriété appartenant à l'Etat et l'usufruit à un particulier ou à un collectif.

Par exemple, sur le domanial des piémonts du Haut Atlas, vers Azilal notamment, la forêt claire de chênes verts (*Quercus ilex*), est exploitée individuellement: tel éleveur d'Aït Mhamed coupe de novembre à février le feuillage d'un chêne vert chaque jour pour 25 brebis. Chaque arbre n'est exploité qu'une année sur trois afin d'assurer la récolte de glands, de 15 à 30 kg par arbre. Il stocke ainsi de 300 à 600 kg de glands distribués les jours de neige et garde à cet effet à proximité de la bergerie 4 ou 5 très beaux arbres qu'il n'exploite qu'en cette circonstance. Les 400 chênes verts dont il s'est approprié l'usage dans le domanial sont conduits en haute tige et sont précisément identifiés et soigneusement exploités.

La longévité de ces arbres insérés dans des systèmes agro-sylvo-pastoraux très élaborés (iliçaies, thuriféraies, subéraies, acaciaies, futaies de thuyas…) est longue (plus de 250 ans) et leur productivité considérable grâce aux interactions arbre/herbe qui améliorent les capacités de rétention et les apports en nutriments et en matière organique. "Lorsque les droits des usufruitiers sont clairement établis, ils prennent soins eux mêmes spontanément du recru en lui assurant une protection individuelle ; dans le cas contraire la forêt se transforme lentement en vides labourables ou en pierriers: il s'agit donc d'une sylviculture individuelle et non de peuplement…de même doit l'être la régénération" (Destremau, 1995).

Mais certaines forêts claires de haute montagne ont tout simplement échappé à la domanialisation. Quelques exemples, rares il est vrai, de forêts villageoises, ont réussi à survivre dans ce même Haut-Atlas marocain. Ils portent témoignage de ce que pourrait être une gestion rationnelle participative. Il s'agit de bois à proximité immédiate de villages de montagne très isolés, gérés par la collectivité (notamment la *jmaa*,[12] qui n'a pas d'existence officielle) qu'on appelle des *agdal*. Le terme désigne à la fois un territoire aux limites très précises et un mode de gestion articulé autour d'une mise en défens. Ce système des *agdal* est bien connu sur parcours ; les mises en défens y sont saisonnières. Mais l'*agdal* forestier est soumis à des mises en défens plus rigoureuses concernant l'exploitation forestière pour l'approvisionnement en bois d'œuvre, en bois de chauffe et en feuillage (Auclair, 1991).

Les règles varient d'un village à l'autre. Pour tel agdal, la coupe de bois de feu est prohibée, mais l'ébranchage est permis dès lors que la neige atteint "le niveau de la hanche" à raison d'un chargement quotidien porté à dos (de femme) par famille. Pour d'autres, l'ouverture se fait 4 jours par an pour collecter des perches payées 2 DH l'unité, le pâturage des petits ruminants étant autorisé toute l'année.

[11]Malheureusement les cépées de ces anciennes coupes à blanc qui bénéficient de la vigueur des souches, font trop rarement l'objet d'un dépressage (quelques paysans le font en cachette !). Elles ne sont plus conduites en haute tige (futaie) et ne retrouvent plus leur production d'origine après les 10 à 15 années nécessaires pour redevenir productives. Pour les éleveurs les plus concernés, toute coupe est donc vécue comme un véritable drame, obligeant souvent à la vente de tout ou partie du troupeau.

[12]*Jmaa*: assemblée villageoise des chefs de familles.

Un responsable, le naïb, est nommé par la jmaa pour punir les contrevenants (amende ou repas collectif imposé), mais les mises en défens sont très respectées.

La force de ces modes de gestion réside dans leur simplicité qui fait reposer l'organisation sur quelques principes clairs: des territoires délimités et des ayants-droits identifiés, des règles connues de tous, une surveillance exercée par la jmaa et un système de sanction, une certaine souplesse et une tolérance à propos des modes d'utilisation (les dates de fermeture et d'ouverture sont discutées chaque année). Les institutions qui interviennent dans cette gestion sont d'une grande légèreté.

Le sylvo-pastoralisme retrouvé des montagnes albanaises

L'exploitation des forêts par les troupeaux est une tradition ancienne dans les balkans. Certes en ex-Yougoslavie, des décisions brutales ont réussi à faire sortir les troupeaux de la forêt, notamment les chèvres. En Albanie, la tradition était si fortement ancrée que cet usage a perduré. Après l'effondrement brutal du régime communiste, les 700.000 ha de terres agricoles ont été distribuées à 450 000 familles paysannes, chacune n'exploitant donc que 1,6 ha en moyenne. La micro-exploitation, associée à un petit élevage bovin laitier, s'impose ainsi dans le paysage agraire.

L'exploitation des brebis ou des chèvres, dont la production laitière approvisionne les nombreuses fromageries artisanales, ouvre cependant aux éleveurs familiers de l'élevage pastoral des perspectives très intéressantes car ils ont l'opportunité d'utiliser les vastes espaces non distribués des pâturages et des forêts alentours de statuts variés. On estime à présent que 60 % des pâturages et 13 % des forêts sont de statut communal, mais qu'avec les nouvelles lois de décentralisation, 40 % des forêts seraient communalisées. En montagne, les terres au dessous de 1000 m d'altitude seraient automatiquement communales, et au dessus domaniales (Dubuc, 2001). Mais rien n'est encore décidé. Dans le régime actuel, les lois sont appliquées avec difficulté et les services forestiers sont particulièrement démunis. Tout cela fait plutôt l'affaire des éleveurs de petits ruminants qui, profitant du mouvement migratoire actuel vidant les zones montagneuses, pâturent librement la forêt et se constituent des réserves importantes de feuillages séchés. Chaque ferme stocke en moyenne de 3 à 10 meules (environ 100 kg de feuillage sec par chèvre dans les petits troupeaux et moins de 50 kg pour les grands). Les feuillages récoltés sont essentiellement du chêne blanc (*Quercus sp.*), du charme et du frêne (*Fraxinus sp.*).

Tel éleveur du district de Permet exploite 30 chèvres, traites de mai à septembre, intégrées sur parcours dans un troupeau commun à 5 familles , 250 chèvres gardées à tour de rôle. Il constitue un stock pour l'hiver de 7 meules de foin et de 7 meules de feuillage de chêne blanc. Il pâture les parcours communaux et transhume l'été sur des terres louées à l'Etat (0,4 Euros/tête) dans le cadre d'un contrat passé avec les forestiers pour l'ensemble du village (900 têtes au total).

Nous sommes ici en pleine phase de transition, certains villages paient des redevances aux forestiers, d'autres pas, les limites entre communal et domanial sont susceptibles d'être modifiées, enfin des pressions s'exercent pour rétrocéder certains terrains forestiers à d'anciens propriétaires privés qui présentent des titres fonciers d'avant 1946. Ces pratiques sylvo-pastorales perdureront-elles? Quoiqu'il en soit, un nouveau système d'élevage pastoral s'est mis rapidement en place, qui occupe ces espaces libérés, retrouve les habitudes passées et profite du flou administratif actuel.

En guise de conclusion

En dépassant les anciennes querelles et en reconnaissant la légitimité de la fonction de l'autre, on peut espérer que éleveurs et forestiers vont écrire une nouvelle page du sylvo-pastoralisme méditerranéen dont chacun sait qu'il est un élément clef de la survie des régions de montagne.

Sans en faire une référence obligée, l'exemple tiré du Sud Est français montre les perspectives d'un sylvopastoralisme sous contrat avec les responsables forestiers, permettant ainsi le retour des troupeaux par le biais de la Défense contre les Incendies. Mais le processus est lent car il suppose (i) des études préalables sur la complexité de l'interaction animal x forêt (une bonne connaissance du milieu, une analyse des comportements alimentaires et spaciaux des animaux, les conséquences sur l'organisation de l'unité de production) et (ii) la mise en place de procédures lourdes (nouvelle loi "forêt", gestion des conflits notamment pour tout ce qui touche au foncier), des modes de financement spécifiques et des dispositions favorisant la concertation entre acteurs. A ce propos, il est important de souligner que forestiers et éleveurs ne sont pas les seuls concernés. Les chasseurs , mais aussi les autres usagers (promeneurs, cueilleurs…) sont partie prenante dans une gestion "multiusage", au profit de tous.

Pour les pays tiers, l'analyse d'exemples discrets de gestion patrimoniale de forêts communales (les *agdal* du Haut Atlas, l'arganeraie de la côte atlantique, la forêt albanaise, etc…) montrent qu'une gestion rationnelle est possible et soulignent l'impératif de la responsabilisation des usagers et l'adaptation des politiques aux spécificités régionales. Il faut donc une réforme en profondeur de la politique forestière en montagne qui reconnaisse les collectivités ou les usagers, identifie les ayants droits (collectifs ou privés) et les implique, au delà des discours généreux prônant la participation, dans une gestion réellement concertée. Il faut donc (i) clarifier la maîtrise foncière et entériner les défrichements pour mise en culture sous forme de concessions de longue durée, (ii) faire correspondre gestion forestière et gestion coutumière selon des découpages parcellaires qui respectent les territoires et les usages, (iii) prendre en compte les pratiques traditionnelles qui ont survécu ici et là, (iv) asservir les techniques sylvicoles aux besoins des éleveurs en prohibant les amputations lourdes de parcelles pour régénération, en évitant les coupes à blanc aux effets sociaux catastrophiques et en privilégiant une sylviculture d'arbres individuels plutôt que de peuplement, notamment dans les forêts claires (dehesa).

Références

Auclair L., 1991. Bois de feu et sociétés rurales, Haut Atlas et région présaharienne (Maroc): comportements énergétiques et modes de gestion des ressources naturelles. Thèse ENSAM, Montpellier, 334 p.

Auclair L . et Gardin J. 2000. L'observatoire DYPEN de Kroumirie (nord ouest tunisien): principaux résultats et intérêt pour le développement. In Actes du colloque "Approches et modèles de développement des zones montagneuses et forestières", ODESYPANO/DGF, Tabarka, 9 p.

Bourbouze, A. 1999. Gestion de la mobilité et résistance des organisations pastorales des éleveurs du Haut Atlas marocain face aux transformations du contexte pastoral maghrébin. in "Managing mobility in african rangeland: the legitimization of transhumant pastoralism", Niamir-Fuller, M. (Ed.), FAO, IT public. pp 236-265.

Bourbouze A., 2000. Pastoralisme au Maghreb: la révolution silencieuse. Revue Fourrages (2000) 161, 3-21 pp.

Bourbouze A. 2003. L'éleveur caprin dans l'arganeraie: Une gestion en "bon père de famille. In Séminaire Essaouira, 20/21 mars 2003 "La chèvre dans l'écosystème Arganier", à paraître, 15 pp.

Destremeau D.X. 1995. La prise en compte des impératifs pastoraux dans l'aménagement forestier des zones méditerranéennes de l'Afrique du nord. Document interne ONF, 7 pp.

Gilbert Y. 1989. Elevage, forêt et société: analyse socio-historique. In Forêt méditerranéenne, XI, 3 déc. 1989, pp 203-225.

Dubuc C. 2001. Diagnostic sur l'élevage ovin-caprin dans une région du Sud de l'Albanie, mémoire ITA F1 Dijon/IAM Montpellier, 66 p.

Flamant J.C., Casu S. et Bibe B. 1976. L'animal et le pâturage en zone forestière et marginale. Document MAB. Médit, Montpellier, Oct 1976, 25 p.

Grovel R. 1997. Appropriation ou déforestation des montagnes rifaines (Maroc): dynamique d'une compétition sur l'espace. Projet GEFRIF, SECA/GRET, parc scientif. Agropolis, Montpellier, 19 pp.

Hubert B., Bellon S., Chassany J.P., Guerin G., Martinand P. et Prevost F. 1989. Intégrer les activités pastorales et forestières dans la gestion de l'espace méditerranéen. In Forêt méditerranéenne, XI, 3 déc. 1989, pp 238-251.

Legeard J.P., 1994. Le sylvopastoralisme en région PACA au terme du Xème plan: contribution au bilan d'une politique régionale d'innovation. document CERPAM, Manosque, 57 p.

Madani T., Hubert B., Guérin G., Lasseur J., Casabianca F. et Napoleone M. 1994. Systèmes d'élevage sylvopastoraux dans l'Est algérien: connaissance, diagnostic et propositions d'amélioration. in The study of livestock farming systems in a research and development framework, Saragosse 11-12 sept. 1992 EAAP public. n°63 1994, 278-284 pp.

Small ruminant livestock and sustainable rural development in Southern Spain: A general analysis and a case study of the north-eastern area of Málaga (Spain)

J. Calatrava & S. Sayadi

Department of Agricultural Economics and Rural Sociology, CIFA, Apdo. 2027, 18080 Granada, Spain

Summary

Mountain livestock systems, and particularly those based on breeding smaller ruminants, traditionally constituted a mainstay element of the local economy in South-eastern Spain's mountainous areas. With the rural exodus, which began in the early sixties, these systems are in critical danger of disappearing, due to, among other causes, the scarcity of shepherds and goat herders, the breakdown of an equilibrium between agriculture and animal farming, the small herd sizes, management and handling problems, etc.

In spite of this, there have recently been several attempts by the local population to develop the mountain livestock sector by recovering autochthonous breeds, solving sanitary and livestock handling problems, and through the commercial revalorisation of dairy products and their derivates. EU aid to the breeding of small ruminant animals has no doubt helped promote these efforts.

This paper presents two types of analysis: on the one hand, through a survey among the Local Action Groups (LAG) representatives, the extent of the inclusion of South-eastern Spain's mountain area livestock projects in the EU rural development programmes (Leader and Proder) is studied; and, on the other hand, as a case study, the socio-economic and environmental impact of projects related to the breeding of the autochthonous "Malagueña" goat, included in the Proder Programme for the zone of Antequera (Malaga, Spain), are analysed by means of interviews and participating workgroups with local livestock breeders, industrialists and development agents in the area.

Keywords: mountain livestock system, small ruminants, Leader, Proder, rural development.

Introduction

The rural areas in Spain began to manifest deep transformations through the Leader I European programme in 1991, when they underwent an unprecedented development process, characterised, among other changes, by the following:

- An economic growth based on social capital transferences and an increase in extra-agrarian activities and incomes.
- An increase in social cohesion and dynamism at the local level.
- A revalorisation of endogenous resources.
- A cultural transformation, in the sense of adopting certain urban cultural traits while at the same time reinforcing other rural cultural values as marketable goods.
- A slowing down, when not an end, of the exodus.
- A noticeable reduction in gender asymmetry, an especially marked feature in the traditional rural culture.
- An increase, often quite outstanding, of rural tourism and associated activities.

The impact of this transformation process on agrarian systems in general and on livestock in particular, although remains to be studied in depth, one may dare say has not always been a positive one, particularly in those most depressed Mediterranean mountain areas, where, in the best of cases, the agrarian-livestock component of the Leader and Proder programmes has been practically incidental.

That, at least, is the hypothesis proposed as the point of departure of this paper, which has a twofold goal: on the one hand, to analyse to what extent the EU rural development policies have generated or supported projects aimed at improving, revamping, or transforming and developing products derived from breeding small ruminants in South-eastern Spain (hereinafter Penibetic region); and on the other hand, to carry out a case study of an area where projects of this nature are taking place, to analyse these projects, and to study those factors which either serve as reinforcement or hindrance to their implementation. The Penibetic region is one of the most mountainous and depressed areas in the European Union.

Methodology

A survey was carried out in December 2000, among those in charge of 17 Local Action Groups (LAG) located in the Penibetic area, in which they were asked questions regarding the nature of the projects backed by the LAG since 1995 (Leader II and Proder), in addition to their opinions regarding the relative importance of livestock in the rural development of their respective geographic areas. Based on this information, the participation level of projects related to small ruminants included in the strategic development plans was analysed. From this information one specific area was chosen, in which the projects related to small ruminants showed special relevance, and a study of these projects and their viability was undertaken through repeated visits to the area.

For a better exposition of the data and for statistical clarity, the agrarian zones used as a basis were those defined in 1983 by the *Dirección General de Investigación y Extensión Agraria* of the *Junta de Andalucía*, although the agrarian zones thus defined are, generally, larger than the territories in which the LAG groups operate today. So, in the region of our study there are 13 agrarian zones and 17 LAG groups.

The Penibetic region encompasses almost 2 million hectares, most of them highly mountainous, in which we find inserted all the areas of the Penibetic Mountain Range and the Intrabetic Furrow, with several other fractional spaces from the Sub-Betic Range included in the previous zones (Figure 1). The region can be defined by the agrarian zones as illustrated in the Table 1.

The area chosen for the case study is a territory which makes up the northern part of the agrarian zone of Antequera and includes the following municipalities: Archidona, Villanueva del Trabucco, Villanueva del Rosario, Villanueva de Tapia, Villanueva de Algaidas, Cuevas de San Marcos and Cuevas Bajas (Figure 1). The LAG managing the Proder called NORORMA (Northeastern Area of Malaga) is located in this zone and it is the LAG with the highest number of projects in the region as far as small ruminants are concerned, specifically in this case, goat herds.

Results

Small ruminant livestock in the region

In the region of the study, there are almost 1.3 million sheep and goats, distributed as indicated in table 2.

In relation to the evolution of the sheep and goat populations, Table 3 displays its breakdown at the zone level, between 1980 and 2000.

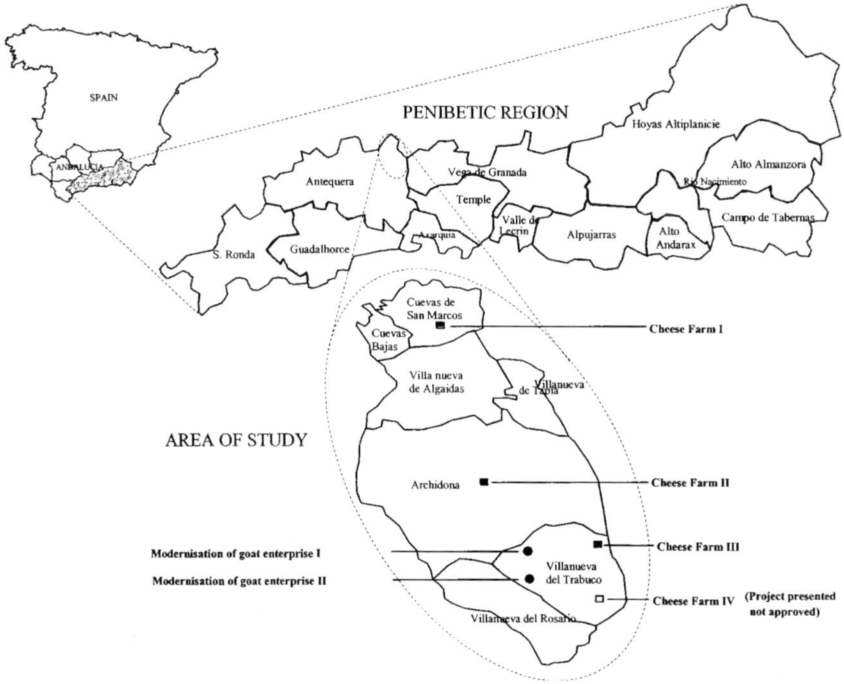

Figure 1. Location of surfaces linked to study.

Table 1. Region object of study by zones, Useful Agrarian Surface (UAS), number of municipalities and Leader II and Proder groups.

Agrarian Zone	UAS (Ha)	No. municip.	LAG Groups (Leader and Proder)
Las Alpujarras (GR)	132 299	43	1
Alto Almanzora (AL)	134 374	25	1
Alto Andarax (AL)[1]	32 638	13	-
Antequera (MA)	209 145	13	3
Axarquia (MA)	41 091	21	1
Campo de Tabernas (AL)	135 661	17	1
Guadalhorce (MA)	157 536	18	1
Hoyas Altiplanicie (GR)	574 672	42	3
Rio Nacimiento (AL)[1]	46 844	11	-
Sierra de Ronda (MA)	179 097	27	2
Temple (GR)[1]	87 879	11	-
Valle de Lecrin (GR)	51 889	8	1
Vega de Granada (GR)	184 197	45	3
Total Region	1 967 322	294	17

Source: personal data.

[1]The agrarian zones Alto Andarax, Rio Nacimiento and Temple share Leader and/or Proder with other zones. For instance, the case of the Alto Andarax, which actually coincides in its greatest part with the Alpujarra of Almería, shares Leader with the Granada Alpujarras.

Table 2. Percentile distribution of small ruminant population in the area, year 2000.

Zones	Sheep		Goats		Total small ruminants	
	Nº.	% zone total	Nº	% zone total	Nº	% total region
Hoyas High Plateau (GR)	360 951	83.88	69 363	16.12	430 314	33.51
Temple (GR)	38 473	67.49	18 532	32.51	57 005	4.44
Vega de Granada (GR)	60 241	67.03	29 630	32.97	89 871	7.00
Alto Andarax (AL)	5 412	63.05	3 171	36.95	8 583	0.67
Las Alpujarras (GR)	36 141	59.44	24 666	40.56	60 807	4.73
Alto Almanzora (AL)	42 547	51.93	39 386	48.07	81 933	6.38
Rio Nacimiento (AL)	9 067	53.32	7 937	46.68	17 004	1.32
Sierra de Ronda (MA)	95 663	54.42	80 121	45.58	175 784	13.69
Valle de Lecrin (GR)	883	12.09	6 418	87.91	7 301	0.57
Antequera (MA)	44 451	34.85	83 110	65.15	127 561	9.93
Axarquia (MA)	12 299	34.48	23 373	65.52	35 672	2.78
Guadalhorce (MA)	52 428	34.86	97 980	65.14	150 408	11.71
Campo de Tabernas (AL)	19 320	45.94	22 739	54.06	42 059	3.27
Total Region	777 876	60.57	506 426	39.43	1 284 302	100%

Source: PIA Project 8.01.2, with data from the General Livestock Census, MAPA, 2000a.

Table 3. Evolution in the number of sheep and goats (1980, 1989 and 2000).

Zones	Sheep			Goats		
	1980	1989	2000	1980	1989	2000
The Alpujarras (GR)	18 550	18 490	36 141	15 930	15 610	24 666
Higher Almanzora (AL)	25 560	28 020	42 547	20 860	29 060	39 386
Higher Andarax (AL)	2 670	3 100	5 412	1 850	2 050	3 171
Antequera (MA)	48 250	36 520	44 451	43 770	67 670	83 110
Axarquia (MA)	4 530	5 730	12 299	15 230	21 980	23 373
Campo de Tabernas (AL)	11 400	13 490	19 320	17 290	20 810	22 739
Guadalhorce (MA)	14 230	20 800	52 428	38 500	53 950	97 980
Hoyas High Plateau (GR)	247 400	240 600	360 951	26 880	46 050	69 363
Nacimiento River (AL)	7 910	7 660	9 067	3 440	4 960	7 937
Ronda Range (MA)	37 220	42 070	95 663	40 810	44 750	80 121
Temple (GR)	28 500	24 720	38 473	21 840	14 450	18 532
Lecrin Valley (GR)	2 700	2 290	883	5 230	7 490	6 418
Granada Valley (GR)	48 470	41 320	60 241	31 480	39 460	29 630
Total Region	497 390	484 810	777 876	283 110	368 290	506 426

Source: PIA Project 8.01.2, with data from the Agrarian Census, INE (1982, 1989 and 2000).

By observing Table 3, we can discern an important growth over the two decades, both in the stock of sheep and goats, especially in the former, and how this growth takes place primarily during the second decade, after 1989. This factor, which is much stronger for sheep than for goats, must be considered in connection with the implementation of aids by the European Union to the breeding of this type of livestock in general and in depressed areas and mountain areas in particular. Thus, in relation to sheep, between 1980 and 1989 the stock decreased by 2.53%, while between 1989 and 2000 it grew by 60.45%. As for goats, the growth has been of 23.10% between 1980 and 1989 and 37.51% between 1989 and 2000.

In total, the growth of the number of stock of small ruminants has been of 9.3% in the 80's decade, and of 50.55% in the 90's.

Herd sizes in the region are heterogeneous, responding to the following distribution chart (Table 4):

The Gini index of the previous distribution is of 0.57, which indicates an unequal degree of distribution. Thus, one fourth of the herds are less than 50 head, amounting to less than 4% of the total livestock, whereas less than one fifth of the breeders, with more than 300 head each, possess over half of the total livestock.

In spite of this unequal distribution, one can speak of small and medium sized herds in the area, the large ones, of more than one thousand head, constituting a rarity. It must be pointed out that the average sized herd in the region, of 187 head, is quite variable among the zones, oscillating between 99 head in the Alto Almanzora of Almería and almost 260 in the Temple of Granada.

The balance between sheep and goats in the region is of 1.54 sheep/goats, with great variance among zones: from 0.14 in the Lecrin Valley (a typically goat zone) and 5.20 in the Hoyas Altiplanicie of the Intrabetic Furrow, where the segureña sheep breed dominates the small ruminant livestock. In any case, mixed herds are a rarity in the region, due to the species' diverse behaviour in the open field. Mixed herds tend to be the smallest ones.

The average livestock density for small ruminants is 0.66 head per ha of UAS, varying between 0.12 in the Lecrin Valley and practically 1 of the Sierra de Ronda.

Calatrava & Sayadi (2003), working in the Alpujarras region, which is included in the Penibetic region, have detected, on the one hand, the incorporation of young herders in the breeding of small ruminants, and, on the other hand, an increase in social prestige jobs associated with livestock breeding, which in the past were looked down on (Calatrava & Sayadi, 1999). Regarding the incorporation of the youth in the sector, these are not necessarily the sons of breeders, nor had they previously been in contact with breeding; they were rather attracted to the activity through the subsidies and incentives for incorporation and because of the chances for self-employment in the rural milieu, without an exceedingly high investment and with rapid capital returns.

Table 4. Herd distribution according to size stratification and degree of concentration of the small ruminant livestock for all the zones combined.

	Penibetic zones	
Size stratification	% total livestock breeders	% total head
<= 50	22.74	3.73
50 – 100	19.15	7.77
100 – 150	15.03	10.01
150 – 200	10.49	9.83
200 – 300	13.76	18.08
>= 300	18.84	50.58
Total	100%	100%

Source: Developed from data extracted from applications for livestock subsidies, MAPA, 2000b.

Livestock projects

Of the 17 existing LAG groups in the region, 8 are LEADER II and 9 are PRODER; as per location, 3 are in Almería, 7 in Granada, and 7 in Málaga.

The total number of projects financed has been 2 856[1] with an average of 178 projects per LAG. The LEADER II project average is much higher (214.5) than that of the PRODER (126.6). Of these projects, barely 1% consists in activities related to small ruminants, which contrasts with the census of 1.3 million heads of goat and sheep livestock in the region, and with a cultural and gastronomic tradition largely based on the breeding of small ruminants (meat, cheese, etc.) in the region. Likewise, it contrasts with the fact that above 23.5% of those responsible for the LAG believe that promoting activities associated with small ruminants at present would not only help develop the area but are, in fact, key factors in its development, and that 47% of them consider that, although they are not key factors, they are important. Considering also the future, 35% respond that activities connected with small ruminants are, or could potentially become, key activities in the zone's development, which indicates that 11.55% of the LAG consider that, even if today they are not key elements for development, due to the livestock breeding state of crisis, they could become key factors if measures were taken to redirect the livestock activity towards modernisation.

For strategic purposes, the elements which should receive attention with the greatest priority, as identified by the regional LAG representatives of the small ruminant population, are reported in table 5 (three priority elements per answer):

These priority actions, although each zone is logically influenced by its own situation, present in general a significant coincidence, fundamentally in the three first points, which can be summarised as follows:

- Closer, stronger association among breeders.
- More advanced training and formation.
- Greater returns through elaboration of dairy products.

Let us compare this "wish list" as manifested by the LAG representatives as activities for development, and the scarce projects actually financed. The nature of the projects funded in connection with small ruminants is summarised in table 6.

None of these projects involves a livestock breeder association; they are all practically individual projects or involving small family limited societies. Of the three strategic lines considered to be priorities by the LAG representatives: Close Producer Association, Training, and Local Elaboration of Diary Products, only the latter is clearly reflected in the activities financed by the LEADER II and PRODER programmes; this is so not because the LAG representatives are actually going against what the priorities of the area demand, but because of the enormous difficulties in managing to carry out activities that would involve the creation of associations among the small ruminant breeders, as well as the very project funding dynamics of the LEADER II and PRODER programmes, where - in order to maximise efficiency in assistance management - projects and activities which already have "rural entrepreneurs" willing to implement them are given preference over those projects which are basically non-existent, and whose inception would require an extensive, long-term and in-depth awareness programme of "rural extension", in its most classical sense, with very real possibilities that it may all come to naught, as would occur when collective decisions were required.

In this sense, it is surprising that none of the activities financed for the elaboration of cheese has resulted in an association of smaller and middle-sized breeders in order to obtain better returns from the milk they produce, in the elaboration and marketing process.

---

[1]In the administrative language, in reference to rural development, a project is an activity of any type and size (training courses, fair organisation, cheese factories, improving farmlands, etc.).

Table 5. List of the elements which should receive attention with the greatest priority, as identified by the regional LAG representatives of the small ruminant population.

	% of the total LAG groups
Create livestock co-ops for milk collection, cheese making, trading, etc.	64.10
Implement training programmes whose aims could be changing breeders' attitudes, arousing social interest in the activity, stimulating the introduction of young breeders, informing on the aid options, on dairy products, on markets, etc.	52.94
Generate greater returns through the elaboration of the dairy products by the breeders themselves.	47.06
Improve marketing and distribution both of milk and cheeses.	29.41
Organise the marketing of the meat by taking advantage of local and province markets, and tourism.	29.41
Preserve autochthonous breeds best adapted in all ways to the natural resources of the area.	23.52
Include in the rural tourism and agro-tourism programmes, already in operation, livestock breeding related activities: visiting animal farms and cheese factories, tourist participation in farm activities and in the elaboration of handcrafted cheese, tasting of dairy products typical of the region, etc.	17.65
Modernise the present herds: mechanical milking, introduction of new, more highly specialised productive breeds, etc.	17.65
Upgrade the assistance and direct aid to breeders.	5.90

Table 6. The nature of the projects funded in connection with small ruminants.

Nature of the projects funded by the LAG	% total
Cheese factories	38.80
Technological modernisation of animal farms	33.40
Livestock market-fairs and seminars	16.60
Milk collection and treatment plant	5.60
Meat treatment and commercialisation facilities (slaughterhouses, etc.)	5.60

A case study: The North-eastern area of Málaga

The area

The area which is the object of the study is located within the radius of influence of the township of Antequera, and is in the North-eastern area of the province of Málaga. Hereafter, all references to the area will be the "North-eastern zone". The area includes seven municipalities (Figure 1): Archidona, the "county seat", Cuevas Bajas, Cuevas de San Marcos, Villanueva de Algaidas, Villanueva del Rosario, Villanueva de Tapia and Villanueva del Trabuco, spanning a total surface of 436 Km^2. Population count in the year 2000 was 28 130 inhabitants, of which 30% live in the nuclear area of Archidona, and the population density is of 64.50 inhab./Km^2 (SIMA, 2000). The various villages are located between

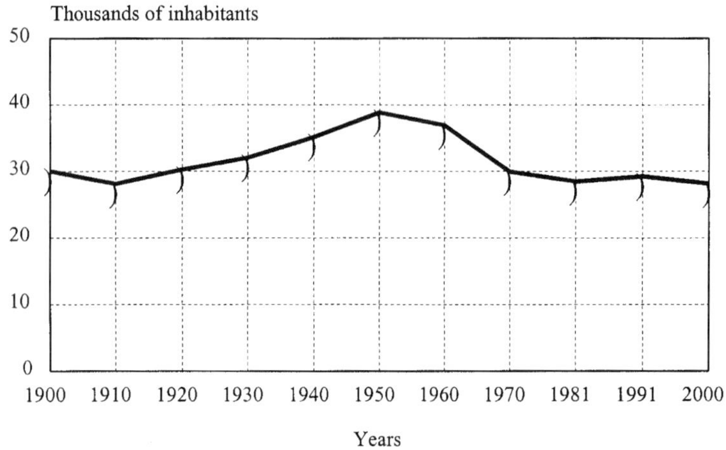

Figure 2. Historical evolution of the actual population: absolute values.

altitudes of 500 and 800 m above sea level, the average being of 564 m. Since a large portion of the area's surface is well over 700 m above sea level, reaching, in the Sierras, more than 1 400 m, the zone's temperatures are lower than those of the Málaga coastline. Likewise, the existence of mountain areas has a considerable influence on these temperatures, since the barrier effect that the mountains exert, both when rain clouds pass over and with the coastal winds, accentuates the effect of the northerly winds, creating temperatures that can drop to below 0ºC. Yearly average temperatures range between 13 and 16 ºC.

In general, rainfall is irregular, with average yearly precipitation oscillating between 600 l/m^2 and 800 l/m^2, which results in a high average when compared to the region as a whole.

In geographic terms, the zone could be divided into three cross-sections or climatic planes, with very different landscapes, from the Sierras and the gentle hills to the planes or prairies:

- The northern area: The geography is made up of rounded off mountains in conjunction with medium-height alignments of hills. Its most characteristic landscape is of cereal fields and olive groves, and sparse holm oak clusters, which increase towards the northeast.
- The central area: Mainly smooth hillsides are the main feature here, interrupted by the limestone Sierra of Archidona. The typical landscape contains olive groves, diversified by holm oak and cereal fields as the altitude increases.
- The southern area: Formed by narrow, sharp limestone sierras (ranges), which determine a clearly mountainous landscape.

The population

The area is reasonably populated, with an average density of 64.50 inhabitants/km^2. Figure 2 indicates the population evolution throughout the last century. One can observe an almost steady growth over the first half of the century until it reached close to 40 000 people in 1950; after this date, as in the rest of Spain's rural areas, the so-called rural exodus begins, which peaked between 1950 and 1970; then the population tended to stabilise, with a slight downward trend.

Rural development policies applied over the past decade do not seem to have had any significant or special impact on this demographic evolution pattern, since the population in the area continued to descend slightly in this period. The labour structure of the population is shown in Table 7.

The most important economic activity, as far as jobs are concerned, lies in the primary sector (more than one half of the population, 53.13%), which reflects the economy's high degree of dependency on agrarian activities, focusing primarily on olive growing. On the other hand, we see that, in spite of the trend in rural Andalusia areas towards growth in the tertiary sector, and in particular those related to rural tourism and agro-tourism, in this zone the percentage dedicated to the services sector has not even reached a meagre 10%. The secondary sector, on the contrary, employs 37.43% of the active population, with the textile industry followed by the agro-alimentary, being the most important economic activities, providing 40% and 22% of the total jobs respectively (SIMA, 2000). One is tempted to say it is an "agro-industrial" rural zone, but applying this term to the territory as a whole could be misleading, since the industry is basically located in the nuclear area of Archidona only.

As regards the makeup of the population by age and sex for the entire zone, 21.10% of the present population are older than 65, and 19.46% are under 15; the percentage of women is slightly above 50%.

Of the total population for the year 2000, adding data from SIMA (2000) at the municipal level, 71.44% have received, at best, an education at the primary level (within this group the 10.82% of the total of illiterates is included), and almost all the remainder have received an intermediary level of education (PF, etc.). This varies greatly with age, as for example, practically all the illiterates are older than 50 years of age.

Agrarian usage

Crops and usage

As far as the crops system is concerned, and in reference to surface distribution, of the 40 284 ha tallied, 31 014 ha are considered Useful Agrarian Surface, and 29 747 ha are actually cultivated lands whose different usages are shown in Figure 3. The most outstanding feature of these crop systems is the olive grove, occupying a surface of 24 185 ha, or 81.30% of the total tilled surface. The olive crop is fast becoming the major monoculture, constituting the most important agrarian component in the zone's landscape.

Irrigation lands represent only 5% of the tilled surface. Irrigation crops are frequent in small plots close to population centres. The vegetable garden, fruit orchard, and some plots planted with wheat and alfalfa, practically constitute the irrigated surface. In the vegetable group, the potato, onion, and lettuce are the most frequently grown herbaceous crops. As regards the non-irrigated herbaceous crops, cereals predominate, basically wheat and barley, followed by leguminous crops such as chickpeas, fava (or broad) beans, sunflower, etc. applying rotations of cereal/fallow in part/cereal cereal/fallow seeding/cereal and cereal/cereal/cereal. The non-irrigated cereal land is generally associated with the olive grove, and it acquires greater relevance in the lower half of the zone, increasing as one heads south.

Table 7. Working population distribution by economic sectors

	Primary		Secondary		Tertiary	
	N°	%	N°	%	N°	%
Area of study	4 410	53.14	3 107	37.44	782	9.42
Andalusia	312 713	16.91	494 802	26.76	1 041 502	56.33
Spain	1 257 032	10.07	4 488 333	35.96	6 736 441	53.97

Source: Our own according to data from SIMA, 2000.

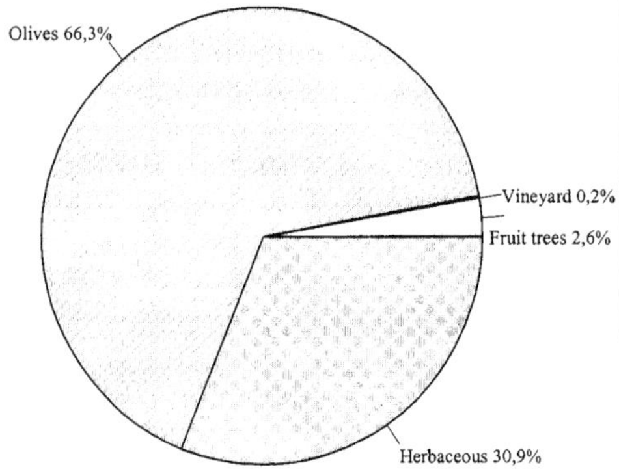

Figure 3. Crop percentage distribution in the study area.

In the North-eastern zone of Málaga there are 4 302 agrarian enterprises (farms), of which almost 70% have a surface of less than 5 ha. In 1990 there were 4 468, of which almost 5% disappeared between 1990 and 2000. The most endangered are the smallest ones, since, of the total that disappeared, 73% were smaller than 5 ha in size. It is clear that their size as a factor in their disappearance is attributable to the fact that they can no longer obtain acceptable returns from their land, and they must engage in more productive activities, or in most cases migrate.

The average farm surface is of 9.36 ha, of which 6.91 ha are cultivated. The total number of plots is 18 063, and the plot average per farms is 4.20, their average size being 1.65 ha of tilled surface.

It must be added that the fact that an agrarian enterprise is maintained in the official statistics does not necessarily imply its existence as such an enterprise with commercial aims, since many of these farms are actually properties that are maintained with abandonment of all, or almost all, productive agrarian commercial activity, so that, in actual fact, the number of farms that have ceased their activity is much higher than that mentioned above (5%). In this sense, Calatrava and Sayadi (1996, 2002) demonstrate for the area of the Alpujarra, one of the zones included in the region of the study, how, of the 83 farms polled in 1981, and of which a follow-up was carried out, only 49 maintained commercial activity in 1992, and only 40 in the year 2000, which will give an idea of the "real" disappearance of the agrarian activity in the Penibetic zones of Andalusia.

The land in ownership, exploited directly by the owners, remains the dominant modality of tenure, representing 79.70% of the total surface tallied. Rented lands and in partnership represent 13.72% and 1.76% of the total tilled surface in the North-eastern zone, respectively. The other tenure modalities (4.82%) consist in communal mountains and other pasture or uncultivated lands, under communal control.

Regarding the ages of the farmers, practically half of those in possession of the property titles of the land in the zone are older than 55. Only 12% are younger than 35. Owners older than 65 in 1989 represented 17%, whereas in 1999 this percentage grew to 25% of the total.

Livestock usage

In the area there are 31 315 head of livestock, of which more than half are small ruminants (16 437 head) with the goat predominating (12 508 head). The remainder are mostly industrial porcine (almost 12 000 head) and, to a much lesser extent, bovine, rabbits, plus some horse and mule livestock. The usage of the sheep is exclusively for meat, and the milk, if obtained, is not commercialised. In the case of goats, in which we are interested here, for all the projects financed by the LAG related to their breeding, the usage is mixed meat-milk, while their milk is used, in commercial terms, for 6-8 months a year. The breed of goat appearing in the highest proportion in the area is the "malagueña" breed, or, according to their local denomination, "coastal" (5 297 head, or 57.10%), an autochthonous breed of this province, considered one of the very best milk breeds at the national level. The *Asociación Española de Criadores de la Cabra Malagueña* (AECCM), founded in 1983, is working towards the genetic improvement and confirmation of the outstanding aptitude as milk giver of this breed. Surprisingly, in the North-eastern zone, only two breeders belong to AECCM. The great quality, both in terms of production and reproduction[2], as well as the high rusticity which characterises the "malagueña" goat, allows it to adapt maximally to dry terrains and to get the most out of the natural resources of these less favoured Mediterranean areas.

The other great Spanish breed, the "Murciana-Granadina", is logically scarce in this area, there existing only one herd of 69 head in the demarcation of Archidona. The rest are animals of different cross-breeds located in the north and south of the area.

One breed worth mentioning concerns the existence of a few animals of the autochthonous Blanca Serrana breed, which produces excellent milk, but at too high a handling cost due to its characteristics (impossibility or extreme difficulty of mechanical milking, etc.), and is condemned to disappear unless a genealogic catalogue is developed of extant individuals, which will allow applications for grants as an endangered autochthonous breed, and unless their products are revamped in the market for this very merit, adding a value cost to cover for the excess expenditure and efforts that their handling and profitability demand.

In relation to herd structure, there are 71 small ruminant breeders in the area, of which 51 bring up only goats, with an average sized herd of 181 head, and the remainder have mixed herds of sheep with some goats, their average sizes being 230 head. Herd distribution can be seen in Table 8.

In relation to intensity, 4% of the enterprises are extensive, 60% are semi-extensive and 36% are intensive (animals in stables). The percentage of intensive enterprises has increased considerably in recent years due to aid to facility installations for young farmers who want to create Priority Agrarian Exploitations (PAE).

Most of the enterprises apply a semi-stabled system of handling the livestock, whereby part of their feeding is done through grazing, on lands for which rent is usually paid. These farms are mostly

Table 8. Herd distribution according to sizes and degree of concentration of small ruminant livestock in the area of the study (North-eastern zone).

	Area of the study	
Sizes	% / total herds	% / total livestock
<= 50	15.49	2.33
50 – 100	22.54	8.98
100 – 150	22.54	14.10
150 – 200	8.45	7.45
200 – 300	14.08	16.95
>= 300	16.90	50.19
Total	100.00	100.00

Source: Our own with data obtained from applications for livestock subsidies, MAPA, 2000b.

[2]Birth Rate: 1,95 – 2,1 kids per pregnancy. Average production per 240 days of nursing period is 452 kg of milk (ADR-NORORMA, 2001).

(80%) owned by a family, where the owner does the work, and usually gets some help from some other family member (wife and/or children) or will eventually pay some outsider a salary for specific tasks, such as milking the goats or especially taking care of the kids when this time comes around. Regarding the age of the breeders, 50% of them are aged between 45 and 65, and have been in the trade for over 15 years.

No movement exists in the area towards breeders' associations or co-ops. As an example of this "non-associationistic" inertia among breeders, let us bring to mind the fact that only two of them in the area belong to AECCM, in spite of the existence of the "malagueña" breed in the area and AECCM's prestige.

The North-eastern zone is, of all the areas where Leader II and Proder have intervened in Andalusia, the area that presents the highest small ruminant related activities: 6 projects (2 of improvement and modernisation of enterprises, and 4 goat cheese factories. Next we analyse and comment on these projects.

The Leader II and Proder Projects

Since 1995 the Proder NORORMA (Northeastern Málaga) has managed subsidies to 6 projects related to the breeding of small ruminants, all goats:

- two farm modernisation projects;
- four handcrafted cheese factories.

Of the six projects, 5 have finally been carried through, since one of the cheese factories did not duly fulfil the project requirements, and LAG has not been able to approve the subsidies.

Both farm modernisation projects are located in Villanueva del Trabuco: one of them sponsors a young farmer who had been working in his father's farm, and who intends to take on the investment on his own and become a livestock goat breeder.

The enterprise consists in the breeding of 325 "malagueña breed" goats, with the sale of the milk and meat as his income source. The handling would be done in a semi-stabled mode, with the pasture lands rented from the father's farm, who possesses ample surface territory. He would purchase the necessary complements of grain and natural hay from third parties.

The investment for which he received the subsidy of 4 696 000 Pts (28 225 Euros) makes a total of 13 417 026 Pts (80 640 Euros), and entails the building of a livestock plant of 543 m^2 fitted to standard modern technical and sanitary conditions, and endowed with mechanical milking equipment, nursing robot, and cold chamber. Participation of FEOGA in the assistance has been about 70% (69.65%).

As regards the new entrepreneur's qualifications, although he has not had direct experience in goat breeding, he has received training courses at CIFA in Campanillas (Málaga) in the breeding and handling of goat livestock.

The second enterprise modernisation project is financially more modest, and totally different from the former one, since it has to do with a herder with 10 years' experience in breeding goats, who wants to completely automate the milk collection process in his extant, fully operational milking facility of 300 goats, in order to comply with the most exacting hygiene standards. He received a 187 000 Pts (1 102 Euros) subsidy for a total investment of 600 00 Pts (3 600 Euros). The farm is semi-stabled since the farmer rents lands for grazing.

In both projects, the idea is to produce, under optimal conditions of handling and health standards, goat meat and milk. The meat is aimed at satisfying the wholesale demands at the local and zone levels. The milk is destined, basically, to satisfy the local pre-existing demands of the cheese industries in the area.

Regarding the cheese industry projects, their proliferation in an area where they did not exist prior to the initiation of the LEADER and PRODER programmes is a consequence, in our opinion, of the following factors:

- The existence of a growing demand for goat cheese in Spain, both at the level of major markets and in local milieus.
- The rural tourism boom and increasing demand of visitors for typical products of the area, of which cheese is one of the most sought after.
- Being able to acquire quality raw material locally.
- The local pre-existing tradition of cheese making for self consumption in the area, even if it never grew to an industrial scale
- The existing subsidies to undertake this type of investments
- The promotional efforts of the LAG

In relation to the last two factors, they are not very decisive, especially the latter one, since, in most cases, they were not induced investments, but investments that the owner had already decided to make, and in which the role of the LAG was rather of manager of the subsidy than of encourager and promoter.

The three cheese factory projects developed up to now with PRODER financing respond to individual initiatives, and adopt the legal form of Anonymous or Limited responsibility Societies of a family character. Their characteristics are summarised in the table 9.

Conclusions

From the survey of the LAG representatives and the study case, the following conclusions can be drawn:

- In spite of the importance of goat and sheep livestock holdings in the Penibetic mountains, the number of projects related to small ruminants that are financed is extremely small.
- However, and paradoxically, a consensus exists among the Local Action Groups (LAG), Leader and Proder, on the key role that the livestock activities of these small ruminants could play in the local sustainable development of the mountain areas of South-eastern Spain.
- Creating associations, training and encouraging livestock breeders, and elaborating dairy products from milk locally, are among the measures with the highest priority if the small ruminant sector is to be revamped. All the local GAL coincide in this fact. However, it is mainly in the latter measure (that of the local elaboration of dairy products) that the Leader and Proder have clearly taken any steps in financing projects.
- There is a lack of in-depth studies on the livestock systems in the various LAG areas.
- The projects on small ruminants respond almost exclusively to individual initiatives, no social economy related projects appear, involving livestock associations.
- The initiative of the projects does not derive, in general, from the GAL, but from the farmers themselves.
- The projects are mainly aimed at covering the local (provincial) markets, without views to a wider, more daring share of the market as regards expansion (national and international).
- What has just been said is due not so much to the lack of marketing strategy, as to the fact that we are dealing with small industries and the existence of an abundant local demand.

In view of these conclusions, several recommendations could be put forward:

- Efforts should be made to prioritise and generate projects involving the creation of breeder associations either for processing and/or trading processes.
- Besides their role as subsidy managers, the LAG's role in promoting small ruminant related projects should be emphasised. It is important not only to back the existing local initiatives, but to promote

Table 9. Characterisation of the cheese industry projects in the area.

	Cheese Factory I	Cheese Factory II	Cheese Factory III
	Technical characterisation of the cheese factories		
Location	Archidona	Cuevas de San Marcos	Villanueva del Trabuco
Experience in agrarian activities	- Promoter: None - Father: Has always been a farmer. 540 ha lands.	None	None
Experience in livestock activities	Promoter: 6 years in livestock	None	None
Motivation	- Better returns for cheese produced in own farm - Lack of competition (Integrated farm)	- 15 years making handcrafted goat cheese. - Lack of competition in the type of cheese made.	Knowledge of how to make cheese for family consumption, and occasionally for local sale.
Legal (fiscal) nature of the investment	Anonymous Association (S.A.)	Limited Responsibility Assoc. (Ltd.)	Anonymous Association (S.A.).
Date project began	2001	2001	2001[1]
Total amount of investment approved	525 272.40 •	103 354.10 •	182 314.17 •
Total subsidy (% of total capital)	21.28	34.89	31.00
% FEOGA	15.43	25.29	22.47
% Central Admin.	1.93	3.16	2.81
% Autonomic Adm.	1.96	3.22	2.86
% Local Admin.	1.96	3.22	2.86
Existence of own livestock	Yes	No	No
Size of herd	- 600 head "Malagueña breed" - 300 head "Blanca Serrana"	-	-
Handling of herd	Semi-stabled	-	-
Previous knowledge of cheese making	- No - Promoter and husband are veterinarians - Prior courses in cheese making and food handling	- Yes, 15 years making handcrafted cheese - Prior courses in cheese making.	- Yes, for family consumption.

Table 9. Continued.

	Cheese Factory I	Cheese Factory II	Cheese Factory III
	Technical characterisation of the cheese factories		
	Production and sale		
Milk supply	Own production	Local goat herders	Local and zone goat herders
Products: nature, composition and type.	- Handcrafted cheese, 100% goat. - Fresh: 20%; Soft: 40% and Aged: 40%	- Handcrafted cheese, 100% goat. - Fresh.	- Handcrafted cheese, 100% goat. - Fresh 80%, 20% cottage and pot cheese.
Total capacity of cheese farm	2 000 kg./day maximum	100 kg./day maximum	400 kg. /day
Markets	- Regional: Small shops and shopping markets. - Local: Small shops - Direct sales.	- Regional. - Direct sales with previous knowledge of the market..	- Regional - Local - Direct sales.
Labour	- Promoter (self-employment) - 3 full-time employees, to work in the cheese farm and with the goats.	Promoter (self-employed)	- Promoter (self-employed) - 1 full-time employee.

[1]This cheese factory, although the project has already been performed, is not working yet, waiting for the fulfilment of some health and sanitary requirements.

and include the initiatives of a priority character, which do not come about spontaneously, particularly in a sector which is in such a crisis as that of the small ruminants.

- It would be interesting to carry out analyses and detailed studies of the small ruminants livestock systems in order to be able to better emphasise its effective participation in the sustainable development processes in south-eastern Spain.
- Training activities should be increased both considering technical aspects of breeding small ruminants and processing milk into cheese and other products.
- Also institutional features have to be included in training activities, emphasising on associated and co-operative farm management, processing and trading.

References

ADR-NORORMA. 2001. El sector caprino en la comarca Nororiental de Málaga. Proyecto Piloto de mejora de las condiciones higiénico-sanitarias ded la ganadería caprina. Ed. ADR-Nororma. 65 pp.

Calatrava, J. & Sayadi, S. 1996. "Farmers underemployment and farm economic sustainability in depressed mountainous areas of Southeastern Spain: A quantitative analysis" VIII Congress of

European Association Agricultural Economists "Redefining the roles for European Agriculture". 2 - 6 September. Edinburgh, Scotland.
Calatrava, J. & Sayadi, S. 1999. Agrarian crisis, farming abandonment and social regard for agriculture in depressed mountainous areas of southeastern Spain. Proceedings of the IX European Congress of Agricultural Economists (EAERE): European Agriculture Facing the 21st Century in a Global Context. 24 – 28 August. Warsaw. Poland.
Calatrava, J. & Sayadi, S. 2003. Agrarian activity permanence and rural development policies: An analysis from a follow-up (1981-2001) of farmsteads in mountain areas in southeastern Spain. 25th International Conference of IAAE. Durban. 16-22 August.
Calatrava, J. & Sayadi, S. 2003. Milk production systems in rural development: the case of goat cheese making at the eastern alpujarras. Proceedings of congress Prospect for a sustainable dairy sector in the Mediterranean. Tunisia. 26 – 28 october 2000: 34 - 43.
INE, 1982. Censo Agrario. Resultados provinciales y municipales.
INE, 1989. Censo Agrario. Resultados provinciales y municipales.
INE, 2000. Censo Agrario. Resultados provinciales y municipales.
Laker, J.P. & Milne, J. A. 1997. Livestock systems in European rural development. Proceedings of the 1st Conference of the LSIRD network. Nafplio, Greece. 162 pp.
Mapa, 1997. Anuario de Estadística Agraria. Ministerio de Agricultura y Pesca.
MAPA, 2000a. Censo General Ganadero. Madrid.
Mapa, 2000b. Solicitudes de ayudas ganaderas. Ministerio de Agricultura y Pesca.
SIMA, 2000. Servicio de Información Municipal de Andalucía". Instituto de Estadística de Andalucía. Junta de Andalucía.

The role of mountain and upland breeds in the livestock industry in the United Kingdom

G.L.H. Alderson

Countrywide Livestock Ltd., 6 Harnage, Shrewsbury, Shropshire SY5 6EJ, UK

Summary

The mountainous regions of the United Kingdom lie mainly in the northern and western areas, and have been devoted primarily to livestock production. Native breeds of sheep and beef cattle have evolved with special adaptation to unfavourable climate and poorer quality of grazing. Recent circumstances have caused a downturn in the numbers of animals in upland areas, and have reduced farm incomes. The current prioritisation of agri-environmental systems is resulting in a revival of the use of adapted native breeds of livestock, but will continue the decline in overall livestock numbers. The future of farming enterprises will rely increasingly on diversification into other industries which are superseding agriculture in upland areas.

Keywords: upland farming; native breeds; agri-environment; agro-tourism.

Introduction

Financial

Agriculture has been a declining industry in the United Kingdom (UK) for many decades. Historically, it was a major industry, and the present rural landscape has been shaped by farming practices. It continues to determine the character of the countryside, but it is no longer a major industry in the UK. Agriculture as a primary production industry contributes only 0.7% of national GDP and the overall agri-food sector, even including ancillary and associated industries, accounts for only about 8% of GDP (Defra, 2002a). In mountain and upland regions, livestock farming was the primary activity until the end of the twentieth century, but even in those areas agricultural production now is becoming less important than other industries.

Net Farm Income has fallen sharply for all livestock sectors in UK since 1995/6 following a period of prosperity, and now is experiencing a long economic downturn (Defra, 2002a). Lowland cattle and sheep enterprises fell into deficit in 2000/2001, while profits from upland cattle and sheep enterprises in Less Favoured Areas (LFA) were reduced by 75% during the five years from 1995/1996 to 2000/2001 and produced an average profit lower than the standard national wage. The average profit from a hill farm business was £5 300 in 2000, and was lower than the subsidies paid for livestock on most farms in LFAs. Despite a slight recovery in profitability in 2002, cattle and sheep LFA farms would show a deficit in the absence of subsidies.

Subsidies have formed a significant part of income on LFA farms since the Hill Farming Act (1946). Until 2001 hill farmers received the Hill Livestock Compensatory Allowance (HLCA) which was a CAP Pillar I headage payment for breeding stock. It was then replaced by the Hill Farm Allowance (HFA) which is an area-based payment made to upland farmers using eligible land for sheep and suckler-cow beef production. HFA is one of ten schemes within the England Rural Development

Programme (ERDP) (Council Regulation 1257/99), which forms Pillar II of CAP, and is paid at variable rates for different types of land (Table 1).

Uncultivated land

The UK comprises four countries (England, Scotland, Wales and Northern Ireland) with an agricultural area of 18.55 million hectares. There is great variability between regions within the UK. The lowland areas of southern and eastern England are devoted mainly to arable farming with some intensive livestock production, while the adjoining lowland with higher rainfall to the north and west is suited more to grassland production and dairying. The upland and mountain areas lie in the further western and northern areas and are used for extensive sheep and beef production.

Scotland is the most mountainous region, with a large proportion of moorland and rough grazing (3 393 846 hectares), and the combined total of rough grazing and permanent pasture is 74.7% of the total agricultural area (Table 2).

England is the least mountainous region, and has a higher proportion of permanent pasture. The combined total of rough grazing and permanent pasture is only 39.1% of the total agricultural area (Table 3), but even here LFAs cover 2.2 million acres (circa 24%).

Common Land

Common land is found in both uplands and lowlands, but in the lowlands it is found mainly as greens in towns and villages. Most common land is in the uplands and mountains, and most unfenced moorland is common land. It is grazed primarily by sheep, although wild red deer also make a significant impact in Scotland. The sheep are hefted (i.e. they have a natural homing instinct), which is an essential

Table 1. HFA payment rates 2003; £/ha.

	0-350 ha	350-700 ha
SDA land[1]	42.74	21.37
DA land[2]	22.90	11.45
Moorland and Common	16.02	8.01

[1]Severely disadvantaged land.
[2]Disadvantaged land.

Table 2. Trends in Scotland 1991-2000.

	1991	2000
Total area (hectares)	5 604 980	5 491 660
Permanent grass (%)	10.6	12.9
Rough grazing (%)	65.7	61.8

Table 3. Trends in England 1990-2002.

	1990	2000	2002
Total area (hectares)	9 351 029	9 049 232	9 099 052
Permanent grass (%)	32.7	31.6	31.4
Rough grazing (%)	7.8	6.9	7.7

characteristic on unfenced land. Cattle and feral goats play a very small role on common land grazing in the uplands.

There has been an historic right of access to open land in Scotland, but the Countryside and Rights of Way Act 2000 gave the public a right of access on foot to all registered common land in England and Wales. The Government wishes to protect commons for the benefit of future generations, and the "New Environmental Impact Assessment regulations will provide a safeguard against significant agricultural changes (ploughing and other) on uncultivated or semi-natural land" (Defra, 2002b). In England, 180 000 hectares of common land are designated as Sites of Special Scientific Interest (SSSI). The proposed measures will enhance the rights of the public, but are likely to have detrimental effects on livestock farming on such land. They also may cause damage in popular areas and on some SSSIs, as has occurred already by erosion around footpaths in the Lake District.

Breeds of livestock

Native breeds of farm livestock in UK are adapted to local or regional conditions. Many have special adaptation to marginal areas in the uplands and mountains, which enhances their efficiency of production for commercial products in their natural habitat, and enables them to participate effectively in ecological projects and to contribute to the maintenance of environmental biodiversity. Rare Breeds International (RBI) classifies breeds according to three criteria, one of which is local adaptation, comparable to the FAO classification of 'locally-adapted'.

The highest concentrations of native breeds of sheep, and beef to some extent, are in areas of UK with a high proportion of upland and mountainous land - Wales, northern England and Scottish Borders, and northern Scotland. In the uplands and hills, sheep and/or specialist beef cattle enterprises tend to be the only form of agricultural production that is possible on the poorer quality of land.

Sheep

Mountain breeds of sheep comprise the most numerous group within the national sheep flock, and they form the basis of the system of stratification (Figure 1) which includes the majority of sheep breeds in UK in tiers of crossbreeding.

Stratification is based on draft hill ewes (Swaledale, Blackface, Cheviot, Welsh Mountain, etc.) which are mated in the uplands with rams of crossing sire breeds (British Milksheep, Bluefaced Leicester, etc.) to produce high-performance halfbred ewes. These ewes are mated to rams of terminal sire breeds (Suffolk, Texel, etc.) in the lowlands to produce finished lamb (Figure 1). Imported breeds fall mainly into the terminal sire breed category. Stratification permits the combination of the thrifty adaptation of mountain breeds with the high yield of crossing sire breeds, and enables the influence of the mountain breeds to be extended into the lowlands. Trials have been carried out to evaluate the productivity of crossbred female progeny of hill breeds, sired by rams of several crossing sire breeds (Table 4) (Mitchell, 1997). Crossbred ewes sired by British Milksheep rams out of a mountain breed, North Country Cheviot (NCC), yielded 0.66 kg carcase weight of lamb per kg liveweight of the ewe.

Disease problems, particularly scrapie and Foot-and-Mouth disease (FMD), have affected the national UK sheep flock in recent years. Scrapie has been known for many centuries and has not had any detrimental effect on human health, but the current policy to eradicate all TSEs has included scrapie. The frequency of scrapie-susceptible alleles in several mountain and upland breeds exceeds 0.5, and in some cases they are homozygous for the most scrapie-susceptible alleles, ARQ and VRQ (Table 5).

Selection for ARR homozygosity is being applied through the National Scrapie Plan, and this will threaten the survival of some breeds and severely limit the genetic variability of many hill breeds. It also will put the national flock at risk of any disease that can challenge the ARR/ARR genotype.

Land type	Mating system	Example breeds
Mountain	Mountain breed ewes x Mountain breed rams	(Swaledale x Swaledale)
	Product - purebred lambs	(Swaledale)
Upland	Mountain breed ewes (>5 years) x Crossing sire breed rams	(Swaledale x BMS)
	Product - crossbred ewes	(BMSX)
Lowland	Crossbred ewes x Terminal sire breed rams	(BMSX x Suffolk)
	Product - finished lamb for food chain	

Figure 1. Stratification in the British sheep industry.

Table 4. Comparative performance of crossbred NCC ewes sired by rams of five different crossing sire breeds.

Sire breed	Wt. of ewe (kg)	Lambing % of ewe	Av. wt of lambs (kg)	Av. KO% of lambs	Productivity of ewe[1]
British Milksheep	77	243	46.2	45.2	196
Bluefaced Leicester	86	200	46.7	44.3	150
Border Leicester	87	203	45.6	44.2	148
Rouge de l'Oeust	75	191	38.5	41.2	131
Bleu du Maine	78	193	38.5	42.2	129

[1]Total kg carcase weight of lambs per kg metabolic weight of ewe.

Table 5. Prion protein: scrapie-susceptibility. Frequencies of three alleles in some British breeds of sheep.

Breed	Category	ARR %	ARQ %	VRQ %
North Ronaldsay	Primitive	0.0	**100.0**	0.0
Hebridean	Primitive	23.7	42.1	0.0
Herdwick	Mountain	24.2	**42.7**	**18.0**
Swaledale	Mountain	29.3	**43.9**	**11.6**
Welsh Mountain	Mountain	46.6	22.2	9.9
British Milksheep	Crossing sire	34.4	**43.7**	**7.8**
Border Leicester	Crossing sire	**63.6**	21.7	14.7
Southdown	Terminal sire	42.0	**57.0**	0.0
Suffolk	Terminal sire	**71.4**	27.6	1.0

Several mountain breeds were severely affected by the FMD outbreak in UK in 2001. Breeds which had developed an adaptation to a specific environment, and were found in the restricted location of that environment, were vulnerable. Mountain breeds such as Herdwick, Lonk, Rough Fell, Swaledale and South Country Cheviot, lost more than 30% of their breeding population (Alderson, 2002). The loss of hefted flocks in the FMD outbreak presented peculiar difficulties for re-stocking as new animals lacked the necessary homing instinct.

The diversity of sheep on the hills and mountains of UK has been significantly depleted by the slaughter policy applied for the control of FMD, and will be further eroded by the policy to eliminate scrapie. The potential loss of breeds with special native adaptation may have a detrimental effect not only on efficiency of production, but also on the ability to maintain the ecology of local areas.

Cattle

Mountain and upland breeds of cattle are noted for their hardiness (rusticity) and behavioural characteristics which confer local adaptation and commercial value. The breeds in order of hardiness are Highland, Galloway, Belted Galloway, Luing, White Park, Shetland, Welsh Black (upland type) and Lincoln Red (original type). They are valued for the quality of their products, their potential contribution to the maintenance of the environment, and their importance as part of the diversity of animal genetic resources. An added advantage for some breeds (White Park, Highland and Lincoln Red) is their genetic distance from the main group of British breeds and from exotic breeds (Blott *et al*, 1998), giving them the benefit of heterosis in crossbreeding programmes. Many breeds of beef cattle have been imported to UK in the second half of the twentieth century, but they are used mainly in intensive systems of livestock production.

The White Park is categorised as a breed of high priority by RBI, and the ancient Dynevor herd (founded 856 AD) on Salisbury Plain, an upland area in southern England, has been used to develop a blueprint for a future upland system of production. The breeding herd of 60 cows and 2 bulls remains outside throughout the year on a SSSI, with no supplementary feeding (apart from mineral blocks) and no shelter. The calves are born in spring (April and May), and progeny not required for breeding are sold at circa 36 months of age to a specialist gourmet market at premium prices (Note: current regulations applied as a result of the BSE outbreak do not permit the sale of animals for the food chain over the age of 30 months). The animals are bred pure to retain the special quality of White Park beef, which is derived both from the genetics of the breed and from its management on extensive natural grazing. This genetic-environmental interaction is an integral part of the sustainability of livestock farming and the maintenance of AnGR diversity in upland areas. A financial comparison (pre-BSE restrictions) with an intensive system of production (Table 6) shows the potential profitability of native upland breeds in appropriate systems.

However, hill and upland breeds of cattle are a minor part of the UK livestock industry. Few cattle are grazed on moorland, and the major portion of the national beef herd is devoted to the production of intensive beef. Lowland breeds, selected for high rate of growth and high yield of lean meat, are the dominant breeds, both as purebred animals and as the sire breed of crossbred animals (Table 7).

Future Policy

Decline in livestock numbers

There has been a significant decline in numbers of beef cattle and sheep in recent years. Disease epidemics, such as BSE and FMD, have been partly responsible, but the major factor is Government

Table 6. Comparative performance for extensive and intensive beef production in UK.

System	Age (m) at slaughter	Slaughter livewt (kg)	KO%	Price (p) per kg	Profit (£) per cow	Profit (£)[2] per GLU
Salisbury Plain	35.3[1]	583	55.4	212	431	167
Intensive beef	13.6	501	59.8	189	38	27

[1]Current regulations prohibit the sale of beef cattle over 30 months of age.

[2]Income from subsidies excluded; costs of rent, labour and machinery excluded.

Table 7. Population statistics for some breeds of beef cattle in UK 2002.

Breed	Breeding herd	% pedigree	% unreg.	Crossbred ratio[2]
Lowland breeds				
Limousin	78 302	22	78	7.6
Charolais	40 656	37	63	9.2
Aberdeen Angus	31 503	35	65	4.5
Simmental	29 379	30	70	7.6
Belgian Blue	19 587	51	49	8.5
Upland breeds				
Welsh Black	9 197	67	33	0.7
Highland	5 339	38	62	0.1
Galloway	3 332	100	0	0.0
Luing	1 824	94	6	0.3
White Park	493	100	0	0.2

[2]Crossbred ratio is the number of crossbred progeny sired by bulls of the breed as a ratio of the number of breeding animals in the breed.

policy. Environmental factors now have a high priority, and there has been particular concern regarding overgrazing in the uplands. Stocking density on some common land in the uplands is stinted (i.e. controlled by grazing rights or stints), and the viability of upland holdings depends on these rights. The Government understands the need to maintain rights within a business ("*We will prohibit the severance of (grazing) rights from the holdings to which they attach* – "), but places a higher priority on environmental considerations ("- - *but will consider making an exception for public or other approved bodies to acquire rights in order to reduce grazing pressure*") (Defra, 2002b).

As a result, numbers of livestock have fallen drastically in England (Table 8). A similar decline has not yet been seen in Scotland, but figures after 2000 are not yet available (Table 9). In some areas the reduction in stocking rate has improved the botanical and faunal diversity, but in other areas it has had a detrimental effect and a rigid policy of reducing stocking density can not be justified.

Sheep

In Scotland, the sheep flock declined by c.31 500 pa (0.8% pa) from 1991 to 2000. The census in 2000 showed 3 710 000 breeding ewes. The RBI survey in 2002 showed the total number of pedigree ewes was 1 486 000, of which 1 229 000 (33.1% of total) were hill pedigree ewes. In England, the decline during the 1990s was slower (0.4% pa), but from 2000-2002 the national flock declined by 10% pa and there were almost two million fewer ewes in 2002 than in 1990. Hill ewes in England in 2002 formed a smaller portion of the national flock (12.1%).

The traditional outlet for the small carcases yielded by lambs of mountain and upland breeds in UK has been southern Europe, and this has been a major component of the export trade for British sheep meat. Opposition to the export of live animals by animal welfare groups has threatened the operation of this market and further undermined the viability of upland sheep enterprises. Exports have also been prevented because of disease epidemics in UK.

Cattle

The majority of beef cows in UK are unregistered animals of lowland breeds or are lowland breed crosses. Pedigree cows form only a small part of the total, and pedigree cows of hill breeds are an even

Table 8. Population trends for purebred beef cattle and sheep in England 1990-2002.

	1990	2000	2002
Beef breeding herd (000s)	1 003	932	878
Upland cows (000s)			6.3
Upland cows as % of total			0.7
Breeding ewes (000s)	9 276	8 914	7 329
Upland ewes (000s)			888
Upland ewes as % of total			12.1

Table 9. Population trends for purebred beef cattle and sheep in Scotland 1991-2000.

	1991	2000
Beef breeding herd (000s)	489	518
Upland cows (000s)		9.2
Upland cows as % of total		1.8
Breeding ewes (000s)	3 994	3710
Upland ewes (000s)		1229
Upland ewes as % of total		33.1

smaller fraction. There are some crossbreds from hill breeds (e.g. Blue-Grey, which is Whitebred Shorthorn x Galloway), but they are not significant within the national herd. Breeds and crosses hardy enough for hill and mountain conditions are numerically low - probably not more than 4% of the total of beef breeding cows.

In England in 2002, the RBI survey showed circa 6 300 pedigree cows of hill breeds out of a total population of 878 000 beef breeding cows. The national beef herd declined numerically from 1990 to 2000 at 0.7% pa, and this accelerated during the next two years (2000-2002) to 3.0% pa. The economic downturn, disease epidemics and Government policy were all causal factors.

The beef breeding herd in Scotland followed a different pattern. Maybe 10% of breeding cows belong to breeds and crosses suited for hill conditions, and there was an increase in the beef herd of c.3 000 pa (0.6% pa) from 1991 to 2000, although there was a decrease in 1998-2000. The contrast between the national beef herds in England and Scotland relates to the increasing importance of traditional methods of production in recent years. Surveys of livestock breeds in UK from 1994 to 2002 show that exotic breeds suited to intensive production increased up to1998, but native breeds suited to extensive production increased in 1998-2002 (Table 10) (Alderson, 2002).

Environmental priority

The increase in numbers of native beef breeds between 1998 and 2002, confirmed by the increase in beef cattle numbers in the most mountainous region of UK (Scotland), indicates that significant changes are taking place. It is likely that native breeds of mountain and upland cattle will have increasing importance

Table 10. Trends for groups of breeds of beef cattle 1994-2002 (% change).

	1994-1998	1998-2002
Native breeds	1.3	17.3
Exotic breeds	46.8	-1.1

in UK as environmental factors assume a higher priority in government policy. Incentives for extensive systems of production, linked to products of high quality, will provide a financial advantage for these breeds.

In contrast, the status of sheep in the upland economy is likely to deteriorate. The application of some agri-environmental measures is intended to reduce sheep numbers in the uplands to prevent over-grazing. For example, financial incentives for the re-stocking of fells (moorland) in the Lake District, where all sheep were slaughtered during the FMD outbreak in 2001, require a lower stocking density to permit reversion to a richer botanical habitat. Cattle may benefit from these measures as they may replace sheep in some circumstances to establish a better balance of mixed-species grazing for ecological reasons.

Financial incentives in future will be re-directed towards activities concerned with protection of resources (environmental and genetic), but will recognise other factors such as animal welfare and quality of products. Decoupling of CAP support measures from production is likely to result in a fall in sheep numbers, and the re-direction of support through agri-environment schemes will require the livestock industry in the upland areas to modify policy and production systems to accommodate the new priorities. For example, 40% of the total LFA in England lies within a National Park and 19% in Areas of Outstanding Natural Beauty (AONB); 36% is SSSI or other specially protected area. These all impose non-agricultural controls and restrictions on farmers in LFAs.

Encouragement and support can be applied relative to several criteria. For example, extensification is encouraged through subsidy to reduce stocking density, and this will help to protect environmental resources. The EU Rural Development Regulation (Council Regulation 1257/99) is implemented through various plans within UK, and is the principal mechanism to deliver sustainable rural development, but the opportunity from the Regulation to provide production support to native breeds has not been available to farmers in UK. No support was available previously for native breeds in UK through Council Regulation 2078/92. Thus, animal genetic resources (AnGR) have been neglected, and this will inhibit the future role of livestock in the mountains and uplands unless there is a change in Government policy. Support for AnGR at present is provided by other organisations such as RBI.

Other organisations

Several programmes are in place for conservation of AnGR within broader conservation programmes. In particular, English Nature has launched the Traditional Breeds Incentive scheme whereby the use on SSSIs of prioritised native breeds listed by RBI attracts extra payments. Another department of English Nature, acting through the Grazing Animal Project, has published a guide for the use of suitable breeds for conservation grazing (Tolhurst & Oates, 2001) to assist ecological and wildlife projects. In the uplands, many ecological projects are concerned with the management of heather (*calluna* and *erica* species) moors, and the effect of grazing by different breeds has been studied.

Other organisations, such as the National Trust, National Parks and Royal Society for the Protection of Birds (RSPB), now have major land-owning and farming interests and seek to combine profitability with the protection of natural habitats. For example, on an upland estate of 4 249 hectares in Wales, RSPB uses the sheep flock as a moorland management tool to improve conditions for bird species such as Black Grouse and Merlin (Davies, 2003). In the Pennine hills in northern England, the Yorkshire Dales National Parks Authority has initiated the Limestone Country Project whereby owners of locally-adapted breeds of cattle are eligible for EU funding through its LIFE fund to assist conservation in sites of European importance.

Diversification

Many farmers in the uplands have identified diversification as the best opportunity to offset falling income and revive the viability of their businesses, and some have succeeded in developing new enterprises. The opportunities fall into three main categories - the leisure industry, agro-tourism and speciality products - although extra income can be obtained from activities as diverse as 'wind farms' and rural craft courses.

The leisure industry is of limited value for individual farmers. The leisure activities in mountain and upland areas which can generate significant income are deer stalking and grouse shooting, but usually these are controlled by the owners of large estates and business corporations. In England the control of much common land remains under a system derived from ancient manorial (feudal) rights. Pony trekking probably offers the best opportunity for farmers, although the increasing number of hikers underpins most farm bed-and-breakfast businesses.

Agro-tourism is increasing in importance, and farmers in some upland areas such as the Lake District, Pennine Dales and Peak District in northern England, and Exmoor and Dartmoor in South-West England already rely on tourists for a major part of their income. The income from an average farmhouse bed-and-breakfast business may be as great as the income from farming. Farm parks have become a feature of rural Britain since circa 1970, and some are found in the uplands. Rare and unusual breeds of livestock often form part of the attraction for visitors. A well-developed farm park will attract 30 000-100 000 visitors per year and may generate a gross income of £130 00 to £600 000 depending on the area.

The niche market for speciality quality products is experiencing increased demand. Consumers are demanding greater choice and safer products. They are also conscious of other factors such as protection of the environment and national heritage. Native breeds in an upland environment fulfil most of these requirements. Sales of meat from native upland breeds can expect a premium price, especially when it is breed-named (the White Park example is quoted earlier). The usual outlets are farm shops, farmers' markets and speciality butchers. Wool from some upland breeds is naturally-coloured and finds a market in the craft industry. Wool is legally required to be marketed through a UK national co-operative, but many endangered hill breeds have exemption from this requirement and are able to exploit opportunities for speciality outlets.

Conclusions

There is some indication that the UK Government has recognised, albeit belatedly, the importance of the conservation of AnGR. As a result, the status of native breeds of livestock adapted to the mountain and upland regions of UK is being assisted by their priority inclusion in some agri-environment schemes, and this advantage will be compounded by proposed revisions of CAP which will transfer subsidies from production to environment. They are also likely to benefit from their value to diversification and tourism, and from the special quality of their products.

On the other hand, upland farming businesses based on adapted breeds are disadvantaged by Government policy to reduce numbers of grazing animals in UK - especially in upland areas, and by over-zealous biosecurity regulations following disease epidemics (BSE and FMD). They also are affected by the economic downturn affecting British agriculture in general, and the loss of substantial subsidies for livestock production in LFA in particular.

Historically, mountain and upland breeds have played a significant role in the livestock industry in UK. This role has declined in recent times, and their future will depend on the balance between positive and negative pressures which are currently being experienced by British agriculture. The outcome of the current mid-term evaluation of ERDP will be a major factor, but the limited funds available for livestock enterprises in UK are unlikely to provide significant incentives for native AnGR. Sustainability of viable businesses in the upland areas of UK is likely to rely more on diversification into new industries than on traditional farming.

References

Alderson, G.L.H., 2002. Census of breeds of farm livestock in UK. Rare Breeds International, Shrewsbury. 5 pages.

Blott, S.C., J.L. Williams & C.S. Haley, 1998. Genetic relationships among European cattle breeds. Animal Genetics 29: 273-282.

Davies, R., 2003. Upland flock goes organic for profits. Farmers Weekly, April 11: 43

Defra, 2002a. UK Country Report on Farm Animal Genetic Resources 2002. Defra, London. 81 pages

Defra, 2002b. Common Land Policy Statement 2002. Defra, London. 37 pages.

Mitchell, L., 1997. Crossing sires for the North Country Cheviot ewe. Sheep Farmer, Summer Focus: 4-5.

Tolhurst, S. & M. Oates, (Eds), 2001. The Breed Profiles Handbook. English Nature, Peterborough. 154 pages.

L'élevage ovin et la laine dans les régions de montagne méditerranéennes: Préservation de la biodiversité et création de produits à valeur ajoutée

M.T. Chaupin

European Wool Group, Filature de Chantemerle, F-05330 St Chaffrey

Summary

Domestic sheep breeds are the result of a long and patient work of selection towards adaptation to their environment, climate and soil, tending towards optimal use of the natural resources at their disposal. At the same time, specific methods of breeding have been developed: transhumance, extensive and/or mountain pastures, etc. This process has given us a great variety of rustic breeds.

Wool is essential for sheep as a means of protection against the cold, heat, wind and rain, and even against scrub. Furthermore, man uses the wool to protect himself by clothing and to make his life more comfortable by means of mattresses, carpets, etc.

All around the Mediterranean Sea there are lots of different breeds. Two extreme examples: the *merino breed*, with a very compact fleece of fine wool fibres that help the sheep resist the big daily changes in temperature, and the *Corsica breed*, with a fleece of coarse hairs that allow the winter rains to slide off, and fine wool underneath for thermal insulation. Between these two extremes, a wide range of breeds and wool types exist that correspond to a variety of textile uses.

It is vital to preserve the biodiversity that all these breeds represent and to pay more attention to their wool in order to promote this natural and renewable resource as an ecological, high-value textile product.

Keywords: mouton, catégorie de fibre, qualités lainières, brebis corse, Rouge du Roussillon, Mourerous, races de type Mérinos.

Introduction

La laine est la production caractéristique du mouton. La diversité des races est le résultat d'une sélection par l'homme dans le respect des conditions climatiques et environnementales naturelles. Mais, avant de protéger l'homme, la laine protège le mouton. Sa capacité d'absorption de l'humidité empêche l'eau de pénétrer jusqu'à la peau. La laine est un excellent isolant thermique. La pigmentation permet à l'animal de se fondre dans le paysage.

Pour l'éleveur, la sélection lainière permet de maintenir son troupeau dans des conditions adaptées à son environnement et peut contribuer à réduire les coûts d' élevage. Une toison bien adaptée à la région peut permettre de faire des économies significatives en alimentation, bâtiment d'élevage et soins vétérinaires (les animaux sont plus résistants). On s'occupe beaucoup de productivité et de vitesse de croissance, en oubliant souvent charge de travail et frais d'élevage. Etant donné la stagnation du prix de l'agneau, il vaut peut être mieux diminuer les charges...

La toison est une petite bergerie individuelle qui ne demande qu'à être utilisée puisque renouvelable chaque année et l'état des toisons reste d'autre part un indicateur précieux de la santé du troupeau.

La constitution de la toison du mouton

La production des fibres

Les follicules sont les organes producteurs des fibres. Ils fonctionnent de façon périodique suivant des cycles comportant trois phases caractéristiques:

- phase de production: formation de la fibre, éruption à la surface de la peau et croissance;
- phase d'arrêt: le follicule cesse toute production, la fibre ne pousse plus;
- phase de latence: le follicule régresse, la fibre reste ancrée dans la peau.

Les premiers follicules apparaissent de bonne heure chez le fœtus (60 ou 70ème jour, sur le flanc, chez les mérinos) par groupe de trois, ce sont les follicules primaires. Puis se forment les follicules secondaires, en nombres variables selon les régions du corps, la race, les individus.

Plusieurs sortes de graisses et parfois de cires, protègent la fibre sur l'animal et peuvent représenter jusqu'à 50% du poids de la toison: le suint et la lanoline, principalement.

Les différentes catégories de fibres

Chaque catégorie de fibre peut être caractérisée par les durées relatives des phases du cycle de fonctionnement du follicule qui les produit. On parle de croissance continue pour les fibres dont la période de croissance dépasse nettement l'espace de temps s'écoulant entre deux tontes successives. On distingue trois catégories de fibres:

- la laine est une fibre à croissance continue, sans canal médullaire, avec de grandes écailles très saillantes. La section est circulaire. La fibre de laine est très fine, souple et présente des propriétés d'élasticité et de résistance à la rupture excellentes. Son aptitude au feutrage est remarquable.
- le jarre est une fibre à croissance périodique, à phase de croissance brève. Généralement court, il tombe dans la toison. Il possède un énorme canal médullaire. Les écailles sont rectangulaires et peu saillantes. La section est ovale ou très aplatie. Cette fibre très grossière présente de très médiocres qualités mécaniques. Elle se teint difficilement.
- le poil: est une fibre à croissance continue avec un canal médullaire plus fin. Les écailles sont en hexagones plus ou moins réguliers, très peu saillantes. La section est circulaire. Le poil est une fibre grossière, longue, résistante, assez rigide, dont l'aptitude au feutrage est moins prononcée que celle de la laine.

Le jarre est une production des follicules primaires et en particulier du follicule central. Les poils sont produits par les follicules primaires uniquement. Les brins de laine se développent typiquement à partir des follicules secondaires quoique, suite à l'évolution qu'a subie la toison, de nombreuses races présentent des toisons où tous les follicules, primaires et secondaires, donnent de la laine.

L'influence du milieu sur les qualités lainières

On peut observer l'influence de différents paramètres.

L'humidité est favorable à la pousse des brins, mais des pluies abondantes provoquent un accrois-sement de leur diamètre. Au contraire les climats semi-arides ou arides, affectés par une longue saison sèche et une saison humide d'hiver sont ceux dans lesquels la finesse de la laine est maxima: montagnes de la Serena en Estrémadure, Pouilles en Italie du Sud. Si les précipitations sont irrégulières, les moutons ont une nourriture inégale au long de l'année, ce qui se répercutera sur les brins de laine, la différence de diamètre sur un même brin pouvant atteindre 5 microns.

Le froid stimule la pousse de la laine, mais les différences de poids des toisons sont dues bien plus à la race qu'à l'environnement.

Par contre, la durée de l'ensoleillement semble avoir une influence en augmentant le poids moyen de la toison, au sein d'une même race.

L'alimentation, fonction du sol et du climat dans les cas d'élevages extensifs, est bien sûr elle aussi un élément déterminant de la qualité de la laine.

Des toisons adaptées au type de protection nécessaire

La laine a un rôle de protection des ovins, contre le froid, le chaud sec, le vent, l'humidité, et même les broussailles... Cela correspond bien aux aléas climatiques de l'Europe, d'où une multitude de races adaptées aux climats et aux conditions locales, et recouvertes de toisons très différentes.

Voici donc, pour les régions méditerranéennes, quelques exemples significatifs, en partant de la toison primaire, proche de celle du mouflon, jusqu'à la plus sélectionnée par l'homme, le mérinos.

La brebis corse ou les multiples races méditerranéennes dites "à laine à tapis"

L'animal est recouvert d'une toison composée de jarres, de poils, et de duvet qui est la laine proprement dite. Le jarre poussant très vite, protège les agneaux dès la naissance et les brebis après la tonte; les poils, longs et durs font glisser l'eau des pluies hivernales et permettent aux brebis d'entrer dans le maquis et surtout d'en ressortir sans blessure, car les brebis à laine y restent accrochées; en dessous, le duvet de laine fine assure l'isolation thermique et une seconde couche protectrice contre l'humidité. C'est à la fois la toison la plus complexe et celle qui a subi le moins de modifications par l'homme.

Les races à laine "intermédiaire": Rouge du Roussillon, Mourerous, en France

Dans leurs zones d'habitat, on a des hivers assez doux et des étés très chauds et secs.

La toison est semi-fermée, les mèches demi-longues (5-7cm). La laine est plus ou moins fine selon que les croisements avec le mérinos sont plus ou moins importants. Elle ne recouvre ni la tête, ni les membres. L'agneau naît le plus souvent couvert de jarre (roux pour le Rouge du Roussillon ou la Mourerous) qui disparaît à 3 ou 4 mois. Chez l'adulte la toison est blanche, fine, tassée, sans jarre. Les Rouges du Roussillon pâturent sur des garrigues sèches, parfois dans les terres basses et salées du littoral. Elles sont résistantes à la chaleur, aptes à la marche sur les parcours secs et rocailleux.

Les Mourerous ou rouge de Péone, valorisent les collines sèches, et transhument en alpage.

Les races de type Mérinos: Mérinos d'Arles, Mérinos d'Espagne, Gentile di Puglia, Sopravissana en Italie,...

Leur toison fine et dense les protège du vent (hivernage en zone de mistral), du froid sec (alpages d'altitude élevée), mais également du chaud, en conservant un fort taux d'humidité emprisonné par la finesse des fibres très suintées. Cette race n'est pas adaptée à des climats humides mais résiste à de grandes variations journalières de températures.

Comme on l'a vu dans cette description des races, les toisons les moins sélectionnées par l'homme assurent parfaitement leur rôle de protection des brebis. Pour les autres, la sélection, dont le début date de quelques milliers d'années, ne peut être abandonnée sans conséquences. Le tassé, la longueur et le diamètre des fibres résultent de l'intervention humaine pour produire des fibres de valeur, tout en gardant une protection satisfaisante des ovins.

Une dégradation des toisons, faute de sélection lainière, peut amener à une évolution réduisant leur rôle protecteur. Une toison sélectionnée ne possède plus le mélange de différentes fibres, seule la laine est présente; si celle-ci manque de tassé, principalement sur le dos, l'eau pénétrera, les brebis se mouilleront et resteront longtemps humides, ce qui peut altérer leur santé. De même le manque de longueur réduira l'isolation thermique et augmentera les besoins en calories des animaux.

L'utilisation textile des fibres

Dans toutes les régions méditerranéennes, ces laines ont été transformées soit au niveau familial, soit par des artisans ou par l'industrie lainière. Elles donnent des productions très différenciées:

- *Les laines de type corse, sarde,...*: on fabrique essentiellement des tapis et matelas. Mais il existait aussi en Corse un drap de laine "u pannu corsu". Jusqu'en 1850, 95% des brebis étaient brun foncé ou noires parce qu'il n'y avait ainsi pas besoin de teinture. La transformation est restée longtemps essentiellement manuelle.
- *Les laines de type intermédiaire*: utilisation en bonneterie, couvertures, tissus cardés,... Dans ces régions de production, on trouvait souvent de petites filatures artisanales produisant laine à tricoter et draps de laine, parfois réputés.
- *Les laines mérinos*: utilisées en bonneterie, ou pour tissus et vêtements fins. La transformation s'effectue au niveau industriel, souvent loin des régions de production de laine.

On peut citer un exemple intéressant, celui de Lana Corsa, une petite entreprise de tricotage qui utilise pour ses produits un mélange de deux types de laine: mérinos et Corse à 50% pour mieux valoriser la laine d'agneau corse.

Toutes ces activités de transformation ont joué un rôle important dans le développement de certaines régions d'Europe et la laine a été autrefois une source non négligeable de revenus pour quelques pays.

Problèmes actuels et espoirs de la filière laine

Mais la faiblesse actuelle des prix des laines européennes, qui bien souvent ne payent pas le travail du tondeur, et la désorganisation de la filière font que, dans la plupart des pays européens, cette ressource naturelle est très négligée. Aucune mesure n'incite les éleveurs à augmenter la qualité de leur production. C'est pour proposer des alternatives à cette situation qu'a été créé, en 1997, le Groupe Laine Européenne (EWG) par un certain nombre d'organisations professionnelles de la filière. C'était la première fois qu'une organisation interprofessionnelle européenne était établie, couvrant toutes les étapes de la filière, de l'éleveur ovin à la transformation en passant par les structures de commercialisation. Une dizaine d'organisations participent à ces activités.

Les propositions et activités du Groupe Laine Européenne

- Tout d'abord augmenter la qualité des laines européennes par l'organisation de cours de tonte, la formation au classement des laines, la mise en place de centres de collecte et de classement de laines pour constituer des lots homogènes
- Ensuite développer la coopération entre les éleveurs et responsables de la filière au niveau européen. Il n'y a pas de concurrence entre les différents types de laine. La promotion de l'une contribue à la promotion de l'autre. La connaissance mutuelle des productions de chaque pays, les échanges d'expérience donnent à tous une meilleure compréhension des marchés, la possibilité d'agir plus efficacement.
- Parallèlement, le Groupe assure la représentation des intérêts de la filière auprès des institutions européennes: rapport au Parlement Européen *sur la nécessité de mesures de soutien en faveur des producteurs et des transformateurs de laine européenne*; rencontres à Bruxelles; premier Colloque Européen de la Laine à Mérida en Espagne en octobre 1999; séminaire en octobre 2001 à Strasbourg sur le thème "Quel avenir pour la filière laine et les races mérinos en Europe?".

- Enfin le Groupe soutient des initiatives pour la valorisation de laines locales avec des projets pilotes en coopération avec les associations d'éleveurs, des autorités régionales, des artisans et industriels et parfois des aides européennes. Ces expériences mettent en jeu de petites quantités de laine mais permettent de sensibiliser aussi bien les éleveurs que le public sur la valeur de cette matière. Elles sont parfois aussi liées à la relance de races ovines menacées de disparition.

La laine est une ressource naturelle renouvelable aux propriétés uniques, aux multiples utilisations, tant traditionnelles qu'innovantes. Un intérêt plus grand se manifeste actuellement pour ce produit écologique. Il faut que les éleveurs reprennent eux-mêmes conscience de la valeur de cette production, qu'ils en soient fiers et qu'ensuite ils rebâtissent une filière au niveau européen avec une exigence de qualité. La diversité des laines européennes ne doit plus être un handicap mais vue comme une richesse, une palette de qualité. Les laines des montagnes méditerranéennes y tiennent une grande place.
Un règlement du Conseil de l'Union européenne, adopté début avril, vient d'inclure la laine dans une liste de nouveaux produits agricoles pouvant prétendre à une appellation d'origine ou à une indication géographique. Il y a peut-être là la possibilité de construire une filière européenne de qualité, avec toute sa richesse et sa diversité.

Références

Chaupin, M.T. *et al.*, 1999. First European Wool Conference, Merida (Extremadura), Spain, October 1999.

Chaupin, M.T. *et al.*, 2001. Ensuring the future of the wool sector and of the merino sheep breeds in Europe, European Parliament, Strasbourg, October 2001

Chaupin, M.T. *et al.*, 1999. European Pilot Cooperation Project "ARQUEOTEX" (European Industrial Textile Heritage Network).

Ruminants genetic resources from French mountain areas: characterisation, adaptation, valorisation

E. Verrier[1], M. Orlianges[2], S. Patin[2] & X. Rognon[1]

[1]UMR Génétique et Diversité Animales, INA Paris-Grignon
[2]France UPRA Sélection, 16 rue Claude Bernard, 75231 PARIS cedex 05, France

Introduction

Mountain areas take up an important space within the French territory. These areas play a specific economic role, through tourism, forestry and agriculture, the latter activity being mainly represented by livestock production. During the 20th century, agriculture in mountain areas evolved in an unfavourable way, especially due to significant rural depopulation. However, in the last 20 to 30 years, this agriculture has experienced new dynamics, based on the valorisation of the local animal genetic resources. The purpose of this paper is to show how and why these genetic resources are well suited to a sustainable development of agriculture in mountain areas. In the first part, an overview of the French mountain areas and their local breeds of ruminants will be given. Next, two examples of the valorisation of local breeds will be developed, one in a Mediterranean context, the other in a non-Mediterranean context.

Keywords: mountain massifs, Abondance and Tarentaise cattle breeds, Arles merino, AOC cheeses.

Agriculture and local breeds in the French mountain areas

According to the European nomenclature, the French territory (excluding overseas areas) comprises seven mountain massifs (Figure 1). The only one to be fully considered as Mediterranean is Corsica Island. Some parts of other massifs clearly have Mediterranean characteristics: Eastern Pyrenees, South-East of the Massif Central, Southern Alps. In 2000, in all mountain areas there were 96 416 farms with an average size of 39 ha, which is 8% smaller than the average size in France (Source: Agricultural census).

Permanent grasslands, including high altitude pastures and other pastoral areas, represent 70% of the agricultural area used in mountains. The main production comes from ruminants with mainly dairy cattle in the Northern Alps, Jura, Vosges and the North of the Massif Central, suckling cattle in the Massif Central and Pyrenees, sheep and goats in the Southern Alps, the South of the Massif Central, Pyrenees and Corsica. Draught horses, mainly used for meat production, are also bred in the Jura, Pyrenees and Massif Central.

There are about 40 French cattle breeds among which two breeds originating from hill or middle-mountain areas have now a national and international status; namely, the dairy breed Montbéliarde and the beef breed Limousine, with a number of cows in France in 2000 equal to 685 000 and 907 000 respectively, i.e. 8% and 11% of the total national stock. The French Simmental is also partly used in middle-mountain areas, in the Vosges and the Massif Central. Today, the genetic constitution of this breed is closer to the German Fleckvieh than the Swiss Simmental [11], and its total number of cows in France is equal to 49 000. Some other breeds originate from and are mainly kept in highland areas, with summering on high altitude pastures. The population size of the six main high-mountain cattle breeds decreased up to the 1980s' (Figure 2), due to both their replacement in middle-mountain areas

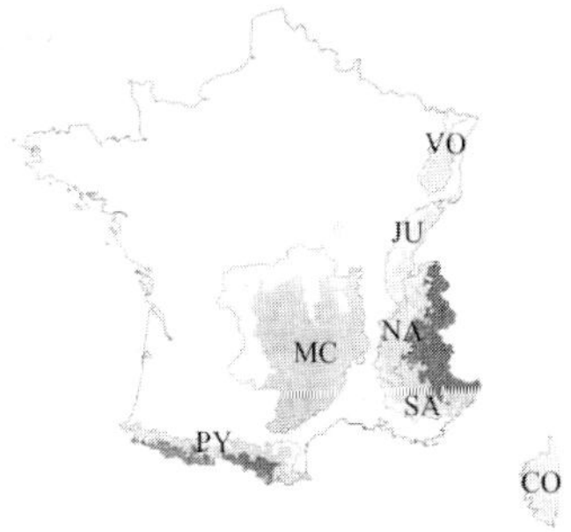

Light grey = mountain, dark grey = high mountain.
NA = Northern Alps, SA = Southern Alps,
CO = Corsica, JU = Jura, MC = Massif Central,
PY = Pyrenees, VO = Vosges

Figure 1. Massifs' boundaries and mountain areas in France.

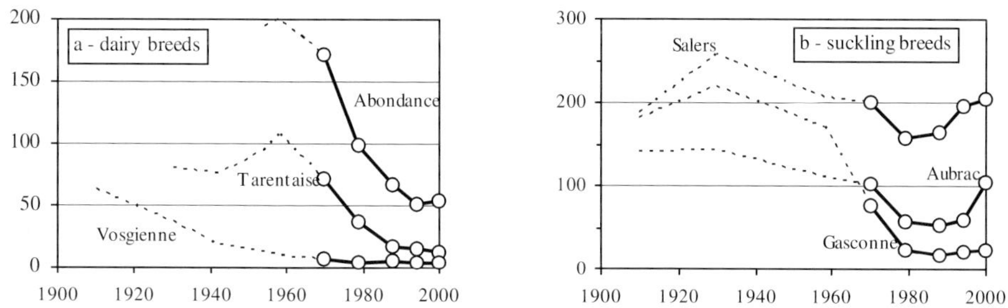

Dashed line = estimations from various statistical sources, solid line = agricultural census

Figure 2. Evolution of the total number of cows (x 1000) in the French cattle breeds from mountain areas.

with more specialised breeds and the reduction in the use of high altitude pastures. In the last 10 or 20 years, the good organisation of farmers and the development of quality products (see next) led to the increase of the population size of the Salers, Aubrac and Abondance breeds, a phenomenon which did not occur for the other three breeds.

The diversity of French breeds is greater in sheep than in cattle and the breeds are strongly linked with their region (Table 1). The most widely used breed is the Lacaune, originating from a middle-mountain area in the Massif Central. This breed comprises a dairy strain, with an increasing number of ewes, and a meat strain, with a decreasing number of ewes. The other dairy breeds, also originating from mountain areas, have more or less maintained their numbers in the last years. On the other hand, the population size of the meat breeds has decreased, except for the Blanc du Massif Central and Arles Merino.

In goats, the situation is much simpler, because two breeds only, the Alpine and Saanen, originating from mountain areas but kept everywhere, represent almost the whole population.

In any species, there are many other mountain breeds apart from those mentioned here. Several conservation programmes have been developed in order to avoid extinction of endangered breeds. More details about all these breeds are available on the Web (see references).

The Arles merino breed and sheep transhumance in the Southern Alps

In the Southern Alps, the main livestock production developed is meat sheep production. The flocks are large (several hundreds of ewes) and generally summer with transhumance. The system used in the

Mediterranean Crau region is typical and will be shown here. Recent and detailed descriptions are given by Fabre [6] and Molenat *et al* [10].

The Crau region is located close to the Rhône delta and the Camargue region. The natural vegetation is mainly a dry "steppe", called *Coussoul* (in the regional language). Currently, about 12 000 ha of *Coussouls* are used for extensive grazing. A similar surface is devoted to irrigated grasslands, used for grazing and/or to hay harvest. The main constraints in this area are, on one hand, a long and strong dryness during the summer and, on the other hand, severe competition with other agricultural or industrial activities. That is why the farmers look for additional resources in high altitude pastures located in the Southern and even in Northern Alps. Figure 3 shows how all these complementary forage resources are used throughout the year. Lambing is planned in October, in order to benefit from the large amount of forage available in the irrigated grasslands after the last hay harvest. Therefore, fatted lambs are produced in the winter, when the highest prices occur. Mating occurs during the end of the grazing period on *Coussouls*. Pregnant and young virgin ewes summer on wide, high altitude pastures without rams. In general, several owners employ a single sheep keeper for grouped flocks comprising more than 1 000 or 2 000 ewes. In addition to its value for sheep production, this system has been shown to have a favourable environmental impact on both the Crau region and the high altitude pastures, since overgrazing is avoided.

The areas where animals graze during a given period are written in bold. I = grasslands' irrigation, H = hay harvest on grasslands. Source: [6], after the Bouches-du-Rhône Agency for Agriculture and Forestry (*DDAF*).

The Arles Merino breed represents almost all the ewes kept in the Crau region with the farming system described above. This situation stems from both traditional uses and the particular characteristics of this breed. Among the adaptation traits, the resistance of the breed to certain climatic constraints (cold, wind and/or rain) was experimentally shown [8]. This trait, largely due to the Merino type coat, is particularly useful when the ewes are outdoors on high altitude pastures. The other adaptation characteristics refer to the breeders' traditional knowledge: easy walking, ability to alternately accumulate and liberate bodily energy stocks, gregariousness, easy-shepherding behaviour. Regarding reproduction, the breed shows some traits common to the whole Merino strain: ability to reproduce outside the usual season, which is absolutely necessary under this context (see above), low prolificacy rate (average = 120%) and good maternal behaviour, which provide good feeding and suckling conditions to lambs despite an extensive farming system. The growth capacity and the carcass traits of the Arles Merino lambs show rather poor results, which are improved by the wide use of crossing (almost half of matings) with rams from specialised meat breeds.

Because of its characteristics and valorisation, the population size of the Arles Merino has increased in recent decades, whereas the general context in France was not so favourable for sheep production. In order to maintain the breed well suited to the farming system, the breeding goal mainly focuses on maternal abilities and also includes the coat quality. The improvement scheme is based on performance recording on farm.

Figure 3. Calendar management of flocks and grazing periods in the Arles Merino system.

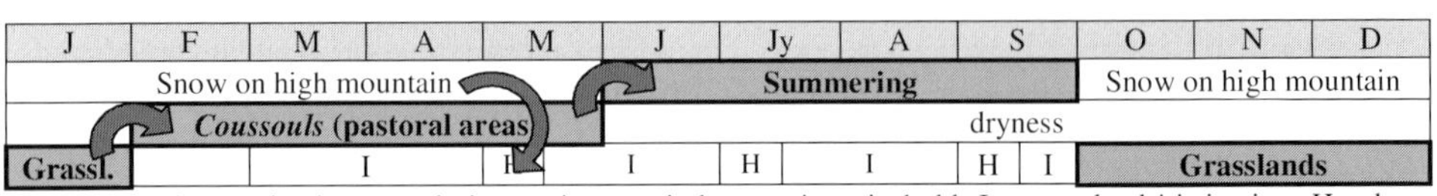

The areas where animals graze during a given period are written in bold. I = grasslands' irrigation, H = hay harvest on grasslands. Source: [6], after the Bouches-du-Rhône Agency for Agriculture and Forestry (*DDAF*).

The role of the Abondance and Tarentaise cattle breeds in both the use of high altitude pastures and the production of high quality cheeses in the Northern Alps

In the Northern Alps, the main form of agriculture is dairy cattle production. The majority of the milk (about 80%) is processed for cheese production. The farming system is based on the complementary use of valley and high altitude (1 400-2 400 m) pastures (called *alpages*). The cows summer from mid-June to the end of September, and the majority of calvings occur during the three or four months after summering. Due to manpower problems, namely a decreasing number of people wanting to summer with animals, from 1950 to 1980 there was a decrease in the use of high altitude pastures and of the number of dairy cows summering, which had unfavourable ecological consequences [14].

During the last two decades, the mountain farmers were supported by public policies. This support occurred both at the regional level, by improving the access to the high altitude pastures and their equipment [13], and at the national level, by the management of the milk references within the milk quotas system [4]. In addition, the farmers developed the production of high quality products, especially cheeses under *AOC* (Protected Designation of Origin). As an illustration, from 1980 to 2000, the production of the main two *AOC* cheeses from Northern Alps, namely the Reblochon and Beaufort, was multiplied by 3.4 and 2.2, respectively (source: INAO). Such *AOC* productions, which are under the close control of farmers within small cooperative factories, led to a substantially higher milk price paid to farmers: from +20 to +40% in comparison with the milk for non-*AOC* cheeses in the same region, and from +35 to +60% in comparison with the average price in France [3, 12, 13].

The local Abondance and Tarentaise breeds are an important component in these new dynamics in the French Northern Alps. These two breeds may be characterised first by some adaptation traits. These traits have been assessed by comparisons with other breeds on the basis of field observations or experiments: small adult weight (from 450 to 550 kg), making easier walking on a slope [5], better grazing behaviour on high altitude pastures [1], and ability to intake and valorise rough dry forages. Second, the cows of these breeds reproduce well and regularly [3]. This trait is very valuable because the farming system strongly depends on the calendar of calving. Finally, the average milk production of these breeds is moderate, equal to 5 000 and 4 000 kg per cow and per lactation respectively (source: on farm milk recording, 2001). However, this milk has favourable properties for cheese processing: high protein over fat ratio (Figure 4), frequency of the "B" allele at the k-casein locus above the value observed in the Holstein breed [7], this allele being favourable to both the quickness of milk clotting and the cheese yield, good other chemical characteristics involved in milk clotting [9].

For all these reasons, at the request of both the farmers and cheesemakers, the rules for producing *AOC* cheeses in the Northern Alps include the mandatory use of cows of the Abondance or Tarentaise breeds or also, for the majority of cheeses, of the Montbéliarde breed originating from a middle-mountain

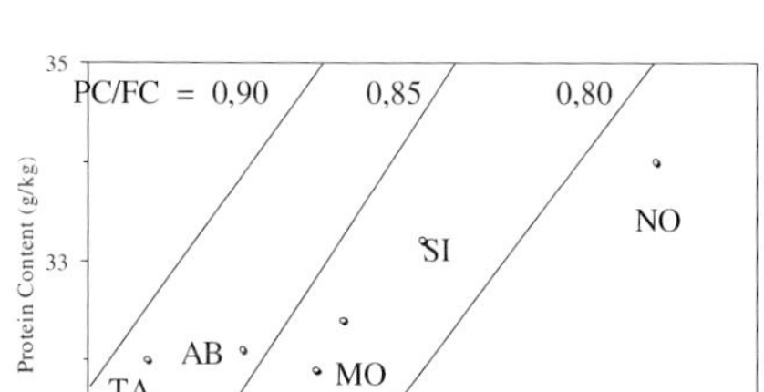

AB = Abondance, HO = Holstein,
MO = Montbéliarde, NO = Normandy,
SI = French Simmental, TA = Tarentaise,
VO = Vosgienne.
Solid lines = constant protein over fat ratio.

Figure 4. Protein content vs. fat content in the milk of some French dairy cattle breeds (Source: on farm milk recording, 2001).

area and with a milk composition close to that of the alpine breeds. Such a link with the production of high quality cheeses is a very good opportunity for the valorisation of these breeds and, as a consequence, is expected to help their preservation or their development. Conversely, due to their typical traits, the local breeds contribute to the creation of a very favourable image of the *AOC* cheeses.

Conclusions

French farm animal genetic resources are diverse. Among the different species, many local breeds originate from mountain areas. The two examples presented in this paper show the connections between the natural constraints of the mountain areas, the value of the local breeds and their valorisation through both the farming system and the development of quality products. The efficiency of these systems and their dynamics do not depend only on the characteristics of the local breeds but also on the organisation of the farmers.

Other examples of farming systems involving local breeds could be given. Some other *AOC* cheeses are produced in mountain areas from the milk of local breeds, leading to a price of milk substantially above the average [12]: *AOC* cheeses from Jura are produced with the milk of Montbéliarde or French Simmental cows; the Laguiole *AOC*, in the South of the Massif Central, is produced with the milk of French Simmental cows; all the *AOC* cheeses from ewe milk are produced in mountain areas with a mandatory use of the local breed(s). Dealing with meat production, other farming systems valorise both the high altitude pastures and the characteristics of the local breeds: the cattle breeds Salers and Aubrac, in the Massif Central, with a wide use of crossing with the specialised Charolais breed; the Gasconne cattle breed in the Pyrenees; the sheep breeds Blanc du Massif Central, Préalpes du Sud and Tarasconnaise, in the Massif Central, Southern Alps, and Pyrenees respectively. Due to their resistance to harsh conditions, some mountain breeds are also used to graze on the bushes and/or under woods, within the fire safety procedures in Mediterranean areas, e.g. the Aubrac and Gasconne cattle breeds in the Languedoc-Roussillon, and the Tarentaise cattle breed or the Rove goat breed in the Provence-Alpes-Côte-d'Azur region.

Finally, the valorisation of these local breeds in a mountainous context requires clear genetic strategies [e.g., 2], on farm recording based, putting emphasis on the selection goal on both adaptation and maternal traits, and, especially in the case of meat production, looking for the best ways of crossing with more specialised breeds.

References

[1] Anonymous. 1972. Etude INERM n° 59.
[2] Bouix J., *et al*. 2002. 7th WCGALP, Cd-Rom, communication n° 02-02.
[3] Carrere G. *et al*. 1984. Etude INERM n° 196.
[4] Chatellier V., Delattre F. 2003, INRA Prod. Anim. 16, 61-76.
[5] D'Hour P. *et al*. 1994. Ann. Zootech. 43, 369-378.
[6] Fabre P. 1999. Hommes de la Crau, des coussouls aux alpages. Cheminements en Provence.
[7] Grosclaude F. 1988. INRA Prod. Anim. 1, 1-15.
[8] Hocquette J.F., Vermorel M., Bouix J. 1992. Genet. Sel. Evol. 24, 147-169.
[9] Macheboeuf D., Coulon J.B., D'hour P. (1993) INRA Prod. Anim. 6, 333-344.
[10] Molénat G., Fabre P., Lapeyronie P. 2002. Renc. Rech. Ruminants 9, 395-398.
[11] Moureaux S., Boichard D., Verrier E. 2001. Elevage & Insém. 301, 10-21.
[12] Ricard D. 1994. PhD thesis, University of Clermont-Ferrand.
[13] Verrier E. 1995. Bull. Acad. Vét. France 68, 193-200.
[14] Verrier E., Bresson L.M. 1995. Bull. Acad. Vét. France 68, 173-180.

The commercialisation of traditional livestock products in conjunction with the provision of high quality tourism services in mountain areas

P.E. Kaldis[1] & C.D. Apostolopoulos[2]

[1]*Department of Agricultural Economics & Rural Development, Agricultural University of Athens, 75, Iera Odos, 118 55 Athens, Greece*
[2]*Department of Home Economics & Ecology, Harokopio University, 70, El. Venizelou Str., 176 71 Athens Greece*

Summary

Traditional livestock products, like various types of cheese and other dairy products of local identity, are of high demand in developed markets, as they are considered important and excellent components of contemporary diet. The traditional livestock products derive from rural areas and especially from their mountainous parts. In countries like Greece and the rest of the Mediterranean basin, animal production plays a significant socio-economic role for the conservation of the local population, for the environmental protection and for the overall development of the rural areas. These mountainous areas, due to structural and other constraints, lag behind in terms of income compared with the plain rural areas. The EU-15 rural policy goals include the support of plans aiming at the sustainable development of the less-favoured mountainous areas. Thus, the promotion of profitable activities other than agriculture and animal production, such as soft-tourism or agri-tourism ("multifunctionality" of agriculture), via quality paths of development, is of high priority and is considerably subsidised. From a S.W.O.T. analysis it appears that the inclusion of traditional livestock products into packages of high-quality tourism services can create an effective model for local added value. Thus, a rational increase in the volume of traditional livestock products supply, based on high standards of safety and quality, supporting the maintenance of the local identity characteristics, and the positioning of these products through differentiated and well synchronised local channels of distribution, like soft-tourism services, can create a promising path towards sustainable development of the mountainous areas.

Keywords: traditional livestock products, rural areas, agri-tourism, value-added agriculture.

Introduction

It is recognized today that agriculture in developed countries is consumer-driven and is affected by the fast global market liberalisation. At the same time, contemporary agriculture is expected to provide a wide range of goods and services that are desirable by society (Council for Agricultural Science and Technology 2002). These include safe, high quality and convenient-to-use food, fibre, open space, tourism and cultural activities in the countryside, viable rural communities, farmland preservation and environmental stewardship. All these constitute the so-called "multifunctionality" of agriculture, which is a new name and an innovative organizational framework for an old idea and a traditional practice in use by rural societies for several decades. This multifunctional agriculture is proposed to farmers and agribusiness firms worldwide, as the key for surviving and remaining competitive. Thus, the concept of the multifunctionality of agriculture is important beyond the European Union of the 15 member states (EU-15) and has been embroiled in the World Trade Organisation's (WTO) international debate on agricultural policy reform and trade negotiations for a global economic and free trade conformation (Normile and Bohman, 2002).

In the EU-15, the present Common Agricultural Policy (CAP) for the period 2000-2006, is principally focused on rural and countryside development. Thus, the multifunctionality of agriculture is interpreted as a wide-ranging role over and above agricultural production, including services provided by farmers. In addition, the CAP principle for "a multisectoral and integrated approach for the rural economy" underlines the need for diversification of activities, with the promotion of income and employment opportunities and rural heritage protection (Kaldis and Galanopoulos, 2003). In brief, the 2000-2006 production objectives within the EU-15 agricultural sector have been specified by the Commissioner for Agriculture F. Fischler, as being "more competition in the framework of EU enlargement and the WTO and the challenge of developing production, quality and prices in the face of an increasingly dominant retail sector".

In the EU-15, but also in Greece, during the last decade, the role of agriculture is continuously converted, from "terms of quantity", to "terms of quality" (post-productivism phase, Ilbery 1998). This involves important structural changes not only in the productive model of the country, but also in the combination of the factors of production (substitution of familiar labour by capital, entrepreneurial organisation etc). At the same time, the effective support of agriculture in the framework of the CAP is changing, with the obvious aim of the reduction of budget expenses. The recent proposals of the Commission refer to decoupling of direct support from production with no loss for most of the existing recipients.

The Greek agricultural sector faces a number of structural problems (i.e. small and fragmented agricultural holdings, ageing agricultural population with low level of education and professional skills, low rate of entry of young persons in the agricultural profession, etc), that lead to low productivity and low incomes. In view of this, the farmer needs to undertake additional activities in order to acquire sufficient income, in order to ensure a decent existence.

The rural character of the mountainous and the less favoured areas of Greece, that cover most of the land area of the country, constitutes a real difficulty in the search for a realistic policy that would encourage residents to stay in their regions. In consequence, the primary priority for the survival of the Greek mountain agriculture is to encourage structural changes which aim a) at a rapid modernization of its production and marketing system and b) at the development of activities leading to multifunctional agriculture or to diversified and high quality products, incorporating added value services, in order to gain viability and competitiveness..

With the above in mind, the present work attempts to reach a functional proposal for the promotion of quality products with added value, through first-level transformation such as sheep and goat cheese and other dairy products, via their marketing. Also, it attempts to formulate a proposal for an effective planning of market segmentation for such products and to indicate the critical points for the promotion of animal products of designated origin to special (niche) markets.

The development of a value-added agricultural enterprise

Despite the importance of the commercialisation of traditional animal products for the mountainous areas of Greece, there is only limited documentation and few research works regarding the sector's characteristics (Ápostolopoulos and Fotopoulos, 1999). What follows, in this and in the next section, is the procedure to be followed for the establishment and operation of a successful value-added agricultural enterprise in the mountainous areas, for marketing sheep and goat cheese and other dairy products via high quality tourism pathways. The latter refers to small-scale countryside tourism activities (Kaldis and Apostolopoulos, 2002).

The effective planning of generic marketing for traditional livestock products of designated origin is an enterprising action of strategic nature. This is presented below through a line of "steps" (White and Uva, 2000; Dalton, Holland, Hubbs, and Wolfe, 2002).

The first step is the formulation of a "vision" and the determination of the mission of the enterprising action. This is done by answering questions, such as: which is the type of products or services that will be produced? Which are the target markets? (i.e. which are the groups of consumers to be served? Which needs are satisfied? is the target market attractive, profitable and with good prospects?), Are our products better and are they differentiated from other competitive ones? (i.e. do our products possess a comparative advantage, can this advantage last and if yes, do we have the necessary resources and human skills in order to maintain it or even to develop it?), Are there other activities to be undertaken and what are the priorities? Which is the purpose for showing this enterprising interest (objectives, convictions and enterprising values), i.e. profits, employment of other members of the family or local society, raising of local social prestige?

The second step is the evaluation of the external environment of the enterprising action, on the basis of information on the following issues:

- micro-economics, such as: consumer analysis (age, sex, income, level of education, profession, social stratification, demographic changes, frequency and quantity of buying the specific product, differentiated consuming pattern, demographic growth in specific regions etc), the analysis of competition (recognition of current and potential competitors) and the market analysis (size of market, prospects of enlargement, profitability, cost structure, channels of distribution, trends, market forces and their influence upon prices, etc.); and
- macro-economics, such as: available technology and especially differences that offer advantage to a country or region, political stability, general economic situation, legal and general institutional framework, social and cultural background, with emphasis on subjects concerning the protection of the environment and the welfare of productive animals, etc.

Of particular importance is the recognition of existing and potential opportunities and threats, but also elements of uncertainty in the environment of the enterprising action.

The third step is the recognition of important entrepreneurial opportunities and threats for the prospective enterprise. Threats in one sector of animal production may bring opportunities in other agricultural products.

The fourth step is the evaluation of powerful and weak points of the prospective enterprise, i.e. its internal environment. Questions that should be answered are: which are the quantities and the quality of available resources and production means? Which is the potential and which the limitations of management? Which are the skills of the available workforce? Which is the actual economic situation of the firm or of the person delivering the enterprising action?

Steps 2, 3 and 4, that concern the evaluation of the external and internal environment of the enterprising action, are called S.W.O.T. analysis, from the initials of the words: Strengths (powerful points), Weaknesses (weak points), Opportunities and Threats. This kind of qualitative analysis is considered as the dominant rational approach that can support the design and the formulation of an effective market competitive strategy (Haines 1999; Staatz, Raper, and Weber 2002).

The next step, the fifth one, concerns the adoption of the line of objectives that could lead the enterprising action to the achievement of its mission. These objectives are implemented through a line of actions. Each action should be concrete (specific), measurable, feasible (attainable), efficient (rewarding) and timely.

As the sixth step, can be considered the development and the evaluation of alternative strategies at three levels: i) at the level of business orientation for the promotion of the particular product-market, the directions of growth and the required investments, ii) at the functional level for organisation of the supply chain, pricing and marketing and iii) at the level of competitive advantage (available resources, existing skills of personnel and synergies).

The seventh step is the selection of the best strategy, that should be supported by the available resources and the existing skills of the personnel and it is developed in a suitable enterprising environment. This choice should be realistic as regards the external environment, should create opportunities and neutralise threats, should be relevant to the vision/mission/aims of the enterprising action, and it should also be feasible, additional with possible other similar strategies and adaptive to reasonable changes.

The eighth step is the application of the strategy, that is its transformation into operational plans that would include individual plans of tactics, answering questions, such as: who, what, when and how much it will cost?

The final step is the ninth one, which includes the phase of evaluation and control. In the particular planning, it is vital to determine when a strategy needs revision and change; this is supported by a line of indicators of effectiveness such as sales, market share, commercial margins, profits and service of investments.

Tourism, sheep and goat cheese and other dairy products and the mountainous areas

The growth of tourism in Greece took place during the last 40 years, resulting in the disengagement of people from the rural economy as a unique employment. The growth of modern infrastructures for residence and recreation begins, in effect, with the entrance of the country in the EU. It is remarkable that, apart from the big hotel type tourism and mass tourism, in general, other initiatives of small scale alternative tourism in the countryside (agri-tourism etc.), mainly in the mountainous regions, were developed during the last 10 years. Such initiatives are the various types of women cooperatives that offer remarkable experiences of high quality hospitality, promote the local agricultural and animal products and generate local income and work places.

Sheep and goat breeding is a traditional activity in Greece and in other Mediterranean countries, offering important benefits not only to the breeders but also to the entire agrifood industry (Beranger, 2000). In Greece, it is estimated that more than 70% of such activities are located in the mountainous areas. Sheep and goat cheese products of local designation are good examples of feasible local value-added activity (direct marketing) that can essentially contribute to the increase of local income and employment. There is ample evidence, from all Greece, about the successful combination of high-quality countryside small-scale tourism pathways with the promotion of sheep and goat cheese and other local dairy products of designated origin. It is almost a rule that guests eating in local restaurants demand the authentic and traditional food tastes of the region. The effort to increase the commercial recognition of traditional animal products of Greece, in the same way as it happened with the sheep and goat cheese so as to broaden local benefits, needs careful and concrete strategic planning, following the steps that were presented previously (Kaldis and Apostolopoulos, 2002).

Table 1 presents the previously mentioned S.W.O.T. analysis for the Greek sheep and goat cheese and other dairy products and may apply to the entire country. This judgement is based on a combination and synthesis of previous works as well as on personal observations and discussions with competent persons. It is believed that the accumulated advantages for the commercialisation of the Greek sheep and goat cheese and other dairy products supersede the sector's weaknesses. This constitutes the starting point for the good prospects of the sector.

Table 1. S.W.O.T. Analysis for the Greek sheep and goat cheese and other dairy products.

Strengths	Weaknesses
Production • High quality. • Tradition of centuries history. • Ideal soil and climatic conditions. • Use of traditional methods of cheese making.	*Production* • Social unwillingness for working in goat and sheep breeding. • Variability in the organoleptic characteristics of the traditional cheese products. • Waste disposal of cheese making units.
Market • Positive acceptance from the consumer who tastes them. • Powerful networks of distribution.	*Market* • High concentration. • Intensive competition. • High prices.
Opportunities	**Threats**
Production • Products of Protected Designation of Origin. • Use of the institutional framework for the improvement of quality in all stages of production. • Use of the institutional framework for organic breeding of goats and sheep and value-added use of the derived milk. • Use of the national system of certification and protection of products of mountainous areas.	*Production* • Adulteration of raw materials.
Market • High prospects of domestic and international demand due to rising income. • Connection with tourism, especially small-scale one and the 2004 Athens Olympic Games.	*Market* • Competition and substitution of goat and sheep cheese products by cow milk cheeses.

Source: Personal contacts and Kaldis and Apostolopoulos, 2002

Conclusions – Directions of policy

Considerable EU-15 incentives for the third programme period (2000-2006) are available for the development of rural entrepreneurship in mountainous and less favoured regions of Greece (i.e. the Programmes for Development of Rural Space (axis 7), the Operational Programme "Rural Development - Reconstruction of the Countryside", the Integrated Interventions for the Less Favoured Regions (axis 2), the Document for Planning of Rural Development, the Regional Operational

Programmes, the Community Initiative LEADER + etc.). If these incentives are strategically and effectively coordinated, they may constitute mechanisms for the modernisation and the qualitative improvement of human and material resources in less favoured areas. The mountainous regions of Greece may exploit these enterprising opportunities.

In the case of commercialisation of traditional animal products, like sheep and goat cheese, it seems that the small-scale growth is connected with soft tourist activity, as well as with other synergies of popular material culture. The effort for larger-scale growth requires heavier, inter-regional organisation and availability of more and better resources.

In all cases, the identity of the local products and their high quality are crucial factors for added value to be incorporated locally.

References

Ápostolopoulos, C. and Fotopoulos, Ch. (Eds) (1999) The Mediterranean Products as Traditional Greek Products and the Future of their Support Measures. Énstitute of Agricultural Economics and Sociological Research, National Foundation of Agricultural Research, Ministry of Agriculture Editions, Áthens, Greece (in Greek).

Beranger, C. (2000) Animal Agriculture in the EU and Multifunctionality. AgBioForum, 3:2-3, pp. 115-119.

Council for Agricultural Science and Technology (2002) Urban and Agricultural Communities: Opportunities for Common Ground. Ames, Iowa, USA.

Dalton, A., Holland, R., Hubbs, S. and Wolfe, K. (2002) Marketing for the Value-Added Agricultural Enterprise. Agricultural Development Centre, Agricultural Extension Service, The University of Tennessee, Knoxville, Tennessee, USA.

Haines, M. (1999) Marketing for Farm and Rural Enterprise. Farming Press, Ipswitch, UK.

Ilbery, B. (1998) From Agricultural Productivism to Post-Productivism in Ilbery, B. (Ed.) The Geography of Rural Change. Addison Wesley Longman, Harlow, Essex, UK. 57-84.

Êaldis, P. and Ápostolopoulos, C. (2002) Innovative Planning for the Promotion of Marketing of Agricultural Products: The Cases of Olive-oil and Cheese Products of the Municipality of Mantamados, Paper presented at the Scientific Symposium: Possibilities for Soft Tourism Development at the Municipality of Mantamados, Lesvos Island, Laboratory for Spatial and Housing Development, National Technical University of Athens and Municipality of Mantamados, Cultural Multicentre of Mantamados, Greece, 30/11 – 1/12 (in Greek).

Kaldis, P. and Galanopoulos, K. (2003) Development and Agro-Food Policies in the Mediterranean Region. Country Report 2002 – Greece. International Centre for Advanced Mediterranean Agronomic Studies, Paris, France.

Normile, M.A. and Bohman, M. (2002) Providing for a Multifunctional Agriculture: Another View, Paper prepared for the Conference: La Multifunctionalite de l' Active Agricole et sa Reconnaissance par les Politiques Publiques, Societe Francaise d' Economie Rurale, Paris, France, March 21-22

Staatz, J., Raper, K. and Weber, M. (2002) Analysis of Food System Organization and Performance. Department of Agricultural Economics, Michigan State University, East Lancing, USA.

White, G. and Uva, W. (2000) Developing a Strategic Marketing Plan for Horticultural Firms. Department of Agricultural, Resource and Life Sciences, Cornell University, Ithaca, New York, USA.

Wolfe, K. and Holland, R. (2002) Considerations for an Agritainment Enterprise in Georgia. CR-02-07. Centre for Agribusiness and Economic Development, Department of Agricultural and Applied Economics, The University of Georgia, Athens, Georgia, USA.

Incidence of the sectorial politics in the conservation of extensive goat farms in Jaen Mountains (Spain)

A. García, M. Luque, R. Acero, J. Martos & M. Herrera

Animal Production, University of Cordoba, Madrid-Cadiz road, km 396, Córdoba, Spain

Summary

In the mountains of Jaen, an extensive goat farming system has been developed, oriented towards obtaining meat, based on the use of local breeds. The break-even point is used as the procedure for evaluating the different political sectors. It is a shorter analysis because it is a technique that utilizes or classifies the costs in fixed variables. These are the amortizations, the labor input, the financial costs, taxes, independent professional services, repairs and conservation, insurance premium and leasing. The break-even point of the animal production system type is established at 257 commercial kids; 54% of the population does not reach this break-even point. The modification of the OCM in the sector has a great incidence. In a setting without subsidies (purpose for 2007), the break-even point of the animal production system would be duplicated. The present regulation supposes a reduction of the minimum size by 30% (183 kids).

Keywords: break even point, unit cost, management, goat farming, Jaen areas, mountainous regions.

Introduction

In the mountains of Jaen, an extensive goat farming system has been developed for obtaining meat using native local breeds (Frías, 1998). Besides its technical and economic interest, the system acts to conserve a genetic bank for the animals and, consequently, a vital genetic variability for future demands. (Rodríguez *et al.*, 1998). Goat farming is carried out in mountainous regions on lands that are inadequate for crops, with small populations and the traditional complementation of the diverse activities developed in the area. On the one hand this has helped to preserve the Mediterranean wood and on the other hand it has promoted sheep and goat farming, maintaining a balanced and dynamic status quo. In the areas studied (Cazorla Natural Park, Segura, Las Villas, Sierra Magina and Sierra Morena), twenty six villages were located, with very obvious signs of depopulation, aging and impoverishment (Mesa, 1995).

The gradual disappearance of the rural world is another defining factor in the deterioration of the environment since it is an integral part of it. The protected natural spaces not only are reservoirs for the vegetation and fauna of the Mediterranean Wood, but they are also the setting in which endangered native goat breeds survive (Negra Serrana, Blanca Serrana and Blanca Celtiberica), adapted to their environment and to a determined system of production, better than any other species. (FAO, 1998). In this context, the present measures of income compensation, market evolution and progressive modification of production systems to reach sustainability and profitability, all put the farmer in a situation where he must incorporate new tools and technique in the decision-making of his extensive goat farming enterprise (Acero, 2001).

Materials and methods

In the short run, once the dead point has been reached, each new product unit will make a profit. At the dead point, costs and income will match each other and, therefore, the benefits for the enterprise will be null. Below that production volume the business will incur losses, while above that volume profits will be obtained.

The minimum size of the farm is determined at the point when it begins to generate profits. It is a short-term analysis using a technique that utilizes or classifies the cost in fixed and variable (Garcia *et al.*, 1994). This classification is not rigid and occurs within levels of production since its increase will transform the fixed costs into variable ones (Cordonnier *et al.*, 1973). The production level necessary to cover the fixed costs from a unit margin (P-CMV) is what is known as break-even point or profitability threshold (Garcia *et al.*1994).

Variables of dimension and classification

- Classification according to dimension (NCAC). The farms are stratified by the present number of goats. To determine the number of intervals, the Sturges rule is used. The results of the stratification are indicated in table 1. The first three strata comprise 71.43% of the values of the sample (45 farms) but only just 50.80% of the number of animals. The analysis of variance shows that there are significant differences ($P<0.01$) among the different strata and confirms the existence of groups inside the population according to dimension.
- Stratification according to the classification variables. They are shown in this order: geographic situation, breed and production systems.
  - Region (COM): geographical location of the farm. The study zone is classified into five regions: SG: Sierra de Segura; SV: Sierra de las Villas; SP: Sierra del Pozo; SMG: Sierra Magina; SM: Sierra Morena.
  - Goat Breed.(BREED): predominant breed of the flock. The farms are classified as: C: Negra Serrana or Castiza; BA: Blanca Serrana; BC: Serrana Blanca Celtiberica; BA/BC: The flock with approximately 50% Blanca Serrana and Serrana Blanca Celtiberica.
  - System of production used (TYPE): character of the farm with respect to its animals. It is structured as: mixed or multifunctional (M), with other animals on a secondary level; or on a primary level with other animals. These are multi-product farms; simple (S): farms exclusively dedicated to goats.
- Classification according to the unit cost levels (CODIGO). The farms are classified according to their unitary costs from lower to higher and the sample is separated into three groups, each having 21 observations. These classifications are: farms with low costs (B), farms with medium costs (M) and those with high costs (A) which make up the variable denominated as CODIGO with the aforementioned levels. Significant differences were seen among the levels established ($P<0.01$).

As a starting point, before subsequent analyses, the conditions of normality and homocedasticity were checked. For the different levels of the classification of the URUS variability, it is seen that it conforms with $P>0.05$ and therefore the hypothesis of normality is accepted. Concerning the homocedasticity, the equality of variances for the URUS variable classified by breed, dimension, region, farm system and unitary costs is accepted with a significance level of 95%.

Results and discussion

The break-even point of a population corresponds to 257 kids, which supposes that most of the farms will not reach this and will consequently be placed at the left of the minimum size. This cut-off point of

Table 1. Stratification according to the dimension and unit costs.

Physical variables	Stratus (n)	Frequency	Mean[1]
Dimension (NCAC)	NCAC1: ≤ 121	14	68.71[a]
	NCAC2: 122 – 198	18	161.61[b]
	NCAC3: 199 – 275	13	227.46[c]
	NCAC4: 276 – 352	11	306.91[d]
	NCAC5: ?353	7	462.57[e]
Unit cost levels (CODIGO)	Low (B)	21	32.12[a]
	Medium (M)	21	44.14[b]
	High (A)	21	70.57[c]

[1]Homegenous groups: a, b,c, d and e; *P*-value<0.01.

the margin function with fixed costs is the position at which the income is estimated for a null profit. Starting from the minimum dimension, the next kids to be produced begin to make a profit.

For values above the mean number of commercials kids (238 kids), the hypothesis of results is that it is necessary to increase production by 19 kids in order to compensate losses of 673 Euros. The farm example above shows an income of 1 0620 Euros annual, costs of 11 093 Euros and consequently, a loss of 472 Euros annual. In this context, 54% of the farms that make up this population show a negative result (losses). If you apply the concept of the teller proof, where the amortizations are not tabulated, the result becomes positive for 70% of the farms with an average result of 1 801 Euros. These data are justified to the extent that the farms act under criteria of minimum cost and marginal economy. Their aim is a search for social benefit more than business profit, since their objective is to generate self employment, acting as a source of labor in the rural world.

Break-even point with respect to dimension, classification and cost variables

Table 2 shows the most relevant results obtained from relating the management indicator (URUS) as a response variable with the different variables that make up the factor and that each one gives to each group of levels. With respect to the minimum size profitability (URUS), and dimension (NCAC), significant differences are observed (*P*<0.01). These differences indicate that when the dimension (NCAC) increases, then the break-even point grows proportionally (kids/farm). Confronting URUS with the classification variables, significant differences (*P*<0.05) with respect to the region (COM) and the system of production (TYPE) (*P*<0.01) are observed. However, no significant differences are found (*P*>0.05) in the breed variable (BREED). This indicates that the URUS is going to be determined mostly by the system and, to a lesser degree, by the location in a region. The breed variable does not indicate any differences in the management.

Finally, significant differences are found (*P*<0.01) in the break-even point with respect to the unitary cost levels (CODIGO). Three different groups are obtained (a, b, and c), with a difference of 100 kids between the first minimum size and the second, and the same between the second and the third. Farms with low unitary costs (B) show a real production superior to the profitability threshold; Farms with a medium unitary cost (M) showed a production similar to the threshold while farms with a high unitary cost (A) showed a real production almost 60% lower than the URUS.

The incidence of subvention politics in the profitability threshold

The function of unit margin allows simulation in the variation of income when prices fluctuate. In this way, the incident of subventions on goat farms can be evaluated, as shown in table 3. In the average

Table 2. Analysis of classification variables with respect to break-even point.

Physical variables	Strata (n)	$\overline{X} \pm SE(CV)^2$	Homogenous groups	n.s[1]
Dimension (NCAC)[3]	1 (14)	119 ± 20.22 (64%)	a	
	2 (18)	205 ± 23.34 (48%)	ab	**s
	3 (13)	251 ± 22.10 (32%)	b	
	4 (11)	356 ± 43.19 (40%)	c	
	5 (7)	519 ± 93.29 (47%)	d	
Region (COM)[3]	SG (34)	280 ± 33.07 (69%)	a	
	SM (15)	156 ± 21.23 (53%)	ab	*s
	SMG (3)	426 ± 99.26 (40%)	b	
	SP (5)	321 ± 51.15 (36%)	ab	
	SV (6)	240 ± 52.00 (53%)	b	
Breed (BREED)[3]	BA (21)	281 ± 33.58 (55%)	--	
	BA/BC (7)	272 ± 36.53 (35%)	--	NS
	BC (4)	226 ± 81.16 (72%)	--	
	C (31)	241 ± 35.30 (82%)	--	
System productions[3] (TYPE)	S (16)	371 ± 50.26 (54%)	a	
	M (47)	218 ± 20.48 (64%)	b	**s
Unit cost levels (CODIGO)	B (21)	155 ± 17.44 (52%)	a	
	M (21)	258 ± 34.61 (61%)	b	**s
	A (21)	357 ± 41.70 (53%)	c	

[1]Significance level (n.s.): **S. p-value<0.01; *S. p-value<0.05; NS. p-value>0.05

[2]S.E. standard error; CV: coefficient of variation.

[3]See significance in the paragraph: Variables of dimension and classification.

Table 3. Simulation of different sectorial politics.

	Optimistic simulation	Present setting (URUS)	Simulation without subventions (URU)
Break-even point (commercial kids)	183	257	554
Sale price (Euros/kid)[1]	58.60	44.24	30.18

[1]Takes into account all income from farm prorated.

goat farm, with a minimum size of 257 kids, the abolition of subventions would bring about a rise in that dead point to 554 kids, that is, almost doubling the break-even point production; which means that, if the analysis is static and on a short-term basis, sale prices do not change, the fixed costs are constant and it is not necessary to modify the productive structure to double production and, lastly, this increase in production does not imply altering neither the productive technology nor the management. These results agree with those reported by Ruiz *et al.* (1994) who pointed out that abandoning the policy of subventions would bring about the need to increase the dimensions of sheep farms by 83% when the profitability threshold passed from 508 to 931 sheep per farm.

Manrique *et al.* (1994), in a study on mountain sheep farming, showed that the productive income on those farms was generally low and many of them would obtain negative results without specific subventions. Boutonnet (1993) indicated that subventions produce more than a third of the total income of meat-producing sheep farming in France. Stopping the policy of subventions generates a marginal cost of 6 670 Euros, as a result of varying the production from 238 kids to 554 kids, and a 40% decrease in the unitary margin which would go from 35.13 to 21.1 Euros/kid, as a consequence of the loss of income through subventions (prime animals, unfavorable area, mountainous area, and use of endangered native breeds).

The average price of the goat would decrease from 44.24 to 30.18 Euros. In this context, the subventions to the farm and not to the capital go from being considered as ordinary farm income and, apart from its accountable conceptualization, it is understood that its aim is to guarantee a minimum profitability, to make up for the losses and even to complete or improve the sale prices (AECAA, 1999; Garcia *et al.*, 1993). In this way, it is clear that the goat sector is very sensitive to changes in the community agrarian policy (PAC) and justifies the great concern of the members of the sector (producers, agents, universities, etc.) in the face of the reforms planned in the community in 2007. These reforms are contemplating the change of loss-of-income premiums for a fixed or a modifiable subvention, with a tendency to gradually diminish those, as the sector's report has indicated.

Spain, along with other countries in the Mediterranean area, is proposing a modification in the regulations on sheep and goats in order to establish a quantity of 30 Euros premium for loss of income and 9 Euros supplement premium for producers in areas which have no alternatives to sheep or goat production. The simulation of such settings (current premium, increased premium and without premium) is shown in table 3. On the contrary, optimistically speaking, in case the most beneficial proposal was implemented, it would cause an increase in the pro-rated price for a kid, going from 44.24 to 58.6 Euros/kid and a shift to the left of the break-even point, as a consequence of the increase of the unit margin until reaching 183 commercial kids.

The extensive goat farming systems in the Jaen province are basically carried out in the mountains of Sierra Morena, Sierra de Segura, Sierra de Las Villas, Sierra del Pozo and Sierra Magina and they are in a condition to meet this strategy of quality and multi-functionality which will put the goat on the market and will raise the income of the farmers. It will also permit the conservation of the ecosystem.

Conclusions

The modification of the OCM in the sector has a great importance. In a setting without subsidies (as proposed for 2007), the break-even point of the animal production could be achieved in either of two ways; via quantity or via price. a) Via quantity: An increase in the size of the farms is very difficult with the existing restrictions such as a fixed number of rights per farm, few re-assignments, and very limited market shares, and the limitation of the number of animals in order to conform to the regulations concerning the use of protected land where the farms are located. b) Via price: The promotion of quality, diversity and productivity that allows the positioning of the kid in the market, an increase in income, and the maintenance of the eco-system.

References

Acero, R. 2001. Modelos avanzados de gestión y optimización de la producción caprina extensiva en la provincia de Jaen. Tesis Doctoral del Departamento de Producción Animal de la Universidad de Córdoba, pp. 285.

Acero, R., A. García, J. Martos, 2003. Análisis de gestión de las explotaciones caprinas extensivas en la Sierra Norte y Este de Jaén. Arch. Zootec. 42: 260-273.

AECA, 1999. La contabilidad de gestión en las empresas agrarias. AECA, Nº 19: 55-72. Madrid.

Boutonnet, J.P. 1993. Les revenus des eleveurs ovins. S.F.R.E., 13-14 mai, Montpellier, pp. 9.

Cordonnier, P., R. Carles & P. Marsal, 1973. Economía de la Empresa Agraria. Mundi-Prensa. Madrid, pp. 260.
FAO, 1998. Primary Guidelines for Development of National Farm Animal Genetic Resources Management Plans. Domestic Animal Diversity Information System, Stage 2.0, 7 September (http://dad.fao.org/dad-is/reference/library/library.htm). FAO, Rome.
Frías J.J., 1998. Situación actual y perspectivas de conservación de las razas caprinas en peligro de extinción en la provincia de Jaén. Tesis Doctoral de la Facultad de Veterinaria de la Universidad de Córdoba, pp. 420.
García, A., J.J. Frías & J.J. Rodríguez, 1998. El sistema caprino extensivo en la sierra norte y este de Jaen, como base del desarrollo sostenible. Arch. Zootec. 47: 574-575.
García, A. & J.J. Rodríguez 1994. Eficiencia productiva del sector vacuno de leche en la Campiña Baja Cordobesa. Arch. Zootec. 43: 420-432.
Manrique, E., A. Bernues, A. Olaizola & M.T. Maza, 1994. Economía de explotaciones ovinas de montaña y sistemas de explotación trashumante: I. Subvenciones y orientación productiva en la formación de rentas. XIX Jornadas Científicas de la SEOC, 4-8 October 1994. Burgos, Spain, pp. 119-124.
Mesa de Acción Rural de Jaén. 1995. Diputación Provincial de Jaen.
Rodríguez, J.J. & A. García, 1988. Conservación de razas autóctonas, economías sostenibles y utilitarismo. Arch. Zootec. 47: 363-369.
Ruiz, L., P.F. Rouco, A. Rouco & F.J. Calahorra 1994. Análisis de la incidencia cuali-cuantitativa de las subvenciones en la rentabilidad de las explotaciones ovinas. XIX Jornadas Científicas de la S.E.O.C. pp. 160-164. 4-8 October 1994. Burgos, Spain.

Family farming systems: Their role and constraints in sustainable development of mountain areas

K. Kume & L. Papa

Livestock Research Institute, Tirana, Albania

Summary

The main activity of rural human population in the mountain areas of Albania is the management of ruminants, chiefly under the conditions of extensive systems. These systems are characterized by low productivity. The lack of programs in accordance with technical, biological and economic criteria and the lack of a policy for sustainable economic development during the last 10 years has underlined many questions concerning the whole system and the related environment as well. The method of questionnaires was used to carry out the study in order to understand the situation and put in evidence the influence of different factors concerning the family farming system.

Keywords: family farming system, labour force, employment opportunities, flock size, animal feed resources.

Introduction

Albania is located in the South-East of Europe, with a total area of 28 000 km^2, 24% of which consists of agricultural land, 36% of forest, 16% meadow and pastures and 24% of unproductive land, urban land, inland waterways etc. (Figure 1).

The agricultural land is about 700 000 ha, 577 000 ha of which are arable land, 59 000 ha orchards, 44 000 ha olives groves and 19 000 ha vines. 393 000 ha (about 56%) of agricultural land, and 86% of Albanian forests (1 026 thousands ha), 45.5% of which consists of high forest, 30% of coppice and 25% of shrubs, lie in hilly and mountainous regions of Albania. In mountainous areas accounting for about 43% of the Albanian territory, lives nearly 40% of the human population. This is the poorest zone in Albania. On average, the inputs per person are about 500-550 US$ per year. The main sources of food supply for the population are livestock production and cultivation of about 1-1.5 ha of land.

The mountainous area of Albania is characterized by a continental–mediterranean climate. Snowfall is predominant during the winter, while the spring and summer are wet. In the winter, the average temperature ranges from -5°C to +4°C and in the summer from +15°C to 20°C. This area is characterized by a wealthy vegetation constituting a very good source of animal feed. Animal farming in general and small ruminates in particular, are favoured by the environmental conditions of this area. Nevertheless, in the mountainous area of Albania, a series of unfavourable factors are present, such as the broken relief, the difficulties in setting up infrastructure, marked seasonality, etc.

As in the majority of mountainous regions of the Mediterranean, even in these regions of Albania the main activity of the rural population is the management of ruminants, chiefly under the conditions of extensive systems. This system, characterized by low productivity, based on the use of natural resources, plays a very important and multifunctional role: meeting the family food needs, providing income by selling dairy products, transport and agricultural work animals etc. Along with animal management, the

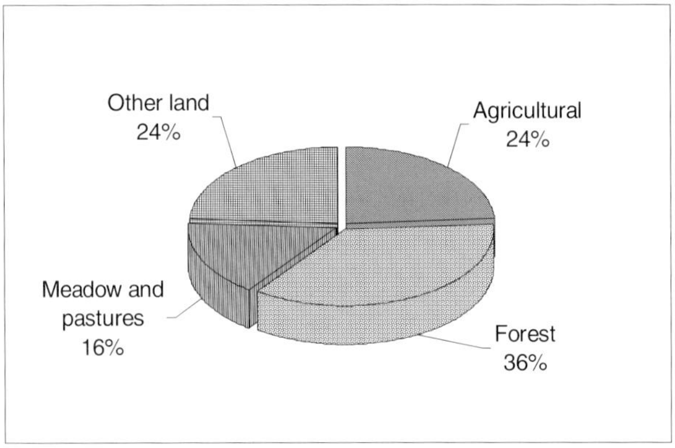

Figure 1. The structure of land area.

human population of these areas obtains means of livelihood by utilizing forests. Apart from animal feeding, forests are used to obtain firewood and timber for selling.

The lack of programs in accordance with technical, biological and economic criteria, during the last 10 years, has underlined many questions concerning the degradation of the environment in general and forests in particular, the aggravation of the erosion phenomenon, as well as the increase of regions that are becoming desolate.

Methodology

The questionnaire method was used to carry out the study. For this purpose, a questionnaire was composed in order to collect the data and to form an opinion concerning the following issues:

- The situation and main characteristics of the family farming system
- The actual level of development and trends in livestock production
- Socio-economic, psychological and traditional factors conditioning the livestock production development
- The level of farmers' cooperation regarding the rational use of commune forests and pastures
- The level of farmer's conscience about the conservation and development of biodiversity and environment.

Interviewing the farmers in the different mountainous regions of Albania will create the possibility of explaining the different socio-economic aspects, understanding the level of knowledge as well as the actual level of techniques and technologies applied in animal management. That will also help to understand the use of natural resources, ecological care and tradition of family farming systems.

Results and discussion

The structural characteristics of the family farming system

Family and labour force requirements

The main characteristic of the family farming system is the provision of the labour force needed by family members themselves. On average, a family consists of 7 persons, 4–5 of which are children and/ or young people. Young people that continue elementary school up to the age of 15 years are engaged in the farm works after the daily school schedule and during the school holidays. They mainly take care of the animals. After the age of 15, about 35% of the cases, 85% of which consist of females, are committed to farm work. About 65% of the young men emigrate to urban areas or abroad. The exodus of young people that has begun in 1990 and continues today, creates great difficulties in carrying out the works in animal management. This absence has been marked particularly in small ruminant farms. As a consequence, the number of small ruminants has declined. The average age of family members able to work is about 48 years. It is women who mainly carry out the family farm works. In some cases (63% of the observations), the husband who does not work outside the farm looks after the animals, their winter-feed storing, works on the land and collects the firewood. In general, he is the only one to make decisions inside the family.

Employment opportunities outside the family farm are very limited. Only about 23.8% of the people find a job in different activities outside the farm. The situation is still more difficult for old people. The pension of about 30US$ /month is received by about 42.7% only. Very difficult socio-economic situations and very limited opportunities for families to improve their standard of living, accompanied by the free demographic movement after the 1990's, have consequently depopulated the entire rural areas in these regions of Albania.

Flock size and structure

In the mountainous areas of Albania, the management of ruminants is a common activity. Family farms that manage dairy cows, sheep and/or goats are predominant. 6% of the interviewed farmers manage only 2–3 heads of dairy cows, about 11% of them manage sheep to produce milk and meat and 9% manage only goats to produce meat and milk. In general, the family farming system is characterized by mixed herds (cattle, goat and/or sheep) . In these farms the number of animals per herd is variable: 1-3 cows, 2–5 goats and 5–10 sheep. About 36% of the families manage herds with more than 50 heads of small ruminants, about 82% of them keep 1-2 sows and 10-30 poultries for eggs and meat and about 5-8% keep bees.

Herd structure depends on environmental conditions, vegetation features, traditions and the availability of labour force in the family.

Animals are mainly local breeds and/or their crossbreeds. About 95% of cows are Jersey crossbreds and only about 2% are crossbreedings with the Oberinntal breed. The sheep population consists of the Tsygaia crossbreed (about 46%), the rest belonging to local breeds. The goat population comprises entirely of local breeds. From the heads number point of view, sheep are predominant animals in the northern and northeastern areas, whereas in the southern and southeastern areas sheep and goats are found in almost equal proportion.

Feed resources for animals

Animal feeding is highly conditioned by the amount and quality of spontaneous flora, forests and pastures that family farms own and cultivate; on average, about 1–1.5 ha of arable land. The questionnaires' results demonstrate two systems of animal feeding:

1. Sylvo-pastoral system
2. Agro-pastoral system

Farms meet on average only 5–10% of the animals' nutritional requirements. This is due to limited arable land that constitutes about 18% of the total agricultural land in these regions (Figure 2).

45% of this land is planted with forage crops. The largest part of forage production is used for cow feeding as hay or fresh.

The existing systems for sheep and goat farming in mountain areas of Albania are:

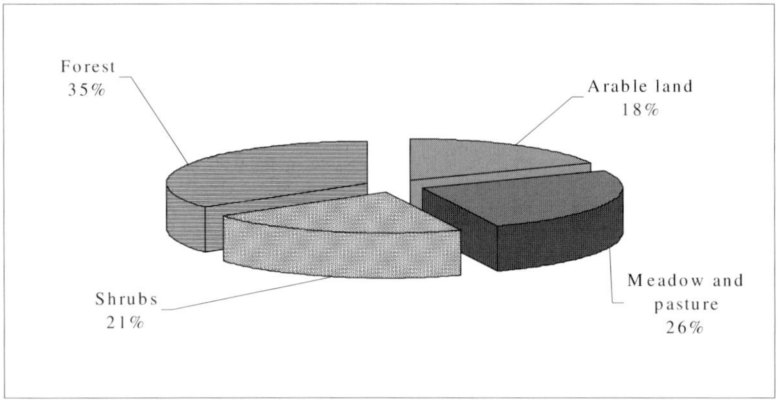

Figure 2. Structure of animal feed resources in mountainous areas.

- Extensive system with transhumance: In this system (about 35% of the sheep population) animals are moved late in the spring to the mountain pasture, where they remain until October. The main production objective is milk and meat (after the suckling period of lambs, 60–70 days). In the mountain pasture, the rams mate with the sheep and the lambing period is December–March. During this season, some concentrated food is given to the sheep. Goats remain in the mountains from early summer until October. The main products are milk for cheese making and meat. Kids to be slaughtered have a longer suckling period to produce young slaughter animals. The feeding is based on grazing and concentrates are given to them only during the end of gestation and in the suckling period. The kids follow their mother to the pasture at high altitudes and they are slaughtered at a live weight of 15–20 kg. In this system the main objective is meat production.
- The extensive system without transhumance: About the 65% of the population of sheep and goats are not moved to other areas, but stay in permanent facilities near the villages during the whole year, grazing in the adjacent pastures and fields, where they make good use of grains and fodder after harvesting.
- Home-fed system: The families keep a small number of goats (3-5 heads) or sheep (5–8 heads) in order to meet their needs for milk, cheese and meat.

Veterinary service

Checking and monitoring the epizootic situation is a duty of the public veterinary service. About 74% of interviewed farmers were aware of this service but only about 56% of them have taken advantage of it. Public services are chiefly concentrated on carrying out depistation. This service signs contracts with private veterinarians to carry out vaccinations. A private veterinarian of the commune carries out all other veterinary services.

In general, sick small ruminants are slaughtered. Curing is used for dairy cows only. As a consequence of the inadequate public veterinary services, epizootic situation is often aggravated. Various parasitic and brucellosis diseases are frequent.

Housing

Low temperatures during the winter, accompanied by snowfall, necessitate the construction of indoor stables. Type and size depend on the size and composition of the herd. Nevertheless, almost in all the small family farms, these stables are simple constructions that have as a purpose to protect animals from atmospheric agents. Stones and wood material are used to build them, which are provided by the environment. In the cases of farms having over 30–40 heads of small ruminants, about 85% of the cases observed, special compartments are built for young animals and adult males.

In the summertime, the farmers that do not practice transhumance to mountain pastures, build simple tends to keep animals during the hot period of the day and night, surrounded in order to protect animals from thieves. In the mountain pastures, the animals are housed in fenced animal yard next to which holes of water are built for animals to drink.

Evaluation of the family farming system

Production and marketing

Animal management in rural families of hilly and mountainous areas of Albania has the production of dairy products to meet the family's food needs as its main purpose. Nevertheless, in some cases (about 46% of interviewed families) they also produce in order to sell their products.

Animal performances are low as a consequence of several factors (Table 1):

- The low genetic capacity of animals (chiefly local breeds and /or crossbreds).
- Poor condition of management (grazing on harsh terrain, insufficient satisfaction of the animals' feed requirements in the critical periods, insufficient hygiene and veterinary services, etc.).
- Very limited financial funds that do not facilitate the implementation of new techniques and technologies
- Insufficient knowledge.
- The lack of policies that support initiatives for the improvement of the production system.

Regardless of the low yield, animal management itself plays an important socio-economic role. About 60 70% of the interviewed families achieve about 50–70% of their annual income through this activity.

Apart from the difficult conditions to increase the animal production, such as the lack of infrastructure necessary for production, marketing remains a very worrying question for mountainous areas families. So, about 80% of the interviewed families that manage small ruminant flocks of 30 and more heads, mention as a big problem the impossibility of collecting, transporting and selling milk due to the lack of roads. In addition, animal markets are not organized and very often the farmer must spend a lot of time to sell animals – chiefly lambs and kids – in the markets next to urban areas.

The limitations of the family farming system

The development of the family farming system in the mountainous areas of Albania occurred in the beginning of 90's, after the great political and economic transformation. That was a response of the

Table 1. Animal performances.

Performance	Cattle	Sheep	Goat
Milk production (kg/year/head)	1 000–1 400	50 -55	80–90
Meat production-Average daily gain (young animal) (g)	450–500	180–220	120–160
Age at first insemination (month)	13–18	12–16	10–12
Fertility (%)	65–70	85–95	95–100
Prolificacy (%)	100	105–110	105–115
Newborn death (%)	5	10-14	8-12

Note: Average statistical estimations based on the statements of farmers.

rural population to adapt to the new socio-economic conditions, as the most suitable alternative for this population to meet its urgent living needs. The development of this backward family system was due to the inherited lack of infrastructure and the low level of technology and investments made during the communist regime. The farmers had neither experience nor the appropriate knowledge to develop the family farming system. So, the system was spontaneously developed during the last ten years. Depending on the area, the tradition and especially the possibility of the families to cope with the needs for labour, the system was developed in different forms: (i) Increasing the number of heads within the farm, strengthening the mixed character of the flock (ii) Giving priority to the management of one species - chiefly sheep or goat, etc.

The consequences of this spontaneous development of the family farming system are:

- The level of farmers' cooperation is minimum.
- Natural sources, like communal pastures, forestry and meadow, are not efficiently used and in some cases they are submitted to abusive utilization.
- The possibilities of knowing and implementing the appropriate technologies in the field of animal genetic improvement, nutrition, reproduction, hygiene and health protection are limited.
- The possibilities for mechanization of the production processes, collecting, processing and marketing dairy products are limited.

Development politics and perspectives

The mountainous area of Albania is one of most interesting zones of the Balkans regarding the possibilities and capacities for the development of agro-tourism, ecological performance, biodiversity, natural properties, water resources, forests and pastures. Supporting policies for their efficient uses are negligible. There is no strategy for the sustainable development of this zone and the investments are also insufficient. The Albanian government, supported by IFAD, has established the agency for the development of mountainous areas (MADA). This agency will focus primarily on activities related to animal husbandry. MADA is working for the definition of ways for optimal utilization of human and natural resources aiming at the sustainable development of this zone. In addition, the Albanian Development Foundation and the General Directory of Forests and Pastures, with the financial support of the World Bank, are implementing several projects for infrastructure development and improvement of health services, the educational system, professional qualification, conservation and optimal uses of forests and natural pastures and credit associations. Special attention is dedicated to the promotion and support of farmers' initiatives regarding the creation of associations, the establishment of public and private structures for the development of extension services as an actual necessity for the transfer of new technologies and the development of structures for collection, processing and marketing of farm production. The actual priority of the Albanian government is the compilation of the necessary legal documents to support private initiatives and public investments for sustainable economical and social development of the mountainous areas of Albania.

Conclusion

The family farming system is the predominant one in the mountainous areas of Albania. The main characteristic of this system is its extensive character. Its development is based on:

- Labour force provided by the family itself.
- Mixed herds of animals (cattle, sheep, goat, poultries and/or pigs).
- Mainly local breeds.
- Animal feeding based on feed resources from the environment.

The extent of this system is an indicator of the low level of economical and social development of mountainous areas.

The production level under the family farming system is low. It mainly meets the food needs of family. Marketing of production is limited because of the lack of necessary infrastructure.

The farmers' cooperation is almost negligible.

The possibilities of implementing new technologies of animal feeding, programs of animal genetic improvement, reproduction and health protection are limited.

The spontaneous and irrational use of natural feed resources has a negative impact to the environment.

The necessity of developing sustainable economic systems in mountainous areas has conditioned the intervention of the Albanian government to finance development programs with the contributions of internationals donors. MADA is actually the specialized agency to implement the sustainable development policies in these areas. The main goal is to reduce the level of poverty and promote social development in these areas.

References

L. Hajno. 2002. "The characteristics of sheep and goat production system in Albania". Scientific symposium, 20 November 2002, Tirana, Albania

K. Kume. 1997. "The present state of sheep and goat farming in Albania" Sheep and Goat production in central and eastern european countries, 29 november-02 december,1997, Budapest, Hungary

K. Kume, Y. Bicoku. 2002. "Sheep and Goat production in Hill and Mountainous Regions in Albania. Extension Service and Government Subsidies". Evolution of sheep and goat production system: Future of extensive system and changes in the society. 3-6 April, 2002, Alghero, Italy

K. Kume. 2002. Animal genetic resources in Albania - Country report 2002 Statistical yearbook, 2000. Ministry of Agriculture and Food, Tirane.

Integrated preservation & valorisation of the livestock genetic diversity, natural and cultural heritage of the South-Eastern mountains of Serbia

S. Djordjevic-Milosevic[1] *& S. Stojanovic*[2]

[1]*"Natura Balkanika" Society Dimitrovgrad, Balkanska 68, Serbia & Montenegro*
[2]*Ministry of Agriculture Republic of Serbia, Division for Agro-Resources, Department for Genetic Resources and GMO, Nemanjina 22-26, 11000 Beograd, Serbia & Montenegro*

Summary

The paper contains the first data on the new designed strategy for animal genetic conservation and its application connected to the case of Dimitrovgrad region in South-East Serbia. The region, a fragile multiethnic area of exceptional beauty with preserved valuable natural and cultural heritage, is famous as part of one of six World temperate biodiversity centres. This paper will present data on the new projects for on-farm protection of local sheep, pig and mountain horse breeds, which intended to harmonize the need for transition of the local rural economy towards sustainability in the area, which is planned for limited agriculture activities for the purpose of maintaining species and landscape biodiversity, with environmental protection in general. Inputs for modelling different farming systems are discussed, which ought to help revival and diversification of the local rural economy using the combination of agricultural and non-agricultural activities and mainly meat and milk processing based on indigenous knowledge. The most promising types of primary production and processing technologies were identified during the one-year pilot project, together with data on available natural and human resources (knowledge). The program for transforming traditional animal-based production (indigenous breeds and wild relatives) to organic production is also presented as the next step within this development-oriented research.

Keywords: animal genetic resources, animal genetic conservation, on-farm protection, integrated biodiversity conservation.

Introduction

In Serbia & Montenegro 44 breeds and 7 strains of domestic animals are identified and reported to FAO, as follows: 8 breeds of cattle, 3 breeds of goats, 7 breeds of horses, 18 breeds of pigs, 5 breeds and 7 strains of sheep and 3 breeds of poultry. The list is still not complete and it requires continuous updating and amending. However, even these limited data indicate that the population trend of some breeds, even species, has rapidly decreased in the last decade. This is due to the applied conservation systems which are economically and technically not sustainable (Djordjevic–Milosevic & Stojanovic, 2001). Because of the increasing economic hardships in the country, this negative trend continues even after the country's transition in the new millenium.

To ensure survival for the numerous endangered animals in Serbia, their protection, conservation and improvement concept had to undergo significant changes. The new animal genetic conservation strategy is paying more attention to the sustainability of on-farm conservation programs. The integration of the animal genetic resources conservation with the profitable traditional mixed-farming systems and non-agricultural activities was promoted. Consequently, this integration is seen as part of the new integral rural development policy. However, the contemporary rural development policy is still not institutionally changed to provide a friendly environment for such action. Contemporary agriculture in Serbia is also the source of continuous danger for agro and biodiversity in general. Modern livestock production over the last decades of the twentieth century already caused extinction of most of the autochthonous breeds in Serbia, because of their low profitability in intensive farming. Integration of the new objectives of the animal genetic conservation program, however, does not only need the new, friendlier environment within the rural development policy to be successful, but also, vice versa, animal genetic conservation needs to be designed in a such a manner to support and speed up the new rural development policy.

Inputs for the new conservation strategy

Striving for sustainability, the new animal genetic resources conservation program in Serbia included integration with some specific aspects of environmental protection, cultural heritage conservation, rural economy development, etc. This concept was designed with increasing interest to help the economically devastated society. The significance of animal genetic resources (AnGR) was for the first time considered from the aspect of multifunctionality of agriculture in general. Most important possibilities emerged from the comprehensive utilization of AnGR, aiming at the valorisation of different fodder resources in marginal agricultural areas, including those related to food safety, diversification of the rural economy and development of non-agricultural activities, and the possibilities for the preservation of the regional natural and cultural diversity and protection of the environment on the whole. Integration of the AnGR conservation concept in modern systems of sustainable agriculture (e.g. organic, biodynamic etc.), which enable harmonization of production systems with low yield and high quality, appeared to be one of the prospective interactions (Djordjevic-Milosevic & Stojanovic, 2001), but many others also appeared interesting.

Marginal areas and conservation of AnGR for food production

The agricultural production regions in Serbia, which are marginalized from the aspect of contemporary agricultural development, are exactly those in which the creation of different breeds of domestic animals was the most intensive in the past. These regions are now mostly abandoned regarding agricultural production, due to poor soil and/or rough climate. The interest for revitalization of food production in these regions, however, is increasing. This interest is based on the idea of production intensification, introduction of intensive breeds and aggressive melioration of production lands for animal feed provision. However, the unattainability of such an idea is documented by research conducted by national research institutes from the early seventies, when, particularly for the production in mountainous meadow-pasture systems, it was clearly pointed out that the production logic on those lands cannot be equated with that on fertile arable lands of lowlands, which was occurring throughout the existence of the centralised market. It is clear now, that these resources are very conducive to the production of quality food instead of mass production of cheap food, especially if it is subjected to strict standards of ecological production, production with geographic origin or production of typical products. However, valorisation of such production is often possible only within the low-input production systems that are based on autochthonous material - material from the local AnGR reservoir, since it is best adapted to the conditions. Eventual genetic improvements are possible to a certain extent, but they must be realized according to the available potential of the natural environment. (Djordjevic–Milosevic, 1997).

Conservation of AnGR assisting conservation of biodiversity

Modern livestock production over the last decades of the twentieth century caused the extinction of hundreds of autochthonous species from the grassland composition, in all the countries where it was practiced. Grasslands rich in species have been replaced with simple grass-leguminous mixtures to a large extent and intensification of their exploitation has been increased to support the production of intensive animal breeds. Hundreds of species of insects, birds, mammals and fish have become extinct, too. On the other hand, neglecting livestock production in some regions of Serbia also led to dissipation of biodiversity. Thus, in depopulated mountain regions, for example, grassland communities of high biodiversity value increasingly vanish due to the absence of grazing which enabled them to provide conditions for development of numerous species and their competition and survival ability. These grasslands are not unusable only for grazing, due to the invasion of *Junuiperus, Vaccinium* and other competitive shrubs, but also for other valuable economic activities such as collecting of medicinal plants, etc (Djordjevic–Milosevic, 1998).

Many regions with preserved nature in Serbia owe their value to the combination of human-animal influences. Being abandoned due to the depopulation caused by the policy of favouring industrialization and urban life, and due to mistakes in conceptualization and application of protection measures, they are losing their value rapidly. Fortunately, nowadays the concept of nature protection is increasingly changing. The regions of interest for protection, especially those which owe their worthiness to human activity, tend to be protected integrally. In Serbia this system of protection is not activated yet, but it has been institutionally adopted and the first small scale projects of this type of protection are under realization. One of them is located in South-East Serbia where governmental institutions responsible for AnGR conservation are trying, together with local NGOs, to integrate AnGR conservation with organic farming and eco-tourism. The first step was revitalisation of a traditional agro-forestry system for growing an old pig breed. The system of organic agriculture and development of local market in rural tourism in this hilly-mountain region is intended to function according to the principle of 'local product for local market'. The additional project is made for the mountain pony, an on-farm conservation program which fits with rural tourism, supporting the rural economy diversification activity which ought to lower the pressure on natural resources for income generation.

Forest management in light of the conservation of AnGR

Management of forest resources for food production in Serbia is considered secondary, even an unfavourable or adverse form of mixing into basic activities of forestry business. No matter how unsustainable the present one-sided exploitation of these resources obviously is , new findings are still not accepted. Even when the absence of traditional farming causes damage (fires, for instance) to some valuable protected natural woodlands, the process of reintegration of autochthonous animals to woodland ecosystems is very slow. Woods in Serbia are now seldom used, even for organized game raising, although the country used to be famous for game reserves, producing mutual benefit both to woodland economy and environment. For locally adapted breeds of domestic animals, such as pigs and partly cattle and sheep in traditional farming, as well as their wild relatives (first of all wild boar and deer which might be efficiently raised in agroforestry systems), conserving genetic resources might not be a problem if woodlands could be used for their preservation again. For woods, this might be helpful for managing lower floors of vegetation. This favourable environment for profit-making is proved through diverse researches and attracts more interest every day (Djordjevic-Milosevic *et al.*, 1997, 1999), (Zujovic *et al.*, 1999).

AnGR and environmental protection in general

The intensive agriculture of the twentieth century caused more problems with water pollution than any other activity of humans. Pollution with nitrates and phosphates, eutrophication, emergence of causative agents of some fifty zoonoses in water, pollution with pesticides, all increase the cost of water refining and conservation of water reservoirs, both natural and artificial, against filling with suspended particles of soil. Conservation of water resources is an imperative in particular regions of Serbia which are marked as special water protected zones after the national spatial plan. The action assumes extensification of the current agricultural production. The most targeted issues within the extensification are reduced chemicalisation, as well as the possibility of disease control using medicines. The autochthonous animal species, with genetic potential to resist disease, are better able to utilize the available extensively managed natural feed resources. Organic agricultural systems are seen as the most complete contemporary agriculture systems which might be used for the purpose of adding value to such production to improve profitability.

Cultural heritage and conservation of AnGR

Nowadays, the protection of the surroundings of cultural monuments in Serbia is within the competence of institutions dealing with the protection of nature. Management of agricultural resources, which make up the most part of these landscapes, is not in the slightest conceptualized and certainly not realised in favour of their improvement and sustainability. If they are not active monasteries or similar live complexes, these locations are isolated like abandoned isles with wild vegetation and mostly rarely visited. Such a cultural and natural treasure is certainly very alienated from the local population, which sees in it only bans and limitations. Therefore, the locals feel as if it did not belong to them and they practically do not participate in its conservation, neither have any benefit from it.

Traditional combined farm systems and agricultural production based on autochthonous breeds of domestic animals appeared to be an opportunity for more efficient conservation of cultural heritage in Serbia. There is willingness among stakeholders to merge mutual interests in order to integrate conservation of AnGR and cultural heritage conservation, enabling the population to connect with its material and non-material cultural heritage. Formation of ethnic complexes gives to this sort of integration a recognisable shape which can be valorised through rural tourism.

Maintaining traditional knowledge and technologies in food production

Recently, traditional knowledge and technologies in food production, as well as in production of clothes and other products of raw materials from agriculture, have been recognised as part of the transition from quantity to quality. However, under the pressure of a difficult economic situation, previously adequately valorised autochthonous products in the local market became completely unappreciated in that market, threatening its survival. Thus, many of the autochthonous products began to lose their quality or completely disappeared. The most tragic loss, however, is not the neglect of some technologies of production but the loss of an adequate raw material base originating from the autochthonous breeds of domestic animals.

Conservation of AnGR and the case of South-East Serbia

As it has been already pointed out, a great portion of natural biological diversity originates from a century-old practice of agriculture – the rural regions as they appear today are such thanks to agriculture. That is the same environment which creates today a new prospective source of income through different forms of tourism. The work on defining agricultural production and modelling combined farm systems and part-time farming with activity in rural tourism, strongly emphasizes the problem of choice of species and breeds of animals. Autochthonous animals and traditional farm systems may strongly contribute to the modelling of economically efficient and socially desirable systems in areas such as South-East Serbia. This was the first marginal mountain area where the application of the new designed strategy for animal genetic conservation has to be integrated with new concepts of rural development. In the Dimitrovgrad region in South-East Serbia, the new projects for on-farm protection of local sheep, pig and mountain horse breeds started in 2002. This project intended to contribute to the harmonization of the need for AnGR conservation with the interest for protecting natural and cultural heritage of the region and transition of the local rural economy towards sustainability.

Due to their unique floristic and geographical characteristics, mountain areas of South East Serbia are very interesting. They are located in the middle of the Balkan centre of biodiversity. Semi-natural grasslands are an essential part of the traditional landscape in the region. The botanical composition of most of them heavily depends on traditional farming practices and autochthonous animals. Therefore, agricultural activities have to be in accordance with the preservation of species and landscape biodiversity. The best opportunity exists within traditional mixed farming and indigenous animal breeds. However, supporting the idea of reintegration of indigenous breeds in South-East Serbia is still difficult if not explained as part of the profitable food production system for valorisation of feed resources of the region. So, the marginalised agricultural production region of the Dimitrovgrad area in South-East Serbia, dominated by poor soils and severe climate, became the scene of the trial for new AnGR conservation programs which intend to find the solution for this action.

Local Society Natura Balkanika launched the program of supporting rural development through transforming traditional animal-based production (indigenous breeds and wild relatives for milk and meat production) into organic production. As the basic input for the program, Natura Balkanika has completed a pilot project for collecting broad information on the situation in the rural area and opportunities for its revitalisation. After a pilot PLA/PRA research, Natura Balkanika has identified that one of the main problems within the rural environment is the lack of potential for creating profitable intensive farming, including natural, social and financial factors. It was concluded that problems of inefficient rural economy lack a modern approach to planning production according to real potential. Lack of vision on how to merge resources and capabilities with the modern trends have caused in the past the collapse of the local rural economy. Evaluating again the resources, the most promising types of production identified were traditional organic sheep and goat farming with associated processing into typical products, agroforestry pig production and game breeding, all integrated in agro-tourism development. It appeared that livestock production, due to limitations posed by the local feeding resources, would benefit from the reintroduction of semi-extensive and extensive traditional farming practices based on autochthonous breeds and their crossbreeds. Therefore, establishment of a few demonstration farms together with traditional processing and marketing through a network of local eco- agro- and rural tourism is planned as the next step of the project.

References

Djordjevic-Milosevic, S., &, Stojanovic, S., 2001; Animal genetic resources and sustainable development challenges, Simposium Food in 21. century, Subotica, Serbia & Montenegro.

Djordjevic-Milosevic, S., Lazarevic, R., Rakocevic, M., Stavretovic, 1997; Agroforestry in Yugoslavia: revival of tradition, Agroforestry for sustainable land - use: fundamental research and modeling, Montpellier, France, p. 51-54.

Djordjevic-Milosevic, S., Rakocevic, M., Bogdanov, N., Vorkapic, M., 1998; Production of the high-quality food as the possible factor for maintaining interests of the contemporary agriculture

production for the preservation of the grassland biodiversity, Nature protection, vol.50, Belgrad, pp. 83-90.
Djordjevic-Milosevic, S., Zujovic M., Vorkapic, M., Srdic, M., 1999; Woodland Pastures Resource for Livestock Production in Lowlands of Yugoslavia, EGF Grasslands And Woody Plants In Europe, Proceedings, Thessaloniki, p.161-165.
Djordjevic-Milosevic, S., Mrfat-Vukelic, S., Rakocevic M., Zakonovic, M., 1997; Semi-natural grassland of the mountain areas of Yugoslavia as the potential for the production of the high-quality biological food, I International congress of livestock production, Biotechnology in Animal Husbandry13 (3-4), 8-10. October, p. 102-111.
Kisgeci, J., Stojanovic, S., 1999. Perspectives and programs of management of AnGR in FRY. Farmer. vol. 2, p. 5.
Zujovic, M., Djordjevic-Milosevic, S., Vorkapic, M., Srdic, M., 1999; Sheep production models for wodland of the Pannonia lowland in Yugoslavia, Grasslands and Woody Plants in Europe, Grassland science in Europe, vol.4, p. 429-433.

Session 5: Livestock as a fundamental factor for rural development and safeguard of natural resources in mountain areas

Posters

Economic viability of Greek commercial farms: The contribution of aided investments

P. Karanikolas & N. Martinos

Agricultural University of Athens, Iera Odos 75, Athens 11855

Introduction

For almost three decades, investment aid has played a crucial role in the overall structural policy of the EU, especially in initiating private investment activity in the agricultural sector (Brummer and Loy, 2000). The structural modernisation and the improvement of economic viability of family farms may be considered as the ultimate targets of this policy (EC, 1991; Fennell, 1997). A remarkable similar activity is met in non-European countries (e.g., USDA-ERS, 1998). After the CAP reform in 1992 and the recent developments within the context of the World Trade Organization, support for farm investments is not considered as a trade-distorting measure, unless it leads to undesired mix of production (Young and Westcott, 2000). The impacts of the above measures on Greek agriculture have been quite significant indeed.

The present paper focuses on the consequences caused by the application of Regulation (EC) 2328/91 in respect to the economic viability of the Greek family farms. More particularly, it deals with the examination of the impacts of all investments undertaken by means of a special measure of the EU (the Improvement Plans - Regulation (EC) No 2328/91), paying special attention to the economic functioning and the structural characteristics of the agricultural holdings that joined this measure in 1994.

Keywords: agricultural holdings, economic and structural indicators, number of farms, employment creation, reference income.

Material and method

The methodology introduced in the present paper concerns:

1. the changes occurred in particular technical-economic indicators of the farm holdings which joined the Regulation (EC) No 2328/91 in 1994, during the period 1994-1997;
2. the corresponding changes of the agricultural holdings included in FADN; and
3. the comparison of both series of indicators. All indicators used have been derived from an accounting-census survey conducted at farm holding level.

FADN consists of a representative sample from all commercial agricultural holdings, i.e. those having economic sizes over 2 ESU (EC, 2003). On the other hand, almost the totality of agricultural holdings (95%) joining Regulation (EC) 2328/91 in 1994, exhibited economic sizes above 2 ESU; consequently, for practical purposes, the two categories of farm holdings should be considered as comparable[1]. By comparing the changes occurred through time in the main economic and structural indicators (Tables 1 and 2) between the two categories of farms (i.e. agricultural holdings under Reg.

---

[1]The percentage of the agricultural holdings under Regulation 2328/91 to the total number of farms exhibiting economic sizes over 2 ESU is really insignificant (i.e. 0.5 percent).

2328/91 and agricultural holdings under FADN), certain conclusions are expected to be drawn concerning the impact of aided private investments on the economic performance of farms.

In Greece, the total number of farms which had joined Regulation (EC) 2328/91 in 1994 amounted to 2 578. From these farms, a representative sample of 241 farms was taken. Each head of the above 241 farms was interviewed in 1998 with the purpose of obtaining an inventory evaluation concerning their techno-economic situation[2] (Tsiboukas *et al.*, 2000). Thus, we managed to obtain analytical records of the farm situation before the approval of the Investment Plan (i.e. in 1993), as well as after the completion of the investment project, three years later (i.e. end of 1997). Absolute value comparisons of economic indicators were conducted by appropriately deflating the corresponding 1997 figures in order to be comparable with those of 1994.

Results

The comparison of the two categories of agricultural holdings showed that the beneficiary farms exhibited on average a double farm size with respect to the utilized agricultural area (Table 1) relative to the other category (FADN); furthermore, the trend towards increasing farm sizes over time seems to be substantially higher in the first category (i.e. 23% *vs* 13%). Likewise, the percentage of irrigated vs. total available land was well above the second category (i.e. 52% *vs* 37%). The interviews showed that those in charge of the farms of the first category managed to augment farm sizes by increasing the rented land for cultivation from 39% to 47% of total land, whereas in those of the FADN category the rented land increased from 31% to 38% respectively.

Substantial differences between the two categories and corresponding time trends were found with respect to livestock sizes. In particular, beneficiary farms had already engaged themselves more intensely in livestock production in 1993 (i.e. 7.2 units *vs* 3.7). Nonetheless, they exhibited larger increases in relation to the FADN farms (i.e. 18% *vs* 3%) during the examined three-year period 1994-1997. This observation is reinforced by the fact that the economic indicator *sales of animal output/sales of total output* increased in the beneficiary farms from 21% to 28% between 1993 and 1997, whereas in the FADN farms the corresponding indicator dropped from 30% to 25% (Table 2), underlining the fact

Table 1. Structural indicators per farm.

	Beneficiary farms			FADN		
	1993	1997	Change	1993	1997	Change
Utilised Agricultural Area (ha)	10.5	12.9	23%	5.5	6.3	13%
Economic Size (ESU)	12.4	21.1	70%	7.2	8.3	15%
Irrigated Land/UAA		52%		34%	37%	
Rented Land/UAA	39%	47%		31%	38%	
Livestock Units	7.2	8.5	18%	3.7	3.8	3%
Total Labour Force (AWU)	1.67	2.28	36%	1.23	1.37	12%
Family Labour Force (AWU)	1.35	1.86	38%	1.13	1.17	4%
Total Labour Force per UAA	0.16	0.18	13%	0.22	0.22	0%
Family Labour Force per UAA	0.13	0.14	8%	0.21	0.19	-10%

Sources: Tsiboukas *et al.*, 2000; Spathis *et al.*, 1996; Spathis *et al.*, 2003.

[2] A three year period (i.e. 1994-1997) is considered as necessary for the completion of the undertaken investment projects.

Table 2. Economic indicators per farm.

	Beneficiary farms			FADN		
	1993	1997	Change	1993	1997	Change
Animal Sales/Total sales	21%	28%		30%	25%	
Assets (GRD, 1993 prices)	21 022 321	28 973 564	38%	12 464 250	15 653 138	26%
Sales/Costs[1]	125%	116%		164%	143%	
Sales/AWU	2 961 475	3 004 593	1.5%	2 162 329	2 310 091	7%
Net Farm Income (GRD, 1993 prices)	2 414 957	3 829 765	59%	1 928 610	2 204 100	14%
Subsidies/Net Farm Income	59%	72%		45%	61%	
Net Farm Income per family AWU (GRD, 1993 prices)	1 788 857	2 059 013	15%	1 709 424	1 568 394	-8%
Viability Indicator[2]	64%	71%		61%	65%	

[1]Costs = Paid Expenses + Depreciations
[2]Net Farm Income per family AWU / Reference Income
Sources: Tsiboukas *et al.*, 2000; Spathis *et al.*, 1996; Spathis *et al.*, 2003.

that beneficiary farms, by joining Regulation (EC) 2328/91, managed to restructure their productive system by strengthening their livestock orientation, notwithstanding the general trend of the Greek commercial farms towards the opposite direction.

Results concerning employment creation favoured the beneficiary farms as well, since their demand for human labour increased by 36%, a threefold increase with respect to the FADN farms (12%) (see Table 1). Furthermore, the beneficiary farms seemed to favour the employment of family labour (a 38% increase), whereas the FADN farms tended to rely more on wage labour, since the demand for family labour grew by only 4%, compared to an overall increase of total labour by 12% (Table 1).

Further observations concerning the changes occurred in various economic indicators (Table 2), show that beneficiary farms acquired assets almost twice as much in relation to the FADN farms. Furthermore, by the completion of their investment projects, they had managed to increase their capital stock by 38%, whereas the FADN farms exhibited lower increases (26%).

It should be pointed out, however, that both categories faced a deteriorating factor productivity (other than labour), since the economic indicator *sales/costs* dropped by 9 points in the first case (beneficiary farms) and by 21 points in the second (FADN). It is worth mentioning that labour productivity increases in the beneficiary farms (1.5%) were far below the corresponding increases in the FADN farms (7%). These developments may be attributed to the fact that the more vigorous investment activity in the beneficiary farms was particularly oriented towards absorbing available family labour.

Present research findings seem to support the hypothesis that the farms yielding higher incomes were more likely to engage themselves in investment activity by means of Regulation (EC) 2328/91. Furthermore, it should be pointed out that net family farm income increases, caused by the application of investment projects completed within the three year period 1994-1997, were impressive indeed (i.e. 59% in the Regulation category *vs* 14% in the FADN one). In both categories, however, the significance of subsidisation grew larger since the ratio of subsidies to net farm income jumped from 59% to 72% in the beneficiary farms, whereas in the FADN farms the overall increase was even higher (i.e. from 45% to 61%, see Table 2). These developments may be firstly attributed to the reduction of institutional producer prices in a number of products, following the CAP reform after 1992, as well as to the augmentation of direct income supports, subsequently influencing more or less the totality of Greek farms.

The change of net family farm income per annual work unit is an expression of the developments occurred in the farm income in relation to the farm labour requirements. The corresponding indicator (Table 2), showing total returns of production factors per family working unit annually, increased by 15% in the beneficiary farms whereas in the FADN farms it dropped by 8%. The comparison of this indicator with a proxy showing average personal income in the non-farm sectors of the economy (called *reference income*) reveals the actual income situation of the farm holders vis-à-vis the rest of the economy, as well as the economic viability of the farms. Thus, the above viability indicator exhibited a moderate improvement in the beneficiary farms (i.e. from 64% to 71%) whereas in the FADN farms it increased by only 4 points (i.e. from 61% to 65%).

Conclusions

The preceding analysis showed that the impacts of Regulation (EC) 2328/91 concerning the structural improvement of the Greek farms, as well as their economic performance, were quite substantial. The comparisons conducted between the two categories showed that farms under the above Regulation were superior to the totality of commercial farms, concerning their structural and economic performance before as well as after undertaking investment activity. The observed differences grew even larger to a great extent after the completion of the various investment projects under Regulation (EC) 2328/91.

Investment activity contributed, in particular, towards increasing farm sizes through the expansion of irrigated and rented land. This trend was further reinforced by restructuring their productive orientation, favouring livestock production. It is worth emphasising that this modernisation process was characterised by employment creation. Labour productivity increases, however, were marginal whereas factor productivity, other than labour, suffered minor decreases, pointing towards the fact that investment activity contributed neither to improvements in rational factor use nor in farm efficiency. On the other hand, it should not escape our attention that investment activity greatly enhanced farm incomes and strengthened existing perspectives of economic viability.

Last but not least, investment support in agriculture, by means of the aforementioned Regulation, appears to be an effective instrument for obtaining structural modernisation of the farm holdings as well as for achieving the targets of the overall structural farm policy.

References

Brümmer B. and Loy J.P., 2000. The technical efficiency impact of Farm Credit Programmes: a case study of Northern Germany. Journal of Agricultural Economics, 51(3), 405-418.

European Commission, 1991. Council Regulation on improving the efficiency of agricultural structures, No. 2328/91 of 15 July. Official Journal of the European Communities Vol. L 218.

European Commission, 2003. FADN Methodology, in: htpp//www.europa.eu.int/comm/agriculture/rica

Fennell R., 1997. The Common Agricultural Policy; Continuity and Change. Clarendon Press, Oxford.

Spathis P., Tsiboukas K., Tsoukalas St., Sklavos Th., Vainas Ap. and Nellas L., 1996. Greek farm technoeconomic results in 1993; Analysis based on Farm Accountancy Data Network. Agricultural University of Athens and Greek Ministry of Agriculture [in Greek].

Spathis P., Tsiboukas K., Tsoukalas St., Sklavos Th., Vainas Ap. and Nellas L., 2003. Greek farm technoeconomic results in 1997; Analysis based on Farm Accountancy Data Network. Agricultural University of Athens and Greek Ministry of Agriculture [in Greek].

Tsiboukas K., Tsoukalas St., Spathis P., Karanikolas P. and Nellas L., 2000. Investment aids to agricultural holdings. Agricultural University of Athens [in Greek].

Young C.E and P. Westcott, 2000. How decoupled is U.S. agricultural support for major crops? American Journal of Agricultural Economics, 82 (August 2000), 762-767.

USDA-ERS, 1998. Agriculture in the WTO. USDA, Situation and Outlook Series, WRS-98-4.

Employment of farmers in the goat keeping and agritourism sectors of the mountainous island of Ikaria in Greece

H. Theodoropoulou, N. Mavrogeorgi & C.D. Apostolopoulos

Department of Home Economics and Ecology, Harokopio University, 70 E. Venizelou, Kallithea, 17671 Athens, Greece

Summary

The aim of this study was to examine the possibilities for endogenous development in Ikaria, a mountainous island of Greece. The employment in the goat farming and agritourism sectors was examined since both sectors are considered important for the island's rural development. Representative data on demographic characteristics, education, employment status, and income of farmers were collected. The results of the study give an insight on the employment of farmers and the needs for future growth of these sectors. The prospects for goat farming in the island of Ikaria are not optimistic. The agricultural labour force occupied with goat farming is ageing and the new generation is not encouraged by their parents to take over such an activity, due to its hardship and low income. On the other hand, farmers who opted to continue goat farming did so due to limited job opportunities. The main reason why farmers wish to get involved with agritourism is to supplement their income. Since the economic and societal life of the island depends on the agricultural sector, wise investments should be directed towards an infrastructure that will ensure the growth of goat farming and the attraction of tourists with an eye for sustainable development.

Keywords: rural development, goat farming, agritourism, employment.

Introduction

Agricultural activities such as agritourism, fishing, crop and livestock farming are the main sources of income for the people in the island of Ikaria, Greece. Actually, employment in the goat livestock and agritourism sectors is considered the most important activity for the island's rural development. Agritourism started to grow significantly during the 90s owing to the increased demand for soft tourism by the visitors, who at that time preferred a quite inexpensive vacation close to nature, in comparison with the previous decades. Livestock in the island is limited to goat farming due to the mountainous land (Apostolopoulos *et al.*, 2001; Theodoropoulou & Apostolopoulos, 2000; Kaldis *et al.*, 2000; Ashley & Carney, 1999; Damianos, 1991; Giagou & Apostolopoulos, 1996; Goodall & Ashworth, 1985;). The objective of the present study was to give an insight on the employment of farmers and the needs for future growth of the agritourism and goat livestock sectors. For this reason, by using empirical social research methods, sample data on demographic characteristics, education, employment status and income of farmers were collected. On the basis of these data, the profile of the farmers in the island of Ikaria was constructed.

Methodology

A random sampling of 24 agritourism enterprises and 76 goat keeping farmers was used. The size of the sample used in the study covered 38% of agritourism enterprises and 11% of the total population of registered goat farmers in Ikaria. Data were collected through a questionnaire survey during the spring of 2002. Investigators completed the questionnaires on the spot. The data collected were analysed by using descriptive statistics for calculating the means and standard deviations of continuous variables and the frequencies and percentages of discrete variables. All phases of the analysis were conducted using *MINITAB for Windows, Release 12.*

Results

According to data analysis, the majority of the farmers involved with agritourism and goat farming were men (66%). Most of the owners of agritourism establishments (39%) were 45 64 years old. Also, most of the farmers were married (81%). The educational level of the farmers was mostly elementary or no school (51%). Thirty five percent of the responders had a monthly family income between 733 Euros and 978 Euros (Table 1). Ninety seven percent replied that their income from agritourism or goat farming was not enough to meet their family needs. Ninety five percent of the farmers are subsidised by the state.

The parents of 81% of the farmers were also farmers. Only 41% of the farmers were satisfied with their occupation. Seventy four percent of the farmers would not like their children to follow the same occupation. Farmers had 2.4 children on average, but only 0.2 children were involved in their parents' enterprise and only 0.2 children plan to get involved in their parents' enterprise when they grow up. Seventy percent of the farmers replied that better infrastructure and health services would improve their living conditions in the island. Fifty four percent of the farmers would like to attend vocational courses

Table 1. Characteristics of the farmers involved in goat keeping and agritourism (n=100).

Characteristic		(%)
Age	25-29	3
	30-44	31
	45-64	39
	>65	27
	Total	100
Education	No school	15
	Elementary school	36
	Middle School	22
	High School	22
	Technical school	3
	University	2
	Total	100
Monthly income (•)	0-488	21
	489- 732	33
	733-978	35
	979-1 467	10
	> 1 468	1
	Total	100

on agritourism and soft tourism. Fifty five percent of the farmers have employed one worker to help them with their activities.

More specifically, statistical analysis for the goat farmers showed that 74% of them have goat keeping as their primary occupation. Their mean monthly income from this activity was 500 Euros. Twenty three percent of the owners of agritourism settlements were farmers in their primary occupation and their mean monthly income from this activity was 500 Euros. Fifty-four of the farmers started agritourism activities after receiving E.U. funding, in order to have a supplement to their monthly income.

Conclusions

The prospects for goat farming in the island of Ikaria are not optimistic. The agricultural labour force occupied with goat farming is ageing and the new generation is not encouraged by their parents to take over such activities. On the other hand, farmers who opted to continue goat farming did so due to limited job opportunities. The main reason why farmers wish to get involved with agritourism is to supplement their income. Since the economic and societal life of the island depends on the agricultural sector, wise investments should be directed towards an infrastructure that will ensure the growth of goat farming and the attraction of tourists, with an eye for sustainable development.

Two other important observations made in the present study were: first, in general, most of the farmers were of old age and low educational level and, second, their children were neither involved nor planned to get involved with their parents' enterprise. These two factors are threatening the future of the island, since farmers of old age and low educational level will not be able or have the time to adapt their enterprises to the future demands of globalisation in the market, while people of the new generation are not willing to become the entrepreneurs of the future.

References

Apostolopoulos, K., H. Theodoropoulou & Á. Ôsakatoura, 2001. Alternative types of tourism in rural areas. Pedagogical Institute, Athens, Greece, 215pp. (In Greek).

Ashley, C. & D. Carney, 1999. Sustainable livelihoods: Lessons from early experience. Russell Press Ltd., Nottingham, London, 55pp.

Damianos, D., 1991. The Empirical dimension of multiple job-holding agriculture in Greece, Sociologia Ruralis, 31 (1): 36-47.

Giagou, D. & C. Apostolopoulos, 1996. Rural women and the development of the agritouristic cooperatives in Greece: the case of Petra, Lesvos. Journal of Rural Cooperation, 24 (2): 143-155.

Goodall, B. & G.J. Ashworth, 1985. Tourism and disadvantaged regions. In The impact of tourist development on disadvantaged regions. Ashworth and Goodall (editors), Groningen Geografish Instituut, Groningen. The Netherlands, p. 99-102.

Êaldis, P., H. Theodoropoulou, G. Álexopoulos &, Á. Yiannouzakou, 2000. Agritourism and development. Pedagogical Institute, Athens, Greece, 333pp. (In Greek).

Theodoropoulou, Å., & C. D. Apostolopoulos, 2000. The influence of agritourism and its parallel activities on the differentiation of the rural system in disadvantaged areas of Greece. In: Research and extension into the next millennium. environmental, agricultural and socio-economic issues, J. Brossier, A. Cristovao, W. Doppler, D. Gibbon, A. Koutsouris, R. Milestd, L. Zorini and T. Rehman (Editors), 4th European Symposium, European Group International Farming Systems Association, Volos, Greece, p. 379-386.

Intra-EU export patterns of honey

A. Michailidis[1], *G. Arabatzis*[2] *& S. Mamalis*[3]

[1]*Department of Marketing and Quality Assurance of Agricultural Products, Technological Institute of West Macedonia, Florina, 53100, Greece*
[2]*Department of Forestry and Environmental Management and Natural Resources, Democritus University of Thrace, N. Orestiada, 68200, Greece*
[3]*Department of Agricultural and Food Marketing, University of Newcastle upon Tyne, Newcastle, UK*

Summary

Trade of honey is of great significance for almost any EU country since some countries are large exporters (Germany, Spain, Belgium) and others are very important importers (Germany, United Kingdom, France). Moreover, taking into account the importance of honey as a high-valued tradable commodity and the drastic increase of the world trade in honey over the last decade, the study of current and future exports patterns is extremely valuable. Thus, in this work export patterns for honey are probed and probable trends are assessed, utilizing descriptive statistics and employing the zero-axial skew-symmetric matrix (ZMS) procedure. Results clearly demonstrate past and current export patterns, the magnitude of year-to-year variations and anticipating trends for the whole European Market.

Keywords: European Union, ZMS procedure, honey, trade.

Introduction

International trade in honey is of great importance for both the importing and exporting EU countries. The intra-EU exports of honey were seven-folded over the study time period (1995-2001). Honey exports have still enough room to grow since EU imports have satisfied more than 50% of its needs from non-EU sources. Considering that the honey trade growth followed a spectacular rise over the last ten years, it is obvious that changes of the exporting share attract the concern of several EU countries.

It is worth mentioning that honey has been included in the interests of the Community as a new product for the EU since 1990. Honey has been enrolled in the Common Market Organization by the 410/90 Regulation of the Community (EU, 1990).

In this work, an attempt is made to describe the structure as well as the past and present patterns of honey exports, not only for a certain country but for the entire EU, since the EU is extensively viewed as a single integrated market. Furthermore, the stability of the current net balance export matrix is tested by employing the zero-axial skew-symmetric matrix (ZMS) procedure and by estimating the Hotelling's norm of a matrix (Abet and Wangh, 1966; Hotelling, 1943).

The study is organized as follows: First, current structures of honey exports are described and discussed. The trends and the growth of exports are subsequently traced out for the time period 1995 to 2001, followed by the methodology and estimation of the Hotelling's norm. Results and policy implications are briefly addressed in the final section.

Structure and patterns

The Eurostat analytical trade tables (NIMEXE, 1995-2001) were used as a main data source, firstly because intra- and extra- EU trade transactions are recorded in detail (four-digit product classification) and secondly because data is compatible with all EU countries.

Germany and United Kingdom are the main importing countries of Greek honey (Table 1). Germany absorbs about 38.65% of the Greek total intra-EU exports, while United Kingdom absorbs around 17.32%. Therefore, Germany and United Kingdom constitute the principal external buyers of the Greek honey.

EU procurements of honey originate mainly from Germany (43.09%) and partly from Spain, Belgium, Italy, France and Denmark. The Mediterranean countries satisfy more than 37% of the EU demand for honey. Greece, however, considering its relatively small surface area, is one of the most dynamic and promising exporters of honey since it caters for roughly 1.77% in quantity and 2.46% in value of EU demand (Table 2).

Table 3 represents the growth of honey exports for the time period 1995-2001. Trade in honey grew drastically from a level of 29612 to 47066 metric tones indicating the importance of honey trade in the future. Greece, Italy, Spain and Belgium increased substantially their EU share although Germany still holds its top position. Exports are mainly destined to Germany's market, where almost all the exporters compete to prevail in the market of honey.

Stability in trade

Stability in rates of change from year to year is considered essential when future trends are anticipated. Thus, the transition matrix for net balance trade was constructed in order to estimate variations and to

Table 1. Greek exports of honey to EU importers (metric tones).

	1995	1996	1997	1998	1999	2000	2001
Germany	97	129	111	116	204	199	322
United Kingdom	74	86	28	35	117	94	146
France	36	54	39	44	71	73	103
Other E.U Countries	82	112	71	86	126	111	262

Source: Eurostat, Analytical Trade tables 1995-2001.

Table 2. Intra-EU exports of honey (2001).

	Quantities[1]	%	Values[2]	%
Germany	20 273	43.09[3]	34 737	42.77
Spain	7 968	16.94	10 953	13.49
Belgium	6 017	12.79	9 273	11.42
Italy	3 710	7.89	7 856	9.67
France.	2 997	6.37	7 830	9.64
Denmark	2 175	4.62	3 849	4.74
Portugal	1 298	2.76	2 249	2.77
Greece	833	1.77	1 995	2.46
EU	47 046	100.00	342 771	100.00

Source: Eurostat, Analytical Trade tables 2001.
[1]Quantities are expressed in metric tons.
[2]Values are expressed in 1000 $.
[3]Figures in parentheses show the share in total exports.

Table 3. Growth of intra-EU exports of honey (in metric tones).

	1995	1998	2001	%
Greece	156	281	833	533.97[1]
Germany	14 639	13 574	20 273	138.48
Italy	1 113	2 254	3 710	333.33
Spain	4 830	9 718	7 968	164.96
Belgium	0	0	6 017	-
EU	29 612	33 862	47 066	158.94

Source: Eurostat, analytical trade tables 1995-2001.
[1]Figures indicate percentage gain from 1995 to 2001.

check the ability of the transition matrix to forecast future export levels (Abel and Waugh, 1964). The transition matrix is derived from the following formula (Mattas *et al.*, 1995; Mattas and Michailidis, 1997):

$$Tt=Et^{*}(E_{t-1})^{-1} \qquad (1)$$

where: Tt is the transition matrix (or transformation matrix), Et is the international balance of payments matrix and the eisth element of this matrix represents the net exports from country i to country j (imports are registered as negative values). The subscript refers to the period t.
Although the transition matrix itself can provide very useful insights, it is not explored since the main objective is to test the stability in changes (Mattas and Michailidis, 1997). So, the Hotteling's norm was estimated (Hotelling, 1943), utilizing the following relations:

$$D_t=T_t-I \qquad (2)$$

$$N(D_t)=\Sigma_i\Sigma_j (D_{ij})^{21/2} \qquad (3)$$

where: I is the identify matrix and N(D) is a measure of variance for the matrix D. The elements of D would increase in size as the magnitude of change between E_t and E_{t-1} increased. The value of N(D) would also increase since N(D) is a monotonically increasing function of the sum over i and j of the $(D_{ij})^{2}$'s.

The Hotelling's norm was computed for honey for the years 1995 to 2001 and is listed below:

N(D95) = 1 104
N(D96) = 20 237
N(D97) = 13 457
N(D98) = 8 564
N(D99) = 1 328
N(D00) = $17\ 624*10^{13}$
N(D01) = $32\ 891*10^{14}$

The high values for the years 2000 and 2001 reflect the very high levels of imports for these two years. In addition, Hotteling's norm indicates a significant year-to-year variation. Thus, the transition matrix can not be used in forecasting trade matrices according to the equation (1).

Conclusions

Export patterns and changes of honey are examined over the time period 1995 to 2001. Year-to-year variations and trends are established using descriptive tools and employing the Hotteling's norm. Honey exports reached high levels for the years 2000 and 2001. It is also interesting to note that honey exports are expected to develop significantly in the years to come.

Germany, Spain and Belgium are the main exporters of honey, although each country concentrates on certain importers. Transition matrices after 1998 are not stable; hence, it is difficult use them to forecast future changes. Moreover, instability in variations indicates that honey, as a new product in the EU market, exhibits a high fluctuation as far as its trade is concerned.

European and world trade in honey portrays an upward trend over the last two years. The development of exports is promising for Mediterranean countries, since honey is considered as a high-valued and very conducive product to the growth of agricultural and regional economies. Besides, honey trade will be moderately affected by the likely GATT Agreement as its level of protection in the EU is considerably less strong compared to that of cereals, meat or dairy products.

References

Abet, A. & F., Wangh, 1966. Measuring changes in international trade. Journal of Farm Economics, 48(2): 847-861.

Hotteling, H., 1943. Some new methods of matrix calculation, Annals of Mathematics and Statistics, 14:11-14.

Mattas K., E., Tsakiridou & E., Tzimitra, 1993. Intra-EC Export Patterns of Stone Fruits (Peaches, Apricots and Cherries). Acta Horticulturae, 379: 609-615.

Ìattas, Ê. & A., Michailidis, 1997. Export changes in kiwifruits: An EU Perspective. Acta Horticulturae, 444(2): 685-690.

NIMEXE, 2001. Analytical tables of international trade - 1995-2001, Volume A, Eurostat.

EU, 1990. Commission Regulation 410/90, Official Newspaper of the European Communities, L43, October 1990, p. 23-28.

The Mountain Areas Development Program in Albania

A.Galanxhi[1], *L. Papa*[2] *& K. Kume*[2]

[1]*Mountain Area Development Agency*
[2]*Livestock Research Institute, Tirana, Albania*

Summary

The Mountain Areas Development Program (MADP) is established as an instrument for the development of mountain areas, in the framework of the general Strategy of Rural Development in Albania ("Green Strategy") and the Strategy of Poverty Reduction mainly in these areas. This program is a step forward in developing rural mountainous areas of Albania. The implementation of this Program is expected to be completed in 6 years, aiming at supporting 16–21 very poor districts of the country. The districts included in this Program have at least 50% mountain areas.

The MADP, with all its components, will provide valuable assistance for development, leading to increased production and improved food security and facilitating the role of women in the society. The Mountain Areas Development Agency (MADA) will execute this Program. MADA is a programming and planning institution, responsible for the preparation of the mid-term and long-term program for mountain areas in Albania, the fund management of the program and the provision of technical, financial and managerial support for mountain areas development.

The overall goal of the MADP is to raise the standard of living in poor mountain areas, through increased agricultural production and productivity, better household food security and nutrition, increased incomes from agriculture and livestock and improved infrastructure. The program objectives were:

- Establishment of an agency responsible for mountain areas development, capable of elaborating a resource-efficient development program for these areas and providing effective technical, financial and managerial support for its realization.
- Establishment of a sustainable financial institution for the disbursement of credit to rural mountain area clients, with the characteristics of being a purely financial body, operating principally at the wholesale or secondary level as a provider of credit to producer groups and associations and offering both Government and other donors a channel for credit targeted to the mountain areas.
- Achieve sustainable and equitable use of irrigation water, vital to the livelihoods of farmers in poor mountain areas.
- Support farmers in mountain areas in their major agricultural income-generating activity, namely livestock production, through the development of improved veterinary services, sustainable livestock production systems and sustainable pasture management systems.
- Initiate the development of a demand-driven Extension System supporting farmers, processors and traders in the development of their livestock and crop enterprises.
- Facilitate market-oriented agriculture and improve standards of living by alleviating small infrastructure bottlenecks, through the construction or rehabilitation of roads and village water supplies.

Keywords: Green Strategy, MADP, IFAD,sustainable use of irrigation water, agricultural income, credit policy, market-oriented agriculture, support to farmers.

Introduction: What is MADP ?

The Mountain Areas Development Program (MADP) is established as an instrument for the development of mountain areas, in the framework of the general Strategy of Rural Development in Albania ("Green Strategy") and the Strategy of Poverty Reduction mainly in these areas. The International Fund for Agricultural Development (IFAD) has established MADP in cooperation with the Albanian Government. This is a follow-up utilising the experience gained during the implementation of the two previous projects of IFAD and the Albanian Government. This program is a step forward in developing rural mountainous areas of Albania. The implementation of this Program is expected to be completed in 6 years, aiming at supporting 16–21 very poor districts of the country. The selection of the districts is according to the percentage of total land surface occupied by mountain terrain, the poverty index and the food security level, the quality of agricultural land etc. The districts included in this Program have at least 50% mountain areas.

The MADP with its components will provide valuable assistance for development, leading to increased production and improved food security and facilitating the role of women in the society. This is based on the complementarity of actions that will be undertaken in the framework of the program. The Mountain Areas Development Agency (MADA) will execute this Program. MADA is a programming and planning institution, responsible for the preparation of the mid-term and long-term program for mountain areas in Albania, the fund management the program and the provision of technical, financial and managerial support for mountain areas development.

Donors

The IFAD loan and grant provide 13.2 Million US $ (57% of total cost) and 0.4 million US$ (2% of total) respectively. The IFAD loan primarily finances MADA, MAFF (Mountain Areas Financial Fund), providing of agricultural credit, etc. The IFAD grant is used for institutional development and support to MADA and MAFF. Beneficiaries are expected to contribute approximately 1.2 million US $ to the Rural Infrastructure Component, Private Veterinary Service and Agricultural Extension subcomponent. The Albanian Government will contribute 2.9 million US$ in foregone taxes and duties (13%) and it has confirmed that all the program activities are exempt from taxes and duties. Co-financiers will be asked to contribute 4.2 million US$ more for the rehabilitation of rural infrastructure, for technical assistance and training. The Netherlands Development Organization has agreed to co-finance 386 000 US$ for Group Development Service in the Program Management Component. DFID is co-financing 1.2 million pound sterlings, mainly for technical assistance.

Program goal

The overall goal of the Mountain Areas Development Program is to raise the standard of living of people in poor mountain areas through increased agricultural production and productivity, better household food security and nutrition, increased incomes from agriculture and related rural enterprises and improved infrastructure.

Program objectives

- Establishment of an agency responsible for mountain areas development, capable of elaborating a resource-efficient development program for these areas and providing effective technical, financial and managerial support for its realization.

- Establishment of a sustainable financial institution for the disbursement of credit to rural mountain area clients, with the characteristics of being a purely financial body, operating principally at the wholesale or secondary level as a provider of credit to producer groups and associations and offering both Government and other donors a channel for credit targeted to the mountain areas.
- To achieve sustainable and equitable use of irrigation water, vital to the livelihoods of farmers in poor mountain areas.
- To support farmers in mountain areas in their major agricultural income-generating activity, namely livestock production, through the development of improved veterinary services, sustainable livestock production systems and sustainable pasture management systems.
- To initiate the development of a demand-driven Extension System supporting farmers, processors and traders in the development of their livestock and crop enterprises.
- To facilitate market-oriented agriculture and improve standards of living by alleviating small infrastructure bottlenecks, through the construction or rehabilitation of roads and village water supplies.

Regional offices

In order to successfully implement the program and to achieve the objectives of MADA, five field offices have been set up. These are the first point of contact for the rural population. The key functions of the MADA field offices are (Figure 1):

- Informing the people of the districts they cover about MADA services.
- Providing a preliminary check to confirm that client requests for MADA services are congruent with the framework of the Mountain Area Development Program prepared by MADA and making recommendations to MADA headquarters.
- Drafting an AWP/B for the districts and forwarding it to the MADA headquarters for review, approval and incorporation into the Agency's consolidated AWP/B.
- Identifying local implementing partners for MADA-supported activities in the districts they cover.
- Supervising contract execution with a view to quality control, progress measurement and impact assessment.
- Facilitating, where necessary, the disbursement of funds from MADA headquarters to implementing partners.
- Preparing and submitting to MADA headquarters a quarterly report on the quality, physical progress and impact of MADA-financed activities in accordance with the indicators and procedures laid out in the MADA Operational Manual.

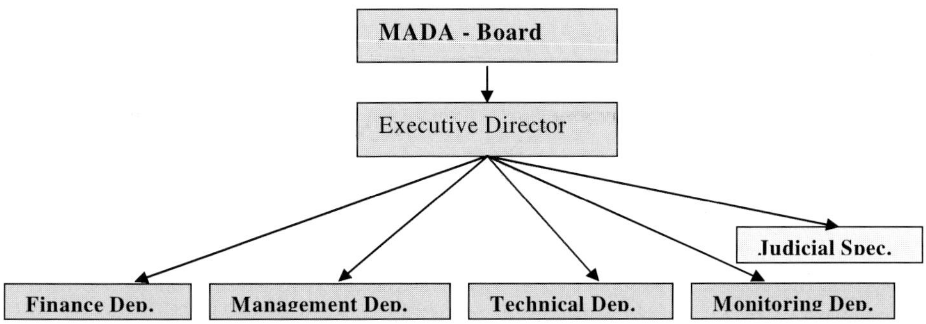

Figure 1. Schematic presentation of the MADA structure.

Partners

Beneficiaries are the most important factor in the program, because the latter aims at assisting the rural population in the mountain areas through a participatory approach. The Execution of the Program requires committed specialists, sufficient resources and the involvement of the beneficiaries in the demand-driven approach. This is a guideline for human, material or monetary investment management. For this reason, partnership is considered to be based on two main pillars:

1. Partnership with beneficiaries – farmers and their representatives
2. Partnership with counterparts – programs, projects and institutions interested in mountain area development

The program will have the expected effects and the food security and standard of living will be raised only if the beneficiaries understand the importance of their own role and capacities in the success of the program.

The partnership with counterpart organizations will be welcomed by all potential actors interested in mountain areas development by involving them as an organic part of the program. Counterparts are:

- Program co-financiers – IFAD, DFID, SNV, etc.
- Programs/projects currently operating in these areas – USAID, Land O' Lakes, SIDA, GTZ, Italian Cooperation, etc.
- Ministry of Agriculture and Food, MOF structures in respective districts and Local Government.
- Scientific research Institutes, Agricultural University of Tirana and Korca.
- Local and International NGOs operating in this area.

Components

The Mountain Areas Development Program has the following components:

- Rural Credit.
- Rural Infrastructure: Irrigation Rehabilitation and Rehabilitation of Rural Infrastructure.
- Agricultural Development.
- Support to Extension Service.
- Veterinary Support: Private Veterinary Support and Animal Health Care.
- Pasture & Forests Management.

Food security

The program aims at improving food security in mountain areas, especially among children. Improvement in nutrition and household food security is expected to occur through the increased availability of vegetables, meat and dairy products as a result of program support to these areas of production. The rate and degree of improvement are likely to be correlated with rural women's particular knowledge in nutrition and their general educational attainment.

Measurable indicators

- Input – Fund, Staff, Equipments, Training, Technical assistance.
- Activities – Rehabilitation of rural infrastructure, Provision of rural credit, Agricultural and livestock services, Transfer to state forests under communal management, Management of human and material resources.

- Outputs – Stabilization of the agency, Implementation of an efficient program that meets the beneficiaries' demands, Sustainable development of mountain areas, Sustainable water supply in farms, Improved agricultural production, Increased commercialism in agriculture.
- Effects – Increased living standard for 37 500 family farmers in mountain areas. Increased agricultural and livestock production.
- Impacts Sustainable economic development, Stable development of mountain areas.

Expected results

The Mountain Areas Development Program supports the attempts of the Albanian Government to improve food security and raise the living standard of poor mountain area farmers. The main program targets are as follows:

- Medium- to long term plan and program for mountain area development in Albania.
- An Institution for preparing the program, supporting its realization in a coherent, co-coordinated manner and adapting it.
- An overall development management approach which emphasizes local empowerment and productivity, based on private rural enterprises.

Utilisation traditionnelle d'une ressource fourragère locale *(Stipa tenacissima)* en montagne aride tunisienne: perspectives socio-techniques[1]

D. Genin

Institut de Recherche pour le Développement (IRD), B.P. 434, 1004 Tunis-El-Menzah, Tunisie

Summary

Alfa (*Stipa tenacissima*) is a characteristic grass of the Maghrebian steppes, whose uses by local populations of the Matmata-Jeffara region (South-East Tunisia) are multiple. A survey was performed in 51 households, in order to analyse functions and modalities of use of this plant as forage, by means of a semi-directive questionnaire which tackled the following aspects: 1) supplying modalities, 2) uses for livestock feeding and other uses, and 3) qualitative and quantitative perceptions. Results pointed out the role of this local resource in the function of the feeding system, since it typically constitutes a seasonal complementary forage (65% of households declared providing it as hay only during the summer in normal years), but it can also provide the base diet in periods of scarcity (60% of households declared distributing alfa almost all year-round during the last five dry years). It reinforced key properties of traditional livestock systems thanks to its flexibility of use and adaptation to landscapes, and because it constitutes an endogenous alternative to the declining herd mobility. However, this grass is a low-quality forage, poorly compatible with present production requirements of livestock, and increasing harvest pressure threatens its sustainability. This example leads to the orientation of research towards two directions: a better valorisation of alfa as a forage resource (treatments to improve its digestibility) and forms of exploitation of harvest zones (land tenure and collective use, rotations, harvesting policy) in a context of highly changing agropastoral systems and desertification.

Keywords: local forages, traditional uses, Stipa tenacissima, arid zones, Tunisia.

Introduction

Les systèmes d'élevage extensif se caractérisent par une forte adaptation aux conditions du milieu et, le plus souvent, par une valorisation de la végétation spontanée locale (Roggero *et al*., 1996). Le pâturage direct par les animaux de formations végétales plus ou moins naturelles est le cas de figure classique, mais diverses autres formes d'utilisation de ressources fourragères locales potentielles peuvent être observées: ébranchage d'arbres, récolte d'adventices ou de plantes de parcours, mobilité des troupeaux vers des zones fourragères particulières (Petit & Diallo, 2001; Cialdella *et al*., 2003). Ces utilisations résultent d'un savoir le plus souvent séculaire et répondent à des contraintes spécifiques qu'il y a lieu d'étudier plus en détail. Dans les zones arides du Maghreb, l'élevage nomade ou semi-nomade a longtemps constitué la principale activité des populations. Il est considéré par beaucoup comme un moyen très efficace d'exploitation de milieux arides à faibles potentialités agricoles (Floret &

[1]Cette étude a été réalisée dans le cadre d'un programme conjoint entre l'Institut de Recherche pour le Développement (France) et l'Institut des Régions Arides (Tunisie), qui a reçu le soutien du CSFD (Comité Scientifique Français sur la Désertification).

Pontanier,1982). Mais les transformations de ces systèmes, qui ont eu lieu au cours du XXe siècle, ont conduit à une généralisation de la sédentarisation et l'émergence et la dominance de systèmes agropastoraux plus ou moins intensifiés (Abaab, 1987). Ces mutations ont entraîné des bouleversements dans les systèmes d'alimentation des troupeaux et l'apparition de nouvelles contraintes et opportunités dans l'élaboration de la production animale au niveau de l'exploitation. Il n'en demeure pas moins que l'adaptation est un des concepts clés pour caractériser les stratégies d'élevage des pasteurs et agropasteurs en zones à fortes contraintes climatiques. Le cas de l'alfa (*Stipa tenacissima*) constitue un exemple intéressant d'interactions entre une ressource naturelle se développant dans des milieux contraignants et des systèmes d'élevage en pleines mutations.

Caractéristiques de l'alfa

L'alfa (*Stipa tenacissima*) correspond à une graminée tubulaire pouvant atteindre la taille de 1 mètre de hauteur. Elle présente un large spectre, à la fois climatique et édaphique. L'habitat typique de l'alfa se trouve entre les isohyètes 100 et 400 mm, sur des substrats squelettiques collines, glacis à croûte calcaire. Dans les conditions de la steppe, l'alfa se régénère que de manière végétative par l'expansion centrifuge des rhizomes; selon Le Houerou (1995) la reproduction sexuée nécessite l'ombre claire de la forêt ouverte et ne se produit donc pas dans les steppes. Les steppes à alfa occupaient au début du siècle 8 millions d'hectares au Maghreb. Ces superficies ont été réduites drastiquement pour occuper aujourd'hui moins de 3 million d'hectares. Elle a été historiquement l'objet d'une exploitation intensive pour la fabrication de pâte à papier. Localement, elle constitue de nos jours, une ressource fourragère importante à certaines périodes pour l'alimentation d'un cheptel de moins en moins mobile.

Sur le plan fourrager, les analyses effectuées au Laboratoire de productions animales de l'Institut des Régions arides de Médenine indiquent pour de l'alfa récoltée verte en mars-avril et séchée, des teneurs en MAT faibles (entre 5 et 7%), des concentrations moyennes en fibres élevées (78% NDF, 49% ADF). Un essai de digestibilité in vivo chez des caprins a permis d'évaluer son CUD à 45% de la MS (Genin *et al.* en préparation).

La zone du sud-est tunisien (région de Médenine-Beni Khedache-Toujane), objet de cette communication, présente une diversité de milieux (montagne, piémonts, plaine, dépressions salées) localisés sous un climat méditerranéen de type aride à hivers doux (100-200 mm/an de pluviométrie) et fait l'objet de profondes recompositions socio-territoriales et productives (voir communication de Guillaume *et al.*, ce séminaire), qui ne sont pas sans conséquences sur l'intégrité des milieux et les conditions de reproduction des systèmes ruraux en présence.

Utilisation traditionnelle de l'alfa dans le sud tunisien

Une enquête exploratoire sur un échantillon de 51 exploitations agropastorales couvrant une diversité de milieux rencontrés dans la région de la Jeffara (sud-Est tunisien) a été réalisée, avec pour objectif de caractériser l'utilisation traditionnelle de l'alfa, aussi appelée gueddim en Jeffara. Le questionnaire était constitué de quatre groupes de questions concernant :

- Les modes d'approvisionnement (cueillette, achat), et leur modalités (localisation des zones, modes d'accès, périodes de ramassage ou d'achat, quantités ramassées, modes de cueillette, etc.).
- L'utilisation, essentiellement liée à l'alimentation des animaux (modes de distribution, périodes, types d'animaux, quantités, etc.), mais aussi à d'autres usages (artisanat, commerce, construction).
- Les perceptions, à la fois en terme de qualité de la ressource et de son évolution quantitative.
- La structure générale succincte du système de production, en particulier taille et composition des troupeaux (ovins et caprins), tenure foncière, arboriculture, main d'œuvre, etc.

Les résultats de cette enquête ont été traités à l'aide d'analyses multivariées et ont permis de caractériser des cas-type d'utilisateurs de cette ressources. Nous nous limiterons ici à une description des grands traits d'usage de l'alfa comme fourrage.

Les types d'approvisionnement se font soit par cueillette (41%), soit par achat (30%), soit mixte (cueillette+achat 29%), au sein d'un réseau marchand local dont nous avons pu observer qu'il était très développé lors de la période de sécheresse dans laquelle s'est réalisée l'enquête (2002). La cueillette s'effectue au printemps (Mars-avril). Elle est soumise à une réglementation de la part des services forestiers, laquelle est plus ou moins stricte selon les conditions climatiques de l'année. Le ramassage s'effectue à l'aide d'un petit bâton autour duquel on enroule les feuilles et que l'on tire d'un coup sec. Cette forme de cueillette est considérée par les personnes interrogées comme non dangereuse pour la plante dans la mesure où cette graminée étant tubulaire il n'y a pas arrachage des racines. Les quantités ramassées par jour varient fortement selon les personnes concernées, les lieux de collecte et selon qu'il s'agit d'une activité unique de cueillette ou couplée avec le gardiennage du troupeau: s'il s'agit d'une activité unique, environ 50 kg/J/pers., mais qui peut aller jusqu'à 100 kg dans le Dahar, sinon environ 15-20 kg/j avec gardiennage. La tenure foncière et l'éloignement des steppes sur lesquelles s'effectue la cueillette montre une certaine diversité qui permet un approvisionnement inter-annuel relativement assuré grâce à une complémentarité d'usage des différents milieux (Tableau 1).

Près de 60% des personnes interrogées déclarent acheter de l'alfa, soit en totalité, soit pour une partie de leur approvisionnement. L'achat s'effectue 1) dans les marchés locaux auprès de commerçants ayant des camionnettes et qui vont s'approvisionner directement dans le Dahar, 2) par un réseau de connaissance, ou 3) directement sur l'exploitation auprès de commerçants ambulants. Les prix pratiqués dépendent de la disponibilité annuelle: en année normale entre 0,150 et 0,200 DT/kg[2]; cette année entre 0,250 et 0,300 DT/kg. Les quantités se négocient au poids dans les marchés, à la camionnette si livré.

La principale utilisation de l'alfa en Jeffara concerne l'alimentation du troupeau. Elle est classiquement distribuée sous forme de foin en été, période durant laquelle la chaleur constitue un frein au pâturage des troupeaux sur parcours. La distribution s'effectue dans la plupart des cas à tout le troupeau, sans distinction d'espèce (ovins, caprins), ni de type d'animaux. Les troupeaux concernés ont des effectifs variant de 2 à 100 têtes de petits ruminants. Il est à noter que la présence de caprins dans les troupeaux des exploitations enquêtées (81% des cas) a tendance à être supérieure que dans l'échantillon statistique de l'enquête de base (53% des cas), représentant la population rurale étudiée (Gammoudi, 2002). La distribution se situe entre 0,5 et 1 kg/animal/jour. Elle correspond à une couverture des besoins d'entretien des animaux d'environ 50%. Mais il est à noter une très grande variabilité dans les quantités distribuées déclarées, ces dernières devant être replacées dans le système d'alimentation global des animaux. Le tableau 2, présentant les périodes de distribution de l'alfa, est riche d'enseignements sur les fonctions attribuées à cette ressource fourragère. En année normale, l'alfa est typiquement le fourrage de l'été, constituant une alternative à la difficulté du pâturage sur parcours en raison de la chaleur ambiante. Cette ressource constitue une des possibilités offertes aux éleveurs pour gérer l'alimentation du bétail durant cette période. En année sèche par contre, l'alfa représente le fourrage de base du régime alimentaire du bétail et 60% des personnes interrogées déclarent en distribuer toute l'année. 32% des personnes interrogées signalent qu'elles utilisent l'alfa pour d'autres usages que l'alimentation du troupeau: essentiellement artisanat (confection de couffins).

Des appréciations les plus communes concernant ses intérêts et ses limites (Tableau 3), il ressort que l'alfa est perçu comme un aliment d'assez faible qualité ("faible qualité fourragère" (21 réponses),

---

[2] 1 Dinar tunisien (DT) = 0,70 euros en 2003

Tableau 1. Zones de cueillette de l'alfa (% des exploitations).

Privée alentours de l'exploitation[1]	29
Eloignée à accès restreint (Arch)	19
Eloignée domanial (Dahar)[2]	52
Total	100

[1]Il existe des formes d'association par lesquelles des familles cueillent l'alfa sur des terrains ne leur appartenant pas et donnent la moitié de leur récolte au propriétaire.
[2]Zone de pâturage collectif à la frange du Sahara.

Tableau 2. Périodes d'utilisation de l'alfa (% d'exploitations).

	Année normale	Année sèche
Seulement en été (≤ 3 mois)	65	30
Eté-Automne (≤ 6 mois)	10	10
Toute l'année	5	60
Pas du tout	20	0
Total	100	100

Tableau 3. Appréciation générale de la valeur fourragère de l'alfa (% d'exploitations).

Comment évaluez l'alfa ?	%
Fourrage de base de l'alimentation quotidienne	15
Fourrage de secours en cas de disette	35
Fourrage de grande qualité permettant d'améliorer état des animaux[1]	10
Non réponse	40

[1]On peut interpréter cette réponse par le fait que, au moment de l'enquête, la sécheresse sévissait depuis trois années et l'alfa constituait pour certains une ressource essentielle pour le maintien du troupeau.

"aliment de lest" (4 réponses), "peu palatable hors saison d'été" (4 réponses)) mais représente un fourrage de "recours" important lors de périodes de disette ("fourrage de secours (10 réponses), "aliment 'frais' pour l'été" (6 réponses). Il présente deux avantages: "bon marché" (6 réponses) et "se conserve bien" (12 réponses); par contre se pose un problème de faible disponibilité au niveau local (7 réponses).

En ce qui concerne l'évaluation de l'état de la ressource, près 80% des personnes interrogées perçoivent une diminution importante de la ressource, conjoncturelle bien sûr, due à la sécheresse (27% des réponses), mais aussi structurelle (73%), en raison d'une réduction importante des superficies de steppes à alfa (78%) et, dans une moindre mesure, de l'état qualitatif des steppes elles-mêmes (16%).

Discussion

L'utilisation de l'alfa par la population rurale de la Jeffara constitue un exemple intéressant des liens unissant cette dernière avec des ressources locales qui jouent bien souvent des rôles essentiels permettant aux systèmes de production des zones marginales de renforcer des propriétés fondamentales à leur reproduction sur le long terme :

- La souplesse, car les zones à alfa sont accessibles pour les populations locales et constituent une alternative de ressources fourragères dans les cas- fréquemment évoqués- où l'approvisionnement en aliments du bétail et en foin commercial sont déficients.
- L'adaptation: l'alfa est une plante adaptée aux zones arides, qui présente une grande résilience. Elle est de plus facile à conserver sous forme de foin.
- L'utilisation de l'alfa constitue une alternative endogène à la réduction de mobilité des troupeaux, laquelle est considérée comme un outil tout à fait adapté au pastoralisme en zone aride, mais n'en pose pas moins des problèmes sociaux et organisationnels dans le contexte actuel de mutations socio-économiques des systèmes de production.

Cette pratique constitue un des éléments des stratégies d'élevage dans ces zones à fortes contraintes, stratégies qui prennent des formes très diversifiées, à la fois en ce qui concerne la sphère productive de l'atelier (choix des espèces et races animales, modes de conduite des animaux, gestion des stocks et de la mobilité des troupeaux) et en ce qui relève de la socio-économie domestique (pluri-activité, organisation sociale, migrations, modes de vie des unités domestiques, etc.).

La pression sur la ressource constitue de plus un élément fondamental d'analyse et de prospection sur des formes d'utilisation et de valorisation de l'alfa adaptées. Les travaux de Hanafi *et al.* (2003) montrent que les steppes à *Stipa tenacissima* ont subi en Jeffara une réduction d'environ 30% en trente ans, suite à un fort développement de la mise en culture. Cette mise en culture apparaît de nos jours montrer quelques signes de finitude car l'espace potentiellement cultivable est maintenant extrêmement réduit en Jeffara. On peut cependant craindre que ce développement agricole se redéploie vers des zones actuellement peu touchées par ce phénomène, en particulier en direction du Dahar. Cette zone constitue pourtant une source d'approvisionnement en alfa de premier ordre (plus de la moitié des personnes interrogées déclarent que l'alfa qu'elles utilisent provient des zones domaniales du Dahar). Il apparaît alors urgent d'envisager des formes de reconnaissance et d'encadrement de l'exploitation de l'alfa visant à mieux le valoriser tout en essayant de conserver l'intégrité des milieux sur lesquels il pousse (intégrité foncière, mise en place de rotation des zones de cueillette plus facile à réaliser qu'avec le pâturage direct, évaluation des formes de cueillette les plus appropriées, circuits d'approvisionnement).

Enfin, si l'alfa constitue un aliment de recours pour la période estivale ou en période prolongée de sécheresse, ses caractéristiques chimiques font qu'il ne peut seul subvenir aux besoins d'entretien des animaux. La problématique d'amélioration alimentaire de ce fourrage est donc d'obtenir un produit tendant à couvrir ces besoins tout en étant directement réalisable au niveau des petites exploitations agropastorales et sans demander pas un investissement financier et en matériel important. Un traitement alcalin à base de cendres de déjections animales et d'urée a été testé (Genin *et al.*, en préparation). Les résultats montrent une amélioration de l'ordre de 15% de la digestibilité in vivo de l'alfa chez des caprins, associée à une augmentation significative du niveau d'ingestion (+20%). Ce type de traitement peut constituer une alternative aux pratiques d'achat d'aliments du bétail dont les coûts sont élevés et l'approvisionnement parfois insuffisant.

Références

Abaab A., 1987. Mutations socio-économiques de la Jeffara orientale. Revue de l'Occident Musulman et de la Méditerranée, 41-42: 327-338.

Cialdella N., Genin D., Ouled Belgacem A., 2003. Pacages et parcours en situation de sécheresse: réponses des agropasteurs pour l'alimentation des petits ruminants dans le sud tunisien. Options Médit., (à paraître).

Floret C., Pontanier R., 1982. L'aridité en Tunisie présaharienne. ORSTOM Ed, Paris, 544pp.
Gammoudi T., 2002. Analyses et résultats statistiques de l'enquête de base. Programme Jeffara, Doc. interne, IRA-IRD, Médenine, 141pp.
Genin *et al.* Treatment of *Stipa tenacissima* with dung ashes and urea to improve its foraging value for North African small ruminants (en préparation).
Hanafi A., Genin D., Ouled Belgacem A., 2003. Steppes et systèmes de production agropastorale dans la Jeffara tunisienne: quelles relations dynamiques ? Options Médit. (à paraître).
Le Houerou H.N., 1995. Bioclimatologie et biogéographie des steppes arides du Nord de l'Afrique. Options Médit., Série B, n°10, 397pp.
Petit S., Diallo M., 2001. L'introduction des fourrages ligneux dans les parcours du bétail en zone soudanienne. Déterminants écologiques ou raisons sociales ?Sécheresse, 12(3): 141-147.
Roggero PP, Bellon S., Rosales M., 1996. Sustainable feeding systems based on the use of local resources. Ann. Zootech., 45 Suppl.: 105-118.

Animal production and farm animal genetic sources utilization in Turkey

M.I. Soysal, M. Özder & E. Özkan

Trakya University, Agricultural Faculty of Tekirdag, Department of Animal Science, 59030, Tekirdag, Turkey

Summary

Turkey is situated in the northern hemisphere and is a gateway between Asia, Europe and Africa. The surface area of the country is 780576 km^2, surrounded by the Black Sea in the North, the Aegean Sea in the West and the Mediterranean Sea in the South. The European part of Turkey is referred to as Trakya. The Asian part of Turkey is called Anatolia peninsula and is crossed by two mountain chains from west to east. These chains cause three different climate zones, namely the Mediterranean, the Interior Steppe and the Eastern Anatolian climates.

Even though Turkey is among the leading countries in the number of livestock, animal productivity can sometimes be quite low due to the high number of low-productive, unimproved native animals. Nevertheless, the adaptation capacity of these indigenous animals to the local conditions is higher than that of the improved western breeds. Differences in climate, topography and soil lead to great diversity in the utilization of natural resources in Turkey in general and in the Mediterranean mountain part of Turkey in particular.

In general, as a consequence of the development in animal husbandry in the areas with better land and climate, indigenous breeds have either been completely replaced by high-yielding animals or replaced by massive upgraded western breeds that respond better to improved feeding, management and intensive production conditions. Sheep production is heavily dependent on pasture, in late spring, summer and autumn. In the winter and early spring, flocks are kept in barns with some supplementary concentrates and without moving to the pasture due to snow and rainy conditions. This is called traditional winter system feeding, which is generally not sufficient for the nutritional requirements of the animals. In general, lambing and consequently milking occur in late winter or mostly in the beginning of spring.

Keywords: Turkey, nomads, nomadic animal husbandry.

Introduction

Turkey has a population of approximately eleven million heads of cattle in the entire country and there are roughly 27 million heads of sheep and 7 million heads of goats. Native cattle and sheep breeds are determined as 40% and 95% of total cattle and sheep breeds respectively (Table 1).

Native cattle breeds mainly consist of Native Black (*Yerli Kara*), Eastern Anatolian Red (*Dogu Anadolu Kirmizisi*), Grey Steppe (*Boz step*) and Southern Red and Yellow (*Güney Sari Kirmizisi*) breeds. Native sheep breeds consist primarily of Red Karaman (*Morkaraman*), White Karaman (*Akkaraman*), Daglic, Awassi (*Ivesi*), Kivircik, Karayaka and Tuj. The most peculiar indigenous goat breed of Türkiye is basically the Angora Goat (*Tiftik Kecisi*).

Animal husbandry based on the usage of pasture is very common in our country. There are two kinds of traditions regarding this practice. The first is practiced by nomadic people, especially in the eastern and southeastern part of Turkey.

Table 1. Livestock numbers in Turkey by year (Head).

				Cattle		
Years	Sheep	Hair goat	Angora goat	Total	Pure + crosses	Native
1971	37 008 000	15 042 000	4 127 000	12 939 000	-	-
1975	41 366 000	15 216 000	3 547 000	13 751 000	-	-
1980	48 630 000	15 385 000	3 658 000	15 894 000	-	-
1985	42 500 000	11 233 000	2 103 000	12 466 000	-	-
1990	40 553 000	9 698 000	1 279 000	11 377 000	4 683 000	6 694 000
1995	33 791 000	8 397 000	714 000	11 789 000	6 478 000	5 311 000
1996	33 072 000	8 242 000	709 000	11 886 000	6 704 000	5 182 000
1997	30 238 000	7 761 000	615 000	11 185 000	6 405 000	4 780 000
1998	29 435 000	7 523 000	534 000	11 031 000	6 428 000	4 603 000
1999	30 256 000	7 284 000	490 000	11 054 000	6 608 000	4 446 000
2000	28 492 000	6 828 000	373 000	10 761 000	6 544 000	4 217 000
2001[1]	26 972 000	6 676 000	346 000	10 548 000	6 474 000	4 074 000

Source: State Statistic Institute, 2001.
[1]Permanent.

The nomadic animal husbandry

The term 'nomadic' stands for people moving together with herds according to the level of vegetation in different cities and pastures around the country. The distance covered can be about 300-400 kilometers in some instances. Although the numbers of such farmers are decreasing drastically, there are still some tribes famous for their high level of sheep husbandry.

There are social support programs in order to encourage nomadic people to settle in some villages and make them sedentary by means of providing them with land and buildings; however, these people insist on practicing the traditional, nomadic way of sheep husbandry. Most of them abandoned voluntarily the traditional life by becoming sedentary in urban areas.

The decrease of pastureland in the area has reduced the number of farmers practicing the nomadic culture. The so-called "*Göcebe*" or "*Göcer*" in Nomadic Turkish stands for the farmers who earn their living from very old times by traditionally moving between the pastures in high plateaus and their places of residence in the winter, according to the season, the natural conditions and the type of their herds. This is, in fact, a very common practice among old Turkish tribes in central Asia even nowadays. The people who earn their living through this kind of sheep husbandry are also called "*Yörük*". This Turkish term can be defined as a fast walking person who lived in tents woven from goat hair in past times. They were also called Turcoman Nomads who survived mainly in some Mediterranean mountain areas and in some areas of Southeast and East Anatolia and soon vanished completely. In Southeastern and Eastern Anatolia, the Göcers still practice nomadic herding, winter their flocks in the valley and drive them to the high mountain pastures in the summer. The flocks are invariably mixed, including some sheep and some goats. Livestock are marketed 'on the hoof' and animal products such as wool, cheese, live animals, etc are harvested whenever produced. Most of the milk is produced while stocks are on summer pastures, on high mountains. The milk is processed into cheese, butter and yogurt for the market.

In southeastern Anatolia, farmers known as "*Beritans*", practicing nomadic herding, winter in the Urfa Province. They begin to move to the South in April and pass through Maden, Palu district and Karliova (Bingöl). Other farmers, called "*Savuk*", winter in Tunceli (Cemisgezek) and Elazig and they move to Bingöl, Erzincan and even to Erzurum province in April. In the autumn (September) they begin to return to lowlands and valleys for wintering. It is reported by the State Statistic Institute that, by May 1986, almost 1 million heads of cattle, 3 million heads of sheep and 1.5 million heads of goat lived in the upper Euphrates region. The herds arrive for their journey to the place where they winter in December (Bayder, C., 1986). The nomadic farmers, called Yörüks, have been named and identified according to their way of movement and colour of tent (Figure 1). There are famous nomadic tribes that practiced nomadic herding, such as *Kara Kecili* (black goat) and *Sari Kecili* (yellow goat). The Sari Kecili's are moved by camels, while the Bahsis tribe uses horses for its transportation. It is necessary that a distance of 500 meters is kept between every family of the tribes in their placements in high plateau pastures, called "*Yayla*", in order not to mix the herds. There are still Sari Kecili tribes, consisting of 200 families, practicing nomadic herding in the Mersin province of the Mediterranean coast. They winter in Silifke, Gülnur and Anamur coast, while in the summer months they move to the Beysehir and Seydisehir districts, which are the pastures of the Konya province. Nomadic herding farmers always borrow the pasture from the sedentary farmers of the places where they move. Yörüks called Sari Kecili, Kara Tekeli, Karakoyunlu, Gebizli still maintain the nomadic way of herding nowadays. They settle their tents in the low land areas but herdsmen move the herd for grazing to the upland pastures (yayla) and come back in the night. This is practiced every year but they do not winter in the same place due to the control of ticks. Nomad tents can be seen throughout the coastal region of Turkey.

Nomads, the Yörüks, walk down to the pastures in the winter and in the summer, when the sun shrivels the vegetation on the coast, travel up into the mountains to the so-called "*Yaylas*", the high mountain plateaus and valleys where there is sufficient grass and food for the animals until autumn rains regenerate the pastures on the coast. In other parts of Turkey, there are larger numbers of these nomads who carry everything with them on donkeys and camels, along with their flock of sheep and goats. In order to control the large flocks of sheep, protect herds from the wolves and safeguard their property, they also have a large breed of dog. However, the life of the Yörüks is becoming less nomadic in modern Turkey and they are losing lots of their tradition.

Figure 1. Yörüks live in tents woven.

Figure 2. Sheep milking on pasture from hair of goats.

They still make superb rugs (*kilim*) with patterns and colors particular to the clan and region. The problems of scarcity of pasture areas caused their numbers to diminish. According to the law 2510 that passed by the Parliament in 1950, the government encouraged them to become sedentary. In 1970, in Konya, Samsun and Eregli, 139, 168 and 100 families respectively settled in the villages as sedentary and they were given land without any loan. After 1970, other laws have been applied and nomads were given some subsidies in order to settle in the villages of the Hatay, Burdur, Diyarbakir, Elazig, and Mardin provinces, 754 families in total (Kücükcakar, H., 1989). Another practice in Erzurum is the so-called fattening in Yayla (upper pasture) or fattening in the mountain area of Erzurum. About 90 percent of our total livestock population is being fattened only at pasture and meadow areas, in a period from early spring to winter. Turkey has 21 million hectares of pasture and meadowland, in which 15-18 million tons of hay were produced annually until 1987 (Baydar, M.C., 1987).

In the Black Sea Region, a second type of nomadic farming is practiced, the same as in the Mediterranean region but not so common as in the South. In this type of farming, sheep flocks with shepherds called "*Coban*" are moved from sedentary places in the villages of the farmers by walking to the high plateau pasture called Yayla, where there is a sufficient amount of grass and a favourable climate for sheep herds. They usually start moving to the Yayla region in the middle of May and then come back in mid-August. Generally, they winter in villages located in lower areas than "*Yaylas*" (Atasever, S., 1994). Some breeds do not utilize pasture in upper Mountain pastures (Yayla). The sheep are milked twice a day. Rams are allowed into the flock once a year in early September or late August, depending on the area. Free ram joining has been practiced. Flushing is practiced before the joining of rams. The lambs are not given supplementary food. In pastures, shearing is practiced by scissors or clippers. The nails, tails and horns of the breeds are not cut in the herds.

Sedentary animal breeding

Sedentary farmers living in the villages own most of the remaining native livestock. These flocks consist predominately of cattle and water buffalo. They are triple-purpose breeds used for work, meat and milk.

In the remaining and largest part of the country where nomadic herding is not applied, exotic or so-called western breeds are used, especially in cattle husbandry. However, most of the sheep breeds and the main ones are native (indigenous) breeds. There are still native or so-called auto chanteuse cattle breeds. Indigenous cattle breeds are mostly named according to their coat color and geographical location. Grey Steppe cattle are grown primarily in the Thrace Region, near the Greek and Bulgarian borders. They are fine large beasts, somewhat resembling Brown Swiss. The Native Black breed is raised in central Anatolia. They are, for the most part, very small, rather refined cattle, approximately of the size of Jersey but even smaller. The Eastern Anatolian reds live mostly in Eastern Anatolia. The reds and yellows of south and southeastern Anatolian are raised in southern Turkey. Both are tall, slim and long legged, resembling the very thin Guernsey. Rather good milk-producing specimens have been selected out of all four breeds but little selection is practiced in most village herds.

Native cattle breeds are kept mainly for meat production. They are mostly distributed in semi-mountainous and mountainous areas, under poor feeding and management conditions. Improved cattle breeds, the so-called modern breeds, are used mostly for milk production. The majority of them are kept by small-scale family enterprises. In fact, 90% of all flock includes 0-5 cows, which shows that they are managed under the traditional extensive cattle production system and also that the primary income of farmers is not obtained only from dairy cattle husbandry.

Every day, early in the morning, all flocks of the farmers in the same village are joined and moved under the management of one herdsman in order to utilize the common pasture of their village. In the evening, the entire herd returns back from the common pastures of the village and cattle are distributed to the owner farmers. In general, traditional extensive sheep production systems have been applied for centuries. Some intensification measures, such as improved management of natural pastures, use of roughage, use of silage and concentrates in the winter etc, had been developed during the general improvement course of Animal Husbandry in Turkey.

Sheep production is heavily dependent on pasture, in late spring, summer and autumn. In the winter and early spring, flocks are kept in barns with some supplementary concentrates, without moving to the pasture due to snow and rainy conditions. This is the so-called traditional winter feeding system which is generally not sufficient for the nutritional requirements of the animals. In general, lambing and consequently milking occur in late winter or mostly in the beginning of spring. According to the traditional summer system of feeding, the sheep flocks are moved temporarily from the villages where the owners live (which are located mostly in lower altitudes and have hotter climatic conditions) to the common pastures (which are located mostly in higher altitudes and have cooler climatic conditions and more fresh green roughage sources of pasture). This is called a kind of nomadic sheep grazing system.

In order to increase productivity in the period 1980-1990, several projects were initiated mainly in the western part of the country and a total of 280,000 heads of purebreed exotic pregnant heifer were imported mostly from European Countries and the USA. During the last few decades, modern breeding techniques have greatly improved the production potential of most farm animal species. Thus, trends have led to the practice of intensive crossbreeding of native breeds with imported exotic western breeds.

In conclusion, while the percentage of modern breeds increased, the percentage of native farm animals breeds entered the stage of extinction. This trend of loss of variation narrows the genetic base of species. The genetic basis of any specific animal genotype has consisted of several genetic components, each responsible for different traits, leading to highly variable genetic content.

The Holstein-Friesian breeding stockbreeders' union was established in 1995. The organization is progressing and seems to contribute to the systemic improvement of dairy cattle breeders in the country. In general, as a consequence of the development in animal husbandry in areas with better land and climate, indigenous breeds have either been completely replaced by high-yielding animals or replaced by massive upgraded western breeds that respond better to improved feeding and management and intensive production conditions.

References

Anonymus, 2001. State Statistic Institute, Turkey.

Atasever, S., 1994. Samsun'un Bazi Ilcelerinde Yayla Koyunculugunun Genel Yapi Analizi, Ondokuz Mayis Universitesi, F.B.E., (Master Thesis).

Baydar, M.,C., 1986. Daglar ve Yaylalarda Servet Meralari, TOKB Dergisi.

Baydar, M.,C., 1987. Dag Besisi veya Yayla Besisi, Hasad Dergisi.

Kücükcakar, H., 1989. Sarikecililer Artik Göcmeyecek, TOKB Dergisi, (38), 50-51.